浮　选

黄礼煌　著

北　京

冶　金　工　业　出　版　社

2018

内 容 简 介

本书全面系统地论述了浮选的理论基础（浮选过程热力学和动力学）、浮选药剂、常用浮选设备和浮选主要工艺参数，并结合我国矿物加工工程现状和实践，较全面地介绍了金属硫化矿物低碱介质浮选的主要研究成果（浮选理论、浮选新工艺、浮选新技术、浮选流程和生产应用现状），根据理论与实践相结合的原则，极大地发展和充实了现有的浮选理论和浮选工艺。书中着重介绍了国内外金属硫化矿物、金属氧化矿物和非金属矿物浮选的生产现状及低碱介质浮选的应用成果，介绍了冶炼中间产物和冶炼渣的浮选生产现状。

本书可供矿物加工工程领域的高等院校师生，生产、科研、设计的科技人员等教学和培训使用，也可供其他相关专业的技术人员参考。

图书在版编目（CIP）数据

浮选/黄礼煌著 . —北京：冶金工业出版社，2018. 3
ISBN 978-7-5024-7727-1

Ⅰ.①浮…　Ⅱ.①黄…　Ⅲ.①浮游选矿　Ⅳ.①TD923

中国版本图书馆 CIP 数据核字（2018）第 035973 号

出 版 人　谭学余
地　　　址　北京市东城区嵩祝院北巷 39 号　邮编　100009　电话　(010)64027926
网　　　址　www.cnmip.com.cn　电子信箱　yjcbs@ cnmip. com. cn
责任编辑　徐银河　王梦梦　美术编辑　吕欣童　版式设计　孙跃红
责任校对　李　娜　责任印制　牛晓波
ISBN 978-7-5024-7727-1
冶金工业出版社出版发行；各地新华书店经销；三河市双峰印刷装订有限公司印刷
2018 年 3 月第 1 版，2018 年 3 月第 1 次印刷
787mm×1092mm　1/16；36 印张；875 千字；551 页
138. 00 元

冶金工业出版社　投稿电话　(010)64027932　投稿信箱　tougao@cnmip. com. cn
冶金工业出版社营销中心　电话　(010)64044283　传真　(010)64027893
冶金书店　地址　北京市东四西大街 46 号(100010)　电话　(010)65289081(兼传真)
冶金工业出版社天猫旗舰店　yjgycbs.tmall.com
（本书如有印装质量问题，本社营销中心负责退换）

前　言

　　浮选为浮游选矿的简称，是根据矿物颗粒表面物理化学性质的差异而进行矿物分选的选矿方法，最终获得含某种有用组分高的矿物精矿和有用组分含量极低的矿物尾矿。浮选法不仅用于矿物加工，而且在冶金、石油、化工等的三废处理、废油处理、液固悬浮物分离等领域也获得了广泛应用。

　　由于历史原因和国内外选矿科技水平所限，金属硫化矿物浮选的生产实践、试验研究和参考文献，主要为金属硫化矿物高碱介质浮选的内容。近几十年来，我国虽在浮选药剂研究、生产，浮选设备研制生产，浮选过程自动化和浮选设备大型化等领域取得巨大成就，但在浮选理论、浮选工艺、浮选指标、矿产资源综合利用方面的进展不尽如人意，亟待从浮选理论和浮选工艺方面寻找原因。金属硫化矿物低碱介质浮选新工艺的研发成功并用于生产实践，不仅大幅度提高了金属硫化矿物的选矿技术经济指标，而且填补了金属硫化矿物低碱介质浮选理论，研发了若干新工艺和新技术，极大地发展和充实了现有的浮选理论和浮选工艺。

　　为了总结39年教学和58年浮选科研实践的经验和成果，在已出版十几部著作并参考相关资料基础上，撰写了《浮选》一书。其目的是为进一步加强理论、工艺、设备、药剂和技术等方面的创新，期望我国的浮选技术水平更上一层楼，抛砖引玉，以尽责任！

　　本书涵盖了金属硫化矿物、金属氧化矿物和非金属矿物的浮选理论、工艺技术及相关生产实践，内容丰富，资料详实。作者在撰写本书过程中，得到了王淀佐院士、孙传尧院士、邱冠周院士、刘炳天院士等人的关心、鼓励和支持，得到了有关厂矿、专家、教授、同行的大力支持，得到了冶金工业出版社和江西理工大学领导的鼓励和支持。本书获得了江西理工大学优秀学术专著出版基金资助。曾志华同志与作者一起，长期深入厂矿调研、参加试验研究和浮选实践。在此一并深表谢意！

　　由于作者水平有限，书中难免存在不足之处，敬请读者批评指正。

黄礼煌

2017 年 10 月于江西理工大学

目　　录

第 2 篇　金属硫化矿物浮选

第3篇 金属氧化矿物浮选

第4篇　非金属矿物浮选

绪　　论

19 世纪后期，为了满足人类社会对矿物资源日益增长的需求，迫切地要求从组成复杂和细粒浸染的矿石、贫矿和大量的重选、磁选、电选尾矿等矿产资源中分离富集有用矿物，产出矿物精矿。当时的人们除不断完善已有的重选、磁选、电选、手选等选矿方法外，开始寻求更有效的有用矿物分离方法，此时浮选法开始萌芽。

纵观浮选法的发展历程，大致可分为五个阶段：

（1）1860~1902 年为浮选法开始萌芽和全油浮选首创期。

（2）1902~1912 年为全油浮选、表层浮选和泡沫浮选等多种浮选方法的开创期。

（3）1912~1925 年为泡沫浮选法与其他浮选法的竞争期。

（4）1925~1992 年为高碱介质泡沫浮选法的蓬勃发展和应用期。

（5）1993 年至今为泡沫浮选法的高碱介质浮选工艺应用与低碱介质浮选工艺逐渐成熟和推广应用的竞争期。

现代工业生产中使用的浮选方法均为泡沫浮选法，是经 1860~1925 年的 60 余年漫长过程才研发成功的。目前，金属硫化矿物的浮选生产中仍主要采用高碱介质浮选工艺。从 1976 年作者初次试验研究金属硫化矿物低碱介质浮选新工艺至 2015 年《金属硫化矿物低碱介质浮选》专著的出版发行仅 40 年。试验研究和生产实践表明：金属硫化矿物低碱介质浮选新工艺的浮选技术经济指标远高于相应的高碱介质工艺的浮选指标，因此金属硫化矿物低碱介质浮选新工艺的生产应用范围也愈来愈广。目前，金属硫化矿物的浮选正经历一次意义深远的工艺革命。

1971~1982 年，作者在广东矿冶学院（现广东工业大学）任教，有幸多次参加凡口铅锌矿的选矿技术攻关和参加"两高"工艺的半工业试验和工业试验。1976 年下半年萌生了"金属硫化矿物低碱介质浮选新工艺"的设想，并在凡口矿研究室和半工业试验厂进行了小型试验和一个月的半工业试验，为以后的低碱介质浮选新工艺的研发工作奠定了基础和指明了方向。

1982 年年底，作者调往江西冶金学院（现江西理工大学）任教。1977~1992 年共 16 年时间，主要从事"金属硫化矿物低碱介质浮选新工艺"的理论研究。1992 年暑假，作者和周源教授走访了江西的几个矿山，得知德兴铜矿每吨原矿铜硫分离的石灰用量为 12kg，每吨铜钼混合精矿铜钼分离的硫化钠用量大于 110kg。1993~1997 年历时 5 年，试验组在德兴铜矿进行了低碱介质铜硫分离的小型试验、扩大连选半工业试验、工业试验以及近 7 个月的工业试生产。每吨原矿铜硫分离的石灰用量由 12kg 降至 1.6kg，并实现了原浆浮选硫铁矿，产出优质硫精矿。该试验成果于 1997 年 12 月通过有色金属总公司鉴定，获 1998 年江西省科技进步二等奖和有色金属总公司科技进步三等奖。这是我国首次工业试验成功的低碱介质铜硫分离新工艺。此次工业试验虽存在许多不足，但为后续试验研究奠定了基础。

作者退休后曾走访了我国 15 个省区的 50 多个不同类型的金属硫化矿选矿厂、高等院校和研究院所，利用厂矿试验室、工业生产现场、人员及样品化验等有利条件就地进行多矿种、多方案的"金属硫化矿物低碱介质浮选新工艺"的矿种适用性试验，多数小选厂和日处理量为 2000t 以下的选厂则在工业生产线上进行试验。经过 40 多年的理论研究、小型试验、工业试验和生产实践，现行金属硫化矿物低碱介质浮选新工艺已相当成熟。

从 2012 年开始，作者将金属硫化矿物低碱介质浮选的应用转向大型央企、国有企业。

（1）2012~2015 年连续 4 年 7 次前往金川集团公司学习、进行探索试验、小型试验。在小型试验成功的基础上，2015 年 5~7 月金川集团科技部在金川镍钴研究设计院矿物工程研究所进行"金川硫化铜镍矿低酸介质混合浮选新工艺小型验证试验"，对生产现场的 4 种矿浆样进行新工艺与现工艺的小型闭路指标验证。四种矿浆样的镍铜混合精矿加权指标比较表明：

1）新工艺与现行工艺比较：新工艺混合精矿镍含量提高 0.64%、镍回收率提高 6.79%；铜含量提高 0.38%、铜回收率提高 9.28%；混精氧化镁含量降低 3.50%。新工艺混合精矿的氧化镁含量为 5.95%（允许值为 6.8%）。

2）新工艺与现行工艺二段加酸比较：新工艺混合精矿镍含量提高 0.62%、镍回收率提高 3.55%；铜含量降低 0.07%、铜回收率提高 3.51%；混合精矿的氧化镁含量降低 1.22%。新工艺混合精矿的氧化镁含量为 5.95%。

3）现行工艺二段加酸与现行工艺不加酸比较：现行工艺二段加酸混合精矿镍含量降低 0.45%、镍回收率提高 3.24%；铜含量提高 0.45%、铜回收率提高 5.77%；现行工艺二段加酸混合精矿氧化镁含量降低 2.28%。现行工艺二段加酸混合精矿的氧化镁含量为 7.17%。

4）全部验证试验数据表明：采用高细度-低酸调浆-一段低酸介质混合浮选新工艺处理金川硫化镍铜矿是最合理的方案，新工艺闭路指标比现行工艺闭路指标或现行工艺二段加酸闭路指标高，吨矿药剂用量仅为现行工艺的 40%，吨矿浮选能耗仅为现行工艺的 60%。

5）建议工业试验时，采用高细度磨矿—低酸调浆—低碱调浆—低碱一段混合浮选新工艺，以保护选矿设备和进一步提高选矿技术经济指标，此新工艺可使工业生产具有稳定性和连续性。

（2）2014 年 3~7 月，在内蒙古乌山铜钼矿（选厂日处理量为 8 万吨）进行小型铜钼混合浮选和铜钼分离小型试验。原矿含铜 0.35%、含钼 0.018% 条件下，现行工艺（pH 值为 9.5 混选）生产指标为：铜钼混合精矿中铜回收率为 86%、钼回收率 55%；铜钼混合精矿铜、钼分离后，钼精矿含钼 45%、钼回收率 40%；铜精矿含铜 20%、铜回收率达 85.8%。

新工艺（pH 值为 6.5 混选）采用 LP+丁黄药混合捕收剂的小型闭路试验指标为：铜钼混合精矿中铜回收率达 94%、钼回收率达 89%；铜钼混合精矿铜、钼分离后，钼精矿含钼 53%、钼回收率达 86%；铜精矿含铜 21%、铜回收率达 92%。内蒙古乌山铜钼矿准备将此小型试验成果用于工业生产。

（3）2016 年 4~5 月，在中铁集团鹿鸣矿业有限公司进行小型铜钼混合浮选和铜钼分离小型探索试验。选厂日处理量为 5 万吨，原矿含钼 0.12%、含铜 0.02%。现工艺钼精矿含钼51%、含铜0.5%、含铅大于0.47%，钼回收率为85%；铜精矿含铜16%，铜回收率35%。

采用高细度低碱介质浮选新工艺的小型试验指标为：混选段钼回收率为94.5%，铜回收率为85.12%；分离段添加组合抑制剂（pH值为7.0条件下）产出含钼53%，铜含量小于0.3%、铅含量小于0.3%的钼精矿，钼回收率为91%；铜硫分离段采用原浆浮铜，产出含铜23%、铜回收率81%；原浆选硫产出含硫45%的硫精矿，硫回收率为70%。鹿鸣矿业公司准备将此新工艺进行系统的小型试验，以期尽早用于工业生产。

从1976年6月至今的40多年，在金属硫化矿物低碱介质浮选新工艺领域的主要研究成果为：

（1）金属硫化矿物低碱介质浮选的理论基础。

1）热力学分析。矿物表面的疏水性，是矿物选择性附着于气泡并上浮至矿浆液面形成矿化泡沫层的前提条件。矿物表面的天然疏水性可用直观、可测的小气泡附着于大矿粒表面的静态润湿接触角进行衡量，属浮选过程热力学，仅说明该矿粒具备浮选的可能性。

2）动力学分析。浮选过程主要为细粒待浮矿物选择性附着于大气泡上并上浮至矿浆液面形成矿化泡沫层。矿化泡沫经刮板刮出或自行溢出成为泡沫产品，常将其称为浮选精矿；可浮性差的矿粒则不附着于气泡上，而留在浮选槽内，最终排出浮选槽外，成为非泡沫产品，常将其称为浮选尾矿，从而完成各种矿物的相互分离和达到富集有用矿物的目的。待浮有用矿物在浮选条件下的可浮性除与其天然可浮性有关外，还与待浮矿物粒度、单体解离度、浮选药剂制度、加药方法、矿浆pH值及浮选速度等浮选工艺参数密切相关，属浮选动力学范畴。因此，除研究浮选过程的热力学外，应重点研究浮选过程动力学，以改善和强化浮选过程。许多学者曾用快速摄影和慢放影的方法研究浮选的动力学过程，测定浮选条件下的静态附着润湿接触角和动态附着润湿接触角，获得下列主要结论：

①疏水性细矿粒附着于大气泡上，其附着润湿接触角常小于20°，许多微细矿粒的附着润湿接触角常大于0°而小于1°，比小气泡附着于大矿粒的静态润湿接触角小得多，表明实际浮选过程中疏水性细矿粒的可浮性比其天然可浮性要好得多。

②浮选过程的静态附着润湿接触角和动态附着润湿接触角均随有用矿物粒度的减小和矿浆pH值的降低而增大。

③浮选最佳粒级下（-0.074mm+0.005mm）的浮选动态润湿接触角，常为其浮选条件下的静态润湿接触角的1.2~3.0倍。待浮矿物在浮选条件下附着于气泡上浮的动态润湿接触角常为10°~20°。

④矿粒与气泡接触至矿粒附着于气泡或脱落的时间为感应时间，矿粒愈细（大于0.005mm）气泡愈大（常为0.5~1.2mm），感应时间愈短浮选速度愈高。

⑤感应时间及浮选速度与浮选药剂和加药方式密切相关，捕收剂可显著缩短感应时间，抑制剂可延长感应时间；一点加药可显著缩短感应时间，多点加药可延长感应时间。

综上所述，可采用高细度磨矿、自然pH值下浮选、高效组合捕收剂、高效组合抑制剂、一点加药、一粗二精二扫的简短浮选流程、原浆浮选等低碱介质浮选工艺条件，使待浮矿物的可浮性和浮选速度最大化。

（2）金属硫化矿物低碱介质浮选新工艺。现已研发了下列金属硫化矿物低碱介质浮选新工艺：1）低碱介质铜硫分离浮选；2）低碱介质铜钼硫分离浮选；3）低碱介质铅锌硫分离浮选；4）低碱介质铜铅锌硫分离浮选；5）低碱介质铜锌硫分离浮选；6）原浆浮选硫铁矿；7）无石灰混合浮选金银硫化矿物；8）低碱介质铜镍分离浮选；9）金属硫化矿物高细度磨矿—低酸调浆—低碱浮选；10）高冰镍物理选矿分离等。

（3）金属硫化矿物低碱介质浮选新技术。为了实现金属硫化矿物低碱介质浮选，研发了下列 11 种新技术：

1）高细度磨矿新技术。浮选时磨矿的目的是将待浮有用矿物磨至适于浮选的粒度。磨矿过程中新生待浮矿物最佳浮选粒级的产率与磨机大小、磨机类型、磨机转速、磨机装球量、磨矿介质的比表面积、磨矿介质的形状、磨矿介质密度、磨矿介质间的孔隙率和给矿的粒度组成、给料量等因素密切相关。因此，应依据磨矿的给料量、给料粒度曲线、矿物组成和有用矿物的嵌布特性等前提条件，选择合理的球比，科学配球以提高磨矿效率。采用现在选厂的磨矿设备和流程，在处理量和球耗相同条件下，只要采用科学配球方法，常可提高 $-0.074mm$ 占 15% 以上的细度。

2）矿浆自然 pH 值浮选新技术。金属硫化矿物的天然可浮性和浮选条件下的可浮性均随矿浆 pH 值的降低和待浮矿物粒度的减小而增大。为保护浮选设备，最佳的浮选 pH 值为金属硫化矿磨矿后的自然 pH 值或低酸调浆—低碱浮选的 pH 值。

3）一点加药新技术。采用每一浮选循环，在粗选相关搅拌槽中一点加药的方法进行粗选、空白精选和空白扫选。所用组合捕收剂具有捕收和起泡双重作用，一点加药可保证浮选矿浆液相中有较高的组合捕收剂浓度，有用矿物浮选速度高，矿化泡沫层厚，矿化泡沫刮出（或溢出）速度高。

4）一粗二精二扫的简短浮选工艺流程新技术。金属硫化矿物低碱介质浮选时，每一优先浮选、混合浮选、分离浮选循环均采用一粗二精二扫的简短浮选工艺流程。有用矿物浮选速度高，可实现有用矿物早收、快收，减少中矿循环量。

5）提高浮选速度新技术。采用粗选搅拌槽一点加药的方法，一粗二精二扫的简短流程进行粗选、空白精选和空白扫选，可保证粗选作业的回收率达总回收率的 97% 以上。有用矿物浮选速度高，矿化泡沫层厚，矿化泡沫刮出（或溢出）速度高。可实现有用矿物的快收、多收，减少中矿循环量。

6）金属硫化矿物低碱介质浮选分离新技术。采用部分混合浮选和全混合浮选时，混合精矿经高细度再磨后，采用低碱介质有用矿物浮选分离新技术，产出单一的有用矿物精矿。与高碱介质有用矿物浮选分离技术比较，低碱介质有用矿物浮选分离新技术的作业成本低、分离效率高。如某矿高碱介质抑铜浮钼的吨矿药剂成本为 3 元左右，而某矿低碱介质抑铜浮钼的吨矿药剂成本仅 0.5 元左右。

7）原浆浮选新技术。通常浮选单金属硫化矿物时，不添加活化剂或抑制剂；浮选多金属硫化矿物时，仅添加少量的抑制剂和活化剂。优先浮选或混合浮选时，均利用特效组合捕收剂，采用原浆浮选新技术浮选相应的有用矿物，最终产出高品位、高回收率的相应的单一有用矿物精矿。

8）提高矿产资源综合利用率新技术。金属硫化矿物低碱介质浮选时，采用矿浆自然 pH 值下一点加药、原浆浮选等新技术，可最大限度地综合回收伴生的金、银、铜、钼、铋、铂族元素、稀散元素和共生的金属硫化矿物，矿产资源综合利用率高。

9）提高精矿中有用组分品位和回收率新技术。金属硫化矿物低碱介质浮选时，可采用调整组合捕收剂的配比，以提高精矿中有用组分品位和回收率。

10）低酸调浆—低碱浮选新技术。采用原矿"高细度磨矿—低酸调浆—低碱浮选"新技术，除可回收金属硫化矿物和伴生有用组分外，还可回收原矿中所含的有色金属氧化矿物中的金属组分，为浮选含铂族金属的硫化铜镍矿、浮选有色金属混合矿和有色金属氧化矿开辟了新的有效途径。

11）浮选流程闭路循环新技术。低碱介质浮选采用闭路循环新技术，全部精矿水、尾矿水闭路循环利用，尾矿水不外排，环境效益高。由于循环水中不含石灰、水玻璃、絮凝剂等药剂，仅含少量组合捕收剂，循环水闭路循环不仅不影响有关浮选作业的正常进行，而且可降低吨矿药剂成本。选厂高碱工艺流程改为低碱浮选工艺时，只需根据金属硫化矿物的矿物组成、化学组成、有用矿物的粒度嵌布特性和选厂的流程和设备条件，将上述新技术和药剂进行组合即可满足金属硫化矿物低碱介质浮选新工艺的要求。

（4）金属硫化矿物低碱介质浮选流程。金属硫化矿物低碱介质浮选的典型工艺流程为：

1）原矿高细度磨矿—优先浮选—（中矿高细度磨矿）—尾矿原浆选硫。

2）原矿高细度磨矿—混合浮选（或部分混合浮选）—混精矿高细度再磨—金属硫化矿物低碱介质浮选分离—尾矿原浆选硫。

3）原矿高细度磨矿—低酸调浆—低碱混合（或优先）浮选—（尾矿原浆选硫）。

一般而言，金属硫化矿物含量较高时，常采用自然 pH 值下的优先浮选流程；金属硫化矿物含量较低时，常采用自然 pH 值下的混合浮选（或部分混合浮选）流程；浮选含贵金属的硫化铜镍矿及浮选有色金属氧化矿含量较高的金属硫化矿时，常采用原矿高细度磨矿—低酸调浆—低碱混合（或优先）浮选—（尾矿原浆选硫）流程。

（5）新药剂。为了实现金属硫化矿物低碱介质浮选，配制了满足新工艺需求的 SB、LP、CP 选矿混合剂等组合捕收剂，K200 系列抑制剂和 F100 系列活化剂等药剂。

金属硫化矿物低碱介质浮选新工艺，经 40 多年的试验研究、矿种适应性试验和生产实践，有关各种金属硫化矿物低碱介质浮选分离方案、工艺不断完善和成熟，金属硫化矿物低碱介质浮选已逐渐成为金属硫化矿物浮选的常规工艺。

高碱工艺改为低碱工艺时的技改费用低。低碱工艺尽可能利用高碱工艺的流程和设备，仅改变工艺路线、工艺参数、药剂、流程、操作方法和有关管道连接。低碱工艺可达到节能、降耗、提质（精矿品位）、增产（精矿金属量）、增效（经济效益和环境效益）的目的，可为冶炼作业提供"精料"和降低冶炼成本，使选、冶经济效益最大化。

作者认为，根据我国矿物加工的装备制造水平、选厂的装备水平、选矿药剂生产和现场选矿技术水平，已完全具备全面推广应用金属硫化矿物低碱介质浮选新工艺的条件。

第1篇
浮选理论、药剂、设备、工艺
FUXUAN LILUN、YAOJI、SHEBEI、GONGYI

1　浮选的理论基础

1.1　概述

浮选时，原矿经破碎、磨矿和分级等作业，获得细度和浓度均合适的矿浆，然后送入搅拌槽中添加所需浮选药剂进行矿物表面预处理。再送入浮选机中进行搅拌和充气，以使矿粒悬浮和产生大量的弥散气泡。在悬浮矿粒与弥散气泡多次碰撞接触过程中，可浮性好的矿粒选择性附着在气泡上，并随气泡上浮至矿浆表面形成矿化泡沫层。矿化泡沫经刮板刮出或自行溢出成为泡沫产品，常将其称为浮选精矿；可浮性差的矿粒则不附着在气泡上，而留在浮选槽内，最终排出浮选槽外，成为非泡沫产品，常将其称为浮选尾矿，从而完成各种矿物的相互分离和富集有用矿物的目的。浮选法不仅用于矿物加工，而且在冶金、石油、化工、印染等企业的三废处理、废油处理、液固悬浮物分离、废塑料分选、废纸脱墨处理等领域也获得了广泛的应用。

浮选为浮游选矿的简称，是根据矿物颗粒表面物理化学性质的差异而进行矿物分选的选矿方法，最终获得含某有用组分高的矿物精矿和有用组分含量极低的矿物尾矿。浮选的效率常以该有用组分的浮选回收率、精矿中该有用组分含量、吨矿处理成本和浮选过程的选择性等作判据进行衡量。

设原矿干重为 Q，原矿某有用组分的品位（含量）为 α，浮选精矿中同一有用组分的品位（含量）为 β，浮选尾矿中同一有用组分的品位（含量）为 θ，浮选精矿的产率为 γ_J，浮选尾矿的产率为 γ_W，则某有用组分的浮选回收率 $\varepsilon(\%)$ 见式（1-1）：

$$\varepsilon = \frac{\gamma_J \times \beta}{\alpha} \times 100\%$$

$$= \frac{\alpha - \gamma_W \times \theta}{\alpha} \times 100\%$$

$$= \frac{\beta}{\alpha} \times \frac{\alpha - \theta}{\beta - \theta} \times 100\% \qquad (1\text{-}1)$$

浮选过程的选择性（η）见式（1-2）：

$$\eta = \frac{\varepsilon_1}{\varepsilon_2} \qquad (1\text{-}2)$$

式中　ε_1，ε_2——分别为浮选过程中，两种有用组分精矿中有用组分 1 和有用组分 2 的浮选回收率。

η 愈趋近于 1，则两种有用组分的浮选分离的选择性愈高，有用组分的浮选分离愈完全，精矿中有用组分的互含愈低。

浮选时，通常将有用矿物浮入泡沫产品中，将脉石留在浮选槽内而排出为浮选尾矿，此种浮选方法称为正浮选；反之，若将脉石矿物浮入泡沫产品中，将有用矿物留在浮选槽内，此种浮选方法称为反浮选。若矿石中含有两种以上的有用矿物，浮选时依次将有用矿物分选为单一的浮选精矿，此种浮选方法称为优先浮选；若将全部有用矿物同时浮选为泡沫产品（混合精矿），然后将混合精矿依次分选为单一的浮选精矿，此种浮选方法称为混合浮选-分离浮选。此外，还有部分优先、部分混合、等可浮等浮选方法。

1.2　浮选过程热力学

1.2.1　浮选矿浆中的三相

1.2.1.1　固相（磨细的矿粒）

浮选矿浆中磨细的矿粒数量大、种类多、形状各异、表面积大、粒径大小不一。矿粒的表面特性决定于矿物的组分及其结构。

A　矿物的晶格类型与可浮性

矿物的可浮性与矿物的组成及晶格类型的关系列于表 1-1。

表 1-1　矿物的可浮性与矿物的组成及晶格类型的关系

润湿性	小——大				
矿物	非极性矿物	硫化矿物	氧化物	硅酸盐矿物	含氧酸盐	卤化物
晶格类型	分子	金属	离子	离子	离子	离子
可浮性	好——差				

如石蜡、辉钼矿、硫、煤、滑石等为非极性矿物，为层状分子晶格，润湿性小，可浮性好；金属硫化矿物和自然金属为金属晶格与半金属晶格，有一定疏水性，可浮性较好；有色金属氧化物的润湿性大，只有将其硫化后才具有较好的可浮性，或采用低酸调浆—低碱浮选工艺才能浮选回收有色金属氧化物中的有用组分；含氧酸盐（硅酸盐和铝硅酸盐矿物）润湿性大，可浮性差；卤化物（碱金属及碱土金属可溶盐）为离子晶格，润湿性大，天然可浮性差。

有色金属硫化矿物为金属离子与硫离子相结合的化合物，结构相似的矿物对捕收剂的附着条件常相似。如闪锌矿、黄铜矿和黝锡矿的结构相似（见图 1-1）。黄铜矿为原生铜矿物，它为金属铜、铁离子与硫离子的化合物。各种硫化矿物有各自不同的晶形和晶格参数。如黄铜矿属四方晶系，结晶构造属双重闪锌矿型。在黄铜矿结晶构造中，每一个硫离子被分布于四面体顶角的四个金属离子（两个铜离子和两个铁离子）所包围，所有四面体的方位均相同。由于黄铜矿具有较高的晶格能，而且硫离子处于晶格内层。因此，黄铜矿具有较高的稳定性，不易被氧化。闪锌矿与黄铜矿比较，只是四面体的 4 个锌离子被 2 个铜离子和 2 个铁离子所取代。黝锡矿与黄铜矿比较，仅是 1 个铁离子被 1 个锡离子所取代。但闪锌矿中的锌离子对黄药的价键能比黄铜矿中铜离子对黄药的价键能小，故黄药对闪锌矿的作用比对黄铜矿的作用弱，当闪锌矿被 Cu^{2+} 活化后，其作用基本相同。黝锡矿的结构与黄铜矿相似，黄药对它们的作用相似。

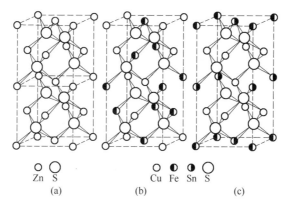

图 1-1　闪锌矿、黄铜矿、黝锡矿的结晶构造

（a）ZnS；（b）CuFeS₂；（c）Cu₂FeSnS₄

B　矿物表面的不均匀性

由于成矿时的温度和压力变化，使晶形、晶格产生变化，甚至产生错位、空隙、裂缝等。矿石经破碎、磨矿后，大多无法保持其原有的晶形、晶格，将出现不同的边、棱、角，矿粒表面显现残余的键能。矿物晶格中常出现离子缺位、过量、异离子置换等缺陷，导致矿物表面的电化学性质不均匀（见图 1-2）。

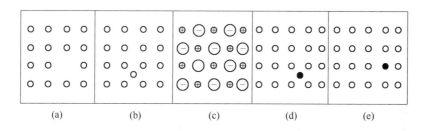

图 1-2　晶体的各种微缺陷

（a）空位；（b）同类加座；（c）电荷不同；（d）异类加座；（e）异类混座

1.2.1.2　液相（水）

A　水的极性、缔合与离子化

一个水分子由两个氢原子和一个氧原子组成。水分子结构如图 1-3 所示。

三个原子靠 H—O 间的电子对连在一起，形成共价键。分子作用半径为 0.138nm，分子直径为 0.276nm。氧原子在水分子的一端，两个氢原子在水分子的另一端，两个氢原子相距 0.15nm。因此，水分子的一端显正电，水分子的另一端显负电，水分子为一偶极子。

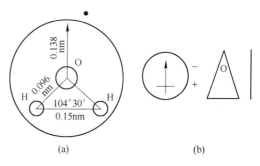

图 1-3　水分子的结构示意图

（a）水分子的结构；（b）水偶极

由于水分子为一偶极子，一个水分子的氧原子与另一个水分子的氢原子之间可形成氢键，故水分子可产生缔合作用，生成多水分子的缔合水分子。水对多数矿物有一定的润湿能力，在电场、固-水界面和气-水界面产生定向排列。

水可解离为氢离子（H^+）和氢氧离子（OH^-）。其解离式可表示为：

$$H_2O \Longrightarrow H^+ + OH^-$$

由于水分子的极性和缔合作用，水溶液中的氢离子（H^+）和氢氧离子（OH^-）均不呈简单的离子形态存在，而是呈水化离子形态存在。25℃的中性水溶液中，水化氢离子（$H \cdot H_2O$）$^+$ 和水化氢氧离子（$OH \cdot H_2O$）$^-$ 的浓度均为 10^{-7}。因此，水分子的解离式可表示为：

$$(m+m'+1)H_2O \Longrightarrow (H \cdot mH_2O)^+ + (OH \cdot m'H_2O)^-$$

纯水中氢离子（H^+）浓度的负对数为纯水的 pH 值，故中性水溶液的 pH 值为 7.0。

B　水对浮选的影响

水对浮选的影响主要表现为各种物质在水溶液中均有一定的溶解度和相应离子均被水化。

由于水分子有较大的偶极距，水中的矿粒与水相互作用，若水化能大于晶格能，某些物质即转入水中，成为水化离子。如氯化钠溶于水的过程如图 1-4 所示。

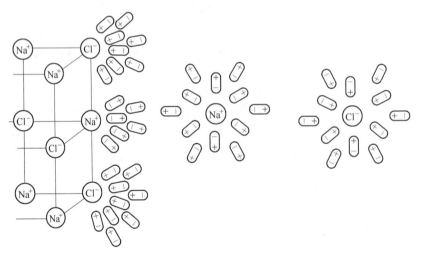

图 1-4　水对矿物的溶解

浮选矿浆液相中溶解有各种无机化合物和有机化合物，矿浆液相中最常见的离子为 Na^+、Ca^{2+}、Mg^{2+}、K^+、Cl^-、SO_4^{2-}、HCO_3^-、CO_3^{2-}、Al^{3+}、Fe^{2+}、Fe^{3+}，矿坑水中含有 Cu^{2+}、Pb^{2+}、Zn^{2+}、UO_2^{2+} 等离子。由于有机物的分解，水中可能含有 NO_3^-、NO_2^-、NH_4^+、$H_2PO_4^-$、HPO_4^{2-} 等离子。湖水中还可能含有各种有机物和腐殖质。由于浮选矿浆液相中存在各种难免离子和有机物，浮选过程中有时须进行水的质量控制，如采用石灰沉淀某些重金属离子，采用使水软化的方法除去钙、镁离子，矿浆预先充氧以消除某些有害离子的不良影响等。有时还须对尾矿水进行必要的处理，使其能返回浮选系统循环再用或无害外排，不造成环境污染。

液相中的离子均被水化，离子的水化程度与离子的大小、价态和水化能大小有关。

1.2.1.3 气相（空气）

气相通常为空气。空气中除含氧气、氮气和惰性气体外，有时还含 CO_2、H_2O、SO_2 等气体，其中 O_2、CO_2、H_2O 的化学活性较大。

空气中各种气体在水中的溶解度与温度、气体分压、溶剂性质及水中所含其他物质等因素有关。空气中某些组分在水中的溶解度列于表 1-2 中。

表 1-2 空气中某些组分在水中的溶解度（18℃，0.1MPa）

空气中某些组分	N_2	O_2	CO_2
溶解度/$g \cdot L^{-1}$	0.02083	0.04510	1.718

浮选机的剧烈搅拌区，可促使空气溶解；在浮选机压力较低的区域，已溶解的空气可部分析出。经过溶解又析出的空气，其组成与一般的空气组成不全相同（见表 1-3）。从表 1-3 中数据可知，空气在矿浆中经过多次的溶解和析出，使矿浆中含有较高的 O_2 和 CO_2。

表 1-3 空气在溶解时和空气在析出时组成的变化

气体	含量（体积分数）/%			
	大气中	初次溶解时	第一次溶解析出时	第二次溶解析出时
N_2	78.1	62.82	40.10	4.51
O_2	20.96	35.20	46.83	11.50
CO_2	0.04	0.23	10.46	83.28

1.2.2 浮选矿浆中的三相界面

1.2.2.1 固-液界面

溶于水中的物质分子的水化程度与其结构和键能有关。若分子结构对称，有偶极矩，内部为极性键的分子肯定被水化；若分子结构对称，不离子化，内部为共价键的分子不被水化或水化很弱。如饱和烃、煤油、变压器油等捕收剂分子，在水中不离子化，无永久偶极，呈非极性，通常不被水化或水化很弱；异极性分子（如黄药、脂肪酸、起泡剂等）在水中离子化，其极性端肯定被水化（见图 1-5）。

乳化油滴　极性基　非极性基　气泡

图 1-5　油滴和异极性捕收剂的水化

浮选矿浆中的矿粒表面的水化程度与其表面键能、捕收剂对矿粒表面的作用有关，各种矿粒表面的水化程度及捕收剂对水化的影响如图 1-6 所示。

从图 1-6 可知，某些疏水性矿粒表面的水化程度很弱（如硫、煤、辉钼矿等）；亲水性矿粒表面的水化程度很强，矿粒表面形成多层定向水偶极；矿粒表面经捕收剂作用后，矿粒表面覆盖有油滴或定向的异极性捕收剂分子，捕收剂分子的极性端与矿粒表面作用使其非极性端朝外（水），故矿粒表面经捕收剂作用后，矿粒表面的水化程度很弱。

矿粒表面的水化程度决定了矿粒表面水化膜（多层定向水偶极）的厚度，靠近矿粒表

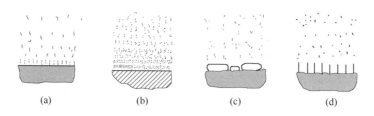

图 1-6 各种矿粒表面的水化程度及捕收剂对水化的影响

（a）疏水性矿物（如硫、煤、辉钼矿）表面的弱水化作用；（b）亲水性矿物（如石英等）
表面的强水化作用；（c）非极性捕收剂（如煤油等）对矿物表面水化作用的影响；
（d）异极性捕收剂（如黄药等）对矿物表面水化作用的影响

面愈近，水偶极愈密集，排列愈整齐；离矿粒表面愈远，水偶极愈稀疏，排列愈不整齐；离矿粒表面一定距离后（能斯特层），则为普通水。矿粒表面的水化膜厚度对矿粒选择性附着于气泡上有重大影响。

1.2.2.2 气-液界面

浮选过程的矿浆液相中含有所需的起泡剂等，起泡剂为异极性表面化合物，将浓集于气-液界面。起泡剂分子在气-液界面的排列状态随其浓度而异（见图 1-7）。

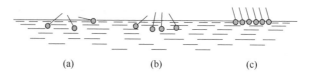

图 1-7 起泡剂分子在气-液界面的排列状态

（a）浓度很小；（b）浓度中等；（c）浓度很大

从图 1-7 可知，当起泡剂浓度很小，起泡剂分子平躺或倾斜排列在气-液界面上；当起泡剂浓度增加时，气-液界面上的起泡剂分子则竖立起来，极性端朝水，非极性端朝空气；当起泡剂浓度很大时，起泡剂分子在气-液界面上排列为致密层，非极性端朝空气。

浮选矿浆液相中，弥散的气泡表面上吸附了一层定向排列的起泡剂分子，起泡剂分子的极性端朝水，非极性端朝空气，在气泡表面形成水化层。气泡表面的水化层有利于气泡稳定，可防止气泡兼并，使气泡呈弥散状态分散于浮选矿浆中。

由于空气的密度比水的密度小得多，根据阿基米德定律，浮选矿浆中的气泡有较大的上浮力，可使附着于气泡上的矿粒一起上浮至矿浆液面，形成矿化泡沫层。

1.2.2.3 固-气界面

浮选过程中，矿浆液相中含有所需的捕收剂、起泡剂等浮选药剂，可浮矿粒表面吸附有捕收剂，气泡表面吸附了起泡剂。因此，可浮矿粒表面的疏水性较大，表面愈疏水的可浮矿粒，矿粒表面的水化层愈薄或不被水化。由于搅拌矿浆，可浮矿粒与气泡碰撞接触时，可浮矿粒具有的动能可使可浮矿粒与气泡之间的水化层变薄乃至消除，可浮矿粒即可附着于气泡上，并随气泡一起上浮至矿浆液面，形成矿化泡沫层。

1.2.3 矿粒表面的润湿性

浮选过程中，矿粒能否选择性附着于气泡上，是浮选能否实现矿物有效分离、富集有用矿物的基础。有用矿物能选择性附着于气泡上，可用多种方法进行解释，但最简单而直观可测的方法是采用测量水对矿粒表面的润湿性的方法。实践表明，水对某矿粒表面的润湿性愈强，则该矿粒表面愈亲水、愈疏气，该矿粒愈不易附着于气泡上，该矿物的可浮性愈差；反之，水对某矿粒表面的润湿性愈弱，则该矿粒表面愈疏水而亲气，该矿粒愈易附着于气泡上，该矿物的可浮性愈好。水对不同矿粒表面的润湿性差异，决定了不同矿粒可浮性的不同，可浮性好的矿粒能选择性附着于气泡上，从而可采用浮选法实现有用矿物的分离富集。水对矿粒表面润湿性的强弱常用润湿接触角（简称接触角）的大小进行度量。

矿粒被水润湿后，可在矿粒表面形成固体（矿粒）、水和气体三相接触的环状接触线，常将其称为三相润湿周边。三相润湿周边上每点均为润湿接触点，通过其中任一点作切线（见图1-8），以此切线为一边，以固-水交界线为另一边，经过水相的夹角（θ）称为润湿接触角。从图1-8可知，接触角的大小，取决于三相界面自由能之间的关系。

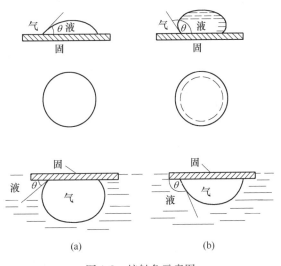

(a)   (b)

图 1-8 接触角示意图
（a）亲水性矿粒的接触角；（b）疏水性矿粒的接触角

增加单位界面接触面积所消耗的能量称为界面自由能，其数值与接触界面的表面张力相同，故常用界面单位长度上的表面张力代替界面自由能进行接触角的计算。

若界面的表面张力分别以$\sigma_{固液}$、$\sigma_{固气}$、$\sigma_{气液}$表示，接触角（θ）的大小取决于这三个表面张力之间的平衡（见图1-9）。其平衡方程可表示为式（1-3）：

$$\sigma_{固气} = \sigma_{固液} + \sigma_{气液}\cos\theta$$

$$\cos\theta = \frac{\sigma_{固气} - \sigma_{固液}}{\sigma_{气液}} \tag{1-3}$$

式中 θ——接触角；

$\sigma_{固气}$——固-气界面张力；

$\sigma_{固液}$——固-液界面张力；

$\sigma_{气液}$——气-液界面张力。

从式（1-3）可知，在一定条件下，$\sigma_{气液}$值与矿粒表面性质无关，可以认为是定值，故矿粒的表面接触角的大小取决于空气对矿粒表面及水对矿粒表面的亲和力的差值。（$\sigma_{固气} - \sigma_{固液}$）的差值愈大，$\cos\theta$值愈大，$\theta$角愈小，水对矿粒表面的润湿性愈强，即矿粒表面的亲水性愈强，矿粒的可浮性愈差；反之，（$\sigma_{固气} - \sigma_{固液}$）的差值愈小，$\cos\theta$值愈小，

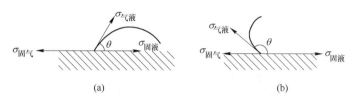

图 1-9　平衡接触角与界面张力的关系

(a) $\theta < 90°$；(b) $\theta > 90°$

θ 角愈大，水对矿粒表面的润湿性愈弱，即矿粒表面的亲水性愈弱，矿粒的可浮性愈好。$\cos\theta$ 值介于 0~1 之间，可将 $\cos\theta$ 值称为矿粒表面的润湿性指标，将（$1-\cos\theta$）的值称为矿物的可浮性指标。测定矿物表面的接触角即可初步评价该矿物的天然可浮性。

根据矿物的润湿性，按天然可浮性（未经药剂作用），常将矿物分为三类（见表 1-4）。

表 1-4　矿物的天然可浮性分类

类别	表面润湿性	破碎面的键特性	代表矿物	接触角/ (°)	天然可浮性
1	小	分子键	自然硫	78	好
2	中	分子键为主，有少量的离子键、共价键和金属键	滑石	69	中
			石墨	60	
			辉钼矿	60	
3	大	离子键、共价键和金属键等强键	自然金		差
			自然铜		
			方铅矿、黄铜矿	47	
			萤石	41	
			黄铁矿	30~33	
			重晶石	30	
			方解石	20	
			石英	0~10	
			云母	0	

可根据浮选工艺要求，采用不同的浮选药剂调整矿物表面的润湿接触角。各种捕收剂可增大矿物表面的润湿接触角，提高有关矿物的可浮性；各种抑制剂可减小矿物表面的润湿接触角，降低有关矿物的可浮性。方铅矿经捕收剂作用后的接触角列于表 1-5 中。

表 1-5　方铅矿经捕收剂作用后的接触角

捕收剂	天然	甲基黄药	乙基黄药	丁基黄药	十六烷基黄药
接触角/ (°)	47	50	60	74	100

根据目前的浮选实践，结合水对矿物表面的润湿性和常用的浮选药剂，浮选时常将矿物分为六大类（见表 1-6）。

表 1-6 主要矿物的天然可浮性分类

分类	自然金属和有色金属硫化矿	非极性矿物	极性矿物	有色金属氧化矿	氧化物、硅酸盐及铝硅酸盐矿物	碱金属及碱土金属可溶盐
浮选特点	表面润湿性小、易浮，用黄药类捕收剂	表面润湿性小，极易浮，用非极性油类捕收剂	表面润湿性大，用脂肪酸类脂肪酸类捕收剂	表面润湿性大，硫化后用黄药类捕收剂或用阳离子捕收剂	表面润湿性因成因而异，用脂肪酸或阳离子捕收剂	在其饱和液中浮选，用脂肪酸或阳离子捕收剂
可能浮选的矿物	1. 自然金属 自然金、银、铜、铂等、某些合金 2. 硫化铜矿 黄铜矿、辉铜矿、铜蓝、黝铜矿、砷黝铜矿、斜方硫砷铜矿 3. 硫化铅矿 方铅矿、脆硫锑铅矿、车轮矿、硫锑铅矿 4. 硫化锌矿 闪锌矿、铁闪锌矿 5. 硫化铁矿 黄铁矿、磁黄铁矿、白铁矿 6. 硫化镍矿 针硫镍矿、镍黄铁矿、硫砷镍矿、辉砷镍矿、辉铁镍矿 7. 硫化钴矿 硫钴矿、方钴矿、砷钴矿、辉砷钴矿、含钴黄铁矿、硫铁钴矿 8. 硫化铋矿 辉铋矿、硒铋矿 9. 硫化汞矿 辰砂、黑辰砂、硫汞锑矿 10. 硫化锑矿 辉锑矿、锑硫镍矿 11. 硫化砷矿 雄黄、雌黄、毒砂	1. 金属矿 辉钼矿 2. 非金属矿 石墨、硫、煤、清石	1. 含钙矿物 白钨矿、萤石、方解石、磷灰石、磷钙土 2. 含钡矿物 重晶石 3. 含镁矿物 菱镁矿、白云石	1. 氧化铜矿 孔雀石、硅孔雀石、蓝铜矿、赤铜矿、黑铜矿 2. 氧化铅矿 白铅矿、铝铅矾、磷氯铅矿、水白铅矿 3. 氧化锌矿 菱锌矿、红锌矿、硅锌矿、锌铁尖晶石 4. 氧化钴矿 菱钴矿 5. 氧化锑矿 锑华、黄锑华 6. 氧化铋矿 铋华、泡铋矿、硅铋矿 7. 氧化砷矿 砷华、白砷矿、臭葱石	1. 黑色金属矿 赤铁矿、磁铁矿、褐铁矿、菱锰铁矿、钴钛铁矿、铬铁矿、软锰矿、菱锰矿、褐锰矿、黑锰矿 2. 钨矿物 钨锰铁矿、钨酸钙矿、钨铁矿、钨锰矿 3. 稀有金属 钽铁矿、细晶石、铌铁矿、钴铁矿、绿柱石、独居石、金红石、锡石 4. 硅酸盐及铝硅酸盐矿物 锂辉石、石英、电气石、黄玉、橄榄石、绿帘石、透闪石、蛭石、绢云母、钙长石、黑云母、白云母、正长石、霞石、高岭土、蓝晶石、红柱石、石榴子石	石盐、钾盐、钾盐镁矾、无水钾镁矾、杂卤石、硼砂、方硼石、芒硝等。

1.2.4　矿粒的黏着功

浮选的基本行为是矿粒选择性附着于气泡上浮。根据热力学第二定律，只有系统内自由能减少的过程才能自动进行，系统自由能降低愈多，过程自发进行的趋势愈大。

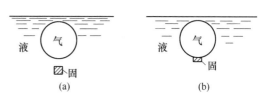

图 1-10　矿粒向气泡附着前、后的示意图
(a) 附着前；(b) 附着后

矿粒向气泡附着前、后的示意图如图 1-10 所示。

设 $S_{气液}$ 为矿粒附着前气-液界面面积，$S_{固液}$ 为矿粒附着前固-液界面面积，$S'_{气液}$ 为矿粒附着后气-液界面面积，$S'_{固气}$ 为矿粒附着后固-气界面面积，$S'_{固水}$ 为矿粒附着后固-液界面面积。则：

矿粒附着前系统的自由能（$E_{前}$）为：

$$E_{前} = S_{气液} \times \sigma_{气液} + S_{固液} \times \sigma_{固液}$$

矿粒附着后系统的自由能（$E_{后}$）为：

$$E_{后} = S'_{气液} \times \sigma_{气液} + S'_{固液} \times \sigma_{固液} + S'_{固气} \times \sigma_{固气}$$

矿粒附着气泡的必要条件为：

$$\Delta E = E_{前} - E_{后} > 0$$

$$\Delta E = (S_{气液} \times \sigma_{气液} + S_{固液} \times \sigma_{固液}) -$$
$$(S'_{气液} \times \sigma_{气液} + S'_{固液} \times \sigma_{固液} + S'_{固气} \times \sigma_{固气})$$

若气泡比矿粒大得多，即 $S'_{固液} = S_{固液} - S'_{固气}$ 及矿粒附着前后气泡不变形，仍为球形，即

$$S'_{气液} = S_{气液} - S'_{固气}$$

将其代入，可得式（1-4）：

$$\Delta E = (S_{气液} \times \sigma_{气液} + S_{固液} \times \sigma_{固液}) - \left[(S_{固液} - S'_{固气}) \times \sigma_{气液} + \right.$$
$$\left. (S_{固液} - S'_{固气}) \times \sigma_{固液} \right] + S'_{固气} \times \sigma_{固气}$$
$$= S'_{固气} \times \sigma_{气液} + S'_{固气} \times \sigma_{固液} - S'_{固气} \times \sigma_{固气}$$
$$= S'_{固气} \times (\sigma_{气液} + \sigma_{固液} - \sigma_{固气}) \tag{1-4}$$

矿粒附着于气泡的必要条件为：

$$\Delta E > 0$$

即
$$S'_{固气} \times (\sigma_{气液} + \sigma_{固液} - \sigma_{固气}) > 0$$

若 $S'_{固气} \times (\sigma_{气液} + \sigma_{固液} - \sigma_{固气}) < 0$，则矿粒无法附着于气泡上，仍留在矿浆中。

若将系统单位面积自由能的变化值称为附着功或可浮性指标（ΔW），则：

$$\Delta W = \frac{\Delta E}{S'_{固气}} = \frac{S'_{固气} \times (\sigma_{气液} + \sigma_{固液} - \sigma_{固气})}{S'_{固气}}$$
$$= \sigma_{气液} + \sigma_{固液} - \sigma_{固气} \tag{1-5}$$

由于

$$\cos\theta = \frac{\sigma_{\text{固气}} - \sigma_{\text{固液}}}{\sigma_{\text{气液}}}$$

将其代入式（1-5），可得：

$$\Delta W = \sigma_{\text{气液}} - \sigma_{\text{气液}}\cos\theta$$
$$= \sigma_{\text{气液}} \times (1 - \cos\theta) \tag{1-6}$$

从式（1-6）可知：

当 $\Delta W = 0$ 时，$\cos\theta = 1$，$\theta = 0°$，矿粒无法附着于气泡上；

当 $\Delta W < 0$ 时，$\cos\theta > 1$，$\theta = 0°$，矿粒无法自发附着于气泡上；

当 $\Delta W > 0$ 时，$\cos\theta < 1$，$\theta > 0°$，矿粒可自发附着于气泡上；

当 $\Delta W = 1$ 时，$\cos\theta = 0$，$\theta = 180°$，矿粒最易附着于气泡上。

1.2.5　矿粒的浮游力

众所周知，密度小于水的固体能浮于水面上，这是由于阿基米德定律产生的浮力作用的缘故。密度大于水的矿物颗粒能浮于水面，是由于除受到阿基米德浮力作用外，还受到矿粒润湿周边表面张力的作用。矿粒润湿周边表面张力的向上垂直分力称为矿粒的浮游力，它是密度大于水的矿粒能浮于水面的主要原因。

接触角与浮游力的关系如图 1-11 所示。

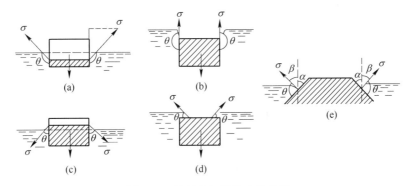

图 1-11　接触角与浮游力的关系

（a）$\theta > 90°$；（b）$\theta = 180°$；（c），（d）$\theta < 90°$；（e）矿粒的润湿周边作用于矿粒倾斜侧壁

设 V 为矿粒的体积，cm^3；L 为矿粒的润湿周边长度，cm；$\delta_{\text{矿}}$ 为矿粒的密度，g/cm^3；$\delta_{\text{浆}}$ 为矿浆的密度，g/cm^3；$\delta_{\text{气}}$ 为气体的密度，g/cm^3；$V_{\text{液}}$ 为矿粒沉入矿浆中的体积，cm^3；$F_{\text{浮}}$ 为浮游力，N；$\sigma_{\text{气水}}$ 为气水界面的表面张力，N/m。

（1）当 $\theta > 90°$ 时（见图 1-11（a）），矿粒有部分浮于液面，此时的浮游力（表张力的向上垂直分力）为：

$$F_{\text{浮}} = L\sigma_{\text{气液}}\cos(180° - \theta) \tag{1-7}$$

平衡时，矿粒的重力＝浮力＋浮游力，即

$$V\delta_{\text{矿}}g = V\delta_{\text{浆}}g + L\sigma_{\text{气液}}(180° - \theta) \tag{1-8}$$

（2）当 $\theta = 180°$ 时（见图 1-11（b）），故

$$F_{\text{浮}} = L\sigma_{\text{气液}}\cos 180° = L\sigma_{\text{气液}} \tag{1-9}$$

平衡时，
$$V\delta_{矿}g = V\delta_{浆}g + L\sigma_{气液} \tag{1-10}$$

（3）当 $\theta < 90°$（见图 1-11（c））时，矿粒所受的重力和浮游力均垂直向下，促使矿粒沉没直至水与矿粒的润湿周边移至矿粒水平面上。

（4）为（3）的继续，此时水与矿粒的润湿周边移至矿粒水平面上（见图 1-11（d））。此时的浮游力为：
$$F_{浮} = L\sigma_{气液}\sin\theta \tag{1-11}$$

此时浮游力向上，平衡时：
$$V\delta_{矿}g = V\delta_{浆}g + L\sigma_{气液}\sin\theta \tag{1-12}$$

从式（1-11）可知，除 $\theta = 0°$ 外，在接触角为任何值时，均有一定的向上浮游力。

（5）矿粒的润湿周边作用于矿粒倾斜侧壁的条件下（图 1-11（e）），浮游力为：
$$F_{浮} = L\sigma_{气液}\cos\beta$$
$$= L\sigma_{气液}\cos[180° - (\theta + \alpha)] \tag{1-13}$$

从式（1-13）可知，当 $\alpha = 0°$ 时（即垂直侧面），浮游力的计算式即为式（1-7）；当 $\alpha = 90°$ 时（即水平侧面），浮游力的计算式即为式（1-11），即
$$F_{浮} = L\sigma_{气液}\cos(90° - \theta) = L\sigma_{气液}\sin\theta$$

由此可知，式（1-13）是计算浮游力的通式。

1.2.6　矿粒的最大浮选粒度

当 $\theta = 180°$ 时，矿粒的浮游力最大，此时可浮选最大的矿粒。在此条件下的静力平衡式为：
$$V\delta_{矿}g = V\delta_{浆}g + L\sigma_{气液}$$
$$Vg(\delta_{矿} - \delta_{浆}) - L\sigma_{气液} = 0 \tag{1-14}$$

若矿粒为立方体，边长为 d，则 $V = d^3$，$L = 4d$，矿粒在矿浆中所受重力为 $gV(\delta_{矿} - \delta_{浆})$，将其代入式（1-14），得：
$$gd^3(\delta_{矿} - \delta_{浆}) - 4d\sigma_{气液} = 0$$

$$d = \sqrt{\frac{4\sigma_{气液}}{g(\delta_{矿} - \delta_{浆})}} \tag{1-15}$$

例 1-1　计算方铅矿在水中的最大浮选粒度。

由于 $\delta_{矿} = 7.5$，$\delta_{浆} = 1$，$\sigma_{气液} = 72$，将其代入式（1-15），得：
$$d = \sqrt{\frac{4 \times 72}{980 \times (7.5 - 1)}} = 0.214\text{cm}$$

例 1-2　计算方铅矿在密度为 1.5 的矿浆中的最大浮选粒度。

由于 $\delta_{矿} = 7.5$，$\delta_{浆} = 1.5$，$\sigma_{气液} = 72$，将其代入式（1-15），得：
$$d = \sqrt{\frac{4 \times 72}{980 \times (7.5 - 1.5)}} = 0.22\text{cm}$$

以上计算均假设矿粒为立方体，同理可计算其他形状的矿粒最大浮选粒度。

某些矿粒最大浮选粒度的计算值与实验值列于表 1-7 中。从表中数据可知，两者基本相符。

表 1-7　某些矿粒最大浮选粒度的计算值与实验值

矿　粒	$\delta_{矿}$	$\delta_{浆}$	最大浮选粒度/cm	
			计算值	实验值
方铅矿（立方体）	7.5	1.5	0.22	0.21
黄铁矿（立方体）	5.0	1.5	0.35	—
闪锌矿（四面体）	4.1	1.5	0.56	0.31
方解石（斜方体）	2.7	1.25	0.46	—
煤（立方体）	1.35	1.10	0.80	1.07
煤（球体）	1.35	1.10	1.31	—

从表 1-7 中数据和式（1-11）可知：（1）单体解离的纯矿物，可浮的最大浮选粒度随矿物密度的增加而降低，但随矿浆密度的增加而增加；（2）单体解离的纯矿物的粒度愈小，浮游力愈小，矿粒附着所需的接触角愈小，故待浮矿物磨矿粒度愈细（大于 0.005mm），其可浮性愈大；（3）待浮矿物密度愈大，粒度愈粗，要求浓浆浮选（矿浆密度高）；（4）待浮矿物密度愈小，粒度愈细，可进行稀浆浮选（矿浆密度较低）。

1.3　浮选过程的动力学

1.3.1　矿粒与气泡的附着

浮选过程的动力学是研究浮选过程的浮选速度的学科，其目的是在保证浮选精矿质量的前提下，以较短的浮选时间获得较高的浮选回收率。

矿石经破碎、磨矿、分级，矿浆经浮选药剂调浆后，可浮矿粒从矿浆中上浮成为浮选精矿须经过下列过程：（1）矿粒与气泡碰撞接触；（2）矿粒与气泡间的水化层变薄或破裂；（3）矿粒在气泡表面滑动并最终附着在气泡下部形成矿化气泡；（4）矿化气泡上浮至矿浆表面形成矿化泡沫层；（5）矿化泡沫层被刮出或自行溢出成为矿物精矿。

在浮选机中，由于矿浆的搅拌和充气作用，矿粒与气泡不断地碰撞接触，矿粒与气泡间的水化层厚度与表面自由能之关系如图 1-12 所示。

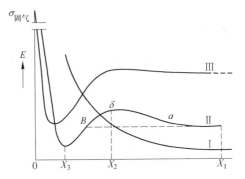

图 1-12　矿粒与气泡间的水化层厚度与表面自由能之关系

I—亲水矿粒；II—可浮矿粒；III—疏水矿粒

从图 1-12 中曲线可知：

（1）亲水矿粒。亲水矿粒表面的水化层很牢固，随亲水矿粒与气泡间的距离的减小，其表面自由能不断增大。因此，亲水矿粒与气泡间的水化层厚度不可能自发缩小。

（2）可浮矿粒。可浮矿粒均具有一定的天然疏水性，随可浮矿粒与气泡间水化层厚度的减小，其表面自由能不断降低，此过程可自发进行；当其与气泡间水化层厚度小于

0.1μm 时（图 1-12 中为 X_1 处），有一能峰，此时可浮矿粒无法自发接近气泡；当外加作用力（作功）克服能峰，可使其间的水化层厚度由 X_1 缩小至 X_2；当可浮矿粒与气泡间的水化层厚度减小至 X_2 处时，可自发缩小至 X_3 处（自发破裂的水化层厚度为 100nm 至 10～1nm 的范围内发生）；当可浮矿粒与气泡间的水化层厚度减小至 X_3 后，其间的水层厚度不可能继续变小。X_3 处及之后的水化层称为残余水化膜。

（3）疏水矿粒。疏水矿粒表面疏水，表面残余水化膜很薄。疏水性愈强，表面残余水化膜愈薄。在极限条件下，残余水化膜可完全破裂，疏水矿粒与气泡间出现"干的"表面。

在浮选机中，矿粒与气泡碰撞接触时，并不是立即就附着于气泡上。在矿浆不断搅拌条件下，矿粒处于不停的运动中，气泡则弥散于浮选矿浆中。当气泡处于上升态，而矿粒向下沉降时，矿粒与气泡碰撞接触，矿粒在气泡表面滑动，从气泡的上部滑向气泡的下部，滑至气泡下部后仍有一定的摆动，最后附着于气泡的最下端或从气泡上脱落。矿粒与气泡接触至矿粒附着于气泡或脱落于气泡的时间，称为"感应时间"。感应时间愈短，浮选速度愈快，浮选的选择性愈高。

试验表明：矿粒愈细，感应时间愈短，附着愈快；矿粒愈粗，感应时间愈长，附着愈慢；气泡愈大，感应时间愈短，附着愈快。

感应时间的长短与浮选药剂及浮选工艺参数密切相关，捕收剂可显著缩短感应时间，抑制剂可延长感应时间。如捕收剂可使附着时间从 150s 缩至 0.01s，疏水性愈强的矿粒，其附着时间愈短，易浮矿粒的附着时间为 0.001～0.008s。附着时间实质上为矿粒与气泡间水化层的破裂时间，水化层的破裂时间愈短，矿粒愈易附着于气泡上，浮选速度愈快。

1.3.2　浮选过程中静态下的矿粒附着接触角

浮选过程中，可浮矿粒附着于气泡上的静力平衡如图 1-13 所示。

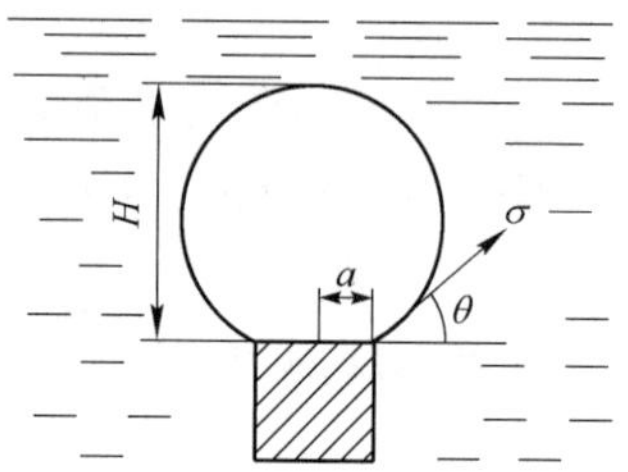

平衡时，作用于该体系的作用力为矿粒的重力、介质静压力、气泡内压力和表面张力。总垂直附着力（F）为：

$$F = 2\pi r \sigma_{气液}\sin\theta - (\pi r^2\rho - \pi r^2\rho_0) \qquad (1\text{-}16)$$

式中　r——接触周边的半径；

　　　$\sigma_{气液}$——气水界面的表面张力；

　　　θ——接触角；

　　　ρ——气体向气泡壁的压力；

　　　ρ_0——附着水面上的流体静压力。

图 1-13　可浮矿粒附着于
气泡的静力平衡

其中：接触周边气水界面的表面张力的垂直分力为 $2\pi r\sigma_{气液}\sin\theta$；气体内部对附着面上的压力为 $\pi r^2\rho$；附着水面上的流体静压力为 $\pi r^2\rho_0$。

根据拉普拉斯公式：

$$\rho - \rho_0 = \sigma_{气液}\left(\frac{1}{R_1} + \frac{1}{R_2}\right) - H\delta g$$

所以　　　　　$$F = 2\pi r\sigma_{气液}\sin\theta - \pi r^2\left[\sigma_{气水}\left(\frac{1}{R_1} + \frac{1}{R_2}\right) - H\delta g\right] \qquad (1\text{-}17)$$

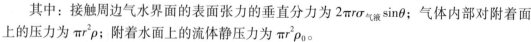

式中　H——气泡高度；

　　R_1，R_2——决定气泡曲面形状的两个半径；

　　　　δ——液体介质的密度。

对气泡附着水面而言，$H=0$，故：

$$F = 2\pi r\sigma_{气液}\sin\theta - \pi r^2\sigma_{气液}\left(\frac{1}{R_1} + \frac{1}{R_2}\right) \tag{1-18}$$

设矿粒的重量为 q，静力平衡时，$q=F$。即

$$q = 2\pi r\sigma_{气液}\sin\theta - \pi r^2\sigma_{气液}\left(\frac{1}{R_1} + \frac{1}{R_2}\right)$$

$$\sin\theta = \frac{q}{2\pi r\sigma_{气液}} + \frac{r}{2}\left(\frac{1}{R_1} + \frac{1}{R_2}\right) \tag{1-19}$$

式（1-19）表示矿粒附着静力平衡时，平衡接触角与表面张力、矿粒质量、矿粒大小和气泡大小之间的关系。

若气泡形状和体积不变，即 $\left(\frac{1}{R_1} + \frac{1}{R_2}\right)$ 为常数，q 也为常数。平衡接触角随润湿周边半径的变化可用 $\dfrac{\mathrm{d}\theta}{\mathrm{d}r}$ 表示，若令 $\dfrac{\mathrm{d}\theta}{\mathrm{d}r}=0$，则可求得平衡接触角的最小值，可称其为附着接触角 θ_1。对式（1-19）微分，并令其等于零，可得：

$$\frac{q}{2\pi r\sigma_{气液}}\left(-\frac{1}{r^2}\right) + \frac{1}{2}\left(\frac{1}{R_1} + \frac{1}{R_2}\right) = 0 \tag{1-20}$$

求解式（1-20），可求得附着的最小接触周边半径 r_1：

$$r_1 = \sqrt{\frac{q}{\pi\sigma_{气液}} \times \frac{R_1 \cdot R_2}{R_1 + R_2}} \tag{1-21}$$

将式（1-21）代入式（1-19），可求得附着接触角 θ_1 为：

$$\sin\theta_1 = \sqrt{\frac{q}{\pi\sigma_{气液}} \times \left(\frac{1}{R_1} + \frac{1}{R_2}\right)} \tag{1-22}$$

对水或与水的表面张力相同的液体而言，$\sigma_{气液}=72.8$，将其代入式（1-22），可得：

$$\sin\theta_1 = 0.0663\sqrt{q \times \left(\frac{1}{R_1} + \frac{1}{R_2}\right)} \tag{1-23}$$

实践表明，浮选过程中矿粒的附着接触角常小于 20°，此时的 $\sin\theta_1$ 与其弧度值相近，即 $\sin\theta_1 \approx \theta_1$，此处的 θ_1 以弧度为单位。即

$$\theta_1 = 0.0663\sqrt{q \times \left(\frac{1}{R_1} + \frac{1}{R_2}\right)}$$

将 θ_1 的弧度换算为角度，可得：

$$\theta°_1 = 3.8\sqrt{q \times \left(\frac{1}{R_1} + \frac{1}{R_2}\right)} \tag{1-24}$$

若进一步简化，可认为气泡顶部的曲率半径为 R，则：

$$\theta°_1 = 3.8\sqrt{q \times \left(\frac{1}{R} + \frac{1}{R}\right)} = 3.8\sqrt{q \times \frac{2}{R}}$$

$$= 5.36 \sqrt{\frac{q}{R}} \tag{1-25}$$

式（1-25）表明，当润湿接触角为 θ_1 时，在水中质量为 q 的矿粒有可能附着在顶部曲率半径为 R 的气泡上。用式（1-23）和式（1-25）计算的结果列于表 1-8 中。

表 1-8　按平衡式计算的矿粒和气泡大小

矿粒在水中的质量 $q/10^{-5}$N	在不同顶部曲率半径 R 的气泡上的接触角			
	$R=0.02$cm		$R=0.05$cm	$R=0.25$cm
	式（1-25）近似式	式（1-23）较精确式	式（1-25）近似式	式（1-25）近似式
0.00001	7°2′	7°	4°6′	2′
0.0001	22°7′	22°	14°4′	6°4′
0.001	1°12′	1°13′	45°6′	20°2′
0.005	2°40′	2°40′	1°42′	45°8′
0.01	3°47′	3°47′	2°24′	1°4′
0.05	8°28′	8°29′	5°24′	2°24′
0.1	12°0′	12°5′	7°34′	3°23′
0.5	26°48′	27°53′	16°56′	7°33′

从表 1-8 中数据可知，按式（1-23）较精确式和按式（1-25）近似式计算的结果相近。

从计算的结果可知：（1）浮选时待浮矿粒静态下的附着接触角较小，而且随气泡顶部曲率半径 R 的增大而减小；（2）浮选时待浮矿粒静态下的附着接触角随待浮矿粒粒度减小而降低；（3）浮选时，粒度小的待浮矿粒最易附着于较大的气泡上。

1.3.3　浮选过程中动态下的矿粒附着接触角

实际浮选过程中，矿粒和气泡均处于剧烈的相对运动状态，而非静止状态。矿粒与气泡最常见的附着是在气泡上升和矿粒下降碰撞接触时实现的，矿粒与气泡碰撞接触时的运动轨迹如图 1-14 所示。

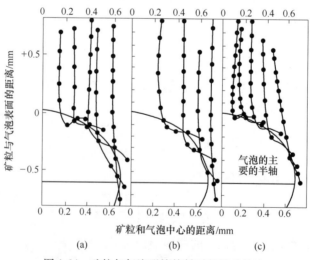

图 1-14　矿粒与气泡碰撞接触时的运动轨迹

（a）方铅矿；（b）黄铁矿；（c）煤

矿粒绕半径为 R 的气泡滑动时，将产生惯性离心力。此动态下的力平衡如图 1-15 所示。

此时，矿粒绕气泡滑动时的总脱落力（F）为：

$$F = \frac{V\delta_{矿} v^2}{R} + V(\delta_{矿} - \delta_{浆})g\sin\gamma \qquad (1-26)$$

式中　V——矿粒体积；

　　　$\delta_{矿}$——矿粒的密度；

　　　$\delta_{浆}$——矿浆的密度；

　　　v——矿粒的绕转速度；

　　　γ——矿粒位置与水平线的夹角；

　　　R——气泡顶部的曲率半径。

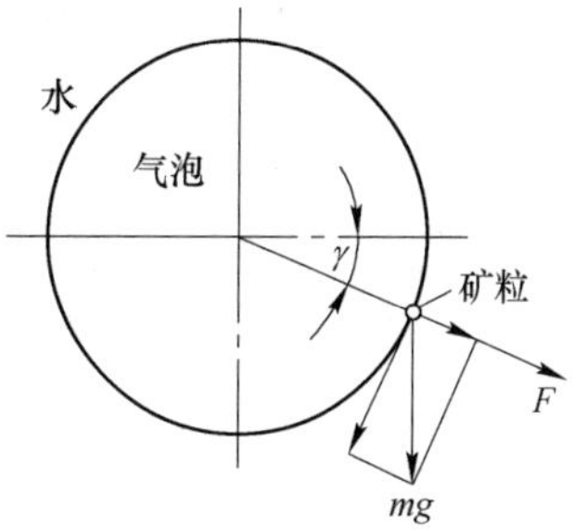

图 1-15　当矿粒绕气泡
滑动时的力平衡

从图 1-15 可知，当矿粒处于气泡上部时，矿粒的重力有利于矿粒的附着。当矿粒处于气泡下半部时，矿粒的重力不利于矿粒的附着，而是促使矿粒脱落。

若以总脱落力（F）代替式（1-19）中的 q，则动态时的附着接触角 θ_2 的平衡式为：

$$\sin\theta_2 = \frac{\dfrac{V\delta_{矿} v^2}{R} + V(\delta_{矿} - \delta_{浆})g\sin\gamma}{2\pi r\sigma_{气液}} + \frac{r}{2} \times \left(\frac{1}{R_1} + \frac{1}{R_2}\right) \qquad (1-27)$$

或

$$\sin\theta_2 = \frac{F}{2\pi r\sigma_{气液}} + \frac{r}{2} \times \left(\frac{1}{R_1} + \frac{1}{R_2}\right) \qquad (1-28)$$

同样可进行简化，其简化式为：

$$\sin\theta_2 = 0.0663 \times \sqrt{F \times \left(\frac{1}{R_1} + \frac{1}{R_2}\right)} \qquad (1-29)$$

根据爱格列斯对立方体萤石颗粒的观测和用上述公式的计算结果列于表 1-9 中。

表 1-9　矿粒附着于气泡所需的接触角

L/cm	q/10^{-5}N	$2R$/cm	v/cm · s^{-1}	θ_1	F/N	θ_2	F/q	θ_2/θ_1
0.015	7.22×10^{-3}	0.04	7.66	3°14′	3.31×10^{-2}	6°56′	4.59	2.14
0.015	7.22×10^{-3}	0.08	11.66	2°16′	4.33×10^{-2}	5°35′	6.00	2.46
0.015	7.22×10^{-3}	0.20	23.66	1°26′	6.17×10^{-2}	4°13′	8.55	2.95
0.006	4.63×10^{-4}	0.04	4.59	50°	8.02×10^{-4}	1°4′	1.74	1.28
0.006	4.63×10^{-4}	0.08	8.59	35′	1.35×10^{-3}	1°	2.92	1.73
0.006	4.63×10^{-4}	0.20	20.59	22′	2.99×10^{-3}	56′	6.45	2.45
0.003	5.78×10^{-5}	0.04	4.15	18′	8.40×10^{-5}	21′	1.48	1.17
0.003	5.78×10^{-5}	0.08	8.15	12′	1.52×10^{-4}	19′	2.68	1.58
0.003	5.78×10^{-5}	0.20	20.15	8′	3.58×10^{-4}	19′	6.32	2.38

从表 1-9 中数据可知，矿粒运动时产生的脱落力为矿粒质量的 1.5~8.6 倍，矿粒运动时的附着接触角为静态时的附着接触角的 1.2~3.0 倍。

上述计算是在简化条件下进行的，所得数值只能是近似值，但有一定的参考价值。平衡接触角是小气泡附着在很大的矿粒表面的条件下测定的。因此，矿粒表面的润湿接触角数值较大，常为 20°~80°。在浮选条件下，待浮矿物的最佳浮选粒度为 -0.074mm

+0.005mm，其粒级回收率均大于95%；浮选机中弥散的气泡直径较大，大的气泡约 2cm，多数气泡为 0.5~1.2cm。因此，实际浮选条件下所需的附着接触角不超过 20°，许多微细矿粒的附着接触角小于 1°。只要矿粒的润湿接触角超过附着接触角，矿粒即可附着在气泡上形成矿化气泡。矿化气泡上浮至矿浆表面，形成可浮矿粒的矿化泡沫层，将其刮出或自行溢出，可获得可浮矿物的矿物精矿。

　　综上所述，金属硫化矿物浮选时的可浮性（动态下的矿粒附着接触角）与该金属硫化矿物的天然可浮性（平衡润湿接触角）、矿物粒度组成、矿浆 pH 值、抑制剂种类和用量、活化剂种类和用量、捕收剂种类和用量、浮选工艺参数、浮选机性能等因素密切相关。

1.3.4　浮选速度

　　单位时间的回收率称为浮选速度。根据质量作用定律，浮选速度可表示为：

$$\frac{\mathrm{d}\varepsilon}{\mathrm{d}t} = k_1(1 - \varepsilon)$$

$$\frac{\mathrm{d}\varepsilon}{1 - \varepsilon} = k_1\mathrm{d}t$$

$$\int_0^1 \frac{\mathrm{d}\varepsilon}{1 - \varepsilon} = \int_0^1 k_1\mathrm{d}t$$

$$\ln\frac{1}{1 - \varepsilon} = k_1 t$$

$$\ln 1 - \ln(1 - \varepsilon) = k_1 t$$

$$1 - \varepsilon = \mathrm{e}^{-k_1 t}$$

$$\varepsilon = 1 - \mathrm{e}^{-k_1 t} \tag{1-30}$$

　　一定时间内的平均回收率为：

$$\frac{\varepsilon}{t} = \frac{1}{t}(1 - \mathrm{e}^{-k_1 t})$$

　　浮选回收率不可能达 100%，即 $\varepsilon_{\max} < 1$。故：

$$\frac{\mathrm{d}\varepsilon}{\mathrm{d}t} = k_1(\varepsilon_{\max} - \varepsilon) \quad 或 \quad \frac{\mathrm{d}\varepsilon}{\mathrm{d}t} = k_2(\varepsilon_{\max} - \varepsilon)^2$$

$$\frac{\varepsilon}{t} = \frac{1}{t}(\varepsilon_{\max} - \mathrm{e}^{-k_1 t}) \quad 或 \quad \frac{\varepsilon}{t} = k_2\varepsilon_{\max}(\varepsilon_{\max} - \mathrm{e}^{-k_2 t}) \tag{1-31}$$

式中　ε——浮选回收率，%；

　　　k_1——一级方程常数；

　　　k_2——二级方程常数；

　　　t——浮选时间，s；

　　$\varepsilon_{\max}$——最高的浮选回收率，%。

　　以 $\ln\dfrac{1}{1-\varepsilon}$ 为纵坐标，以 t 为横坐标作图可得一直线，直线的斜率即为 k 值。试验表明，对窄粒级、可浮性相等的纯矿物和气泡数量充足的条件下，上述浮选速度方程较符合实际。但实际浮选过程是在矿物粒度大小不一，矿粒可浮性不相同，有用矿物与脉石矿物共存，气泡数量有限的条件下进行，故该浮选速度方程存在较大的偏差。若对各浮选槽的泡沫产品进行取样、化验，据实测数据绘制浮选速度图，可求得近似浮选速度常数，将其代入求得的浮选速度公式得到的公式称为浮选速度的经验计算式。

浮选速度与许多因素有关，许多浮选学者进行了许多试验研究工作，提出过若干浮选速度的理论计算公式和浮选速度的经验计算式。但因工艺参数太多，至今仍无法用理论公式计算浮选速度。

若浮选槽的类型和大小相同，可用槽数（n）代替时间，以 $\dfrac{\varepsilon}{n}$ 代替 $\dfrac{\varepsilon}{t}$ 为纵坐标，以槽数 n 为横坐标作图。若为直线，则说明其可浮性相同；若为折线，则说明其可浮性不相同；与横坐标的交点所对应的回收率为最大回收率。若理论回收率与实际回收率差别较大，则应分析具体原因，采取相应措施以达到最大的浮选回收率。

1.3.5　浮选速度的主要影响因素

影响浮选速度的主要因素有：原矿的化学组成与矿物组成、磨矿细度、待浮矿物的单体解离度及粒度组成、浮选矿浆浓度、气泡大小与数量、矿粒与气泡的碰撞概率、矿化气泡上浮速度、矿浆 pH 值、浮选药剂制度及加药点、浮选机性能及浮选流程等。

综上所述，实际浮选生产中可采用下列方法提高可浮矿粒的浮选速度：

（1）提高待浮矿物的磨矿细度和单体解离度，降低脉石泥化程度，可较大幅度提高待浮矿物的可浮性和浮选速度。低碱介质浮选强调高细度，混合浮选或部分混合浮选的磨矿细度为 -0.074mm 占 65%~75%，优先浮选或分离浮选的有用矿物的磨矿细度为 -0.074mm 占 85% 至 -0.053mm 占 95%，此时待浮矿物的可浮性达最佳化。

（2）调整药剂制度。捕收剂是主要的浮选药剂，应合理选择捕收剂的类型和用量。在用量相同条件下，低碱介质浮选将捕收剂的 100% 加入浮选循环的粗选搅拌槽以强化粗选作业，实现空白精选和空白扫选，可大幅度提高粗选作业的回收率（达总回收率的 95%~98%）。

（3）在捕收剂足量的条件下，适当增加起泡剂用量。低碱介质浮选将该循环的全部起泡剂加入粗选搅拌槽以强化粗选作业，可保证泡沫稳定和泡沫强度。但起泡剂不宜过量，否则，反而起消泡作用，会大幅度降低粗选作业的回收率。

（4）金属硫化矿浮选时应采用低碱工艺。低碱条件下（常为自然 pH 值）可提高金属硫化矿的可浮性，不仅可大幅度降低浮选药剂用量，而且可大幅度提高伴生有用组分矿物（如金、银、钼、镓、锗、铟等）的浮选回收率。

（5）应加强浮选设备的维修保养，使浮选机处于最佳的运行状态，保证浮选设备的搅拌强度和充气性能。

（6）在提高浮选速度的条件下，可适当降低浮选矿浆浓度以提高磨矿分级效率、提高磨矿细度和矿浆通过浮选槽的流速，配置时应防止矿浆短路。

（7）可适当提高浮选粗选作业的矿浆浓度以提高矿化气泡的上浮速度和待浮矿物的浮选速度。

（8）各浮选作业的浮选时间应适当，以防止槽内矿浆品位过度贫化。尤其是精选作业，精选槽容积不宜太大，否则既降低浮选速度又降低精矿品位。

（9）浮选作业既要求高的金属回收率和矿产资源综合利用率，又要求高的精矿品位，为后续冶金作业提供精料，使选、冶效益最大化。

（10）与高碱介质浮选工艺比较，处理量相同条件下，低碱介质浮选工艺常可达节能（流程短，浮选机少）、降耗（吨矿药耗低）、提质（精矿品位高）、增产（浮选回收率高、资源综合利用率高）和增效（经济效益和环境效益）的目的。

（11）现采用的低碱介质浮选药剂均为毒性较低的浮选药剂，选择性高，尾矿水排放 pH 值为 6.0~7.0，重金属离子含量低，不污染环境，回水可全部循环使用，环境效益高。

2 浮 选 药 剂

2.1 概述

自然界中，单一的金属矿床较少，多数金属矿床皆为复合共生矿床，且多为贫矿，富矿较少。金属硫化矿床中，不仅多种有用金属硫化矿物共生，有时金属硫化矿物还与金属氧化矿物和非金属矿物共生。

采用浮选法从金属矿中分离回收各种金属矿物，除利用有关金属矿物的天然可浮性的差异外，最有效和实用的方法是采用浮选药剂、控制相关的浮选工艺参数，以调整和控制待浮矿物的表面性质，调整和控制待浮矿物的浮选行为。因此，使用浮选药剂的目的为：（1）调整和控制待浮矿物的表面性质，根据工艺要求提高或降低各相关待浮矿粒表面的可浮性；（2）调整浮选矿浆性质，使浮选药剂能有效发挥作用；（3）调整矿浆中的气泡大小、弥散度和稳定性等。

浮选药剂的使用历史与浮选方法的历史一样长，已有将近90多年的历史。因此，可以毫不夸张地说，没有浮选药剂，就没有现代的泡沫浮选。实践表明：常因高效浮选药剂的诞生和应用，引起浮选工艺的重大革新，大幅度提高浮选指标、提高矿山经济效益和环境效益。使用浮选药剂是目前生产实践中控制矿物浮选行为的最有效、最灵活和最经济的方法。

浮选药剂的种类繁多，约有8000多种，常用的有100多种。通常根据浮选药剂在浮选过程中所起的主要作用，将其分为捕收剂、起泡剂、调整剂（包括抑制剂、活化剂、介质调整剂、分散剂、絮凝剂和消泡剂等）三大类（见表2-1）。

表 2-1 浮选药剂按其主要作用分类

种类	类型	性能	代表药剂	应用
捕收剂	巯基捕收剂	阴离子有机化合物	黄药、黑药等	金属硫化矿
	羟基捕收剂	阴离子有机化合物	羧酸、磺酸	非硫化矿
	胺类捕收剂	阳离子有机化合物	混合胺	非硫化矿
	烃类油	非极性有机化合物	煤油、轻柴油	煤及天然疏水矿物
起泡剂	醇类化合物	非离子型表面活性物	松醇油	金属矿及煤
	醚醇化合物		醚醇油	矿物浮选
	酮醇化合物	非表面活性物	双丙酮醇油	矿物浮选
	氧烷类化合物		丁醚油	矿物浮选

种类	类型		性能	代表药剂	应用
调整剂	抑制剂	无机盐及有机化合物	多为阴离子	腐殖酸、CN^-、HS^-	矿物浮选
	活化剂	无机盐中的金属离子	多为阳离子	Cu^{2+}、Pb^{2+}、Ca^{2+}	矿物浮选
	介质调整剂	无机酸、无机碱		CaO、H_2SO_4、$NaOH$	矿物浮选
	分散剂	无机盐		Na_2SiO_3、Na_2CO_3	矿物浮选
	絮凝剂	天然或合成有机高分子化合物		淀粉、聚丙烯酰胺	矿物浮选
	消泡剂	无机盐或高级脂肪酸脂		三聚磷酸钠	矿物浮选

捕收剂为能选择性作用于矿物表面，并使矿物表面疏水而提高矿物可浮性的有机化合物；起泡剂主要作用于气-水界面，并能降低气-水界面的表面张力，使空气能在矿浆中弥散成小气泡，能提高气泡矿化程度和气泡稳定性的有机化合物；抑制剂为能选择性作用于矿物表面，削弱捕收剂与矿物表面的作用，能提高矿物表面的润湿性并使矿物表面亲水而降低矿物可浮性的有机化合物和无机盐类；活化剂可促进捕收剂与矿物表面的作用，可提高矿物表面的可浮性的有机化合物和无机盐类；介质调整剂为调整矿浆性质，改变矿粒表面的电化学性质，改变矿浆离子组成的无机酸和无机碱。此外，介质调整剂还包括促使矿泥分散、絮凝或团聚的絮凝剂和分散剂，它们常为无机酸、无机碱、无机盐及高分子有机化合物。用于降低矿化泡沫稳定性、消除过多泡沫以改善矿物分选效率和改善泡沫产品运输的浮选药剂称为消泡剂，它们常为无机盐及高级脂肪酸脂类化合物。有些浮选药剂具有多种功能，其作用因使用条件而异。因此，表 2-1 中的浮选药剂分类是相对的。

2.2　捕收剂

2.2.1　概述

2.2.1.1　捕收剂的作用与分类

捕收剂的作用是选择性作用于矿粒表面，以提高矿粒表面的疏水性，使待浮矿物颗粒能选择性地附着于气泡上，并随气泡上浮至矿浆表面形成矿化泡沫层，最终被刮出或自行溢出，获得待浮矿物的矿物精矿。

根据捕收剂的分子结构，可将捕收剂分为极性捕收剂和非极性捕收剂两大类。根据极性捕收剂在水中的解离情况，可将其分为离子型和非离子型两小类。离子型捕收剂又可根据起捕收作用的疏水离子的电性，分为阴离子捕收剂、阳离子捕收剂及两性捕收剂三种。各种捕收剂又可分为若干类型。非极性捕收剂为烃类油类有机化合物。捕收剂分类见表 2-2。

表 2-2　捕收剂分类

捕收剂分子结构特征			类型	品种及组分	应用范围
极性捕收剂	离子型捕收剂	阴离子型	巯基捕收剂	黄药类　ROCSSMe 黑药类　(RO)$_2$PSSMe 硫氮类　R$_2$NCSSMe 硫脲　　(RNH)$_2$CS 白药类　(C$_6$H$_5$NH)$_2$CS	捕收自然金属及金属硫化矿物
			羟基捕收剂	羧酸类　RCOOH(Me) 磺酸类　RSO$_3$H(Me) 硫酸酯类　ROSO$_3$H(Me) 肿酸类　RAsO(OH)$_2$ 膦酸类　RPO(OH)$_2$ 羟肟酸类　RC(OH)NOMe	捕收各种金属氧化矿及可溶盐类矿物，捕收钨、锡及稀有金属矿物，捕收氧化铜矿物
		阳离子型	胺类捕收剂	脂肪胺类　RNH$_2$ 醚胺类　RO(CH$_2$)$_3$NH$_2$	捕收硅酸盐、碳酸盐及可溶盐类矿物
			吡啶盐类	烷基吡啶盐酸盐	
		两性型	氨基酸捕收剂	烷基氨基酸类　ROCSNHR 烷基氨基磺酸类　RNHRSO$_3$H	捕收氧化铁矿物、白钨矿、黑钨矿
	非离子型捕收剂		酯类捕收剂	硫氨酯类　ROCSNHR 黄原酸酯类　ROCSSR 硫氮酯类　R$_2$NCSSR	捕收金属硫化矿物
			双硫化物类捕收剂	双黄药类　(ROCSS)$_2$ 双黑药类　[(RO)$_2$POSS]	捕收沉淀金属及金属硫化矿物
非极性捕收剂			烃类油	烃油类　C$_n$H$_{2n+2}$，C$_n$H$_{2n}$	捕收非极性矿物及用作辅助捕收剂

2.2.1.2　捕收剂的结构及其应用

极性捕收剂均为异极性的有机化合物，捕收剂分子均由极性基（如—OCSSNa、—COOH、—NH$_2$、—PSSMe、＝NCSSMe、—OCSNH—、＝NCSS—等）和非极性基（如R—）两部分组成。极性捕收剂的极性基，在水中可解离为相应的阴离子和阳离子，如黄药的极性基在水中可解离为—OCSS$^-$和Na$^+$，黑药的极性基在水中可解离为—PSS$^-$和H$^+$，羧酸类捕收剂的极性基在水中可解离为—COO$^-$和H$^+$或Me$^+$，胺类捕收剂的极性基在水中可解离为—NH$_2^+$等，极性捕收剂的极性基中的原子价未饱和。当捕收剂的亲固原子与矿物中的非金属元素同类时，该捕收剂即可与该矿物表面发生捕收作用。如黄药、黑药、硫氮、酯类、双硫化物类捕收剂的亲固基为硫离子，它们可与金属硫化矿物表面的金属离子起作用，可作为金属硫化矿物的捕收剂。

羧酸、磺酸、肿酸、膦酸、烷基氨基酸类捕收剂的亲固基为氧离子，它们可与硅酸盐、碳酸盐和金属氧化矿的矿物表面的亲氧原子起作用，它们可作硅酸盐、碳酸盐和金属氧化矿物的捕收剂。

极性捕收剂的非极性基中的所有原子价均已饱和，其内部为强键，表面呈现很弱的分子键，不与水的极性分子起作用，也不与其他化合物起作用。因此，极性捕收剂与矿物表面的作用有一定的取向作用，极性捕收剂的极性基固着在矿物表面上，而非极性基朝向水，在矿物表面形成一层疏水薄膜（见图 2-1）。

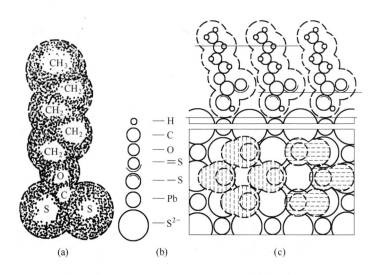

图 2-1　戊基黄药在方铅矿表面的分布（画线部分为黄药占据区）

（a）立面图；（b）侧面图；（c）平面图

极性捕收剂的捕收能力与其非极性基的烃链长度和结构有关。其捕收能力随其非极性基烃链的增长而增强，碳原子数相同而带支链的非极性基的捕收能力较直链非极性基强。因此，随着其非极性基烃链的增长，极性捕收剂的非极性增强，极性捕收剂在矿物表面固着后的疏水性增强，在矿物表面的固着愈牢固。但随非极性基烃链的增长，极性捕收剂在水中的溶解度下降，其捕收的选择性也下降。生产实践中，常采用 $C_2 \sim C_8$ 的烃链长度的捕收剂。

非极性捕收剂主要为烃类油类捕收剂。这是由于烃类油分子吸附于疏水性矿物表面形成油膜，使矿物表面疏水而附着于气泡上。此类捕收剂除用作非极性矿物的捕收剂外，还可用作极性捕收剂的辅助捕收剂，它可增强极性捕收剂的捕收作用并可适当降低极性捕收剂的用量。

2.2.1.3　捕收机理

捕收剂与矿物表面的作用机理较复杂，目前较一致的看法有下列几种：

（1）非极性分子的物理吸附。非极性烃类油在非极性矿物表面的作用属非极性分子的物理吸附，其特点是吸附热小，一般为每摩尔几千焦，吸附力为范德华力或静电力，捕收剂分子或离子与矿物表面间无电子转移。物理吸附通常无选择性或选择性差，易于解吸，其吸附量随温度升高而降低。

（2）矿物表面的双电层吸附。矿物在水中有部分离子转入溶液或某种离子吸附于矿物表面形成多余的定位离子，在溶液中则有相应的异名离子与定位离子形成双电层。双电层的内层为矿物表面多余的定位离子，外层为溶液中的异名离子。外层又分为厚度约与水化离子半径相当的紧密层（能斯特层）和扩散层。溶液内部与矿物表面间的电位称为电极电位（化学电位），紧密层滑动面与矿物表面间的电位称为电动电位（ζ 电位）。捕收剂离子或其他离子可借静电力产生双电层吸附，捕收剂浓度低时呈简单离子吸附；捕收剂浓度高时可呈"半胶团"吸附，即部分捕收剂分子借范德华力及捕收剂离子借静电力共吸附于矿物表面上（见图 2-2）。

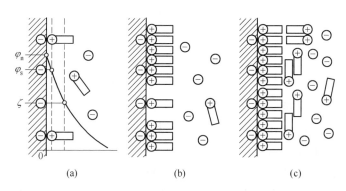

图 2-2　长链药剂离子在矿物表面的吸附形态随其浓度而变化

（a）稀溶液，简单离子吸附；（b）浓溶液，半胶团吸附；（c）离子、分子共吸附（胶团）

（3）化学吸附与表面化学反应。其可分为下列几种形态：

1）矿物表面同电性离子的交换吸附。高登（Gaudin）、瓦克（Wark）和柯克斯（Cox）研究黄药与金属硫化矿物作用时，发现溶液中残留的黄药阴离子浓度下降，而各种含硫阴离子浓度却上升。因此，他们认为是黄药阴离子与金属硫化矿物表面的含硫阴离子产生了离子交换，使黄药阴离子化学吸附于金属硫化矿物表面，而溶液中的 OH^- 可与其发生竞争吸附。

2）矿物表面的黄药分子吸附。柯克（Cook）等人认为金属硫化矿物表面带负电，黄药阴离子带负电，交换吸附的阻力大，金属硫化矿物表面吸附的为水解生成的黄原酸分子，因水解生成的黄原酸分子的吸附无此阻力。黄原酸的解离常数为（金属硫化矿物表面）：

$$K_a = \frac{[H^+] \cdot (c-[HX])}{[HX]}$$

在碱性液中，$K_a \gg [H^+]$，故

$$[HX] = \frac{[H^+] \cdot c}{K_a}$$

式中，K_a 为解离常数；c 为黄原酸浓度。

据瓦克等人的实验结果，$[H^+] \cdot c$ 为常数，表明 $[HX]$ 为常数，故起有效作用的实为水解生成的黄原酸分子。

3）表面化学反应。方铅矿的纯矿物在无氧的水中磨矿，在无氧的条件下采用黄药进行浮选，发现黄药对方铅矿的纯矿物无任何捕收作用。但在有氧气的条件下进行磨矿和浮选，黄药是方铅矿的良好捕收剂。因此，氧在金属硫化矿物的浮选中起了重要的作用。

一般认为氧气在金属硫化矿物浮选中的作用为：

（1）在金属硫化矿物表面氧化生成半氧化物。

由于黄原酸铅的溶度积大于硫化铅的溶度积，方铅矿表面的 S^{2-} 不可能被黄药阴离子 X^- 交换取代。在通常浮选条件下，溶液中的黄药阴离子 X^- 浓度会下降而被方铅矿表面所吸附，溶液中的各种 $S_xO_y^{2-}$ 浓度会随黄药阴离子 X^- 吸附量的增大而增大，表明产生了下列交换吸附反应：

$$Pb\big] Pb^{2+} \cdot 2A^- + 2X^- \longrightarrow Pb\big] Pb^{2+} \cdot 2X^- + 2A^-$$

式中，A 为 SO_4^{2-}、SO_3^{2-}、CO_3^{2-} 等。

可以认为，在有氧条件下，方铅矿表面的部分 S^{2-} 被氧化转变为 SO_4^{2-}、SO_3^{2-} 等离子，然后黄药阴离子 X^- 再与它们进行交换吸附，生成溶度积较小的 PbX_2。实践表明，当方铅矿表面深度氧化至生成硫酸铅壳后，具备黄药阴离子 X^- 与硫酸根离子交换吸附的条件，但此时方铅矿的浮选回收率却比未深度氧化的方铅矿的浮选回收率低得多。其原因是硫酸铅的溶度积太大，方铅矿表面生成的 PbX_2 会随硫酸铅的溶解而从方铅矿表面脱落。因此，方铅矿表面深度氧化至生成硫酸铅壳后，方铅矿的浮选回收率低，只有当方铅矿表面浅度氧化为"半氧化物"时，方铅矿的浮选回收率才能达到峰值（见图 2-3）。

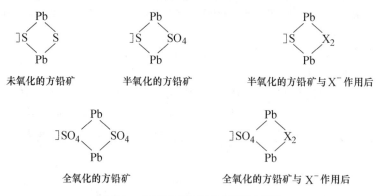

图 2-3　方铅矿表面氧化深度示意图

实验表明，矿浆中的含氧量为其饱和量的 20% 时，黄药的吸附量和分解出的元素硫量均达最大值（见图 2-4）。

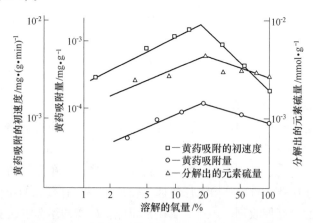

图 2-4　矿浆中氧的饱和度对黄药作用的影响

Mustafa S.（2004 年）的试验表明，乙基黄药在黄铜矿表面的吸附可表示为：

1）黄铜矿表面先进行氧化反应：

$$2CuFeS_2+6H_2O+6O_2 \longrightarrow 2Fe(OH)_3+Cu_2S+3SO_4^{2-}+6H^+$$

2）乙基黄药阴离子作用于黄铜矿表面：

$$Cu_2S(s)+2X^-+2O_2 \longrightarrow 2CuX(s)+SO_4^{2-}$$

此机理的有力证据是黄铜矿表面吸附乙基黄药时，在溶液中会生成硫酸根离子。在温度为 293K，乙基黄药浓度为 $5\times10^{-5} \sim 1\times10^{-3}$ mol/L 的条件下，当溶液 pH 值为 8～10 时，乙基黄药阴离子的吸附量随 pH 值的增大而增大；当 pH 值大于 11 时，乙基黄药阴离子的吸附量随 pH 值的增大而降低；吸附一般在 10min 内达平衡。

（2）消除金属硫化矿物表面的电位栅以促进电化反应的进行。

金属硫化矿物总会含部分杂质和存在晶格缺陷，表面存在阴极区和阳极区。如方铅矿常含银，在氰化矿浆中，在方铅矿表面的阳极区将产生下列反应：

$$Ag+2CN^- \longrightarrow Ag(CN)_2^-+e$$

阳极区产生的电子向阴极区流动，阴极区表面的电子越积越多，产生电位栅。由于静电排斥力的缘故，致使黄药阴离子在金属硫化矿物表面较难吸附。当矿浆中含溶解氧时，将产生下列反应：

$$\frac{1}{2}O_2+2H^++2e \longrightarrow H_2O$$

由于氧被还原，从而消除了方铅矿表面的电位栅（见图 2-5）。其反应可表示为：

阳极区 $PbS+2ROCSS^- \longrightarrow Pb(ROCSS)_2+S^0+2e$

阴极区 $\frac{1}{2}O_2+2H^++2e \longrightarrow H_2O$

总反应式为：$PbS+2ROCSS^-+\frac{1}{2}O_2+2H^+ \longrightarrow Pb(ROCSS)_2+S^0+H_2O$

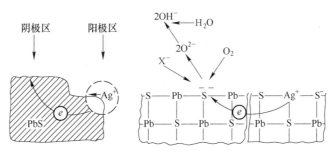

图 2-5 矿浆中的溶解氧可消除方铅矿表面的电位栅

（3）将黄药类捕收剂氧化为双黄药、双黑药等。

黄药的氧化反应可表示为：

$$2ROCSS^-+\frac{1}{2}O_2+2H^+ \longrightarrow (ROCSS)_2+H_2O$$

双黄药等双硫化物类捕收剂对金属硫化矿物和自然金属有一定的捕收能力，常将其与其他金属硫化矿物捕收剂共用。

　　巯基类捕收剂与金属硫化矿物表面的作用主要是化学吸附和表面化学反应，它们与金属硫化矿物表面的作用形式大致为五种（见图 2-6）。

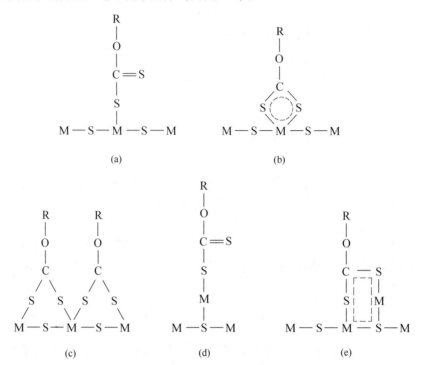

图 2-6　黄药在金属硫化矿物表面的作用形式

（a）单配位式；（b）螯合式；（c）桥式；（d）1:1 的分子吸附式；（e）1:1 的离子吸附式（六元螯合式）

　　药剂与矿物表面的化学吸附、表面化学反应与溶液中的化学反应不同。一般认为，化学吸附是药剂离子或分子与矿物表面（不发生表面晶格金属离子的转移）间的反应，在矿物表面形成定向排列的单层药剂离子或分子，药剂与矿物表面有键合的电子关系，选择性较强，吸附较牢固，吸附量随温度升高而增大；表面化学反应是药剂离子或分子与矿物表面金属离子键合，在矿物表面形成独立相的金属-药剂产物，其选择性高；溶液中的化学反应是矿物表面的金属离子离开矿物表面，在溶液中与药剂离子或分子产生的化学沉淀反应。

2.2.2　黄药

2.2.2.1　成分、命名

　　黄药（xanthate）为黄原酸盐，学名为烃基二硫代碳酸盐，可看作碳酸盐中一个金属离子被烃基取代和两个氧原子被硫原子取代后的产物，其通式为 R—OCSSMe，如乙基钠黄药，其结构式如图 2-7 所示。

　　通式中的 R 常为脂肪烃基 C_nH_{2n+1}，其中 $n=2\sim6$，极少 R 为芳香烃基、环烷基和烷胺基等。Me 常为 Na^+、K^+，工业产品常为 Na^+。钾黄药和钠黄药的性质基本相同，但钾黄药比钠黄药稳定，钠黄药易潮解，钾黄药不潮解，钠黄药的价格比钾黄药低。均易溶于水、

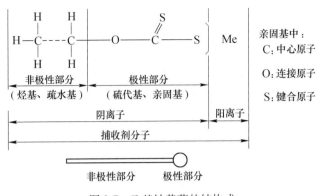

图 2-7 乙基钠黄药的结构式

酒精及丙酮中。据黄药 R 基中碳原子数的数量，分别将其称为乙基钠黄药、丁基钠黄药等，如：

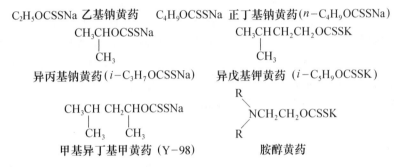

通常将甲基黄药、乙基黄药称为低级黄药，将丁基以上的黄药称为高级黄药。

2.2.2.2 合成方法

黄药可由相应的醇、氢氧化钠和二硫化碳合成，其反应可表示为：

$$ROH + MeOH + CS_2 \longrightarrow ROCSSMe \downarrow + H_2O$$

采用氧同位素 O^{18} 作 NaOH 的示踪原子进行黄药的合成试验，证明黄药合成时，NaOH 的氧原子进入水中，而醇中的氧原子进入黄药中。

合成黄药的反应为放热反应，合成过程宜在冷却至低温的条件下进行，高温条件下会使黄药分解。

有多种合成黄药的工艺，主要区别在于加料顺序、原料比例、介质或溶剂类型及反应设备等。其中主要的合成黄药工艺为：

（1）直接合成工艺。采用强烈搅拌的混捏机，在冷冻条件下，将理论比例量的醇和氢氧化钠粉末（质量比为 ROH∶NaOH∶CS_2 = 1∶1∶1）相互作用，再缓慢加入二硫化碳进行黄原酸化（简称黄化）反应，不添加任何溶剂，获得黄药粉末。若将黄药粉末经干燥处理，质量更佳。我国从 1942 年开始生产液体黄药，1950 年开始生产固体黄药，随后有了丁基黄药、戊基黄药、异戊基黄药、仲丁基黄药等的工业生产。

若先将醇与二硫化碳混合，然后缓慢有控制地加入比例量的氢氧化钠粉末合成黄药，此工艺称为"反加料"工艺。此工艺为沈阳选矿药剂厂（现铁岭选矿药剂厂）研创，可使反应时间缩短 50%，设备利用率可提高一倍。

（2）结晶工艺。采用大量的苯、汽油或过量酒精等为溶剂，在溶剂中进行合成黄药的反应。生成的黄药不溶于溶剂中（或微溶），经过滤、干燥后获得固体黄药。国外主要用此工艺合成黄药，产品质量高。此工艺具有易搅拌混匀、易冷却和易热交换等优点。其缺点为须用溶剂稀释，工艺较复杂，成本可能较高。

（3）稀释剂工艺（干燥法）。在合成黄药时（一般在制取醇淤时）加入少量水或有机稀释剂，使物料易搅拌混匀而又无需加入大量的水或有机稀释剂，以免降低产品质量和分离有机稀释剂，再经干燥后获得固体黄药。

（4）水溶液合成工艺（湿碱法）。将氢氧化钠水溶液与稍过量的醇及二硫化碳一起搅拌并加以冷却，可获得黄药的水溶液。此种黄药易分解，运输不便。除大型选厂就地生产黄药外，选矿药剂厂已少用。也可将黄药的水溶液经干燥制得固体黄药。

合成黄药的四种工艺中，国内主要采用直接法，国外主要采用结晶法，而湿碱法主要用于小型土法生产。

合成黄药的原料纯度对黄药质量有直接的影响，所用碱（NaOH 或 KOH）的纯度应大于 95%，其中所含的水分、碳酸钠和铁质等会降低黄药质量或加速黄药分解。合成黄药时，氢氧化钠须碎磨至小于 0.5mm 后才能使用。二硫化碳的纯度应大于 98.5%，应无其他硫化物杂质。使用的醇应尽量不含水分，乙醇纯度应大于 98%；丁醇馏程为 115~118℃的馏分应占总体积的 95% 以上；戊醇馏程为 129~134.5℃的馏分应占总体积的 95% 以上。

直接合成工艺常采用混捏机混匀物料，外用 −15℃ 的冰盐水冷却。料比（物质的量比）为：（ROH）:（NaOH）:（CS_2）= 1:1:1。对戊基黄药而言，料比（物质的量比）调整为：（ROH）:（NaOH）:（CS_2）= 0.9:1:0.95。反应温度一般为 20℃，最高不超过 40℃。合成产品（黄药）采用盘式密闭罐真空干燥。乙基黄药、丁基黄药的干燥温度为 55~70℃，戊基黄药的干燥温度为 30~40℃，干燥时间为 4~7h。

直接合成的"反加料"工艺，先将醇与二硫化碳按配料比混合，然后分批逐渐加入氢氧化钠细粉。利用加碱的速度快慢来控制反应温度。反应温度一般控制为 10~15℃，碱加完后，再将温度升至 30℃ 左右，直至反应完全为止。冷却后即可出料。

2.2.2.3　黄药的性质

黄药为晶状体或粉末，不纯品常为黄绿、橙红色的胶状，密度为 1.3~1.7 g/cm^3，有刺激性臭味，有毒（中等）。短链黄药易溶于水，可溶于丙酮、酒精中，微溶于乙醚及石油醚中，故可采用丙酮−乙醚混合溶剂法对黄药进行重结晶提纯。

钾黄药的熔点列于表 2-3 中。黄药在水中的溶解度列于表 2-4 中。

表 2-3　钾黄药的熔点

非极性基	CH_3	C_2H_4	$n\text{-}C_3H_7$	$i\text{-}C_4H_9$	$n\text{-}C_4H_9$	$i\text{-}C_5H_{11}$
熔点/℃	182~186	226	233~239	278~282	255~265	260~270

表 2-4 黄药在水中的溶解度

非极性基		$n\text{-}C_3H_7$		$i\text{-}C_3H_7$		$n\text{-}C_4H_9$		$i\text{-}C_4H_9$		$i\text{-}C_5H_{11}$	
碱金属离子		K^+	Na^+	K^+	Na^+	K^+	Na^+	K^+	Na^+	K^+	Na^+
溶解度 /g	0℃	43.0	17.6	16.6	12.1	32.4	20.0	10.7	11.2	28.4	24.7
	35℃	58.0	43.3	37.5	37.9	47.9	76.2	47.67	33.37	53.3	43.5

黄药为弱酸盐，在水中易解离为离子，产生的黄原酸根易水解为黄原酸，其水解速度与其烃链长度和介质 pH 值密切相关。其反应可表示为：

$$ROCSSNa \xrightarrow{解离} ROCSS^- + Na^+$$

$$ROCSS^- + H_2O \underset{}{\overset{水解}{\rightleftharpoons}} ROCSSH + OH^-$$

$$ROCSSH \xrightarrow{酸分解} ROH + CS_2$$

介质 pH 值愈低，黄药的酸分解速度愈快。在强酸介质中，黄药在短时间内酸分解为不起捕收作用的醇和二硫化碳。在酸性介质中，低级黄药的酸分解速度比高级黄药快。如在 0.1mol/L 的盐酸液中，乙黄药全分解时间为 5~10min，丙黄药全分解时间为 20~30min，丁黄药全分解时间为 50~60min，戊黄药全分解时间为 90min；25℃条件下，乙黄药的半衰期与 pH 值的关系见表 2-5。因此，在酸性介质中浮选时，若用黄药作捕收剂，应采用高级黄药以降低药剂耗量。

表 2-5 乙黄药的半衰期与 pH 值的关系（25℃）

介质 pH 值	5.6	4.6	3.4
乙黄药的半衰期/min	1023	115.5	10.5

黄药遇热常分解为烷基硫化物、二硫化物、羰基硫化物和碱金属的碳酸盐。其反应可表示为：

$$ROCSSH \xrightarrow{热分解} ROH + CS_2$$

温度愈高，黄药热分解速度愈高。

黄药为还原剂，易被氧化。二氧化碳、过渡元素及与黄药生成难溶盐的元素均对黄药的氧化有催化作用。黄药的氧化产物为双黄药。其反应可表示为：

$$4ROCSSNa + O_2 + 2H_2O \xrightarrow{氧化} 2ROCSS-SSCOR + 4Na^+ + 4OH^-$$

$$6ROCSSNa + 3H_2O \xrightarrow{分解} 2Na_2S + Na_2CO_3 + 5CS_2 + 6ROH$$

$$ROCSSNa + CO_2 + H_2O \xrightarrow{分解} ROH + CS_2 + NaHCO_3$$

$$2ROCSSNa + \frac{1}{2}O_2 + 2CO_2 + H_2O \xrightarrow{氧化} ROCSS-SSCOR + 2NaHCO_3$$

双黄药为黄色的油状液体，难溶于水，呈分子状态存在于水中。在弱酸性和中性矿浆中，双黄药的捕收能力比黄药强。因此，浮选金属硫化矿物时，黄药的轻微氧化可以改善浮选效果。

游离碱可促使黄药分解，其反应可表示为：

$$ROCSSNa + NaOH \xrightarrow{碱分解} ROH + NaOCSSNa$$

$$ROCSSNa+2NaOH \xrightarrow{\text{碱分解}} ROH+NaOCOSNa+NaHS$$

$$ROCSSNa+NaHS \xrightarrow{\text{碱分解}} ROH+NaSCSSNa$$

$$NaOCSSNa+NaOCOSNa \longrightarrow NaSCSSNa+Na_2CO_3$$

黄药的稳定性随其烃链长度的增加而提高，黄药的分解速度常数 K_0 见表 2-6。

表 2-6 黄药的分解速度常数 K_0

烃基类型	甲基	乙基	正丙基	异丙基	正丁基	异丁基	正戊基
分解速度常数 $K_0/\text{L} \cdot (\text{min} \cdot \text{mol})^{-1}$	213	226	214	207	209	202	211

黄药的烃链愈长，其分解速度愈小，而疏水性愈大，其对金属硫化矿物的捕收作用愈强（见图 2-8）。

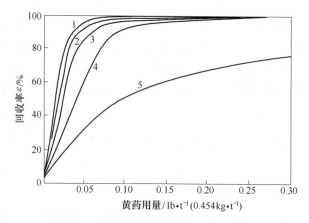

图 2-8 不同黄药浮选方铅矿的回收率

（条件：粒度 0.15～0.28mm，松油 25g/t，碳酸钠 25g/t，黄药 454g/t）

1—异戊基钾黄药；2—正丁基钾黄药；3—丙基钾黄药；4—乙基钾黄药；5—甲基钾黄药

黄药能与重有色金属离子和贵金属离子生成相应的黄原酸难溶盐沉淀，相应的黄原酸难溶盐及相应硫化物的溶度积见表 2-7。

表 2-7 金属-乙基黄原酸难溶盐及相应硫化物的溶度积

金属阳离子	乙基黄原酸难溶盐的溶度积	相应金属硫化物的溶度积	金属阳离子	乙基黄原酸难溶盐的溶度积	相应金属硫化物的溶度积
Hg^+	1.15×10^{-38}	1×10^{-52}	Sn^{2+}	约 10^{-14}	—
Ag^+	0.85×10^{-18}	1×10^{-49}	Cd^{2+}	2.6×10^{-14}	3.6×10^{-29}
Bi^{3+}	1.2×10^{-31}	—	Co^{2+}	6.0×10^{-13}	—
Cu^+	5.2×10^{-20}	$10^{-38}\sim10^{-44}$	Ni^{2+}	1.4×10^{-12}	1.4×10^{-24}
Cu^{2+}	2.0×10^{-14}	1×10^{-36}	Zn^{2+}	4.9×10^{-9}	1.2×10^{-23}
Pb^{2+}	1.7×10^{-17}	1×10^{-29}	Fe^{2+}	0.8×10^{-8}	—
Sb^{3+}	约 10^{-15}	—	Mn^{2+}	$<10^{-2}$	1.4×10^{-15}

黄药对各种矿物的捕收能力和捕收选择性，与其相应的金属黄原酸盐的溶度积有密切的关系。常根据金属乙基黄原酸盐的溶度积，将常见金属矿物分为三类：

（1）亲铜元素矿物：其金属乙基黄原酸盐的溶度积小于 4.9×10^{-9}。属于此类的金属有 Au、Ag、Hg、Cu、Pb、Sb、Cd、Co、Bi 等。黄药对此类元素的自然金属（如 Au、Ag、Cu 等）和金属硫化矿物的捕收能力最强。

（2）亲铁元素矿物：其金属乙基黄原酸盐的溶度积大于 4.9×10^{-9}，而小于 7×10^{-2}。属于此类的金属有 Zn、Fe、Mn 等。黄药对此类元素的金属硫化矿物有一定的捕收能力，但比较弱。若采用黄药作捕收剂，亲铜元素的金属硫化矿物与亲铁元素的金属硫化矿物较易实现浮选分离。钴、镍的乙基黄原酸盐的溶度积虽小于 10^{-12}，属亲铜元素，但它们常与硫化铁矿物紧密共生，常与硫化铁矿物一起浮选。

（3）亲石元素矿物：其金属乙基黄原酸盐的溶度积大于 4.9×10^{-2}，属于此类的金属有 Ca、Mg、Ba 等。由于其金属乙基黄原酸盐的溶度积大，在通常浮选条件下，此类金属矿物表面无法形成疏水膜，黄药对此类金属矿物无捕收作用。因此，选别碱金属及碱土金属矿物、氧化矿物及硅酸盐矿物时均不采用黄药作捕收剂。

从表 2-7 中数据可知，一般金属硫化矿物的溶度积比相应金属乙基黄原酸盐的溶度积小，按化学原理，黄药阴离子 X^- 不可能与金属硫化矿物表面反应而取代 S^{2-}。只有当金属硫化矿物表面轻微氧化后，金属硫化矿物表面的 S^{2-} 被 OH^-、SO_4^{2-}、$S_2O_3^{2-}$、SO_3^{2-} 等离子取代后，金属黄原酸盐的溶度积小于相应金属氧化物的溶度积时，黄药阴离子 X^- 才可能取代金属硫化矿物表面的金属氧化物所对应的阴离子。

2.2.2.4 黄药的应用与贮存

黄药常用作亲铜元素与亲铁元素中的自然金属（如 Au、Ag、Cu 等）和金属硫化矿物的捕收剂。

为了防止黄药水解、分解和过分氧化，应将黄药贮存于密闭容器内。避免与潮湿空气和水接触，注意防水、防潮，不宜暴晒，不宜长期存放。宜存放于阴凉、干燥、通风处。配置好的黄药水溶液不宜放置过久，不应用热水配置黄药水溶液。黄药水溶液一般当班配当班用，生产用的黄药配制浓度常为 5%。

2.2.3 黑药

2.2.3.1 成分与命名

黑药（thiophosphate）学名为烃基二硫代磷酸（盐），可将其视为磷酸的衍生物，磷酸中的两个氧原子为硫原子取代，两个氢原子为烃基取代，其通式可表示为 $(RO)_2PSSH(Me)$。常用的几种黑药的结构式如图 2-9 所示。

常见黑药名称、组成及应用特点见表 2-8。

表 2-8　常见黑药名称、组成及应用特点

黑药名称	化学组成	应用及特点
1. 甲酚黑药 $(CH_3C_6H_4O)_2PSSH$		
25 号黑药（甲酚黑药含 25%P_2S_5）	$(CH_3C_6H_4O)_2PSSH$	金属硫化矿物捕收剂，有起泡性，选择性强，对黄铁矿捕收弱

黑药名称	化学组成	应用及特点
15 号黑药（甲酚黑药含 15%P_2S_5）	$(CH_3C_6H_4O)_2PSSH$	含过量甲酚，起泡性强
31 号黑药（25 号黑药+6%白药），33 号黑药	$(CH_3C_6H_4O)_2PSSH$	捕收闪锌矿、方铅矿、银矿、硅孔雀石
241 号黑药（25 号黑药用氨水中和）	25 号黑药的铵盐	选择性强，用于铅锌分离、铜硫分离
242 号黑药	31 号黑药的铵盐	选择性强，用于铅锌分离、铜硫分离
2. 醇黑药 $(RO)_2PSSNa$		
乙基钠黑药	$(C_2H_5O)_2PSSNa$	捕收闪锌矿，对黄铁矿捕收弱
208 号黑药（乙基与异丁基钠黑药 1∶1 混合）	R 为 C_2H_5+i-C_4H_9—	为硫化铜矿和自然金、银优良捕收剂
211 号黑药	R 为异丙基 i-C_3H_7—	主要捕闪锌矿，捕收力较钠黑药强
238 号黑药（丁基钠黑药）	R 为仲丁基（2-C_4H_9—）	
236 号黑药	$(CH_3(CH_2)_3O)_2PSSNH_4$	主要用于浮选硫化铜矿物，对黄铁矿捕收弱
239 号黑药（含 10%乙醇或异丙醇黑药）	$(CH_3(CH_2)_4O)_2PSSNH_4$	
249 号黑药	R 为 $(CH_3)_2CHCH_2CHCH_3$—（即用 MIBC 为原料）	硫化铜矿物强捕收剂，有起泡性
异丁基黑药（Aero3477 号）	R 为 i-C_4H_9—	硫化铜和硫化锌矿物的强捕收剂，选择性高，可提高贵金属回收率
异戊基黑药（Aero3501 号）	R 为 i-C_5H_{10}—	
3. 其他类型黑药		
环烷酸黑药	75 份环烷酸与 25 份 P_2S_5 的反应产物	浮选锆石、锡石
苯胺黑药	$(C_6H_4NH)_2PSSH$	不溶于水，溶于纯碱液，捕收铜铅硫化矿物，有起泡性
甲苯胺黑药	$(CH_3C_6H_4NH)_2PSSH$	白色粉末，捕收力与选择性高于乙基黄药
环己基氨基黑药	$(C_6H_{10}NH)_2PSSH$	浮选氧化铅矿物
丁基铵黑药	$(C_4H_9O)_2PSSNH_4$	适于浮选硫化铜、铅、锌、镍矿物，捕收力强，有起泡性
194 号黑药	钠黑药+$(C_2H_5O)_2PSSNa$	在酸性矿浆中浮铜，用于浸出—沉淀—浮选（LPF）回路
Aero4037 号	$(RO)_2PSSNa$+$R'NHCSOR''$	硫化铜矿物的捕收剂，优于 Z-200，只部分溶于水，对黄铁矿捕收弱

黑药名称	化学组成	应用及特点
Aerophine3418A（二硫代次膦酸钠）	R_2PSSNa	浮选硫化铜、铅、锌硫化矿物，溶于水，用量为黄药的30%~50%
Aero404 号	巯基苯骈噻唑+（RO）$_2$PSSNa	部分氧化的硫化铜矿物
Aero407 号		用于难选硫化铜矿物，优于 Aero404 号
Aero412 号		适于酸性矿浆浮选铜镍矿，优于 Aero407

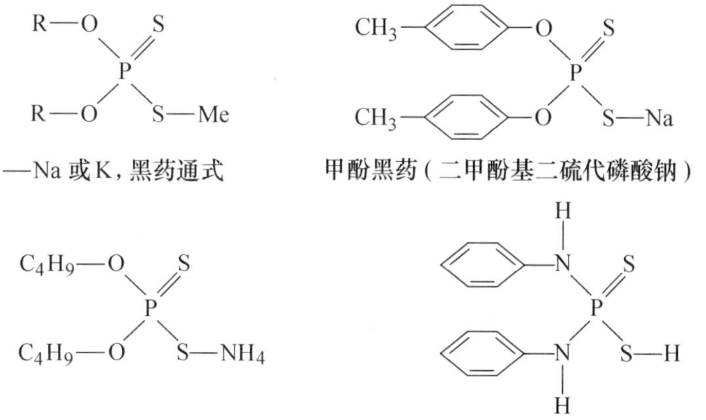

Me —Na 或 K，黑药通式　　　　甲酚黑药（二甲酚基二硫代磷酸钠）

丁铵黑药（丁基二硫代磷酸铵）　　　苯胺黑药（苯胺基二硫代磷酸）

图 2-9　常用的几种黑药的结构式

我国选矿生产中最常用的为甲酚黑药、丁基铵黑药、苯胺黑药等。

2.2.3.2　黑药的制备

A　甲酚黑药的制备

将五硫化二磷与甲酚混合加热和搅拌即可制得甲酚黑药。其反应式可表示为：

$$4C_6H_4CH_3OH+P_2S_5 \xrightarrow[\text{（隔绝空气加热）}]{130\sim150℃} 2(C_6H_4CH_3O)_2PSSH+H_2S$$

由于制备甲酚黑药的甲酚原料来自炼焦副产品，是邻位甲酚、对位甲酚、间位甲酚三种同分异构体甲酚的混合物，其中邻位甲酚占总质量的 35%~40%，对位甲酚占总质量的 25%~28%，间位甲酚占总质量的 35%~40%。所得产品甲酚黑药也是这三种同分异构体的混合产品。若将此种同分异构体混合产品分离，间位甲酚黑药的捕收能力最强，对位甲酚黑药的捕收能力居中，邻位甲酚黑药的捕收能力最弱，捕收能力由强至弱的顺序为：间位甲酚黑药>对位甲酚黑药>邻位甲酚黑药（见图 2-10 和图 2-11）。

不同牌号的黑药中，所含五硫化二磷的量不同。25 号黑药是用甲酚和占原料质量 25%的五硫化二磷反应的产物；15 号黑药是用甲酚和占原料质量 15%的五硫化二磷反应的产物，故 15 号黑药中含有过量的甲酚，其起泡性比 25 号黑药大。其他黑药的组成见表 2-8。

除采用甲酚外，也可采用二甲酚为原料，与五硫化二磷合成二甲酚黑药（$CH_3C_6H_2O$）$_2$PSSH。二甲酚黑药的性能及捕收作用与甲酚黑药相似，同样为黑色的油状液体。

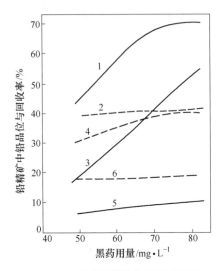

图 2-10　不同甲酚黑药的浮选效果

1—间位甲酚黑药的金属回收率；2—间位甲酚黑药的精矿品位；
3—对位甲酚黑药的金属回收率；4—对位甲酚黑药的精矿品位；
5—邻位甲酚黑药的金属回收率；6—邻位甲酚黑药的精矿品位

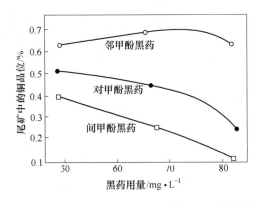

图 2-11　不同甲酚黑药用量与铜浮选尾矿品位的关系

B　丁基铵黑药的制备

丁基铵黑药为醇基黑药，合成时先将正丁醇与五硫化二磷按质量比为 4∶1 制备二丁基二硫代磷酸（丁基黑药），然后通入氨气中和，可得丁基铵黑药。其反应可表示为：

$$4CH_3(CH_2)_3OH + P_2S_5 \xrightarrow{70\sim80℃,搅拌2h} 2[CH_3(CH_2)_3O]_2PSSH + H_2S$$

$$[CH_3(CH_2)_3O]_2PSSH + NH_3 \xrightarrow{20\sim35℃} [CH_3(CH_2)_3O]_2PSSNH_4$$

以前曾用轻汽油作溶剂制备丁基铵黑药，其质量比为汽油∶丁基黑药=3∶1。但此工艺因安全和环保原因而被淘汰，现已采用水作溶剂制备丁基铵黑药。

丁基铵黑药的纯品为白色结晶，工业品纯度约 90%，为白色或灰色粉末。除丁基铵黑药外，常用的还有醇基钠黑药，如乙基钠黑药、丁基钠黑药，只是制成醇基黑药后，再用碳酸钠或氢氧化钠进行中和反应。

C 胺黑药的制备

胺黑药为相应的胺类化合物与五硫化二磷反应的产物，主要有苯胺黑药、甲苯胺黑药、环己胺黑药等。

a 苯胺黑药与甲苯胺黑药

苯胺黑药为苯胺与五硫化二磷反应的产物，苯胺与五硫化二磷的配料比为摩尔比8∶1，苯胺用量为五硫化二磷质量的12~13倍。反应产物经分离、洗涤，真空干燥得成品。其反应可表示为：

$$4C_6H_5NH_2+P_2S_5 \xrightarrow{\text{甲苯溶剂，40~50℃，1.5h}} 2(C_6H_5NH)_2PSSH+H_2S$$

苯胺黑药又称磷胺4号，化学名称为 N，N′-二苯基二硫代氨基磷酸。甲苯胺黑药又称磷胺6号，其配料比为摩尔比6∶1，甲苯用量为五硫化二磷质量的16~17倍，反应温度为30~40℃，反应时间为2h。苯胺黑药与甲苯胺黑药均为北京矿冶研究总院研制，这两种黑药的性能相似，不溶于水，能溶于酒精和稀碱液。有臭味，为白色粉末，其对光和热的稳定性差，遇潮湿空气易分解变质。

b 环己胺黑药

环己胺黑药为环己胺与五硫化二磷反应的产物，其配料比为4∶1，用轻汽油作溶剂，反应温度为80℃，反应时间为3h。产物在50~60℃条件下烘干，纯度一般为70%~80%。其反应可表示为：

$$4C_6H_{11}NH_2+P_2S_5 \xrightarrow{80℃，3h} 2(C_6H_{11}NH)_2PSSH+H_2S$$

环己胺黑药为广州有色金属研究院于1975年研制成功。产品为浅黄色粉末，熔点为178~185℃，微溶于水，能溶于无机酸和稀碱液。有气味，可与多种金属阳离子生成沉淀。环己胺黑药对氧化铅矿物（如 $PbSO_4$、PbO、$PbCO_3$ 等）有较强的捕收能力。

c 环烷酸黑药

环烷酸黑药为采用精炼石油时的副产品环烷酸（75份）与五硫化二磷（25份）反应的产物，反应温度为80~90℃。主要用作锆英石、锡石、天青石的捕收剂。

d 其他黑药

苄基硫醇与五硫化二磷反应的产物为四硫代磷酸酯和硫代磷酸酯，可用作选矿捕收剂。其反应可表示为：

$$5C_6H_5CH_2SH+P_2S_5 \longrightarrow \underset{\text{四硫代磷酸酯}}{(C_6H_5CH_2S)_3PS}+\underset{\text{硫代磷酸酯}}{(C_6H_5CH_2S)_2PSSH}+2H_2S$$

二烷基二硫代磷酸钠与光气（$COCl_2$）的反应产物可用作铜矿物的捕收剂。其反应可表示为：

$$2(RO)_2PSSNa + COCl_2 \longrightarrow (RO)_2PSSCOSSP(OR)_2 + 2NaCl$$

丁基氧乙烯醇黑药（$C_4H_9(C_2H_4O)_2PSSH$）为环氧乙烷先聚合成烯醇，由烯醇与五硫化二磷反应的产物，属醇基黑药，可充分溶于水，使用方便，用作氧化铜与硫化铜混合矿的铜矿物的捕收剂。

2.2.3.3 黑药的性质

黑药与黄药相比，由于其中心原子磷与硫的键合较强，亲固基的极性较弱，其与矿物表面的作用力较弱，相应的金属黑药盐的溶度积较金属黄原酸盐的溶度积大（见表 2-9）。因此，黑药对金属硫化矿物的捕收能力比黄药弱，但浮选选择性较好，对黄铁矿的捕收能力弱。

表 2-9　黄原酸盐、黑药盐与金属硫化物的溶度积

金属阳离子	溶度积（25℃）				
	乙基黄药盐	二硫代磷酸盐（黑药盐）			硫化物
		二乙基	二丁基	二甲酚基	
Hg^+	1.15×10^{-38}	1.15×10^{-32}			1×10^{-52}
Ag^+	0.85×10^{-18}	1.3×10^{-16}	0.47×10^{-18}	1.15×10^{-19}	1×10^{-40}
Cu^+	5.2×10^{-20}	5.5×10^{-17}			$10^{-38}\sim10^{-44}$
Pb^{2+}	1.7×10^{-17}	6.2×10^{-12}	6.1×10^{-16}	1.8×10^{-17}	1×10^{-29}
Sb^{3+}	约 10^{-24}				
Cd^{2+}	2.6×10^{-14}	1.5×10^{-10}	3.8×10^{-13}	1.5×10^{-12}	3.6×10^{-29}
Ni^{2+}	1.4×10^{-12}	1.7×10^{-4}			1.4×10^{-24}
Zn^{2+}	4.9×10^{-9}	1.5×10^{-2}			1.2×10^{-23}
Fe^{2+}	0.8×10^{-8}				
Mn^{2+}	$<10^{-2}$				1.4×10^{-15}

甲酚黑药为暗绿色油状液体，微溶于水，密度为 $1.2g/cm^3$，有硫化氢的难闻臭味，能灼伤皮肤。因含甲酚，有起泡性，易燃。其毒性比黄药低。

丁基铵黑药为白色或灰色粉末，易溶于水，易潮解，潮解后变黑，有一定的起泡性，对皮肤有一定的腐蚀性。

苯胺黑药为白色粉末，不溶于水，溶于酒精和稀碱液（碳酸钠或苛性钠溶液），光和热稳定性差，有臭味，易潮解。

与黄药比较，黑药较稳定，在酸性矿浆中较难分解，较难氧化，毒性较低。

与黄药相似，黑药氧化即变为双黑药。制备双黑药一般先将醇或酚与五硫化二磷反应生成黑药，然后将黑药溶于 $100\sim200g/L$ 的氢氧化钠溶液中，冷却并用苯抽提出无色透明的液体。在冷却搅拌条件下，通氯气进行氧化可得双黑药。其反应可表示为：

$$4ROH+P_2S_5 \longrightarrow 2(RO)_2PSSH+H_2S$$
$$(RO)_2PSSH+Cl_2 \longrightarrow (RO)_2PSSCl+HCl$$
$$(RO)_2PSSCl+(RO)_2PSSH \longrightarrow (RO)_2PSS-SSP(OR)_2+HCl$$

双黑药较难溶于水，为油状或黏稠状，随烃链的增长，其黏稠度增加。双黑药在硫化钠溶液或高 pH 值条件下，将分解为钠黑药，pH 值愈高，其分解速度愈快。双黑药与双黄药相似，可用作金属硫化矿物和沉积铜等金属的捕收剂，选择性高是其重要特点，分离浮选效果比黄药和黑药好。

2.2.3.4　黑药的使用与贮存

黑药一般用作金属硫化矿物的捕收剂。甲酚黑药因其难溶于水，使用时多采用原液添加于球磨机中；丁基铵黑药一般配成 5% 的水溶液加于搅拌槽中，可每天（或每班）配一次；苯胺黑药一般将其溶于 1% 左右的碳酸钠溶液中，一般配成 5% 的溶液使用。

为了防止黑药水解、分解和过分氧化，应将黑药贮存于密闭容器内。避免与潮湿空气和水接触，注意防水，不宜暴晒，不宜长期存放。宜贮存于阴凉、干燥、通风处。配置好的黑药水溶液不宜放置过久，不应用热水配置黑药水溶液。

2.2.4 烃基氨基二硫代甲酸盐

此类捕收剂在国内通称为"硫氮"或"硫氮类"，可将其看作烃基氨基甲酸的衍生物，是甲酸中的两个氧被硫取代后的产物。如：

R$_2$—NH—COOH   R$_2$—NH—CSOH（Na、K）

　烃基氨基甲酸　　　　　　　　烃基一硫代（硫逐）氨基甲酸盐

R$_2$—NH–CSSH（Na、K）　　　　（C$_2$H$_5$）$_2$—N—CSSNa

烃基二硫代氨基甲酸盐　　　　N，N—二乙基二硫代氨基甲酸钠

N，N—二乙基二硫代氨基甲酸钠俗称"乙硫氮"或 SN-9 号，1946 年开始用作选矿捕收剂。国内 1966 年研制成功。"乙硫氮"以二乙胺、二硫化碳和氢氧化钠为原料，其配料比（物质的量比）为：（C$_2$H$_5$）$_2$NH∶CS$_2$∶NaOH = 1∶1∶1，用稀释剂将二乙胺稀释后，将二硫化碳和 50% 氢氧化钠水溶液缓慢加入，在反应温度为 30℃ 条件下搅拌一定时间。其反应可表示为：

$$（C_2H_5）_2NH+CS_2+NaOH \longrightarrow （C_2H_5）_2NCSSNa+H_2O$$

然后经过滤、干燥（低于 40℃）可得松散的结晶产品。产品一般含 3 个结晶水，熔点为 87℃，易潮解，易溶于水，在酸性介质中易分解，可与重金属离子生成难溶盐。

此类捕收剂除"乙硫氮"外，还有丁硫氮（N，N—二丁基二硫代氨基甲酸钠）、异丁硫氮、环己烷基硫氮等。

"硫氮类"捕收剂性能与黄药、黑药相似，它们均可与重金属离子生成难溶盐，但硫氮重金属难溶盐的溶度积比黄药、黑药的相应重金属难溶盐的溶度积小。硫氮、黄药、黑药的银盐的溶度积见表 2-10。

表 2-10　硫氮、黄药、黑药的银盐的溶度积

非极性基	黄药	黑药	二烃基硫氮
乙基	4.4×10^{-19}	1.2×10^{-16}	4.2×10^{-21}
丙基	2.1×10^{-19}	6.5×10^{-18}	3.7×10^{-22}
丁基	4.2×10^{-20}	5.2×10^{-19}	5.3×10^{-23}
戊基	1.8×10^{-20}	5.1×10^{-20}	9.4×10^{-24}

从表 2-10 中的数据可知，硫氮的浮选性能和捕收能力均比黄药和黑药好，无起泡性，对黄铁矿的捕收能力很弱。多金属硫化矿物低碱介质分离浮选时，硫氮具有较高的选择性。

采用石油环烷酸为原料可合成一系列环烷酸二硫代氨基甲酸盐，其捕收能力随环烷酸相对分子质量的增大而减弱。

日本专利报道，采用分子质量较低的烷基或环丁基二硫代氨基甲酸钠盐，可用作离子浮选的捕收剂。如采用环丁基二硫代氨基甲酸铵作捕收剂，处理某含镉 $10×10^{-4}\%$、含锌 $100×10^{-4}\%$、含铁 $1000×10^{-4}\%$ 的溶液，当环丁基二硫代氨基甲酸铵用量为镉离子量的 50 个当量时，进行充气浮选，可将 99% 的镉离子与锌、铁离子分离，获得含镉离子的泡沫产品。

2.2.5　硫脲类捕收剂

2.2.5.1　概述

硫脲可看作是尿素 $CO(NH_2)_2$ 中的氧被硫取代后的产物，其通式为 $CS(NH_2)_2$，有两种异构体，即 $H_2N—C(S)—NH_2$ 和 $H_2N—C(SH)=NH$。由于硫脲中无极性基，所以不能用作捕收剂。可用作捕收剂的是硫脲的烃基衍生物，有烃基硫脲（即 N-取代硫脲）和烃基异硫脲（S-取代硫脲），其通式分别为 $R—NH—C—NSH—R'$ 和 $R—S—CNH—NH_2$，式中 R 为烃基（含芳烃），R' 为 R 或 H。某些烃基硫脲和烃基异硫脲见表 2-11。

表 2-11　某些烃基硫脲和烃基异硫脲的浮选性质

类型	药剂名称	结构式	浮选性能	附注
烃基硫脲	N，N′—二苯基硫脲（白药）	$C_6H_5—NH—C(S)$ $—NH—C_6H_5$	浮选铜钼硫化矿时，其性能与丁黄药相似，但浮选速度慢	白色晶体，不溶于水，熔点为 150℃
	N，N′—亚乙基硫脲	$(CH_2NH)_2CS$	浮选铜钼硫化矿时，其性能与丁黄药相似	水溶性和浮选性能较好
	N，N′—亚丙基硫脲	$CH_3(CH(CH_2)$ $(NH)_2)CS$	浮选铜钼时，其性能与丁黄药相似，对黄铁矿捕收弱，选择性较好	
烃基异硫脲	S-乙基异硫脲	$NH_2C(SC_2H_5)$ $NH·HCl$	对黄铁矿捕收弱，选择性较好	
	S-异丙基异硫脲	$NH_2C(SCH(CH_3)_2)$ $NH·HCl$	用于铜硫化矿和金浮选	
	S-丁基异硫脲氯化物	$NH_2C(C_4H_9)$ $NH·HCl$	用于铜硫化矿和金浮选，效果优于丁黄药	
	S-正戊基异硫脲氯化物	$NH_2C(SC_5H_{11})$ $NH·HCl$	用于铜硫化矿和金浮选，效果优于丁黄药	
	S-异戊基异硫脲氯化物	$NH_2C(SC_5H_{11})$ $NH·HCl$		
	S-正癸基异硫脲氯化物	$NH_2C(SC_{10}H_{21})$ $NH·HCl$	对非金属矿物有较强的捕收能力，泡沫稳定，但选择性比阳离子捕收剂差	
	S-十二烷基异硫脲氯化物	$NH_2C(SC_{12}H_{25})$ $NH·HCl$		
	S-十四烷基异硫脲氯化物	$NH_2C(SC_{14}H_{29})$ $NH·HCl$		

类型	药剂名称	结构式	浮选性能	附注
烃基异硫脲	S-（2-乙基己基）异硫脲氯化物	$NH_2C(SCH_2CH(C_2H_5)$ $(CH_2)_3CH_3)NH \cdot HCl$	用于铜硫化矿和金浮选	
	S-苯基异硫脲氯化物	$NH_2C(SC_6H_5)$ $NH \cdot HCl$		
	S-苄基异硫脲氯化物	$NH_2C(SCH_3C_6H_5)$ $NH \cdot HCl$	用于铜硫化矿和金浮选	
	S-丙烯基异硫脲氯化物	NH_2C (SCH_2CHCH_2)	浮选铜、钼硫化矿	昆明冶金所研制，用氯丙烯与硫脲合成
	S-氯丁烯基异硫脲氯化物	$NH_2C(SCH_2CHC(Cl)$ $CH_3)NH \cdot HCl$		
	S-正辛基异硫脲氯化物	$NH_2C(SC_8H_{17})$ $NH \cdot HCl$	用于铜硫化矿和金浮选	

2.2.5.2　白药

白药（thiocarbanilide）的学名为二苯硫脲，可看作为碳酸盐的衍生物，其组成为$(C_6H_5NH)_2CS$，采用苯胺和二硫化碳反应而得的白色结晶产品。其反应可表示为：

$$2C_6H_5NH_2+CS_2 \xrightarrow{90\sim100℃,\ 4\sim6h} (C_6H_5NH)_2CS+H_2S$$

白药微溶于水，在水中形成两种同分异构体：

白药因其难溶于水，使用时多添加于球磨机中。也可与苯胺或甲苯胺配成 10%~20% 溶液（称 PA 或 TT 混合液）使用。或用木素磺酸钙、皂素等混合成含量为 5%~10% 的乳化液使用。它对金属硫化矿物有较好的捕收性能，对黄铁矿的捕收能力很弱，有较强的捕收选择性。

2.2.5.3　烃基硫脲

烃基硫脲采用脂肪伯胺或仲胺与二硫化碳反应而成，第一步制备烃基二硫代氨基甲酸盐，然后再中和为烃基硫脲。其反应可表示为：

$$RNH_2+CS_2+NaOH \longrightarrow RNHCSSNa+H_2O$$

$$RNHCSSNa+RNH_2 \longrightarrow RNHCSNHR+NaHS$$

有文献报道可采用二胺与二硫化碳反应制备环状烃硫脲。其反应可表示为：

表 2-11 中的 N，N′-亚乙基硫脲、N，N′-亚丙基硫脲均为环状烃硫脲。浮选多金属硫化矿（Cu、Mo）具有很高的选择性，它们对黄铁矿的捕收能力很弱，其选择性远高于丁基黄药。

2.2.5.4　烃基异硫脲

烃基异硫脲又称S-取代硫脲，烃基异硫脲可采用硫脲与卤代烷或硫脲与酯类（硫酸酯、硝酸酯、硫氰酸酯等）反应而制得。硫脲与卤代烷的反应可表示为：

$$RX+S=C\begin{matrix}NH_2\\NH_2\end{matrix} \longrightarrow R-S-C\begin{matrix}NH_2\\NH\end{matrix} \cdot HX$$

式中 X 为卤素。除卤代烷外，脂环族卤代物、二卤化物、卤代酸等均可与硫脲反应生成异硫脲。昆明冶金研究所采用氯丙烯与硫脲反应制得 S-丙烯基异硫脲盐酸盐，其反应可表示为：

$$CH_2=CH-CH_2Cl+S=C\begin{matrix}NH_2\\NH_2\end{matrix} \longrightarrow CH_2=CH-CH_2-S-C\begin{matrix}NH_2\\NH\end{matrix} \cdot HCl$$

其配料比为：硫脲：氯丙烯 = 1 :（1.01 ~ 1.04），采用酒精或异丙醇作溶剂，反应温度为 35 ~ 42℃，反应时间为 1h。充分搅拌，冷却结晶可得产品。产品纯度可达94% ~ 98%。

烃基异硫脲对重金属硫化矿物和自然金的捕收能力强，对黄铁矿的捕收能力很弱，其选择性远高于丁基黄药。

2.2.6　硫醇、硫酚及硫醚

2.2.6.1　概述

硫醇、硫酚可看作是醇基和酚基中的氧被硫取代后的产物，其通式为 RR—SH。硫醚同样可看作是醚分子中的氧被硫取代后的产物。此外，还有巯基苯骈噻唑、巯基苯骈咪唑等。某些硫醇、硫酚捕收剂列于表 2-12 中。

表 2-12　某些硫醇、硫酚捕收剂

序号	名　称	组　成
1	二-正丁基-2-硫醇基-乙胺盐酸盐	$(nC_4H_9)_2-N-CH_2CH_2-SH \cdot HCl$
2	N-苯基-双(2-硫醇基乙基)胺盐酸盐	$C_6H_5-N-(CH_2CH_2-SH)_2 \cdot HCl$
3	N-丁基-N-二(2-硫醇乙基)胺	$n-C_4H_9-N-(CH_2CH_2-SH)_2$
4	N-仲丁基-N-二(2-硫醇乙基)胺	$2-C_4H_9-N-(CH_2CH_2-SH)_2$
5	N-(乙基硫醇-2)-N-甲基苯胺盐酸盐	$C_6H_5-NCH_3-CH_2CH_2-SH \cdot HCl$
6	N-双(乙基硫醇-2-)-苯胺	$C_6H_5-N-(CH_2CH_2-SH)_2$
7	N-(2-硫醇基乙基)-对甲氧基苯胺	$CH_3O-C_6H_5-N-CH_2CH_2-SH$
8	S-(2-硫醇基乙基)-邻氨基硫代苯酚	$C_6H_4-NH_2-S-CH_2CH_2-SH$

序号	名　　称	组　　成
9	辛基硫醇	$C_8H_{17}—SH$
10	丁基硫醇	$C_4H_9—SH$
11	苄基硫醇	$C_6H_5—CH_2—SH$
12	N-(2-硫醇基乙基胺)-哌啶盐酸盐	$C_5H_{10}—NH—CH_2CH_2—SH·HCl$
13	N-(2-硫醇基丙基胺)-哌啶盐酸盐	$C_5H_{10}—NH—CH_2CH_2CH_2—SH·HCl$
14	氨基乙硫醇盐酸盐	$H_2N—CH_2CH_2—SH·HCl$
15	环己基-(2-硫醇基乙基胺)盐酸盐	$C_6H_{10}—NH—CH_2CH_2—SH·HCl$
16	N-(2-硫醇基乙基胺)-吗啉盐酸盐	$OC_4H_8—NH—CH_2CH_2—SH·HCl$
17	苯硫酚	$C_6H_5—SH$
18	1-萘硫酚	$C_{10}H_7—SH$
19	2-萘硫酚	$C_{10}H_7—SH$
20	4-硝基-1-萘硫酚	$C_{10}H_6—NO_2—SH$
21	4-氨基-1-萘硫酚	$C_{10}H_6—NO_2—SH$

2.2.6.2 硫醇、硫酚的制备

可采用 KSH 与各种烃基化试剂作用或采用卤代烷与硫脲作用而制得硫醇。其反应可表示为：

$$C_2H_5OSO_2OK+KSH \xrightarrow{\triangle} C_2H_5SH+K_2SO_4$$

$$(C_2H_5)_2SO_4+KSH \xrightarrow{\triangle} C_2H_5SH+K_2SO_4$$

$$C_2H_5Cl+KSH \xrightarrow{\triangle} C_2H_5SH+KCl$$

$$RCl+SC(NH_2)_2 \xrightarrow{\triangle} RSCNHNH_2·HCl$$

$$RSCNHNH_2+H_2O \xrightarrow{OH^-} RSH+CO_2+2NH_3$$

也可采用磺酰氯还原法制得硫醇。采用烃基磺酰氯或芳基磺酰氯还原制得硫醇或硫酚。其反应可表示为：

$$RSO_2Cl \xrightarrow{Zn+H_2SO_4 \rightarrow ZnSO_4+H_2\uparrow} RSH$$

$$ArSO_2Cl \xrightarrow{Zn+H_2SO_4 \rightarrow ZnSO_4+H_2} ArSH$$

式中，R 为烃基；Ar 为芳基。

采用环硫乙烷和胺类化合作用可制得氨基硫醇。其反应可表示为：

$$C_6H_5—NH_2+(CH_2)_2—S \longrightarrow C_6H_5—NH—CH_2CH_2—SH$$

2.2.6.3 硫醇、硫酚的性质

硫醇和硫酚在水中可解离 $RSH \rightarrow RS^-+H^+$，故可作为金属硫化矿物、自然金属（金、铜）和重金属氧化矿物的捕收剂，其捕收性能随其烃链的增长而增加。

硫醇和硫酚难溶于水，需较长的搅拌时间，常将其加入球磨机中。

硫醇和硫酚具有难闻的臭味，其臭味随其相对分子质量的增大而降低。

巯基苯骈噻唑、巯基苯骈咪唑等为黄色粉末，无毒，纯品为白色针状或片状结晶，不溶于水，微溶于乙醇、乙醚和冰醋酸，溶于氢氧化钠和碳酸钠溶液。因此，工业生产中常使用其钠盐。常用作金属硫化矿物的捕收剂。

2.2.7　烃基氨基硫代甲酸酯

2.2.7.1　一硫代氨基甲酸酯

A　概述

一硫代氨基甲酸酯又称硫氨酯，最早用作螯合剂，1946 年开始用作浮选的捕收剂。其通式为：R—NH—CSOR′，式中 R、R′为烷基。此类药剂性质较稳定，不溶于水，常温下为油状，使用时常将原液加于球磨机中，为硫化铜矿物的高效捕收剂。常见的一硫代氨基甲酸酯药剂见表 2-13。

表 2-13　常见的一硫代氨基甲酸酯药剂

药 剂 名 称	化 学 组 成	用量/g·t⁻¹
乙硫氨酯（乙基一硫代氨基甲酸乙酯）	C_2H_5—NH—CSO—C_2H_5	约 15
（丙）乙硫氨酯（200 号） （0-异丙基-N-乙基一硫代氨基甲酸酯）	C_2H_5—NH—CSO—$CH(CH_3)_2$	6.5~15
丙硫氨酯（丙基一硫代氨基甲酸乙酯）	C_3H_7—NH—CSO—C_2H_5	约 15
丁硫氨酯（丁基一硫代氨基甲酸乙酯）	C_4H_9—NH—CSO—C_2H_5	约 15
（丁戊）醚氨硫酯	C_2H_5O（CH_2）$_3$—NH—CSO—C_4H_9	
0-异丙基-N-甲基一硫代氨基甲酸酯	CH_3—NH—CSO—$CH(CH_3)_2$	

表中的 0-异丙基-N-乙基一硫代氨基甲酸酯，美国道化学公司的牌号称为 Z-200 号，Minerec 称为 161 号，国内常将其称为（丙）乙硫氨酯或 200 号。

B　合成方法

硫氨酯（以 200 号为例）的合成均先将黄药酯化，在巯基的 S 原子上接上易反应的基团，然后再与适当的胺反应去除—SR，在碳原子上接上—NHR 基团。根据黄药的酯化方法，其合成方法可分为两种。

a　一氯甲烷酯化法

（1）先合成黄药。

$$（CH_3)_2CHOH+NaOH+CS_2 \longrightarrow （CH_3)_2CH—OCSSNa+H_2O$$
异丙醇　　　　　　　　　　　　　　异丙基黄药

（2）黄药酯化。

$$（CH_3)_2CH—OCSSNa+CH_3Cl \xrightarrow{60℃, 0.5h} （CH_3)_2CH—OCSSCH_3+NaCl$$

（3）用乙基胺胺化。

$$(CH_3)_2CH—OCSSCH_3+C_2H_5NH_2 \xrightarrow{15\sim25℃} (CH_3)_2CH—OCSNHC_2H_5+CH_3SH$$

　　　乙基胺　　　　　　　　　　　0-异丙基-N-乙基一硫代氨基甲酸酯（200 号）

其配料比为：异丙醇：NaOH：CS$_2$：CH$_3$Cl：C$_2$H$_5$NH$_2$=4：1：1：1.01：1.01。

b　一氯醋酸酯化法

（1）先合成黄药。

$$(CH_3)_2CHOH+NaOH+CS_2 \longrightarrow (CH_3)_2CH—OCSSNa+H_2O$$

（2）黄药酯化。

$$2ClCH_2COOH+Na_2CO_3 \longrightarrow 2ClCH_2COONa+H_2CO_3$$

$$(CH_3)_2CH—OCSSNa+ClCH_2COONa \xrightarrow{20\sim25℃,\ 1.5h} (CH_3)_2CH—OCSSCH_2COONa+NaCl$$

　　异丙基黄药　　　　　一氯醋酸钠

（3）用乙基胺胺化。

$$(CH_3)_2CH—OCSSCH_2COONa+C_2H_5NH_2 \xrightarrow{25\sim30℃,\ 4.5h}$$

$$(CH_3)_2CH—OCSNHC_2H_5+SHCH_2COONa$$

美国专利报道，新的合成方法是将黄药和脂肪胺在镍盐（NiSO$_4$·6H$_2$O）和钯盐（PdCl$_3$）存在的条件下，直接反应生成烃基一硫代氨基甲酸酯。其反应可表示为：

$$ROCSSNa+R'NH_2 \xrightarrow{镍盐和钯盐催化剂,\ 60\sim90℃} R—OCSNHR'+NaHS$$

C　烃基氨基硫代甲酸酯（硫氨酯类）的性质

烃基氨基硫代甲酸酯（硫氨酯类）捕收剂的特点是对铜、铅、锌、钼、钴、镍等硫化矿物有较好的捕收性能，而对黄铁矿的捕收能力极弱。因此，在多金属硫化矿物分离浮选时，该类捕收剂具有很好的选择性，是多金属硫化矿物低碱介质分离浮选时较理想的捕收剂。在化学选矿过程中，此类捕收剂可用于离子浮选、浮选沉积铜、离析铜、自然铜、自然金、自然银等。

有人曾用^{35}S 作示踪原子合成 0-异丙基-N-乙基硫代氨基甲酸酯（200 号）和异丙基黄药等捕收剂。试验表明，0-异丙基-N-乙基硫代氨基甲酸酯（200 号）在黄铁矿表面的吸附量只有异丙基黄药吸附量的 1/4～1/3，而且吸附于黄铁矿表面的 0-异丙基-N-乙基硫代氨基甲酸酯（200 号）易被水冲洗、易解吸，吸附于黄铁矿表面的异丙基黄药则不易解吸；吸附于黄铜矿表面的 0-异丙基-N-乙基硫代氨基甲酸酯（200 号）则相当牢固，不易被水冲洗和解吸。因此，认为 0-异丙基-N-乙基硫代氨基甲酸酯（200 号）在黄铜矿和辉钼矿等硫化矿物表面的吸附是化学吸附，在黄铁矿矿物表面的吸附是物理吸附；而异丙基黄药在黄铜矿、辉钼矿和黄铁矿等硫化矿物表面的吸附均是化学吸附，其吸附能力从酸性介质至碱性介质逐渐减弱。

对澳大利亚和加拿大的硫化镍矿的浮选试验表明，该类捕收剂的捕收性能好，而二硫代酯类捕收剂比一硫代酯类捕收剂的捕收能力更强。

2.2.7.2　二硫代氨基甲酸酯（硫氮酯）

二硫代氨基甲酸盐为 RR'—NCSS—R″（Me），当 R、R'为相同的烷基，Me 为 Na$^+$、

K^+，则为二烃基二硫代氨基甲酸盐，即硫氮类捕收剂。二硫代氨基甲酸酯可分为 RR′—NCSS—R″ 和 RXR′—NCSS—R″ 两类型，其中 R 为烷基，R′为烷基，R 与 R′可相同或不同，R″为烃基、烯腈基等，X 为氧或硫。

再将二烃基二硫代氨基甲酸盐进行酯化反应，可得烃基二硫代氨基甲酸酯。如：白银矿冶研究院研制的二乙氨基二硫代氨基甲酸氰乙酯（酯-105 或"43 硫氮氰酯"），其制备方法是先合成硫氮 9 号，再与丙烯腈反应即生成"酯-105"。其反应可表示为：

$$(C_2H_5)_2NCSSNa+CH_2CHCN+H_2O \xrightarrow{30\sim35℃,\ 2h} (C_2H_5)_2NCSS(CH_2)_2CN+NaOH$$

昆明冶金研究院研制的二甲基二硫代氨基甲酸丙烯酯也属此类捕收剂。

此外，RXR′—NCSS—R 型的二硫代氨基甲酸酯有：$CH_3SC_2H_4$—NH—CSS—CH$(CH_3)_2$、HOC_2H_4—NH—CSS—CH$(CH_3)_2$、$C_8H_{17}SC_2H_4$—NH—CSS—CH$(CH_2)_2$、$C_2H_5OC_2H_4$—NH—CSS—CH$(CH_3)_2$、$C_6H_5SC_2H_4$—NH—CSSC$_6H_{11}$、$C_6H_5C_2H_4$—NH—CSS—CH$(CH_3)_2$等。

2.2.8　黄原酸酯

2.2.8.1　概述

黄原酸酯又称黄药酯，其通式为：RO—CSS—R′，式中 R 为黄药的烷基，R′为黄药的碱金属离子(Na^+、K^+)被烷烃及其衍生物所取代生成的酯基。同属黄药酯的另一种药剂为黄药甲酸酯，其通式为：RO—CSS—COO—R′。常见的黄药酯和黄药甲酸酯见表 2-14。

表 2-14　常见的黄药酯和黄药甲酸酯

类型	药名	组成	用量/$g \cdot t^{-1}$	商品名
黄药酯	乙黄烯酯（乙基黄原酸丙烯酯）	C_2H_5O—CSS—CH$_2$CHCH$_2$	15~20（辉钼矿）	国内 OS-23
	丁黄烯酯（正丁基黄原酸丙烯酯）	C_4H_9O—CSS—CH$_2$CHCH$_2$	10~50（辉钼矿）	国内 OS-43
	异戊基黄原酸丙烯酯	$C_5H_{11}O$—CSS—CH$_2$CHCH$_2$	约 9	美氰氨公司 AP3302(3461)
	丁黄腈酯（正丁基黄原酸丙腈酯）	C_4H_9O—CSS—CH$_2$CH$_2$CN	约 5（硫化铜矿）	国内 OSN-43
	乙黄腈酯（乙基黄原酸丙腈酯）	C_2H_5O—CSS—CH$_2$CH$_2$CN	约 8（硫化铜矿）	—
黄药甲酸酯	乙基黄原酸甲酸乙酯	C_2H_5O—CSS—COOC$_2H_5$	约 9	美国 MinerecA、B、748，俄罗斯 СЦМ-2
	丁基黄原酸甲酸甲酯	C_4H_9O—CSS—COOCH$_3$	约 9	

2.2.8.2　合成方法

A　黄药酯的合成

将黄药与氯丙烯或丙烯腈水溶液直接搅拌反应可得黄色油状液体产品。其反应可表示为：

$$ROCSSNa+ClCH_2CHCH_2 \xrightarrow{\text{小于}35℃} ROCSS—CH_2CHCH_2+NaCl$$

$$ROCSSNa+CH_2CHCN+H_2O \xrightarrow{\text{小于}35℃} ROCSS—CH_2CH_2CN+NaOH$$

已研发的黄药酯有:乙基黄原酸丙烯酯、乙基黄原酸丙腈酯、丙基黄原酸丙烯酯、异丙基黄原酸丙烯酯、丁基黄原酸丙烯酯、丁基黄原酸丙腈酯、戊基黄原酸丙烯酯、戊基黄原酸丙腈酯和黄原酸氧乙烯酯($ROCSS(CH_2CH_2O)_n—H$),式中 R 为 $C_{4\sim8}$ 的烃基,$n=1,2,3,4$ 等。

国外专利报道了一种称为次乙基双黄原酸丙烯酯($CH_2OCSS—CH_2CHCH_2)_2$)的黄药酯,可作金属硫化矿矿物的捕收剂。

B 黄药甲酸酯的合成

采用黄药与氯代甲酸酯缩合而成。戊基黄药甲酸乙酯和己基黄药甲酸乙酯的反应可表示为:

$$C_5H_{11}OCSS—K+Cl—COOC_2H_5 \xrightarrow{\text{缩合}} C_5H_{11}OCSS—COOC_2H_5+KCl$$

$$C_6H_{13}OCSS—K+Cl—COOC_2H_5 \xrightarrow{\text{缩合}} C_6H_{13}OCSS—COOC_2H_5+KCl$$

2.2.8.3 黄原酸酯的性质

黄原酸酯类捕收剂为黄色油状液体,性质稳定,几乎不溶于水。使用时需较长的搅拌时间,也可将其加入球磨机中或将其乳化为乳化液使用。

黄原酸酯类捕收剂为金属硫化矿矿物的高效捕收剂。其用量较小,可提高金属硫化矿物的浮选回收率和降低浮选尾矿中相应金属的损失率。

2.2.9 双硫化物捕收剂

2.2.9.1 双黄药

黄药为还原剂,易被氧化。二氧化碳、过渡元素及与黄药生成难溶盐的元素均对黄药的氧化有催化作用。黄药的氧化产物为双黄药。其反应可表示为:

$$4ROCSSNa+O_2+2H_2O \xrightarrow{\text{氧化}} 2ROCSS—SSCOR+4Na^++4OH^-$$

$$6ROCSSNa+3H_2O \xrightarrow{\text{分解}} 2Na_2S+Na_2CO_3+5CS_2+6ROH$$

$$ROCSSNa+CO_2+H_2O \xrightarrow{\text{分解}} ROH+CS_2+NaHCO_3$$

$$2ROCSSNa+\frac{1}{2}O_2+2CO_2+H_2O \xrightarrow{\text{氧化}} ROCSS—SSCOR+2NaHCO_3$$

双黄药为黄色的油状液体,难溶于水,呈分子状态存在于水中。在弱酸性和中性矿浆中,双黄药的捕收能力比黄药强。因此,浮选金属硫化矿物时,黄药的轻微氧化可以改善浮选效果。

2.2.9.2 双黑药

与黄药相似,黑药氧化即变为双黑药。制备双黑药一般先将醇或酚与五硫化二磷反应生成黑药,然后将黑药溶于 $100\sim200g/L$ 的氢氧化钠溶液中,冷却、并用苯抽提出无色透明的液体。在冷却搅拌条件下，通氯气进行氧化可得双黑药。其反应可表示为：

$$4ROH+P_2S_5 \longrightarrow 2(RO)_2PSSH+H_2S$$

$$(RO)_2PSSH+Cl_2 \longrightarrow (RO)_2PSSCl+HCl$$

$$(RO)_2PSSCl+(RO)_2PSSH \longrightarrow (RO)_2PSS—SSP(OR)_2+HCl$$

双黑药较难溶于水，为油状或黏稠状，随烃链的增长，其黏稠度增加。双黑药在硫化钠溶液或高 pH 值条件下，将分解为钠黑药，矿浆 pH 值愈高，其分解速度愈快。双黑药与双黄药相似，可用作金属硫化矿物和沉积铜等金属的捕收剂，选择性高是其重要特点，分离浮选效果比黄药和黑药好。

2.2.10　非极性油类捕收剂

根据非极性油类捕收剂的结构，可将其分为脂肪烃、脂环烃和芳香烃三类。其共同特点是分子中的碳、氢原子皆由共价键结合在一起，难溶于水，不能解离为离子。因此，非极性油类捕收剂的活性低，一般不与矿物表面发生化学作用，常将其称为非极性油类捕收剂或中性油类捕收剂。

非极性油类捕收剂的来源有两类：（1）石油工业产品，如煤油、柴油、燃料油等；（2）炼焦工业副产品，如焦油、重油、中油等。炼焦工业副产品的成分较复杂，且成分不稳定，含一定量的酚类物质，毒性较大，目前已很少使用。常用的中性油类捕收剂为煤油、柴油、燃料油等。

石油成分复杂，其成分随产地而异。按其成分可分为三类：即烷属石油、环烷属石油和芳香属石油。因此，石油工业产品中作为选矿用的中性油类捕收剂的种类较多，其成分各异。与选矿有关的石油部分分馏产物见表 2-15。

表 2-15　与选矿有关的石油部分分馏产物

名称	组成	馏程/℃	主要直接用途
石油醚	$C_5H_{11} \sim C_7H_{15}$	40~100	溶剂
汽油	$C_6H_{13} \sim C_{12}H_{25}$	30~205	萃取助剂
煤油	$C_{13}H_{27} \sim C_{15}H_{31}$	200~300	浮选，制氧化煤油、高级醇等
航空煤油	正构烷烃		航空、浮选
灯用煤油	以正构烷烃为主	180~310（270℃占70%）	照明、浮选
拖拉机煤油		110~300	拖拉机用油
溶剂煤油	芳烃不超过10%		选煤、萃取
柴油			浮选、动力用油
轻柴油		主馏程为280~290	选煤、选石墨
重柴油	页岩油		动力用油
燃油	从石油烃、页岩油得重质油		锅炉等用油
汽油（瓦斯油）		180~450	浮选、助剂
白精油		150~250	浮选可代替松醇油

名称	组成	馏程/℃	主要直接用途
重油		>300	浮选或送裂解
太阳油	国外产品 （凝固点 24~40℃）		
润滑油	$C_{16}H_{33} \sim C_{20}H_{41}$	275~400	防蚀剂、润滑剂
凡士林	$C_{18}H_{37} \sim C_{22}H_{45}$		防蚀剂
石蜡	$C_{20}H_{41} \sim C_{24}H_{49}$	高于液体石蜡	选矿、制脂肪酸（氧化石蜡、浮选）
液体石蜡 （轻蜡）	$C_{20}H_{41} \sim C_{24}H_{49}$	240~280 （$C_{13 \sim 17}$约占9%）	浮选、制脂肪酸
沥青		残余物	

单独使用中性油类捕收剂，可浮选非极性矿物，如石墨、硫黄、辉钼矿、滑石、雄黄等矿物。一般中性油类捕收剂的用量较大，0.2~1kg/t，但其选择性较好。

中性油类捕收剂可作为乳化剂和辅助捕收剂使用，可与阴离子捕收剂或阳离子捕收剂混用，可以提高浮选指标。

由于非极性矿物表面只有残余的分子键，可以通过分散效应（瞬时偶极相吸引）与中性油类捕收剂起作用。中性油类捕收剂分子可以在非极性矿物表面产生物理吸附，吸附的油滴可在非极性矿物表面逐渐展开形成油膜，从而使非极性矿物表面更疏水，更易选择性附着于气泡上浮。

当中性油类捕收剂用量较大时，由于其在气液界面的吸附，置换了部分被吸附的起泡剂分子并使泡壁间的水层不稳定，可加速气泡的兼并和破灭过程。因此，中性油类过量时可起消泡作用，浮选非极性矿物时，中性油类捕收剂用量应与起泡剂保持一定的比例。

当中性油类与阴离子捕收剂或阳离子混用时，可与极性捕收剂的非极性端起作用，增强极性捕收剂的非极性端的疏水性，从而可增强阴离子捕收剂或阳离子捕收剂的捕收作用，可适量降低阴离子捕收剂或阳离子捕收剂的用量。

根据"相似相溶"原理，许多难溶于水的油状捕收剂在中性油中可生成乳浊液，故生产中可采用中性油作乳化剂以降低相应捕收剂的用量。

2.2.11 脂肪酸类捕收剂

2.2.11.1 概述

脂肪酸类捕收剂属非硫化矿物捕收剂。非硫化矿物捕收剂用于浮选非硫化矿物，如有色金属氧化矿物、氧化物矿物、硅酸盐矿物、铝硅酸盐矿物、碱土金属和碱金属可溶盐矿物等。这类捕收剂的共同点是亲固基中不含硫。其中除胺类捕收剂不含羟基（氢氧基）外，其他非硫化矿捕收剂均含羟基（氢氧基）。这类捕收剂的极性基有：—COOH（羧基）、—HSO$_4$（硫酸基）、—HSO$_3$（磺酸基）、—HPO$_4$（膦酸基）、—H$_2$PO$_3$（偏磷酸基）—COHNOH$_9$（羟肟酸基）、—AsO$_3$H$_2$（胂酸基）、—COH—（PO$_3$H$_2$)$_2$（双膦酸基）、—NH$_2$（第一胺）、═NH（第二胺）、≡N（第三胺）等。

常见的非硫化矿物捕收剂见表 2-16。

表 2-16　常见的非硫化矿物捕收剂

类别	药名	组成	典型药剂	应　用
羟基酸类	羧酸（盐）	RCOOH（Na、K）	油酸及油酸钠 氧化石蜡皂 塔尔油 环烷酸	浮选含碱土金属阳离子的极性盐类矿物（如萤石、白钨矿、磷灰石等），有色金属氧化矿物（如孔雀石、白铅矿等）及经活化的硅酸盐矿物
	磺酸（盐）	RSO_3H（Na、K）	石油磺酸（盐） 烷基磺酸钠 烷基芳基磺酸（盐） 磺化煤油	浮选氧化铁矿物及稀有金属矿物（如绿柱石、锂辉石、锆英石等）
	硫酸酯	$ROSO_3$（Na、K）	烷基硫酸酯 大豆油硫酸化皂	浮选重晶石、硅线石及钾盐等浮选萤石、赤铁矿等
	肿酸	$RAsO_3H_2$	甲苯肿酸 苄基肿酸	浮选黑钨矿及锡石等
	膦酸	RPO_3H_2	苯乙烯膦酸	浮选黑钨矿及锡石等
	羟肟酸	RC（OH）NOH（Na）	羟肟酸（钠）	浮选黑钨矿、锡石、氧化铁矿、白铅矿、氧化铜矿及稀有金属矿物
胺类	脂肪胺	RNH_2、RNH_3、RNH_3^+	十二胺、混合胺、椰油胺	浮选石英、硅酸盐、铝硅酸盐（红柱石、锂辉石、长石、云母等）、菱锌矿及钾盐等矿物
	醚胺	$RO(CH_2)_3NH_2$		

2.2.11.2　脂肪酸类捕收剂的种类和性能

脂肪酸是分子中含有羧基的有机酸的总称，其通式为 RCOOH，式中 R 为直链或带支链的烷烃基、烯烃基或环烃基，其性质与碳链长短有关。脂肪酸除用作捕收剂外，还可用作起泡剂、抑制剂和分散剂等。

天然的植物油脂、动物油脂和石油是制备脂肪酸的主要原料。将油脂进行水解可得脂肪酸，脂肪酸皂化可得脂肪酸皂，将脂肪酸皂酸化可得脂肪酸。用碱洗涤某些粗石油馏分可得环烷酸皂，经酸化可得环烷酸。精制加工后的煤油、石蜡等烃类化合物经深度氧化、分离，可得混合脂肪酸或纯度较高的单一脂肪酸。

根据脂肪酸中碳链长短，将其分为低级脂肪酸和高级脂肪酸两类。脂肪酸中碳链中原子数小于 10 的为低级脂肪酸，碳原子数大于 10 的为高级脂肪酸。脂肪酸碳链中含有不饱和键（双键）的称为不饱和脂肪酸，无不饱和键（双键）的称为饱和脂肪酸。

天然的不饱和脂肪酸主要有：油酸、亚油酸、亚麻酸及蓖麻酸。天然的饱和脂肪酸主要有：硬脂酸、软脂酸、豆蔻酸、月桂酸、癸酸、辛酸和己酸等。在浮选中不饱和脂肪酸比饱和脂肪酸更重要。高级脂肪酸比低级脂肪酸的泡沫更稳定。

某些饱和脂肪酸的物理化学常数见表 2-17。

表 2-17　某些饱和脂肪酸（RCOOH）的物理化学常数

名　称	己酸	辛酸	癸酸	月桂酸	豆蔻酸	软脂酸	硬脂酸
烷基 R	C_5H_{11}—	C_7H_{15}—	C_9H_{19}—	$C_{11}H_{23}$—	$C_{13}H_{27}$—	$C_{15}H_{31}$—	$C_{17}H_{35}$—
相对分子质量	116.09	144.12	172.16	200.19	228.22	256.25	284.28
凝固点/℃	−3.2	16.3	31.2	43.9	54.1	62.8	69.3
熔点/℃	−3.4	16.7	31.6	44.2	53.9	63.1	69.6
密度（80℃）/$g \cdot cm^{-3}$	0.8751	0.8615	0.8477	0.8477	0.8439	0.8414	0.8390
水中溶解度/$mol \cdot L^{-1}$	8.3×10^{-2}	4.7×10^{-3}	8.7×10^{-4}	2.7×10^{-4}	8.8×10^{-5}	2.8×10^{-5}	1.0×10^{-5}
临界胶团浓度/$mol \cdot L^{-1}$	1.0×10^{-1}	1.4×10^{-1}（27℃）	2.4×10^{-2}（27℃）	5.7×10^{-2}（27℃）	1.3×10^{-2}（27℃）	2.8×10^{-3}（27℃）	4.5×10^{-4}（27℃）
临界胶团浓度（钠盐）/$mol \cdot L^{-1}$	7.3×10^{-1}（20℃）	3.5×10^{-1}（25℃）	9.4×10^{-2}（25℃）	2.6×10^{-2}（25℃）	6.9×10^{-3}（25℃）	2.1×10^{-3}（25℃）	1.8×10^{-3}（25℃）
临界胶团浓度（钾盐）/$mol \cdot L^{-1}$	1.49×10^{-3}	0.4×10^{-3}	0.97×10^{-3}	0.24×10^{-4}	0.6×10^{-5}		
HLB（亲油水平衡）	6.7	5.8	4.8	3.8	2.9	2.0	1.0
钙盐溶度积（K_{SP}）		2.7×10^{-7}	3.8×10^{-10}	8.0×10^{-13}	1.0×10^{-15}	1.6×10^{-16}	1.4×10^{-18}

　　从表 2-17 的数据可知，对饱和脂肪酸而言，烃链愈长，其凝固点愈高，且凝固点与熔点相近；烃链愈长，其水中溶解度和临界胶束浓度愈小，且其钠盐的临界胶束浓度比钾盐的临界胶束浓度大；烃链愈长，其钙盐的溶度积愈低。

　　某些不饱和脂肪酸的物理化学常数见表 2-18。

表 2-18　某些不饱和脂肪酸的物理化学常数

名　称	油酸	异油酸	亚油酸	亚麻酸	蓖麻酸
烯烃基 R—	$C_{17}H_{33}$—	$C_{17}H_{33}$—	$C_{17}H_{31}$—	$C_{17}H_{29}$—	$C_{17}H_{22}$—OH—
相对分子质量	282.44	282.44	280.44	287.42	298.45
熔点/℃	13.4	43.7	−5～−5.2	−11～−11.3	5
烃基断面积/nm^2	0.566		0.599	0.682	
酸值	198.63	198.63	200.06	201.51	187.98
理论碘值	89.87	89.87	181.03	273.51	85.04
水中溶解度/$mol \cdot L^{-1}$					
临界胶团浓度/$mol \cdot L^{-1}$	1.2×10^{-3}	1.5×10^{-3}			
临界胶团浓度（钠盐）/$mol \cdot L^{-1}$	2.1×10^{-3}　　2.7×10^{-2}25℃	1.4×10^{-3}　　2.5×10^{-3}40℃	0.15g/L	0.20g/L	0.45g/L
临界胶团浓度（钾盐）/$mol \cdot L^{-1}$	8.0×10^{-4}25℃				
HLB（亲油水平衡）	$19^{4.5}$（Na）				
pK_{SP}（20℃）	12.4	14.3	12.4	12.2	

　　注：碘值为 100g 试样中的双键或三键与氯化碘产生加成反应所消耗碘的克数。

从表 2-18 中的数据可知，对不饱和脂肪酸而言，不饱和键（双键）的数量对其熔点和临界胶束浓度的影响比烃链长度的影响大，不饱和键愈多，熔点愈低，临界胶束浓度愈大，对浮选愈有利。

某些高级脂肪酸金属皂及该金属氢氧化物的 pK_{SP} 值见表 2-19。

表 2-19　某些高级脂肪酸金属皂及该金属氢氧化物的 pK_{SP} 值

金属离子	H^+	Na^+	K^+	Ag^+	Pb^{2+}	Cu^{2+}	Zn^{2+}	Cd^{2+}
棕榈酸	12.8	5.1	5.2	12.2	22.9	21.6	20.7	20.2
硬脂酸	13.8	6.0	6.1	13.1	24.4	23.0	22.2	
油酸	12.3		5.7	10.9	19.8	19.4	18.1	17.3
氢氧化物				7.9	15.1	18.2		
金属离子	Fe^{2+}	Ni^{2+}	Mn^{2+}	Ca^{2+}	Ba^{2+}	Mg^{2+}	Al^{3+}	Fe^{3+}
棕榈酸	17.8	18.3	18.4	18.0	17.6	16.5	31.2	34.3
硬脂酸	19.6	19.4	19.7	19.6	19.1	17.7	33.6	
油酸	15.4	15.7	15.3	15.4	14.9	13.8	30.0	34.2
氢氧化物		14.8	13.1	4.9				

从表 2-19 中的数据可知，就高级脂肪酸金属皂及该金属氢氧化物的 pK_{SP} 值而言，其顺序为：油酸皂>棕榈酸皂>硬脂酸皂；一价金属皂>两价金属皂>三价金属皂；碱土金属皂>重金属皂。高级脂肪酸金属皂的溶解度随温度的提高而增大，其浮选效果和选择性均随温度的提高而增大。

2.2.11.3　脂肪酸类捕收剂的应用

高级脂肪酸及其皂类主要用于浮选：（1）碱金属及碱土金属矿物，如白钨矿、萤石、方解石、磷灰石、重晶石等；（2）有色金属氧化矿物，如孔雀石、赤铜矿、白铅矿、菱锌矿、硅锌矿、锡石等；黑色金属氧化矿物，如赤铁矿、磁铁矿、菱铁矿、钛铁矿、软锰矿、菱锰矿等；（3）稀有金属矿物，如绿柱石、锂辉石、石榴石、黑钨矿、锆英石、钽铁矿、铌铁矿、独居石、金红石等；（4）硅酸盐及铝硅酸盐矿物，如石英、辉石、长石、云母、高岭土、石棉等；（5）可溶盐矿物，如石盐、钾盐、硼砂、芒硝等。

常用的高级脂肪酸（皂）有油酸（钠）、塔尔油、氧化石蜡（皂）和环烷酸。现简述如下：

（1）工业油酸。工业油酸一般不纯，各厂产品组成不一，油酸（17℃，一烯）含量为 68%~78%，亚油酸（18℃，二烯）含量为 1.9%~12.6%，不皂化物为 0.25%~0.44%，碘值为 87.6~94.0。

（2）塔尔油。塔尔油为硫酸法造纸的纸浆废液经浓缩、酸化后的产物，为脂肪酸和松脂酸的混合物。脂肪酸含量为 40%~55%（其中油酸约 45%，亚油酸约 48%），松脂酸含量约 40%（见表 2-20）。

表 2-20 粗制塔尔油的物化数据

名 称	数 值	名 称	数 值
密度/g·cm⁻³	0.95~1.024	石油醚不溶物含量/%	0.1~8.5
酸值	107~179	脂肪酸含量/%	18~60
皂化值	142~185	松脂酸含量/%	28~65
碘值	135~216	非酸性物质/%	5~24
灰分/%	0.39~7.2	黏度（18℃）/Pa·s	(0.76~15)×10³

塔尔油的用途与脂肪酸（皂）相同，但价格比油酸低，缺点是选择性差，常与磺酸盐等药剂混用以提高其选择性。

（3）氧化石蜡（皂）。将石蜡进行催化氧化可制得 C_{10}~C_{22} 的混合脂肪酸，常将其称为氧化石蜡，其钠皂称为氧化石蜡皂。"731"氧化石蜡皂为大连石油化工七厂以一榨蜡为原料制得的氧化石蜡皂。氧化石蜡皂的馏程为 262~350℃，其熔点为 39.7℃，含烃油量为 20.07%，正构烷烃含量为 84.10%，异构烷烃含量为 14.8%。由该厂氧化石蜡加工所得氧化石蜡皂的质量指标见表 2-21。

表 2-21 氧化石蜡皂的质量指标

组成	羧酸/%	游离碱/%	羟基酸/%	水分/%	不皂化物/%	碘值
指标（质量分数）	31.5	0.397	10.22	22.0	16.71	3.46

"731"氧化石蜡皂为酱色膏体，成分欠稳定。"733"氧化石蜡皂为粉状固体，成分更稳定。

氧化石蜡皂广泛用作脂肪酸（皂）的代用品，用于浮选赤铁矿、萤石、重晶石、磷灰石、钛铁矿、锆英石、金红石、黑钨矿和白钨矿等。近年来随着螯合型捕收剂和选择性更高的阴离子捕收剂的推广应用，氧化石蜡皂已逐渐被这些高效捕收剂所取代。

（4）环烷酸。用苛性碱液精制石油馏出物时，其中所含的环烷酸被皂化而溶于水，生成碱性废液，将其浓缩盐析可得环烷酸皂，经硫酸酸化可得环烷酸，其组成为 $C_nH_{2n-1}COOH$，如环己酸为 $CH_3(CH_2CH_2)_2CHCOOH$。环烷酸的酸值为 170~200，除环烷酸外，还含 9%~15% 的不皂化有机物。环烷酸有刺鼻臭味，为非硫化矿物的强捕收剂，具有很强的起泡性，选择性差。

2.2.12 烃基硫酸盐和烃基磺酸盐类捕收剂

2.2.12.1 烃基硫酸盐

烃基硫酸盐的通式为 RSO₄H(Na)。常用烃基硫酸盐的主要性质见表 2-22。

表 2-22 常用烃基硫酸盐的主要性质

名 称	分子式	溶解度/g·L⁻¹	CMC/mmol·L⁻¹
十二烷基硫酸钠	$C_{12}H_{25}SO_4Na$	280（25℃）	6.8
十四烷基硫酸钠	$C_{14}H_{29}SO_4Na$	160（35℃）	1.5
十六烷基硫酸钠	$C_{16}H_{33}SO_4Na$	525（55℃）	0.42
十八烷基硫酸钠	$C_{18}H_{37}SO_4Na$	50（60℃）	0.11

用作捕收剂的烃基硫酸盐的烃基为 $C_8 \sim C_{18}$，主要采用长链烷醇在低温条件下与硫酸或氯磺酸作用，然后用氢氧化钠中和可得烃基硫酸盐。其价格远高于相应的烃基磺酸盐。其捕收能力比相同碳原子数的脂肪酸稍弱，但较耐硬水，选择性优于脂肪酸。为重晶石的选择性捕收剂，还可作硝酸钠、硫酸钠、硫酸钾、磷酸盐等可溶盐及萤石、烧绿石、针铁矿、黑钨矿、锡石等的浮选捕收剂。

2.2.12.2　烃基磺酸盐

烃基磺酸盐又称石油磺酸盐，其通式为 RSO_3Na，R 为烷基或芳香基。工业产的烃基磺酸盐为烷基磺酸盐和芳香基磺酸盐的混合物。石油磺酸盐的用途较广，在浮选中广泛用作捕收剂和起泡剂，美国氰胺公司的 Aerosol800 号浮选药剂为石油磺酸类药剂。由于石油磺酸及其盐类来源广，为用途广泛的阴离子型的表面活性剂，可代替脂肪酸，其捕收能力比相同碳原子数的脂肪酸稍弱，但较耐硬水，选择性好于脂肪酸。主要用作辉铜矿、铜蓝、黄铜矿、斑铜矿、方铅矿及金红石、钛铁矿、磁铁矿、矾土的浮选捕收剂。可在酸性或碱性矿浆中实现浮选。此外，还可用作石榴子石、铬铁矿、蓝晶石、钾辉石、重晶石、方解石、天青石、白云石、磷酸盐矿物、石膏、菱镁矿、白钨矿、滑石等的浮选捕收剂。

2.2.13　膦酸、胂酸、羟肟酸类捕收剂

2.2.13.1　膦酸类捕收剂

此类捕收剂包含烃基膦酸（如苯乙烯膦酸 C_6H_5—$C_2H_2PO_3H_2$）和烃基双膦酸 $RCOH(PO_3H_2)_2$。

A　苯乙烯膦酸

苯乙烯膦酸（C_6H_5—$C_2H_2PO_3H_2$）用作钨、锡细泥的捕收剂，取得非常理想的浮选指标。如用作锡石细泥的捕收剂时，用碳酸钠和氟硅酸钠作调整剂，松油作起泡剂，在 pH 值为 6.5 的条件下，当给矿含锡 0.67%~0.72%，可得含锡 24.26%~26.4%，锡回收率为 44.79%~52.14%的合格锡精矿和含锡 3.02%~3.56%，锡回收率为 33.48%~34.38%的富锡中矿，锡总回收率可达 82.87%~86.51%。

B　烷基-α-羟基-1，1-双膦酸

据报道，将 $RCOH(PO_3H_2)_2$ 与 ИМ-50、A-22、甲苯胂酸等进行浮选锡石的对比试验，结果表明，烷基-α-羟基-1，1-双膦酸是锡石浮选的最佳捕收剂。

属于烃基双膦酸的还有烷基亚氨基二甲基双膦酸 $RN(CH_2PO_3H_2)_2$ 和 α-羟基-亚辛基-1，1-双膦酸 C_7H_{15}—$COH(PO_3H_2)_2$。据报道，此两种烃基双膦酸从含有大量氢氧化铁和电气石的矿泥中浮选回收锡石可获得较高的浮选指标。

膦酸类捕收剂捕收能力的顺序为：苯乙烯膦酸<羟基亚辛基双膦酸<α-氨基亚己基-1，1-双膦酸。

2.2.13.2　胂酸类捕收剂

胂酸类捕收剂主要为对-甲苯胂酸（混合甲苯胂酸）（p—CH_3—$C_6H_4AsO_3H_2$）、间-甲苯

肿酸（m—CH$_3$—C$_6$H$_4$As O$_3$H$_2$）、邻-甲苯肿酸（o—CH$_3$—C$_6$H$_4$AsO$_3$H$_2$）、苄基肿酸（C$_6$H$_5$CH$_2$AsO$_3$H$_2$）、甲苄肿酸（CH$_3$C$_6$H$_4$CH$_2$AsO$_3$H$_2$）等。苄基肿酸和甲苄肿酸为朱建光教授所研制。

甲苯肿酸和苄基肿酸均能与 Fe^{2+}、Fe^{3+}、Mn^{2+}、Sn^{2+}、Sn^{4+}、Cu^{2+}、Pb^{2+}、Zn^{2+} 等阳离子生成沉淀，而对 Ca^{2+}、Mg^{2+} 阳离子不敏感。因此，甲苯肿酸和苄基肿酸可用作锡石、黑钨矿和铜、铅、锌、铁硫化矿物的捕收剂，对钙、镁矿物的捕收能力很弱，浮选锡石、黑钨矿的选择性较好。

浮选锡石的对比试验表明，其效果为：对-甲苯肿酸>苯乙烯膦酸>A-22（磺化丁二酰胺四钠盐）>油酸钠与异己基膦酸混用。

大厂长坡选矿的生产实践表明，浮选锡石的对比试验效果为：肿酸>膦酸>A-22>油酸>烷基硫酸钠。

试验表明，甲苯肿酸的浮选指标优于或近似于苄基肿酸的浮选指标，但其用量较低，而苄基肿酸的合成工艺较简单，成本较低，已在国内使用多年。主要用于浮选黑钨细泥和锡石细泥。

苄基肿酸为白色晶体，常温下稳定，溶于热水，难溶于冷水，196~197℃分解。其为二元酸，其水溶液呈酸性。可溶于碱，配制苄基肿酸溶液时，可用碳酸钠溶液作溶剂。

肿酸类捕收剂的最大缺点是其毒性较大。

2.2.13.3 羟肟酸类捕收剂

羟肟酸的通式为 R—C(OH)—N—OH，其分子重排后的异构体称为异羟肟酸，其通式为 R—C(O)—NH—OH，式中 R 为烷基、芳基及其衍生物，异羟肟酸中氮原子上的氢也可为苯基，甲苯基等所取代（以 R′表示）。羟肟酸含有两种互变异构体，其中主要成分为异羟肟酸。异羟肟酸含有双配位基，可与金属阳离子生成金属螯合物（羟肟酸盐）。

金属肟酸盐的稳定常数见表 2-23。

表 2-23　金属肟酸盐的稳定常数（20℃，离子强度 $I=1.0$）

金属离子	H$^+$	Ca^{2+}	Fe^{2+}	La^{3+}	Ce^{3+}	Sm^{3+}	Gd^{3+}	Dy^{3+}	Yb^{3+}	Al^{3+}	Fe^{3+}
lgK_1	0.23	2.4	4.8	5.16	5.45	5.96	6.10	6.52	6.61	7.95	11.42
lgK_2			3.7	4.17	4.34	4.77	4.76	5.39	5.59	7.34	9.68
lgK_3				2.55	3.0	3.68	3.07	4.04	4.29	6.18	7.23

C$_{7~9}$烷基异羟肟酸一般为浅黄色硬油脂状或为黄色黏稠液体，密度为 0.988g/cm^3，电离常数为 2.0×10^{-10}，为极弱的有机酸。与氢氧化钠生成盐，为白色鳞片状晶体，可溶于水，其溶解度随碳链增长而下降。工业羟肟酸为红棕色油状液体，其钠盐为红棕色黏稠液体（含水 50%~60%）。两者均有较强的起泡性能。

异羟肟酸盐水解生成异羟肟酸及碱，异羟肟酸为不稳定化合物，它将进一步水解为脂肪酸和羟胺。

羟肟酸及其盐类于 1940 年首次用作矿物浮选捕收剂，可用辛基羟肟酸或 C$_{7~9}$烷基羟肟酸及其盐类，单用或与黄药或非极性油类捕收剂混用，用作铁矿物、铜钴矿物、软锰矿、锡石、黑钨矿、氟碳铈矿、钽铌矿、孔雀石、硅孔雀石、石英、长石等的浮选捕收剂。其他羟肟酸类药剂，如 H205、水杨羟肟酸等用作稀土矿物和锡石的浮选，效果较佳。

2.2.14　胺类捕收剂

2.2.14.1　脂肪胺类捕收剂

根据氨中氢被烃基取代的个数分别称为伯胺（RNH_2）、仲胺（$RN(R')H$）、叔胺（$RN(R')R''$）。胺盐为伯胺盐（RNH_3Cl）、仲胺盐（$RN(R')H_2Cl$）、叔胺盐（$RN(R')R''HCl$）和季胺盐（$R(R')_2R''Cl$）。式中 R 为长链的烃基或芳烃基，R'、R'' 常为短链的烃基，一般为甲基 CH_3—。浮选用的脂肪胺主要为 $C_{8\sim18}$ 的烷基伯胺及其胺盐，如十二胺 $C_nH_{2n+1}NH_2$，$n=10\sim13$、混合胺 $n=10\sim20$。脂肪伯胺的物化性质见表 2-24。

表 2-24　脂肪伯胺 RNH_2 的物化性质

名　称	月桂胺（季胺盐）	肉豆蔻胺	软脂胺	硬脂胺
碳原子数	12	14	16	18
凝固点（醋酸盐）/℃	68.5~69.5	74.5~76.5	80.0~81.5	84.0~85.0
临界胶束 c_M 浓度 / mol·L^{-1}	（盐酸盐）9.38×10^{-2}	2.8×10^{-3}	8.0×10^{-4}	3.0×10^{-5}

脂肪伯胺为弱电解质，不易溶于水，可与各种酸生成胺盐，使用时常配成盐酸盐或醋酸盐溶液。在水中会产生带疏水烃基的阳离子，故常将其称为阳离子捕收剂。

十二胺与各种酸生成的胺盐的溶解度顺序为：钼酸、钒酸、硅酸 < 2.5×10^{-4} mol/L，$S_2O_3^{2-}$ < HCO_3^-、SO_3^{2-}、$HAsO_4^{2-}$ < 1.25×10^{-4} mol/L，SO_4^{2-} < 25×10^{-4} mol/L，F^-、硼酸、Cl^-、S^{2-}、HPO_4^{2-} > 2.5×10^{-4} mol/L。

因此，胺类捕收剂实际上不溶于水，一般是用盐酸或醋酸中和配成乳状液使用，或与煤油、松油、酒精等溶剂或起泡剂配成乳状液使用。

长链胺在煤油中的溶解度为 5%~20%（25℃）和 50%~100%（60℃）。在松油、酒精中的溶解度为 50%~100%（25℃）。当使用煤油为溶剂时，会降低胺捕收剂的选择性，宜用于使用抑制剂的分离浮选，如采用氟化物作抑制剂，可使用煤油为溶剂从石英中浮选长石。当使用松油、酒精为溶剂时，对胺捕收剂选择性的影响小，如从磷灰石中浮选石英时，可使用松油、酒精为溶剂。

胺类捕收剂的起泡性比脂肪酸强，故使用胺类捕收剂时一般不再添加起泡剂。矿泥含量高时，常须预先脱泥，以免形成大量黏性泡沫而消耗大量的胺类捕收剂。胺类捕收剂的用量不宜太大，一般为 0.05~0.25kg/t。

胺类捕收剂可用于浮选硅酸盐矿物、铝硅酸盐矿物、碳酸盐矿物及可溶盐矿物，如浮选石英、绿柱石、锂辉石、长石、云母、菱锌矿、钾盐等。

2.2.14.2　醚胺

醚胺可看作胺的衍生物，是在胺的烷基上加上醚基，可分为醚一胺和醚二胺两种。它们的组成与胺的对应关系见表 2-25。

表 2-25 醚胺的组成与对应关系

胺的类型	组成	简式
第一胺	$CH_3CH_2CH_2CH_2\cdots NH_2$	RNH_2
醚一胺	$ROCH_2CH_2CH_2CH_2\cdots NH_2$	$ROR'—NH_2$
醚二胺	$RO(CH_2)_3\cdots NH(NH_2)_3\cdots NH_2$	$ROR'—NHR''—NH_2$

由于醚胺中含有醚基,与胺比较,醚胺可使胺转变为液体,在矿浆中易于弥散,浮选效果比胺好。醚胺常制成醋酸盐使用,纯品为琥珀色,含痕量的镍时为微绿色。

使用胺类捕收剂时须注意:(1)一般只在碱性介质中使用;(2)有一定的起泡性,一般不再添加起泡剂;(3)对水的硬度有一定的适应性,但硬度过高会增加胺的耗量;(4)胺可优先吸附在矿泥表面上,一般要求预先脱泥,以降低耗量和提高选择性;(5)不可与阴离子捕收剂混用;(6)可与中性油类捕收剂混用。

2.2.15 其他捕收剂

我国许多研究院所、选矿药剂厂、选矿厂和大专院校在选矿新药剂研发方面做了大量工作,取得了非常可观的成果,涌现了许多选矿新药剂。如金属硫化矿物的捕收剂有 Y-89、MA、36 号黑药、MOS-2、Mac-10、P-60、PN、ZY101、SK-1、XF-3、BK-302、AP、PAC(Aero-5100)、SB_1、SB_2、SB_3、LP 等;氧化矿物的捕收剂有 RST、RA、ROB、MOS、TF-2、F960、R-2、P303、GY-2、Y-17、F303 等。

研制这些新药剂的方法可大致综合为:(1)以石油化工或油脂化工产品中的同系物、衍生物为原料,依其组成、捕收性和选择性的特点,添加必要的有效成分经加工精制而成;(2)以两种或两种以上的同类或不同类药剂组合复配而成;(3)以某种高效药剂为主,添加一定比例的增效剂、活化剂、乳化剂、分散剂后复配而成;(4)对常规高效药剂改性,在常规药剂结构中加入新的基团,如加入羟基、氨基、硝基、膦酸基、硫酸基、磺酸基、羟肟基、醚基等,从而提高了药剂的捕收能力和选择性。

国内外研制新的浮选药剂的目的是开发高效、高选择性、无毒低毒、易生物降解、无污染的环境友好型药剂;其次是用好现有的高效、高选择性、无毒低毒的药剂,改革生产工艺,降低药耗,提高药效,实现循环利用,减少三废排放等。

2.3 起泡剂

2.3.1 概述

泡沫浮选是矿浆中的待浮矿粒选择性附着于气泡上,并随气泡上浮至矿浆液面上,形成矿化泡沫层,将矿化泡沫刮出或溢出获得泡沫产品,以达到待浮矿物与未浮矿物的分离富集。因此,气泡和泡沫在泡沫浮选过程中起着非常重要的作用。

单个气泡是内部充满气体(一般为空气),外部覆盖一层水膜的气泡,泡沫是许多气泡的集合体。两相泡沫是指只由气相和液相构成的泡沫,三相泡沫是指由气相、液相和固相构成的泡沫(即气泡表面黏附有大量矿粒的泡沫)。

为了达到浮选分离矿粒的目的,浮选时须在浮选矿浆中形成大量而足够的气液界面

（气泡），以便将待浮矿粒选择性附着于气液界面上，并将其上浮至矿浆液面上形成矿化泡沫层，且能顺利刮出或溢出。要求刮出或溢出的矿化泡沫在泡沫槽中能快速兼并破裂而利于泡沫产品的输送。因此，浮选时矿浆中形成的气泡应满足下列要求：（1）数量足够；（2）气泡大小适当；（3）气泡应有适度的弹性；（4）气泡应有适度的寿命。

为了使矿浆中形成的气泡能满足上述要求，现代泡沫浮选毫无例外地使用起泡剂。起泡剂一般为异极性的有机表面活性化合物，在其分子结构中有极性基和非极性基。起泡剂的极性基亲水疏气，易与水分子缔合，其亲固性能很弱，故理想的起泡剂对矿粒基本上无捕收作用；起泡剂的非极性基亲气疏水。因此，矿浆中加入起泡剂后，起泡剂分子将富集于气-液界面，并在气泡表面作定向排列。起泡剂的非极性基朝向气泡内，起泡剂的极性基朝向水，与水分子缔合，在气泡表面形成一层水化膜。气泡表面的水化膜不易流失，可对气泡起稳定作用。

起泡剂又是有机表面活性化合物，能降低气-液界面的表面张力，使附着起泡剂分子的气泡具有适度的大小、弹性和寿命（稳定性），不易兼并破裂而形成大气泡。

非离子型起泡剂的极性基（如醇基、醚基、醚醇基）的亲固性能很弱，一般无捕收性能，较易调整起泡剂用量，是较理想的起泡剂。

起泡剂的起泡性能与起泡剂非极性基的碳链长短、相对分子质量大小、结构特性、几何形状等密切相关。一般而言，极性基相同的条件下，随起泡剂非极性基的碳链的增长，其表面活性增加，起泡能力增强，但其水溶性逐渐降低；烃基为芳香烃时，其表面活性较弱，其起泡能力比直链烃弱。低级醇（如甲醇、乙醇）可与水完全以任何比例混溶，不可能富集于气-液界面上，故低级醇无起泡能力。$C_{6\sim10}$ 的脂肪醇可部分溶于水，主要吸附于气-液界面而可显著降低气-液界面的表面张力，具有较强的起泡能力；12 个碳以上的脂肪醇在常温下为固体，在水中不易溶解分散，故不宜用作起泡剂。因此，在浮选试验研究和生产实践中，对烃基不含双键的脂肪醇而言，非极性基的碳链以 $C_{5\sim8}$ 为宜；对含双键的脂肪醇而言，因其溶解度较大，非极性基的碳链可以长些。

起泡剂的起泡性能常采用起泡能力（泡沫高度）、泡沫稳定性（泡沫破裂时间）、气泡比表面积（气泡大小）、气泡弹性（抗张力强度）、溶解度等指标进行衡量。

几种常见起泡剂的溶解度见表 2-26。

表 2-26　几种常见起泡剂的溶解度　　　　　　　　（g/L）

起泡剂名称	溶解度	起泡剂名称	溶解度	起泡剂名称	溶解度
正戊醇	21.9	甲酚酸	1.66	松油	2.50
正己醇	6.24	聚丙烯乙二醇	全溶	樟脑油	0.74
正庚醇	1.81	异戊醇	26.9	1，2，3-三乙氧丁烷	约 8
正壬醇	0.586	甲基戊醇	17.0	壬醇-（2）	1.28
α-萜烯醇	1.98	庚醇-（3）	4.5		

具有起泡性能的化合物比较多，依其来源可分为天然起泡剂（如松油、2 号油）和合成起泡剂（如 MIBC、TEB 等）两大类。依起泡剂结构和官能团特点，可将其分为非离子型起泡剂和离子型起泡剂两大类（见表 2-27）。

表 2-27　起泡剂分类

类型	类别	极性基	实例名称与结构	备注
非离子型起泡剂	醇类	—OH（醇基）	直链脂肪醇 $C_nH_{2n+1}OH$（$C_{6\sim9}$混合）	杂醇油（副产）
			甲基异丁基甲醇 $CH_3-CH-CH_2-CH-CH_3$（CH_3，OH）	MIBC（英文缩写）Acrofroth70（国外代号）
			萜烯醇 (terpineol)	2号油主要成分
			桉叶醇 (eucalyptol)	桉树油主要成分
			樟脑（茨酮）及茨醇	樟脑油主要成分
	醚醇	—O——OH	丙二醇醚醇 ($R=C_{1\sim4}$, $n=1\sim3$) $R(OCH_2-CH)_nOH$（CH_3）	三聚丙二醇甲醚，美国商品名 Dow-fruth250
			芳香基醚醇 ($n=1\sim4$) —$CH_2O(CH_2CH_2O)_nH$	苄醇与环氧乙烷缩合
	醚类（烷氧类）	—O—	三乙氧基丁烷 $CH_3-CH-CH_2-CH$（OC_2H_5，OC_2H_5，OC_2H_5）	TEB（英文缩写）
	脂类	—COOR′	脂肪酸脂（R常为 $C_{3\sim10}$混合酸，R′为 $C_{1\sim2}$混合酸）$R-C-OR′$（O）	烃油氧化低碳酸脂化

续表 2-27

类型	类别	极性基	实例名称与结构	备注
离子型起泡剂	羧酸及其盐类	—COOH —COONa	**脂肪酸及其盐类 $C_nH_{2n+1}COOH(Na)$ 松香酸等** 	饱和酸及不饱和酸（低碳酸）松香的主要成分，粗塔尔油的成分之一
	烷基磺酸及其盐类	—SO$_3$H —SO$_3$Na	烷基苯磺酸钠等 R—$C_6H_4SO_3Na$	国外牌号为 R-800
	酚 类	—OH	甲酚等 CH_3—C_6H_4—OH	如杂酚油（邻、对、间位）
	吡啶类	≡N	吡啶类	焦油馏分

2.3.2　松油

松油是松根、松枝干馏或蒸馏而得的油状液体，主要成分为萜烯醇、仲醇和醚类化合物的混合物。起泡性能强，一般无捕收能力，但常因含某些杂质而具有一定的捕收能力。可单独采用松油作起泡剂浮选辉钼矿、石墨、煤等，其用量一般为 $10 \sim 60 g/t$。但因来源有限，泡沫黏，已逐渐被合成起泡剂所取代。

2.3.3　2 号油（松醇油）

2 号油是以松油为原料，硫酸为催化剂，平平加（一种表面活性物质）为乳化剂进行水解而得的油状液体。主要成分为 α-萜烯醇（约占 50%），还含萜二醇、烃类化合物和杂质等。2 号油为淡黄色油状液体，有刺激作用，密度为 $0.9 \sim 0.913 g/cm^3$，可燃，微溶于水。空气可将其氧化，氧化后黏度增大。有较强的起泡性，可生成大小均匀、结构致密、黏度适中的稳定泡沫，是国内使用最广的起泡剂。但用量过大时，气泡变小变脆，恶化浮选指标，甚至转变为消泡剂。

其起泡性能随矿浆 pH 值的降低而减小，采用低碱介质分离金属硫化矿物时，不宜采用 2 号油作起泡剂。

2 号油为易燃品，贮存时应远离火源，注意防火。使用时，一般原状直接加入矿浆搅拌槽中，用量一般为 $20 \sim 150 g/t$。

2.3.4　樟油

樟油为用樟树的枝叶、根茎干馏可得粗樟油，经分馏可得白油、红油和蓝油三种不同馏分的樟油。其中白油可代替松油作起泡剂，多用于对精矿质量要求高的精选和优先浮选作业。白油的浮选选择性比松油好。红油生成的泡沫较黏，蓝油具有起泡和捕收性能，多用于浮选煤或与其他起泡剂混用。

2.3.5 甲基戊醇

甲基戊醇（MIBC）的化学名称为4-甲基戊醇-（2），国外称为甲基异丁基卡必醇（MI-BC）。纯品为无色液体，折光指数为1.409，密度为0.813g/cm³，沸点为131.5℃，水中溶解度为1.8%。可与酒精或乙醚以任何比例混溶。是一种优良的起泡剂，国外已广泛用于浮选工业生产中。

此产品于1935年用丙酮缩合为二缩烯丙酮，再经加氢后制得。其反应式可表示为：

$$2(CH_3)_2CO \xrightarrow{-H_2O} (CH_3)_2CH_2C(O)CH_3 \xrightarrow{H_2} (CH_3)_2CHCH_2CH(OH)CH_3$$

继MIBC广泛应用后，据报道国外研制了"溶剂L"（1958年），为制造酮基溶剂的残留副产物，主要成分为二异丙基丙酮[(CH_3)_2CHCH_2]_2CO（沸点165℃）和二异丁基甲醇[(CH_3)_2CHCH_2]_2COH（沸点173℃）。"溶剂L"与MIBC比较，更价廉，更有效，其选择性更高，生成的泡沫更致密，对浮选粗粒矿物更有利。

2.3.6 杂醇油

工业生产各种醇类产品的过程中，会产出各种含醇类物质的副产物，依其各自的组分特点，可直接或经蒸馏切割及再加工后作起泡剂使用，均为重要而有效的醇类起泡剂。其中已在工业生产中使用的高沸点馏分（沸程）的产品有：（1）沸程为130～150℃，密度为0.836g/cm³的含伯醇60%～65%的产物。其中主成分为2-甲基戊醇-1，含15%～20%的仲醇，含18%～20%的酮类化合物及约2%的脂类化合物；（2）沸程为150～160℃，平均相对分子质量约123，含伯醇40%～45%的产物。其中主成分为2，4-二甲基戊醇-1，含40%～45%的仲醇和8%～12%的酮类化合物；（3）沸程为160～195℃，含伯醇44%～47%的产物。其中主成分为4-甲基己醇-1和4-甲基庚醇-1，含32%～36%的仲醇，17%～19%的酮类化合物及1%～4%的脂类化合物；（4）沸程高于195℃的最后碱液，最终产物的沸点为315℃，此后的产物为焦油。195～315℃的沸程产物含65%～70%的伯醇，含12%～17%的酮类化合物，10%～15%的酚类化合物及2%～6%的烃类化合物。

上述四种产品中，沸程为130～150℃的产物可单独用作起泡剂；其他沸程的产物可与其他起泡剂混用以提高起泡性能，沸程为150～160℃的产物可增强泡沫的稳定性；沸点高于160℃的产物可显著降低泡沫的稳定性，可用作消泡剂。

北京有色金属研究总院利用酒精厂的蒸馏残液"杂醇油"，通过碱性催化缩合法制得的高级混合醇可代替松油用作金属硫化矿物和氧化铁矿物的浮选起泡剂，其选择性比松油高，缺点是有臭味。

2.3.7 混合醇

混合醇可分为伯醇、仲醇和二烷基苄醇等。

2.3.7.1 伯醇

混合伯醇的来源较广，不同来源 $C_{6\sim8}$ 混合醇的物理性能见表2-28。

表 2-28 不同来源 $C_{6\sim8}$ 混合醇的物理性能

名称	沸点/℃	密度/g·cm⁻³	闪点/℃	水中溶解度/%
丁醇蒸残液	148~185	0.829~0.834	74	0.4
辛醇蒸残液	180~280	0.83~0.89	80	0.3
羰基合成醇	146~200	0.838		羟基值为每克水中含 KOH470mg

注：1. 丁醇蒸残液为以乙炔为原料生产丁、辛醇时的副产物 $C_{6\sim8}$ 混合醇；
2. 辛醇蒸残液为电石厂生产丁、辛醇时的副产物 $C_{4\sim8}$ 混合醇经分馏去除低沸物而截取的 $C_{6\sim8}$ 混合醇；
3. 羰基合成醇系由石油裂解副产物戊烯、己烯、庚烯的混合物经羰基合成的 $C_{6\sim8}$ 混合醇。

$C_{6\sim8}$ 混合醇可用作金属硫化矿物和赤铁矿浮选的起泡剂，其用量比松油或甲酚低，选择性比松油或甲酚高。

北京矿冶研究总院从炼油副产品中生产的 YC-111 起泡剂的主成分为混合高级醇和混合酯类化合物。生产实践表明，YC-111 起泡剂的起泡速度快，泡沫不发黏，可提高精矿品位和金属回收率。

2.3.7.2 仲醇（$C_{6\sim7}$ 混合仲醇）

$C_{6\sim7}$ 混合仲醇为石油工业副产品，密度 $0.834g/cm^3$，酸值3.4，碘值5.7，常压133~187℃时的蒸出量为80%。醇含量为85.5%，其余为二元醇、酮及醚类化合物，此 $C_{6\sim7}$ 混合仲醇主成分为带有支链结构的仲醇及叔醇。

$C_{6\sim7}$ 混合仲醇起泡剂的毒性与己醇、庚醇相同，比酚类起泡剂低，其价格比甲酚、松油低，用量比松油或甲酚低20%~30%。其主要缺点是有强烈的刺激臭味。

2.3.7.3 二烷基苄醇（芳香烃基醇）

据报道，$C_{9\sim12}$ 的芳香烃基仲醇或叔醇可用作浮选的起泡剂，其中包括 1，1-二甲基苄醇式（Ⅰ）、1-乙基苄醇式（Ⅱ）、甲基乙基苄醇式（Ⅲ）、1，1-二甲基-对甲基苄醇式（Ⅳ）、1-甲基-对甲基苄醇式（Ⅴ）、对位双异丙醇基苯式（Ⅵ）和1-甲基-1-乙基-对甲基苄醇式（Ⅶ）。

1，1-二甲基苄醇式（Ⅰ）为石油化工厂生产苯酚丙酮的中间体过氧化异丙苯，经亚硫酸钠还原而制得，产品为无色液体，冷却时有菱形晶体析出，不溶于水，可溶于乙醇、苯、乙醚和醋酸中。试验表明，作起泡剂时，其起泡性和选择性均超过甲酚起泡剂，用量仅为甲酚的50%。

2.3.8 醚醇起泡剂

醚醇起泡剂首先由美国道化学公司和氰胺化学公司开发生产。此类起泡剂的商品名称为：Dowfroths（道化学公司）、Aerofroths（氰胺化学公司）、Teefroths（英国帝国化学公司）、ОПС（俄罗斯）。

　　醚醇起泡剂分子中含有醇基和醚基，醇基中的氧原子和醚基中的氧原子中的孤对电子均可与水分子亲水结合，醚醇起泡剂分子中的烃基亲气疏水，故醚醇起泡剂可溶于水，又能富集于气-液界面，降低水的表面张力，是良好的起泡剂，在国外已广泛用于生产实践。据市场调查，2008 年国外醚醇起泡剂和 MIBC 起泡剂在浮选中的用量已占金属矿物浮选起泡剂用量的 90%。

　　环氧乙烷和环氧丙烷等环氧烃类化合物是合成醚醇起泡剂的基本原料。在酸性条件下（微量硫酸或磷酸催化），环氧乙烷与醇类作用，可合成乙二醇烷基醚。环氧丙烷与相应醇作用，可合成丙二醇烷基醚。常见的醚醇起泡剂有：二聚乙二醇甲醚（式Ⅰ，俗称 Methyl Carbitol）、二聚乙二醇丁醚（式Ⅱ，Butyl Carbitol）、三聚丙二醇甲醚（式Ⅲ，俗称 ОПС-M、Dowfroths200）、三聚丙二醇丁醚（式Ⅳ，俗称 ОПС-Б、Dowfroths250）。

　　纯二聚乙二醇甲醚为无色液体，相对分子质量为 120.09，密度为 1.035g/cm³，沸点为 193.2℃，可与水任意比例混溶，易溶于酒精，难溶于乙醚。二聚乙二醇丁醚也为无色液体，相对分子质量为 162.14，密度为 0.9553g/cm³，沸点为 231.2℃，溶解度与二聚乙二醇甲醚相似。聚多丙二醇烷基醚的起泡性随聚合度（n）增大而增大，n 大于 2 时起泡性无显著增大；起泡性随烷基碳链的增长而增大；低浓度时，泡沫稳定性随聚合度（n）增大而增大；高浓度时，聚合度（n）对泡沫稳定性的影响不明显；聚丙二醇烷基醚的起泡性在 pH 值为 4~8 时均较强，pH 值为 10 时，与酸性介质比较，其起泡性稍强，泡沫稳定性则不受介质 pH 值影响。聚丙二醇烷基醚的水溶液的表面张力随其浓度、n 值、烷基碳链长度的增大而下降。

　　醚醇起泡剂的另一特点是无毒，可为微生物降解，对环境无污染。

2.3.9　醚类起泡剂

　　醚类化合物可看作是醇类化合物醇基中的氢原子被烷基所取代后的产物，其通式为 R—O—R，式中 R 可以是链状或环状烃基，两个 R 可相同或不同。若醚类化合物中的氧原子换为硫原子，则称为硫醚，其通式为 R—S—R。

　　醚类化合物用作起泡剂开始于 20 世纪 50 年代，醚类化合物化学性质较稳定，不活泼，醚基亲水，可溶于水。

2.3.9.1　三乙氧基丁烷(TEB)

　　三乙氧基丁烷的全称为 1，1，3-三乙氧基丁烷，英文缩写为 TEB，国内称为四号浮选油。它是最重要的醚类起泡剂，是合成起泡剂的"先驱"和佼佼者，它与醚醇起泡剂几乎同时出现，起泡性能好，对浮选介质 pH 值的适应性强，为金属矿物和非金属矿物浮选的优良起泡剂，也是使用较普遍的一种起泡剂。

　　合成三乙氧基丁烷的原料为巴豆醛和乙醇（两者均为乙炔的反应产物），配料比为巴豆醛：乙醇=1:6，加入少量盐酸（1.2%）及二氯甲烷或苯作催化剂，反应温度为 65℃，反应时间 2h，反应完成后，用碱中和至 pH 值为 7~8，蒸馏除去多余酒精，残留物即为粗制的三乙氧基丁烷，其中尚含 1.5%~2.0% 高沸点胶质杂质。为保证产品质量，可加入少量抗氧化剂（如氢苯醌等）。

纯品 1，1，3-三乙氧基丁烷由粗产品经真空蒸馏精制而得，为无色透明油状液体，密度为 0.875g/cm^3，折光率为 1.4080，沸点为 87℃（2.793kPa（21mmHg））。工业品为棕黄色油状液体（因含杂质），20℃时的水中溶解度为 0.8%。在弱酸性介质中可水解为羟基丁醛和乙醇。

三乙氧基丁烷可代替 2 号油等起泡剂，用于金属矿物和非金属矿物的浮选，可提高精矿品位，用量比 2 号油小。

2.3.9.2　其他醚类起泡剂

据报道，在结构上与三乙氧基丁烷相似的化合物有：1，1，4，4-四丙氧基丁烷 $(CH_3CH_2CH_2O)_2CHCH_2CH_2CH(OCH_2CH_2CH_3)_2$、1，1，4，4-四异丙氧基丁烷 $[(CH_3)_2CHO]_2CHCH_2CH_2CH[OCH(CH_3)_2]_2$，为金属硫化矿物浮选的良好起泡剂。

四烷氧基醚 $(RO)_2CH(CH_2)_nCH(RO)_2$，R 为甲基、乙基、丙基或异丙基，$n=0\sim3$；聚乙二醇烷基醚 $RO—(CH_2CH_2O)_nR$，R 为甲基等烷基，$n=1\sim3$；乙烯二醇烷基醚 $R—O—CH=CH—O—R$，R 为甲基、乙基、丙基或异丙基；丙烯二醇烷基醚 $R—O—CH=CH—CH_2—O—R$，R 为甲基、乙基、丙基或异丙基及叔丁基；多缩乙二醇二苄基醚 $C_6H_5—CH_2O—(CH_2CH_2O)_n—CH_2—C_6H_5$，$n=1\sim4$；1，1，3-三乙氧基丙烷 $C_2H_5O—CH_2CH_2CH—(OC_2H_5)_2$；四乙氧基烷基硫醚类 $(C_2H_5O)_2—CH(CH_2)_n—S—(CH_2)_nCH(OC_2H_5)_2$，$n=1$、2、3 等均为金属硫化矿物浮选的良好起泡剂。

2.3.9.3　芳香烃醚

甘苄油（多缩乙二醇苄基醚）最早由株洲选矿药剂厂研制，与原中南矿冶学院共同完成工业试验，于 1982 年后推广应用于工业生产。

多缩乙二醇（蒸馏乙二醇后的下脚料）与氢氧化钠作用生成醇钠，然后再与苄氯进行醚基化反应即得甘苄油（以多缩乙二醇苄基醚为主）。甘苄油为棕褐色油状液体，微溶于水，溶于甲苯及多种有机溶剂，其主成分为醚及醚醇类化合物，可溶解油漆及某些有机物。甘苄油粗产品蒸馏时，100~200℃的馏分主要是水及低沸点化合物，其量为 15%~25%；200~290℃的馏分为有效成分，其量为 70%~80%。

甘苄油的密度为 $1.0934\sim1.1179\text{g/cm}^3$，折光率为 $1.5040\sim1.5168$。甘苄油的泡沫量（泡沫高度）随其浓度的增大而增大，其泡沫高度略高于松醇油的泡沫高度。其泡沫寿命比松醇油短，起泡性能不受矿浆 pH 值影响，可用于不同 pH 值的矿浆。

甘苄油可完全代替松醇油或樟油，且其起泡性能强，用量少，毒性低，三废污染较轻。

报道的芳香烃醚起泡剂不少，如前述的十二烷基酚基醚、二乙氧基苯、三乙氧基苯和四二乙氧基苯等均可用作起泡剂。

2.3.10　酯类起泡剂

酯类起泡剂一般为脂肪酸或芳香酸与醇反应的产物，其通式为 RCOOR′。式中 R 为脂肪烃基或芳香烃基，R′一般为低碳链（如乙基等），R 的碳链比 R′长，但不宜太长。

2.3.10.1　邻苯二甲酸酯类起泡剂

邻苯二甲酸酯类起泡剂包括邻苯二甲酸双-3-甲氧基丙酯（$C_6H_4[C(O)—O—$

$(CH_2)_3OCH_3]_2)$、邻苯二甲酸双-2-乙氧基乙酯（$C_6H_4[C(O)—O—(CH_2)_2OC_2H_5]_2$）、邻苯二甲酸双-2,3-二甲氧基丙酯（$C_6H_4[C(O)—O—CH_2CH(OCH_3)CH_2OCH_3]_2$），它们均为醚酯化合物（含醚链和酯基）。

邻苯二甲酸二乙酯为我国昆明冶金研究所研制并投入生产，苏联商品名为 д-3 起泡剂，称为苯乙酯油。其合成反应为：

$$C_6H_4(CO)_2O+2C_2H_5OH \xrightarrow{H_2SO_4,催化} C_6H_4[C(O)OC_2H_5]_2+H_2O$$

邻苯二甲酸二乙酯为无色或淡黄色透明液体，密度为 $1.12g/cm^3$，沸点为 296.1℃，不溶于水，溶于醇、醚、苯等有机溶剂。作为起泡剂要求酯含量大于 95%，酸值小于 10，密度为 $1.116~1.120g/cm^3$。起泡能力优于 2 号油，用量小于 2 号油。可作为金属硫化矿物、氧化铁矿物、石墨矿的浮选起泡剂。

2.3.10.2 混合脂肪酸乙酯

混合脂肪酸乙酯系采用石蜡氧化制取高级脂肪酸时依馏程切取 $C_{5~6}$ 和 $C_{5~9}$ 两种低碳混合脂肪酸，将 $C_{5~6}$ 或 $C_{5~9}$ 混合脂肪酸与乙醇在浓硫酸催化作用下反应，即生成 $C_{5~6}$ 混合脂肪酸乙酯或 $C_{5~9}$ 混合脂肪酸乙酯。其合成反应为：

$$RCOOH+C_2H_5OH \xrightarrow{H_2SO_4,75~90℃,8~10h} RCOOC_2H_5+H_2O$$

$C_{5~6}$ 混合脂肪酸乙酯称为 56 号起泡剂，$C_{5~9}$ 混合脂肪酸乙酯称为 59 号起泡剂。两种起泡剂均为淡黄色透明液体，微溶于水，溶于醇、醚等有机溶剂。密度为 $0.865g/cm^3$，折光率分别为 1.4160 和 1.4168，酸值小于 10。易燃，具有良好的起泡能力，可作为金属硫化矿物的浮选起泡剂。

2.3.10.3 其他酯类

工业上合成乙烯乙酸酯过程中，产出的聚乙烯及聚乙烯乙酸酯乳剂、乙烯乙酸酯的蒸馏残留物（含乙烯乙酸酯、乙酸等）可作浮选煤的起泡剂。

聚乙二醇脂肪酸酯可作为磷灰石-霞石（P_2O_5 含量为 22.5%）、其他金属矿物的浮选起泡剂。

2.3.11 其他类型合成起泡剂

2.3.11.1 含杂原子的合成起泡剂

常用起泡剂一般为碳、氢、氧的化合物，仅重吡啶有氮原子，但因其臭味而被淘汰。

现已出现含 S、N、P、Si 等杂原子的高分子合成起泡剂，如：

（1）含杂原子氮可用作多金属硫化矿的浮选起泡剂的有三氯乙醛脲素（$CCl_3—CHO·NH_2C(O)NH_2$）、三氯乙醛异硫脲（$CCl_3—CHO·NH_2C(SR)=NH_2$）、水合三氯乙醛（$CCl_3—CHO·H_2O$）、乙二氨丁基醚醇（$C_4H_9O—CH(CH_3)O(CH_2)_2OCH_2CH(OH)CH_2N(C_2H_5)_2$）、2-氨基乙基乙烯醚（$CH_2=CH—O—CH_2CH_2—NH_2$）、二缩丙酮肟（$CH_3—C—(NOH)—CHC(CH_3)_2$）、2-乙基己醛肟（$CH_3—(CH_2)_3—CH—C(C_2H_5)=NOH$）、N-苯基环乙烷亚胺（$C_6H_5—N=(CH_2)_2$）。

（2）含杂原子硫可用作多金属硫化矿的浮选起泡剂的有 4-羟基丁基辛基亚砜（C_8H_{17}—S(O)—$(CH_2)_4OH$）、羟丁基辛基亚砜（C_8H_{17}—S(O)—$(CH_2)_4OH$）、硫化醚醇（$S[(—CH(CH_3)CH_2O—)_nH]_2$）、聚烷氧基苄基硫醚（$C_6H_5$—CH$[S(CH_2CH_2O)_nH]_2$）、含硫丁酮（硫酮醚）（$C_4H_9$—S—$CH_2CH(CH_3)C(O)CH_3$）。

（3）含杂原子氮、硫可用作多金属硫化矿的浮选起泡剂的有硫醚腈（$(CH_3)_2CHCH_2SCH_2CH_2C≡N$）、硫氮腈酯（酯-105）（$(CH_3CH_2)_2N$—C(S)S—$CH_2CH_2$—CN）、异丁基-氰乙基硫醚（$(CH_3)_2CH_2CH_2$—S—$CH_2CH_2CN$）。

（4）含杂原子氮、磷可用作多金属硫化矿的浮选起泡剂的有 TEM-TM（$HOCH_2CH_2$—N—$(CH_2CH_2O)_2P(O)R$）。

（5）含杂原子硅可用作多金属硫化矿的浮选起泡剂的有四甲基二甲硅醚类。

2.3.11.2　复合型起泡剂

A　RB 起泡剂

RB 起泡剂为朱建光和朱玉霜教授研制的系列起泡剂，有 RB$_1$~RB$_8$ 共 8 种。以工业废料与粗苄醇或苄醇代用品以及其他化合物为原料化合而成。其合成示意图为：

$$原料 A + 原料 B \xrightarrow[\text{催化剂，加热，搅拌}]{} 中间产品 \xrightarrow[\text{+原料 C，搅拌}]{} 成品$$

BR 为棕色油状液体，密度为 $0.9~1.0g/cm^3$，微溶于水。其黏度随温度升高而降低，且随其号数的增加而降低，即就其黏度而言，其递降序为 $RB_1 > RB_2 > RB_3 > RB_4 > RB_5 > RB_6 > RB_7 > RB_8$。

工业试验结果表明，BR 起泡剂可代替松油作多金属硫化矿矿物的浮选起泡剂，其用量为松油的 30%~50%。为确保浮选指标，冬季宜选用流动性较好的产品，如 RB$_3$、RB$_4$ 等。

B　730 起泡剂

730 系列起泡剂为近年开发应用的新型复合起泡剂，报道较多的为 730A，其次为 730E，为昆明冶金研究院新材料公司研制的产品。

730A 的主成分为 2，2，4-三甲基-3-环己烯-1-甲醇，1，1，3-三甲双环（2，2，1）庚-2-醇、樟脑和 C$_{6~8}$醇、酮、醚等。它的起泡能力比松醇油高，泡沫均匀，是稳定性和黏度适中的低毒起泡剂。小鼠急性毒性试验表明，730A 的致死量为每千克体重 3201.85mg，而松醇油的致死量为每千克体重 1671mg。依据我国工业毒急性毒性分级标准，730A 属低毒物质。

2.4　抑制剂

2.4.1　概述

为了提高浮选过程的选择性，增强捕收剂、起泡剂的作用，降低有用组分矿物的互含，改善浮选的矿浆条件，在浮选过程中常使用调整剂。浮选过程的调整剂包括许多药剂，根据其在浮选过程中的作用，可将它们分为抑制剂、活化剂、介质调整剂、消泡剂、絮凝剂、分散剂等。它们在浮选过程中的作用形式多种多样，本节仅对其基本形式和主要机理作简要介绍。

2.4.2 抑制剂的作用及其抑制机理

2.4.2.1 抑制剂的作用

泡沫浮选过程中，抑制剂为能阻止或降低非浮选目的矿物表面对捕收剂的吸附或作用，而在其矿物表面形成亲水膜的一类药剂。按其化学组成可将其分为无机化合物和有机高分子化合物两大类。

2.4.2.2 抑制剂的抑制作用机理

抑制剂的抑制作用机理为：（1）在非浮选目的矿物表面形成亲水化合物膜，如重铬酸盐抑制方铅矿等；（2）在非浮选目的矿物表面形成亲水胶体吸附膜，如硫酸锌在碱性矿浆中生成氢氧化锌（或碳酸锌）吸附于闪锌矿（铁闪锌矿）表面而使其被抑制；硅酸盐、淀粉等也易在非浮选目的矿物表面形成亲水胶体吸附膜；（3）在非浮选目的矿物表面形成亲水离子吸附膜，如硫化钠在碱性矿浆中解离生成的 HS^-、S^{2-}，可吸附于非浮选硫化矿物表面形成亲水离子吸附膜；（4）某些强氧化剂分解非浮选硫化矿物表面所吸附的捕收剂膜而露出其亲水表面。

2.4.3 石灰

石灰为矿浆 pH 值调整剂，又是黄铁矿和闪锌矿（铁闪锌矿）的有效抑制剂。在多金属硫化矿物的高碱介质分离浮选中起着非常重要的作用。

石灰石在 900~1200℃ 条件下煅烧可得生石灰（CaO），俗称石灰。其反应可表示为：

$$CaCO_3 \xrightarrow{900\sim1200℃} CaO+CO_2 \uparrow$$

石灰为白色固体，易吸水，与水作用生成熟石灰 $Ca(OH)_2$。熟石灰较难溶于水，为强碱。其反应可表示为：

$$CaO+H_2O \longrightarrow Ca(OH)_2$$
$$Ca(OH)_2 \rightleftharpoons Ca(OH)^+ +OH^-$$
$$Ca(OH)^- \rightleftharpoons Ca^{2+} +OH^-$$

采用高碱介质浮选工艺，用黄药、2 号油、石灰浮选分离多金属硫化矿矿物时，毫无例外地均用石灰将矿浆 pH 值升至 11 以上以抑制黄铁矿，有的硫化铅锌矿选厂甚至在 pH 值为 13~14 的高 pH 值条件下进行铅、锌、硫的分离浮选。

石灰抑制黄铁矿时，除 OH^- 的作用外，Ca^{2+} 也起作用。石灰抑制黄铁矿时，某些化合物的溶度积见表 2-29。

表 2-29 石灰抑制黄铁矿时某些化合物的溶度积

化合物	$Fe(OH)_3$	$Fe(OH)_2$	$CaCO_3$	$Fe(C_2H_5CSS)_2$	$CaSO_4$
溶度积	3.8×10^{-38}	4.8×10^{-16}	0.99×10^{-8}	7×10^{-8}	6.1×10^{-5}

若石灰对黄铁矿的抑制作用仅靠 OH^- 的作用，在矿浆 pH 值相同的条件下，石灰与氢

氧化钠对黄铁矿的抑制作用应该相同。实践表明，采用氢氧化钠时，pH 值为 9 时黄铁矿的回收率可达 80%，而采用石灰作抑制剂时，pH 值为 9 时黄铁矿的回收率仅为 18%（见图 2-12）。

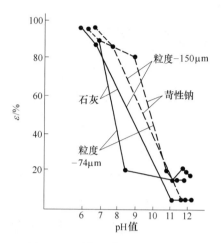

图 2-12　石灰及苛性钠对黄铁矿的抑制作用

根据作者研发的低碱工艺，采用 SB$_1$、SB$_2$ 之类的捕收剂，浮选分离多金属硫化矿矿物时，石灰用量可大幅度降低，矿浆 pH 值为 6.5～7.0 即可完全抑制黄铁矿。这既可降低生产成本，又可提高相应金属的回收率和精矿品位。有时甚至可实现无石灰铜硫分离，产出高品位的铜精矿。

根据作者的试验结果，石灰不仅是黄铁矿和闪锌矿（铁闪锌矿）的有效抑制剂，用量低时还是闪锌矿（铁闪锌矿）的活化剂。作者在某矿的小试结果见表 2-30。

表 2-30　铅粗选时石灰用量对铅、锌、硫回收率的影响

石灰用量 /g·t^{-1}	产品名称	产率/%	品位/%			回收率/%		
			铅	锌	硫	铅	锌	硫
0	粗精矿	15.308	15.69	3.47	32.24	44.40	6.66	21.36
	尾矿	84.692	3.55	10.05	21.45	55.60	93.34	78.64
	原矿	100.00	5.41	9.12	23.10	100.00	100.00	100.00
500	粗精矿	22.541	19.5	23.40	15.55	82.66	45.67	15.55
	尾矿	77.459	1.29	8.10	24.65	17.34	54.33	84.45
	原矿	100.00	5.32	11.55	22.60	100.00	100.00	100.00
1000	粗精矿	21.509	20.20	22.90	15.45	81.46	43.65	14.66
	尾矿	78.491	1.26	8.10	24.65	18.54	56.35	85.34
	原矿	100.00	5.33	11.28	22.67	100.00	100.00	100.00
2000	粗精矿	22.201	20.35	21.20	17.15	84.44	41.30	16.76
	尾矿	77.799	1.07	8.60	24.30	15.56	58.70	83.24
	原矿	100.00	5.35	11.40	22.71	100.00	100.00	100.00
4000	粗精矿	23.509	21.15	17.35	19.20	87.21	33.12	17.92
	尾矿	78.491	0.85	9.60	24.10	12.79	66.88	82.08
	原矿	100.00	5.22	11.27	23.05	100.00	100.00	100.00
6000	粗精矿	20.755	20.20	14.25	20.65	88.31	25.95	19.00
	尾矿	79.245	0.77	10.65	23.05	11.69	74.05	81.00
	原矿	100.00	5.22	11.40	22.55	100.00	100.00	100.00
8000	粗精矿	21.509	21.65	14.30	20.85	88.51	26.81	19.86
	尾矿	78.491	0.77	10.70	23.08	13.49	73.19	80.14
	原矿	100.00	5.26	11.47	22.85	100.00	100.00	100.00

石灰用量 /g·t⁻¹	产品名称	产率/%	品位/%			回收率/%		
			铅	锌	硫	铅	锌	硫
10000	粗精矿	18.999	24.40	11.50	21.80	87.74	19.27	18.16
	尾矿	81.001	0.80	11.30	23.05	12.26	80.73	81.84
	原矿	100.00	5.28	11.34	22.81	100.00	100.00	100.00

注：捕收剂为 $SN:丁_x=1:1$ 混药 100g/t，磨矿细度为 $-0.074mm$ 占 85%。

从表 2-30 中的数据可知，石灰是黄铁矿和闪锌矿的有效抑制剂，石灰用量为 5kg/t 即可有效抑制黄铁矿和闪锌矿。从这次小试后，该矿的铅浮选作业只添加石灰不再添加硫酸锌，实现了铅与锌、硫的有效分离。

从表 2-30 中的数据还可得知，石灰用量为 0.5kg/t 时，对闪锌矿起了很好的活化作用，此活化现象多次重现，与所用捕收剂无关，与闪锌矿或铁闪锌矿的存在形态无关。其活化机理尚不明。

一般认为石灰抑制黄铁矿，是由于在碱性介质中，在黄铁矿表面生成了 $Fe(OH)_2$ 和 $Fe(OH)_3$ 的亲水膜，也有人认为是在黄铁矿表面生成了 $CaSO_4$、$CaCO_3$ 和 CaO 的亲水膜。其实石灰对黄铁矿的抑制作用为两者共同作用的结果。

生产中根据所需石灰用量，常配成不同浓度的石灰乳使用。

2.4.4 硫酸锌

硫酸锌为强酸弱碱盐，常带 7 个结晶水（$ZnSO_4 \cdot 7H_2O$），纯品（无水），为白色晶体，易溶于水，其饱和液中硫酸锌含量为 29.4%，水溶液呈酸性。生产中常配成 5% 的水溶液使用。

硫酸锌与石灰混用时，为硫化锌矿物（闪锌矿或铁闪锌矿）的有效抑制剂。矿浆 pH 值愈高，硫酸锌对硫化锌矿物的抑制作用愈强。

一般认为硫酸锌对硫化锌矿物的抑制作用，是由于在碱性介质中生成的 $Zn(OH)_2$、$HZnO_2^-$ 或 ZnO_2^{2-} 等吸附于硫化锌矿物表面生成了亲水膜所致。

有时也将硫酸锌与氰化物、石灰混用，它们抑制金属硫化矿物时的递降顺序为：闪锌矿>黄铁矿>黄铜矿>白铁矿>斑铜矿>黝铜矿>铜蓝>辉铜矿。因此，多金属硫化矿物分离时，须严格控制抑制剂的用量。

2.4.5 氰化物

氰化物为黄铁矿、闪锌矿和黄铜矿的抑制剂，其抑制递降顺序为：黄铁矿>闪锌矿>黄铜矿。

浮选中常用的氰化物为氰化钠或氰化钾，有时也用黄血盐（亚铁氰化钾或亚铁氰化钠）和赤血盐（铁氰化钾或铁氰化钠）。氰化钠为无色立方体晶体，工业品为白色或微灰色块状或粉状结晶，易溶于水、氨、乙醇中。0℃ 时氰化钠饱和液中含氰化钠 43.4%，34.7℃ 时氰化钠饱和液中含氰化钠 82.0%。氰化钠比氰化钾价廉，选矿一般用氰化钠，有粉状和球状两种，常盛于铁桶中。氰化物剧毒，现选厂均采用无氰工艺代替有氰工艺，使用氰化物的选厂愈来愈少，在非使用不可时，应尽量降低其用量并应特别注意安全。

氰化物为强碱弱酸盐，在水中可完全解离为 CN^-，其反应可表示为：

$$NaCN + H_2O \Longleftrightarrow NaOH + HCN \uparrow$$

$$HCN \longrightarrow H^+ + CN^-$$

从以上反应式可知，氰化钠水解后的产物与矿浆 pH 值密切相关。试验表明，矿浆 pH 值为 7.0 时，氰化钠几乎全部水解转变为氰氢酸气体；矿浆 pH 值为 12.0 时，氰化钠几乎全部解离为 CN^-；矿浆 pH 值为 9.3 时，氰氢酸和 CN^- 的比例为 1∶1。因此，使用氰化物作抑制剂进行多金属硫化矿物分离浮选时，矿浆 pH 值须大于 11.0。

氰化物抑制硫化矿物的机理有三个方面：（1）氰化物抑制硫酸铜活化后的闪锌矿，是由于氰化物可溶解闪锌矿表面的硫化铜膜，露出可浮性差的闪锌矿表面，较难被捕收剂捕收；（2）氰化物抑制硫化矿物是由于氰化物的 CN^- 可与 SO_4^{2-}、$ROCSS^-$ 等进行交换吸附，在闪锌矿表面生成 $Zn(CN)_2$ 的亲水膜，阻碍闪锌矿表面与捕收剂作用；（3）认为氰化物对金属黄原酸盐具有较强的溶解配合作用。

根据氰化物对金属黄原酸盐具有的溶解配合作用大小，可将常见金属及其矿物分为三类：（1）铅、铊、铋、锑、砷、锡、锗的矿物，它们不能与氰化物生成稳定的氰配合物，氰化物对上述矿物无抑制作用；（2）铂、汞、银、镉、铜的矿物，它们能与氰化物生成稳定的氰配合物，氰化物对上述矿物有抑制作用，但须采用较高的氰化物用量；（3）锌、钯、镍、金、铁的矿物，它们能与氰化物生成稳定的氰配合物，氰化物对上述矿物的抑制作用最有效，少量氰化物即可将其抑制。

鉴于氰化物对金、银、铜、锑、砷等矿物有溶解和分解作用，含上述矿物的分离浮选时，应尽量避免采用氰化物作抑制剂，应尽可能采用无氰工艺。

赤血盐和黄血盐可用作次生铜矿物的抑制剂，如铜钼混合精矿浮选分离时进行抑铜浮钼；铜、锌硫化矿物分离时可代替氰化物在 pH 值为 6~8 的矿浆中进行抑铜浮锌。赤血盐（黄血盐）抑制次生铜矿物的机理，是由于铁氰根（或亚铁氰根）在次生铜矿物表面生成亲水的铁氰化铜或亚铁氰化铜的配合物胶体沉淀而被抑制。试验表明，这种胶粒吸附不排除矿物表面吸附的黄药，而是固着于未吸附黄药的表面上，两者共存于矿物表面上，由于铁氰化铜或亚铁氰化铜的强亲水性掩盖了黄药的疏水性而表现出抑制作用。

采用低碱介质浮选工艺路线，浮选分离多金属硫化矿物时，不宜采用氰化物作抑制剂。

2.4.6　亚硫酸盐

亚硫酸盐抑制剂包括亚硫酸钠、亚硫酸、二氧化硫、硫代硫酸盐等。

亚硫酸钠、亚硫酸、二氧化硫、硫代硫酸盐等均为强还原剂，在矿浆中可与 Cu^{2+} 等高价阳离子反应，可消除这些高价阳离子的活化作用。其还原反应可表示为：

$$SO_3^{2-} + 2Cu^{2+} + H_2O \longrightarrow 2Cu^+ + SO_4^{2-} + 2H^+$$

$$2S_2O_3^{2-} + 2Cu^{2+} \longrightarrow 2Cu^+ + S_4O_6^{2-}$$

$$2Cu^+ + 2S_2O_3^{2-} \longrightarrow Cu_2(S_2O_3)_2^{2-}$$

$$Cu^+ + e \longrightarrow Cu \downarrow$$

当浮选矿浆大量充气时，黄药阴离子与亚硫酸和氧作用生成醇及二氧化碳，亚硫酸则转变为硫代硫酸。其反应式可表示为：

$$ROCSS^- + HSO_3^- + SO_3^{2-} + O_2 \longrightarrow ROH + CO_2 \uparrow + 2S_2O_3^{2-}$$

试验表明，亚硫酸及其盐类可作闪锌矿和硫化铁矿物的抑制剂，但其抑制能力比氰化物弱。为加强亚硫酸及其盐类的抑制作用，一般可采用下列措施：

（1）将矿浆 pH 值降至 4.5~6.0，可强烈抑制闪锌矿。

（2）与石灰、硫酸锌或硫化钠混用，可加强亚硫酸及其盐类的抑制作用。

（3）与石灰混用，可强烈抑制黄铁矿。

（4）在矿浆 pH 值降至 4 左右时，可在方铅矿表面生成亲水的亚硫酸铅膜而抑制方铅矿。

亚硫酸及其盐类对硫化铜矿物无抑制作用，甚至有一定的活化作用。亚硫酸及其盐类抑制剂在矿浆中易氧化失效，为使浮选指标稳定，其溶液须当天配当天用，且常采用多点添加的方式加至搅拌槽和浮选机中，须严格控制其使用条件和用量。

此类抑制剂最大优点是无毒，不溶解金、银，尾矿水易处理。其缺点是抑制作用较弱，较敏感，指标稳定性较差。

2.4.7 重铬酸盐

重铬酸盐（红矾钾与红矾钠）为强氧化剂，其氧化性随矿浆 pH 值的降低而增强。在弱酸性矿浆中即可氧化金属硫化矿物。氧化方铅矿的反应式可表示为：

$$PbS + 2Cr_2O_7^{2-} + 8H^+ + 2H_2O \longrightarrow PbSO_4 + 4Cr(OH)_3$$

因此，若矿浆酸性过强，重铬酸根离子中的 Cr^{6+} 迅速夺取电子还原为 Cr^{3+} 而失去抑制作用。但矿浆 pH 值也不宜过高，否则，其氧化能力过低也不宜起抑制作用。重铬酸盐作为抑制剂使用的矿浆 pH 值一般为 7~8，宜在低碱介质矿浆中使用。

在低碱介质矿浆中，重铬酸根离子转变为铬酸根离子。其反应式可表示为：

$$Cr_2O_7^{2-} + 2OH^- \longrightarrow 2CrO_4^{2-} + H_2O$$

重铬酸盐主要用作方铅矿的抑制剂，用于铜、铅硫化矿混合精矿的抑铅浮铜的分离浮选作业。抑制方铅矿的机理是由于铬酸根离子与方铅矿表面氧化生成的硫酸铅作用，在方铅矿表面生成铬酸铅的亲水膜使其被抑制。其反应式可表示为：

$$PbS]\ PbSO_4 + CrO_4^{2-} \longrightarrow PbS]\ PbCrO_4 + SO_4^{2-}$$

从上式可知，重铬酸盐抑制方铅矿的前提是须将方铅矿表面的捕收剂疏水膜去除，方铅矿表面应有硫酸铅氧化膜，然后再生成铬酸铅的亲水膜。因此，重铬酸盐抑制方铅矿时，矿浆与重铬酸盐的调浆时间宜长些，一般为 0.5~1.0h。此时的反应为：

$$PbS]\ Pb(ROCSS)_2 + CrO_4^{2-} \longrightarrow PbS]\ PbCrO_4 + 2ROCSS^-$$

$$2PbS + 2O_2 \longrightarrow PbS]\ PbSO_4$$

$$PbS]\ PbSO_4 + CrO_4^{2-} \longrightarrow PbS]\ PbCrO_4 + SO_4^{2-}$$

重铬酸盐为方铅矿的强抑制剂，被抑制后的方铅矿较难活化，一般均不再活化。若需再活化，可采用硫酸亚铁、盐酸、亚硫酸钠等还原剂作活化剂使其重新活化。

重铬酸盐难以抑制被 Cu^{2+} 活化的方铅矿，故铜、铅硫化矿中含有氧化铜矿物和次生硫化铜矿物时，重铬酸盐抑制方铅矿的效果欠佳。

因此，采用重铬酸盐进行抑铅浮铜的效果与分离矿浆 pH 值、混选和分离时的捕收剂类型与用量、难免活化离子含量、重铬酸盐用量、分离调浆时间和分离精、扫选次数等因素密切相关，一般均采用低碱介质、较长调浆时间、多次精扫选的方法进行抑铅浮铜。重铬酸盐的用量以混合精矿计算，一般为 $0.5 \sim 2.5 kg/t$。

重铬酸盐还可用作重晶石的抑制剂。当萤石矿中含有重晶石时，可采用重铬酸盐作重晶石的抑制剂，将萤石与重晶石分离。

由于重铬酸盐可氧化分解黄原酸及黄原酸盐，其对黄铁矿也有一定的抑制作用。

2.4.8　某些氧化剂

某些氧化剂（如高锰酸钾、漂白粉、次氯酸钾、双氧水等）可使某些易氧化的金属硫化矿物表面氧化，使其亲水而被抑制；某些氧化剂可使金属硫化矿混合精矿矿物表面的捕收剂膜氧化分解，增加各金属硫化矿物的可浮性差异而易浮选分离，可起脱药作用。

金属硫化矿物被氧化的还原电位递降顺序为：辰砂（HgS）＞辉银矿（Ag_2S）＞铜蓝（CuS）＞辉铜矿（Cu_2S）＞雌黄（As_2S_3）＞辉锑矿（Sb_2S_3）＞黄铁矿（FeS_2）＞方铅矿（PbS）＞针硫镍矿（NiS）＞硫镉矿（CdS）＞硫锡矿（SnS）＞闪锌矿（ZnS）＞黄铜矿（$CuFeS_2$）＞硫钴矿（CoS）＞硫锰矿（MnS）。

高价铁盐氧化酸浸金属硫化矿物从难至易的递降顺序为：辉钼矿（MoS）＞黄铁矿（FeS_2）＞黄铜矿（$CuFeS_2$）＞镍黄铁矿（FeS_2）＞辉钴矿（CoS）＞闪锌矿（ZnS）＞方铅矿（PbS）＞辉铜矿（Cu_2S）＞磁黄铁矿（Fe_5S_6）。

还原电位愈高愈难被氧化，愈易被氧化的金属硫化矿物愈易被氧化剂所抑制，但金属硫化矿物的氧化酸浸顺序与其还原电位递降顺序有所不同，这可能是氧化速度不同之故。

氧化剂类抑制剂宜用于低碱介质矿浆中，矿浆 pH 值愈低，氧化剂抑制剂的还原电位愈高，金属硫化矿物愈易被氧化抑制。此类抑制剂主要用于金属硫化矿物混合精矿的分离和作磁黄铁矿及砷黄铁矿（毒砂）的抑制剂。

作者配制的 K200 系列抑制剂属氧化剂类抑制剂，采用低碱介质分离浮选铜硫混合精矿、铜钼混合精矿、铅锌硫混合精矿、铜铅锌硫混合精矿中效果显著，具有使用方便，指标稳定等特点。

2.4.9　硫化物

金属硫化矿物浮选过程中常用的硫化物为硫化钠、硫氢化钠、硫化氢、硫化钙等。

硫化物为弱酸或弱酸盐，易溶于水。常用的硫化钠为强碱弱酸盐，在水中解离生成 OH^-、HS^-、S^{2-} 和 H_2S 分子，其水溶液呈碱性。其反应式可表示为：

$$Na_2S + 2H_2O \longrightarrow 2Na^+ + 2OH^- + H_2S$$

$$H_2S \longrightarrow H^+ + HS^- \qquad K_1 = 3.0 \times 10^{-7}$$

$$HS^- \longrightarrow H^+ + S^{2-} \qquad K_2 = 2.0 \times 10^{-15}$$

硫化钠水溶液中，各种离子的含量除与硫化钠浓度有关外，还与溶液 pH 值有关。溶液 pH 值愈高，溶液中 HS^- 和 S^{2-} 的浓度愈高，但 S^{2-} 浓度比 HS^- 浓度低。

硫化物在金属硫化矿物浮选过程中的作用为：

（1）用作抑制剂。用于抑制各种金属硫化矿物，硫化钠对常见金属硫化矿物抑制作用强弱的递降顺序为：方铅矿＞Cu^{2+} 活化的闪锌矿＞黄铜矿＞斑铜矿＞铜蓝＞黄铁矿＞辉铜矿。硫化钠的抑制作用取决于硫化钠的浓度及 pH 值（见图 2-13）。

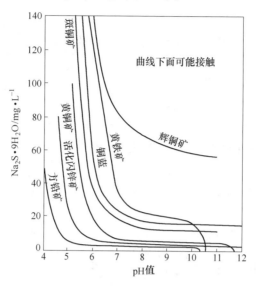

图 2-13 硫化钠的抑制作用取决于硫化钠的浓度及 pH 值

根据图 2-13 中各曲线点相应的 pH 值及 $Na_2S \cdot 9H_2O$ 浓度可计算出溶液中 H_2S、HS^-、S^{2-} 的浓度。以黄铜矿为例的计算结果见表 2-31。

表 2-31 黄铜矿曲线点上相应的 H_2S、HS^-、S^{2-} 的浓度 （mg/L）

pH 值	相应的 $Na_2S \cdot 9H_2O$ 浓度	H_2S 浓度	HS^- 浓度	S^{2-} 浓度
5.0	150	21	0.21	4×10^{-11}
6.0	21	2.7	0.25	6×10^{-10}
7.0	4	0.3	0.28	5.2×10^{-9}
8.0	3	0.04	0.37	7.8×10^{-8}
9.0	3	0.004	0.41	7.8×10^{-7}
10.0	2.5	0.00035	0.34	6.5×10^{-6}
11.0	2.5	0.000035	0.34	6.5×10^{-5}

从表 2-31 中的数据可知，曲线上各点对应的 H_2S、S^{-2} 浓度变化大，而 HS^- 浓度变化较小，平均约为 0.3mg/L，可见硫化钠抑制黄铜矿与 HS^- 浓度有关。HS^- 浓度虽然较低，但随液相 pH 值的提高而大幅度增大，液相 pH 值每提高 1.0，液相中的 S^{2-} 浓度约增大 10 倍（即增大 1 个数量级）。因此，采用硫化物作浮选药剂时，当药剂用量为某值的条件下，可采用调整矿浆液相 pH 值的方法调节 HS^-、S^{2-} 的浓度，以强化硫化物的作用和降低硫化物的耗量。

硫化钠可抑制各种金属硫化矿物是由于其水解产生的大量亲水的 HS^-、S^{2-} 能吸附于金属硫化矿物表面。试验研究结果表明，在某一捕收剂用量条件下，刚被硫化钠抑制时的 ［HS^-］／［X^-］之比值为一常数（X^- 为捕收剂阴离子）。当比值大于此临界值时，HS^- 在金属硫化矿物表面的吸附占优势，金属硫化矿物被抑制；当比值小于此临界值时，捕收剂阴离子在金属硫化矿物表面的吸附占优势，金属硫化矿物可上浮。根据计算，抑制各种金属硫化矿物的临界 HS⁻ 浓度见表 2-32。

表 2-32　抑制各种金属硫化矿物的临界 HS⁻ 浓度　　　　　（mg/L）

矿物	HS⁻临界浓度	矿物	HS⁻临界浓度	矿物	HS⁻临界浓度
方铅矿	0.01	斑铜矿	1.3	黄铁矿	2.5
黄铜矿	0.3	铜蓝	1.7	辉铜矿	6.4

采用 $Na_2S \cdot 9H_2O$ 浓度为 25mg/L 的溶液在不同 pH 值条件下，以乙基黄药浮选方铅矿时的铅回收率与 ［HS⁻］ 及 pH 值的关系如图 2-14 所示。

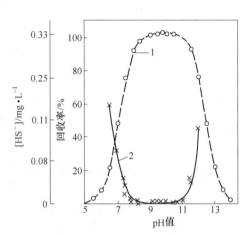

图 2-14　铅回收率与 ［HS⁻］ 及 pH 值的关系
1—浮选铅回收率曲线；2—HS⁻浓度曲线

硫化钠可抑制各种金属硫化矿物的机理主要是 HS⁻ 可排除（解吸）金属硫化矿物表面所吸附的捕收剂（如黄药阴离子），在金属硫化矿物表面生成亲水膜。

硫化钠作抑制剂时的用量较大，常大于 15kg/t。

（2）用作活化剂。用于活化（硫化）各种有色金属氧化矿物。其活化作用是由于在有色金属氧化矿物表面产生 S^{2-} 与氧化物阴离子的置换反应，生成类似于硫化矿物的硫化物膜，采用浮选有色金属硫化矿物的捕收剂即可浮选有色金属氧化矿物。如硫化钠对孔雀石和白铅矿的硫化反应可表示为：

$$CuCO_3 \cdot Cu(OH)_2］CuCO_3 \cdot Cu(OH)_2 + 2Na_2S \longrightarrow CuCO_3 \cdot Cu(OH)_2］2CuS + 2NaOH + Na_2CO_3$$

$$PbCO_3］PbCO_3 + Na_2S \longrightarrow PbCO_3］PbS + Na_2CO_3$$

硫化钠对孔雀石和白铅矿的硫化作用与硫化剂浓度、矿浆的 pH 值、温度等因素有关。试验表明，白铅矿的硫化是 S^{2-} 和 CO_3^{2-} 的置换，反应速度取决于 CO_3^{2-} 自薄膜内向外扩散和 S^{2-} 自溶液本体向薄膜内的扩散速度。硫化铅的密度为 7.5g/cm³，白铅矿的密度为 6.5g/cm³，故白铅矿表面的硫化物膜比较疏松，有利于 S^{2-} 和 CO_3^{2-} 的扩散。硫化剂浓度低和低温时，硫化反应速度主要取决于化学反应速度；硫化剂浓度高和升高温度时，硫化反应速度主要取决于薄膜的扩散速度，硫化物膜的增长速度较大。

孔雀石对 S^{2-} 的吸附能力远大于白铅矿，如在 4℃ 时，每克孔雀石吸附 S^{2-} 的量比白铅矿吸附 S^{2-} 的量多 9 倍，其原因可能是孔雀石表面的硫化物膜较稳固、不易脱落。

据实验和计算认为，孔雀石和白铅矿表面的硫化物膜的最适宜厚度约十几层才能保证所需的捕收剂量为最低值。硫化钠浓度过高，易在溶液中生成胶状硫化铅，反而降低了硫化效果。

白铅矿硫化宜在矿浆 pH 值为 9~10 的条件下进行，此时硫化速度最高，表面生成的硫化物膜最厚。此时，硫化钠溶液中解离的 HS⁻ 浓度最高，可能此时提供了较多的 S^{2-}；矿浆

pH 值高于 10 时，白铅矿表面生成疏松的铅酸盐，硫化时生成易脱落的胶状硫化铅，从而使硫化效果下降。其反应可表示为：

$$PbCO_3] PbCO_3+4NaOH \longrightarrow PbCO_3] Na_2PbO_2+Na_2CO_3+2H_2O$$

$$PbCO_3] Na_2PbO_2+Na_2S+2H_2O \longrightarrow PbCO_3] PbS+4NaOH$$

矿浆 pH 值为 6~12 时，随矿浆 pH 值的下降，孔雀石表面生成的硫化物膜厚度增厚的趋势不明显。

温度对硫化速度的影响如图 2-15 所示。有色金属氧化矿物的硫化通常在常温下进行，升高硫化温度可提高硫化物膜的增长速度。对某些有色金属氧化矿物（如菱锌矿等），须将温度升至 70℃ 时才能有效地进行硫化。因此，菱锌矿等的硫化比较困难，孔雀石的硫化较易进行。

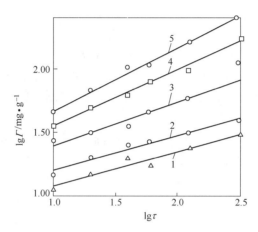

图 2-15　温度对白铅矿吸附 S^{2-} 等温线与时间（τ）的关系

1—4℃；2—23℃；3—40℃；4—60℃；5—70℃

矿浆中存在的某些其他离子对有色金属氧化矿物的硫化也有影响，如 Ca^{2+}、Mg^{2+} 浓度高将使白铅矿的硫化失效；Cl^- 也可降低 HS^-、S^{2-} 的附着；硫酸铵可加速氧化铜矿物的硫化速度，因铵盐的团聚作用降低了胶状硫化铜的生成，加速 S^{2-} 在氧化铜矿物表面的附着，同时铵盐还可提高硫化后的孔雀石对捕收剂的吸附能力。硫化钠用量与孔雀石浮选回收率的关系如图2-16 所示。

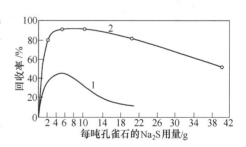

图 2-16　硫化钠用量与孔雀石
浮选回收率的关系

1—乙基黄药；2—异戊基黄药

有色金属氧化矿物表面生成的硫化膜不很牢固，强烈搅拌可使其脱落。因此，采用硫化法浮选有色金属氧化矿物时的浮选机搅拌强度应适当减弱，精选次数应少。

硫化钠作硫化剂用时，常配成 5% 的溶液使用，用量为 250~2500g/t，因易氧化失效，宜用多点方式添加。

（3）用作脱药剂。用于脱除金属硫化矿混合精矿矿物表面所吸附的捕收剂。

（4）调整剂。用于调整矿浆中的离子组成和调整矿浆的 pH 值。如可使矿浆中的重金属离子（如铜、铁、铅等）沉淀、可提高矿浆 pH 值。

因此，硫化物在金属硫化矿物浮选过程中的作用是多方面的，其主要作用依使用条件和硫化物用量而异。

2.4.10　水玻璃

水玻璃为无机胶体，采用碳酸钠与石英砂共熔，所得烧结块溶于水可制得水玻璃。其反应可表示为：

$$SiO_2 + Na_2CO_3 \longrightarrow Na_2SiO_3 + CO_2 \uparrow$$

生产中使用的水玻璃为各种硅酸钠的混合物，可以 $mNa_2O \cdot nSiO_2$ 表示。其中包括偏硅酸钠（Na_2SiO_3）、正硅酸钠（Na_4SiO_4）、二偏硅酸钠（$Na_2Si_2O_5$）和 SiO_2 胶粒组成。常以 $nSiO_2 \cdot mNa_2O$ 表示其组成，n/m 值称为水玻璃的模数。适用于浮选用的水玻璃的模数为 2.2~3.0。模数太小，其抑制和分散作用弱；模数太大，其水溶性小。

采用脂肪酸类捕收剂浮选分离萤石与方解石、白钨与方解石等矿物时，常采用水玻璃作方解石的选择性抑制剂。当用量很大时，水玻璃也可抑制金属硫化矿物。浮选金属硫化矿物过程中，水玻璃常用作矿泥的分散剂。

水玻璃在矿浆中可生成胶粒，也可解离、水解而生成 Na^+、OH^-、$HSiO_3^-$、SiO_3^{2-} 等离子和 H_2SiO_3 分子。其反应可表示为：

$$Na_2SiO_3 + 2H_2O \longrightarrow 2Na^+ + 2OH^- + H_2SiO_3$$
$$H_2SiO_3 \longrightarrow H^+ + HSiO_3^- \qquad K_1 = 10^{-9}$$
$$HSiO_3^- \longrightarrow H^+ + SiO_3^{2-} \qquad K_2 = 10^{-13}$$

矿浆中各组分的含量随条件而异。水玻璃浓度、模数、温度愈高，形成硅酸胶粒的含量愈高。矿浆 pH 值对其各组分的含量也有显著影响。浓度为 1mg/L 的 $Na_2O \cdot 3SiO_2$ 的溶液中，不同 pH 值对解离组分的影响见表 2-33。

表 2-33　1mg/L 的 $Na_2O \cdot 3SiO_2$ 的溶液中，不同 pH 值对解离组分的影响

pH 值	6.5	7.0	8.0	9.0	10.0	12.0	13.0
SiO_3^{2-}	$9.4×10^{-10}$	$9.3×10^{-9}$	$8.5×10^{-6}$	$4.7×10^{-5}$	$8.5×10^{-4}$	0.085	0.468
$HSiO_3^-$	0.0099	0.0093	0.0851	0.468	0.851	0.951	0.068
H_2SiO_3	0.932	0.926	0.851	0.468	0.085	$8.5×10^{-4}$	$4.7×10^{-5}$

从表 2-33 中数据可知，当矿浆 pH 值小于 8.0 时，未解离的硅酸占优势；pH 值为 10.0 时，以 $HSiO_3^-$ 为主；pH 值大于 13.0 时，以 SiO_3^{2-} 为主。

水玻璃可作为脉石矿物（硅酸盐和铝硅酸盐矿物）和某些钙镁矿物的抑制剂和矿泥的分散剂。起抑制作用和分散作用的主成分是 $HSiO_3^-$ 和 H_2SiO_3 分子及其胶粒，它们可选择性吸附于非硫化矿物表面形成亲水膜和排除及阻止捕收剂的吸附，是低碱介质分离浮选金属硫化矿物的较理想的脉石矿物和某些钙镁矿物的抑制剂和矿泥分散剂。

水玻璃在非硫化矿物表面的吸附量与其浓度的关系如图 2-17 所示。

当水玻璃用量较低时（200~300g/t），抑制的选择性较高；当水玻璃用量较高时，其吸附选择性较低，甚至失去吸附选择性。水玻璃在各种矿物表面的吸附强度不同，如在石

英、方解石、重晶石表面的吸附量大，且固着强度高，而在萤石表面吸附的水玻璃则较易洗脱。当非硫化矿物表面生成水玻璃亲水膜后，非硫化矿物表面的亲水性则显著增加。

浮选分离非金属硫化矿物时，为了强化水玻璃的抑制作用，常采用的方法为：

（1）水玻璃与碱（如碳酸钠）配合使用。

（2）加温法。如浮选分离白钨矿和方解石时，在浓矿浆中加入 8~15kg/t 的水玻璃，加温至 60~80℃，搅拌 30~60min 以解吸方解石表面的脂肪酸，再浮选时，方解石被抑制，可得白钨矿精矿。相似的方法也可用于方解石与硅酸钙混合精矿的分离。

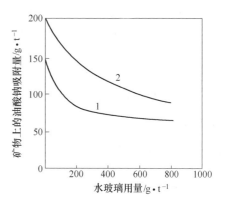

图 2-17　水玻璃在非硫化矿物表面的
吸附量与其浓度的关系
1—方解石；2—萤石

（3）水玻璃与弱碱金属离子（如 Cu^{2+}、Fe^{3+}、Al^{3+}、Ni^{2+}、Cr^{3+} 等离子）混用。水玻璃与弱碱金属离子生成难溶氢氧化物沉淀和大量硅酸胶粒，两者紧密结合，产生强烈的选择性抑制作用。

硅酸钠烧结块溶于水，形成不同浓度的糊状液体水玻璃，使用时应配成浓度为 5%~10% 的液体添加。水玻璃的用量一般为 250~1500g/t，有时（如白钨粗精矿精选）可达 15kg/t 以上。

2.4.11　聚偏磷酸钠

浮选中所用的聚偏磷酸钠 $(NaPO_3)_n$ 可为三偏磷酸钠、四偏磷酸钠、六偏磷酸钠，但常用六偏磷酸钠。六偏磷酸钠可由正磷酸盐加热制得，其反应可表示为：

$$NaH_2PO_4 \cdot H_2O \xrightarrow{\triangle} NaH_2PO_4 + H_2O$$

$$2NaH_2PO_4 \xrightarrow{\triangle} Na_2H_2P_2O_7 + H_2O$$

$$3Na_2H_2P_2O_7 \xrightarrow{\triangle} 2(NaPO_3)_3 + 3H_2O$$

$$2(NaPO_3)_3 \xrightarrow{\triangle} (NaPO_3)_6$$

六偏磷酸钠为玻璃状固体，易溶于水，其水溶液 pH 值约为 6，易水解为正磷酸盐。六偏磷酸钠是磷灰石、方解石、重晶石、碳质页岩和泥质脉石的抑制剂和分散剂。其抑制和分散作用是由于六偏磷酸钠在水中解离后的阴离子可与矿物表面的 Ca^{2+} 离子生成稳定的亲水配合物，其反应可表示为：

$$(NaPO_3)_6 \longrightarrow Na_4P_6O_{18}^{2-} + 2Na^+$$

$$Na_4P_6O_{18}^{2-} + Ca^{2+} \longrightarrow CaNa_4P_6O_{18}$$

六偏磷酸钠在空气中易吸湿、潮解而逐渐转变为焦磷酸钠和正磷酸钠，抑制作用下降。因此，六偏磷酸钠应密封包装，贮存于干燥通风处，应当天配制当天使用。

2.4.12　氟硅酸钠

氟硅酸钠（Na_2SiF_6）可由氟硅酸与氯化钠反应生成，其反应可表示为：

$$H_2SiF_6 + 2NaCl \longrightarrow Na_2SiF_6 \downarrow + 2HCl$$

纯氟硅酸钠为无色结晶体，难溶于水，在碱性介质中易解离，其反应可表示为：

$$Na_2SiF_6 \longrightarrow 2Na^+ + SiF_6^{2-}$$

$$SiF_6^{2-} \longrightarrow SiF_4 + 2F^-$$

$$SiF_4 + (n+2)H_2O \longrightarrow SiO_2 \cdot nH_2O + 4HF$$

氟硅酸钠可作为脉石矿物（硅酸盐和铝硅酸盐矿物）和某些钙镁矿物的抑制剂和矿泥的分散剂，其抑制作用比水玻璃强，仅次于六偏磷酸钠。

2.4.13 诺克斯抑制剂

诺克斯抑制剂有磷诺克斯和砷诺克斯两种。

2.4.13.1 磷诺克斯

磷诺克斯是 P_2S_5 与 NaOH 的混合物，其反应可表示为：

$$P_2S_5 + 10NaOH \longrightarrow Na_3PO_2S_2 + Na_3PO_3S + 2Na_2S + 5H_2O$$

硫代磷酸钠与金属硫化矿物表面的金属离子作用，生成亲水而难溶的硫代磷酸盐使金属硫化矿物被抑制。反应生成的硫化钠解离和水解产生的 HS^-、S^{2-} 可强化其对金属硫化矿物的抑制作用。

2.4.13.2 砷诺克斯

砷诺克斯是硫化钠与氧化砷的混合物，其反应可表示为：

$$As_2O_3 + 3Na_2S + 2H_2O \longrightarrow Na_3AsO_2S_2 + Na_3AsO_3S + 4H^+$$

$$As_2O_3 + 3Na_2S + 2H_2O \longrightarrow Na_3AsO_4 + Na_3AsOS_3 + 4H^+$$

硫代砷酸钠和砷酸钠与金属硫化矿物表面的金属离子作用，生成亲水而难溶的硫代砷酸盐使金属硫化矿物被抑制。

辉钼矿与其他金属硫化矿物的混合精矿分离时，在矿浆 pH 值为 8~11 的条件下，可用诺克斯抑制铜、铅、锌、铁的硫化矿物而浮选辉钼矿；铜铅硫化矿物分离时，用诺克斯抑制方铅矿的效果优于重铬酸盐；诺克斯可有效地抑制次生硫化铜矿物。

诺克斯有毒，药剂配制和使用的场所应加强通风，现配现用。诺克斯废水应妥善处理。

2.4.14 羧甲基纤维素

自然界中的棉、麻、甘蔗渣、稻草、麦秆、玉米秆、灌木、乔木等经加工均可获得纤维素，木材中含 40%~50% 的纤维素。将木材用强碱或强酸处理以溶解其中的木质素，即可获得较纯净的纤维素。

纤维素不溶于水，用无机酸共煮后可得理论量的葡萄糖。葡萄糖用浓硫酸水解可生成纤维二糖、纤维三糖、纤维四糖等，故纤维素是多个纤维二糖的聚合体。在纤维二糖中，两个 β-葡萄糖 1，4 脱水相连，并扭转 180°，纤维素的结构如图 2-18 所示。

从图 2-18 可知，纤维素分子是由 $2m$ 个 β-葡萄糖单位结合而成，其分子量由几千至几十万单位。纤维素分子是一条螺旋状的长链，再由 100~200 条这种互相平行的长链通过氢键结合而成纤维束。纤维素虽然不溶于水，但经化学改性可成为水溶性的纤维素衍生物，如羧乙基纤维素、羧甲基纤维素等。

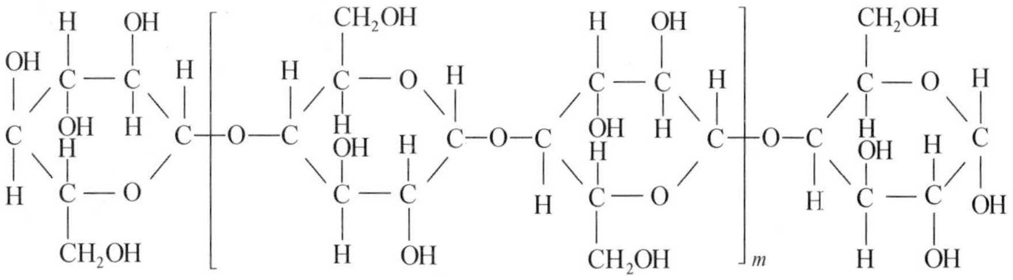

图 2-18 纤维素的结构

羧乙基纤维素又称 3 号纤维素，其学名为 α-羧基乙基纤维素，可由纤维素与环氧乙烷作用而制得。其反应可表示为：

$$[C_6H_{10}O_5]_m + mCH_2(O)CH_2 \longrightarrow [C_6(CH_2OCH_2)H_{10}O_5]_m$$

也可先将纤维素用苛性钠碱化，再与氯化醇反应制得羧基乙基纤维素。

羧乙基纤维素为白色或黄色纤维状固体，为非离子型极性化合物。它有可溶于苛性钠溶液而不溶于水和可溶于水的两种产品。羧乙基纤维含量为 4%～10% 羧乙基纤维素，可溶于稀苛性钠溶液。羧乙基纤维素含量大于 28% 的羧乙基纤维素可溶于水。

羧乙基纤维素为透闪石、阳起石、绿泥石、次闪石、辉石、白云母、橄榄石等脉石矿物的抑制剂。

羧甲基纤维素是一种应用极广的水溶性纤维素，羧甲基纤维素又称为 1 号纤维素，英文缩写为 CMC。纤维素经苛性碱处理使纤维素中的伯醇基转变为醇钠，再与一氯醋酸进行缩合反应而制得羧甲基纤维素。其反应可表示为：

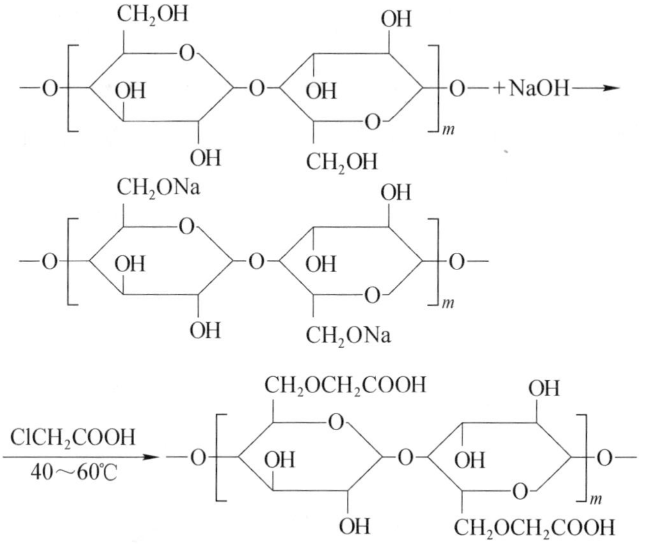

羧甲基纤维素为白色固体，无臭无毒，其酸性与醋酸相似，解离常数为 5×10^{-5}。羧甲基纤维素结构式中的 m 为正整数，称其为聚合度，m 表示羧甲基纤维素分子的大小。纤维素分子中每个葡萄糖有三个羟基，其中以第六碳原子上的伯羟基最活泼，这些基团被羧甲基醚化的多少称为醚化度（或取代度）。试验表明，醚化度高则水溶性好，

抑制作用强，一般醚化度大于 0.45 即可满足浮选抑制剂的要求。羧甲基纤维素的相对分子质量也随醚化度而异。羧甲基纤维素产品一般为钠盐，其钠、钾、铵盐均溶于水，无臭无毒。

羧甲基纤维素的铝、铁、镍、铜、铅、银、汞等金属盐不溶于水，但溶于氢氧化钠溶液中，其中有些盐可溶于氨水中。

金属硫化矿物浮选时，羧甲基纤维素可作为磁铁矿、赤铁矿、方解石、硅酸盐和铝硅酸盐脉石矿物的抑制剂，可单用或与水玻璃、六偏磷酸钠等混用。

2.4.15　淀粉和糊精

淀粉可表示为 $(C_6H_{10}O_5)_n$，是存在于植物及其根、茎、果中的碳水化合物，其主要成分为葡萄糖。葡萄糖的结构式如图 2-19 所示。

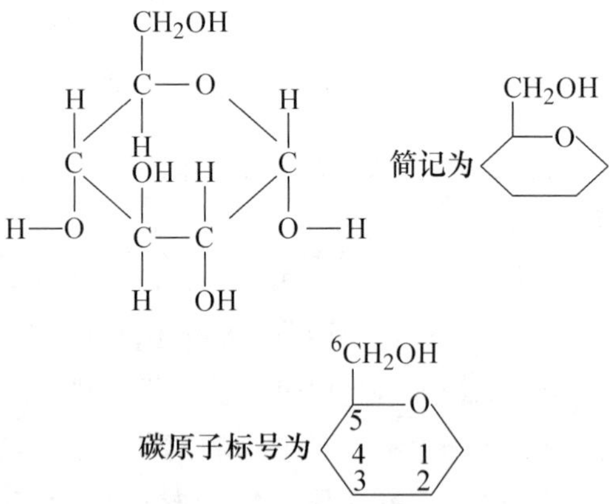

各种植物种子中的淀粉含量见表 2-34。

图 2-19　葡萄糖的结构式

表 2-34　各种植物种子中的淀粉含量　　　　　　　（%）

植物名称		马铃薯	红薯	玉米	稻米	大麦	莜麦	燕麦	小麦	豆类
淀粉含量	范围	8~29	15~29	65~78	50~69	38~42	54~69	30~40	55~78	38
	平均	16	19	19	70	60	40	59	66	—
面粉中淀粉含量		—	—	—	—	64	54~61	—	57~67	99.96

淀粉由成千上万个葡萄糖单元连接而成，可以连接为直链状或树枝状。淀粉是由 α-葡萄糖分子通过 1，4 位苷键连接起来的高分子聚合物，其相对分子质量为 10000~1000000，随淀粉来源及组合方式而异。碳原子上的羟基脱水连接为直链状的称为直链淀粉，可表示为：

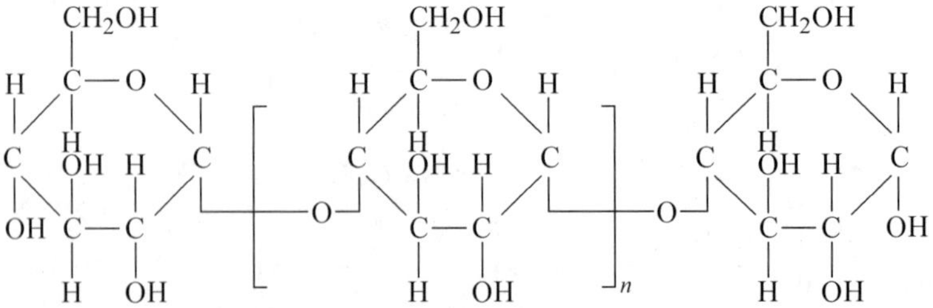

直链淀粉

式中，$n = 100 \sim 10000$，可简写为：

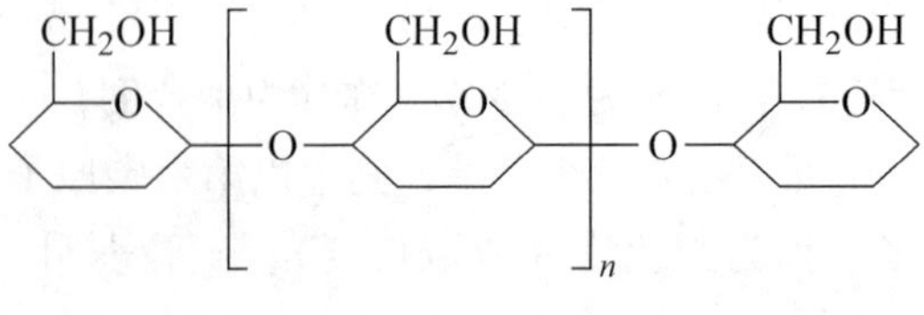

当葡萄糖 2，3，6-碳原子上的羟基脱水连接为树枝状的称为支链淀粉或皮质淀粉。其结构式为：

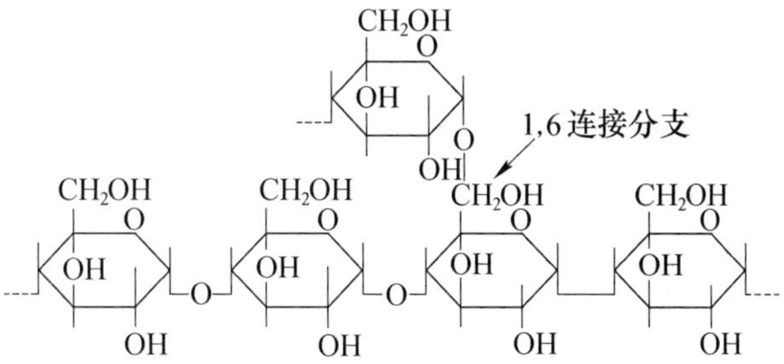

支链淀粉

通常淀粉为直链淀粉和支链淀粉的混合物。直链淀粉占 20%～30%，为水溶性淀粉；支链淀粉占 70%～80%，为非水溶性淀粉。

当淀粉内葡萄糖单元 2，6 两个羟基上的氢，尤其是 6-碳原子上的羟基中的氢被取代基取代后可形成多种变性淀粉（改性淀粉）。淀粉本身为很长很大的高分子聚合物，在不同的化学处理条件下将断裂为长短大小不一的化合物。如可溶性淀粉、阳离子变性淀粉、阴离子变性淀粉和中性变性淀粉等。变性淀粉为通过各种反应生成的淀粉衍生物，如用环氧乙烷、氢氧化钠和氯乙酸、环氧丙烷三甲胺氯化物等分别处理淀粉，可获得下列改性淀粉：

（1）可溶性淀粉。在淀粉乳液中按淀粉质量加入 0.1%～0.3% 的硝酸、盐酸或硫酸等，在搅拌条件下按 1t 淀粉通入 310g 的氯气，然后分离、烘干（70℃）可得产品。另一方法是将淀粉与按淀粉质量的 12% 的盐酸搅拌接触 24h，然后除去酸物质可得产品。淀粉与氢氧化钠溶液加热为糊状物，然后用酸中和，可得可溶性苛性淀粉。

（2）阳离子变性淀粉。将淀粉与环氧丙基三甲基季铵盐（盐酸法）作用，可醚法生成氯化三甲基 β-羟基丙基铵淀粉，为阳离子变性淀粉。其反应可表示为：

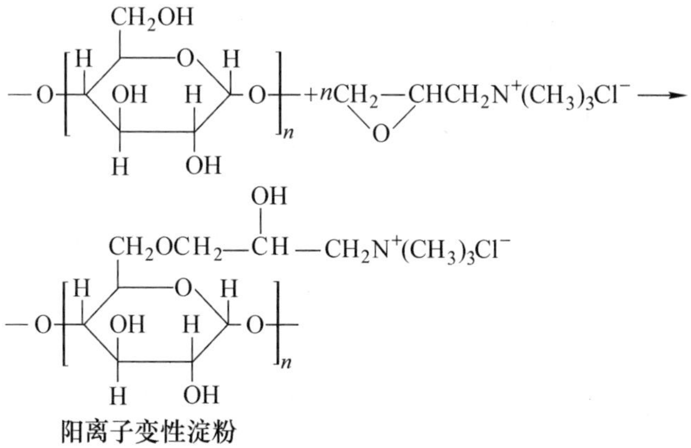

阳离子变性淀粉

（3）阴离子变性淀粉。淀粉与氢氧化钠及氯乙酸作用可生成含乙酸基的阴离子变性淀粉。其反应可表示为：

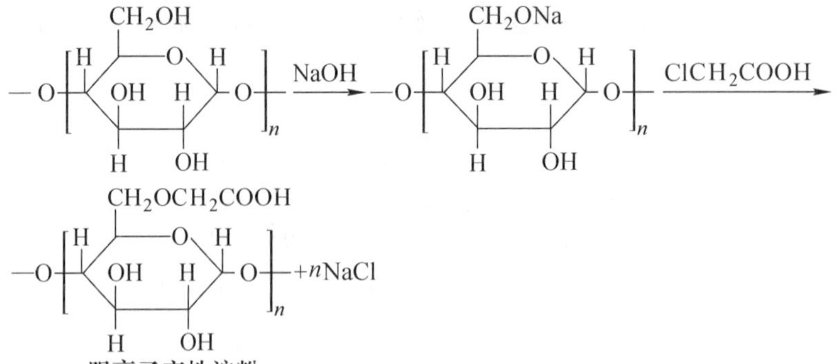

阴离子变性淀粉

（4）中性变性淀粉。淀粉与环氧乙烷作用，可得含乙醇基的中性变性淀粉。其反应可表示为：

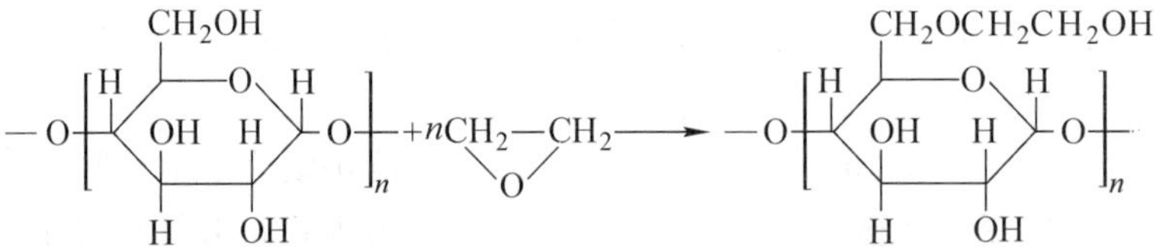

中性变性淀粉

淀粉为非极性矿物（如辉钼矿、煤、滑石、石墨等）、可溶盐矿物、赤铁矿、硅酸盐矿物、方解石、碱土金属矿物等的浮选抑制剂或絮凝剂。

淀粉分子中有少量的阴离子基团，在水中也荷一些负电，阴离子淀粉荷更多负电，阳离子淀粉荷正电。因此，阴（阳）离子淀粉与荷电矿粒作用时，表面静电作用起重要作用。pH 值为 7~11 的矿浆中，石英表面比赤铁矿表面荷较多的负电，阴离子淀粉在赤铁矿表面的吸附量比石英表面的吸附量大得多，且阴离子淀粉在矿物表面的吸附量随矿浆 pH 值的升高而下降；反之，阳离子淀粉在石英表面的吸附量比赤铁矿表面的吸附量大 3 倍，且阳离子淀粉在矿物表面的吸附量随矿浆 pH 值的升高而升高。

淀粉分子中有羟基、羧基（变性淀粉中）等极性基，可通过氢键与水分子缔合，使与淀粉作用的矿物表面亲水。因此，氢键在淀粉抑制机理中起重要作用。试验表明，淀粉抑制矿物时不排除矿物表面吸附的捕收剂，而是靠淀粉的巨大亲水性掩蔽了捕收剂对矿物表面的疏水性而使矿物表面亲水，其抑制强度随淀粉分子量、分子中的羟基数和支链数的增加而增大，其抑制选择性则与极性基的组成和性质有关。

淀粉可作絮凝剂，由于其分子大和基团多，它与多个矿粒作用，借助"桥联"作用将许多分散的矿泥连接为大絮团，以加速沉降。当淀粉用量低（如每吨数十克）时可起絮凝作用，淀粉用量过大时，则起保护胶体作用，使矿泥不易沉降。

淀粉水解未成葡萄糖之前的产物，称为糊精。

2.4.16　单宁（栲胶）

单宁或植物鞣质为来源于植物的有机抑制剂。五信子、橡碗、薯莨、茶子壳、板栗壳、懈树皮、花香树等许多植物中含有较多的单宁。单宁为可再生资源，对某些植物的壳、皮而言是废物利用。不同植物来源的单宁，其化学结构的差异较大。单宁的分子结构较复杂，均具有没食子酚的葡萄糖酐结构。单宁及单宁酸的结构式为：

一般单宁分子结构式　　　　　单宁酸（单宁的水解产物）

单宁的相对分子质量均大于 2000，分子中常含数个苯环，为多元酚的衍生物，为无定形物质。

单宁的分子中常含有儿茶酚、焦性没食子酸（焦棓酚或邻苯三酚）、间苯三酚等酚类。有些单宁还含有原儿茶酸及没食子酸。

儿茶酚　　　焦性没食子酸　　　间苯三酚　　　原儿茶酸　　　没食子酸

单宁呈棕色胶状或粉状，易溶于水，可被明胶、蛋白质及植物碱所沉淀，有涩味。

国内常将粗制单宁称为栲胶，为植物萃取液经浓缩后的浸膏。其制取方法一般是将原料经相应设备粉碎后装入萃取器中用 60~80℃ 的热水进行连续萃取，获得的浸液在蒸发器中浓缩为浸膏，或进一步干燥为固体栲胶。如湖北宜昌某化工厂用 3239kg 红根或 2800~2900kg 橡碗可产出 1t 栲胶。采用 40% 的橡碗和 60% 的红根为原料可产出质量更高的栲胶。

粗制栲胶可溶于 pH 值大于 8 的溶液中。采用酸式亚硫酸盐处理高品质栲胶，可将磺酸基引入栲胶分子中，使栲胶能溶于各种 pH 值溶液中。

国外利用萘磺酸或对羟基苯磺酸与甲醛或其他醛类（如糠醛、乙醛、丙醛等）进行缩合的产物，称为合成单宁。连云港化工设计研究院等单位曾以菲、蒽等化工原料合成单宁类物质，其代号为：S-217、S-804、S-711、S-808 等。

S-217 系采用苯酚、浓硫酸与甲醛为原料缩合而成。S-711 系采用萘、浓硫酸与甲醛为原料缩合而成。S-804 系采用菲、浓硫酸与甲醛为原料缩合而成。如取粗菲 50g 置于带回流和搅拌装置的三口烧瓶中，在空气浴中加热至 120℃，15min 内滴加 40mL 浓硫酸，120℃ 保温 3.5h，降温至 80℃，10min 内滴加浓度为 40% 的甲醛 17.5mL，在沸水中搅拌 1.5h，取出即为 S-804 产品。S-217、S-711 的制法与 S-804 相似。

单宁为方解石、白云石、石英和氧化铁等矿物的有效抑制剂，广泛用于白钨、萤石、重晶石等矿物的浮选过程中用作有关脉石矿物抑制剂。

级别不同的单宁和单宁酸的选择性不全相同。采用巯基捕收剂浮选方铅矿时，可采用单宁抑制闪锌矿和碳质脉石矿物。当单宁用量大时，几乎可抑制所有的金属硫化矿物。

2.4.17　木质素及其衍生物

2.4.17.1　木质素

木质素是木材中仅次于纤维素的主要成分，为含有很多羟基、酚基与氧基的高分子化合物。不同的木质素基本上含有松柏醇、芥子醇和 P-香豆醇三种单体，其结构为：

松柏醇　　　　　芥子醇　　　　　P-香豆醇

木材是木质素最主要的来源，树皮、树干、锯木屑等均含木质素，其含量随木材种类而异，一般含 17.3%~31.5% 的木质素。软木平均含约 28% 的木质素，硬木平均含约 24% 的木质素。软木中的木质素含量较高。

生产中，木质素主要来源于造纸厂的副产品。采用亚硫酸盐法造纸时，将木材碎料经亚硫酸氢钙盐类及二氧化硫在高压釜中蒸煮水解，木质素转变为可溶物与纤维素分离。所得废液含大量的木素磺酸钙，还含多种五碳糖、六碳糖等有机物。木素磺酸钙仍为高分子聚合物（相对分子质量为 2000~15000），相当于每 2~4 个单元含有 1 个硫原子。木素磺酸钙与硫酸作用可生成游离的木素磺酸和硫酸钙沉淀。木素磺酸与碱作用可生成相应的木素磺酸钠（镁盐或铵盐）。

采用硫酸盐法（或碱法）造纸时，将木材碎料经 10% 氢氧化钠溶液或 10% 氢氧化钠与硫化钠混合溶液在 170~180℃ 处理 1~3h，木质素、脂肪酸钠、五碳糖、六碳糖等大部分被溶解，变为黑纸浆废液。若木材为松杉木，纸浆废液浓缩后可盐析出粗塔尔油皂。余下的废液可用含二氧化碳的废气将其中和至 pH 值为 4.5~10，可沉淀析出木质素钠。用木材生产 1t 纸浆可产出约 200kg 木质素。木质素钠不溶于水、有机溶剂及无机酸，与亚硫酸盐共煮即转变为木素磺酸钠。

采用木屑制酒精时可获得大量的水解木质素。采用农副产品（玉米秆、稻谷壳）制取糠醛时，蒸馏糠醛后的废液仍含 30%~40% 的木质素，可作为粗木质素液供工业应用。

木质素为棕色固体粉末，非结晶体，密度为 1.3~1.4g/cm³，不溶于水、有机溶剂及无机酸，但溶于碱液中，某些类型木质素可溶于含氧的有机化合物及胺类中。木质素无固定熔点，加热时软化并随即碳化。

2.4.17.2　木质素磺酸盐

木质素磺酸盐是硅酸盐矿物、碱土金属矿物、碳质矿物、氧化铁矿物及金属硫化矿物的抑制剂。

铜钼混合精矿分离及钼浮选时，可采用木质素磺酸钠抑制硫化铜矿物、硫化铁矿物、碳质脉石及碱土金属矿物等。木质素磺酸盐可调整矿物表面的可浮性，可提高捕收剂的选择性和捕收能力，如采用 5~137g/t 木质素磺酸盐，用巯基捕收剂浮选硫化铜矿物时，可使尾矿中的铜含量降低 50%，但切忌过量。

浮选钾盐时，可用木质素磺酸盐作脱泥剂。浮选含滑石的复合硫化矿物时，可用木质素磺酸及其钠盐抑制硫化矿中的滑石，可以提高硫化矿物的金属回收率。据报道，采用 100g/t 木质素磺酸钠作抑制剂可使金属回收率达 90.3%。对比试验表明，不添加木质素磺酸钠时的金属回收率仅 48.3%。

浮选萤石时，若含金属硫化矿物，应先浮金属硫化矿物，然后采用脂肪酸类捕收剂浮选萤石，此时可采用木质素磺酸钙（100g/t）和氟化钠（1500g/t）作抑制剂，可抑制重晶石、方解石、氧化铁、石英、绿泥石和云母等脉石矿物。试验表明，木质素磺酸钙和氟化钠混用比木质素磺酸钙单用的抑制效果好。

2.4.17.3　氯化木质素

氯化木质素是在木质素分子中引入氯原子。制备氯化木质素有氯水法、电解法和液相连续通氯法，前两种方法用于大规模生产尚有一定困难，液相连续通氯法设备利用率高，较为便利。生产时将水加入搪瓷反应罐中，再将木质素加入其中（浓度为 14%），搅拌并通入氯气，直至木质素中含氯量达 14%~15% 时停止通入氯气。送真空过滤器过滤并洗涤至中性、抽干，此时产品含水量约 60%。氯化木质素中含氯量与原料中的木质素含量有关，纯氯化木质素中含氯量大于 20%。用作抑制剂的氯化木质素中含氯量以 13.5%~15% 较适宜。

氯化木质素为黄色固体粉末，不溶于水，易溶于乙醇及碱液中。用作抑制剂时，将氯化木质素溶于 10~50g/L 的碱液中，其使用 pH 值以 11~13 为宜。

用石灰作石英的活化剂，用氯化木质素作赤铁矿抑制剂，对贫赤铁矿进行反浮选。原矿含铁 33.7%，主要脉石为石英，用塔尔油皂作捕收剂进行反浮选，铁精矿含铁达 61.96%，尾矿含铁为 8.72%，铁回收率达 86.75%。

2.4.17.4　铁铬（铬铁）木素

铁铬（铬铁）木素由硫酸、硫酸亚铁、重铬酸钠与木质素磺酸钙作用而制得。木质素磺酸钙与硫酸亚铁反应生成木质素磺酸亚铁和硫酸钙沉淀。在酸性介质中，重铬酸钠将部分亚铁离子氧化为三价铁离子，六价铬离子被还原为三价铬离子。三价铬离子与亚铁离子和木质素磺酸作用生成铁铬（铬铁）木素。铁铬（铬铁）木素的主要部分为高分子木质素磺酸，三价铬离子与亚铁离子与木质素磺酸分子中的两个或三个极性基团配合，生成稳定的配合物。

铁铬（铬铁）木素为棕黑色固体粉末，为水溶性高分子有机物。结构较复杂，可作为硅酸盐、石英、方解石等矿物的抑制剂，同时具有良好的起泡性能。

山西胡家峪选厂 1995 年采用铁铬（铬铁）木素作硅酸盐脉石的抑制剂，铜精矿品位达 27.35%，铜回收率达 96.44%，还有利于降低铜精矿中的水分含量。

大厂铜坑矿石中的脉石除石英、方解石外，还含褐铁矿，采用苄基胂酸作捕收剂浮锡石，粗选采用 CMC 和亚硫酸钠，精选采用亚硫酸钠和水玻璃作褐铁矿抑制剂，闭路只获得含锡 19.15% 的锡精矿，指标较低。后改用铁铬（铬铁）木素作抑制剂，从含锡 0.61% 的给矿中浮选产出含锡 35.11%，锡回收率达 76.97% 的锡精矿，表明铁铬（铬铁）木素是该锡矿中褐铁矿的有效抑制剂。

2.4.18　巯基化合物

用作抑制剂的巯基化合物均为短碳链的巯基化合物，其碳链长度为 $C_{1\sim5}$，如巯基乙酸（或钠盐）、巯基乙醇、γ-巯基丙醇及其衍生物等，主要用于抑制硫化铜矿物和硫化铁矿物等。

合成巯基乙酸（thioglycolic asid）的方法有多种，有硫化钠法、硫代硫酸钠法、硫脲法、三硫代碳酸钠法、烷基黄原酸盐法和电化学还原法等。硫化钠法以硫化钠、一氯醋酸钠、盐酸为原料，添加适量氯化钠，其投料质量比为 $Na_2S : ClCH_2COONa : HCl = 2.2 : 1.0 : 0.7$，反应温度为 75℃，反应时间为 2h，压力为 0.4MPa 时的转化率达 65.6%。可用 NaHS 代替 Na_2S，反应完成后，可经酸化析出反应产物。

巯基乙酸为无色透明液体，有刺激性气味，可与水、醚、醇、苯等溶剂混溶。巯基乙酸的密度为 $1.3253g/cm^3$，熔点为 -16.5℃，沸点为 60℃（133.3Pa（1mmHg），分解）。巯基乙酸水溶液呈酸性，其酸性大于醋酸。其分子结构中的 —COOH 基和 —SH 基均可呈酸式电离，一级和二级电离常数的 pK_a 值分别为 3.55~3.92 和 9.20~10.56。

巯基乙酸（尤其是其碱性水溶液）易被空气氧化为双巯基乙酸或双巯基乙酸盐，少量铜、锰、铁离子可加速其氧化反应。弱氧化剂（如碘）也可氧化巯基乙酸。强氧化剂（如硝酸）可将巯基乙酸氧化为 HO_3SCH_2COOH。纯巯基乙酸在室温下可进行自缩合，含量为 98% 的巯基乙酸，放置一个月可损失 3%~4%。通常加入 15% 的水以降低其缩合反应速度。

巯基乙酸盐有腐蚀性，使用时须加以防护，触及皮肤和眼睛时可用适量水洗去，洗后最好用药涂敷。巯基乙酸盐的中性液或微碱性液的刺激性比巯基乙酸小得多。

巯基乙酸的毒性属中等，家禽的半致死量为 250~300mg/kg，老鼠的半致死量为 120~150mg/kg。浓度较稀时不影响植物生长，由于易被空气氧化，在环境中不会产生毒性积累。其毒性比硫化钠小，在浮选中是氰化物、硫化钠及硫氢化钠的理想代用品。

巯基乙酸分子中含有 —SH 和 —COOH 两个极性基团，—SH 基团可与硫化铜及黄铁矿的矿物表面作用而吸附于矿物表面，—COOH 基团因碳链短不具有捕收能力，但强烈亲水而形成水膜，故巯基乙酸是硫化铜及黄铁矿的有效抑制剂。

1948 年美国氰胺公司以商品名 Aero 666（巯基乙酸）、Aero 667（50% 巯基乙酸钠溶液）申请专利。并用于某大型铜选厂的铜钼分离浮选作业以抑制硫化铜矿物。Cordon 等人采用 Aero 666（巯基乙酸）分选铜钼粗精矿的结果见表 2-35。

表 2-35 采用 Aero 666（巯基乙酸）分选铜钼粗精矿的结果

Aero666 加入量 /kg·t⁻¹	加入的活性炭 /kg·t⁻¹	钼精矿品位 /%		钼精矿回收率 /%	
		Cu	Mo	Cu	Mo
0.025	0.1	0.15	57.7	1.4	88.3
0.05	0.5	0.08	56.9	0.7	89.6
0.05	0.25	0.39	55.7	3.4	88.7
0.05	0.10	0.23	57.2	2.3	96.1
0.10	0.13	0.11	57.6	1.0	86.7

1984 年 9 月~1985 年 10 月，西安冶金研究所采用巯基乙酸钠代替 NaCN、Na₂S 在金堆城钼业公司某选厂进行工业试验，结果表明，巯基乙酸钠不仅对黄铜矿有明显的抑制作用，而且可抑制硅酸盐脉石矿物，其用量仅为氰化钠用量的 50%，两者钼回收率相近。在小型试验和工业试验的基础上，1994 年金堆城钼业公司全面推广应用巯基乙酸钠作铜钼分离的抑制剂。

有人试验研究不同 pH 值条件下，巯基乙酸对黄铜矿和闪锌矿的抑制作用。试验结果表明，巯基乙酸对黄铜矿有较强的抑制作用，而对闪锌矿基本上无抑制作用。在 pH 值为 10.5 条件下，采用巯基乙酸作抑制剂，可将黄铜矿和闪锌矿进行有效分离。

Raghavan 等人研究 -0.1mm+0.074mm 粒级的辉铜矿表面与纯度为 98% 的巯基乙酸作用，结果如图 2-20 及图 2-21 所示。

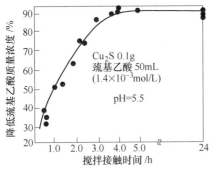

图 2-20 巯基乙酸质量下降与
接触时间的关系

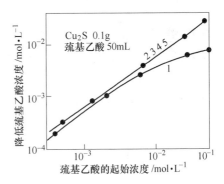

图 2-21 巯基乙酸质量下降与
矿浆起始 pH 值的关系
1—pH 值为 4.0；2—pH 值为 5.5；3—pH 值为 6.5；
4—pH 值为 8.0；5—pH 值为 10.0

从图 2-20 中曲线可知，搅拌 1h，液中巯基乙酸剩余浓度为其起始浓度的 50%；搅拌 4h，液中巯基乙酸剩余浓度为其起始浓度的 10%。图 2-21 曲线表明，除液相 pH 值为 4.0 外，其他 pH 值范围内辉铜矿吸附巯基乙酸量与 pH 值无关。试验证明巯基乙酸迅速被辉铜矿表面吸附，并大量地被氧化为双巯基乙酸。其多相反应机理为相界面上吸附一层巯基乙酸分子，被吸附巯基乙酸分子与水溶液中的巯基乙酸分子反应生成双巯基乙酸。反应式可表示为：

$$2HSCH_2COOH_{吸附} + 2HSCH_2COOH_{溶液} + O_2 \longrightarrow 2HOOCCHS{-}SCH_2COOH + 2H_2O$$

在辉铜矿表面上的巯基乙酸和双巯基乙酸均亲水，均可在矿物表面形成水膜而被抑制。

2.4.19　有机羧酸抑制剂

作为抑制剂的有机羧酸多数为短碳链的羟基羧酸，在其分子中含有一个或多个羟基和羧基，如 2-羟基丁二酸（苹果酸）、2-羟基丙二酸、2，3-二羟基丁二酸（酒石酸）、柠檬酸和没食子酸等。

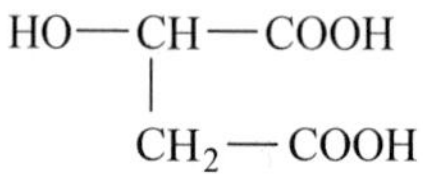

苹果酸 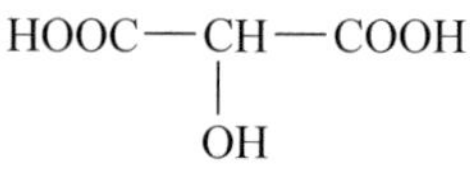　　　　　　2-羟基丙二酸 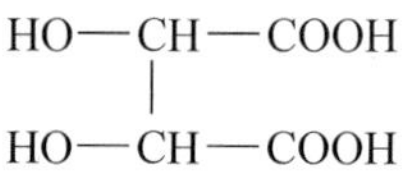　　　　　酒石酸

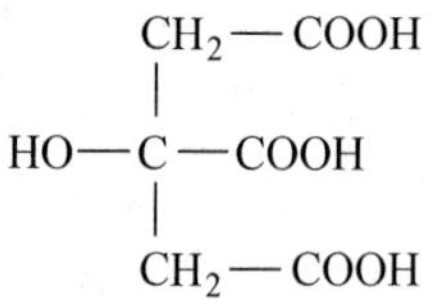

柠檬酸 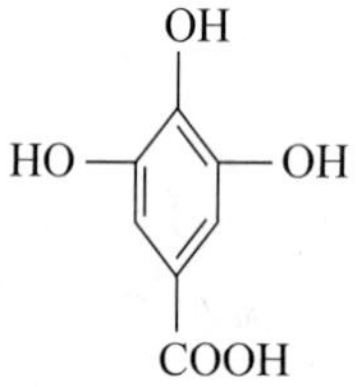　　　　　没食子酸

羟基羧酸分子中最少含有一个羟基和一个羧基，两者均能与水分子形成氢键，故羟基羧酸常比相应的羧酸易溶于水，低级羟基羧酸可与水混溶，不易溶于石油醚等非极性溶剂中。

由于羟基为吸电子基团，多数条件下它可增强羧基的酸性，故通常羟基羧酸的酸性比相应的羧酸强。羟基增强羧基酸性的程度视羟基所在位置而异，羟基离羧基愈远，则对羧基酸性的影响愈小。

短碳链的羟基羧酸是螯合剂，易与溶液中的金属离子配合，生成溶于水的螯合物。如：

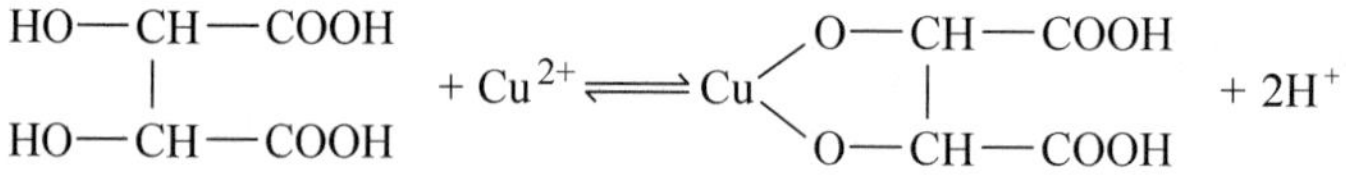

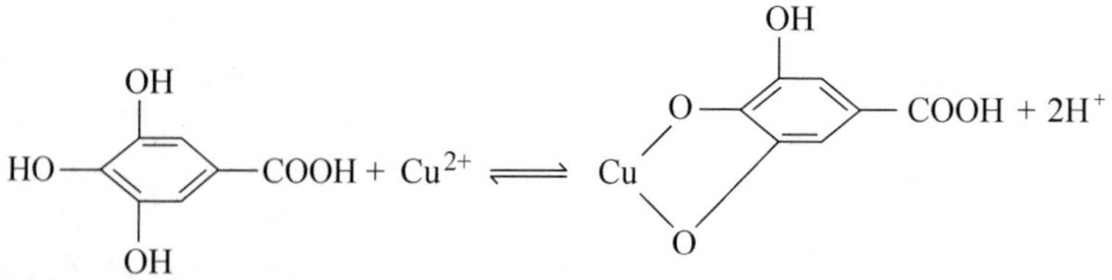

因此，羟基羧酸的部分基团与矿物表面的金属离子成键而螯合，另一部分基团则向外与水生成水膜，使矿物表面亲水而被抑制。

使用烷基硫酸盐和烷基苯磺酸盐混合捕收剂时，各种羟基羧酸对萤石的抑制效果如图2-22 所示。

生成螯合物的难易程度和螯合物的稳定性除与螯合剂的结构有关外，还与被螯合的金属离子的特性有关。通常金属离子的正电荷愈多，离子半径愈小，外层电子结构为非8个电子构型，其极化作用愈强，其螯合物愈易生成，且愈稳定。因此，过渡元素的金属离子易生成螯合物。重晶石含 Ba^{2+}，萤石含 Ca^{2+}，同属碱土金属的正二价离子，但 Ba^{2+} 的离子半径比 Ca^{2+} 大，Ca^{2+} 的螯合物比 Ba^{2+} 的螯合物稳定，故萤石比重晶石更易生成亲水螯合物而被抑制。

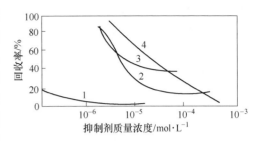

图 2-22　各种羟基羧酸对萤石的抑制效果
（使用烷基硫酸盐和烷基苯磺酸盐混合捕收剂）
1—柠檬酸；2—苹果酸；3—酒石酸；4—没食子酸

羟基羧酸常用作萤石、长石、石英、硅酸盐矿物和碳酸盐矿物的抑制剂。如用于重晶石与萤石、白钨矿与萤石、氧化铜矿物与方解石等的浮选分离。常用的羟基羧酸抑制剂为柠檬酸、酒石酸、没食子酸、草酸、乙二胺四乙酸（EDTA）等。

2.4.20　硫代酸盐类抑制剂

硫代酸盐类抑制剂主要为某些二硫代和三硫代有机化合物，如羟基烷基二硫代氨基甲酸盐（$HO—(CH_2)_n—NH—CSSMe$，$n = 1 \sim 2$，Me 为 Na，K）、多羟基烷基黄原酸盐（$HOCH_2(CHOH)_nCH_2OCSSMe$，$n = 2 \sim 7$）、戊糖及己糖黄原酸盐（$HOCH_2(CHOH)_nCOCH_2OCSSMe$，$n = 2，3$）、淀粉黄药和三硫代碳酸盐等。这些硫代酸盐类抑制剂具有相同的特点和相似的性质，均含有 —OH、—NH—、—CSS—、—S—CSS— 等多个极性基团。

羟基烷基二硫代氨基甲酸盐以羟基乙胺、二硫化碳和氢氧化钠为原料而制得。实际上所获得的为羟基烷基二硫代氨基甲酸盐和胺乙基黄原酸盐两种有机抑制剂的混合物。其反应可表示为：

$$HOCH_2CH_2NH_2+CS_2+NaOH \longrightarrow HOCH_2CH_2NH—CSSNa+H_2O$$

同时产生以下反应：

$$HOCH_2CH_2NH_2+CS_2+NaOH \longrightarrow H_2N—CH_2CH_2O—CSSNa+H_2O$$

多羟基烷基黄原酸盐以多元醇或糖料、二硫化碳和氢氧化钠为原料而制得，其制备方法与羟基烷基二硫代氨基甲酸盐相似，不同的是烃链上带有多个羟基。其反应可表示为：

$$CH_2OH(CHOH)_2CH_2OH+CS_2+NaOH \longrightarrow CH_2OH(CHOH)_2CH_2OCSSNa+H_2O$$

多羟基化合物制备黄原酸盐过程中，除与一个伯醇产生反应生成黄原酸盐外，也可能与其中的两个或多个伯醇基产生反应生成相应的黄原酸盐。多羟基烷基黄原酸盐为黄色固体粉末，易溶于水，易吸潮分解，尤其在酸性介质中更易分解，其化学性质与其他硫代酸盐相似。

羟基烷基二硫代氨基甲酸盐的国外代号为 Д-1，主要用于抑制黄铜矿、黄铁矿，浮选辉钼矿。

多羟基烷基黄原酸盐为黄铁矿、白铁矿及煤等矿物的有效抑制剂。

二甲基二硫代氨基甲酸酯为闪锌矿、硫化铁矿物的有效抑制剂。

陈万雄等人的研究试验表明，二硫代碳酸乙酸二钠和二硫代氨基乙酸钠对黄铁矿的抑制最强，丁四醇黄原酸盐的抑制作用最弱。

二甲基二硫代氨基甲酸盐可代替 NaCN 作闪锌矿、硫化铁矿物的有效抑制剂，又可对方铅矿、斑铜矿等起活化作用。

2.4.21　多极性基团磺酸抑制剂

芳香烃类多极性有机化合物可作抑制剂，它们除含磺酸基团外，还含—OH、—NH$_2$、—COOH 等极性基团。此类药剂易溶于水，在水中易离解为酸根，易螯合成环，亲水。如：

1-氨基-8-萘酚-3,6-二磺酸（H 酸）　　　　1-氨基-8-萘酚-2,4-二磺酸（芝加哥酸）

1，8-二羟基萘-3,6-二磺酸（铬变酸）　　　　1-萘酚-3,8-二磺酸（ε 酸）

1-氨基-4,8-二磺酸萘（氨基芝加哥酸）　　　　2-氨基-8-萘酚-6-磺酸

1-氨基-8-萘酚-4-磺酸　　2-羟基-3-氨基-5-磺酸基-苯甲酸　　　2,5-二磺酸苯胺

上列 9 种化合物多数为偶氮染料中间体。染料及其中间体用作浮选药剂的实例较多，如刚果红染料为方铅矿、黄铜矿、斑铜矿、辉铜矿、闪锌矿等硫化矿物的有效抑制剂。在一定 pH 值条件下，采用黄药浮选闪锌矿，添加适量的刚果红可选择性抑制斑铜矿，可实现铜锌混合精矿的有效分离。

2.4.22　其他聚合物抑制剂

有机抑制剂的类型和品种不断增加，除前述有机抑制剂外，再列举一些聚合物抑制剂。如：

$$\left(CH_2-\underset{\underset{CONH_2}{|}}{CH}\right)_n$$

聚丙烯酰胺

$$\left(CH_2-\underset{\underset{CONH_2}{|}}{CH}\right)_{n-m}\left(CH_2-\underset{\underset{CONHCH_2N(CH_3)_3}{|}}{CH}\right)_m$$

氨甲基聚丙烯酰胺（季铵）

$$\left(CH_2-\underset{\underset{CONH_2}{|}}{CH}\right)_{n-m}\left(CH_2-\underset{\underset{NH_2}{|}}{CH}\right)_m$$

氨基聚丙烯酰胺

$$\left(CH_2-\underset{\underset{CONH_2}{|}}{CH}\right)_{n-m}\left(CH_2-\underset{\underset{COOH}{|}}{CH}\right)_m$$

水解聚丙烯酰胺

$$\left(CH_2-\underset{\underset{CONH_2}{|}}{CH}\right)_{n-m}\left(CH_2-\underset{\underset{CONHCH_2SO_3H}{|}}{CH}\right)_m$$

磺酸甲基聚丙烯酰胺

$$\left(CH_2-\underset{\underset{CONH_2}{|}}{CH}\right)_{n-m}\left(CH_2-\underset{\underset{C(O)NHCH_2OH}{|}}{CH}\right)_m$$

羟甲基聚丙烯酰胺

$$\left(CH_2-\underset{\underset{COOH}{|}}{CH}\right)_n$$

聚丙烯酸

聚马来酸酐(PMA)

水解聚马来酸酐 (HPMA)

此外，某些高分子聚合物，如丙烯酸-磺酸共聚物、丙烯酸-马来酸共聚物、丙烯酸-丙烯酰胺共聚物、马来酸（酐）-苯乙烯磺酸共聚物、聚天冬氨酸等。

美国氰胺公司专利采用相对分子质量为500~7000的部分水解的聚丙烯酰胺作抑制剂，用于从铁矿石中分选硅酸盐脉石，从辉钼矿中分选硫化铜矿物，从闪锌矿、黄铜矿中分选方铅矿，从钛铁矿中分选磷灰石，从方解石中分选萤石等。其抑制作用比淀粉强，选择性高，指标较稳定。

白钨与方解石混合精矿精选时，添加聚丙烯酰胺可强化水玻璃的抑制作用。

昆明冶金研究所采用3-甲基硫代脲嘧啶、假乙内酰硫脲、假乙内酰硫脲酸、脲素硫代磷酸盐等作铜-钼分离的抑制剂，结果表明，可完全代替硫化钠，可达到或超过硫化钠的分离效果。

据报道，可采用二乙烯三胺（$NH_2CH_2CH_2NHCH_2CH_2NH_2$）和三乙烯四胺（$NH_2CH_2CH_2NH-CH_2CH_2NHCH_2CH_2NH_2$）作为磁黄铁矿的抑制剂，多胺化合物为强螯合剂，它可调整矿浆中的金属离子浓度。当镍黄铁矿与磁黄铁矿进行浮选分离时，添加多胺化合物可大幅度降低磁黄铁矿表面对黄药的吸附量，使磁黄铁矿被抑制。将多胺化合物与$Na_2S_2O_5$混合使用，镍黄铁矿与磁黄铁矿的浮选分离效果更佳。

2.5　活化剂

2.5.1　概述

活化剂为能提高矿物表面吸附捕收剂能力的一类浮选药剂。其活化机理为：（1）在矿物表面生成易与捕收剂作用的难溶活化膜；（2）在矿物表面生成易与捕收剂作用的活性点；（3）清除矿物表面的亲水膜而提高矿物表面的可浮性；（4）消除矿浆中有碍目的矿物浮选的金属离子。

活化剂可分为无机活化剂和有机活化剂两大类。常用活化剂见表2-36。

表 2-36　常用活化剂

种类	名称及组成	主　要　用　途
无机酸	硫酸 H_2SO_4	用于活化被石灰抑制过的黄铁矿、清除硫化矿物表面氧化膜
	盐酸 HCl	用于活化锂、铍矿物及长石矿物
	氢氟酸 HF	用于活化锂、铍矿物及长石矿物
无机碱	碳酸钠 Na_2CO_3	用于活化被石灰抑制过的黄铁矿及沉淀矿浆中和难免离子
	氢氧化钠 NaOH	
金属阳离子 Cu^{2+}、Pb^{2+}	硫酸铜 $CuSO_4$	用于活化硫化铁矿物和闪锌矿
	氯化铜 $CuCl_2$	用于活化硫化铁矿物、闪锌矿、辉砷钴矿
	硝酸铅 $Pb(NO_3)_2$	用于活化辉锑矿、闪锌矿
碱土金属阳离子 Ca^{2+}、Ba^{2+}	氧化钙 CaO	使用羧酸类捕收剂时：用于活化硅酸盐矿物、石英、黑云母等
	氯化钙 $CaCl_2$	使用羧酸类捕收剂时：用于活化硅酸盐矿物、石英、黑云母等
	氯化钡 $BaCl_2$	使用羧酸类捕收剂时：用于活化重晶石、石英、蛇纹石
硫化物	硫化钠 Na_2S	用黄药类捕收剂时，用于活化铜、铅、锌硫化矿物等有色金属氧化矿物
	硫氢化钠 NaHS	用胺类捕收剂时，用于活化氧化锌矿物
有机化合物	工业草酸 $H_2C_2O_4$	用于活化被石灰抑制过的黄铁矿
	二乙胺磷酸盐 $(CH_2NH_3)_2HPO_4$	用于活化氧化铜矿物
羧甲基纤维素	CMC	用于活化辉铜矿、斑铜矿、石墨

2.5.2　无机酸

主要用于活化被石灰抑制过的黄铁矿、磁黄铁矿及用于活化锂、铍矿物和长石等；从氰化渣中浮选回收金时，常采用硫酸活化被氰化物抑制的金属硫化矿物。生产中金属硫化矿物高碱介质浮选分离时，常用的无机酸活化剂主要为硫酸、酸性水（硫化矿的矿坑水或硫酸厂的稀酸液），较少采用盐酸作活化剂。锂、铍矿物和长石等矿物浮选时，常用的无机酸活化剂主要为盐酸和氢氟酸。

金属硫化矿物低碱介质浮选分离时，常采用原浆浮选硫化铁矿物的工艺，无须添加任何活化剂即可实现硫化铁矿物的浮选，获得高质量和高回收率的硫精矿。

2.5.3 无机碱

主要用于活化被石灰抑制过的黄铁矿、磁黄铁矿及用于沉淀矿浆中的难免金属离子。生产中，金属硫化矿物高碱介质浮选分离时，常用的无机碱活化剂主要为碳酸钠、碳酸铵、碳酸氢铵，较少采用氢氧化钠作活化剂。

采用碳酸盐作活化剂时，矿浆中生成大量的碳酸盐沉淀，使矿化泡沫发黏，夹带大量矿泥，大幅度降低精矿品位，使精矿澄清和过滤较困难，过滤后的精矿水分含量较高（常大于 20%）。

金属硫化矿物低碱介质浮选分离时，常采用原浆浮选硫化铁矿物的工艺，可完全消除碳酸盐活化被石灰抑制过的黄铁矿、磁黄铁矿所带来的不足，硫精矿品位高，硫浮选回收率高，过滤后的硫精矿水分含量较低（常小于 13%）。

石灰是常用的无机碱，是黄铁矿、磁黄铁矿的典型抑制剂。试验表明，所有硫化铅锌矿在自然 pH 值条件下浮选，无论采用何种类型的金属硫化矿物捕收剂，铅回收率随捕收剂用量的提高而提高，而锌回收率随捕收剂用量的提高而提高很小。但只要加极少量石灰（如 $100\sim500g/t$）后，则锌回收率才随捕收剂用量的提高而提高，硫化锌矿物明显地被少量石灰所活化，此活化现象与捕收剂类型及硫化锌呈闪锌矿或铁闪锌矿存在无关。只当石灰用量较高时，硫化锌矿物的浮选才被石灰抑制。

2.5.4 金属阳离子

金属阳离子主要用于活化闪锌矿、铁闪锌矿、辉锑矿、辉砷钴矿、紫硫镍矿和磁黄铁矿等。生产中金属硫化矿物浮选分离时，常用的金属阳离子活化剂主要为硫酸铜、硝酸铅，较少采用氯化铜作活化剂。硫酸铜主要作闪锌矿、铁闪锌矿、辉砷钴矿、紫硫镍矿和磁黄铁矿的活化剂，硝酸铅主要作辉锑矿的活化剂。

硫酸铜活化闪锌矿、铁闪锌矿、辉砷钴矿和磁黄铁矿可分为两种类型：

（1）活化未被抑制的闪锌矿，在闪锌矿表面生成易浮的硫化铜薄膜。由于 Cu^{2+} 和 Zn^{2+} 的离子半径相近，Cu^{2+} 与闪锌矿表面的 Zn^{2+} 发生置换反应，在闪锌矿表面生成易浮的硫化铜薄膜，使闪锌矿具有与铜蓝（CuS）相近的可浮性。其反应可表示为：

$$ZnS〕ZnS+CuSO_4 \longrightarrow ZnS〕CuS+ZnSO_4$$
$$闪锌矿〕硫化铜薄膜$$

由于 Cu^{2+} 和 Zn^{2+} 的离子半径分别为 0.080mm 和 0.083mm，较相近；CuS 和 ZnS 的溶度积分别为 10^{-36} 和 10^{-34}，CuS 的溶度积远小于 ZnS 的溶度积以及 Cu^{2+}/Cu 和 Zn^{2+}/Zn 的还原电位分别为 +0.34V 和 −0.76V，Zn^{2+}/Zn 的还原电位远小于 Cu^{2+}/Cu 的还原电位，Zn 易将 Cu^{2+} 从溶液中置换出来。因此，在闪锌矿表面生成易浮的硫化铜薄膜是个自发的过程，可自动进行。

（2）活化被抑制的闪锌矿等矿物时，首先除去矿物表面的亲水薄膜或亲水离子，然后生成易浮的硫化铜薄膜。当闪锌矿等矿物先被氰化物、亚硫酸盐抑制时，Cu^{2+} 首先与 CN^-、SO_3^{2-} 等离子配合而清除矿物表面的亲水薄膜，然后生成易浮的硫化铜薄膜。其反应可表示为：

$$CuSO_4+2H_2O \longrightarrow Cu(OH)_2\downarrow +2H^+ +SO_4^{2-}$$

$$Cu(OH)_2\downarrow \longrightarrow Cu^{2+}+2OH^-$$

$$2Cu^{2+}+4CN^- \longrightarrow Cu_2(CN)_2\downarrow +(CN)_2\uparrow$$

$$Cu_2(CN)_2+4CN^- \longrightarrow 2Cu(CN)_3^{2-}$$

从上述反应可知,矿浆中有效 Cu^{2+} 的含量与硫酸铜用量和浮选矿浆的 pH 值密切相关。金属硫化矿物高碱介质浮选分离时,浮选矿浆的 pH 值常大于 12,铜、铅、锌硫化矿物高碱介质浮选分离时,矿浆 pH 值常为 13~14,从铅浮选尾矿中浮选闪锌矿时,硫酸铜用量有时高达 600g/t 左右。

金属硫化矿物低碱介质浮选分离时,浮选矿浆的 pH 值常为 6.5~8.0,从铅浮选尾矿中浮选硫化锌矿时,硫酸铜用量常小于 400g/t。对某硫化铅锌矿进行的小型试验表明,该矿硫化锌为普通的闪锌矿,该矿采用高碱介质浮选分离工艺,石灰用量为 12kg/t,矿浆 pH 值常为 14,浮选闪锌矿时的硫酸铜用量常高达 600g/t 左右。采用低碱介质浮选分离工艺时,石灰用量为 1~3kg/t,矿浆 pH 值常小于8~9,浮选闪锌矿时的硫酸铜用量仅为 100g/t,锌尾实现了原浆选硫（该矿生产中选硫的硫酸用量为 8~10kg/t）。

2.5.5　碱土金属阳离子

碱土金属阳离子如 Ca^{2+}、Mg^{2+}、Ba^{2+}、Fe^{2+}、Al^{3+} 等的化合物,如氧化钙、氯化镁、氯化钡、氯化铁和硝酸铝等是采用羧酸类捕收剂时,石英、硅酸盐矿物的典型活化剂。

2.5.6　硫化物

浮选过程中为了活化有色金属氧化矿物,常采用硫化钠、硫氢化钠、硫化钙等硫化物作活化剂。这些硫化物的共同特点是在矿浆中可解离出硫离子,可与有色金属氧化矿物表面的金属离子生成易与黄药类捕收剂作用的硫化膜,故可提高有色金属氧化矿物的可浮性。

2.5.7　氟离子

采用胺类阳离子捕收剂浮选石英、绿柱石和硅酸盐等矿物时,常采用氟化钠、氟氢酸、氟硅酸钠等作活化剂。这些氟化物的共同特点是在矿浆中可解离出氟离子,它可吸附于石英、绿柱石和硅酸盐等矿物表面,形成活性中心以增强胺类阳离子捕收剂对石英、绿柱石和硅酸盐等矿物的捕收作用。

2.5.8　有机活化剂

目前常用的有机活化剂及其应用见表 2-37。

表 2-37　目前常用的有机活化剂及其应用

活化剂名称	主　要　应　用
羧甲基纤维素	用于活化辉铜矿、斑铜矿、石墨
脂肪酸烷基酯	用于活化金属硫化矿物
磷酸酯类	用于活化金属硫化矿物

活化剂名称	主 要 应 用
木素磺酸及其盐类	用于活化硫化铜、铅矿物而抑制黄铁矿及脉石
草 酸	用于活化被石灰抑制的黄铁矿、磁黄铁矿
次硫酸氢钠甲醛	用于活化被石灰抑制的黄铁矿、磁黄铁矿
乙二胺磷酸盐	用于活化氧化铜矿物
乙醇胺磷酸盐	用于活化氧化铜矿物
乙 炔	用于活化氧化铜矿物、锡石
乙二胺、水杨醛肟	用于活化菱锌矿

2.6　介质 pH 值调整剂

2.6.1　概述

介质 pH 值调整剂是调整浮选矿浆 pH 值，调整矿浆中的离子组成，为被浮矿物表面可与各种浮选药剂有效作用创造有利条件的浮选药剂。

介质调整剂的主要作用为：

（1）调整浮选矿浆 pH 值。金属硫化矿物的可浮性常随浮选矿浆 pH 值的降低而提高。由于矿浆中溶解氧的还原电位随浮选矿浆 pH 值的降低而提高，矿浆 pH 值愈低，愈易在金属硫化矿物表面生成半氧化膜，愈易与金属硫化矿物的捕收剂起作用。不添加任何浮选药剂时的磨矿浆 pH 值称为矿浆的自然 pH 值。矿浆的自然 pH 值随原矿的矿物组成、化学组成及选厂用水条件而异。通常金属硫化矿选厂矿浆的自然 pH 值约为 6.5，仅极少数矿山选厂的矿浆自然 pH 值大于 7.0 或小于 6.0。

浮选矿浆 pH 值对待浮矿物表面的电性有影响，因 H^+、OH^- 常为某些矿物表面的定位离子，故浮选矿浆 pH 值与选择浮选的有效捕收剂有关。

由于采用的浮选工艺路线和药剂制度不同，各生产选厂采用的浮选矿浆 pH 值也不同。通常金属硫化矿物浮选的工艺路线可分为高碱介质浮选工艺和低碱介质浮选工艺两种工艺路线，这两种工艺要求的浮选矿浆 pH 值不同，前者浮选矿浆 pH 值常大于 11，后者浮选矿浆 pH 值常小于 7.0，因分界线常以通常磨矿细度条件下，伴生单体金的浮选 pH 值而定。

（2）调整浮选矿浆中的离子组成。浮选矿浆是原矿中的各种矿物、各种浮选药剂和水组成的复杂体系，浮选矿浆 pH 值与某些矿物的溶解、某些金属离子的沉淀与解离、离子型浮选药剂的解离及其离子浓度密切相关。

提高浮选矿浆 pH 值可使矿浆中的某些难免重金属离子呈氢氧化物沉淀析出，可消除或减轻这些难免重金属离子对浮选分离的不利影响。

浮选矿浆 pH 值与离子型浮选药剂的解离及其离子浓度密切相关，浮选矿浆 pH 值还与某些金属硫化矿物浮选捕收剂的半分解期有关。因此，应进行综合考虑浮选矿浆 pH 值的影响。

（3）调整矿泥的分散状态及矿化泡沫状态。提高浮选矿浆 pH 值可使矿泥团聚，矿化泡沫发黏不易破裂，易产生冒槽现象。

常用的介质调整剂为石灰、碳酸钠、苛性钠、硫酸等。

2.6.2　石灰

将石灰石于 900~1200℃条件下煅烧可得生石灰（俗称石灰）。石灰为白色固体，易吸水，与水作用生成消石灰（俗称熟石灰）。熟石灰难溶于水，在水中可解离析出 Ca^{2+} 和 OH^-，为强碱。其反应可表示为：

$$CaCO_3 \xrightarrow{900~1200℃} CaO+CO_2 \uparrow$$
$$CaO+H_2O \longrightarrow Ca(OH)_2$$
$$Ca(OH)_2 \Longleftrightarrow Ca(OH)^+ +OH^-$$
$$Ca(OH)^+ \Longleftrightarrow Ca^{2+} +OH^-$$

多金属硫化矿物浮选分离时，常采用石灰提高浮选矿浆的 pH 值和抑制硫化铁矿物（黄铁矿和磁黄铁矿等）。

松醇油类起泡剂的起泡能力和矿化泡沫黏度随浮选矿浆 pH 值的提高而增大，而酚类起泡剂的起泡能力和矿化泡沫黏度随浮选矿浆的 pH 值的提高而降低。

实际生产应用中，石灰常为块灰和粉灰两种形态。当采用块灰时，首先采用不同的消化器将其消化，制成一定浓度的石灰乳再加入球磨机中或矿浆搅拌槽中；当采用粉灰时，可直接在搅拌槽中制成一定浓度的石灰乳，再加入球磨机中或矿浆搅拌槽中。

采用高碱浮选工艺时，由于石灰用量大，自动检测的探测器表面易结钙，影响检测精度，故常用 pH 值试纸测量浮选矿浆的 pH 值。当 pH 值试纸测量分辨不清（pH 值大于12）时，可采用直接滴定浮选矿浆中的游离碱含量的方法或用酸度计测量浮选矿浆的 pH 值。

采用低碱浮选工艺时，由于不用石灰或石灰用量小，可采用自动检测的方法或 pH 值试纸测量法，直接测量浮选矿浆的 pH 值。

2.6.3　氢氧化钠

氢氧化钠为强碱性介质调整剂，只当须采用高碱介质浮选而无法采用石灰作介质调整剂时，才采用氢氧化钠作高碱介质调整剂。如采用羧酸类捕收剂正浮选赤铁矿和褐铁矿或反浮选石英时，为避免 Ca^{2+} 的有害影响，常采用氢氧化钠作高碱介质调整剂。

2.6.4　碳酸钠

碳酸钠（纯碱）为中等碱性介质调整剂，可将矿浆的 pH 值调整为 8~10，或活化被石灰抑制的黄铁矿。它可使矿浆中的 Ca^{2+}、Mg^{2+} 等离子沉淀析出，消除其有害影响。其反应可表示为：

$$Na_2CO_3+2H_2O \longrightarrow 2Na^+ +2OH^- +H_2CO_3$$
$$H_2CO_3 \longrightarrow H^+ +HCO_3^+ \qquad K_1=4.2\times10^{-7}$$
$$HCO_3^+ \longrightarrow H^+ +CO_3^{2-} \qquad K_2=4.8\times10^{-11}$$
$$Ca^{2+} +CO_3^{2-} \longrightarrow CaCO_3 \downarrow$$
$$Mg^{2+} +CO_3^{2-} \longrightarrow MgCO_3 \downarrow$$

碳酸钠主要用作非硫化矿物浮选的中等碱性介质调整剂。

多金属硫化矿物浮选分离时，若采用碳酸钠作中等碱性介质调整剂，矿浆中将生成较多的碳酸盐沉淀，矿化泡沫夹带大量矿泥而发黏，可大幅度降低精矿品位和提高过滤后的精矿含水量，故应尽量少用碳酸钠作中等碱性介质调整剂。

2.6.5 无机酸

浮选中常用无机酸作浮选矿浆的酸性介质调整剂，生产中主要采用硫酸作酸性介质调整剂。

硫酸为常用的酸性介质调整剂。多金属硫化矿物高碱介质浮选分离时，常用硫酸将矿浆的 pH 值调整为 6.5 左右，以活化被石灰抑制的硫化铁矿物。浮选锆英石、金红石、烧绿石等稀有金属矿物及处理尾矿和堆存时间较长的原矿矿石时，常用硫酸进行低酸调浆，以擦洗清除矿物表面的氧化亲水膜。

从氰化尾渣中浮选回收金、银时，常采用硫酸进行低酸调浆，以除去待浮矿物表面的亲水氰化膜。

浮选绿柱石、长石等硅酸盐矿物时，常用氢氟酸调浆，可调整矿浆的 pH 值和活化硅酸盐矿物。

浮选磁黄铁矿中的含镍及含贵金属包体时，常用草酸调浆，可调整矿浆的 pH 值和活化磁黄铁矿。

浮选重晶石时，可用柠檬酸调浆，可调整矿浆的 pH 值和抑制萤石和碳酸盐矿物。

浮选硫化铜、镍矿时，可用硫酸低酸调浆，以提高镍黄铁矿、紫硫镍矿、黄铜矿、墨铜矿等矿物的可浮性。

3　浮 选 设 备

3.1　概述

3.1.1　浮选设备的基本要求

目前生产中应用的浮选主要设备可分为浮选机和浮选柱两大类。它们除须具备一般机器应具备的性能（如结构简单、工作可靠、易操作维修、电耗低、易自动化等）外，还应满足浮选的下列特殊要求：

（1）具有充气作用。能向矿浆中吸入或压入足量的空气，并能将空气分割为直径为 0.1~1.0mm 的细小气泡，且能将小气泡弥散于全浮选槽（柱）内的矿浆中。

（2）具有搅拌作用。其目的为：1）搅拌可将空气分割为大量的细小气泡，且能将小气泡弥散于全浮选槽（柱）内矿浆中；2）搅拌可使矿浆在槽（柱）内循环，使矿粒处于悬浮运动状态而不沉于槽底，增加矿粒与细小气泡碰撞接触的机会；3）搅拌可促进浮选药剂的溶解与分散，增强浮选药剂与矿粒及与细小气泡的作用。

（3）可调节矿浆液面高度和充气量。

（4）矿化泡沫能及时被刮出或溢出。

除主要设备外，浮选时还常采用搅拌槽、矿浆泵、泡沫泵、浓密机、浓泥斗等辅助设备。

3.1.2　矿浆在浮选机中的运动状态

矿浆在浮选机中的运动状态如图 3-1 所示。

浮选机操作时，槽内装满矿浆，叶轮转动时，矿浆沿 j_1 和 j_2 方向进入混合区，空气沿 q_1 和 q_2 方向进入混合区，矿浆与吸入或压入的空气在混合区混合，并将空气分割为大量的细小气泡。

矿浆与细小气泡混合物除部分沿 j_2、j_3 循环外，大部分上升至分选区。在分选区，大量的细小气泡带着疏水性矿粒上浮至泡沫区形成矿化泡沫，将其刮出或溢出可得泡沫产品（一般为浮选精矿）；不浮的矿粒返回混合区，经一定时间循环后沿 j_4 路线流入下一槽或排出槽外（一般为浮选尾矿）。

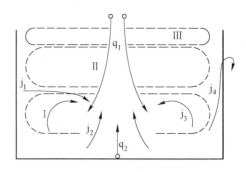

图 3-1　矿浆在浮选机中的运动状态
Ⅰ—混合区；Ⅱ—分选区；Ⅲ—泡沫区；
q_1—上方充气路线；q_2—下方充气路线；
j_1—上侧进浆路线；j_2—下侧进浆和矿浆循环路线；
j_3—上侧矿浆循环路线；j_4—槽内产品排出路线

3.1.3　浮选机的充气方法

目前生产中应用的浮选设备的充气方法有三种：（1）机械搅拌吸入法：机械搅拌在混合区形成负压，将空气经充气管吸入混合区；（2）压气-机械搅拌吸入法：此时机械搅拌强度较小，空气靠压气机送入混合区；（3）利用充气器（或旋流喷射器）充入空气并将其分割为大量的细小气泡。前两种充气方法主要用于浮选机，后一种充气方法主要用于浮选柱。

3.1.4　浮选机分类

目前生产中应用的浮选机，依其充气和搅拌方法可分为三类：

（1）机械搅拌式浮选机。此类浮选机靠机械搅拌器（转子和定子组）实现矿浆的充气和搅拌。如 XJK（A）型浮选机、BF 型浮选机、JJF 型浮选机、XJQ 型浮选机、WEMCO 型浮选机、GF 型浮选机、SF 型浮选机、XJM 型浮选机等。

（2）压气-机械搅拌式浮选机。此类浮选机靠机械搅拌器搅拌矿浆，由另设的压气机实现矿浆的充气。如 CHF-X 型和 XJC 型浮选机、KYF 型浮选机、OK 型浮选机、TC 型浮选机、CLF 型粗粒浮选机等。

（3）压气式浮选机。此类浮选机无机械搅拌器及无转动部件，靠压缩空气经喷射装置进行矿浆的充气和搅拌。此类浮选机常称为浮选柱。如 CPT 型浮选柱、KYZB 型浮选柱、KФM 型浮选柱、FCSMC 旋流-静态微泡浮选柱、FCSMC 旋流-静态微泡浮选床、XPM-8 型喷射旋流浮选柱、FJC 型喷射式浮选柱等。

3.2　机械搅拌式浮选机

3.2.1　概述

机械搅拌式浮选机，靠机械搅拌器（转子和定子组）实现槽内矿浆的充气和搅拌。根据机械搅拌器的结构差异（如离心式叶轮、棒形轮、笼形转子、星形轮等），分为不同类型。机械搅拌式浮选机的优点是可自吸空气和自吸矿浆，无需外加充气装置；中矿返回易实现自流，可减少矿浆提升泵；可水平配置，整齐美观，操作方便。其主要缺点是充气量较小、能耗较高、磨损件寿命较短等。

3.2.2　XJK 型（A 型）浮选机

XJK 型（A 型）浮选机的全称为矿用机械搅拌式浮选机，属于带辐射叶轮的空气自吸式浮选机，为我国较早使用的浮选机。其结构图如图 3-2 所示。

此类浮选机通常四槽配成一组，第 1 槽有吸浆管，称为吸浆槽。第 2~4 槽无吸浆管，称为直流槽。槽间隔板上有空窗，前槽的尾矿浆可以穿过空窗进入后一槽。

此类浮选机操作时，电机通过皮带、皮带轮带动主轴旋转，叶轮随主轴旋转。在叶轮和盖板之间形成负压区，空气由吸气管经空气管吸入负压区。同时，矿浆经吸浆管吸入负压区，两者混合后借叶轮旋转产生的离心力，经盖板边缘的导向盖板甩至槽中。叶轮的强烈搅拌将矿浆中的空气分割为细小气泡，并将其均匀弥散于矿浆中。当悬浮的矿粒与气泡

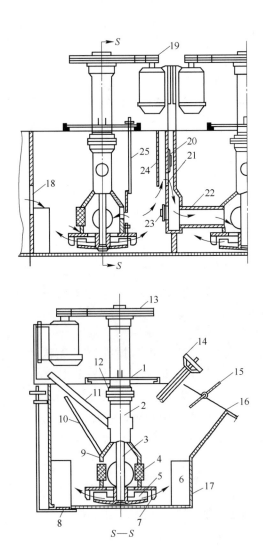

图 3-2 XJK 型（A 型）浮选机的结构图

1—座板；2—空气筒；3—主轴；4—矿浆循环孔；5—叶轮；6—稳流板；7—盖板；8—事故放矿闸门；
9—连接管；10—砂孔闸门调节杆；11—吸气管；12—轴承套；13—主轴皮带轮；14—尾矿闸门
丝杆及手轮；15—刮板；16—泡沫溢流唇；17—槽体；18—直流槽进浆口（空窗）；
19—电动机及皮带轮；20—尾矿溢流堰闸门；21—尾矿溢流堰；22—给浆管；
23—砂孔闸门；24—中间室隔板；25—内部矿浆循环孔闸门调节杆

碰撞接触时，可浮矿粒则选择性附着于气泡上，并随气泡上浮至液面形成矿化泡沫层，然后被刮板刮出成为精矿，未附着的矿粒作为尾矿流入下一槽。

叶轮和盖板是此类浮选机的关键部件，决定此类浮选机的充气量及矿浆的运动状态。叶轮和盖板的形状如图 3-3 所示。

叶轮为一圆盘，上面有对称的六片辐射状叶片。盖板为圆环，其中布有矿浆循环孔，周围有与半径呈一定角度的叶片。叶轮和盖板常用橡胶材料或铸铁制成。叶轮用螺杆和螺帽紧固在主轴下端。

叶轮和盖板组成类似于泵的负压区，用于自吸空气、气浆混合、分割空气、矿浆循环、使空气在矿浆中溶解和析出、使浮选药剂混合、分散、与矿粒表面作用等。

盖板的叶片对矿浆起导流作用，减少涡流；停机时可挡住沉砂，以利于叶轮的起动；循环孔可使气浆混合物在混合区循环。

此类浮选机的搅拌力强，可配置为不同的流程。20 世纪 80 年代前是我国浮选厂使用的主要机型。现有 XJ-1、XJ-2、XJ-3、XJ-6、XJ-11、XJ-28、XJ-58 七种规格，其主要参数见表 3-1。

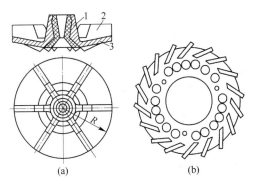

图 3-3 XJK 浮选机的叶轮和盖板形状
（a）叶轮；（b）盖板
1—轮毂；2—叶片；3—底板

表 3-1 XJ 浮选机的主要参数

型　号		XJ-1	XJ-2	XJ-3	XJ-6	XJ-11	XJ-28	XJ-58
单槽有效容积/m^3		0.13	0.23	0.36	0.62	1.10	2.80	5.80
叶轮	直径/mm	200	250	300	350	500	600	750
	转速/r·min^{-1}	593	504	483	400	330	280	240
充（吸）气量 /m^3·m^{-2}·min^{-1}							0.6~0.8	
处理矿浆量/m^3·min^{-1}		0.05 ~0.16	0.12 ~0.28	0.18 ~0.40	0.30 ~0.90	0.60 ~1.60	1.5 ~3.5	3~7
传动功率/kW		2.2	3.0	2.2	3.0	5.5	11	22，30
泡沫刮板功率/kW		0.6	0.6	0.6	1.1	1.1	1.1	1.5

该型浮选机的主要缺点为：易翻花，矿浆流速受闸门限制，浮选速度较慢；结构复杂，能耗高；粗而重的矿粒易沉槽；充气量不易调节，指标不稳定等。在老的中小型浮选厂及精选作业仍可见此类浮选机。新建浮选厂一般不选用此类浮选机。

此类浮选机的构造与西方国家的法连瓦尔德浮选机及俄罗斯的 A 型浮选机相似。

3.2.3 BF 型浮选机

BF 型浮选机为机械搅拌自吸式浮选机，其结构如图 3-4 和图 3-5 所示。

BF 浮选机主要参数见表 3-2。

操作时，电机通过主轴驱动叶轮旋转时，叶轮腔内矿浆受离心力作用向四周甩出，叶轮腔内产生负压，空气经吸气管吸入叶轮腔内。同时，叶轮下面的矿浆通过叶轮下锥盘中心孔吸入叶轮腔内与空气混合。然后通过盖板叶片间的通道向四周甩出，其中的空气和一部分矿浆在离开盖板通道后，向浮选槽上部流动，另一部分矿浆向浮选槽下部流动，受叶轮的抽吸再次进入叶轮腔，形成矿浆下循环。矿浆下循环有利于粗矿粒的悬浮，可最大限度减小在槽下部的沉积。

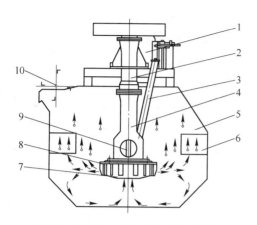

图 3-4　BF0.15~BF8 型浮选机的结构
1—电机；2—轴承体；3—吸气管；4—中心筒；
5—槽体；6—稳流板；7—叶轮；8—盖板；
9—主轴；10—刮板

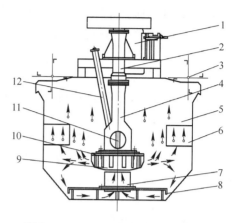

图 3-5　BF10~BF20 型浮选机的结构
1—电机；2—轴承体；3—刮板；4—中心筒；
5—槽体；6—稳流板；7—导流管；8—假底；
9—叶轮；10—盖板；11—主轴；12—吸气管

表 3-2　BF 浮选机主要参数

型号	单槽有效容积/m³	槽体规格（长×宽×高）/mm×mm×mm	传动功率/kW	最小进风压力/kPa	处理矿浆量/m³·min⁻¹
BF-0.15	0.15	0.55×0.55×0.60	2.2（双槽）	0.9~1.05	0.06~0.16
BF-0.25	0.25	0.65×0.60×0.70	1.5	0.9~1.05	0.12~0.28
BF-0.37	0.37	0.74×0.74×0.75	1.5	0.9~1.05	0.2~0.4
BF-0.65	0.65	0.85×0.95×0.90	3.0	0.9~1.10	0.3~0.7
BF-1.2	1.2	1.05×1.15×1.10	5.5	1.0~1.10	0.6~1.2
BF-2.0	2.0	1.40×1.45×1.12	7.5	1.0~1.10	1.0~2.0
BF-2.8	2.8	1.65×1.65×1.15	11	0.9~1.10	1.4~3.0
BF-4	4	1.90×2.00×1.20	15	0.9~1.10	2~4
BF-6	6	2.20×2.35×1.30	18.5	0.9~1.10	3~6
BF-8	8	2.25×2.85×1.40	22/30	0.9~1.10	4~8
BF-10	10	2.25×2.85×1.70	22/30	0.9~1.10	5~10
BF-16	16	2.85×3.80×1.70	37/45	0.9~1.10	8~16
BF-20	20	2.85×3.80×2.00	37/45	0.9~1.10	10~20
BF-24	24	3.15×4.15×2.00	45	0.9~1.10	12~24

　　BF 浮选机保留了 XJK 型浮选机自吸空气和自吸矿浆的优点，但比 XJK 型浮选机的吸气量大、能耗低、叶轮周速低、叶轮与盖板的磨损低。新建中、小型浮选厂常选用此机型浮选机。

3.2.4　JJF 型浮选机

　　JJF 型浮选机与 XJQ 型浮选机结构相似，均为机械搅拌自吸式浮选机，其结构和主要部件如图3-6所示。

此类型浮选机的搅拌装置与XJK型浮选机差别较大，它用转子代替叶轮，用定子代替盖板。采用带有矩形长方齿条的柱（星）形转子，与XJK型浮选机的叶轮相比，柱（星）形转子的直径较小，长度较大。定子为周边有许多椭圆形小孔的圆筒，其内表面有突出的筋条，称为分散器。分散器的作用为阻止矿浆涡流对泡沫层的干扰，以保持泡沫层的平静。假底的作用为供矿浆循环，其四周与槽内矿浆相通，中心与导流管相通。

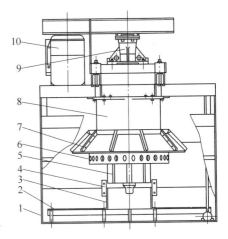

图3-6 JJF型浮选机结构

1—槽体；2—假底；3—导流管；4—调节半环；
5—叶轮（转子）；6—定子；7—分散罩；
8—竖筒；9—轴承体；10—电机

操作时，起动电机，柱形转子在定子中带动矿浆旋转，此时在竖管和导流管中产生负压。空气经进气口和竖管吸入转子和定子间，矿浆则经假底和导流管吸入转子和定子间，两者在转子和定子间形成涡流，使空气和矿浆互相混合。混合后的气浆混合物被转子甩向四周，通过分散器和定子排出，并将矿浆中的空气分割为细小气泡，并将其均匀弥散于矿浆中。当悬浮的矿粒与气泡碰撞接触时，可浮矿粒则选择性附着于气泡上，一部分上升紊流经锥形罩缓慢排出，采用分散器和锥形分散罩可以降低气浆混合物的紊流度，使矿化气泡上浮至液面形成稳定的矿化泡沫层。因此，此类浮选机虽然槽体较浅，但矿化泡沫层却比较平稳。

JJF浮选机的主要参数列于表3-3中。

表3-3 JJF浮选机的主要参数

型号	单槽有效容积 /m³	槽体规格（长×宽×高） /mm×mm×mm	传动功率 /kW	最小进风压力 /kPa	处理矿浆量 /m³·min⁻¹
JJF-1	1	1.10×1.10×1.00	5.5	1.0	0.3~1.0
JJF-2	2	1.40×1.40×1.15	7.5	1.0	0.5~2.0
JJF-3	3	1.50×1.85×1.20	11	1.0	1~3
JJF-4	4	1.60×2.15×1.25	11	1.0	2~4
JJF-8	8	2.20×2.90×1.40	22	1.0	4~8
JJF-10	10	2.20×2.90×1.70	22	10	4~10
JJF-16	16	2.85×3.80×1.70	37	1.0	5~16
JJF-20	20	2.85×3.80×2.00	37	1.0	5~20
JJF-24	24	3.15×4.15×2.00	45	1.0	7~24
JJF-28	28	3.15×4.15×2.30	45	1.0	7~28
JJF-42	42	3.60×4.80×2.65	75/90	1.0	12~42
JJF-130	130	ϕ6.60×4.50	160	1.0	40~65
JJF-200	200	ϕ7.50×5.20	220	1.0	60~100

此类型浮选机曾用于德兴铜矿、大冶铁矿、云锡公司、白银公司、包头钢铁公司、锦屏磷矿、王集磷矿、南墅石墨矿等选矿厂，用于选别铜、硫、铁、磷、石墨等矿物，其选别指标均优于 A 型浮选机的相应浮选指标。

此类型浮选机与美国维姆科（WEMCO）型浮选机相似。1987 年德勒（Degner）等人对维姆科（WEMCO）型浮选机的放大提出了六项参数（见表3-4）。

表 3-4　维姆科（WEMCO）型浮选机放大的六项参数

槽子体积/m³	8.50	28.32	84.95	127.43
单位泡沫表面气体流速/m³·m⁻²·min⁻¹	0.92	1.08	1.18	1.13
气泡和矿浆停留时间/s	0.660	0.899	1.318	1.49
分散器功率强度/kW·m⁻³	4.60	3.74	4.18	3.67
循环强度/次·min⁻¹	2.20	1.62	1.13	0.78
矿浆速度/m³·m⁻²·min⁻¹	76.20	100.28	102.41	101.80
气体流量 Q/m³·min⁻¹	0.155	0.149	0.135	0.135

注：1. 单位泡沫表面气体流速：气体流速决定于进入浮选槽中单位泡沫表面积的气体数量。浮选槽的单位截面气体流速低会降低可浮物的回收率；反之，气体流速太高，会引起矿浆表面翻花。

　　2. 气泡和矿浆停留时间：表示气泡和矿浆在分散器区域的停留时间，决定于进入分散器区域的矿浆和气体的总体积，维姆（WEMCO）型浮选机的分散器区域的体积为分散器腔的总容积。

　　3. 分散器功率强度：为按单位分散器腔容积所计算的功率。

　　4. 循环强度：表示矿浆离开浮选槽之前通过分散器区域的次数，循环强度愈大，矿浆与气体接触次数愈多。

　　5. 矿浆速度：单位浮选槽横截面所通过的矿浆体积。矿浆速度决定于通过竖管横截面的矿浆速度，为了改善大容积浮选槽中矿粒的悬浮特性，矿浆速度随浮选槽容积的增大而增大。

　　6. 气体流量 Q：以 Q/DN^3 表示，式中 Q 为气体流量，N 为转子转速，D 为转子直径。使 Q 与 D、N 保持必要的平衡，充气量不足或过量均会降低浮选回收率，充气不足会降低浮选速度；充气量过量会引起矿浆翻花，使有用矿粒从气泡上脱落。

浮选机处理矿化泡沫的能力可采用泡沫堰负载量（Lip Loading）进行度量。泡沫堰负载量为浮选机按单位体积计算的泡沫堰长度。泡沫堰负载量的放大原则见表3-5。

表 3-5　自吸气式浮选机泡沫堰负载量按比例放大的原则

浮选槽体积/m³	几何的泡沫堰负载量值/cm·m⁻³	设计的泡沫堰负载量值/cm·m⁻³
8.5	53.82	53.82
28.32	24.22	49.87
84.95	11.66	23.23
160.00	—	25.11~34.98

从表3-5 中的前三列数据可知，设计的泡沫堰负载量值比几何放大所需的泡沫堰负载量值大。

南美选矿厂使用的 160m³ 的司马特型浮选机（Smart Cell™）应用了混合竖管、斜底槽、放射状泡沫槽和竖直导流板等，可提高浮选指标。

3.2.5　GF 型浮选机

GF 型浮选机为机械搅拌自吸式浮选机，其结构如图3-7 所示。

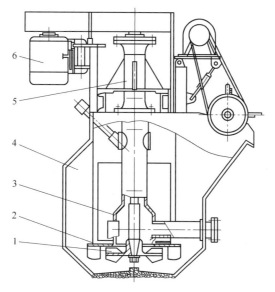

图 3-7 GF 型浮选机的结构

1—叶轮；2—盖板；3—中心筒；4—槽体；5—轴承体；6—电动机

从图 3-7GF 型浮选机的结构可知，该型浮选机的叶轮底盘上下两面均有叶片，能自吸给矿和自吸中矿，可水平配置。自吸空气量可达 $1.2\mathrm{m}^3/(\mathrm{m}^2 \cdot \mathrm{min})$，槽内矿浆循环均匀，矿浆液面不翻花，不旋转。可处理粒度范围为 $-0.074\mathrm{mm}$ 占 $45\% \sim 90\%$、矿浆浓度小于 45% 的矿浆。可提高粗矿粒和细矿粒的回收率，分选效率高。与同规格的其他类型浮选机比较，可节能 $15\% \sim 20\%$，能耗较低。易损件的寿命较长，适用于中、小型浮选厂使用。

3.2.6 SF 型浮选机

SF 型浮选机为机械搅拌自吸式浮选机，它保留了 XJK 型浮选机自吸气和自吸矿浆的优点。

SF 型浮选机的吸气量比 XJK 型浮选机大、能耗低、叶轮周速低、叶轮与盖板的磨损低。新建中、小型浮选厂常选用此机型浮选机。

3.2.7 XJM 型浮选机

XJM 型浮选机为机械搅拌自吸式浮选机，其结构如图 3-8 所示。

XJM 型浮选机由槽体、搅拌机构、传动机构、刮泡机构和液位调节机构组成。槽底设假底，假底上有稳流板、吸浆管及定子导向板。搅拌机构由传动机构、套筒、定子盖板、叶轮、锁紧螺母、导管及进气管组成。导管与定子盖板间有调节环以调节矿浆循环量。叶轮用锁紧螺母固定于主轴上，定子分为盖板和导向板两部分。

操作时，矿浆从浮选机端部给料箱进入假底

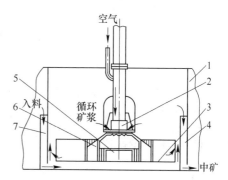

图 3-8 XJM 型浮选机的结构

1—槽体；2—套筒；3—假底；4—中间箱；
5—吸浆管；6—叶轮；7—给料箱

下部，其主流经吸浆管进入叶轮下层腔内，一部分循环矿浆也进入叶轮下层腔内。循环矿浆主流及部分从假底周边泄漏的新鲜矿浆从叶轮上部的搅拌区进入叶轮的上层，所有矿浆在离心力作用下从叶轮周边甩出进入浮选槽内。矿浆甩出时，叶轮内腔产生负压，通过吸气管和套筒吸入空气。空气和矿浆在叶轮腔内混合，并在叶片和液流的剪切作用下分散为微细气泡。微泡与疏水矿粒碰撞和黏附生成矿化泡沫，升至液面被刮出为泡沫产品。假底上面的定子导向板和稳流板起分配和稳定液流的作用。未黏附于气泡的矿粒随液流经中矿箱进入下一浮选槽，重复上述过程，直至最后一槽排出尾矿。矿粒在浮选槽内多次循环与气泡碰撞接触，有利于提高浮选速度，有利于粗粒和难浮煤泥的浮选。

XJM 型浮选机适用于煤泥的浮选。单槽容积有 $3m^3$、$4m^3$、$8m^3$、$12m^3$、$14m^3$、$16m^3$、$20m^3$ 等 7 种规格。

3.3　压气-机械搅拌式浮选机

3.3.1　概述

压气-机械搅拌式浮选机，靠机械搅拌器搅拌槽内矿浆，而矿浆充气则采用低压风机来实现。目前，压气-机械搅拌式浮选机主要有 CHF-X 型、XJC 型、XJCQ 型、LCH-X 型、KYF/XCF 型和 JX 型等。此类浮选机的主要优点是充气量大，充气量调节方便；磨损小，电耗低。其主要缺点是无吸气和吸浆能力，设备配置较复杂，须增加低压风机和中矿返回泵。

3.3.2　CHF-X 型和 XJC 型浮选机

CHF-X 型和 XJC 型浮选机为压气-机械搅拌式浮选机，其结构如图 3-9 所示。

此类浮选机的特点是采用了锥形循环筒装置，使矿浆垂直向上进行大循环，增强了浮选槽下部的搅拌能力，可有效地保证矿粒悬浮而不易沉槽。适用于要求充气量大，矿石性质较复杂的粗粒和密度较大的难选矿物的浮选，常用于大、中型浮选厂的粗选作业和扫选作业。其主要缺点是无自吸气和无自吸浆能力，须增加低压风机和中矿返回泵，不利于复杂流程的配置。

此类浮选机已用于硫化铜矿、石墨矿等浮选厂，均取得优于 A 型浮选机的浮选指标。

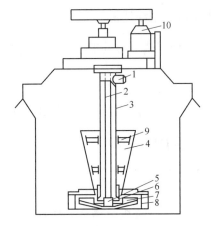

图 3-9　CHF-X 型和 XJC 型浮选机的结构
1—风管；2—主轴；3—套筒；4—循环筒；
5—调整垫；6—导向器；7—叶轮；8—盖板；
9—连接筋板；10—电动机

3.3.3　KYF 型浮选机

KYF 型浮选机为压气-机械搅拌式浮选机，采用 U 形槽体或圆筒形槽体。其结构如图 3-10 所示。

KYF 型浮选机为我国 20 世纪 80 年代研制的浮选机，采用 U 形断面槽体或圆筒形槽

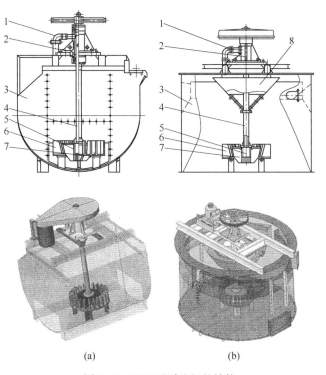

图 3-10　KYF 型浮选机的结构

（a）U 形槽体；（b）圆筒形槽体

1—空气调节阀；2—轴承体；3—槽体；4—主轴；5—空气分配器；6—定子；7—叶轮；8—推泡锥

体、空心轴充气、悬挂定子和叶片后倾叶轮。叶轮断面呈双倒锥台状，为高比转速离心泵轮型叶轮，扬送矿浆量大，压头小，功耗低。叶轮带有 6~8 个后倾叶片。叶轮中部设有空气分配器，空气分配器为均匀分布小孔的圆筒，可预先使空气均匀分散于叶轮叶片大部分区域内，将空气均匀地分散于矿浆中。叶轮直径较小，转速低；叶轮周围装有 4 块辐射板式定子，用支脚固定于槽底上；叶轮-定子系统的结构简单，能耗低。

　　KYF 型浮选机的主要优点是结构简单，槽内除叶轮、定子外，无其他部件，设备质量轻，易维修；磨损件少，寿命长；能耗低，液面平稳，易操作，选别效率高。适用于较粗矿粒的浮选，多用于大、中型有色、黑色及非金属矿物浮选厂的粗、扫选作业。

　　操作时，电机带动叶轮旋转，槽内矿浆从四周经槽底由叶轮下端吸入叶轮叶片间，同时，鼓风机鼓入的低压空气经中空轴进入叶轮腔的空气分配器中，通过空气分配器周边的小孔流入叶轮叶片间。矿浆和空气在叶轮叶片间进行充分混合后，由叶轮上半部周边排出，由安装于叶轮四周斜上方的定子稳流和定向后进入浮选槽中。疏水矿粒与气泡碰撞、接触、附着于气泡形成矿化气泡，上浮至液面稳定区形成矿化泡沫，经溢流堰溢出或刮板刮出流入泡沫槽。

　　我国近年研制的 KYF-160 型浮选机，槽体为圆柱形平底槽，容积为 160m³，矿浆处理量为 2400m³/h。其叶轮-定子系统的结构与 KYF 型浮选机相似，叶轮断面呈双倒锥台状，为高比转速离心泵轮型叶轮，带后倾叶片，定子为低阻尼直悬定子，用支脚固定于槽底上。泡沫槽采用周边溢流式，采用双泡沫槽、双推泡锥槽体结构。转速为 111r/min 时，KYF-

160 型浮选机在不同充气量条件下的空气分散度均大于 2，气泡直径较均匀。经测定，KYF-160 型浮选机的各项工艺性能已达世界大型浮选机的先进水平。

2008 年，我国具有自主知识产权的圆形平底槽的 KYF-200m³ 超大型浮选机研制成功，并成功用于处理量为 90kt/d 的德兴大山选矿厂。2008 年下半年 KYF-320m³ 超大型浮选机研制成功，成功用于处理大山选厂尾矿段的浮选，2012 年有 16 台 KYF-320m³ 超大型浮选机用于乌努格吐山铜钼选矿厂。因此，我国已成为掌握超大型浮选机关键技术的少数几个国家之一，并牢固地确立了我国超大型浮选机在世界矿物加工领域的地位。

KYF 型浮选机的主要参数见表 3-6。

表 3-6　KYF 型浮选机的主要参数

型号	单槽有效容积 /m³	槽体规格（长×宽×高）/mm×mm×mm	传动功率 /kW	最小进风压力 /kPa	处理矿浆量 /m³·min⁻¹
KYF-1	1	1.00×1.00×1.10	3.0	>11	0.2~1.0
KYF-2	2	1.30×1.30×1.25	5.5	>12	0.5~2.0
KYF-3	3	1.60×1.60×1.40	7.5	>14	0.7~3.0
KYF-4	4	1.80×1.80×1.50	11	>15	1.0~4.0
KYF-6	6	2.05×2.05×1.75	11	>17	1.0~6.0
KYF-8	8	2.29×2.20×1.95	15	>19	2.0~8.0
KYF-10	10	2.40×2.40×2.10	22	>20	3.0~10.0
KYF-16	16	2.80×2.80×2.25	30	>23	4.0~16.0
KYF-20	20	3.00×3.00×2.70	37	>25	5.0~20.0
KYF-24	24	3.10×3.10×2.90	37	>27	6.0~24.0
KYF-30	30	3.50×3.50×3.025	45	>31	7.0~30.0
KYF-40	40	3.80×3.80×3.40	55	>32	8.0~38.0
KYF-50	50	4.40×4.40×3.50	75	>33	10.0~40.0
KYF-70	70	φ5.10×4.50	90	>41	13.0~70.0
KYF-100	100	φ5.80×4.56	132	>46	20.0~100.0
KYF-130	130	φ6.50×4.88	160	>50	30.0~130.0
KYF-160	160	φ7.00×5.20	160	>52	32.0~160.0
KYF-200	200	φ7.50×5.60	220	>56	40.0~200.0
KYF-320	320	φ8.60×6.40	280	>64	65.0~300.0

3.3.4　OK 型浮选机

OK 型浮选机由芬兰奥托昆普公司研制，其结构如图 3-11 所示。

该机特点是其叶轮外廓为半椭球形，由侧面呈弧形、平面呈 V 形的若干对叶片组成，V 形尖端向着圆心，叶轮上方为盖板，叶轮周边为呈辐射状排列的定子稳流板。操作时，低压空气经中空轴进入叶轮腔中，浆气混合物从叶轮叶片间的间隙排出。由于叶片呈上大下小的弧形，上部半径大，下部半径小，上部甩出的浆气混合物的离心力较大。这些动压

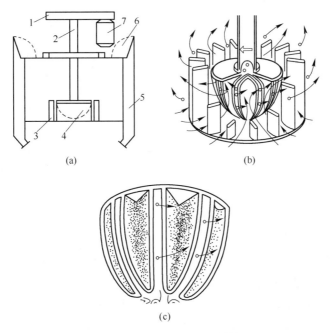

图 3-11　OK 型浮选机的结构

（a）OK 型浮选机的结构；（b）矿浆与气泡运动路线；（c）叶轮外观
1—皮带轮；2—主轴；3—定子；4—叶轮；5—泡沫槽；6—刮板；7—电动机

头较大的浆气混合物遇定子稳流板后，有部分被折回，这样可补偿其静压头较小的缺点，从而使弧形叶片上下的压头差异较小，可维持叶轮上部 2/3 的高度均能排气，使空气能分散为小气泡并弥散于浮选槽内。此种叶轮叶片设计的优点为：（1）由于 V 形叶片下部的静压头较高，矿浆可从 V 形叶片间隙中向上流动；（2）停车后不易被矿砂埋死，可随时满负载起动，不必放浆。

　　8m³ 以下的槽体为矩形，有刮板，其槽体容积为：0.05m³、1.5m³、3m³、5m³；8m³ 以上的槽体为 U 形，其槽体容积为：8m³、16m³、38m³、50m³。

3.3.5　TC 型浮选机

　　TC 型浮选机由芬兰奥托昆普公司研制的圆筒形槽体浮选机，其槽体容积分别为：5m³、10m³、20m³、30m³、50m³、70m³、100m³、130m³。

　　通过改进，制成了 TC-XHD-160 和 TC-XHD-200 型浮选机，适用于特大型浮选厂使用。研制大型浮选机时，须考虑下列问题：

　　（1）粗矿粒、中矿粒和细矿粒的搅拌。各种浮选机中，最适于浮选的矿物粒度为中等粒度，其粒级范围约为 0.015~0.050mm，它们易黏附于气泡上，不易脱落，且随气泡上浮至液面形成矿化泡沫层。粗矿粒与气泡碰撞接触时易黏附于气泡上，但当搅拌强度太大时易从气泡上脱落。因此，粗矿粒浮选要求较低的搅拌强度，浮选所耗能量较低。细矿粒与气泡碰撞接触时易在气泡表面与液体一起流动，要求较高的搅拌强度才能使细矿粒穿透气泡表面的水化层而黏附于气泡上。因此，细矿粒浮选要求较高的搅拌强度，浮选所耗能量较高，要求将能量补加于矿粒与气泡最先接触的区域（即叶轮与定子之间）。

大型浮选机的能量消耗（kW/m^3）的分配与粒度的关系见表 3-7。

表 3-7　大型浮选机的能量消耗（kW/m^3）的分配与粒度的关系

作　业	最佳粒度矿粒的浮选	粗矿粒的浮选	细矿粒的浮选
确保矿粒与气泡接触和搅拌	0.65	0.55	0.75
充　气	0.20	0.20	0.20
合　计	0.85	0.75	0.95

最佳粒度矿粒的浮选是在一般转速条件下，通过多次混合-碰撞-接触实现附着浮选；粗矿粒的浮选是在较低转速条件下，通过自由流动与多次混合-碰撞-接触实现附着浮选；细矿粒的浮选是在较高转速条件下，通过多次混合-碰撞-接触实现附着浮选。

芬兰奥托昆普大型浮选机处理粗粒和细粒的叶轮转速不同，定子和叶轮的相对高度也不同。处理粗粒矿粗粒时，叶轮转速较低，定子和叶轮的相对高度较低。

（2）圆筒形大型浮选机的泡沫槽设计因泡沫量而异。泡沫槽设计的原则是及时将产生的矿化泡沫输送出去，泡沫槽的位置、宽度、高度和个数均可变化。

圆筒形大型浮选机的泡沫槽有三种类型：1）内泡沫槽（In-L）：置于浮选槽中央，矿化泡沫从泡沫槽一侧流入；2）外泡沫槽（HC-L）：置于浮选槽转轴与浮选槽周边之间，矿化泡沫从泡沫槽两侧边流入，处理矿化泡沫的能力高于内泡沫槽；3）双泡沫槽：为内泡沫槽与外泡沫槽组合的双泡沫槽，适用于矿化泡沫量特大的大型浮选厂。

（3）各作业所需的浮选槽数。各作业所需的浮选机槽数与富集比、矿浆短路、浮选时间和浮选槽容积有关，通常条件下，每浮选作业的浮选机槽数为 4~6 槽。

3.3.6　CLF 型粗粒浮选机

CLF 型粗粒浮选机的结构如图 3-12 所示。

CLF 型粗粒浮选机，采用高比转数后倾叶片叶轮，下叶片形状设计成与矿浆通过叶轮叶片间隙的流线方向一致。此类叶轮的搅拌强度较弱，矿浆循环量大，能耗较低。叶轮直径相对较小，其周边速度较小，叶轮与定子间的间隙较大，磨损轻而均匀。叶轮叶片为上宽下窄的近梯形叶片，叶片中央有空气分配器，定子上方支有格子板。

叶轮下方有凹字形矿浆循环通道，槽两侧有矿浆循环通道，在叶轮作用下，槽内矿浆有较大的上升速度，使槽内矿浆循环顺畅，有利于粗矿粒悬浮。该叶轮结构的充气量大，空气分散好，矿浆面平稳，不翻花。

槽体底部的直角均削去以减少粗矿粒沉积，槽体后上方的前倾板可推动矿化泡沫尽快排出。CLF 型粗

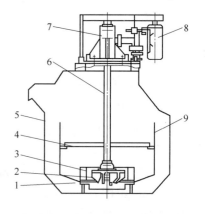

图 3-12　CLF 型粗粒浮选机的结构

1—空气分配器；2—叶轮；3—定子；
4—格子板；5—槽体；6—空心轴；
7—轴承体；8—电机；9—垂直矿浆循环板

粒浮选机可水平配置，设有吸浆槽，不用辅助泵。设有矿浆液面自动控制系统，操作管理方便。该浮选机处理的最大矿粒可达 1mm，不沉槽，能耗低，主要用于一般浮选机难于处理的粗粒矿物。在大厂长坡锡矿选厂的试验表明，给矿粒度小于 0.7mm 的条件下，+0.15mm 粒级目的矿物的回收率比 6A 浮选机高 5%～16%；-0.15mm 粒级目的矿物的回收率与 6A 浮选机相当或稍高些；可节能 12.4%；叶轮和定子的使用寿命比 6A 浮选机长 300%以上。

3.4　压气式浮选机

3.4.1　概述

国内将压气式浮选机称为浮选柱。1919 年汤姆（Tomn M）和佛来（Flynn）利用矿浆和空气呈对流运动的方式研制出首台浮选柱。20 世纪 60 年代，国内外掀起研制浮选柱的高潮，但由于微孔充气器易结钙，不易清洗而影响正常生产，逐渐遭淘汰。人们一直在研究各种充气器的结构和充气方法。随着充气器结钙问题的解决，浮选柱又逐渐受到重视，其应用越来越普遍。

浮选柱的主要优点是柱内无运动部件，结构简单，能耗低，生产率高，精矿品位高，可高度自动化，易维修，占地面积小和基建投资少等。

在众多浮选柱中，加拿大的 CPT 型浮选柱最瞩目。

3.4.2　CPT 型浮选柱

CPT 型浮选柱的主体结构如图 3-13 所示。

CPT 型浮选柱操作时，经调浆槽调整浮选药剂后的矿浆经离浮选柱顶部 1～2m 的给矿管进入柱内。在柱与锥底连接近处沿柱体周边分布有若干支速闭喷射式气泡发生器（喷射器）（Slam Jet）。喷射器为可自动控制的空气喷射装置，达到一定压强的空气进入喷射器后可从喷嘴高速喷射进入柱内矿浆中，此时空气被分散为微细气泡。在柱内上升的微细气泡与下沉的矿粒碰撞接触，疏水矿粒选择性附着于气泡上，并随气泡上浮穿过捕收区，进入精选区（矿化泡沫层，其厚度约 1m）；亲水矿粒不附着于气泡上，随矿浆向下流动，与矿化泡沫层脱落的矿粒一起经尾矿管排出。

整个浮选柱分为捕收区和精选区。喷射器以上至矿化泡沫层以下的区域为捕收区，此区域有两个功能：（1）借喷射器和柱内矿浆将空气分散为微细气泡，（2）上升的微细气泡与下沉的矿粒碰撞接触，疏水矿粒选择性附着于气泡上，并随气泡上浮；亲水矿粒不附着于气泡上，随矿浆向下流动。此区域的功能相当于浮选机中的混合区和分离区。精选区为矿化泡沫

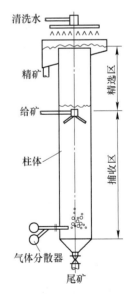

图 3-13　CPT 型浮选柱的主体结构

层，厚度约 1m。矿化泡沫层中进行着二次富集作用，有部分亲水矿粒由于机械夹带等原因而混入矿化泡沫层，此时由于气泡兼并，矿化泡沫层中的矿粒会经过多次脱落和附着过

程, 疏水矿粒仍选择性附着于气泡上, 而亲水矿粒将随泡沫间的水流返回捕收区。随矿化泡沫层厚度的增大, 矿化泡沫上层的精矿品位逐渐升高, 故将矿化泡沫层称为精选区。

喷射器是 CPT 型浮选柱的核心部件。喷射式气体发生器的结构如图 3-14 所示。

喷射式气体发生器的针阀后端与受一定压强支撑的调整器相连, 当进入气体发生器的压缩空气压强大于调整器的支撑压强时, 压缩空气推动调整器向后移动, 同时带动针阀后移。此时, 针阀离开喷嘴, 压缩空气则沿喷嘴与针阀间的空气通道从喷嘴

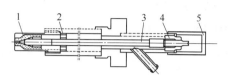

图 3-14　喷射式气体发生器的结构
1—喷嘴; 2—定位器; 3—针阀;
4—调整器; 5—密封盖

中高速喷向柱内矿浆, 高压空气经矿浆剪切为小气泡。当压缩空气压强小于调整器的支撑压强时, 调整器则推动针阀封闭喷嘴, 防止矿浆进入气体发生器内, 防止矿浆堵塞喷射器。喷射式气体发生器采用耐磨材料制成, 使用寿命长。

喷射器有若干不同规格, 可通过更换不同规格的喷嘴和开启喷射器的个数, 以调节浮选柱的供气压力和供气量。为了确保柱内空气的充分弥散, 浮选柱运行过程中, 可以插入或抽出喷射器, 检查、维修方便。

CPT 型浮选柱有三个自动控制回路, 即矿浆面高度控制回路、喷射器空气流量控制回路和冲洗水流量控制回路。浮选柱矿浆面高度 (与矿化泡沫交界面的高度) 通过球形浮子和超声波探测器进行测定, 该界面的高度由 PID 控制器 (将比例、积分、微分三种作用结合在一起的控制器) 调节浮选柱底的管路上的自控管夹阀进行自动控制; 空气流量通过流量计进行测定, 并通过球形阀进行自动控制; 冲洗水流量通过流量计进行测定, 可通过手动或通过流量控制阀进行自动控制。

至 2000 年, 世界上已有 300 多台 CPT 型浮选柱用于各工业领域的浮选作业, 规格尺寸不等。德兴铜矿采用 $\phi 4m \times 10m$ 的 CPT 型浮选柱用于铜硫混合精矿的精选作业, 其浮选指标见表 3-8。

表 3-8　德兴铜矿的铜硫混合精矿精选作业对比浮选指标　　　　　　　（%）

设备名称	铜精矿铜品位	铜精矿中各组分的回收率			
		Cu	Au	Ag	Mo
浮选机	15.35	63.19	54.41	55.69	29.33
浮选柱	19.97	67.80	58.47	54.88	17.07

注: 浮选 pH 值大于 11。

3.4.3　KYZ-B 型浮选柱

KYZ-B 型浮选柱为我国研制的浮选柱, 其结构如图 3-15 所示。

KYZ-B 型浮选柱主要由柱体、给矿系统、气泡发生器系统、矿浆液位控制系统、泡沫喷淋水控制系统等构成。

柱体一般为直径小于高度的圆柱体, 下接锥形柱底, 柱体的容积须满足浮选工艺所要求的浮选时间。矿浆在浮选柱内的平均停留时间可用下式进行估算:

$$T = \frac{H_m}{U_1 + U_s} = \frac{H_m}{(4Q_s / d_c^2 C_s) + U_s}$$

式中 H_m——捕收带的高度，cm；

U_1，U_s——液相流动速度和矿粒沉降速度，cm/s；

Q_s——固体的给料流量，g/s；

d_c——柱体直径，cm；

C_s——固体含量，g/cm³。

浮选柱给矿管的出口与一个托盘式的折流板相连，使与浮选药剂搅拌后的矿浆能沿浮选柱的横截面均匀分布，以减少液面波动和破坏矿化泡沫层的稳定性。

浮选柱的冲洗水喷管分两层，上层冲洗水喷管距矿化泡沫层溢流线 3~5cm，下层冲洗水喷管在矿化泡沫层溢流线以下 8cm 处。冲洗水量采用流量计和闸阀控制。冲洗水喷管的内圈为倒锥形的推泡器，其作用是使上升至其周围的矿化泡沫层呈水平方向流过溢流堰进入泡沫槽。

浮选柱的充气器（气泡发生器）是浮选柱的核心部件，浮选柱的几个主要部件及其结构和工作原理如图 3-16 所示。

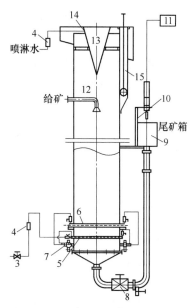

图 3-15　KYZ-B 型浮选柱的结构

1—风机；2—风包（1、2 图中未表示）；

3—减压阀；4—转子流量计；5—总水管；

6—总风管；7—充气器；8—排矿阀；

9—尾矿箱；10—气动调节阀；

11—仪表箱；12—给矿管；

13—推泡器；14—喷水管；15—测量筒

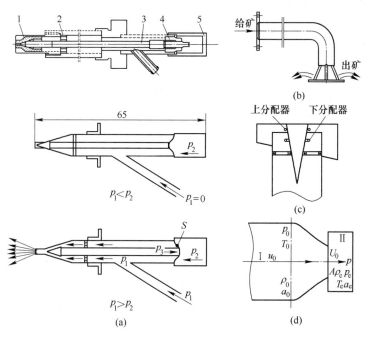

图 3-16　浮选柱的几个主要部件及其结构和工作原理

（a）喷射式气泡发生器；（b）给矿器；（c）冲洗水系统和推泡器；（d）喷嘴出流模型

1—喷嘴；2—定位器；3—针阀；4—调整器；5—密封盖

图 3-16（a）表示浮选柱的充气器（气泡发生器）的结构。充气器的工作原理：当 p_1<p_2 时，喷嘴封闭；当 p_1>p_2 时，喷嘴打开，喷出高压气体，当 p/p_0>0.528 时（见图 3-16（d）），喷嘴中的气体流速为亚声速；当 $p/p_0 \leqslant 0.528$ 时，喷嘴中的气体流速为声速，此时气体的分散度对矿浆扰动小，气泡大小合适且均匀。为满足各种矿石对充气量的不同要求，浮选柱的充气量可进行自动控制。浮选柱代替浮选机的对比结果见表 3-9。

表 3-9　浮选柱代替浮选机的对比结果　　　　　　　　　　（%）

设备名称	钼精矿含钼（品位）	钼精矿中钼回收率
浮选机	10.76	67.77
浮选柱	12.51	79.70

浮选柱工作原理为：空气压缩机提供气源，气体从总风管经各个充气器产生微泡，从柱体底部缓慢上升。矿浆从距柱体顶部 1/3 处给入，经给矿器分配后，缓慢向下流动。矿粒与气泡在柱体内逆流碰撞，附着于气泡上的有用矿物形成矿化气泡，上浮至泡沫区，经二次富集后从泡沫槽流出。未矿化的矿粒随矿浆流经尾矿管排出。柱体内液位的高低或泡沫层厚度由液位控制系统进行调节。

其特点为：（1）利用超声速气流经喷射气泡发生器产生气泡，喷嘴采用耐用陶瓷衬里，使用寿命长，可在线检修和更换；（2）须配备高压气源，无中矿循环泵；（3）底流高位排出，后续作业的泵输送高差小。液位控制阀精度高，使用寿命长；（4）泡沫槽设推泡锥装置，缩短泡沫输送距离，加速泡沫溢出速度。

KYZ-B 型浮选柱的主要参数见表 3-10。

表 3-10　KYZ-B 型浮选柱的主要参数

型号	浮选柱直径 /mm	浮选柱高度 /mm	所需气量（标态） /$m^3 \cdot min^{-1}$	气源压力 /kPa	处理矿浆量 /$m^3 \cdot h^{-1}$
KYZB-0612	600	12000	0.2~0.4	500~600	4~8
KYZB-0812	800	12000	0.4~0.8	500~600	6~14
KYZB-0912	900	12000	0.5~1.0	500~600	8~18
KYZB-1012	1000	12000	0.6~1.2	500~600	10~22
KYZB-1212	1200	12000	0.9~1.7	500~600	14~32
KYZB-1512	1500	12000	1.4~2.7	500~600	22~50
KYZB-1812	1800	12000	2.0~3.8	500~600	32~72
KYZB-2012	2000	12000	2.5~4.7	500~600	40~90
KYZB-2512	2500	12000	3.9~7.4	500~600	60~140
KYZB-3012	3000	12000	5.7~10.6	500~600	90~200
KYZB-4012	4000	12000	10.1~18.8	500~600	160~360
KYZB-4312	4300	12000	11.6~21.8	500~600	180~420
KYZB-4510	4500	10000	12.7~23.8	500~600	170~380

3.4.4　KΦM 型浮选柱

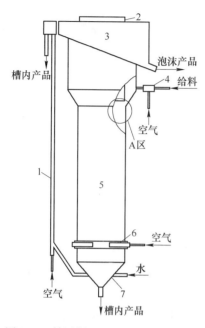

图 3-17　俄罗斯 KΦM 型浮选柱的结构

1—空气提升器；2—中央管；3—环形泡沫槽；
4—一次充气装置；5—浮选柱的柱体；
6—二次充气器组；7—底部尾矿出口

KΦM 型浮选柱为俄罗斯研制，其结构如图 3-17 所示。

操作时，调好浮选药剂的矿浆与压缩空气（压力为 100~150kPa），首先进入第一级喷射充气装置，被微泡饱和后，再流入中央扩大部形成第一浮选区，被捕收剂作用后的可浮性好的矿粒可顺利浮选；难浮矿粒和粗矿粒下沉，进入第二浮选区，再次与充气器产生的气泡接触浮选。第二浮选区的动力学条件比第一浮选区好些，矿粒较易浮选。在第一浮选区与第二浮选区之间的 A 区形成沸腾层效应，有利于提高精矿品位。

矿化泡沫在槽体的扩大部分形成品位高的泡沫层；中央管上部也有泡沫层，但品位较低，当泡沫层越过中央管断面时可产生泡沫兼并形成二次富集现象。

亲水脉石一直下沉，大部分脉石从尾矿管排出，少部分通过外部升液装置带走。

该设备的一级喷射充气装置用耐磨材料制成，使用寿命达 8000h，第二级充气装置采用天然橡胶制成，无堵塞卡孔现象，可承受 600kPa 的压力，可靠耐用，使用寿命达 6000h。其单位生产能力比机械搅拌式浮选机或压气机械搅拌式浮选机高 2~4 倍；浮选矿物粒级宽（0.01~1mm）；厂房面积可减少 80%，能耗可减少 80%，操作工可减少 30%~40%。

3.4.5　FCSMC 旋流-静态微泡浮选柱

3.4.5.1　旋流-静态微泡浮选柱的结构

旋流-静态微泡浮选柱的结构如图 3-18 所示。

FCSMC 旋流-静态微泡浮选柱的主体结构包括浮选柱分选段、旋流分离段和气泡发生器与矿化管段三部分。浮选柱分选段位于柱体上部，旋流分离段采用柱-锥相连的水介质旋流器结构，并与柱分选段呈上、下直通连接。从旋流分离角度而言，柱分选段相当于放大的旋流器溢流管。柱分选段顶端设置喷淋水管和泡沫精矿收集槽。给矿点位于柱分选段中上部，最终尾矿由旋流分离段底口排出。气泡发生器与矿化管段直接连成一体，单独设置于浮选柱的

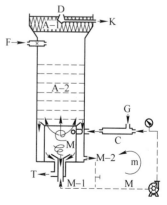

图 3-18　FCSMC 旋流-静态微泡浮选柱的结构

柱体外，其出流沿切线方向与旋流分离段柱体相连，相当于旋流器的切线给料管。气泡发生器上设导气管。

其工作原理为：采用双旋流结构为主体的分选单元。一个旋流分离单元由一个大直径的旋流分离器与环绕其周围的若干个小直径的分选旋流器组成。分选旋流器的溢流以入料的形式进入旋流分离器，底流排出为最终尾矿。旋流分离器位于柱分离单元的中心，并把柱分离中矿与分选旋流器的溢流进一步离心分离为两部分，即溢流供柱分离进一步精选，底流以循环矿浆形式供管浮选装置进一步分选。

FCSMC 旋流-静态微泡浮选柱的特点为：

（1）采用自吸射流成泡方式形成微泡，过饱和溶解气体析出，提高了细矿粒矿化效率。

（2）三相旋流分选与柱浮选相结合，产生按密度分离与表面浮选的叠加效应，保证了微细旋流分选作用的发挥。

（3）利用矿物密度与可浮性相结合，将浮选与重选结合，形成多重矿化方式为核心的强化分选回收方法。

（4）高效多重矿化方式是提高总矿化效率的关键，管流矿化进一步提高了难浮物料的分选效率。

（5）静态化与混合充填构建了柱体内的"静态"分离环境，实现微细物料的高效分离。

（6）形成了有利于提高精矿质量的合理分选梯度、泡沫层厚度及二次富集作用的强化。

3.4.5.2　FCSMC 旋流-静态微泡浮选床

为了适应大型选煤厂的要求，以浮选柱基本原理研制出大型浮选床（FCSMC-3000mm×6000mm、FCSMC-6000mm×6000mm）。随设备大型化、旋流分选段直径加大，其旋流分离作用较难保证，单旋流结构的旋流分选段无法适应大型柱分选设备强化分选的要求。

为了满足大型柱分选设备强化分选的要求，采用了双旋流结构为主体的旋流分离单元。其结构如图 3-19 所示。

一个旋流分离单元由一个大直径的旋流分离器与环绕其周边的若干个小直径的分选旋流器组成。分选旋流器的溢流以入料的形式进入旋流分离器，底流排出为最终尾矿。旋流分离器位于分离单元的中心，并把柱分离中矿与分选旋流器溢流进一步离心分离为两部分。溢流供柱分离进一步精选，底流以循环矿浆形式供管浮选装置进一步分选。

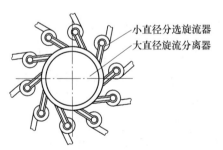

图 3-19　旋流分离单元的结构

旋流分离单元提供了旋流-静态微泡浮选柱的旋流力场放大的"极端"形式。"极端"形式包含旋流力场离心强度的"无限"增大和柱分选设备规格的"无限"放大。

FCSMC-3000×6000 旋流-静态微泡浮选床如图 3-20 所示。

从结构和工作原理可知，旋流-静态微泡浮选柱（床）的优点为：

（1）分选选择性高。产生大量微泡使分选选择性高、精矿质量高，适用于微细物料的分选。入料相同时，旋流-静态微泡浮选柱（床）的精煤灰分比机械搅拌式浮选机的精煤灰分低 1%~2%。

（2）适应性强。可分选多种矿物原料。

（3）电能低、磨损小。柱分选装置只需 1 台循环泵，与相同处理量的浮选机比较，节能 33% 以上。无叶轮搅拌装置，既节能，磨损也小。

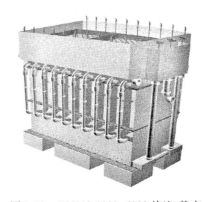

图 3-20　FCSMC-3000×6000 旋流-静态微泡浮选床

（4）适于大型化。现已实现年处理量 120 万吨选煤厂单台成套。根据浮选床的设计原理，根据选厂处理量可设计"无限大"的旋流-静态微泡浮选柱分选设备。

FCSMC 旋流-静态微泡浮选柱（床）的主要参数见表 3-11。

表 3-11　FCSMC 旋流-静态微泡浮选柱（床）的主要参数

类型与规格		性能特点		单机配套厂型
系列	设备规格/mm	矿浆量/m³·h⁻¹	泵功率/kW	（选煤厂）年产能/kt
浮选柱	FCSMC-1500	50~60	15	<80
	FCSMC-2000	100~120	30	150
	FCSMC-3000	200~250	55	300
浮选床	FCSMC-3000×6000	400~500	110	600
	FCSMC-6000×6000	800~1000	110×2	1200
	不定规格浮选床			

3.4.6　煤泥的浮选柱

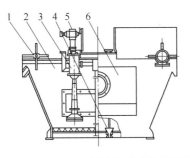

图 3-21　XPM-8 喷射旋流浮选柱的结构
1—刮泡器；2—浮选箱；3—充气搅拌装置；
4—放矿装置；5—液面自动控制装置；
6—给料箱

XPM-8 喷射旋流浮选柱的结构如图 3-21 所示。

XPM 喷射旋流浮选柱无机械搅拌结构，利用喷射旋流作用实现矿浆搅拌、充气和矿化，其原理与 Jameson 浮选柱和 KHD 浮选机相似。煤浆和浮选药剂在矿浆搅拌槽中充分搅拌后，依次进入浮选柱各室，在充气搅拌装置作用下，反复充气搅拌使煤粒与气泡充分碰撞接触，煤粒附着于气泡上，实现矿化过程。矿化气泡上升至浮选柱液面形成矿化沫层，刮出为精矿。尾矿则从浮选柱最后一室的尾矿管排出，完成整个浮选过程。喷射旋流浮选柱的充气搅拌装置综合利用喷射和离心力场原理，使循环煤浆在瞬间连续完成喷射、吸气和旋流三个过程，实现充气、搅拌和气泡矿化。

循环煤浆经泵加压后，进入带螺旋导流叶片的锥形喷嘴，以 15~30m/s 的高速射流喷出，由于喷射流压力的急剧下降，溶解于煤浆中的空气以微泡形式析出。在喷射器的混合室中，由于喷射作用产生负压，形成空吸现象，空气经吸气管进入混合室，同时在高速射流冲击和切割下，气泡和浮选药剂受到粉碎和乳化。煤浆和空气在喷射器混合室中经充分混合后，以切线方向射入旋流器，在离心力场作用下，气体煤浆混合体从旋流器底口呈伞状旋转甩出，进入浮选槽。

XPM 喷射旋流浮选柱用于选煤，型号有 3 种。XPM 喷射旋流浮选柱的主要参数见表 3-12。

表 3-12　XPM 喷射旋流浮选柱的主要参数

型　号	XPM-4	XPM-8	XPM-12
给料方式	直流式	直流式	直流式
煤浆处理量/m³·h⁻¹	250~300	350~550	550~650
充气量/m³·m⁻²·min⁻¹	0.50~0.65	0.90~1.00	1.40~1.65
单槽容积/m³	4	8	12
槽深/mm	1050~1150	1220~1380	1440~1520
喷嘴出口直径/mm	26	37	48

在 XPM-8 型喷射旋流浮选柱的基础上，对充气搅拌装置及其参数进行优化，改进为 FJC 型喷射式浮选柱（见图 3-22），给料方式具有直流和吸入式，还采用了高效煤浆循环泵使其装机容量和吨煤能耗均低于其他类型浮选机。

FJC 型喷射式浮选机操作时，煤浆给料经第 1 槽的给料箱，一部分以直流方式进入第 1槽，另一部分经假底下部的循环管进入煤浆循环泵。在循环泵内将煤浆加压至 0.22MPa 后送入充气搅拌装置，并以约 17m/s 的速度从喷嘴呈螺旋扩大状喷出，在混合室产生负压，空气经进气管吸入混合室，实现煤浆充气。被负压吸入的空气借高速旋转喷射流剪切分散后，与煤浆一起经喉管、伞形分散器均匀弥散于浮选槽中。矿化泡沫经刮板刮出为精矿，槽内产物经尾矿箱排出为尾矿。

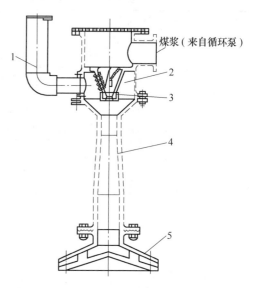

图 3-22　FJC 型喷射式浮选柱的充气搅拌装置
1—进气管；2—喷射室；3—喷嘴；
4—喉管；5—伞形分散器

FJC 型喷射式浮选柱的特点为：

（1）每个浮选柱中装有 4 个呈辐射状布置的充气搅拌装置，使充气煤浆可均匀分散于浮选柱中。

（2）循环泵内将煤浆加压至 0.22MPa 时，空气即溶解于煤浆中。加压后的煤浆从喷嘴喷出时，混合室的负压可达 0.06MPa，溶解于煤浆中空气呈过饱和状态而以直径为 20~40μm 的微泡析出。此种微泡的比表面积大，活性高，可大幅度提高煤粒与气泡的黏着力和附着速度，特别有利于粗粒煤的浮选。

（3）FJC 型喷射式浮选柱的充气搅拌装置也是一个水喷射乳化装置，可将非极性捕收剂乳化为直径为 $5 \sim 20\mu m$ 的微滴，有利于充分发挥非极性捕收剂的作用。

（4）煤气浆经喉管从伞形分散器喷出后上升，运动路线交叉，可增加气泡与煤粒的碰撞概率，有利于气泡矿化。

（5）煤气浆经伞形分散器斜射至槽底后再折向上，呈 W 形路线运动，可减少紊流，有利于浮选机的液面稳定和泡沫层中的二次富集。

（6）除刮泡装置外，浮选柱无运动部件。煤气浆循环过流部件均采用高铬合金耐磨材料，故障少，易维修。

FJC 型喷射式浮选机已有 $4m^3$、$8m^3$、$12m^3$、$16m^3$ 和 $20m^3$ 系列。

4　浮选工艺参数

4.1　概述

影响浮选技术经济指标的工艺参数较多，其中主要的浮选工艺参数为：（1）浮选工艺路线；（2）浮选流程；（3）磨矿细度；（4）矿浆浓度；（5）药剂制度；（6）充气和搅拌；（7）浮选时间；（8）浮选速度；（9）水质；（10）矿浆温度；（11）浮选机等。

生产实践表明，须根据矿物原料的矿物组成、化学组成及矿物的选矿工艺学特征，决定浮选工艺路线，再通过浮选试验决定该矿物原料浮选的有关工艺参数。生产过程中，当原矿性质发生较大变化时，应及时通过浮选试验，对有关浮选工艺参数进行修正。

4.2　浮选工艺路线

4.2.1　概述

金属硫化矿中，均含有硫化铁矿物，只是其含量不同而已。目前，金属硫化矿物浮选分离过程中，抑制硫化铁矿物分离的最有效抑制剂为石灰。石灰抑制硫化铁矿物靠的是矿浆中的有效氧化钙含量。测量矿浆中的有效氧化钙含量可采用多种方法，如用试纸测量矿浆液相的 pH 值、用酸度计测量矿浆液相的 pH 值、用酸碱滴定法测定矿浆液相的有效氧化钙含量、测量矿浆液相的电位值等，即可用多种判据表示矿浆液相中的有效氧化钙含量。但不能称其为 pH 值浮选，不能将有效氧化钙含量的判据当成抑制硫化铁矿物的本质，因为同样可用其他试剂调整矿浆，使矿浆液相达到同样的 pH 值或矿浆电位，但这些试剂对硫化铁矿物的抑制作用很弱或完全无抑制作用。

石灰为强碱，矿浆液相中的有效氧化钙含量表示矿浆液相的碱度。为简单明了起见，根据矿浆液相的有效氧化钙碱度可抑制矿物原料中明金的碱度值（矿浆液相 pH 值约为9.5），可将金属硫化矿物浮选介质分为高碱介质和低碱介质。浮选时，矿浆液相的 pH 值大于 9.5，矿物原料中的单体自然金被抑制，进入尾矿中；矿浆液相的 pH 值小于 9.5 时，矿物原料中的单体自然金可浮选，进入浮选泡沫产品中。因此，多金属硫化矿物浮选分离过程中，存在两种浮选工艺路线，即低碱介质浮选工艺路线和高碱介质浮选工艺路线。

4.2.2　低碱介质浮选工艺路线

金属硫化矿物低碱介质浮选工艺，是硫化矿原矿经破碎、高细度磨矿后，在矿浆的自然 pH 值或接近矿浆自然 pH 值（pH 值为 6~9.5）的条件下进行硫化矿物浮选的新工艺。它是充分利用金属硫化矿物的天然可浮性差异和浮选条件下矿物可浮性的差异，浮选药剂的选择性（高效活化剂、高效抑制剂、高效捕收剂等），进行硫化矿物分离的浮选新工艺。

其工艺特点为：

（1）金属硫化矿物各浮选粗选作业的矿浆 pH 值均为矿浆的自然 pH 值或接近矿浆的自然 pH 值（pH 值为 6~7.5）。

（2）从粗选作业至精选作业，随精选次数的增多，其矿浆 pH 值愈来愈低。

（3）从粗选作业至扫选作业，随扫选次数的增多，其矿浆 pH 值愈来愈低。

（4）扫选尾矿矿浆 pH 值一般为 6.5~7.0，可用丁基黄药等高级黄药作捕收剂实现原浆浮选硫化铁矿物，产出优质硫精矿。

（5）实验室小型试验时，中矿水可全部循序返回上一浮选作业。

（6）实验室小型试验时，可采用一次粗选、一次扫选和二次精选的简化流程进行条件优化试验和闭路试验。由于中矿水可全部循序返回上一浮选作业，和试验流程比生产流程更简化，因此，将小型试验结果用于工业生产时，生产指标常比实验室小型试验的指标高。

（7）金属硫化矿物低碱介质浮选时，各粗选作业金属硫化矿物的浮选速度快，一般粗选作业的金属回收率占其金属总回收率的 96% 以上，故工业生产时的扫选作业次数仅需 2 次即可。

（8）金属硫化矿物低碱介质浮选时，矿化泡沫相当清爽，粗选精矿品位较高，故工业生产时的精选作业次数仅需 2 次即可。

（9）低碱工艺的药剂种类少，加药点少，主要为一点加药，空白精选，空白扫选，利于管理和稳定指标。

（10）可利用高碱工艺流程和设备，稍加改造，改变工艺路线和药剂制度，即可实现低碱介质浮选工艺，现生产流程的技改费用低，经济效益较好。

（11）与高碱工艺比较，低碱工艺有利于金属硫化矿中金、银、钼、铂族元素和稀散元素等伴生有用组分的回收，可提高金属硫化矿物的可浮性，可提高矿产资源的综合利用系数。

（12）回水可全部返回使用，外排水的 pH 值为 6.5~7.0，符合外排水的环保要求。

金属硫化矿物低碱介质浮选新工艺的研发和生产实践，不仅大幅度提高了金属硫化矿物的浮选速度、选矿技术经济指标，降低了能耗和吨矿药剂耗量，提高了环境效益，而且还丰富了金属硫化矿物低碱介质浮选的理论，研发了 10 项新工艺和 11 项新技术。为配合金属硫化矿物低碱介质浮选新工艺的实现，还研发了相应的浮选流程和配制了相应的组合捕收剂、活化剂和抑制剂，极大地发展和充实了现有的浮选理论和浮选工艺。

4.2.3　高碱介质浮选工艺路线

金属硫化矿物高碱介质浮选工艺的特点为：

（1）硫化矿原矿经破碎磨矿后，金属硫化矿物分离均在矿浆 pH 值大于 11 的条件下进行，采用的是重抑重拉的方法。此工艺经约 90 年的工业生产实践，积累了丰富的经验，其生产指标较稳定，但相应的技术经济指标比低碱工艺的指标低。

（2）从粗选作业至精选作业，随精选次数的增多，其矿浆 pH 值愈来愈高（精选作业添加石灰），矿化泡沫愈来愈黏，各作业的富集比低，中矿循环量较大。因此，高碱介质浮选工艺的精选作业次数较多，随精选作业次数增加，泡沫愈来愈黏，精矿主金属含量较低，精矿夹带的矿泥较多。

（3）从粗选作业至扫选作业，随扫选次数的增多，其矿浆 pH 值比粗选作业矿浆 pH 值高，扫选尾矿矿浆 pH 值一般大于 13。因此，尾矿水无法直接外排。

（4）高碱工艺矿浆 pH 值高，只有采用硫酸、酸性水或碳酸盐作活化剂活化硫化铁矿物，将矿浆 pH 值降至小于 6.5 后，才能采用丁基黄药浮选硫化铁矿物。

（5）强调多点加药，饥饿浮选，粗选作业金属硫化矿物的浮选速度较低，一般粗选作业的金属回收率占其金属总回收率的 70% ~ 75%。

（6）粗精矿品位较低，精选和扫选的作业次数较多，浮选流程冗长、复杂。

（7）高碱介质浮选时，常用重抑重拉的方法进行有用矿物的浮选分离，矿物精矿中互含较高，吨矿药剂成本较高。

（8）高碱介质浮选时，实验室试验的中矿水无法全部返回前一浮选作业，小型试验结果用于生产时，生产指标常比小型试验的指标低。

（9）金属硫化矿物高碱介质浮选时，金属硫化矿原矿中金属硫化矿物和伴生的金、银、钼、铋、铂族元素、稀散元素等有用组分的回收率较低，矿产资源的综合利用率较低。

（10）高碱介质浮选时，尾矿循环水 pH 值一般大于 13，须经处理后才能外排或返回浮选作业循环使用。

自 1925 年黄药类捕收剂和石灰等药剂用于泡沫浮选至今已有约 90 年的历史，金属硫化矿物高碱介质浮选的指标不断提高，而且稳定可靠，但在金属硫化矿原矿中主金属品位相当的条件下，金属硫化矿物高碱介质的主金属浮选回收率指标比相应的低碱介质浮选的回收率指标低 5% ~ 18%，伴生有用组分的回收率低 20% ~ 50%。因此，金属硫化矿物高碱介质浮选的指标是用高成本、高能耗、过分消耗矿产资源和高环保代价换来的。

4.3　浮选流程

4.3.1　概述

浮选流程表示浮选的生产过程，浮选流程图为表示浮选生产过程的图形，是矿物加工专业的技术语言。一般采用线流程图表示，也可用设备联系图表示（见图 4-1）。磨矿流程表示磨矿的生产过程，磨矿流程图为表示磨矿的生产过程的图形。磨浮流程表示磨矿和浮选的生产过程，磨浮流程图为表示磨矿-浮选生产过程的图形，一般采用线流程图表示，也可用设备联系图表示。

浮选流程对浮选过程的技术经济指标起决定性的作用。一般在选矿厂设计前，必须根据矿物原料的矿物组成、化学组成及矿物的选矿工艺学特征、浮选精矿的质量要求及浮选技术经济指标，选定浮选工艺技术路线，选定浮选流程。浮选流程应满足能适应矿石性质的变化、便于操作管理、技术经济指标稳定和可综合回收伴生有用组分等要求。

浮选流程包括浮选的原则流程和浮选流程的内部结构两部分内容。

4.3.2　浮选的原则流程

浮选的原则流程主要解决浮选流程的段数和有用矿物的浮选顺序问题。

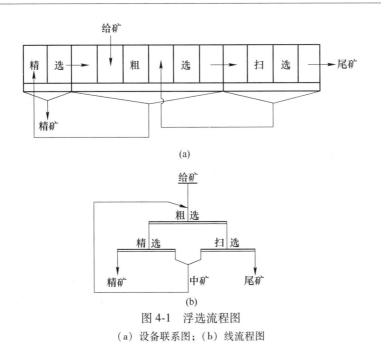

图 4-1 浮选流程图

(a) 设备联系图；(b) 线流程图

4.3.2.1 浮选流程的段数

根据矿石中有用矿物的浸染嵌布特性及矿石在磨矿过程中的泥化情况，高碱介质浮选时，浮选流程可分为一段、二段或多段。生产中常用的浮选流程为一段浮选流程和二段浮选流程，二段以上的多段浮选流程实为一段、二段浮选流程的类推。磨矿段数的划分是根据磨矿过程中磨矿粒度改变的次数进行划分。浮选作业的段数常由待浮选作业矿物的磨矿粒度改变的次数来决定。

低碱介质浮选时，常采用两段或三段磨矿流程将原矿中的有用矿物粒度磨至 -0.074mm 占 75%~95%。然后进入浮选循环，每一浮选循环常采用一粗二精二扫流程。

A 一段浮选流程

一段浮选流程是采用一至三段磨矿将矿石直接磨至所需粒度，然后进行一段浮选产出浮选精矿和尾矿，浮选产品无需再磨的浮选流程。

一段浮选流程主要用于：（1）粗粒均匀浸染的矿石，将其直接磨至 -0.074mm 约占 70%，浮选粒度上限（金属硫化矿物约为 -0.15mm）时，有用矿物可基本单体解离，此时采用一段浮选流程可获得合格的浮选精矿和废弃尾矿；（2）细粒均匀浸染或粗细不均匀嵌布的矿石，有用矿物浸染嵌布粒度细而不均匀，将矿石采用一段磨矿或二段磨矿将其磨至 -0.074mm 占 75%~95%，有用矿物可基本单体解离，然后进入浮选作业，可获得合格的浮选精矿和废弃尾矿（见图 4-2）。

B 二段浮选流程

二段浮选流程在生产实践中较为多见，可为第一段粗精矿再磨、中矿再磨或尾矿再磨的二段浮选流程。

二段浮选流程主要用于：（1）有用矿物浸染嵌布粒度呈粗粒、中粒和细粒存在于矿石

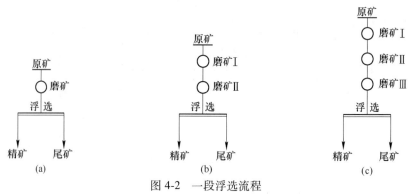

图 4-2 一段浮选流程

（a）一段磨矿一段浮选的一段磨浮流程；（b）二段磨矿一段浮选的一段磨浮流程；

（c）三段磨矿一段浮选的一段磨浮流程

中，处理此类型矿石时，可采用多段磨浮流程；（2）有用矿物呈集合体浸染嵌布的矿石，此类集合体具有较好的可浮性，在粗磨条件下，有用矿物虽未单体解离，但有用矿物集合体已基本单体解离，此时可采用粗精矿再磨的二段磨浮流程；（3）有用矿物呈复杂浸染嵌布的矿石，有用矿物呈不均匀浸染嵌布和集合体浸染嵌布的特征，此时可采用粗精矿再磨的三段磨浮流程（见图4-3）。

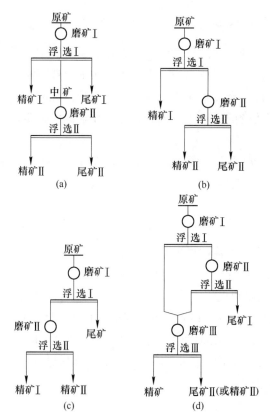

图 4-3 多段磨浮流程

（a）中矿再磨的二段磨浮流程；（b）尾矿再磨的二段磨浮流程；

（c）粗精矿再磨的二段磨浮流程；（d）三段磨浮流程

4.3.2.2 有用矿物的浮选顺序

目前，多金属硫化矿物的浮选顺序主要有三种：

（1）有用矿物优先浮选流程。有用矿物优先浮选流程是依据矿石中有用矿物的可浮性差异，依次浮选有用矿物的浮选流程。若矿石中有三种有用矿物，磨细后的矿浆经药剂调浆后可依次浮选出第一种矿物精矿，然后依次浮选出被抑制的第二种矿物精矿和第三种矿物精矿（见图4-4（a））。

（2）有用矿物全混合浮选流程。有用矿物全混合浮选流程是将有用矿物全部浮选产出混合精矿，丢弃尾矿。然后将混合精矿依次分离为单一矿物精矿的浮选流程（见图4-4（b））。

（3）部分混合浮选流程。部分混合浮选流程是将可浮性相近的有用矿物全部浮选产出混合精矿，然后将混合精矿依次分离为单一矿物精矿。再从部分混合浮选后的矿浆中依次浮选其他有用矿物的浮选流程（见图4-4（c））。

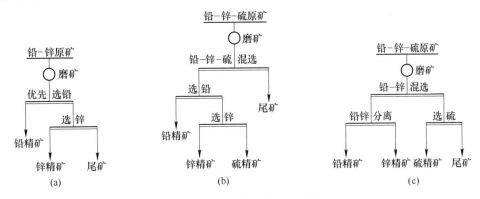

图4-4 多金属硫化矿物的浮选顺序

（a）有用矿物优先浮选流程；（b）有用矿物全混合浮选流程；（c）部分混合浮选流程

（4）若混合浮选产出最终混合浮选精矿和最终浮选尾矿，常采用一段混合浮选流程。

4.3.3 浮选流程的内部结构

浮选流程的内部结构除包含浮选原则流程的内容外，还包含各浮选段磨矿、分级的次数，每个循环（回路）的粗选、精选、扫选的次数，中矿的处理方法等。

4.3.3.1 选别循环（回路）

选别循环（回路）为一些性质相近、关系密切的选别作业的总称，中间产物常在选别循环中循环，其中包括：（1）浮选某种矿物（组分）的各作业的总称。如浮选方铅矿时，铅的粗选、精选、扫选作业，统称为铅浮选循环。浮选闪锌矿时，锌的粗选、精选、扫选作业，统称为锌浮选循环。（2）采用多种选矿方法的联合流程中，可按选矿方法划分选别循环。如浮选循环，重选循环等。（3）选别某粒级物料或某种物料的作业总称。如进行泥、砂分别处理时，可将其称为矿泥选别循环和矿砂选别循环。浮选流程包含混合浮选和分离浮选作业时，可将其称为混合浮选循环和分离浮选循环。

4.3.3.2　浮选的粗选、精选、扫选作业次数

A　浮选的粗选作业次数

浮选的粗选作业一般为一次，有时也采用二次粗选。常将粗一和粗二的泡沫产品合并，一起送去精选，有时也可分别进行精选。

B　浮选的精选作业次数

浮选的精选作业次数取决于有用矿物的原矿品位，有用矿物和脉石矿物的可浮性及对精矿质量要求等因素。一般条件下，低碱介质浮选的精选作业次数为 2~3 次。高碱介质浮选时，若原矿品位低，有用矿物的可浮性好和对精矿质量要求高时，应增加精选作业次数。如处理易浮的低品位辉钼矿或要求得到高品位的萤石精矿时，其精选作业次数可多达 4~8 次。精选作业次数与浮选工艺路线密切相关，低碱介质浮选的精选作业次数常比高碱浮选的精选作业次数少。

当脉石的可浮性与有用矿物的可浮性相近时，为了提高精矿质量，也应相应增加浮选的精选作业次数。

C　浮选的扫选作业次数

浮选的扫选作业次数取决于有用矿物的原矿品位，有用矿物和脉石矿物的可浮性及对有用组分回收率的要求等因素。一般条件下，低碱介质浮选的扫选作业次数为 2~3 次。高碱介质浮选时，由于浮选速度较慢，其扫选作业次数常为 3~5 次。

4.3.3.3　中矿的处理方法

各次精选作业的尾矿和每次扫选作业的泡沫产品统称为中矿或中间产物，中矿的处理方法大致有 6 种。

（1）中矿循序返回浮选的前一作业。生产中常采用此处理方法，适用于中矿中有用矿物的单体解离度高的中矿处理。

（2）精一尾与扫一泡合并再磨后返回粗选搅拌槽。生产中常采用此处理方法，适用于精一尾与扫一泡中有用矿物的单体解离度低的中矿处理。

（3）精一尾与扫一泡合并直接返回各段的磨矿作业。生产中常采用此处理方法，适用于精一尾与扫一泡中有用矿物的单体解离度低且中矿量较少的情况。为减少中矿返回量，可经旋流器分级，溢流返至各段粗选搅拌槽，沉砂返至各段的磨矿作业。

（4）精一尾与扫一泡合并经浓缩脱水脱药后直接返回各段的磨矿作业。若中矿中含有过量的水和浮选药剂，可经浓缩脱水脱药后，浓缩底流直接返回各段的磨矿作业。

（5）中矿单独再磨再浮选。当中矿组成复杂，单体解离度低，难浮矿粒多，含泥量多，其可浮性和原矿差别较大时，为防止中矿返回恶化整个浮选过程，可将中矿单独进行再磨再浮选。

（6）中矿单独采用化学选矿法处理。若中矿单独再磨再浮选的效果不理想，可将中矿单独进行化学选矿，以化学精矿（有用组分化合物）的形态回收中矿中的有用组分。

4.4 磨矿细度

4.4.1 磨矿产物中各粒级有用组分的浮选回收率

试验和生产实践表明，不同粒度的待浮矿粒在矿浆中的浮选行为各不相同。工业生产条件下，某硫化铅锌矿选厂，浮选硫化铅锌矿物时，各粒级中铅、锌的回收率见表4-1。

表4-1 某硫化铅锌矿选厂浮选硫化铅锌矿物时，各粒级铅、锌的回收率

粒级/mm	产率/%	粒级回收率/%	
		铅	锌
+0.3	0.5	34~49	23~63
-0.3+0.2	3.0		
-0.2+0.15	7.0		
-0.15+0.10	13.0	63~74	84~88
-0.1+0.075	17.5	84~93	82~95
-0.075+0.052	14.0	92~94	97
-0.052+0.037	10.0	91~95	97
-0.037+0.028	7.0	94~97	97~98
-0.028+0.013	9.0	92~96	96~97
-0.013+0.005	6.0	90~95	93~97
-0.005	13.0	71~86	79~83

从表4-1中数据可知，过粗粒（+0.075mm）和极细粒（-0.005mm）的粒级回收率较低，-0.074mm+0.005mm的粒级回收率较高。因此，最适于浮选的粒级为-0.074mm+0.005mm。由于过粗粒（+0.074mm）和极细粒（-0.005mm）的浮选行为与一般矿粒的浮选行为不同，它们在浮选过程中要求某些特殊的工艺条件，而这些特殊的工艺条件在通常的浮选过程中不可能全部得到满足。因此，在通常的浮选过程中，过粗粒（+0.074mm）和极细粒（-0.005mm）的粒级回收率较低（50%~80%），而-0.074mm+0.005mm的粒级回收率较高（92%~97%）。

从表4-1中数据可知，-0.005mm的粒级回收率比+0.1mm的粒级回收率高。因此，工业生产中，为了使有用矿物单体解离和磨至适于浮选的粒度，以保证有用矿物的高浮选回收率，有用矿物宁可过磨，不可欠磨。

由于有用矿物和脉石矿物的可磨度不同，采用磨矿产品中-0.074mm（-200目）粒级的含量表示磨矿细度非常不科学。若采用有用矿物浮选最佳粒级含量表示磨矿细度会更科学和更准确，尤其是脉石易泥化时，采用-0.074mm（-200目）粒级的含量表示磨矿细度更不科学。此时大量的有用矿物粒度大于0.074mm（+200目），为过粗粒，单体解离度较低。因此，目前多数选厂的有用矿物欠磨，是造成有用矿物浮选回收率较低的主要原因。

4.4.2　过粗粒和极细粒的浮选工艺条件

4.4.2.1　过粗粒的浮选工艺条件

过粗粒（+0.074mm）的粒级回收率较低，而过粗粒回收率与有用矿物单体解离度、矿粒质量、气泡大小、矿浆浓度、泡沫强度、浮选药剂制度等因素有关。

过粗粒中的有用矿物单体解离度低，通常是造成过粗粒级中有用矿物粒级回收率较低的主要原因。应从破碎磨矿作业寻找原因，是设计造成设备负荷系数过大，或是磨矿工艺不合理，致使过粗粒中的有用矿物欠磨。

若过粗粒中的有用矿物单体解离度高，有用矿物已基本单体解离，此时粗粒级中有用矿物粒级回收率较低的主要原因可能是浮选工艺条件无法满足粗粒有用矿物浮选的要求。有用矿物虽已单体解离，但矿粒太粗、太重，正常浮选工艺条件下无法将其带至矿化泡沫中。

浮选粗粒有用矿物一般采用下列技术措施：（1）添加足量的高效捕收剂；（2）增加充气量，以生成较大的气泡；（3）适当提高矿浆浓度，以增加矿化气泡的上浮力；（4）矿浆的搅拌强度不宜太强，以免在矿化泡沫区产生涡流及搅动；（5）适当降低浮选机的高度及在升浮区造成上升的矿浆流，以缩短矿化气泡升浮距离；（6）矿化泡沫迅速而平稳地刮出；（7）必要时可采用粗粒浮选机浮选已单体解离的粗粒有用矿物。

提高粗粒级有用矿物浮选回收率的最根本措施，是提高有用矿物的磨矿细度，将其磨至最适于浮选的粒度。

4.4.2.2　极细粒的浮选工艺条件

A　极细粒（-0.005mm）的特性

通常将小于0.005mm的极细矿粒称为矿泥。

矿泥具有下列特性：

（1）矿泥粒度极细，其质量很小，与气泡碰撞接触的概率小；与气泡碰撞接触时，其动能很难克服矿粒-气泡间的水化膜阻力，矿泥较难黏附于气泡表面；矿泥易黏附于易浮矿粒表面，可降低易浮矿粒的可浮性；高碱介质浮选时使泡沫发黏，矿泥易被夹带进入矿化泡沫层中，可降低精矿品位。

（2）矿泥的比表面积很大，可吸附大量的浮选药剂，增加药耗；吸附了大量浮选药剂的矿泥可占据大量的气泡表面，可降低易浮矿粒的浮选回收率。

（3）矿泥表面键力不饱和，表面活性大，易与各种浮选药剂作用，降低易浮矿粒的浮选选择性；矿泥具有很强的表面水化能力，使矿浆黏度上升；当表面水化能力很强的矿泥黏附于气泡表面时，气泡表面的水化膜不易流失，泡沫过于稳定，使精选、浓缩、过滤等作业较难进行。

上述有关矿泥特性的论述，主要来源于高碱介质浮选时的科研成果。90多年来，矿泥的有害影响一直是选矿领域科研的主要课题之一。为防止和降低矿泥的有害影响，取得了许多极其宝贵的科研成果，为解决生产中的实际问题作出了重要贡献（请参阅有关专著）。

　　有关低碱介质浮选时的矿泥特性的论述，至今未见有关报道。实验和生产实践表明，低碱介质浮选时，由于采用高效组合捕收剂，矿泥对浮选指标的有害影响远低于高碱介质浮选，-0.005mm+0.001mm 粒级的有用矿物浮选回收率仍可达 85%左右。

　　B　浮选矿浆中矿泥组成

　　浮选矿浆中的矿泥主要由原生矿泥和次生矿泥组成。原生矿泥是指矿床中的各种矿物由于自然风化而生成的矿泥，如高岭土、黏土等；次生矿泥是指矿石在采矿、运输、破碎、磨矿和选矿过程中生成的矿泥。一般而言，在金属硫化矿物浮选时，浮选矿浆中的矿泥主要包含各种脉石矿泥、金属氧化矿物矿泥和金属硫化矿物矿泥。

　　为了更清楚说明低碱介质浮选时矿泥的影响程度，下面引用一组试验数据。

　　某矿为一坑采国营大型铅锌矿，矿区采空区多，出矿点多且变化大，故矿石性质变化频繁，氧化率高，浮选指标较低，铅锌回收率分别为73%和80%左右。为了提高浮选指标，进行了低碱介质浮选小型试验。矿样含铅0.98%，其中氧化铅含量为0.25%，铅氧化率为25%；含锌5.77%，其中氧化锌含量为0.53%，锌氧化率为9.19%。在磨矿细度为-0.074mm 占75%条件下，采用现场生产流程的简化流程，铅循环为一次粗选—粗精再磨—二次精选—二次扫选，锌循环为一次粗选—二次精选—二次扫选的优先流程，不加石灰，各作业的矿浆 pH 值全为矿浆自然 pH 值（约6.5）。仅使用 SB_1、SB_2 和硫酸铜三种药剂。新工艺闭路的铅回收率，与高碱工艺相当，但低碱工艺的铅精矿含铅较高（铅含量为54%）、含锌低，精、扫选次数较少；新工艺闭路的锌回收率，比高碱工艺高3.5%以上，锌精矿品位高于52%，锌精矿中氧化硅含量小于3.5%。锌尾筛析结果见表4-2。

表4-2　低碱工艺锌尾筛析结果

粒级 /mm （目）	产率 /%	含量/%				分布率/%			
		铅		锌		铅		锌	
		TPb	PbO	TZn	ZnO	TPb	PbO	TZn	ZnO
+0.095 （+160）	14.51	0.17	0.12	0.84	0.52	15.36	5.23	12.65	10.63
-0.095+0.074 （-160+200）	10.55	0.14	0.18	0.76	0.54	9.20	5.71	8.32	8.03
-0.074+0.063 （-200+260）	11.30	0.11	0.19	0.80	0.60	7.71	6.46	9.38	9.55
-0.063+0.052 （-260+320）	8.04	0.04	0.19	0.80	0.60	1.99	4.60	6.68	6.79
-0.052+0.037 （-320+400）	4.62	0.08	0.21	0.88	0.61	2.30	2.92	4.23	3.97
-400	50.98	0.20	0.49	1.11	0.85	63.3	75.08	58.74	61.03
合　计	100.00	0.161	0.333	0.963	0.710	100.00	100.00	100.00	100.00

　　从表4-2中数据可知，锌尾中的铅几乎全为氧化铅，锌尾中的锌有75%为氧化锌，25%为硫化锌。硫化锌主要损失于+0.095mm（+160目）粗粒级中。若锌粗精矿再磨至-0.074mm 占90%后再进行精选，预计锌回收率仍可提高1%~2%。

　　从本次小型试验结果可知：（1）在自然 pH 值条件下进行低碱介质浮选，矿泥的有害影响不明显；（2）金属硫化矿物的易浮粒级的粒级回收率接近 100%；（3）矿化泡沫非常清爽，夹带的脉石矿泥少，浮选精矿品位高。因此，低碱介质浮选时，脉石矿泥的浮选行为与高碱介质矿泥的浮选行为差别较大。

4.4.3　磨矿分级方法

4.4.3.1　磨矿细度的测量

及时检测磨矿细度，为磨矿分级操作提供依据，是选矿厂的日常管理工作之一。目前选矿厂一般采用快速测量法，采用浓度壶和筛子（筛孔尺寸为 0.074mm（200 目））进行磨矿细度的测量。其计算公式为：

$$\gamma_{筛上} = \frac{q_2 - a - b}{q_1 - a - b} \times 100\%$$

式中　$\gamma_{筛上}$——筛上产物的产率，%；

　　　q_1——装满矿浆的浓度壶质量，g；

　　　q_2——湿筛后将筛上产物置于浓度壶中再加满水后的浓度壶质量，g；

　　　a——干浓度壶净重，g；

　　　b——浓度壶容积，mL。

求出筛上产物产率后，再计算筛下产物产率，其计算公式为：$\gamma_{筛下} = 100 - \gamma_{筛上}$。现在选矿厂一般 1~2h 测定一次分级溢流的细度。若磨矿细度不符合要求，则应及时调整磨矿分级循环的操作条件，如调整给矿量、磨矿浓度、分级浓度、磨矿球比等。

4.4.3.2　推荐几种磨矿分级方法

A　坚持多碎少磨原则

磨矿是选厂能量消耗最高的作业。目前，只有少数选厂的球磨给矿粒度小于 10mm，多数中、小选厂的球磨给矿粒度大于 10mm，有的选厂的球磨给矿粒度甚至大于 40mm。这是选厂能量消耗过高的主要原因之一。

一些中、小型选厂至今仍采用简单粗放的两段开路破碎流程，破碎最终粒度常大于 40mm。现在我国的矿山设备制造厂已能生产各种配套的破碎设备，完全有条件改为二段一闭路或三段一闭路的破碎流程，将破碎最终粒度降至小于 10mm。

B　坚持多段磨矿原则

磨矿的目的为：（1）使有用矿物充分单体解离；（2）矿物单体解离粒度小于该矿物可浮粒度上限（一般小于 0.15mm）；（3）尽量避免脉石矿物及有用矿物过磨。

磨矿分级流程取决于：（1）有用矿物及脉石矿物的浸染嵌布粒度和共生特性；（2）有用矿物及脉石矿物的硬度和密度，即有用矿物及脉石矿物的可磨度；（3）有用矿物及脉石矿物的氧化风化和蚀变程度；（4）有用矿物的含量及价值；（5）用户对精矿的粒度要求。

由于磨矿分级的主要任务是使有用矿物充分单体解离和磨至适于浮选的最佳粒度组成。因此，原矿中有用矿物及脉石矿物的浸染嵌布粒度、共生特性和蚀变特性是选择磨矿分级流程的主要因素。

C 合理装球

作者认为，磨矿过程中新生最佳浮选粒级的产率（磨矿效率）与磨机大小、类型、转速、磨矿介质形状、磨矿介质的比表面积、磨矿介质密度成正比，与磨矿介质的堆积孔隙率成反比。因此，除强调多碎少磨外，应根据给料的给料量、粒度组成、矿物组成和有用矿物的嵌布特性等因素，选择合理球比，进行科学装球。真正实现球磨矿而非球磨球，要求进入浮选粗选作业的待浮有用矿物的最大粒度小于0.15mm，使待浮矿物在浮选过程的可浮性达最佳值。

根据原矿中有用矿物及脉石矿物的浸染嵌布粒度、共生特性和蚀变特性，可将矿石分为下列四类：（1）简单浸染矿石。矿石中有用矿物的浸染嵌布粒度较均匀一致，硬度和密度较近似。（2）粗粒浸染矿石。矿石中有用矿物的浸染嵌布粒度较粗，磨矿细度较粗时可使有用矿物单体解离，但其粗粒的粒度常大于最佳浮选粒度上限。（3）细粒浸染矿石。矿石中有用矿物的浸染嵌布粒度较细，常要求较高的磨矿细度才能使有用矿物单体解离。（4）复杂浸染矿石。矿石中有用矿物的浸染嵌布粒度不均匀，应采用多段磨矿-多段分级流程较合理。

在多金属硫化矿中，金属硫化矿物常呈集合体浸染嵌布在一起，称为集合浸染。多金属硫化矿中，有用矿物及脉石矿物的浸染嵌布粒度和共生特性如图4-5所示。

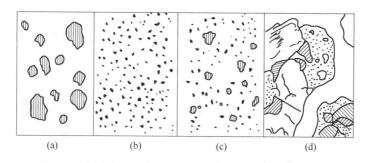

图4-5 有用矿物及脉石矿物的浸染嵌布粒度和共生特性
（a）粗粒均匀浸染；（b）细粒均匀浸染；（c）粗细不均匀浸染；（d）集合体浸染

从图4-5可知，无论矿石中有用矿物的浸染嵌布粒度粗与细，多数为粗细不均匀浸染，只有少数矿石经一段磨矿就可使矿石中有用矿物单体解离，且其粒度符合浮选的要求。

据生产数据，磨矿细度与磨矿矿浆中最大矿粒大小对照见表4-3。

表4-3 磨矿细度与磨矿矿浆中最大矿粒大小对照

最大矿粒/mm	0.4	0.3	0.2	0.15	0.1	0.074
-0.074mm/%	40	48	60	72	85	95

从表4-3中的数据可知，欲使金属硫化矿物基本单体解离，而且要求最大的金属硫化矿物矿粒小于0.074mm，就应将矿石最终磨至-0.074mm占95%。

若采用一段磨矿分级流程直接将矿石磨至-0.074mm占95%，势必使有用矿物和脉石矿物过磨。此时宜采用二段磨矿分级流程，第一段磨矿分级流程将矿石磨至-0.074mm占

60%~70%，此时大量脉石矿物已磨至小于 0.074mm，大部分有用矿物未单体解离。第一段磨矿分级溢流进入第二段磨矿的预检分级旋流器分级，分级溢流送浮选，细度达 −0.074mm 占 85%~95%；预检分级旋流器沉砂进入第二段磨矿，磨矿排矿与第一段磨矿分级溢流合并送旋流器分级，形成闭路。因此，浮选前，矿石进行二段磨矿分级既可使有用矿物单体解离，又可防止有用矿物和脉石矿物过磨。

若浮选粗精矿中含有大量的连生体，此时可采用粗精矿再磨或采用精一尾和扫一泡合并进行中矿再磨的方法，以提高浮选回收率和精矿品位。这两种再磨方案相比较，中矿再磨方案可相应降低中矿循环量，相应降低中矿再磨的给矿量，对提高浮选回收率和精矿品位更显著；若浮选多金属硫化矿物时，为了降低有用金属互含，宜采用中矿再磨的方法。

现浮选生产厂中，第一段磨矿分级流程中，一般采用格子型球磨机与旋流器闭路（新选厂多采用溢流型球磨机与旋流器闭路）；第二段磨矿分级采用溢流型球磨机与旋流器闭路。粗精矿再磨或中矿再磨采用溢流型球磨机与旋流器闭路。原矿采用格子型球磨机磨矿，依靠大钢球的撞击力和小钢球的磨剥力将较粗的矿粒磨细；而再磨的溢流型球磨机主要依靠小钢球的磨剥作用将较细的矿粒磨细。现代生产实践中，对粗磨机的球比和细磨机的球比均研究较少，补加球普遍只补加一种直径的球，显然不合理。若采用研发的高细度磨矿新技术进行原矿高细度磨矿、混合精矿高细度再磨或中矿高细度再磨，采用合理球比，科学装球，采用现代工艺磨矿设备和流程，可保证处理量、钢耗和能耗相同条件下，达到原矿高细度磨矿、混合精矿高细度再磨或中矿高细度再磨的目标。

作者认为多碎少磨、合理装球、优化球比是提高磨矿效率和提高有用矿物磨矿细度的最有效方法。

4.5　矿浆浓度

矿浆浓度通常是指矿浆中固体矿粒的质量分数。通常采用液固比或固体质量分数（%）表示。矿浆的液固比表示矿浆中的液体与固体的质量（或体积）之比，有时又将其称为稀释度；矿浆中的固体质量分数（%）表示矿浆中固体矿粒质量所占的百分数（%）。为了便于计算，通常采用质量分数表示。

矿浆浓度是浮选过程中的重要工艺参数之一。浮选过程中，浮选矿浆浓度直接影响吨矿药剂耗量、浮选作业时间、矿浆充气量、浮选回收率、精矿品位等各项指标。

浮选时，最适宜的矿浆浓度与矿石性质、作业条件和要求有关。其一般规律为：

（1）浮选密度较大的有用矿物时，采用较高的矿浆浓度；浮选密度较小的有用矿物时，采用较低的矿浆浓度。

（2）浮选粒度较粗的有用矿物时，采用较高的矿浆浓度；浮选粒度较细或矿泥含量较高的有用矿物时，采用较低的矿浆浓度。

（3）粗选和扫选作业，采用较高的矿浆浓度，以降低药耗和减少浮选机槽数；精选作业可采用较低的矿浆浓度，以提高浮选精矿质量。

浮选金属硫化矿物时，常采用的矿浆浓度见表 4-4。

表 4-4 浮选金属硫化矿物时，常采用的矿浆浓度（固体含量） （%）

矿 石 类 型		粗选		精选	
		范围	平均	范围	平均
含铜黄铁矿	铜、铁硫化矿物的浮选	30~50	35	10~50	30
铅锌矿	方铅矿的浮选	30~50	40	5~50	—
	闪锌矿的浮选	20~40	35	10~45	—
浸染矿石	硫化铜矿物的浮选	18~33	25	10~23	15
	黄铁矿和金矿石的浮选	15~45	30	20~40	26
	方铅矿的浮选	24~33	28	5~15	8

4.6 浮选药剂制度

浮选过程中添加的浮选药剂种类、数量、加药地点、加药方式等，统称为浮选药剂制度，简称为浮选药方。浮选药方是浮选的重要工艺参数，对浮选指标有重大影响。

4.6.1 浮选药剂种类

4.6.1.1 介质调整剂

矿石磨细后，浮选前常添加介质调整剂调整矿浆 pH 值等介质条件，为添加其他浮选药剂准备必要的条件。常用的介质调整剂为石灰、碳酸钠等。石灰常以石灰乳的形式添加至球磨机或搅拌槽中，碳酸钠常以配成 5%~10% 的水溶液形式加入搅拌槽中。采用监测矿浆 pH 值的方法控制其添加量。

低碱介质浮选时，常在矿浆自然 pH 值条件下浮选，此时不添加任何介质调整剂。若要求初始矿浆 pH 值为 7.0~9.0，一般也仅添加 1~3kg/t 石灰作调整剂。

4.6.1.2 抑制剂

浮选多金属硫化矿时，浮选某种有用矿物前，常须先加入抑制剂以抑制其他有用矿物。根据待抑制的矿物种类和性质，所添加的抑制剂可为一种药剂，也可能是组合抑制剂。

低碱介质浮选时，常利用有用矿物的天然可浮性差异，采用高效组合捕收剂选择性捕收某些有用矿物。因此，低碱介质浮选时，较少使用抑制剂。即使有时使用抑制剂，其用量也较低。采用轻抑轻拉的方法和采用一点加药方式添加浮选药剂。

4.6.1.3 活化剂

浮选过程中，欲将已抑制的有用矿物再浮选，须添加活化剂将其活化，再采用相应的捕收剂使其重新浮选。常用的活化剂为硫酸铜、硝酸铅、硫酸、碳酸钠等。

低碱介质浮选金属硫化矿物时，常采用硫酸铜活化被抑制的闪锌矿和铁闪锌矿，但其用量常比高碱介质浮选时的用量低。低碱介质浮选时，一般采用原浆浮选硫化铁矿物，产出优质硫精矿。低碱介质浮选硫化铁矿物时，无须添加任何活化剂。

高碱介质浮选时，须采用硫酸、酸性水或碳酸盐将被石灰抑制的硫化铁矿物活化后，才能采用丁基黄药将其浮选、产出硫精矿。

活化剂的使用应慎重，尽量不添加活化剂，尤其不宜在精选和扫选作业中添加硫酸铜等活化剂。否则，将大幅度增加捕收剂和活化剂的耗量。

4.6.1.4　捕收剂

捕收剂是最重要的浮选药剂，其类型和品种较多。浮选试验时，应根据矿石中有用矿物组成、有用矿物的选矿工艺学特征和所选择的浮选工艺路线，仔细地筛选捕收剂的类型和品种，选择较佳的捕收剂的类型和品种，然后进行用量试验，选择其最佳用量。

捕收剂可为单一的一种浮选药剂，也可为组合捕收剂。组合捕收剂可为同类型捕收剂，有时也可采用不同类型的捕收剂组合。但是，这种异类组合的捕收剂的选择性较差。

低碱介质浮选金属硫化矿物时，所使用的 SB、LP 选矿混合剂系列捕收剂均为同类两种或两种以上的组合捕收剂，具有特效性和很高的选择性，其用量较低，具有捕收和起泡性能。

4.6.2　浮选药剂的添加地点和加药顺序

4.6.2.1　浮选药剂的添加地点

浮选药剂的添加地点取决于浮选药剂的作用，一般规律为：

（1）最先添加介质调整剂，如石灰常以固体粉灰或石灰乳形态加于球磨机中，使其与矿浆有充分的作用时间，为其他浮选药剂发挥作用准备好介质条件。

（2）某些难溶又常以原液添加的浮选药剂常加于球磨机中。如常将 25 号黑药和白药加于球磨机中。

（3）根据浮选药剂作用时间及其是否会发生交互反应，决定药剂添加地点和顺序。如浮选被抑制的闪锌矿，浮选作业前一般均配置两个串联的搅拌槽，先将活化剂硫酸铜加于第一搅拌槽，将捕收剂和起泡剂加于第二搅拌槽。活化剂硫酸铜宜一点加药，不宜多点加药。否则与捕收剂相互作用而增加药剂消耗。

（4）一点加药与多点加药。有些易溶于水，不易被泡沫带走且不易失效的浮选药剂可以集中于一点添加。某些易被泡沫带走，易与矿泥及可溶盐作用而易失效的药剂可采用多点添加的方式。

低碱介质浮选金属硫化矿物时，常分别在不同粗选搅拌槽中加入抑制剂（活化剂）、捕收剂和起泡剂，实现一点加药、空白精选和空白扫选。粗选一点加药可提高浮选速度，粗选回收率常大于其总回收率的 95% ~ 98%。

（5）定点加药与看泡加药。浮选生产过程中，浮选药剂加药点和加药量不宜随意变动，以稳定生产过程和浮选指标。但有时出于某些原因出现"跑槽"、"沉槽"、精矿质量下降或金属在尾矿中大量流失等现象时，须对存在的问题分析判断准确，采取相应操作措施消除这些不正常现象。一般不允许在浮选作业线上（浮选槽及泡沫槽）随意添加活性炭、捕收剂、起泡剂、硫酸铜等浮选药剂。浮选不正常现象消除后应停止看泡加药。

4.6.2.2 浮选药剂的添加顺序

浮选药剂的添加顺序一般为：（1）浮选原矿的加药顺序：介质调整剂—抑制剂—捕收剂—起泡剂；（2）浮选被抑制的矿物的加药顺序：活化剂—捕收剂—起泡剂；（3）低碱介质浮选时，采用自然 pH 值条件下浮选有用矿物，其加药顺序：活化剂—捕收剂—起泡剂；（4）低碱介质原浆浮选时，无需添加活化剂（或抑制剂），只加黄药或组合捕收剂即可产出优质精矿。

4.7 矿浆的充气和搅拌

浮选机中矿浆的充气程度决定于进入矿浆中的空气量及其弥散程度。充气和搅拌程度取决于浮选机的类型和性能。

4.7.1 进入矿浆中的空气量

进入矿浆中的空气量决定于浮选机类型。目前浮选生产厂所使用的三种浮选机，机械搅拌式浮选机的充气量最小，机械搅拌—压气式浮选机次之，压气式浮选柱的充气量最高。

机械搅拌式浮选机的充气量主要决定于叶轮大小及其转速，叶轮愈大其转速愈快，浮选机的充气量愈大。但其能耗和设备磨损愈大。

机械搅拌-压气式浮选机的机械搅拌，主要为搅拌矿浆，使矿粒处于悬浮状态。此类型浮选机的矿浆充气主要靠压入矿浆中的低压空气完成。因此，机械搅拌-压气式浮选机的矿浆充气量比机械搅拌式浮选机的充气量高得多。

压气式浮选柱靠喷射式充气器或气液混合旋流充气器向柱内矿浆充气，其充气量较高。

4.7.2 空气在矿浆中的弥散程度

浮选时，进入浮选机内矿浆中的空气须分散为直径小的气泡，气泡的直径愈小，空气在矿浆中的弥散程度愈高。矿浆中气泡的平均直径随矿浆中起泡剂浓度的增大而减小。

为了提高浮选速度和强化浮选过程，首先必须保证浮选机的充气量和空气在矿浆中的弥散程度。强化充气和空气弥散程度，可以提高浮选速度，缩短浮选时间，可提高浮选处理量和提高浮选指标。提高浮选机的充气量和空气弥散程度，还可适当降低起泡剂用量。

4.7.3 矿浆搅拌

搅拌矿浆可使矿粒悬浮，使矿粒均匀分散于矿浆中。搅拌矿浆可使空气均匀弥散于矿浆中，可促使空气在槽内高压区溶解，而在低压区加强析出，以造成大量的活性微泡。但矿浆的充气和搅拌不宜过度，否则会增加能耗、促进气泡兼并、增加机械磨损、降低槽容积和降低精矿质量等不利影响。

4.8 浮选时间

当其他浮选工艺条件相同时，某有用矿物的浮选回收率随浮选时间的增加而提高，浮选精矿品位则随浮选时间的增加而下降（见图 4-6）。

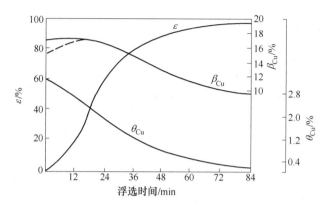

图 4-6　某铜浮选厂的浮选指标与浮选时间的关系

从图 4-6 中的回收率曲线可知，浮选初期的浮选速度最高，随着浮选过程的进行，浮选速度愈来愈低，浮选精矿品位也愈来愈低。因此，浮选时间应适当，才能获得较高的浮选回收率和较高的浮选精矿品位。

浮选时间与浮选原矿性质、磨矿细度、有用矿物含量、矿浆浓度、浮选工艺路线、浮选药剂制度、加药方法等因素有关。最适宜的浮选时间常通过试验的方法确定。

浮选的粗选时间最关键，金属硫化矿物浮选时，粗选时间常为 4~10min，精选次数常为 2~3 次，每次精选时间常为 1~4min。扫选次数为 2~3 次，每次扫选时间常为 6~10min。

4.9　浮选速度

浮选速度为单位时间的浮选回收率。提高浮选速度可以简化浮选流程，提高浮选指标。

金属硫化矿物低碱介质浮选时，粗选作业的金属回收率常占其总回收率的 95%~98%，故试验和生产时可采用一粗二精二扫的简化流程。与高碱介质浮选工艺比较，低碱介质浮选可以简化浮选生产流程。

金属硫化矿物低碱介质浮选时，粗选作业的金属回收率可高达其总回收率的 95%~98%。这与低碱介质浮选时金属硫化矿物的可浮性较好、一点加药、高细度磨矿、采用高效组合捕收剂等因素密切相关。低碱介质浮选时，矿浆的 pH 值常为矿浆自然 pH 值或接近于其自然 pH 值，金属硫化矿物的天然可浮性未受到损坏；加之采用特效而选择性高的组合捕收剂，使其在不受任何抑制的条件下进行原浆浮选；矿化泡沫相当清爽，夹带矿泥少，矿化气泡上浮速度快；一点加药可保证矿浆液相中有较高的药剂浓度，泡沫层厚度高，矿化泡沫刮出（或溢出）速度高。因此，低碱介质浮选时，粗选作业的金属回收率高可达其总回收率的 95%~98%。

4.10　矿浆温度

试验和生产实践表明，提高矿浆温度可以提高浮选速度和提高浮选指标。但由于矿浆量较大，加温矿浆需消耗大量热量，在经济上不合理。因此，浮选作业通常均在室温条件下进行。只在天寒地冻地区，水结冰无法流动时，浮选厂才采取保温措施以保证浮选生产的正常进行。

温度低时，有些药剂的溶解度小，较难溶，此时可采用局部加温的方法进行配药。

4.11 水的质量

水的质量对浮选指标的影响非常大，进行金属硫化矿物浮选时，应较详尽地研究水的质量对浮选指标的影响。

浮选过程是否使用回水是浮选厂遇到的老问题。浮选厂使用回水，有利于选厂水的循环使用，具有非常明显的经济效益和环境效益。但由于回水中含有较多的浮选药剂和其他"难免"离子，回水直接返回浮选系统，常给浮选指标造成较大的影响，有时甚至使浮选过程无法正常进行。

金属硫化矿物低碱介质浮选时，采用闭路循环流程，大部分金属硫化矿物可在矿浆自然 pH 值条件下进行浮选分离，其自身回水可全部返回、循环使用。

4.12 浮选机

金属硫化矿物有效浮选分离的必备条件为：（1）与矿石性质相匹配的正确的浮选工艺路线；（2）适应于矿石性质的磨矿细度；（3）适应于矿石性质的浮选药剂制度；（4）有完善的配药和给药系统；（5）浮选机性能优良；（6）正确的浮选操作方法。

浮选机除应满足工作可靠、耐磨、节能、结构简单、价廉等条件外，还应满足下列条件：（1）充气量大；（2）有较强的搅拌作用；（3）具有矿浆循环流动作用；（4）矿浆液面可调整；（5）可连续工作，可连续接受给矿，且能顺利排出精矿和排出尾矿；（6）易检修和易更换易损件。因此，浮选机以优良的性能连续工作，是稳定浮选操作和取得优异浮选指标的前提条件之一。

第 2 篇
金属硫化矿物浮选
JINSHU LIUHUA KUANGWU FUXUAN

5　硫化铜矿物浮选

5.1　概述

5.1.1　铜矿石工业类型

铜在地壳中的含量为 0.01%，为亲硫元素，故铜矿物常以硫化铜矿物的形态出现。各种铜矿物依其成因和化学成分可分为原生硫化铜矿物（如黄铜矿）、次生硫化铜矿物（如辉铜矿）及氧化铜矿物（如孔雀石等）。

世界铜资源较丰富且储量较多的国家为美国、智利、俄罗斯、加拿大和赞比亚等，我国的铜资源也比较丰富。

就世界而言，最重要的铜矿床工业类型为：斑岩铜矿、含铜砂岩铜矿、含铜黄铁矿铜矿和硫化铜镍矿四种。其中，斑岩铜矿床占世界铜储量的 50% 以上，美国和智利的 90% 以上的铜产自于斑岩铜矿。我国日处理量达 13 万吨原矿的德兴铜矿选厂处理的矿石也是斑岩铜矿。

我国的铜矿床工业类型主要为斑岩铜矿、含铜黄铁矿、层状铜矿、矽卡岩铜矿、含铜砂岩铜矿、硫化铜镍矿及脉状铜矿七类。矽卡岩铜矿床虽然工业规模不大，但铜含量较高，在我国东北、华北、长江中下游及西北地区均有产出，在我国铜工业中占有一定的地位。

铜矿石的工业类型有不同的分类方法：（1）依铜矿石中氧化铜矿物的相对含量可分为：氧化铜矿石（铜氧化率大于 30%）、混合铜矿石（铜氧化率为 10%~30%）和硫化铜矿石（铜氧化率小于 10%）；（2）依矿石构造可分为块状（致密状）铜矿石和浸染状铜矿石；（3）依矿石中的有用组分类别，可分为单一铜矿石和复合铜矿石（如铜硫矿石、铜铁矿石、铜镍矿石、铜锌矿石等）。

依据铜矿石的选矿工艺特点，本章主要研究单一硫化铜矿石、铜硫矿石、铜铁硫矿石和铜锌硫矿石的浮选分离问题（见表 5-1）。

表 5-1　硫化铜矿石的主要类型

矿石类型	有用组分	矿石特点	可浮性	矿床类型
单一硫化铜矿石	铜	黄铁矿含量少，铜矿物较单一，嵌布粒度有粗有细，较简单，氧化率不等	好，易浮	斑岩铜矿床，含铜砂岩铜矿床，脉状铜矿床，层状铜矿床
铜硫矿石	铜、硫	黄铁矿含量较多（15%~90%），铜矿物较复杂，嵌布粒度细，含铅、锌等杂质	好，易浮	含铜黄铁矿矿床，矽卡岩铜矿床
铜铁硫矿石	铜、铁、硫	氧化铁含量较高（15%~70%），黄铁矿含量较少，有时可回收硫。铜矿物较复杂，嵌布粒度细，有的泥含量较高	好，易浮	矽卡岩铜矿床
铜锌硫矿石	铜、锌、硫	黄铁矿含量高，锌为铁闪锌矿，铜主要为黄铜矿，铜锌矿物紧密共生，嵌布粒度细	好、易浮，但分离困难	矽卡岩铜矿床

硫化铜矿石中，常含一定量的金、银，有时还含有钼、钴、铼、铟、铋、硒、碲等有用组分。这些伴生有用组分的含量虽不高，但有较高的经济价值，应在选矿过程中进行综合回收。如江西德兴铜矿现在日处理原矿 13 万吨，年处理原矿超过 4160 万吨，原矿品位为铜 0.4%、硫 2.0%、钼 0.01%、金 0.2g/t、银 1.0g/t。若铜的浮选回收率为 84%，其他伴生组分的浮选回收率为 60%，则可年产精矿金属铜约 14 万吨，含硫 40% 的硫精矿 124 万吨，含钼 45% 的钼精矿 5547t，铜精矿中含金约 5t，铜精矿中含银约 25t。因此，德兴铜矿不仅是个大铜矿，而且是个大钼矿、大金矿、大银矿和大硫矿。辉钼矿中还含有较高的铼、铼等稀散元素可供综合回收。

硫化铜矿石中常见的脉石矿物主要为石英，其次为方解石、重晶石、白云石、绢云母、长石、绿泥石等。铜铁硫矿石中的脉石矿物则以石榴子石、透辉石、阳起石等矽卡岩脉石为主。含镁矿物和绿泥石化、绢云母化产生的原生矿泥对浮选指标的影响大，制定浮选流程和选择浮选工艺路线时应加以考虑。

5.1.2　硫化铜矿物的可浮性

5.1.2.1　概述

目前，自然界已知的含铜矿物约有 170 多种，有工业价值的铜矿物约 10 种。可分为硫化铜矿物和氧化铜矿物两大类。有工业价值的硫化铜矿物见表 5-2。

表 5-2　有工业价值的硫化铜矿物

序号	硫化铜矿物	分子式	铜含量/%	密度/g·cm⁻³	莫氏硬度	伴生组分
1	辉铜矿	Cu_2S	79.83	5.5~5.8	2.5~3.0	Fe、Ag
2	黄铜矿	$CuFeS_2$	34.6	4.1~4.3	3.5~4.0	Pb、Zn、Ni、Au、Ag
3	斑铜矿	Cu_5FeS_4	63.3	4.9~5.4	3	Ag
4	铜蓝	CuS	66.4	4.63~6	1.5~2.0	Fe、Ag、Pb
5	黝铜矿	$4Cu_2S·Sb_2S_3$	Cu 52.1，Sb 29.2	4.4~5.1	3~4.5	As、Bi、Fe、Au、Ag、Hg
6	砷黝铜矿	$4Cu_2S·As_2S_3$	57.5	4.4~4.5	3~4	Pb、Fe
7	斜方硫砷铜矿	$3Cu_2S·As_2S_5$	48.3	4.4~4.5	3~3.5	Sb、Fe、Pb、Zn、Ag

就世界而言，硫化铜矿物中，以辉铜矿分布最广，约占铜矿物的 50%，其次为黄铜矿，再次为斑铜矿，其余为自然铜及其他硫化铜矿物。

我国各浮选厂处理的铜矿石中，最常见的硫化铜矿物为黄铜矿、铜蓝、斑铜矿等，辉铜矿含量较少。在美国、俄罗斯、智利等国，最常见的硫化铜矿物为辉铜矿。

5.1.2.2　黄铜矿的可浮性

黄铜矿是分布很广的原生硫化铜矿物，其纯矿物含铜 34.56%，含铁 30.52%，含硫 34.92%。常含 Au、Ag、Tl、Se、Te 等，密度为 4.1~4.3g/cm³，莫氏硬度为 3.5~4.0。

黄铜矿的成因有四种：（1）岩浆型：存在于与基性岩及超基性火成岩有关的铜镍硫化矿中，常与磁黄铁矿、镍黄铁矿密切共生；（2）中温热液型：常呈充填或交代脉状，与黄铁矿、方铅矿、闪锌矿、斑铜矿和辉铜矿等共生；（3）接触交代型：存在于酸性火成岩与石灰岩的接触带，常与方铅矿、闪锌矿、磁黄铁矿及石榴子石、透辉石、绿帘石等矽卡岩矿物共生；（4）沉积型：偶见于沉积岩中，系含铜水溶液与有机物分解产生的硫化氢气体相互作用的产物。

黄铜矿是一种非常重要的原生硫化铜矿物，许多次生硫化铜矿物皆由黄铜矿变化而生成。

黄铜矿经风化氧化作用，分解为易溶于水的硫酸铜。其反应式为：

$$CuFeS_2 + 4O_2 \longrightarrow CuSO_4 + FeSO_4$$

硫酸铜溶液在氧化带遇到方解石、石灰石等碳酸盐矿物或含碳酸盐的水溶液时，相互作用可生成孔雀石或蓝铜矿。其反应式可表示为：

$$2CuSO_4 + 2CaCO_3 + H_2O \longrightarrow CuCO_3 \cdot Cu(OH)_2 \downarrow （孔雀石）+ CaSO_4 + CO_2 \uparrow$$

$$3CuSO_4 + 3CaCO_3 + H_2O \longrightarrow 2CuCO_3 \cdot Cu(OH)_2 \downarrow （蓝铜矿）+ 3CaSO_4 + CO_2 \uparrow$$

若硫酸铜溶液与硅质岩石或含二氧化硅的水溶液相遇，相互作用可生成硅孔雀石。其反应式可表示为：

$$CuSO_4 + CaCO_3 + H_4SiO_4 \longrightarrow CuSiO_3 \cdot 2H_2O \downarrow （硅孔雀石）+ CaSO_4 + CO_2 \uparrow$$

若氧气和二氧化碳气体不足或完全缺乏的条件下，硫酸铜与原生的硫化矿物（如黄铜矿、黄铁矿、方铅矿、闪锌矿等）相互作用，可生成次生富集带中的许多次生硫化铜矿物。

黄铜矿属四方晶系。其结晶构造属双重闪锌矿型（见图5-1）。在黄铜矿的结晶构造中，每一个硫离子被分布于四面体顶角的四个金属离子（两个铜离子和两个铁离子）所包围，所有配位四面体的方位均相同。由于黄铜矿具有较高的晶格能，且结晶构造中硫离子所处位置对铜、铁离子而言是在晶格内层。因此，在硫化铜矿物中，黄铜矿对氧具有较大的稳定性，为最不易被氧化的硫化铜矿物。

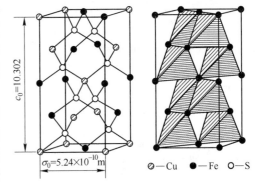

图5-1　黄铜矿的结晶构造

在低碱介质中，黄铜矿可长期保持其天然可浮性。黄铜矿在pH值为6.0的弱酸介质中氧化时，其氧化产物为H^+、Cu^{2+}、Fe^{2+}、Fe^{3+}、SO_4^{2-}等，这些离子皆进入矿浆液相中。在高碱介质中（pH值大于10）氧化时，可生成SO_4^{2-}、$S_2O_3^{2-}$等离子，不可能生成Cu^{2+}、Fe^{2+}、Fe^{3+}等金属离子。黄铜矿在高碱介质中受OH^-的作用而生成氢氧化铁等化合物覆盖于黄铜矿矿物表面上，此时，黄铜矿的晶格结构被破坏，其可浮性下降。因此，对黄铜矿而言，在低碱介质中浮选，其天然可浮性远高于其在高碱介质中的可浮性。

5.1.2.3　辉铜矿的可浮性

辉铜矿是一种含铜很高的硫化铜矿物，具有重要的工业价值。纯的辉铜矿物含Cu 79.86%，含S 20.14%。常含Ag、Fe、Co、Ni、As和Au等杂质，密度为$5.5 \sim 5.8 g/cm^3$，莫氏硬度为$2 \sim 3$，为电的良导体。

辉铜矿的成因为：（1）热液型：多见于某些高铜低硫的晚期热液矿床中，常与原生斑铜矿共生；（2）风化型：绝大部分辉铜矿属此成因，主要见于硫化铜矿床的次生富集带。当原生铜矿床氧化时，渗滤的硫酸铜溶液与原生的黄铜矿、黄铁矿、斑铜矿等相互作用，可生成辉铜矿。其反应可表示为：

$$5CuFeS_2 + 11CuSO_4 + 8H_2O \longrightarrow 8Cu_2S\downarrow + 5FeSO_4 + 8H_2SO_4$$

$$CuSO_4 + FeS_2 + H_2O \longrightarrow Cu_2S\downarrow + FeSO_4 + H_2SO_4$$

$$CuSO_4 + Cu_5FeS_4(斑铜矿) \longrightarrow 2Cu_2S\downarrow + 2CuS\downarrow(铜蓝) + FeSO_4$$

辉铜矿不稳定，易氧化分解，转变为赤铜矿、孔雀石和自然铜等铜矿物。其反应可表示为：

$$4Cu_2S + 9O_2 \longrightarrow 4CuSO_4 + 2Cu_2O(赤铜矿)$$

$$2Cu_2S + 2CO_2 + 4H_2O + 5O_2 \longrightarrow 2[CuCO_3 \cdot Cu(OH)_2] + 2H_2SO_4$$

辉铜矿未完全氧化则转变为自然铜。其反应可表示为：

$$Cu_2S + 2O_2 \longrightarrow CuSO_4 + Cu^0$$

辉铜矿的高温变体属六方晶系，辉铜矿的低温变体属斜方晶系，构造较复杂。辉铜矿的高温变体的结晶构造为铜离子与硫离子依次排列成层，铜离子位于每层硫离子所构成的三角形的中心（见图 5-2）。由于硫离子的离子半径大，而铜离子的离子半径较小，所以铜离子具有较高的扩散流动性及较低的晶格能。离子半径较大的硫离子易暴露于矿物表面而被氧化。因此，与黄铜矿相比较，辉铜矿易被氧化，具有较高的氧化速度。辉铜矿性脆，磨矿时易过粉碎，可加速辉铜矿的氧化。石灰同样可降低辉铜矿的可浮性，低碱介质浮选时，辉铜矿的可浮性较好。

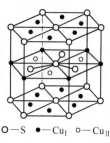

○—S ●—Cu_I ◐—Cu_{II}

图 5-2 高温变体辉铜矿的结晶构造

5.1.2.4 铜蓝的可浮性

铜蓝的分子式为 CuS，纯矿物含铜 66.5%，含硫 33.5%。密度为 4.6~4.67g/cm³，莫氏硬度为 1.5~2。常含 Fe、Ag、Pb 等杂质。铜蓝的正确分子式应为 $Cu_2S \cdot CuS_2$，即铜离子为 Cu^{2+} 和 Cu^+，硫离子为 S^{2-} 和 $[S_2]^{2-}$。

铜蓝的成因为：

（1）风化型：为铜蓝的主要成因，常见于硫化铜矿床的次生富集带。它由硫酸铜水溶液对原生硫化矿物或次生硫化矿物（如黄铜矿和斑铜矿）相互作用生成的次生硫化铜矿物。其反应可表示为：

$$CuSO_4 + CuFeS_2 \longrightarrow 2CuS\downarrow + FeSO_4$$

$$CuSO_4 + Cu_5FeS_4 \longrightarrow 2Cu_2S\downarrow + 2CuS\downarrow + FeSO_4$$

此外，硫酸铜与方铅矿或闪锌矿相互作用也可生成铜蓝。其反应可表示为：

$$CuSO_4 + PbS \longrightarrow CuS\downarrow + PbSO_4\downarrow$$

$$CuSO_4 + ZnS \longrightarrow CuS\downarrow + ZnSO_4$$

由于硫酸锌易溶于水，可在原来硫酸锌处产生蓝黑色烟灰块状体的铜蓝及难溶于水的硫酸铅。

（2）热液型：一般呈脉状与黄铁矿共生，极少见。

（3）火山型：可见于火山熔岩中，为硫质喷气作用的产物。

铜蓝常与黄铁矿、黄铜矿、斑铜矿及其他淋滤带的矿物一起产出，有时在黄铜矿表面生成晕色或蓝色薄膜，有时充填于黄铜矿的裂隙中。

铜蓝的结晶构造属复杂的层状构造，六方晶系，性脆且软，磨矿时易过粉碎。铜蓝的可浮性与辉铜矿相似。

5.1.2.5　斑铜矿的可浮性

斑铜矿的分子式为 Cu_5FeS_4，按此分子式计算，斑铜矿含铜 63.3%，含铁 11.2%，含硫 25.5%。但由于斑铜矿中常有呈显微包体或固溶体存在的黄铜矿和辉铜矿，斑铜矿的实际组分波动较大，一般含铜为 52%~65%，含铁为 8%~18%，含硫为 20%~27%。常含 Ag，密度为 4.9~5.0g/cm³，莫氏硬度为 3，性脆，磨矿时易过粉碎。

斑铜矿的成因有原生和次生两种。原生斑铜矿多见于热液型和接触交代型。常与黄铜矿、原生辉铜矿、方铅矿、闪锌矿、黄铁矿等共生，或为黄铜矿中的包体（固溶体的分离产物）。次生斑铜矿（风化型）生成于硫化铜矿床的次生富集带，为硫酸铜溶液与黄铜矿及其他硫化矿物相互作用生成的产物，属最早的次生硫化铜矿物。斑铜矿常被含铜更高的次生辉铜矿和铜蓝所替换，在矿床中少有较大的聚积。

斑铜矿对氧的稳定性优于辉铜矿，但比黄铜矿差，其可浮性介于辉铜矿和黄铜矿之间。在低碱介质中其可浮性最好，当 pH 值大于 10 时，其可浮性下降。

斑铜矿在氧化带易分解为赤铜矿、辉铜矿、铜蓝、孔雀石、蓝铜矿、褐铁矿等矿物。

5.1.2.6　其他硫化铜矿物的可浮性

除前述四种主要的硫化铜矿物外，在硫化铜矿床中还可遇见黝铜矿、砷黝铜矿、硫砷铜矿等。黝铜矿的分子式为 $4Cu_2S \cdot Sb_2S_3$，含铜 23%~45%。砷黝铜矿的分子式为 $4Cu_2S \cdot As_2S_3$，含铜 30%~50%。硫砷铜矿的分子式为 Cu_3AsS_4，含铜 48.3%。它们的可浮性均比前述四种主要的硫化铜矿物的可浮性差，尤其是含砷硫化铜矿物含量高时，铜精矿中的砷含量会超标，选择浮选工艺路线时尤其要注意。

硫化铜矿物的可浮性与其组分中的铁含量密切相关，其组分中的铁含量愈高，该硫化铜矿物的可浮性愈差；反之，其组分中的铁含量愈低，则该硫化铜矿物的可浮性愈好。如辉铜矿与铜蓝的可浮性相近。石灰对它们的抑制作用较弱，采用石灰作抑制剂，它们易与黄铁矿、磁黄铁矿分离。黄铜矿与斑铜矿的可浮性相近，浮选时易被氧化剂、石灰抑制。因此，采用石灰作抑制剂，黄铜矿与斑铜矿较难与黄铁矿、磁黄铁矿分离。我国硫化铜矿中的硫化铜矿物绝大部分为黄铜矿，特别适用于采用低碱介质浮选，在无石灰抑制的条件下浮选黄铜矿，可获得最高的浮选指标。

5.1.3　硫化铁矿物的可浮性

5.1.3.1　概述

所有的硫化铜矿石中均含有硫化铁矿物。因此，硫化铜矿物的浮选实质上是硫化铜矿物与硫化铁矿物及脉石矿物的浮选分离过程。硫化铜矿物与硫化铁矿物浮选分离的难易及浮选顺序取决于硫化铁矿物的含量及其性质。

硫化铜矿石中常见的硫化铁矿物为黄铁矿、磁黄铁矿，有时还有白铁矿和砷黄铁矿（毒砂）。

5.1.3.2　黄铁矿的可浮性

黄铁矿的分子式为 FeS_2，含铁 46.6%，含硫 53.4%。密度为 $4.9 \sim 5.1 g/cm^3$，莫氏硬度为 6.0~6.5。常含少量的 Ni、Co、As、Se、Te、Au 等，其中所含的 Co、Au 有时可综合回收。

黄铁矿的可浮性与下列因素有关：

（1）杂质含量：含 Au、Cu、Co、Ni 的黄铁矿的可浮性较好。镍黄铁矿是镍的主要矿物原料，其可浮性稍高于黄铁矿的可浮性。

（2）结晶构造：呈八面体结晶的黄铁矿的可浮性比呈六面体结晶的黄铁矿的可浮性好。

（3）是否被硫酸铜活化：在矿床中被硫酸铜活化的黄铁矿的可浮性好。有时铜离子在黄铁矿物表面发生化学反应，生成次生硫化铜薄膜，磨矿时很难将其除去。此类黄铁矿具有类似次生硫化铜矿物的可浮性。

在磨矿过程中，黄铁矿很容易被氧化，并生成部分可溶盐，而且黄铁矿在高碱介质中的氧化速度较快。黄铁矿氧化后，在其表面生成亲水的氧化铁薄膜，因而被抑制。在酸性或低碱介质中，氧化铁薄膜被溶解，露出新鲜的黄铁矿表面。当矿浆 pH 值低时，甚至在黄铁矿表面可生成元素硫。其反应可表示为：

$$FeS_2 \longrightarrow FeS + S^0 \downarrow$$

黄铁矿表面的元素硫可增强黄铁矿表面的疏水性，从而可提高其可浮性。因此，高碱介质浮选时，常采用硫酸作活化剂，以便在弱酸介质中浮选黄铁矿。

黄铁矿的可浮性因矿床和矿区不同而变化较大，使硫化铜矿物与黄铁矿的浮选分离较难控制，在高碱介质浮选过程中，对黄铁矿的有效抑制一直是铜硫分离浮选的关键。

在低碱介质浮选时，由于采用高效和选择性高的组合捕收剂和特效的抑制剂，可有效地使硫化铜矿物与黄铁矿进行分离，并可回收铜硫连生体，不仅可提高精矿品位，而且可提高铜的回收率。

5.1.3.3　磁黄铁矿的可浮性

磁黄铁矿的分子式可表示为 $Fe_5S_6 \sim Fe_{16}S_{17}$，含硫 40%，含铁 60%。密度为 $4.6 \sim 4.8 g/cm^3$，莫氏硬度为 3.5~4.5。常含少量 Cu、Ni、Co 等杂质。含镍磁黄铁矿是镍的重要矿物原料之一。

磁黄铁矿在矿浆中易氧化，生成大量的硫酸亚铁和消耗矿浆中的溶解氧，对其他硫化矿物和磁黄铁矿的浮选极为不利。磁黄铁矿是最易被抑制和最难浮选的硫化铁矿物。磁黄铁矿易被硫酸铜活化，使其与硫化铜矿物的分离较困难。

磁黄铁矿含量高时，浮选前矿浆应适当充气和搅拌，以提高矿浆中的溶解氧含量，从而可提高硫化铜矿物的浮选速度。

浮选磁黄铁矿时，常采用添加硫酸以降低矿浆 pH 值，添加硫酸铜等措施以提高磁黄铁矿的可浮选。还可采用硫酸铜加硫化钠、氟硅酸钠、草酸等作磁黄铁矿的活化剂。

磁黄铁矿为强磁性矿物，可采用弱磁场磁选机从浮铜尾矿或其他（如铅锌）浮选尾矿中回收磁黄铁矿。

5.1.3.4 白铁矿的可浮性

白铁矿的化学组成与黄铁矿相同，但其可浮性不同，白铁矿的可浮性比黄铁矿的可浮性好。密度为 $4.8 \sim 4.9 g/cm^3$，莫氏硬度为 $6.0 \sim 6.5$。

与黄铁矿相比较，白铁矿较易被抑制。黄铁矿为等轴晶系，白铁矿为斜方晶系。

5.1.3.5 砷黄铁矿（毒砂）的可浮性

砷黄铁矿（毒砂）的分子式为 FeAsS，又称硫砷铁矿或毒砂，含砷 46.01%，含铁 34.30%，含硫 19.69%，密度为 $5.9 \sim 6.2 g/cm^3$，莫氏硬度为 $5.5 \sim 6.0$。

砷黄铁矿（毒砂）的可浮性比黄铁矿差，铜离子可活化天然的砷黄铁矿和被石灰抑制过的砷黄铁矿，但其用量有临界值，过量会降低其浮选速度。

抑制砷黄铁矿的有效抑制剂为石灰、铵盐。

上述硫化铁矿物的可浮性递降的顺序为：白铁矿>黄铁矿>磁黄铁矿>砷黄铁矿。

5.1.4 铜精矿标准

铜精矿标准（YS/T 318—2007）见表 5-3。

表 5-3 铜精矿标准 （%）

品级	Cu 含量（不小于）	杂质含量（不大于）			
		As	Pb+Zn	MgO	Bi+Sb
一级品	32	0.1	2	1	0.1
二级品	25	0.2	5	2	0.3
三级品	20	0.2	8	3	0.4
四级品	16	0.3	10	4	0.5
五级品	13	0.4	12	5	0.6

注：1. 铜精矿中金、银为有价元素，应报分析数据；
2. 铜精矿中水分（质量分数）不得大于 12%，冬季不大于 8%；
3. 铜精矿中不得混入外来夹杂物，同批精矿要求混匀；
4. 铜精矿中天然放射性限值应符合 GB 20664—2006 的要求。

5.2 单一硫化铜矿浮选

5.2.1 概述

单一硫化铜矿可分为脉矿和浸染矿两大类。脉矿中的硫化铜矿物的浸染嵌布粒度较粗，原生矿泥和次生硫化铜矿物含量很少，硫化铁矿物含量较少，且未被硫酸铜活化，属易浮选分离的硫化铜矿石；浸染矿中的硫化铜矿物的浸染嵌布粒度较细，需较高的磨矿细度，仍属易浮选分离的硫化铜矿石。

处理此类矿石的浮选流程较简单，只须一次粗选、二次精选和一至三次扫选的浮选流程。

此类型矿床的储量一般较小，处理此类矿石的浮选厂的日处理量常为 200~1000t。

5.2.2　脉状硫化铜矿浮选

5.2.2.1　高碱介质浮选

我国某脉状硫化铜矿为矽卡岩型石英脉铜矿，原矿铜品位为 0.9%~1.0%，主要为黄铜矿，含少量的次生硫化铜矿物。含硫 6%，主要为黄铁矿，含少量的磁黄铁矿。脉石主要为石英，含少量的碳酸盐矿物。该矿地处西北高原地区，海拔 3800m，全靠汽车运输，且路况较差，常遇沙尘天气。只有铜有回收价值，未回收硫。日处理量为 1000t 原矿。

浮选前将矿石磨至 -0.074mm 占 75%，磨机中加入 4000g/t 石灰，分级溢流矿浆 pH 值为 11，采用一粗二精二扫、中矿循序返回浮选流程，浮选时添加丁基黄药 90g/t，2 号油 40g/t。可获得铜精矿含铜 18%，铜回收率为 88% 的浮选指标。浮选时泡沫发黏，矿泥夹带较严重，故精矿品位较低。

5.2.2.2　低碱介质浮选

2005 年 7 月受矿方邀请，在该矿选厂试验室进行了低碱介质浮选小型试验。试样采自选厂球磨机给矿皮带，试样碎至 -2mm，混匀后作小试试样。试样含铜 1.05%，含硫 9%。双方认可其具有代表性。

小试采用现场磨矿细度（-0.074mm 占 75%），采用一粗二精一扫的简化流程进行开路条件优化试验，在此基础上进行小型闭路试验，闭路时中矿循序返回前一浮选作业。闭路试验在自然矿浆 pH 值（pH 值为 6.5）条件下进行，只添加组合捕收剂 SB120g/t 即可获得铜精矿含铜 22%，铜回收率为 91.2% 的浮选指标。矿方评议后，认为试样原矿品位太高，代表性较差。后又分别两次从球磨机给矿皮带上取样，套用上述小试流程和药剂制度，均获得相似的浮选指标。

低碱介质浮选试验的泡沫很清爽，浮选速度高，药剂种类少，一点加药，空白精选，指标稳定。但矿方认为试样品位略偏高，试样代表性较差。因此，此新工艺未用于工业生产。

5.2.3　浸染状硫化铜矿浮选

5.2.3.1　高碱介质浮选

某矿浸染状硫化铜矿含铜 0.86%，铜物相分析表明：其中 88.2% 为原生硫化铜，10.1% 为次生硫化铜，1.7% 为氧化铜。原矿含硫 9.4%。该矿浮选厂的磨浮流程如图 5-3 所示。

该矿浮选前采用二段磨矿将矿石磨至 -0.074mm 占 70%，将石灰 6000g/t 加入球磨机中，旋流器溢流 pH 值大于 11，浮铜时添加丁基黄药 80g/t，松醇油 40g/t，可获得铜精矿

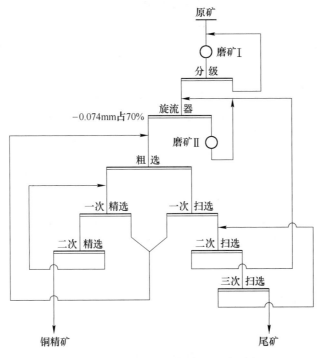

图 5-3　某矿浸染状硫化铜矿选厂磨浮流程

含铜为 22%，铜回收率为 91% 的浮选指标。铜尾添加硫酸 6000g/t，将矿浆 pH 值降至 5~6，再添加丁基黄药 150g/t，松醇油 50g/t 浮选硫铁矿。可获得含硫 43% 的硫精矿，硫的回收率可达 77%。

5.2.3.2　低碱介质浮选

建议采用现场磨矿细度（-0.074mm 占 70%），采用现在的生产流程进行开路条件优化试验和闭路试验。闭路试验时，可在原矿磨矿自然 pH 值条件下进行，粗选矿浆 pH 值为 6.5 左右，添加 SB 选矿混合剂 100g/t，丁基黄药 10~20g/t，进行空白精选、空白扫选。可获得铜精矿含铜 24%，铜回收率为 93% 的浮铜指标。铜尾矿浆 pH 值为 6.5 左右，可添加丁基黄药 40g/t 的条件下进行原浆浮选硫铁矿，无须添加硫酸或酸性水活化硫铁矿。可产出含硫达 46% 的优质硫精矿，硫的回收率可达 80% 左右。

5.3　硫化铜硫矿石浮选

5.3.1　概述

硫化铜硫矿石主要产于含铜黄铁矿矿床，其次是产于矽卡岩铜矿床。硫化铜硫矿石的矿物组成比单一硫化铜矿石复杂，主要金属矿物为黄铁矿、磁黄铁矿、白铁矿、黄铜矿、铜蓝、辉铜矿等，其次为闪锌矿、胆矾、铅矾及孔雀石等。脉石矿物主要为石英、绢云母，其次为绿泥石、石膏、碳酸盐矿物等。若产于矽卡岩铜矿床时，脉石矿物以石榴子石、透辉石等矽卡岩造岩矿物为主。

硫化铜硫矿石中的铜含量及铜矿物组成取决于矿床的氧化程度。原生带为黄铜矿，铜含量较高；次生带主要为铜蓝和辉铜矿，铜含量也较高；氧化带以孔雀石、胆矾为主，其次为黄铜矿、铜蓝和辉铜矿，铜含量较低。矿石中可溶盐的含量由氧化带向原生带过渡而逐渐降低。

硫化铜硫矿石按构造可分为块状含铜黄铁矿矿石和浸染状铜硫矿石两大类。

块状含铜黄铁矿矿石中的有用矿物含量高，其特点为铜矿物和黄铁矿的集合体呈无空洞的致密状，矿物无方向地紧密排列，有用矿物集合体含量可达 70% 以上，其密度为 4 ~ 4.5g/cm³。铜矿物在黄铁矿中呈粗细不均匀嵌布，矿石中除可回收的铜、硫外，在精矿中还可富集综合回收 Zn、Cd、Se、Te、Ge、In、Tl、Au、Ag 等。当矿石中的锌含量达工业回收标准时，则转变为硫化铜锌硫矿石。

浸染状铜硫矿石中的黄铁矿含量较少，其含量常为 10% ~ 40%，矿石密度为 3.0g/cm³ 左右。硫化铜矿物和黄铁矿呈粗细不均匀地浸染在脉石中，部分硫化铜矿物和黄铁矿紧密共生，呈粒度较大的集合体产出。

5.3.2　块状含铜黄铁矿浮选

5.3.2.1　高碱介质浮选

西北某块状含铜黄铁矿中，黄铁矿含量为 90% 左右，铜含量为 2.79%。铜矿物主要为黄铜矿，其嵌布粒度粗细不均匀。次生铜矿物主要为铜蓝，充填于黄铁矿裂隙和破碎带处，常呈块状、叶片状和束状产出。黄铁矿的粒度以细粒为主。

选厂磨浮流程如图 5-4 所示。

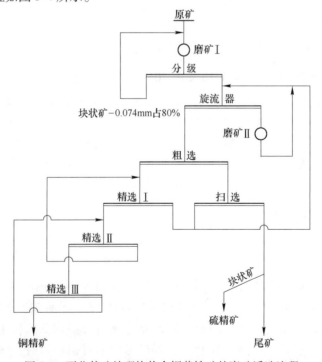

图 5-4　西北某矿处理块状含铜黄铁矿的磨矿浮选流程

浮选前采用两段磨矿将原矿磨至-0.074mm占80%，磨矿时添加12000g/t的石灰，旋流器溢流的pH值大于12。浮铜作业添加丁基黄药100~150g/t，松醇油30~50g/t。可获得铜精矿含铜22%，铜回收率为94%的浮选指标。铜尾为硫精矿，含硫为43%，硫回收率为77%。

5.3.2.2　低碱介质浮选

由于西北某块状含铜黄铁矿中黄铁矿含量高，铜尾无需浮选硫铁矿，可采用高碱介质浮选的工艺硫程和磨矿细度，只需改变浮选工艺路线和药剂制度，即可实现低碱介质浮选。建议采用优先浮铜，铜浮选在矿浆自然pH值条件下，添加SB选矿混合剂80~100g/t，丁黄药10g/t，可获得铜精矿含铜为25%左右，铜回收率为94%~96%的浮选指标。铜尾为高质量的硫精矿。

5.3.3　浸染硫化铜硫矿石的浮选

浸染状铜硫矿石中的黄铁矿含量较少，除块状含铜黄铁矿矿石外的硫化铜硫矿均为浸染硫化铜硫矿石，如德兴铜矿、武山铜矿的浮选。

5.4　德兴铜硫矿石浮选

5.4.1　概述

德兴铜矿为一大型的中温热液细脉浸染型斑岩铜矿床，经四期扩建和改建，现有选矿厂两座，即大山选矿厂和泗洲选矿厂。大山选矿厂现日处理量为9万吨，泗洲选矿厂日处理量为4万吨（分一期日处理量2万吨，二期日处理量2万吨），合计日处理量为13万吨，年处理原矿石4160万吨。该矿不仅是个大铜矿，而且是个大金矿、大银矿、大钼矿和大硫铁矿。

该矿矿体主要赋存于蚀变花岗闪长斑岩和绢云母化千枚岩的内外接触带中。原矿中主要金属矿物为黄铜矿、黄铁矿，其次为辉铜矿、砷黝铜矿、铜蓝、斑铜矿和辉钼矿等，伴生有金、银、铼、铼等稀贵金属。脉石矿物主要为石英、绢云母，其次为白云石、方解石、绿泥石和长石等。

矿物之间的共生关系密切，尤其是黄铜矿与黄铁矿以极细粒状态互相嵌布。黄铜矿的粒度一般为0.05~0.1mm，黄铁矿的粒度一般为0.05~0.4mm，以粗粒居多。黄铁矿常被细脉状黄铜矿交代呈残留体。辉钼矿与黄铜矿共生密切，辉钼矿的粒度一般为0.025~0.2mm。

该矿矿石类型可分为浸染型铜矿石、细脉型铜矿石和细脉浸染型铜矿石三种，以细脉浸染型铜矿石为主，典型的浸染型矿石和细脉型矿石较少。

1997年前大山选矿厂的浮选流程为混合浮选—混合精矿再磨—铜硫分离浮选—铜尾水力旋流器选硫。混合浮选为二粗二扫，铜硫分离浮选为一粗二精二扫。混合浮选采用39m³的浮选机，分两个系列，每个系列的日处理量为3万吨，合计大山选厂日处理量为6万吨，加泗洲选厂日处理量为4万吨，全矿合计日处理量为10万吨。德兴铜矿现有铜厂和富家坞两个采区，铜厂以硫化矿为主，氧化率低。富家坞以硫化矿为主，氧化率为15%

左右。其磨浮流程如图 5-5 所示。

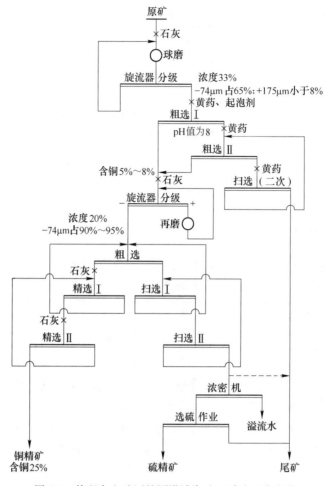

图 5-5　德兴大山选厂的原设计磨矿—浮选工艺流程

当时的石灰用量为 10~12kg/t，其中混合浮选 3~4kg/t（矿浆 pH 值为 9.0~11），分离浮选为 6~8kg/t（矿浆 pH 值大于 12）。混合浮选采用乙黄药：丁黄药=1：1 作捕收剂，用量为 80g/t，起泡剂曾使用过 2 号油、MIBC、F111 等。分离浮选除使用石灰作抑制剂外，还添加少量丁基铵黑药作捕收剂，其用量为 5~10g/t。采用的为高碱介质浮选工艺路线。

当时混合浮选段的铜回收为 86%~88%，硫的回收率为 88%~90%。分离浮选段铜回收率为 96%，铜总回收率为 83%~85%。铜精矿中的金、银回收率分别为 60% 左右，铜精矿中钼的回收率 40%~45%。

5.4.2　德兴铜矿浮选工艺变革简介

1992 年 7 月作者和周源教授一起赴德兴铜矿调研，座谈时，提出了德兴铜矿选矿中存在的核心问题是铜硫分离过程中的石灰用量过高和铜钼分离中的硫化钠过高，在球磨机给矿皮带上取原矿样 50kg，在铜精矿浓密机底流取铜精矿样 50L（塑料桶装，并立即蜡封，以免药剂被氧化分解）。试样运回南方冶金学院后即进行低碱介质浮选试验。1993 年春节后，将这两个试样的低碱介质小型试验结果向当时的德兴铜矿龚天如矿长和詹森昌总工程师作了详细汇报。他们与有关领导研究后，决定利用矿里经费启动低碱介质铜硫分离小型试验，并签订了"德兴铜矿低碱介质铜硫分离小型试验协议"。根据协议，德兴铜矿于1993年5月20日将代表性原矿试样送到学校，试验组全力以赴于同年8月完成小型试验。并于同年10月在德铜试验室进行校核试验，验证了小试指标。为慎重起见，德兴铜矿又取了两个原矿试样送学校，要求对这两个矿样进行小型试验。试验组采用同样的试验条件对这两个矿样进行了闭路试验，重复了小型试验的结论。为慎重起见，于1994年1月10日左右，德兴铜矿气温低于0℃，课题组汇同德兴铜矿选矿试验室人员用了9天时间对矿里送来的8个矿样完成了小型闭路校核试验，取得了非常满意的结果。

在小型试验的基础上，德兴铜矿组织专家评议，通过了小试报告决定在泗洲选厂磨二工段组织扩大的连选试验。1994年7~9月课题组与泗洲选矿厂磨二工段在厂领导和磨二工段的大力支持和亲自参加下，顺利地完成了扩大的连选试验，取得了比生产班较高的浮选指标，还实现了原浆浮选黄铁矿，产出了优质的硫精矿。

在扩大连选试验基础上，经矿里组织专家评议，通过了连选试验报告并决定进行工业试验。由于泗洲厂从上到下，生产技术科和磨二工段准备充分，1995年8月工业试验只进行了12天就宣告结束，取得了非常满意的结果，浮选指标很稳定。

在工业试验基础上，为了检查该新工艺对德兴铜矿不同采矿点矿石的适应性，经过充分准备，决定在泗洲选厂磨二工段进行新工艺生产应用试验（和泗洲选厂磨一工段的现工艺生产指标对比）。对比试验从1996年6月开始至1996年12月结束，历时约7个月。试验期间的矿石类型、原矿品位、含泥量、含水量、气候等均不断变化，这期间出现过不少情况，但在选厂、工段、生产技术科的通力合作和配合下均一一克服了，取得了完满的结果。

该成果于1997年1月8日提交江西铜业公司德兴铜矿进行成果评审，评审意见为：

（1）德兴铜矿矿石粗磨后用乙基、丁基混合黄药（1：1）进行混合浮选，混合精矿再磨后在pH值为11~12介质中用K202混合药剂可成功地进行铜硫分离，工业试生产时铜精矿品位为25.26%，铜综合回收率为84.67%。与同期石灰工艺比较，新工艺铜精矿品位提高0.82%，铜综合回收率降低0.04%，铜精矿中金回收率提高5.35%，钼回收率提高4.09%，银回收率降低3.35%。

（2）新工艺铜尾浓密后进行原浆选硫，可大幅度降低药剂用量，原浆浮选硫所得硫精矿品位为43.11%，硫综合回收率为39.54%。

（3）新工艺可大幅度降低石灰用量，与同期生产相比，每吨原矿可节省3.15kg石灰（石灰工艺按每吨矿石5.5kg石灰计算）。

（4）有较大的经济效益，按泗洲选矿厂一期年处理量495万吨原矿计算，新工艺每年可获效益1463.8767万元。

（5）工业试生产圆满完成了合同规定的任务，工业试生产指标与工业试验指标吻合，证明新工艺指标稳定可靠，对矿石有较强的适应性，建议推广应用于工业生产。

1997年11月20日该成果经中国有色金属工业总公司鉴定。鉴定意见为：

（1）该课题进行了大量的试验研究，圆满完成了合同规定的各项任务，工作扎实。所提供鉴定的资料齐全，数据充分、可靠，内容详实。

（2）德兴铜矿铜硫分离新工艺，在 pH 值为 6.5~7.5 的介质中进行混合浮选，混合精矿再磨后在 pH 值为 10~12 的介质中采用 K202 混合剂成功地实现铜硫分离，铜尾矿浓密后进行选硫。工业试生产获得如下指标：铜精矿品位为 25.26%，铜回收率为 84.67%；硫精矿品位为 43.11%，硫回收率为 39.54%。与同期原工艺比较，铜精矿品位提高 0.82%，铜回收率降低 0.04%，铜精矿中金回收率提高 5.35%，钼回收率提高 4.90%，银回收率降低 3.35%。按日处理量 15000t 测算，新工艺每年可净增效益 1463 万元，经济效益显著。

（3）本工艺在 pH 值为 7.5~12 的条件下，采用 K202 混合剂有效实现铜硫分离，铜尾矿不调 pH 值，不添加活化剂实现选硫，有利提高金、钼回收率和大幅度降低选硫成本，提高选硫指标，技术新颖，属国内首创，达到国际先进水平。

（4）建议本工艺尽早在生产中实现，并深入研究 K202 混合剂对浮选的作用机理，进一步查明银回收率低的原因。

该成果于 1998 年获江西省科技进步二等奖和有色金属总公司科技进步三等奖。

5.4.3　高碱介质浮选工艺

从 1997 年开始，德兴铜矿两个选矿厂经历了漫长的降低石灰用量的过程。从提高石灰质量、提高块灰消化率、改进石灰乳添加方法、改进药剂制度、设备大型化和改进选矿工艺流程等多方面着手解决降低石灰用量的问题。2010 年富家坞采区的矿石送大山选厂处理，大山选厂日处理量由 6 万吨增至 9 万吨，厂内浮选流程进行了相应改造。此次流程改造选用了 KYF-200 的大型圆柱形浮选机和 CPT 浮选柱，混选段分两个系列，铜硫分离段则将两个系列合为一个系列。混粗一的粗精矿不再磨，直接用浮选柱精选二次产出优质铜精矿。混粗二的粗精矿经旋流器分级，溢流与混粗一的精一尾合并进行一粗二扫丢尾矿。混粗一的精一泡与混粗二的粗精矿经旋流器分级底流再磨排矿混合送旋流器检查分级，分级底流返再磨。检查分级溢流（细度为 -0.074mm 占 95%）经一粗三精二扫产出铜含量为 22% 左右的铜精矿和铜尾矿。铜尾矿经浓缩脱水，浓缩底流加酸性水和丁黄药浮选硫，产出硫精矿和最终尾矿。大山选矿厂现生产流程如图 5-6 所示。

大山选矿厂 2002 年全年累计生产指标见表 5-4。

表 5-4　大山选矿厂生产指标　　　　　　　　　　（%）

时间	原矿品位				精矿品位				回收率				浮选流程
	Cu	Au /g·t⁻¹	Ag /g·t⁻¹	Mo	Cu	Au /g·t⁻¹	Ag /g·t⁻¹	Mo	Cu	Au	Ag	Mo	
2002~ 2003 年	0.412	0.208	0.986	0.0093	24.95	9.51	45.80	0.42	86.75	65.49	66.54	64.84	改进前
2002 年 9 月~ 2003 年 4 月	0.411	0.212	1.21	0.0075	25.49	9.91	53.56	0.31	86.68	65.37	66.77	56.67	改进后

2008 年，大山选矿厂完成浮选柱推广应用技术改造，浮选柱应用前后的选矿技术指标见表 5-5。

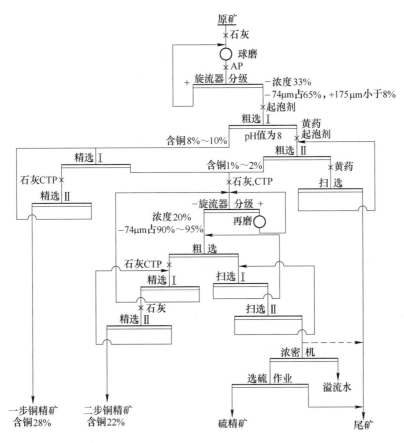

图 5-6 大山选矿厂现生产流程

表 5-5 大山选矿厂浮选柱推广前后的选矿技术指标

时间	铜原矿品位/%	粗精铜品位/%	粗选铜回收率/%	高铜精品位/%	低铜精品位/%	总精铜品位/%
推广前	0.421	4.81	88.51	27.53	22.30	25.17
	0.422	5.64	85.71	24.39	17.32	21.41
推广后	0.408	5.58	86.78	25.47	18.55	23.87

时间	精选铜回收率/%	铜总回收率/%	金总回收率/%	银总回收率/%	钼总回收率/%	富家坞矿出矿比
推广前	98.23	86.94	67.32	68.02	68.30	0
	97.91	83.91	64.03	66.38	67.33	25.43
推广后	97.70	84.79	62.30	66.83	63.21	32.87

德兴铜矿泗洲选厂经流程改造，2010年12月采用 KYF-130m³ 圆形浮选机进行流程改造。改造后，原磨一和磨二工段合并为一期，日处理量为2万吨，磨三工段为二期，日处理量为2万吨。德兴铜矿两个选厂总日处理量为13万吨。

德兴铜矿泗洲选厂现工艺流程如图5-7所示。

德兴铜矿泗洲选厂2009年主要生产指标见表5-6。

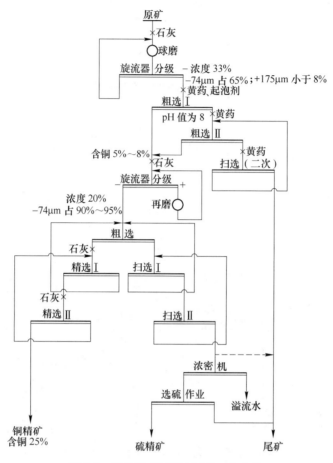

图 5-7　德兴铜矿泗洲选厂现工艺流程

表 5-6　德兴铜矿泗洲选厂 2009 年主要生产指标　　　　　　　　（%）

时间	原矿品位	精矿品位	回收率			
	Cu	Cu	Cu	Au	Ag	Mo
2009 年	0.53	25.09	86.59	66.43	65.94	49.77

1997 年后，德兴铜矿各选厂均尽力降低石灰用量，至今已取得了明显的效果，石灰由最初的 10~12kg/t 降至目前的 3~4kg/t（混选 pH 值为 8~9，铜硫分离 pH 值为 11），混合浮选采用 MAC-12 加黄药代替单一黄药作捕收剂、111 号油作起泡剂，铜硫分选采用石灰作抑制剂，丁铵黑药加黄药作捕收剂。浮选指标也相应地有所提高，如铜回收率提高了 1%~2%、金、银回收率提高了 3%~5%，钼回收率提高了 10% 左右，取得了显著的经济效益。

5.4.4　第一代低碱介质铜硫分离工艺存在的问题

德兴铜矿于 1993~1996 年，从小型试验至工业试生产进行的低碱介质铜硫分离浮选试验，将其称为第一代低碱介质铜硫分离工艺。事后通过总结，发现该新工艺仍存在不少亟待解决的问题，其中主要为：（1）混合浮选采用乙黄药：丁黄药＝1∶1 的捕收剂不够理想，其捕收能力无法满足新工艺的要求；（2）在低碱或矿浆自然 pH 值的条件下，现有的起泡剂（如 2 号油、F111、MIBC 等）的起泡性能差，无法满足新工艺的要求；（3）当时采用的 K202 抑制剂的效果不够理想；（4）未能完全实现在矿浆自然 pH 值条件下进行全混合浮选的目标；（5）新工艺的石灰用量为 1.6kg/t，未达到原小型试验的低用量要求，仍有降低的空间；（6）新工艺的浮选指标仍不够理想，仍有较大的提高空间。

1997 年至今已 19 年，主要的试验研究成果正是针对德兴铜矿第一代低碱介质铜硫分离浮选新工艺所存在的问题所取得的。

5.4.5 低碱介质铜硫分离浮选工艺的现状

目前，低碱介质处理硫化铜硫矿石新工艺已形成两种较成熟的方案。

（1）原矿中铜、硫含量低，有用矿物含量少时，采用混合浮选—混合精矿再磨—铜硫分离浮选—原浆浮选硫铁矿的方案。

2007 年 11 月应德兴铜矿新技术公司尹启华总经理的邀请，在矿山部选矿试验室对大山选厂球磨机给矿皮带所取试样，进行了低碱介质铜硫分离浮选小型试验，历时约 4 个星期。矿样碎至 -2mm，将原矿磨至 -0.074mm 占 65% 后，在矿浆自然 pH 值条件下（pH 值为 6.5），加入 SB_1 选矿混合剂 60g/t，SB_2 选矿混合剂 30g/t 进行混合浮选（一次粗选和一次扫选），所得混合浮选指标见表 5-7。

表 5-7 矿浆自然 pH 值条件下（pH 值为 6.5）的混合浮选指标 （%）

产品	产率	品位					回收率				
		Cu	Au/g·t^{-1}	Ag/g·t^{-1}	Mo	S	Cu	Au	Ag	Mo	S
混合精矿	6.12	6.24	2.71	12.21	0.13	39.87	93.12	83.07	82.96	88.89	96.65
混选尾矿	93.88	0.03	0.036	0.163	0.0011	0.09	6.88	16.93	17.04	11.11	3.35
原矿	100	0.41	0.20	0.90	0.009	2.52	100	100	100	100	100

从表 5-7 中数据可知，混合浮选采用矿浆自然 pH 值，用 SB_1 选矿混合剂和 SB_2 选矿混合剂组合捕收剂，在原矿铜含量为 0.41%，硫含量为 2.52% 的条件下，混合浮选粗精矿的产率为 6.12%。混合粗精矿中各有用组分含量分别为铜 6.24%、金 2.71g/t、银 12.21g/t、钼 0.13%、硫 39.87%，混合粗精矿中各有用组分的回收率分别为铜 93.14%、金 82.93%、银 83.03%、钼 88.89%、硫 96.83%。

混合浮选精矿再磨至 -0.074mm 占 95%，采用一粗二精二扫的闭路流程，在接近矿浆自然 pH 值条件下（石灰用量为 0~0.5kg/t，pH 值为 7 左右）进行铜硫分离浮选，粗选补加 SB_2 选矿混合剂 0~10g/t。所得浮选指标见表 5-8。

表 5-8 接近矿浆自然 pH 值条件下（pH 值为 7.0）的铜硫分离浮选指标 （%）

产品	产率	品位					回收率				
		Cu	Au/g·t^{-1}	Ag/g·t^{-1}	Mo	S	Cu	Au	Ag	Mo	S
铜精矿	23.37	26.03	11.02	49.63	0.53	32.0	97.54	94.92	94.98	95.31	18.76
分离尾矿	76.63	0.29	0.28	1.27	0.013	42.27	2.46	5.08	5.02	4.69	81.24
混合精矿	100	6.24	2.71	12.21	0.13	39.87	100	100	100	100	100

　　铜尾矿浆 pH 值为 6.5, 经浓密脱水后进行原浆浮选硫化铁矿, 添加 30g/t 丁基黄药作捕收剂浮选硫。硫的浮选指标见表 5-9。

表 5-9　矿浆自然 pH 值条件下（pH 值为 6.5）的硫浮选指标　　　　　　（%）

产品	产率	品位					回收率				
		Cu	Au/g·t⁻¹	Ag/g·t⁻¹	Mo	S	Cu	Au	Ag	Mo	S
硫精矿	89.13	0.29	0.30	1.33	0.013	46.10	92.00	93.00	93.00	94.00	96.99
硫尾矿	10.87	0.21	0.20	0.82	0.008	11.69	8.00	7.00	7.00	6.00	3.01
分离尾矿	100	0.29	0.28	1.27	0.013	42.27	100	100	100	100	100

　　低碱介质铜硫分离浮选小型试验总浮选指标见表 5-10。

表 5-10　低碱介质铜硫分离浮选小型试验总浮选指标　　　　　　（%）

产品	产率	品位					回收率				
		Cu	Au/g·t⁻¹	Ag/g·t⁻¹	Mo	S	Cu	Au	Ag	Mo	S
铜精矿	1.43	25.77	10.68	48.08	0.52	32.0	89.88	76.30	76.39	82.62	18.16
硫精矿	4.18	0.29	0.30	1.33	0.013	46.10	3.00	6.17	6.18	5.89	76.31
混选尾矿	93.88	0.03	0.036	0.163	0.001	0.09	6.86	17.07	16.93	11.11	3.17
硫尾矿	0.51	0.29	0.20	0.82	0.008	11.69	0.26	0.46	0.50	0.38	2.36
总尾矿	94.39	0.031	0.037	0.166	0.001	0.15	7.12	17.53	17.43	11.49	5.43
原矿	100.00	0.41	0.20	0.90	0.009	2.52	100.00	100.00	100.00	100.00	100.00

　　将表 5-10 低碱介质铜硫分离浮选小型试验总浮选指标与表 5-4 大山选矿厂生产指标进行比较, 在原矿中的 Cu、Au、Ag、Mo 含量相同、磨矿细度相同及精矿中有用组分含量相当的条件下, 与高碱介质工艺比较, 低碱介质工艺所得铜精矿中各有用组分的回收率分别提高: Cu 4%、Au 13%、Ag 12%、Mo 27%。

　　因此, 若德兴铜矿利用现有选矿设备, 只要采用低碱介质浮选的工艺条件和药剂制度, 在降低生产成本的前提下, 可大幅度提高铜精矿中铜、金、银、钼的回收率和产出硫含量为 46%、硫回收率为 76% 的优质硫精矿。若将此硫精矿进行精选, 则可产出含硫大于 49% 的高硫精矿和含硫大于 37% 的标硫精矿两种硫精矿。外排尾矿矿浆的 pH 值小于 7.0, 符合环保要求。若将此低碱介质铜硫浮选小试成果用于工业生产, 将获得巨大的经济效益和环境效益。

　　若采用现大山生产流程进行小型试验, 在矿浆自然 pH 值为 6.5 的条件下进行二次混合粗选和二次混合扫选, 第一次混合粗选时加入 60g/t SB₁ 选矿混合剂作捕收剂, 第二次混合粗选加入 SB₂ 40g/t 作捕收剂; 第一次粗选精矿直接送去精选二次产出铜含量为 27% 的高品位铜精矿, 精选尾矿与第二次粗选精矿合并进行再磨, 磨至 -0.053mm 占 95% 后, 采用一粗二精二扫的流程进行抑硫浮铜, 此时可不加石灰, 在 pH 值为 6.5 条件下即可产出铜含量为 25% 的铜精矿。预计两种精矿的平均品位为 26% 左右, 铜的总回收率达 91%, 金、银、钼的回收率分别为 78%、78% 和 84%。铜尾经浓缩后的底流可实现原浆浮选硫化铁矿，产出优质的硫精矿。

但因多种原因，该低碱工艺小试成果至今尚未用于工业生产。

（2）当原矿中铜、硫含量较高，硫化铜、硫化铁矿物含量较高时，低碱介质浮选时，采用优先浮选硫化铜矿物—铜中矿再磨—铜尾原浆浮选硫化铁矿物的浮选流程。

5.5 武山铜硫矿石浮选

5.5.1 概述

江西铜业公司所属的永平铜矿、武山铜矿、东乡铜矿三个铜矿，原矿中铜、硫含量较高，均采用高碱介质优先浮铜、铜尾添加酸性水调矿浆 pH 值小于 7 后再浮选硫化铁矿的浮选流程。

武山铜矿为中温热液矽卡岩中大型铜硫矿床，矿石储量大，资源丰富，但矿石性质复杂多变，矿泥含量高，属较难选矿石。该矿有 40 多年的生产历史，1998 年日处理量 1600t 选厂采用二粗二扫三精的优先浮选流程。铜尾经浓密机脱水脱钙后，添加井下酸性水调浆，用丁基黄药，采用二粗二扫的流程浮选硫。该矿的浮选指标为铜精矿含铜 15%～18%，铜回收率 75%～77%；硫精矿含硫 30%～35%，硫回收率 35%～50%。后经改扩建为现日处理量 5000t 的生产规模，选矿磨矿流程变化大，选矿流程基本未变。

武山铜矿的原矿矿物组成比较复杂，该矿由南、北两个矿带组成，北矿带为含铜黄铁矿矿床，南矿带为含铜矽卡岩矿床。矿石中主要金属矿物为黄铁矿和白铁矿，铜矿物北矿带以蓝辉铜矿、铜蓝和辉铜矿为主，南矿带以黄铜矿为主。其他的金属矿物为斑铜矿、砷黝铜矿等含砷铜矿物。脉石矿物北带主要为石英、多水高岭土，南带为主要为石榴石、方解石、白云母、透辉石、长石等。北带矿石较难选，南带矿石较易选。

武山铜矿的原矿化学成分分析结果与铜物相分析结果见表 5-11 和表 5-12。

表 5-11 武山铜矿的原矿化学成分分析结果　　　　　　　　　　（%）

元素	Cu	S	Pb	Zn	As	CaO	$Au/g \cdot t^{-1}$	$Ag/g \cdot t^{-1}$
含量	0.841	10.6	0.152	0.254	0.091	1.71	0.275	13.55

表 5-12 武山铜矿的原矿铜物相分析结果　　　　　　　　　　（%）

铜物相	自由氧化铜	水溶铜	结合氧化铜	次生硫化铜	原生硫化铜	总铜
含量	0.034	0.016	0.009	0.134	0.648	0.841
占有率	4.04	1.91	1.07	15.93	77.05	100.00

5.5.2 原矿性质

该矿回收的有用组分为铜、硫及伴生的金、银。主要目的矿物的嵌布特性如下所示。

（1）黄铁矿：为矿石中矿物量最多、分布最广的金属矿物，呈他形、半自形不同粒度的浸染状或脉状分布于脉石中，与铜矿物关系极为密切。嵌布粒度最大达 2mm，最小为 0.001mm，主要为 0.02～0.83mm，呈粗细不均匀嵌布。

（2）黄铜矿：为矿石中主要铜矿物，产于各种矿石类型，呈不均匀嵌布，粗粒达 2m，最小为 0.001mm，以 0.02~0.42mm 为主，与黄铁矿关系极为密切。在黄铜矿裂隙充填、交代残余结构中常见晚期的黄铁矿、胶状黄铁矿、白铁矿交代黄铜矿的现象。黄铜矿还与辉铜矿、蓝辉铜矿、斑铜矿、铜蓝的关系较密切，且常被后者沿其边缘及晶隙交代呈交代残余结构，故铜矿物的嵌布关系相当复杂。但铜硫集合体的粒度较粗，铜硫集合体与脉石易分离，但相当部分铜硫矿物在通常磨矿细度下不易单体解离，铜硫矿物精矿中的互含较高，常互成连生体、包裹体形态存在。

（3）辉铜矿、蓝辉铜矿：为北矿带的主要铜矿物，与黄铁矿、黄铜矿关系极为密切，其嵌布粒度远比黄铁矿、黄铜矿细，最粗为 0.14mm，最细为 0.0001mm，主要为 0.001~0.074mm。此部分铜矿物在一般磨矿细度下的单体解离度低。

（4）铜蓝：其嵌布粒度较细，最粗为 0.074mm，最细为 0.0001mm，常为 0.0001~0.043mm。此部分铜矿物极难单体解离。

（5）脉石矿物：主要为石英、石榴子石、方解石、白云石、透辉石等，嵌布粒度最粗为 3~4mm，最细为 0.0001mm，常为 0.02~0.813mm，故脉石矿物在粗磨条件下较易与铜硫矿物集合体解离。

5.5.3　高碱浮选工艺

经过长达 12 年的"南建北改"工程后，选厂日处理量为 5000t，取代了"三段一闭路+粗选"的碎磨流程，确立了自磨磨矿工艺新流程。武山铜矿选矿厂自磨生产流程如图 5-8 所示。

磨矿流程改造前后平均生产指标见表 5-13。

武山铜矿生产药剂制度见表 5-14。

武山铜矿生产指标见表 5-15。

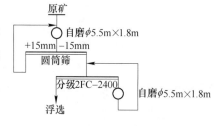

图 5-8　武山铜矿选矿厂自磨生产流程

表 5-13　磨矿流程改造前后平均生产指标　　　　（%）

年　份	原矿品位		精矿品位		回收率		流程
	Cu	S	Cu	S	Cu	S	
1984~1993	2.189	26.30	13.53	33.07	78.28	43.65	改造前
1994~2000	1.21	15.96	18.79	34.84	81.15	53.50	改造后

表 5-14　武山铜矿生产药剂制度　　　　（g/t）

方案	原生产药剂制度				新生产药剂制度			
药剂名称	石灰	MA-1	MOS-2	BK208	石灰	ZY-1	PN4055	BK208
粗一	10000	15	15	40	10000	15	10	40
粗二	—	10	10	—	—	10	10	—
合计	10000	25	25	40	10000	25	20	40

表5-15 武山铜矿生产指标 （%）

方案	产品	产率	品位			回收率		
			Cu	Au/g·t⁻¹	Ag/g·t⁻¹	Cu	Au	Ag
原生产药剂制度	铜精矿	4.98	20.996	3.40	297.0	88.85	81.03	53.76
	尾矿	95.02	0.139	0.14	13.39	11.15	18.97	46.24
	原矿	100.00	1.185	0.47	27.51	100.00	100.00	100.00
新生产药剂制度	铜精矿	5.04	20.014	3.25	333.50	87.67	78.76	50.46
	尾矿	94.96	0.125	0.43	17.38	12.33	21.24	49.54
	原矿	100.00	1.171	0.57	33.31	100.00	100.00	100.00

从表5-15中数据可知，原生产药剂制度与新生产药剂制度所得浮选指标相当，但对原矿中 Cu、Au、Ag 含量分别为 Cu 1.17%、Au 0.27g/t、Ag 13.55g/t 的硫化铜矿而言，浮选指标均不够理想。

随后采用了中矿选择性分级再磨流程。生产流程如图5-9所示。

2002年对磨矿流程进行进一步改造，恢复了原设计的铜粗选精矿再磨流程，调整后的现场磨矿生产流程如图5-10所示。

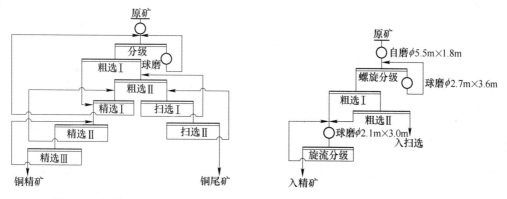

图5-9 武山铜矿选厂中矿
选择性分级再磨流程

图5-10 武山铜矿选厂粗精矿
再磨现生产工艺流程

改造前后的生产指标对比见表5-16。

表5-16 改造前后的生产指标对比 （%）

年份	原矿品位		精矿品位		回收率		流程
	Cu	S	Cu	S	Cu	S	
2001	1.076	13.33	20.30	37.93	86.39	59.23	改造前
2002	1.027	12.25	22.61	37.54	86.82	53.74	改造后

5.5.4 低碱浮选工艺

1998年课题组对武山铜矿原矿样进行了低碱介质浮选探索小型试验，试验结果较理想。建议武山铜矿尽早采用低碱介质浮选工艺路线，在原矿粗磨至 -0.074mm 占 65% 的条件下，石灰用量为 0~2kg/t（pH 值为 6.5~7.5），采用 SB₁ 选矿混合剂和少量黄药组合捕收剂优先浮选单体铜矿物和铜硫连生体，尽可能抑制单体硫铁矿。二次铜粗选精矿再磨至 -0.074mm 占 95%，精选两次产出优质铜精矿，精一尾和扫一泡合并返至粗选搅拌槽，使中矿中的铜硫连生体尽可能单体解离。可得铜含量约 25%，铜回收率为 90% 以上的优质铜精矿，同时可大幅度提高铜精矿中的 Au、Ag 回收率。铜尾添加丁基黄药可实现原浆选硫，产出优质硫精矿，硫回收率可达 75% 以上。现有工艺流程只须改变中矿返回点及药剂制度即可实现低碱介质浮选新工艺。

5.6　硫化铜硫铁矿石选矿

5.6.1　概述

硫化铜硫铁矿石主要产于矽卡岩矿床，其次为火山岩矿床和变质岩矿床。此类矿石中的铜含量为中等，铁含量变化较大，最高可大于 50%，低者为 10%~20%。硫化铜硫铁矿石中的金属矿物主要为黄铜矿、辉铜矿、磁铁矿、磁黄铁矿、黄铁矿和少量的方铅矿、辉钼矿、白钨矿、锡石等。脉石矿物主要为石榴子石、透辉石，其次为透闪石、绿帘石、硅灰石、石英、方解石、蛇纹石、滑石、绢云母等。矿石中可回收的有用组分主要为铜、硫、铁，伴生的有用组分为钼、钨、钴、金、银、镓、铟、铊、锗、镉及铂族元素等。

根据矿石中有用矿物的含量，生产中有的以回收铜为主，有的以回收铁为主，硫仅作为副产品进行回收。该类型矿石以中小型居多，在我国分布较广，为我国的重要铜资源。

矿石构造以块状和浸染状为主，其次为细脉状和条带状。铜矿物以黄铜矿为主，其次为原生辉铜矿。铜矿物多呈细粒不均匀嵌布，与黄铁矿、磁黄铁矿紧密共生。磁铁矿呈细粒状或结晶较大的集合体产出，有的则被后期的金属硫化矿物和脉石矿物充填交代或胶结。

我国硫化铜硫铁矿石的选矿均按先浮选硫化铜矿物，铜尾磁选磁铁矿的顺序进行。因先磁选磁铁矿会增加铜在铁精矿中的损失，铁精矿的质量也较低。尤其当矿石中磁黄铁矿含量较高时，磁黄铁矿进入铁精矿中，即使进行铁精矿脱硫浮选，由于磁黄铁矿的可浮性差和磁铁矿与磁黄铁矿产生磁团聚的缘故，致使铁精矿的浮选脱硫效果欠佳。因此，我国的选矿实践表明，对硫化铜硫铁矿石而言，采用先浮选硫化铜矿物、铜尾磁选磁铁矿的顺序比较合理。

5.6.2　硫化铜硫铁矿石的选矿流程

硫化铜硫铁矿石的选矿流程为：（1）优先浮铜—磁选磁铁矿流程。适用于矿石中硫含量低的铜硫铁矿石。其选矿流程与浮选单一硫化铜矿相同（见图 5-11（a））；（2）铜硫混合浮选—混合精矿再磨—铜硫分离浮选—混选尾矿磁选磁铁矿流程。此流程适用于矿石中硫含量低的硫化铜硫铁矿石。其选矿流程与浮选浸染状硫化铜矿相同（见图 5-11（b））。（3）优先浮铜—浮选硫—磁选磁铁矿—铁精矿脱硫浮选流程（见图 5-11（c））。

若矿石中矿泥含量高，可在粗（中）碎前后进行洗矿，矿泥单独浮选将有利于保证流程畅通、稳定生产和提高浮选指标。

我国某些硫化铜铁矿石选矿厂的原则生产流程如图 5-11 所示，生产指标见表 5-17。

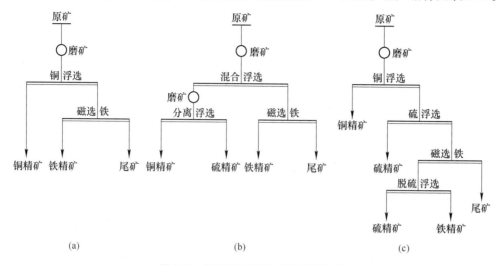

图 5-11 铜硫铁矿石选矿的原则流程

（a）优先浮铜—磁选磁铁矿流程；（b）铜硫混合浮选—混合精矿再磨—铜硫分离浮选—混选尾矿磁选磁铁矿流程；（c）优先浮铜—浮选硫—磁选磁铁矿—铁精矿脱硫浮选流程

表 5-17 我国某些铜铁矿石选矿厂的原则生产流程及生产指标 （%）

厂名	原则流程	生产指标					
		同名精矿品位			同名精矿回收率		
		Cu	S	Fe	Cu	S	Fe
河北铜矿	Cu/Fe	16.65		66	68		89
辽宁铜矿	Cu/Fe	12		60	80		75
辉铜山	Cu/Fe	26~29		58	95~97		40
凤凰山	Cu/Fe	23		63	93		10~20
湖北铜矿	Cu/Fe	15~16		55	92~95		40~50
铜山	脱泥/Cu/S/Fe	21	30	58	82	15	20
铁山	Cu-S(Co) Fe-S ↓ ↓ Cu/S Fe/S	18	38	64	75	55	90
铜官山	脱泥/Cu/S/Fe-S ↓ Fe/S	15.6	27	62	86	56	39
浙江铜矿	Cu/S/Fe-S ↓ Fe/S	13	38	56	85	40	76

注：1. Cu/Fe 为先浮铜后磁选铁；

2. Cu/S/Fe 为先浮铜，后浮硫，最后磁选铁；

3. Cu/S/Fe-S 先浮铜，后浮硫，最后磁选铁，铁精矿脱硫；
      ↓
     Fe/S

4. Cu—S(Co)/Fe 为先混合浮选 Cu—S(Co)得混合精矿，再磁选铁，Cu—S(Co)混合精矿分离浮选得铜精矿和
 Cu/S(Co)
  硫（含钴）精矿。

5.7　河北铜矿选矿厂

5.7.1　矿石性质

河北铜矿矿石产于矽卡岩矿床，主要金属矿物为磁铁矿、黄铜矿，次要金属矿物为磁黄铁矿、黄铁矿和少量的氧化矿物及墨铜矿。主要脉石矿物为透辉石、橄榄石、蛇纹石、滑石、金云母、透闪石、阳起石、绿泥石和方解石等，脉石矿物中 50% 以上为含镁硅酸盐类矿物。

黄铜矿呈他形晶体呈星点状产出，团块状黄铜矿与磁黄铁矿密切共生，有时呈镶嵌及包体关系；星点状黄铜矿的嵌布粒度较细，可浮性差，多分布于蛇纹石、金云母、绿泥石、透辉石及碳酸盐矿物中。

该矿矿石的化学成分分析结果见表 5-18。

表 5-18　河北铜矿矿石的化学成分分析结果　　　　　　（%）

化学成分	Cu	Fe	MgO	CaO	SiO$_2$	Al$_2$O$_3$	S	P
含量	0.25	15~21	16.2	12.17	31.4	4.0	0.37	0.045

5.7.2　选矿工艺

该矿原设计以回收铜为主，副产铁精矿。前期原矿含铜为 0.8%~1%，铜精矿品位为 8%~10%，铜回收率为 85% 左右。其生产流程如图 5-12 所示。

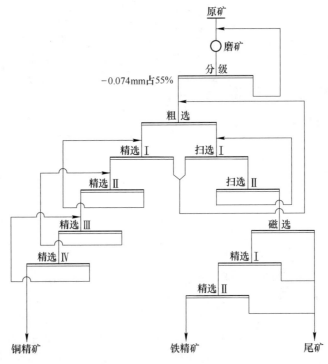

图 5-12　河北铜矿选矿厂生产流程

后随生产规模扩大和采掘面下降，原矿铜含量逐渐下降，该矿变为以产出铁精矿为主，副产铜精矿。浮选药剂制度见表5-19，选矿指标见表5-20。

表 5-19 河北铜矿浮铜药剂制度 (g/t)

药名	石灰	乙基黄药	丁铵黑药	松醇油	羧甲基纤维素
用量	pH值为8.0	40	10	40~60	30~45

表 5-20 选矿指标 (%)

原矿品位		同名精矿品位		同名精矿回收率	
Cu	Fe	Cu	Fe	Cu	Fe
0.184	19.466	16.648	66.243	68.518	89.012

从表5-20的数据可知，铜精矿品位和铜的回收率较低。铜回收率较低的主要原因之一是矿石中含有可浮性差的墨铜矿。墨铜矿主要存在于蛇纹石-磁铁矿含铜矿石及一部分磁铁矿含铜矿石中。浮选时，墨铜矿的可浮性随矿浆pH值的降低而提高。在中性或碱性介质中，细粒墨铜矿的回收率为20%~65%，粗粒墨铜矿的回收率仅为15%，浮选速度很慢。试验表明，在酸性介质中，墨铜矿的浮选速度加快，可显著提高其浮选回收率，因硫酸可选择性溶解墨铜矿表面的铁、镁氧化物和氢氧化物，使其露出新鲜的硫化铜表面，从而可提高墨铜矿的可浮性，但硫酸耗量大，有时高达30~40kg/t。

铜精矿品位低的主要原因是铜精矿中的氧化镁含量高。分析表明，铜精矿含铜品位为10.15%时，铜精矿中的氧化镁含量为13.85%，且83%的氧化镁分布于-0.074mm粒级中。曾采用水玻璃、淀粉、单宁、木素黄酸钙、羧甲基纤维素等抑制剂以抑制含镁矿物，其中以羧甲基纤维素的效果最好。1978年用于生产后，铜精矿品位由10.8%升至16.5%，即使原矿品位低至0.11%，铜精矿品位仍可达15%以上，氧化镁含量可降至5%以下。改善了铜精矿的过滤条件，滤饼水分含量可从15%降至10%以下。

建议该矿可采用低碱介质浮选工艺，在矿浆自然pH值条件下，加入羧甲基纤维素或六偏磷酸盐以抑制含镁矿物和硅酸盐矿物，加入SB_1选矿混合剂浮选硫化铜矿物，可获得较令人满意的铜浮选指标。

5.8 凤凰山硫化铜硫铁矿选矿

5.8.1 矿石性质

凤凰山硫化铜硫铁矿为接触交代矽卡岩型高中温热液硫化铜硫铁矿床。按有用组分可分为铁铜矿石和铜矿石两个工业类型，分硫化矿和氧化矿两大类。硫化矿有块状含铜磁铁矿、赤铁矿，块状含铜黄铁矿矿石，角砾状矿石，浸染状含铜石榴子石、矽卡岩矿石，块状含铜黄铁矿矿石，浸染状含铜花岗岩闪长岩矿石，浸染状含铜大理岩矿石等七个自然类型。主要金属矿物为磁铁矿、赤铁矿、菱铁矿、黄铜矿和斑铜矿，其次为辉铜矿、毒砂和金银矿。主要脉石矿物为方解石、铁白云石、石英、长石、石榴子石等。

主要金属矿物的特征为：

（1）黄铜矿：常呈不规则的粒状嵌布于脉石中，有时呈不规则的树枝状、粒状嵌布于毒砂或磁铁矿的集合体中，少量黄铜矿晶粒中有星散状闪锌矿包体，嵌布粒度一般为0.043~0.598mm。

（2）斑铜矿：与黄铜矿的关系较密切，常沿黄铜矿周围嵌布，构成镶边结构和格状结构。在块状含铜菱铁矿矿石中则呈他形晶局部富集为致密块状，此外，斑铜矿还呈不规则粒状直接嵌布于脉石中。粒度一般为0.061~0.6mm。

（3）辉铜矿、铜蓝：一般呈细粒状沿黄铜矿和斑铜矿的裂隙处嵌布，粒度一般为0.005~0.043mm。

（4）黄铁矿：一般呈较规则的粒状嵌布于脉石中，多呈自形、半自形晶，以立方体为主，少数呈致密块状集合体，粒度一般为0.09~2.34mm。

（5）钼矿物：在花岗闪长岩矿石中，钼矿物呈细脉状、浸染状及星点状出现，在含铜菱铁矿及含铜黄铁矿矿石中呈团块状、斑点状出现。在硫化铜精矿中钼含量可达0.03%~0.08%。

（6）金、银：主要呈银金矿和自然银充填于黄铁矿裂隙中及包裹于黄铁矿、黄铜矿、磁铁矿与脉石矿物晶体中，金、银可富集于铜精矿、硫精矿中。

原矿化学成分分析结果和原矿铜物相分析结果分别见表5-21和表5-22。

表5-21　原矿化学成分分析结果　　　　　　　　　（%）

化学成分	Cu	Fe	S	CaO	MgO	Al$_2$O$_3$	SiO$_2$	Pb	Zn	As	P	Au/g·t^{-1}	Ag/g·t^{-1}
含量	0.82	27.70	5.46	13.40	0.972	3.38	19.69	0.029	0.105	0.022	0.059	0.61	20.50

表5-22　原矿铜物相分析结果　　　　　　　　　（%）

铜物相	自由氧化铜	结合氧化铜	次生硫化铜	原生硫化铜	总铜
含量	0.036	0.056	0.349	0.368	0.809
占有率	4.45	6.92	43.14	45.49	100.00

5.8.2　高碱介质浮选工艺

选矿工艺流程为半优先—铜硫混选—分离—铜尾选铁。磨矿—浮选流程如图5-13所示。

改造后的磨矿—浮选流程如图5-14所示。

流程改造主要将混合粗选的中矿直接返回混合粗选作业，改为经旋流器分级，只将旋流器溢流返回混合粗选作业，而旋流器底流（沉砂）则返回砾磨机进行再磨。

浮选前，原矿磨至-0.074mm占70%，半优先浮选—铜硫混合粗、扫选采用XCF/KYF-16型浮选机，铜硫分离作业采用XCF/KYF-4型浮选机，每个作业的首槽浮选机采用能吸浆的XCF型浮选机。硫尾矿采用磁选产出铁精矿。浮选药剂为石灰、OSN-43号、异丁基黄药和2号油。

2008年和2009年选厂生产指标见表5-23。

从表5-23数据可知，铜精矿品位较低，硫浮选标不理想。究其原因是铜矿物的单体解离度不够高与铜尾直接作硫精矿有关。

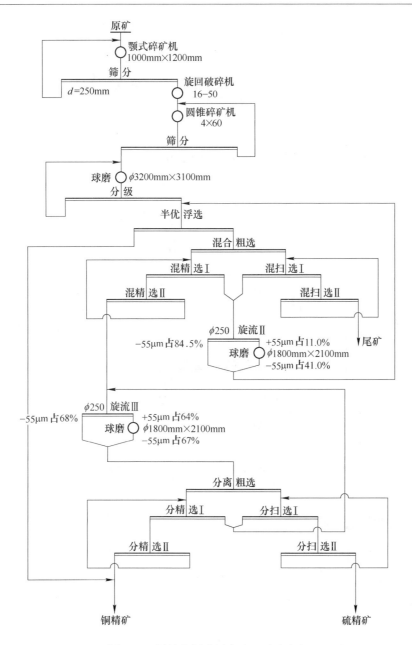

图 5-13 凤凰山铜矿原磨矿—浮选流程

表 5-23 2008 年和 2009 年选厂生产指标　　　　　　　　（%）

产品名称	2008 年			2009 年		
	原矿品位	精矿品位	回收率	原矿品位	精矿品位	回收率
Cu	1.005	20.008	90.006	1.014	20.003	90.006
S	7.460	37.157	40.551	6.300	38.507	40.004
Fe	26.245	64.402	30.034	27.732	64.395	32.505
Au/g·t^{-1}	0.803	9.668	54.434	0.829	10.712	59.622
Ag/g·t^{-1}	19.373	206.737	48.245	19.330	232.030	54.756

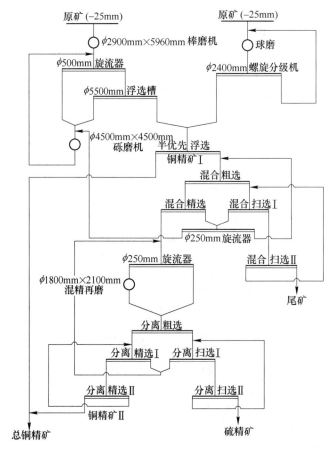

图 5-14　凤凰山铜矿改造后的磨矿—浮选流程

5.8.3　低碱介质浮选工艺

建议凤凰山硫化铜硫铁矿改变浮选工艺流程和浮选工艺路线及药剂制度。由于原矿含铜 1% 左右,硫含量为 7% 左右,铜含量较高、硫含量较低。建议采用铜半优先浮选—半优先浮选尾矿铜优先铜粗选(二次)—铜粗精再磨—再磨后精选二次、精一尾直接返至铜粗选作业、精选二产出优质铜精矿、精二尾返至精一作业、铜扫选(二次扫选)尾矿进行磁选产出铁精矿—铁尾原浆选硫、产出优质硫精矿的工艺流程。原矿磨矿细度为 $-0.074\mathrm{mm}$ 占 70%,铜优先浮选在矿浆自然 pH 值(约 6.5)的条件下采用 SB_1 与少量黄药组合捕收剂,预计铜优先浮选(二次粗选)的铜回收率可达 94%,硫回收率可达 20%。铜粗精矿再磨至 $-0.074\mathrm{mm}$ 占 95%,SB_1 为 10g/t 进行铜精选二次,预计可产出含铜 24% 左右的铜精矿,铜回收率可达 92% 左右,铜精矿中金、银回收率可达 75% 左右。铜尾进行磁选,产出铁精矿—铁尾原浆选硫,只须添加丁基黄药 40g/t 左右即可产出含硫 45% 的优质硫精矿,硫回收率可达 60% 以上。

将现有高碱(pH 值为 12.4)工艺改为无石灰低碱介质浮选工艺,可大幅度提高 Cu、Au、Ag 的回收率,降低吨矿药剂成本。达到节能(浮选机少)、降耗、提质(精矿品位）、增产（Cu、Au、Ag 金属量）和增效的目的。技改费用较低，经济效益显著。

5.9 硫化铜锌矿浮选

5.9.1 概述

硫化铜锌矿石多产于矽卡岩型、热液型或热液充填交代型矿床，矿物组成较复杂。金属硫化矿物主要为黄铜矿、辉铜矿、铜蓝、闪锌矿、黄铁矿、磁黄铁矿。硫化铜锌矿石中，斑铜矿较少见，砷黝铜矿更少见。脉石矿物因矿石类型而异，矽卡岩型以石榴子石、透辉石、蛇纹石为主；中温热液型以绿泥石、石英、绢云母、方解石等为主；热液充填交代型以黑云母、石英、长石、透闪石等为主。

此类矿石结构较复杂，一般为浸染型与致密块状型。依矿石中的含硫量可分为高硫型矿石和低硫型两种矿石。矿石中铜、锌、铁的硫化矿物常致密共生，相互镶嵌，嵌布粒度不均匀，其结构为粒状、乳浊状、斑点状、纹象结构及溶蚀交代等。

矿石中除含铜、锌、铁的硫化矿物外，还常伴生金、银、镉、铟、镓、铊、锗、钴等贵金属和稀散元素，浮选过程中，它们将富集于铜精矿和锌精矿中。因此，处理硫化铜锌矿时，应产出铜精矿、锌精矿和硫精矿三种单一精矿，并可综合回收其他伴生的有用组分。

硫化铜锌矿物较难浮选分离的主要原因为：（1）有用矿物相互致密共生，嵌布粒度细。（2）硫化矿物的可浮性交错重叠，硫化锌矿物多为铁闪锌矿，有时还含少量的纤维闪锌矿或含镉固溶体变种的镉闪锌矿，它们的可浮性差异大。（3）矿石开采、运输、储存、磨矿等过程中，硫化锌矿物易被铜离子活化，使铜锌分离浮选复杂化。（4）矿石中的硫化铁含量高，尤其是磁黄铁矿含量高时，将加速硫化矿物的氧化，增大矿浆中难免离子的种类和含量。

5.9.2 硫化铜锌矿的浮选流程

硫化铜锌矿的浮选流程有：

（1）优先浮选流程：适用于未经氧化的硫化铜锌矿石的浮选，原矿经磨矿后可依次浮选产出铜精矿、锌精矿和硫精矿。

（2）混合浮选—混合精矿再磨—优先浮选流程：该流程的主要优点在于原矿经磨矿后，经混合浮选循环即可废弃大量尾矿。混合精矿经再磨使混合精矿中的硫化矿物集合体进一步单体解离，然后进行铜、锌、硫分离浮选。此流程适用于有用硫化矿物含量低，矿物组成较简单的硫化铜锌矿石。

（3）部分混合浮选—混合精矿再磨—优先浮选流程：此流程适用于铜、硫含量高，锌含量较低的硫化铜锌矿石。在部分混合浮选循环可抛弃大部分硫含量高的尾矿，将铜、锌和部分硫化铁矿物混合浮选为混合精矿，混合精矿经再磨以使硫化铜、锌、硫矿物的连生体单体解离和脱除硫化矿物表面的部分浮选药剂，再进行铜锌分离浮选，锌尾与混尾一起送浮选硫化铁作业，产出优质硫精矿。

5.10　甘肃某硫化铜锌硫矿浮选

5.10.1　矿石性质

甘肃某硫化铜锌硫矿原矿中主要金属矿物为黄铁矿、铁闪锌矿、闪锌矿、黄铜矿，其次为辉铜矿、铜蓝、方铅矿、磁铁矿、毒砂和磁黄铁矿等。脉石矿物主要为石英、绢云母、绿泥石、方解石和石膏等。

黄铁矿在矿石中的含量为 75%~90%，平均达 85% 以上，以中细粒他形晶粒状结构为主，少量呈自形晶及半自形晶粒状结构。

黄铜矿主要呈脉状、似脉状等不规则他形晶嵌布于黄铁矿晶粒边缘或晶隙之间。少量黄铜矿呈乳滴状结构嵌布于闪锌矿和铁闪锌矿中，粒度大小不均，以中细粒为主，一般粒度为 0.2~0.4mm，-0.015mm 的细粒黄铜矿含量约占 15%。

根据闪锌矿中的铁含量可分为闪锌矿、灰黑色铁闪锌矿和灰白色铁闪锌矿三种硫化锌矿物。铁闪锌矿中铁含量 8%~10%。各种硫化锌矿物均呈不规则他形晶嵌布于黄铁晶粒边缘，也常充填、胶结、交代黄铁矿，与黄铜矿关系密切。硫化锌矿物粒度一般为中细粒，以细粒（0.009~0.018mm）为主，-0.023mm 粒级约占 50%。

原矿化学成分分析结果见表 5-24。

表 5-24　原矿化学成分分析结果　　　　　　　　　　　（%）

化学成分	Cu	Zn	Pb	Fe	S	SiO_2	Al_2O_3	MgO	CaO
含量	0.575	1.89	0.27	38.0	39.8	0.36	1.6	1.19	1.6

铜物相中硫化铜占 94.78%，氧化铜占 5.22%；锌物相中，硫化锌占 92.43%，氧化锌占 7.57%。

5.10.2　高碱介质浮选工艺

采用三段开路破碎流程，将 1200mm 的原矿碎至 -25mm。原矿采用二段磨矿将 -25mm 矿石磨至 -0.074mm 占 85%~90%，其中第一段磨至 -0.074mm 占 70%~75%，第二段采用 2700mm×3600mm 溢流型球磨机与 750mm 水力旋流器闭路，磨至 -0.074mm 占 85%~90%。

选厂磨矿浮选流程如图 5-15 所示。

在矿浆 pH 值为 8~9 条件下采用丁基黄药和松醇油进行铜锌部分混合浮选，使易浮硫化锌矿物与硫化铜矿物一起进入铜锌混合精矿中，槽内为难浮硫化锌和硫铁矿产物。部分混浮尾矿中加入石灰（pH 值为 12）和硫酸铜进行抑硫浮锌。铜锌混合精矿进行再磨，磨至 -0.074mm 占 95%。再磨后在矿浆 pH 值为 6~7，以亚硫酸和硫化钠为抑制剂进行抑锌浮铜，精选二次得最终铜精矿。铜锌分离尾矿返至锌硫分离粗选作业进行锌硫分离，锌粗精矿经三次精选得锌精矿。最终尾矿为硫精矿。

浮选药剂制度见表 5-25。

表 5-25 浮选药剂制度 (g/t)

药名	用量	加药点	药名	用量	加药点
石灰	8~10kg/t	混合浮选、锌粗选	亚硫酸钠	150~250	铜锌分离浮选
丁基黄药	140	混合浮选、扫选、分离浮选、锌粗、扫选	硫化钠	50~200	铜锌分离浮选
2 号油	30~60	混合粗、扫选	硫酸铜	200	锌浮选

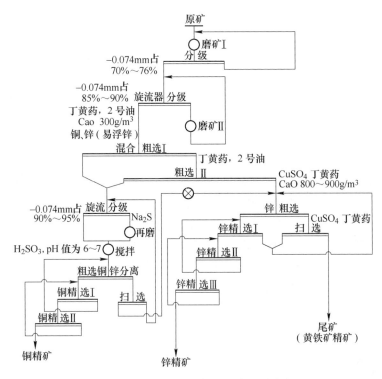

图 5-15 甘肃某硫化铜锌矿的磨矿浮选流程

生产指标为：原矿品位 Cu 0.57% ~ 1.35%，锌 2.9% ~ 3.3%；铜精矿 Cu 10.3% ~ 13.5%，铜回收率为 66% ~ 80.5%；锌精矿 Zn 40.7% ~ 47.3%，锌回收率为 44% ~ 64%。浮选指标随原矿品位的变化而波动大，相当不稳定，同名精矿中铜、锌的回收率均不高。

5.10.3 低碱介质浮选工艺

建议采用原磨矿浮选工艺流程，改变工艺路线和药剂制度进行低碱介质浮选分离。原矿两段磨矿磨至 -0.074mm 占 90%，加入 0.5kg/t 石灰（矿浆 pH 值为 6.5~7.0），采用 SB_1 和 SB_2 组合捕收剂进行铜锌硫化物部分混合浮选。铜锌混合精矿再磨至 -0.053mm 占 95%，加入石灰（2kg/t）使矿浆 pH 值为 8.0，加入硫酸锌抑硫化锌，采用 SB_1 选矿混合剂进行抑锌浮铜，精选后得铜精矿。铜尾送锌循环，加入硫酸铜 200g/t，添加 60~80g/t SB_1 进行抑硫浮锌，精选后得锌精矿。锌尾可作硫精矿或经原浆浮选硫铁矿产出含硫达 48% 的优质硫精矿。预计可产出含铜 25%、铜回收率为 86% 的铜精矿，含锌 51%、回收率为 85% 的锌精矿及含硫 48%、回收率为 80% 的硫精矿。技改费用较低，经济效益极其显著。

5.11　新疆某硫化铜锌硫矿浮选

5.11.1　矿石性质

新疆某硫化铜锌硫矿目前为新疆最大的铜锌硫矿，选厂现日处理量为 6000t。处理的矿石类型为浸染状铜硫矿石、致密状铜锌黄铁矿矿石、条带状铜锌黄铁矿矿石等，以铜锌黄铁矿矿石为主，其中铜矿石占矿床中各类铜矿石总储量的 65%，铜锌矿石占矿床中各类铜矿石总量的 35%。

矿石中主要金属矿物为黄铁矿、黄铜矿、铁闪锌矿、闪锌矿、砷黝铜矿和少量的方铅矿、辉铜矿及微量的辉钼矿、斑铜矿、银金矿等。主要的脉石矿物为石英、绢云母，其次为方解石、重晶石、绿泥石、白云石等。金属矿物嵌布粒度细，部分黄铁矿嵌布粒度较粗。

5.11.2　高碱介质浮选工艺

井下经粗碎的矿石经地面中、细碎作业碎至 -12mm，一段磨矿磨至 -0.074mm 占 74% 左右，再经第二段磨矿磨至 -0.074mm 占 93%。分级溢流送浮选柱一次粗选三次精选，快速浮出部分优质铜精矿；浮选柱粗选尾矿进入浮选机进行三次粗选，二次扫选，产出铜锌混合精矿和尾矿（硫精矿）。铜锌混合精矿再磨至 -0.043mm 占 95%，进入铜锌分离作业，经一粗三精三扫浮选，产出合格铜精矿；铜尾进入锌硫分离作业，经二粗四精三扫浮选作业，产出合格锌精矿；混合浮选尾矿和锌尾合并一起泵送尾矿库堆存。

选矿生产药剂制度见表 5-26。估计吨矿药剂成本为 38 元左右。矿浆 pH 值为 12 左右。

表 5-26　选矿生产药剂制度　　　　　　　　　　　　　（g/t）

药名	石灰	PAC	BK201	丁基药	Na$_2$S	活性炭	ZnSO$_4$	Na$_2$SO$_3$	CuSO$_4$
铜循环	10000	28	10	43	0	0	0	0	0
锌循环	0	15	18	53	200	130	2000	1200	570
合计	10000	43	28	96	200	130	2000	1200	570

选矿生产指标见表 5-27。

表 5-27　选矿生产指标（2006 年流程查定指标）　　　　　（%）

产品	产率	品位					回收率				
		Cu	Zn	S	Au/g·t^{-1}	Ag/g·t^{-1}	Cu	Zn	S	Au	Ag
铜精矿	9.20	25.00	2.28	31.73	1.60	27.03	92.00	14.00	9.80	35.00	52.00
锌精矿	2.19	0.94	50.00	24.48	0.77	61.70	0.82	73.00	1.80	4.00	5.00
尾矿	88.61	0.20	0.22	29.72	0.29	13.12	7.18	13.00	88.40	61.00	43.00
原矿	100.00	2.50	1.50	29.79	0.42	27.03	100	100	100	100	100

从表 5-27 中数据可知：（1）原矿含铜 2.5%，获得铜品位为 25%，铜回收率为 92% 的铜精矿，铜指标较理想；（2）原矿含锌 1.5%，获得锌品位为 50%，锌回收率为 73% 的锌精矿，锌指标较理想；（3）原矿含金 0.42g/t，铜精矿中金的回收率仅 35%，尾矿中金的

损失率高达61%，表明铜循环的矿浆 pH 值太高，石灰用量过高；（4）原矿含银 27.03g/t，铜精矿中银的回收率为 52%，尾矿中银的损失率高达 43%，表明铜循环的矿浆 pH 值太高，石灰用量过高。

现场生产指标（2008 年 1~7 月累计）见表 5-28。

表 5-28 现场生产指标（2008 年 1~7 月累计） （%）

产品	产率	品位		回收率	
		Cu	Zn	Cu	Zn
铜精矿	10.089	19.50	3.42	88.22	34.50
锌精矿	0.995	0.57	46.66	0.26	46.43
尾矿	88.916	0.29	0.21	11.52	19.07
原矿	100.000	2.23	1.00	100.00	100.00

从表 5-28 中数据可知：现场生产指标铜精矿铜含量和铜回收率及锌精矿锌含量和锌回收率均有待提高。

5.11.3 低碱介质浮选工艺

作者与新疆有色金属研究所合作，于 2007 年年底至 2008 年 7 月先后两次对采自该矿的原矿试样进行低碱浮选工艺的试验研究。小型试验闭路流程为粗磨 -0.074mm 占 85%（磨矿时间为 6min），进行铜锌混合浮选—混合精矿再磨—铜与锌硫分离—锌硫分离流程。铜锌混合精矿再磨时间为 10min，再磨细度仅为 -0.043mm 占 85%，入选细度和混合精矿再磨细度均比现场生产相应的入选细度和再磨细度低。小型闭路试验药剂制度见表 5-29。小型闭路试验指标见表 5-30。

表 5-29 小型闭路试验药剂制度 （g/t）

药名	石灰	SB	丁基黄药	Na_2SO_3	$ZnSO_4$	$CuSO_4$	pH 值
浮铜	3000	160	160	1200	0	0	8.5
浮锌	4000	0	100	0	2400	300	11
合计	7000	160	260	1200	2400	300	

表 5-30 小型闭路试验指标 （%）

产品	产率	品位					回收率				
		Cu	Zn	$Au/g \cdot t^{-1}$	$Ag/g \cdot t^{-1}$	S	Cu	Zn	Au	Ag	S
铜精矿	11.382	21.03	2.67	1.12	92.3	35.98	93.30	30.66	30.33	56.55	13.10
锌精矿	1.826	0.59	30.70	0.59	37.1	34.80	0.42	56.57	2.57	3.65	2.03
混尾	49.354	0.22	0.12	0.26	4.59	32.43	4.24	5.97	30.55	12.19	51.20
锌尾	37.438	0.14	0.18	0.41	13.70	28.11	2.04	6.80	36.55	27.61	33.67
总尾	86.792	0.19	0.15	0.28	8.52	30.57	6.28	12.77	67.10	39.80	84.87
原矿	100	2.57	0.99	0.42	18.58	31.26	100.00	100.00	100.00	100.00	100.00

小型试验的结论为:

(1) 原矿磨至-0.074mm 占 85%后采用铜锌混合浮选,直接丢弃产率为 70%以上的尾矿(硫含量为 35%左右),铜锌混精再磨至-0.043mm 占 85%进行铜、锌硫和锌、硫分离的工艺流程最适于该矿硫化铜锌矿物紧密共生、嵌布粒度细的特性,但本次小型试验的磨矿细度比生产流程中的相应细度低。

(2) 采用低碱工艺,浮选矿浆 pH 值为 7.0~8.5,获得了铜精矿含铜 21.03%、铜回收率为 93.30%的高指标。

(3) 采用低碱工艺,铜精矿中金含量达 1.12g/t,达计价标准。

(4) 在矿浆 pH 值为 11.0 条件下,只须添加 2.4kg/t 的硫酸锌和 1.2kg/t 亚硫酸钠即可抑锌浮铜,无须添加活性炭脱药。

(5) 锌硫分离仅采用一粗一精一扫的闭路流程可得含锌 30.70%、锌回收率为 56.67%的锌精矿。

(6) 采用低碱工艺,工艺流程短,药剂种类少,加药点少,药量低,生产成本低,易操作,指标稳定可靠。

对比表 5-30 与表 5-28 中相关数据可知:(1) 原矿铜、锌品位相当条件下,小试的铜指标较高,精矿中的铜品位提高 1.5%,回收率提高 5.08%;(2) 小试的锌指标与生产指标相当,因小试采用一粗一精一扫的流程,生产采用一粗四精三扫流程,故生产的锌精矿品位较高;(3) 小试的铜锌分离较好,铜精矿中锌损失率较低,总尾中锌的损失率较低。

2008 年 9 月 6 日,我方、新疆有色金属研究所和矿方试验室三方联合试验组,在该矿选矿试验室对当天入选原矿试样进行了小型对比开路试验,开路试验流程为试样磨矿3min,混选一粗一扫,混精再磨 10min,进行一粗三精一扫铜锌分离。小型对比试验指标见表 5-31。

表 5-31　开路对比小型试验指标　　　　　　　　　　(%)

产品	低碱试验指标					矿方条件试验指标				
	产率	品位		回收率		产率	品位		回收率	
		Cu	Zn	Cu	Zn		Cu	Zn	Cu	Zn
混粗精	52.18	4.21	1.28	96.67	94.29	28.42	6.54	1.87	89.43	78.58
混扫泡	12.66	0.32	0.18	1.78	3.22	12.07	1.08	0.95	6.27	17.00
混尾	35.16	0.10	0.05	1.55	2.49	59.51	0.15	0.05	4.30	4.42
铜精矿	7.37	25.65	1.93	83.18	20.04	4.57	27.55	0.88	60.55	5.96
中矿Ⅰ	7.41	0.74	1.68	2.42	17.59	6.70	3.0	1.45	9.69	14.41
中矿Ⅱ	4.46	4.09	3.18	8.02	20.04	1.85	11.90	1.73	10.59	4.74
中矿Ⅲ	3.40	0.65	1.53	0.97	7.35	4.71	1.65	2.60	3.74	18.16
铜尾	29.54	0.16	0.70	2.08	29.22	10.59	0.96	2.25	4.89	35.32
原矿	100.00	2.27	0.71	100.00	100.00	100.00	2.08	0.67	100.00	100.00

此次对比试验结果表明:(1) 混粗精中低碱工艺铜回收率比高碱工艺高 7%,锌回收率高 15.7%;(2) 混粗精再磨后经一粗三精一扫,铜精矿中低碱工艺铜回收率比高碱工艺高 22%;(3) 混粗精再磨后经一粗三精一扫,铜尾中低碱工艺锌回收率比高碱工艺低

6.1%，表明铜锌混合精矿的磨矿细度较低（磨矿时间仅为 10min），要求细度为 -0.043mm 占95%（磨矿时间应为 15~20min）。

此次低碱介质小型试验虽圆满完成了矿方提出的任务，取得了较高的浮选指标。经认真总结后，认为还存在一些不足之处，其浮选指标还有一定的提高空间。原矿含铜 2.2%以上时，若铜、锌循环全部采用 SB 系列捕收剂，石灰用量降至 3kg/t 左右，铜精矿含铜 22%左右，铜的回收率应达 95%左右才较理想。

建议该矿选厂改变浮选工艺流程、工艺路线和药剂制度，实现低碱介质浮选。原矿经两段磨矿磨至 -0.074mm 占95%，加石灰 0.5kg/t（pH 值为 7.0）、SB_1 100g/t、SB_2 10g/t 进行铜锌优先浮选，铜锌混合精矿产率小于 30%，铜锌回收率大于 98%。铜锌混合精矿再磨至 -0.038mm 占95%，加石灰 2kg/t（pH 值为 9.0）、硫酸锌 500g/t、SB_1 20g/t 进行抑锌浮铜，产出铜含量 23%、铜回收率为 96%左右的铜精矿。铜尾添加硫酸铜 400g/t、SB_1 30g/t 进行抑硫浮锌，产出锌含量 50%、锌回收率为 80%左右的锌精矿。锌尾矿与铜锌优先混合浮选尾矿合并进行原浆浮选硫铁矿产出含硫 50%、硫回收率为 80%左右的优质硫精矿。

现高碱工艺改为低碱介质浮选工艺，可简化工艺流程，各浮选循环一点加药，药剂种类少、加药点少、药量小，可实现节能（浮选机少）、降耗、提质（精矿品位）、增产（Cu、Au、Ag 金属量）和增效的目的。技改费用较低，经济效益显著。

6　硫化铜钼矿浮选

6.1　概述

6.1.1　钼矿床工业类型

地壳中钼含量（克拉克值）为 $3 \times 10^{-4}\%$，在周期表中钼与钽、铌同族。钼为亲硫元素，钼硫间亲和力极强，在成矿阶段，若存在一定数量的钼，硫与钼将优先结合为辉钼矿，剩余的硫才能与其他亲硫元素结合为其他金属硫化矿物。钼的性质与钨相似，成矿主要集中于气成-热液阶段。

最主要和最具工业价值的钼矿物为辉钼矿，纯矿物含钼 60%，含硫 40%，密度为 $4.7 \sim 5.0 \mathrm{g/cm^3}$，莫氏硬度为 $1.0 \sim 1.5$，不导电。辉钼矿常含铼，其含量随钼含量的升高而升高。此外，有时还含锇、铂、钯、钌等铂族元素。这些辉钼矿中的伴生元素常具有综合利用价值。

钼矿床主要有三种工业类型。

（1）细脉浸染型铜钼矿床。此类型也是铜矿床的主要类型，世界上三分之一的钼产自此矿床类型。矿床中硫化铜矿物与硫化钼矿物紧密共生，当钼含量高时，即为钼矿床，铜为副产品。反之，若矿床中铜含量高时，即为铜矿床，钼为副产品。此类矿床具有特殊的细脉浸染状、细网脉状构造。主要金属矿物为辉钼矿、黄铜矿、黄铁矿。原矿中的铜、钼含量虽然低，但矿床规模大，常为巨型矿床，经济价值大。

（2）矽卡岩型钼矿床。从世界范围考虑，此类矿床处于次要地位，但在我国则较为重要。此类矿床的钼矿化明显晚于矽卡岩阶段，因而钼矿体与矽卡岩体不完全一致。辉钼矿常呈小颗粒散存于矽卡岩内，或沿裂隙呈细脉贯穿于矽卡岩内，或与黄铁矿、黄铜矿等金属硫化矿物一起，分布于矽卡岩内石英脉中，有时与分散浸染于矽卡岩中的白钨矿共生。此类矿床中的钼含量较高，矿床规模虽然不大，在国内具有很大的工业价值。

（3）热液石英脉型辉钼矿矿床。在钼矿床中，此类型为次要类型，常与高温热液型石英-黑钨矿矿床共生，与花岗岩浸入体密切相关。此类矿床常产于花岗岩、花岗闪长岩及其附近围岩中，矿床属于高-中温热液类型。

6.1.2　钼矿石类型

根据钼矿石的选矿工艺特点，常将钼矿石分为三种类型。

（1）硫化钼矿石：此类矿石中一般只回收钼，其他金属硫化矿物（如黄铜矿、黄铁矿、磁铁矿等）因含量低而无回收价值。处理此类矿石时，主要是使辉钼矿与其他硫化矿物分离，获得钼含量高、钼回收率高的钼精矿和尽可能作为副产回收伴生的其他金属硫化矿物。

（2）硫化铜钼矿石：此类矿石中除含辉钼矿外，还常含有硫化铜矿物，其中主要为黄铜矿，其次为少量的辉铜矿、砷黝铜矿等。浮选此类矿石时，必须产出高品位的钼精矿和合格的铜精矿。

（3）钼钨（有时为铜钼钨）矿石：处理此类矿石时，必须产出高品位的钼精矿和合格的钨精矿，尽可能副产回收所含的其他金属硫化矿物。

此外，有时还可遇到铋钼矿、铅钼矿等。

6.1.3　辉钼矿的可浮性

辉钼矿属六方晶系，呈层片状结晶构造（见图6-1）。

晶格中 Mo 原子全位于同一平面上，并呈夹心层位于两个硫原子层之间，构成 S-Mo-S 的"三重层"。在"三重层"内部，钼原子层中的钼原子与硫原子层中的硫原子以共价键牢固地结合在一起。在"三重层"与"三重层"之间则为较弱的分子键。因此，矿石破碎磨矿时，辉钼矿常呈层片状解离。常见六方板状、叶片状、鳞片状或细小的分散片状等。由于层片状表面由疏水的硫原子组成，辉钼矿表面具有天然疏水性，为易浮选的硫化矿物。但在层状片体断裂所形成的边部，钼原子与硫原子之间为强键，亲水，故"边部效应"使细磨将提高辉钼矿的亲水性。因此，磨矿时应避免辉钼矿的过磨。但晶体边部表面积与疏水层片的表面积相比较，所占比例较小，故辉钼矿的天然可浮性好。

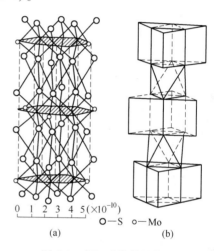

图6-1　辉钼矿的结晶构造
（a）离子的中心排列（钼离子面网以条纹标示）；
（b）另一方法表示同一晶格

辉钼矿为较难被氧化的金属硫化矿物，但在氧化带经氧气和水的长期作用，辉钼矿将转变为 $MoO_2 \cdot SO_4$ 的配合物。其反应可表示为：

$$2MoS_2 + 9O_2 + 2H_2O \rightleftharpoons 2(MoO_2 \cdot SO_4) + 2H_2SO_4$$

$MoO_2 \cdot SO_4$ 配合物可溶于水，无还原剂时，该配合物相当稳定。若溶液中含有铁盐、褐铁矿或铁的氢氧化物时，$MoO_2 \cdot SO_4$ 配合物与其相互作用可生成铁钼华（即钼酸铁的水合物）。其反应可表示为：

$$2Fe_2(SO_4)_3 + 6MoO_2 \cdot SO_4 + 27H_2O \rightleftharpoons 2(Fe_2O_3 \cdot 3MoO_3 \cdot 7\frac{1}{2}H_2O) + 12H_2SO_4$$

$$4Fe(OH)_3 + 6MoO_2 \cdot SO_4 + 15H_2O \rightleftharpoons 2(Fe_2O_3 \cdot 3MoO_3 \cdot 7\frac{1}{2}H_2O) + 6H_2SO_4$$

$MoO_2 \cdot SO_4$ 配合物与碳酸钙作用可生成钼酸钙矿，其反应可表示为：

$$MoO_2 \cdot SO_4 + Ca(HCO_3)_2 \rightleftharpoons CaMoO_4\downarrow + H_2SO_4 + 2CO_2\uparrow$$

因此，在特定条件下，辉钼矿的变化顺序为：$MoS_2 \rightarrow MoO_2 \cdot SO_4 \rightarrow$ 铁钼华 $\rightarrow CaMoO_4$。

在含有硫及碳酸盐的脉状辉钼矿矿床中，辉钼矿有可能部分或全部氧化为钼华。在铅锌及钼矿床的氧化带所出现的彩钼锌矿，含有铜、钨、铬、钒等杂质。

辉钼矿的氧化程度比其他金属硫化矿物小。辉钼矿的氧化程度与温度、矿浆 pH 值、矿浆浓度、溶解氧的浓度及催化剂含量有关。辉钼矿表面生成的氧化物及钼酸盐膜将降低辉钼矿的可浮性。

由于辉钼矿、黄铜矿等金属硫化矿物的可浮性好，虽然原矿中钼含量较低，但无论何种类型的钼矿石均采用浮选的方法回收钼和铜。

从斑岩铜矿中回收铜和钼比从硫化钼矿石中回收要困难些，采用高碱介质浮选工艺时，铜硫分离的矿浆 pH 值常大于 11，常使辉钼矿被抑制而进入铜尾矿中，使铜精矿中钼的回收率偏低。但目前成熟的低碱介质铜硫分离工艺可较圆满地解决此问题，采用低碱介质浮选工艺，可大幅度提高铜精矿中钼的回收率（常可提高 40%~50%）。

处理铜钼矿石的新建浮选厂，根据原矿中黄铁矿含量的高低，可采用不同的工艺流程。原矿中黄铁矿含量高时，一般可采用混合浮选—混合精矿再磨—铜硫分离浮选产出硫精矿和铜钼混合精矿—铜钼分离浮选产出钼精矿和铜精矿的工艺路线；原矿中黄铁矿含量低时，一般可采用铜钼混合浮选—铜钼混合精矿再磨—铜钼分离产出钼精矿、铜精矿和硫精矿的工艺路线。

6.1.4　钼精矿质量标准

我国钼精矿质量标准见表 6-1。

表 6-1　我国钼精矿质量标准（YS/T 235—2007）

牌号	化学成分/%									
	Mo（不小于）	杂质含量（不大于）								
		SiO$_2$	As	Sn	P	Cu	WO$_3$	Pb	CaO	Bi
KMo-57	57.00	2.0	0.01	0.01	0.01	0.10	0.05	0.10	0.50	0.05
KMo-53	53.00	6.5	0.01	0.01	0.01	0.15	0.05	0.10	1.50	0.05
KMo-51	51.00	8.0	0.01	0.02	0.01	0.20	0.10	0.10	1.80	0.05
KMo-49	49.00	9.0	0.01	0.02	0.22	0.22	0.15	0.10	2.20	0.05
KMo47	47.00	9.0	0.01	0.02	0.02	0.25	—	0.15	2.70	0.05

注：1. 本标准是对《钼精矿技术条件》（YS/T 235—1994）的修订，牌号不再分为单一钼矿浮选产品和多金属矿综合回收浮选产品，删除了原标准中 KMo-45 牌号钼精矿及其技术指标，增加了牌号 KMo-57 牌号钼精矿，规定了其技术指标；
　　2. 钼精矿粒度通过 0.074mm（200 目）标准筛的筛下物不小于 60%，钼精矿产品外观质量应呈铅灰色，不允许有可见夹杂物；
　　3. 需方如对钼含量或杂质含量有超出本标准规定范围的要求，可由供需双方协商解决。

6.2　陕西金堆城硫化钼矿浮选

6.2.1　概述

矿体位于陕西华县境内。金堆城钼业集团公司为亚洲最大、世界领先的钼业公司，为国际钼协会执行理事单位、中国有色金属工业协会钼业分会会长单位。集团公司总部位于西安市高新区，下设4个分公司、10个二级单处和3个控股子公司。主要生产基地分布于陕西（西安、渭南、华县）、河南汝阳、山东淄博等地，拥有钼采矿、选矿、冶炼、化工和金属深加工一体化的完整产业链条，主要生产钼冶金炉料、钼化学化工、钼金属三大系列二十多种产品。

6.2.2　矿石性质

陕西金堆城硫化钼矿为世界六大原生钼矿床之一，钼金属储量78万吨。控股的汝阳东沟钼矿钼金属储量68万吨。两座钼矿山均已正常生产。

金堆城硫化钼矿为露天开采矿山，现有钼浮选厂三座，即寺坪选厂、三十亩地选厂和百花岭选厂。三座钼选厂均处理露采矿石，其中百花岭选厂日处理量为20000~25000t。

该矿属大型中温-高中温热液细脉浸染斑岩型钼矿床，矿体赋存于花岗斑岩及与其接触的安山玢岩中，矿体与围岩界线不明显，两者呈渐变关系。有用组分的平均含量为：Mo 0.100%、Cu 0.028%、$S(FeS_2)$ 2.8%。70%以上的矿石为安山玢岩矿石，20%以上为花岗斑岩矿石，3%左右为石英岩及凝灰质板岩矿石。主要为硫化矿，氧化矿仅占总储量的1.5%。金属矿物主要为辉钼矿、黄铁矿，其次为磁铁矿、黄铜矿，再次为辉铋矿、方铅矿、闪锌矿、锡石。脉石矿物主要为黑云母、石英、长石，其次为萤石、白云母、绢云母、绿柱石、铁锂云母、方解石。矿脉可分为长石-石英脉型云母、辉钼矿-石英脉型，高中温-硫化物石英脉型，非金属矿石英脉等类型，它们相互穿插成网状。

辉钼矿为似石墨的片状和锌片状集合体，呈细脉状、薄膜状及散点状浸染于脉石中或近脉围岩中，大部分集中于石英脉中，粒度一般为0.1~0.01mm，最粗为0.6mm。钼氧化率为3%~5%。辉钼矿与石英、云母和长石关系密切。部分辉钼矿与黄铜矿、黄铁矿关系密切。

黄铁矿呈自形粒状较均匀地分布于脉石中，黄铁矿粒径一般为0.045mm，最小的为0.03mm，最大的为2mm。

黄铜矿一般呈致密状、粒状或小晶体状分布于矿石中，部分赋存于磁铁矿与黄铁矿中，局部可见被黄铁矿交代熔蚀现象。黄铜矿粒度为0.01~0.1mm，一般为0.04mm。

原矿化学成分分析结果见表6-2。

表6-2　原矿化学成分分析结果　　　　　　　　　（%）

化学成分	Mo	Cu	TFe	Pb	Zn	SiO_2	Al_2O_3	MgO
含量	0.10	0.039	7.63	0.13	0.07	55.62	11.05	2.9
化学成分	F	TiO_2	ZrO	S	Sn	CaO	Co	Cr
含量	0.70	1.28	0.02	2.81	0.0014	3.10	0.015	0.0074

6.2.3　选矿工艺

百花岭选厂1984年建成投产，选矿工艺流程如图6-2所示。

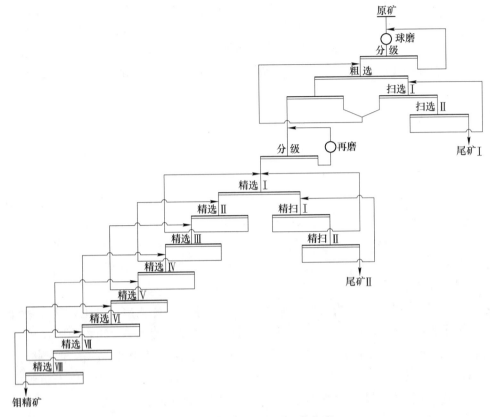

图 6-2 百花岭选厂选矿工艺流程

百花岭选厂日处理量为 20000～25000t，将原矿碎至-15mm，用 9 台 MQG3600mm×4000mm 球磨机与 2FLG-2400mm 螺旋分级机闭路（另有 1 台 3600mm×6000mm 溢流型球磨机与 φ500mm 衬塑旋流器闭路）的粗磨至-0.074mm 占 50%～58%，经一次粗选、一次粗精选和二次粗扫选（XCF-24 浮选机）得钼粗精矿和粗扫选尾矿。钼粗精矿含钼 8%～14%，经 φ2500mm 旋流器预检分级和底流经 MQY2100mm×3000mm 球磨机再磨至-0.043mm 占 70%，经 8 次精选、2 次精扫选产出最终钼精矿；钼尾矿送铜浮选循环产出铜精矿；铜尾进入硫浮选循环产出硫精矿和最终尾矿；钼粗选、粗扫选尾矿送硫浮选循环产出硫精矿；硫尾矿送磁选，产出铁精矿和最终尾矿。

浮选药剂为：钼粗选为钼铜硫混合浮选，采用 100～110g/t 煤油或 XY 烃油作捕收剂（加入磨机中），用 16g/t 松醇油作起泡剂；钼精选采用丁基黄药作捕收剂，松醇油作起泡剂，采用巯基乙酸钠和磷诺克斯作抑制剂，以抑制硫化铜矿物和硫化铁矿物；铜浮选：钼尾矿经浓缩脱水脱药后，底流进入铜浮选循环，采用一粗、一扫、三精的浮选流程，采用丁基黄药或苯胺黑药为捕收剂，松醇油为起泡剂，采用石灰、水玻璃、木质素为硫的抑制剂，进行抑硫浮铜，银富集于铜精矿中，获得铜含量为 16%，铜回收率为 70% 的铜精矿；硫浮选采用丁基黄药为捕收剂，松醇油为起泡剂；磁选铁精矿采用磁粗选，粗精矿再磨至-0.038mm 占 90%，进行二次磁精选和一次筛分。

选矿生产指标见表 6-3。

表 6-3　选矿生产指标　　　　　　　　　（%）

原矿品位				同名精矿品位				同名精矿回收率			
Mo	Cu	S	Fe	Mo	Cu	S	Fe	Mo	Cu	S	Fe
0.11	0.028	2.8	7.9	53	22	48	62	85~87	80	63	

为降低钼精矿中 Pb、Cu、CaO 等杂质的含量，采用在 50~80℃，液固比为3∶1，pH值为 1 的盐酸浸出 1h。浸出前后钼精矿组成变化见表6-4。

表 6-4　浸出前后钼精矿组成变化　　　　　　　（%）

钼精矿组成	Mo	Pb	CaO	Cu	Fe
浸出前钼精矿	53.88	0.174	0.540	0.168	1.139
浸出后钼精矿	54.68	0.032	0.048	0.114	1.072

建议改用低碱介质浮选新工艺，在细度为 -0.074mm 占 75%，自然 pH 值下进行铜钼硫混合浮选（一粗二精二扫）—混合精矿再磨至 -0.038mm 占 95%—铜钼分离（一粗三精二扫）产出钼含量 53%、钼回收率为 91% 的优质钼精矿—钼尾原浆浮选铜，产出含铜23%、铜回收率为 82% 左右的铜精矿—铜尾进行原浆浮选硫铁矿，产出含硫 45%、硫回收率为 70% 的优质硫精矿。铜钼硫混合浮选尾矿送磁选铁，产出铁精矿。此工艺改革的技改费低，可降低生产成本和获得较高的浮选指标，可显著提高经济效益和环境效益。

6.3　洛阳栾川钼业集团选矿二公司硫化钼矿浮选

6.3.1　矿石性质

栾川钼矿田位于河南栾川县境内，处伏牛山南麓，为世界最大钼矿。栾川钼矿田、卢氏钼多金属矿田及金堆城-黄龙铺钼矿田，构成东秦岭钼-多金属成矿带。以矽卡岩钼矿为主，其次为角砾型、斑岩二长花岗斑岩型钼矿。

洛阳栾川钼业集团选矿二公司 2006 年 4 月选厂日处理量为 10000t。原矿主要金属矿物为黄铁矿、辉钼矿、磁黄铁矿、白钨矿，其次为黄铜矿、磁铁矿、赤铁矿和少量褐铁矿、铜蓝、闪锌矿、方铅矿等。主要脉石矿物为石榴子石、透辉石、斜长石、萤石、硅灰石和少量的绿泥石、绿帘石、云母等。

6.3.2　选矿工艺

洛阳栾川钼业集团选矿二公司选矿工艺流程如图 6-3 所示。

选厂原矿中细碎采用瑞典产 SANDVIK 破碎机，磨矿用 2 台国产 ϕ4.8m×7.0m 球磨机。选矿流程为一次粗选、四次扫选和三次精选。扫选中矿合并返回扫选 I，中矿再磨再选中矿返回粗选。浮选作业采用浮选柱和机械搅拌式浮选机相结合。

原矿含钼 0.1%~1%，钼精矿含钼 51%，钼回收率为 85%。

该矿原矿含钼高达 0.1%~1%，钼精矿含钼仅 51%，钼回收率仅为 85%。很明显该选厂磨矿及浮选工艺流程和工艺参数有待改进，建议采用低碱介质浮选新工艺，以提高钼浮选指标和矿产资源的综合利用率，综合回收产出钼精矿、铜精矿、硫精矿和白钨精矿。

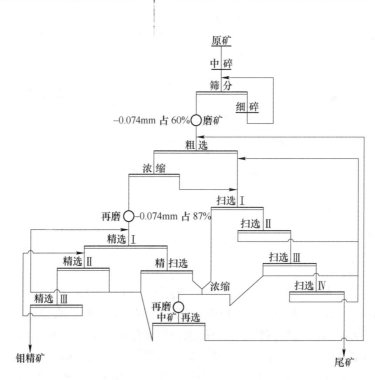

图 6-3　洛阳栾川钼业集团选矿二公司选矿工艺流程

6.4　辽宁杨家杖子硫化钼矿浮选

6.4.1　矿石性质

　　辽宁杨家杖子硫化钼矿位于辽宁省锦西县,以矽卡岩型钼矿为主,其次为花岗斑岩和灰岩型钼矿,为我国最早的钼选矿厂。选厂原矿来自岭前矿和松树卯矿。岭前矿属矽卡岩型,老矿体中有少量压碎带型矿石;松树卯矿主要为含钼矽卡岩和含钼花岗斑岩,其中以含钼矽卡岩为主。

　　矽卡岩矿石中的金属矿物除辉钼矿外,还含少量的黄铁矿、磁黄铁矿、磁铁矿、黄铜矿、闪锌矿、方铅矿等。脉石矿物以石榴子石、透辉石、方解石、石英为主,还含少量易泥化的绿泥石、绢云母、高岭土等。辉钼矿多呈板状、鳞片状、粒状、片状及片状集合体的形态,以浸染状和星点状分布于矿石中,少量以薄膜状黏附于裂隙表面,与石榴子石、透辉石、方解石、石英等紧密共生。辉钼矿除少量与黄铁矿共生外,金属矿物间共生现象较少见。辉钼矿粒度大小不均,一般为 0.08~0.42mm,-0.1mm 粒级占 1% 左右,属不均匀浸染。原矿钼含量为 0.08%~0.15%,属易选矿石。

　　花岗斑岩中的黄铁矿含量较高,其他金属矿物与矽卡岩矿石中的金属矿物相同。脉石矿物以长石、石英、方解石、高岭土为主。大量的长石经风化生成大量的高岭土、绢云母、绿泥石等易泥化矿物。辉钼矿呈细小集合体呈薄膜状嵌布于矿石中,粒度较小,一般为 0.02~0.15mm,原矿含钼为 0.06%~0.12%。辉钼矿与脉石矿物紧密共生,易泥化,属较难选矿石。

6.4.2 选矿工艺

采用三段一闭路碎矿流程，将原矿碎至-15mm 占 90%。

选厂磨矿—浮选流程如图 6-4 所示。

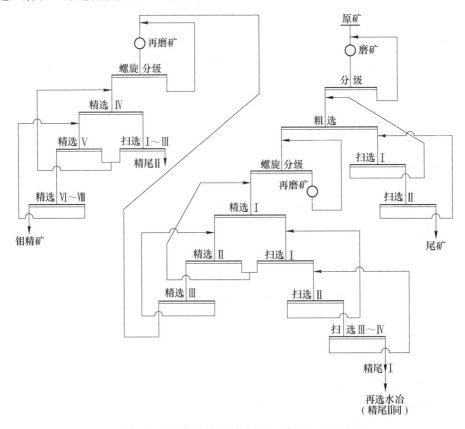

图 6-4 辽宁杨家杖子硫化钼矿选厂磨矿—浮选流程

碎矿后的原矿磨至-0.074mm 占 60%，经一次粗选二次扫选得钼粗精矿和尾矿；钼粗精矿再磨至-0.074mm 占 95%，经三次精选和四次精扫选得钼精矿和尾矿Ⅰ；钼精矿再磨至-0.038mm 占 90%，经五次再精选和三次精扫选得最终钼精矿和尾矿Ⅱ。尾矿Ⅰ和尾矿Ⅱ经再选可将钼含量为 0.2%~0.5%尾矿富集为含钼为 1%的中矿，其组成较复杂，不宜返回主浮选流程处理，将其进行化学选矿，采用次氯酸钠为浸出剂进行氧化酸浸。其反应可表示为：

$$MoS_2 + 9NaClO + 6NaOH \longrightarrow Na_2MoO_4 + 9NaCl + 2Na_2SO_4 + 3H_2O$$

$$Na_2MoO_4 + CaCl \longrightarrow CaMoO_4 \downarrow + 2NaCl$$

$$Na_2MoO_4 + 2NH_4Cl \longrightarrow (NH_4)MoO_4 \downarrow + 2NaCl$$

浸出时，Mo：NaClO = 1：(9~10)，温度为 50℃，浸出 2h。过滤后，滤液用盐酸调 pH 值，加入氯化钙，其用量为理论量的 120%，煮沸 10~20min，过滤，可得钼酸钙产品。浸出时钼的浸出率为 85%~90%，沉淀率为 95%~97%，钼总回收率为 80%~85%。钼酸钙中钼含量为 35%~40%。

钼浮选药剂制度：捕收剂为煤油，用量为 130g/t，主要加于球磨机中，其次为扫选，还添加 10g/t 黄药作辅助捕收剂；起泡剂为松醇油，用量为 110g/t；抑制剂为水玻璃，用量为 3700g/t；还添加 4g/t 左右的氰化物以抑制黄铁矿、黄铜矿；还添加 10g/t 诺克斯（加于精选）以抑制方铅矿。

生产指标为：原矿含钼 0.088%，钼精矿品位为 46%；尾矿含钼 0.015%，钼回收率为 86.96%。

该矿为历史久远的矿山，上述流程和生产指标仅代表 20 世纪 80 年代的水平。

6.5   德兴铜矿硫化铜钼矿浮选

6.5.1   概述

硫化铜钼矿是产出钼精矿的主要来源之一。国外处理硫化铜钼矿石的国家为美国、加拿大、智利、俄罗斯、秘鲁、保加利亚等国，我国主要为德兴铜矿、乌山铜钼矿、鹿鸣钼矿、拉么铜矿等。德兴铜矿是世界上罕见的大型硫化铜钼矿床之一，目前日处理原矿量为 13 万吨。1982 年 5 月建成铜钼分离车间，产出部分钼精矿。

我国处理硫化铜钼矿石时，一般采用混合浮选产出铜钼混合精矿，然后将铜钼混合精矿再磨进行铜钼分离，采用抑制硫化铜矿物浮选辉钼矿的方法产出钼精矿和铜精矿。

德兴铜矿大山选厂产出含铜钼混合精矿的原生产流程如图 6-5 所示。

德兴铜矿产出钼铜精矿的现生产流程如图 6-6 所示。

6.5.2   硫化铜钼混合精矿的硫化钠分离法

由于采用高碱介质浮选工艺路线，德兴铜矿铜精矿中钼含量和回收率一直较低。从 1997 年后，随着石灰质量的提高和工艺流程的改进，铜硫分离的石灰用量从 10kg/t 降至 3~4kg/t。因大山选厂处理富家坞含钼较高的原矿，加上改进完善工艺流程和采用先进的大型浮选设备，铜精矿中的钼含量和回收率有较大幅度提高。铜钼混合精矿铜钼分离一直采用硫化钠抑制硫化铜等矿物，采用煤油和 2 号油浮选辉钼矿的方法进行铜钼分离。

德兴铜矿铜钼混合精矿铜钼分离浮选设计流程如图 6-7 所示。

20 世纪 90 年代初期，由于铜精矿中的钼含量较低，当时钼精矿售价较低及每吨铜精矿的硫化钠用量高达 120kg 等原因，铜钼分离车间曾停产数年。20 世纪 90 年代中期，为了降低生产成本，降低每吨铜精矿的硫化钠用量，采取了两大技术措施：（1）只将铜精矿钼含量高于 0.3% 的铜精矿送铜钼分离车间，（2）铜精矿进入铜钼分离车间铜精矿浓密机前，先经水力旋流器脱水脱泥，只将钼含量大于 0.4%~0.5% 的旋流器底流送铜钼分离车间的铜精矿浓密机。铜精矿钼含量小于 0.3% 的铜精矿直接送一般铜精矿浓密机进行脱水-过滤产出铜精矿。采用这些技术措施后，进入铜钼分离车间的铜精矿量降低了许多，虽然提高了铜精矿中的钼含量和大幅度降低了铜精矿中的矿泥含量，使铜钼分离车间吨矿铜精矿的硫化钠用量从原 120kg/t 降至 40~60kg/t，但却大幅度降低了钼精矿中以原矿计算的钼回收率。此工艺流程一直沿用至今。

生产指标为：铜精矿含钼 0.3%，旋流器底流含钼 0.4%~0.5%，钼精矿含钼 45%，

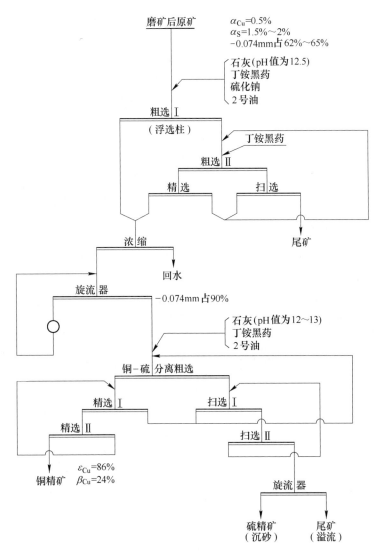

图 6-5　德兴铜矿大山选厂产出钼铜混合精矿的原生产流程

铜钼分离浮选作业回收率为 60% 左右, 以铜精矿计的钼回收率仅 50%, 以原矿计的钼回收率仅 20%~30%。

6.5.3　硫化铜钼混合精矿的非硫化钠分离法

6.5.3.1　烘焙脱药法

试验组于 1992 年下半年对德兴铜矿铜精矿浓密机底流, 采用烘焙脱药法进行铜钼分离的小型试验室试验, 取得较理想的铜钼分离指标。

将铜精矿的浓密机底流过滤, 将滤饼在 150~200℃ 条件下进行烘焙脱水脱药, 此烘焙温度低于硫的着火点, 但高于浮选药剂的热分解温度。因此, 烘干后的铜精矿中的辉钼矿和硫化铜物相组成未发生变化, 但其矿物表面的浮选药剂已被分解脱除。

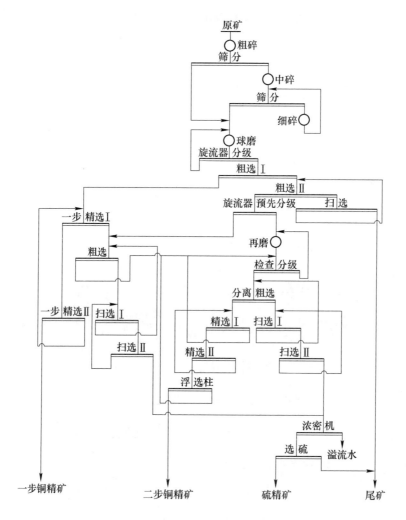

图 6-6　德兴铜矿大山选厂产出铜钼混合精矿的现生产流程

将烘干的铜精矿作试样进行铜钼分离浮选，采用一粗二精一扫的开路流程，粗选加入煤油作辉钼矿捕收剂，2 号油作起泡剂，铜精矿中含钼 0.25%，精二泡中的钼含量大于 10%，钼回收率达 85% 以上，远高于矿方提出的试验指标。

6.5.3.2　化学脱药法

试验组于 1992 年下半年对德兴铜矿铜精矿浓密机底流，先进行化学脱药，脱除硫化矿物表面的浮选药剂和矿浆液相中的浮选药剂，再进行硫化铜钼矿物的分离浮选。

将固体浓度为 50%、钼含量为 0.25% 的铜精矿浓密机底流置于烧杯中，用硫酸调矿浆 pH 值至 5.5（浓密机底流的 pH 值大于 12），加入 K203 1000g/t 铜精矿，用电动搅拌器搅拌 10min，然后将制浆后的铜精矿矿浆置于浮选机中，加水将其稀释为 25%～40% 的矿浆浓度，加入煤油作捕收剂，加入 2 号油作起泡剂，采用一粗二精一扫的开路流程进行浮选。铜钼混合精矿中含钼 0.25%，铜钼分离精二泡中的钼含量达 10% 以上，钼回收率达 85% 以上，远高于矿方提出的试验指标。

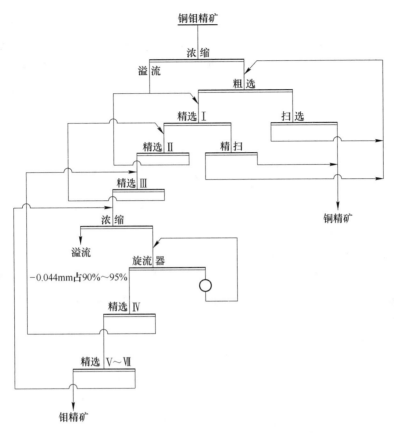

图 6-7 德兴铜矿铜钼混合精矿铜钼分离浮选设计流程

综上可知，无论采用铜钼混合精矿的低温烘焙法或化学脱药法均可有效脱除混合精矿中硫化矿物表面的浮选药剂和矿浆液相中的浮选药剂，恢复各种硫化矿物的天然可浮性。然后利用辉钼矿与硫化铜等矿物的天然可浮性差异，采用煤油和 2 号油即可将辉钼矿和硫化铜等矿物有效分离，获得较高的铜、钼浮选指标。

此两种低碱介质分离硫化铜钼矿物的方法，不添加硫化钠作抑制剂，不仅可大幅度降低生产成本，而且具有利于管理、指标稳定可靠、利于环保等一系列优点。

6.6 乌山硫化铜钼矿浮选

6.6.1 概述

6.6.1.1 概况

乌山铜钼矿为乌努格吐山铜钼矿，其全称为中国黄金集团内蒙古矿业有限公司，成立于 2007 年。由长春黄金设计院设计，于 2007 年 8 月开始建设乌山一期日处理量为 35000t 的选矿厂，于 2009 年 9 月投产。接着于 2011 年 4 月建设乌山二期日处理量为 35000t 的选矿厂，于 2012 年 10 月投产。目前，一分厂 2 个系列日处理量为 43000t，二分厂 1 个系列日处理量为 43000t，选厂日总处理量为 86000t。选矿工艺流程为：露采原矿经粗碎—半自磨—球磨将矿石磨至 -0.074mm 占 61%，采用铜钼混合浮选—铜钼分离的工艺流程，产出铜含量为 20% 左右的铜精矿和钼含量为 45% 的钼精矿。2016 年全年的累计理论选矿浮选指标为：原矿含铜 0.346%，含钼 0.035%，铜钼混合精矿含铜 20.72%，铜钼混合精矿中铜回收率为 87%；铜钼混合精矿分离后钼精矿中含钼为 45%，钼的综合回收率为 64%；铜精矿中含铜 19.5%，铜综合回收率为 86%。

6.6.1.2　矿床类型

该矿矿床位于乌努格吐山火山管道的接触带上，矿床属于受火山机构控制的陆项次生火山斑岩型铜钼矿床。载矿岩体为次斜长花岗岩体，以次斜长花岗岩体为中心形成环形铜钼矿带。矿带的南东部被晚期侵入的次英安质角砾岩所破坏，矿带中部受成矿后期 F_7 断层错动，上盘相对上升，垂直断距不大，相对水平错距约 600~700m，造成环形矿带的不连续性，以 F_7 断层为界将矿床分为南、北两个矿段。

北矿段编号为 A，南矿段编号为 B。铜矿体编号为奇数号，北区为 A_1，南区为 B_1。钼矿体编号为偶数号，北区为 A_2，南区为 B_2。矿带为一长环形，长轴长 2600m，短轴宽 1350m，走向 50° 左右，总体倾向北西，倾角从东向西回 85° 渐变为 75°，南北两个转折端均内倾，倾角 60°。北矿段环形中部有宽达 900m 左右的无矿核部，南矿段环形中部的无矿核部宽 150~850m。矿体沿走向、倾向均有分支复合、膨胀收缩，沿走向分支复合、膨胀收缩比沿倾向明显。钼矿体处于环形矿带的内环，铜矿体处于环形矿带的外环。

矿体围岩主要为黑云母花岗岩、流纹质晶屑凝灰熔岩和次斜长花岗斑岩三种。前两种为铜矿体的上、下盘围岩，具有伊利石、水白云母化蚀变，与矿体呈渐变过渡关系。次斜长花岗斑岩为钼矿体的上、下盘围岩，由于处于蚀变矿化中心部位，岩石具有石英钾长石化，与矿体呈渐变过渡关系。南、北两个矿段矿体内的夹石主要为后期脉岩，岩性为流纹斑岩、安山玢岩，对矿体的完整性影响不大。除后期脉岩夹石外，还有赋矿围岩，尤其是铜矿体内的夹石较多，对矿体的完整性影响较大。

矿石中主要回收有用组分为铜、钼、硫，伴生元素有金、银、铼、镓、铟、硒、镉、碲、铋、铅、锌等。其中金、银、铼可综合回收利用。

在矿体的垂直方向，上部矿体具有铜高钼低，下部矿体具有钼高铜低的趋向。

6.6.1.3　矿石中的主要矿物

矿石中的主要金属矿物和脉石矿物见表 6-5。

表 6-5　矿石中的主要金属矿物和脉石矿物

矿石类型	金属矿物					脉石矿物		
	原生矿物			次生矿物		主要矿物	次要矿物	少量矿物
	主要矿物	次要矿物	少量矿物	氧化矿物	次生富集			
铜矿石	黄铜矿、黄铁矿	辉钼矿、磁铁矿	方铅矿、闪锌矿、斑铜矿、辉铜矿、黝铜矿、赤铁矿	孔雀石、蓝铜矿、褐铁矿、赤铁矿、黄钾铁矾	辉铜矿、铜兰、斑铜矿、黝铜矿	石英、绢云母、钾长石、斜长石	伊利石、水白云母	方解石、金红石、硬石膏、萤石

矿石类型	金属矿物					脉石矿物		
	原生矿物			次生矿物		主要矿物	次要矿物	少量矿物
	主要矿物	次要矿物	少量矿物	氧化矿物	次生富集			
钼矿石	黄铁矿、辉钼矿	黄铜矿	黝铜矿、闪锌矿、方铅矿、赤铁矿	钼华、褐铁矿		石英、绢云母、钾长石	白云母、水白云母	方解石、伊利石、硬石膏、褐帘石、高岭石

6.6.1.4 主要矿物特征

选矿厂目前处理的矿石为铜矿石：钼矿石 = 1：1 的混合矿石。主要矿物特征有以下几个方面。

A 黄铜矿

矿石中黄铜矿呈粒状浸染和细脉浸染，与铜蓝、斑铜矿、辉铜矿、黝铜矿伴生或连生，常呈不易解离的共同连生单体存在。铜蓝常呈黄铜矿的镶边，为黄铜矿中常见的次生铜矿物。斑铜矿与黄铜矿连生，呈镶边和脉状形态存在。黝铜矿与黄铜矿密切共生，常呈粒状嵌布于黄铜矿的边部，也有与黄铜矿呈固溶体分解的文象结构。黝铜矿及其他铜矿物也可交代黄铁矿呈网脉状、粒状分布。黄铜矿、黝铜矿与闪锌矿毗连，呈固溶体分解结构，即铜矿物呈乳滴状包在闪锌矿中。

黄铜矿的粒度常小于 0.1mm，最大为 0.616mm，其中 +0.074mm 粒级占 59%，-0.074mm + 0.048mm 粒级占 13%，-0.048mm + 0.038mm 粒级占 15%，-0.038mm + 0.011mm 粒级占 12%，-0.011mm 粒级占 1%。铜矿石中铜化学物相分析表明铜硫化物占 89.34%。钼矿石中铜化学物相分析表明铜硫化物占 83.634%。

B 辉钼矿

辉钼矿主要呈浸染状，次为脉状分布，矿物赋存状态多呈叶片状、板状，次为针状。集合体为脉状、团块状、挠曲状，与石英、绢云母、黄铜矿、黝铜矿、钼华等共生，少数为黄铜矿、黄铁矿包裹。

辉钼矿嵌布粒度极不均匀，常小于 0.02mm，最大团块为 0.4695mm。其中 +0.074mm 粒级占 4%，-0.074mm + 0.048mm 粒级占 11%，-0.048mm + 0.038mm 粒级占 27%，-0.038mm + 0.011mm 粒级占 34%，-0.011mm 粒级占 24%。铜矿石中钼化学物相分析表明钼硫化物占 89.26%。钼矿石中钼化学物相分析表明钼硫化物占 91.57%。

C 黝铜矿

黝铜矿主要呈浸染状、次为细脉状分布，与黄铜矿、辉铜矿、黄铁矿等共生。矿物赋存状态为粒状，粒径主要为 -0.0117mm + 0.047mm，次为 0.587mm。

D 辉铜矿、铜蓝

辉铜矿一般与黄铜矿连生，主要为次生富集矿物，呈镶边状结构包围在黄铜矿边缘，或交代黄铜矿呈网脉状结构。粒径主要为 0.03~0.08mm。铜蓝多呈他形粒状或放射状、针状集合体，粒径主要为 0.05~0.1mm。

E　黄铁矿

黄铁矿多呈半自形粒状嵌生于脉石中。其次与黄铜矿、铜蓝等铜硫化物密切共生，常见其边缘被铜蓝交代，形成镶边结构。仅少量黄铁矿与辉钼矿共生。黄铁矿最大粒径为2mm，多数为 0.043~0.8mm，细粒黄铁矿极少。铜矿石中的黄铁矿含量比钼矿石中的黄铁矿含量高得多，铜矿石中含硫 2.38%，钼矿石中含硫 0.55%，1∶1 混合矿石中含硫 1.47%。

F　金、银矿物

金主要赋存于黄铁矿中，部分赋存于黄铜矿中。铜矿石中含金 0.04g/t，钼矿石中含金 0.08g/t，1∶1 混合矿石中含金 0.05g/t。自然金的嵌布粒度很细。

银主要赋存于低温热渡阶段形成的黄铁矿中，部分赋存于黄铜矿中。铜矿石中含银 3.1g/t，钼矿石中含银 2.8g/t，1∶1 混合矿石中含银 2.95g/t。银硫化矿物的嵌布粒度很细。

G　铼

铼主要赋存于辉钼矿中，辉钼矿单体矿物分析含 ReO 0.0115%~0.0208%。铼呈类质同象形态存在于辉钼矿中，可从浮选产出的钼精矿中提取分离铼。

H　主要脉石矿物

（1）石英。石英呈他形粒状或细脉状分布，石英集合体中常见钾长石和绢云母伴生。石英粒径常为 0.02~0.04mm，大者可达 0.1mm。

（2）钾长石。钾长石呈不规则粒状、云雾状或放射状，交代斜长石斑晶呈镶边或环边状，常与石英连生。钾长石粒径常为 0.04~0.3mm，大者可达 0.7mm。

（3）绢云母。绢云母呈细小鳞片状、扇状集合体分布，片径为 0.005~0.01mm。主要与伊利石、水白云母一起交代斜长石。

6.6.1.5　目的矿物的嵌布粒度

从主要矿物特征可知，主要回收组分为铜、钼、硫，均呈独立矿物存在，而且相互密切共生。采用线段法系统测定钼矿石中目的矿物的嵌布粒度，其结果见表 6-6。

表 6-6　钼矿石中目的矿物的粒度组成　　　　　　　　　　（%）

粒级/mm	辉钼矿		硫化铜矿		黄铁矿	
	含量	累计	含量	累计	含量	累计
+0.417	1.81	1.81	—	—	30.28	30.28
-0.417+0.295	3.85	5.66	2.79	2.79	12.21	42.49
-0.295+0.208	6.80	12.46	5.92	8.71	10.28	52.77
-0.208+0.147	4.80	17.27	6.96	15.67	15.55	68.32
-0.147+0.104	11.09	28.35	21.32	36.99	8.65	76.97
-0.104+0.074	16.53	44.89	23.03	60.02	9.56	86.53
-0.074+0.043	23.95	68.83	24.31	84.34	10.23	96.76
-0.043+0.020	16.93	85.76	13.01	97.35	2.25	99.01
-0.020+0.010	12.58	98.34	2.59	99.93	0.95	99.96
-0.010	1.66	100.00	0.07	100.00	0.04	100.00

从表6-6中数据可知，黄铁矿的嵌布粒度最粗，属粗、中粒嵌布；硫化铜矿物的嵌布粒度居中，属中、细粒嵌布；辉钼矿的嵌布粒度最细，属细、微粒嵌布。因此，该矿矿石属偏难选矿石，在通常磨矿细度条件下，硫化铜矿物、辉钼矿的单体解离度较低，较难获得品位较高的单一铜精矿和单一钼精矿，互含较高。

6.6.1.6 原矿化学成分分析结果

原矿化学成分分析结果见表6-7。

表6-7 原矿化学成分分析结果   （%）

化学成分	$Au/g \cdot t^{-1}$	$Ag/g \cdot t^{-1}$	Cu	Pb	Zn	Fe	Mo
含量	0.07	1.09	0.23	0.006	0.008	1.15	0.025
化学成分	As	MgO	CaO	SiO_2	Al_2O_3	S	C
含量	0.012	0.69	0.72	78.45	13.37	1.21	0.25

从表6-7中数据可知，该矿可收有用组分为铜、钼、金、银。

6.6.2 现选矿工艺

6.6.2.1 概述

20世纪50年代后期至60年代初期已发现和探明了呼伦贝尔市新巴尔虎右旗乌努格吐山斑岩铜钼矿，而且经多方论证，得知该矿埋藏浅，易露采；离满洲里市仅20多千米，交通非常方便；储量大，可建大型采、选、冶联合企业。但原矿中有用组分铜、钼含量较低，相应的有用矿物的嵌布粒度细，属偏难选矿石。只有一次性建成大型采、选联合企业才能获得较理想的规模效益。

进入21世纪后，我国正处于改革开放的旺盛发展期，中国黄金集团公司除在黄金系统进行资源扩张外，正准备向有色金属领域进军。依托中国黄金集团公司的资金、人才和管理等多方面的优势，首先选取了《呼伦贝尔市新巴尔虎右旗乌努格吐山斑岩铜钼矿》项目。经一期和二期建设，至2012年10月建成选厂一分厂2个系列，日处理量为35000t（2009年9月投产）和选厂二分厂1个系列，日处理量为35000t（2012年10月投产）。2015年两个分厂的设计日处理量为70000t，实际日处理量为80000t，年产精矿金属铜70000t，年产精矿金属钼2500t，年产值约40亿元。

乌山铜钼矿采用了：（1）我国最大的自磨机ϕ8800mm×4800mm；（2）我国最大的溢流型球磨机ϕ7900mm×13600mm；（3）我国最大的深锥浓密机用于浮选尾矿脱水，以回收尾矿水，浓密机底流浓度大于50%泵至尾矿库堆存，溢流水返回循环使用；（4）1个浮选系列的日处理量达40000t，为全国有色金属选厂之最；（5）采用了KYF-320浮选机，每个浮选槽的有效容积为320m³，为全国有色金属选厂之最。该矿被誉为"中国铜工业的新坐标"。乌山铜钼矿的建成投产有力地促进了我国矿冶装备制造业的发展，使矿物加工设备的大型化和自动化前进了一大步。

目前，乌山铜钼矿选矿存在的主要问题为：（1）2015年的磨矿设备和磨矿工艺条件下，进入浮选作业的磨矿细度仅为-0.074mm占55%，无法满足浮选作业对磨矿细度的要求；（2）现有浮选的工艺条件和药剂制度所产铜钼混合精矿中的铜回收率仅 86% 左右，钼回收率仅 55% 左右；（3）现有浮选工艺所产铜钼混合精矿中的矿泥含量较高，使铜、钼分离作业和铜精矿过滤作业较难进行；（4）铜钼混合精矿铜、钼分离的工艺流程和作业条件不合理，导致铜钼分离的药耗高，成本高，铜、钼互含高；（5）现工艺的铜精矿、钼精矿的品位和回收率和伴生金、银的回收率均有较大幅度的提高空间。

6.6.2.2　现选矿工艺

现一分厂和二分厂的原矿均来自露天采场，统一供矿，但各自有粗碎、半自磨、球磨、浮选、混精浓密、铜钼分离等作业。只是一分厂的铜钼混合浮选为 2 个系列，所得铜钼混合精矿合在一起进行浓密脱水，底流送铜钼分离作业产出铜精矿和钼精矿。二分厂的铜钼混合浮选为 1 个系列。

二分厂的铜钼混合浮选流程为：露天采场原矿—粗碎—半自磨—旋流器组预检分级，分级沉砂—溢流型球磨机 $\phi7900mm \times 13600mm$ 磨矿—旋流器组预检分级，分级溢流—粗选搅拌槽—铜钼混合浮选粗选浮选槽（4×KYF-320）—扫一浮选槽（4×KYF-320）—扫二浮选槽（4×KYF-320）—扫三浮选槽（4×KYF-320）—混合浮选尾矿—深锥浓密机脱水，溢流水—返回，铜钼混合浮选粗选浮选泡沫—精一浮选槽（3×KYF-80）—精二浮选槽（3×KYF-80）—精三浮选槽（2×KYF-80）—铜钼混合精矿—1 号浓密机脱水（$\phi45000mm$）—底流进铜钼混合精矿铜、钼分离作业产出铜精矿和钼精矿。铜钼混合浮选为一粗三精三扫流程，铜、钼分离作业采用一粗四精（浮选机）—五、六精（浮选柱）流程。

铜钼混合浮选及铜、钼分离作业的药剂制度见表 6-8。

表 6-8　2015 年铜钼混合浮选及铜、钼分离作业的药剂制度

药名	石灰	Pj-053	松油	水玻璃	NaHS	Na₂S	煤油	钼友
单价（每千克）/元	0.56	11.4	12.7	1.4	4.3	3.33	8.6	8.38
用量/g·t⁻¹	1708	0.036	0.016	0.34	0.754	0.003	0.016	0.010
成本（每吨）/元	0.96	0.41	0.21	0.48	3.50	0.01	0.14	0.08

从表 6-8 中数据可知，铜钼混合浮选的吨矿药剂成本为 2.06 元，铜、钼分离作业吨矿药剂成本为 3.73 元，合计为 5.79 元，其中铜、钼分离作业吨矿药剂成本占总吨矿药剂成本的 64.42%。即吨矿药剂成本中 1/3 为铜钼混合浮选的吨矿药剂成本，2/3 为铜、钼分离作业吨矿药剂成本。

2013 年二分厂全年的平均累计指标见表 6-9。

表 6-9　2013 年二分厂全年的平均累计指标　　　　　　（%）

铜钼混合浮选								铜钼分离浮选					
原矿品位		混精品位		混尾品位		混选回收率		分离回收率		综合回收率		终精品位	
Cu	Mo	Cu	Mo	Cu	Mo	Cu	Mo	Cu	Mo	Cu	Mo	Cu	Mo
0.346	0.024	20.72	0.73	0.057	0.012	86.36	49.96	99.90	69.31	86.27	34.43	20.01	45.0

从表 6-9 中数据可知，在原矿含铜 0.346%、含钼 0.024% 的现浮选工艺条件下，铜钼混合浮选作业铜回收率为 86%，钼回收率为 50%，混合浮选尾矿中含铜 0.057%，含钼

0.012%。铜、钼分离作业产品中互含较高,虽然分离作业铜作业回收率达99.90%,但钼作业回收率仅69.31%,致使钼的综合回收率为34.43%。正常条件下,现工艺钼综合回收率为40%左右。

6.6.3　低碱工艺小型试验

6.6.3.1　概述

乌山铜钼矿低碱介质铜钼浮选研究小型试验做了2个方案:2014年4月1~30日进行了全混合浮选—混精再磨—铜硫分离产出铜钼混合精矿和硫精矿,利用现工艺所产铜钼混合精矿进行铜钼混合精矿再磨—铜、钼分离浮选试验;2014年5月22日至6月26日进行了铜钼混合浮选直接产出铜钼混合精矿,利用现工艺所产铜钼混合精矿进行铜钼混合精矿再磨—铜、钼分离浮选试验。

6.6.3.2　小型试验工艺路线

根据乌山铜钼矿的特性和有用矿物嵌布粒度特点,本次小型试验的目的是在现有流程和设备条件下,尽量减少技改费用和铜精矿品位不低于20%及钼精矿品位不低于45%的前提下,最大幅度提高铜、钼的金属回收率。因此,小型试验采用研发成功的"金属硫化矿物低碱介质浮选新工艺"。

此浮选新工艺的显著特点为:(1)高细度;(2)低碱度;(3)一点加药,浮选速度高;(4)流程短;(5)浮选指标高且稳定;(6)吨矿药剂成本较低,低于现工艺的吨矿药剂成本;(7)伴生元素(如Au、Ag、Re等)的综合回收率高,矿产资源综合利用率高;(8)回水可全部返回相应作业循环使用;(9)易操作,易管理;(10)经济效益和环境效益非常显著。

6.6.3.3　低碱工艺小型试验

进行了铜钼混合浮选—铜钼混合精矿浓缩脱水—铜钼混合精矿再磨—铜、钼分离浮选产出钼精矿和铜精矿的试验。试验结果表明,铜钼混合浮选—铜钼混合精矿浓缩脱水—铜钼混合精矿再磨—铜、钼分离浮选产出钼精矿和铜精矿的技改费用低,浮选指标高,可达节能、降耗、提质(提高精矿品位)、增产(增加金属量)和增效的目的。

A　试样

试样采用2014年4月1日取的3号样(含铜0.35%~0.38%,含钼0.016%~0.018%,共42kg)和长春黄金研究院的低铜钼样(含铜0.03675%,含钼0.036%,共25.5kg)。配样67.5kg,计算品位为含铜0.369%,含钼0.024%。

B　小试试验结果

a　不同磨矿细度下的铜钼混合浮选开路试验

试验流程为一粗三精三扫,铜钼混合浮选药剂制度为LP选矿混合剂70g/t,丁基钠黄药50g/t。矿浆自然pH值条件下的试验结果见表6-10。

从表6-10数据可知,在LP选矿混合剂70g/t,丁基钠黄药50g/t和矿浆自然pH值条件下进行铜钼混合浮选开路试验，铜钼混合精矿产率 3.7%～4.0%，粗泡含铜大于 8%，含钼大于 0.7%。开路试验铜钼混合浮选的粗选、扫选铜回收率约 95%，钼的粗、扫选回收率约 86%。

表 6-10　不同磨矿细度下的铜钼混合浮选开路试验　　　　　　　　　　　（%）

磨矿细度	产品名称	产率	品位		回收率	
			Cu	Mo	Cu	Mo
−0.074mm 占 60%	铜钼混精	1.02	20.63	1.334	55.09	38.97
	精三尾	0.39	18.97	1.872	19.38	20.92
	（精二泡）	1.41	20.17	1.482	74.47	59.89
	精二尾	0.49	9.00	0.9254	11.55	12.89
	（精一泡）	1.90	17.29	1.3387	86.02	72.78
	精一尾	2.03	0.793	0.08307	4.21	4.87
	（粗泡）	3.93	8.768	0.6892	90.23	77.65
	扫一泡	1.04	1.35	0.09625	3.67	2.87
	扫二泡	1.19	0.249	0.02605	0.79	0.86
	扫三泡	0.78	0.103	0.01854	0.39	0.28
	尾矿	93.06	0.0202	0.006896	4.92	18.34
	原矿	100.00	0.382	0.0349	100.00	100.00
−0.074mm 占 75%	铜钼混精	0.73	21.55	1.240	42.15	26.22
	精三尾	0.56	22.63	1.957	33.14	31.99
	（精二泡）	1.29	22.02	1.563	74.29	58.21
	精二尾	0.36	13.02	1.547	12.27	16.14
	（精一泡）	1.65	20.05	1.562	86.56	74.35
	精一尾	2.42	0.877	0.1122	5.54	7.78
	（粗泡）	4.07	8.65	0.7006	92.10	82.13
	扫一泡	1.63	0.607	0.06626	2.59	3.17
	扫二泡	0.97	0.183	0.02238	0.47	0.58
	扫三泡	0.92	0.113	0.01367	0.26	0.29
	尾矿	92.41	0.0189	0.005213	4.58	13.83
	原矿	100.00	0.382	0.0347	100.00	100.00
−0.074mm 占 83%	铜钼混精	0.81	24.92	1.134	54.75	25.77
	精三尾	0.33	23.58	2.227	21.09	20.45
	（精二泡）	1.14	24.54	1.452	75.84	46.22
	精二尾	0.31	12.20	2.298	10.25	19.87
	（精一泡）	1.45	21.90	1.629	86.09	66.11
	精一尾	2.28	0.688	0.1409	4.26	8.96
	（粗泡）	3.73	8.93	0.7188	90.35	75.07
	扫一泡	2.09	0.765	0.1156	4.34	6.72
	扫二泡	1.38	0.247	0.02924	0.92	1.12
	扫三泡	0.99	0.153	0.01909	0.40	0.56
	尾矿	91.81	0.0160	0.006433	3.99	16.53
	原矿	100.00	0.369	0.0357	100.00	100.00

b　不同磨矿细度下的铜钼混合浮选小型闭路试验

铜钼混合浮选闭路试验流程为一粗三精三扫，中矿循序返回前一浮选作业。浮选药剂制度为：LP 选矿混合剂 70g/t，丁基钠黄药 50g/t。矿浆自然 pH 值条件下一点加药。

不同磨矿细度下的铜钼混合浮选闭路试验结果见表 6-11。

表 6-11　不同磨矿细度下的铜钼混合浮选闭路试验结果　　　　　　（%）

磨矿细度	产品名称	产率	品位					回收率				
			Cu	Mo	Au /g·t^{-1}	Ag /g·t^{-1}	S	Cu	Mo	Au	Ag	S
-0.074mm 占 60%	铜钼精矿	1.90	19.86	1.583	0.02	33.98	36.39	93.95	80.48	2.0	97.05	84.77
	尾矿	98.10	0.025	0.0074	0.02	0.02	0.13	6.05	19.52	98.0	2.95	15.23
	原矿	100	0.402	0.0374	0.02	0.67	0.82	100	100	100	100	100
-0.074mm 占 75%	铜钼精矿	1.93	20.94	1.558	0.02	37.96	35.42	95.69	91.77	2.0	97.39	81.31
	尾矿	98.07	0.019	0.0028	0.02	0.02	0.16	4.31	8.23	98.0	2.61	18.89
	原矿	100	0.422	0.0328	0.02	0.75	0.84	100	100	100	100	100
-0.074mm 占 83%	铜钼精矿	1.90	21.70	1.800	0.02	39.89	29.32	96.11	93.96	2.0	97.48	79.43
	尾矿	98.10	0.017	0.0022	0.02	0.15	0.70	3.89	6.04	98.0	2.52	20.53
	原矿	100	0.429	0.0364	0.02	0.78	0.70	100	100	100	100	100

从表 6-11 数据可知，原矿含铜 0.42%，含钼 0.033%，磨矿细度为 -0.074mm 占 75%，LP 选矿混合剂 70g/t，丁基钠黄药 50g/t，矿浆自然 pH 值条件下进行铜钼混合浮选闭路，可获得含铜 20.94%，含钼 1.558% 的铜钼混合精矿，铜钼混合精矿产率约 1.9%，铜钼混合精矿中铜回收率为 95.69%，钼回收率为 91.77%，银回收率为 97.39%，硫回收率为 81.31%。试样中不含金，铜钼混合浮选闭路时，金无富集现象。

工业调试时，建议采用 -0.074mm 占 75% 的磨矿细度。

若工业调试时，原矿含铜 0.346%，含钼 0.024%（与 2013 年平均品位相同），采用 -0.074mm 占 75% 的磨矿细度，矿浆自然 pH 值条件下新工艺铜钼混合浮选尾矿仍为含铜 0.019%，含钼 0.0028% 和铜钼混合精矿含铜 20.94%，可预计工业调试时的铜钼混合浮选指标（见表 6-12）。

表 6-12　工业调试时的预计铜钼混合浮选指标（-0.074mm 占 75% 的磨矿细度）

药量/g·t^{-1}	产品名称	产率/%	品位/%		回收率/%	
			Cu	Mo	Cu	Mo
LP60 丁黄药 50	铜钼混合精矿	1.56	20.94	1.362	94.59	88.5
	尾矿	98.44	0.019	0.0028	5.41	11.8
	原矿	100.00	0.346	0.024	100.00	100.00

c　铜、钼分离浮选试验

以现场铜钼混合精矿的浓密机底流为试样进行铜、钼分离开路浮选试验。取 2 个铜钼混合精矿的浓密机底流浆样 513g（相当于干矿 300g），分别磨至 -0.038mm 占 96%，2 个铜钼混合精矿的浓密机底流浆样为 1 个试样，铜钼混合精矿产率为原矿的 1.5%，300g

干矿相当于 20kg 原矿产出的铜钼混合精矿。采用一粗三精二扫开路流程进行铜、钼分离浮选试验，试验结果见表 6-13。

表 6-13　现场铜钼混合精矿的浓密机底流铜、钼分离浮选试验结果

药量/g·t⁻¹	产品名称	产率/%	品位/%		回收率/%	
			Cu	Mo	Cu	Mo
NaHS 150 煤油 16	钼精矿	0.43	0.77	52.265	0.01	21.80
	精三尾	0.69	5.82	22.507	0.20	21.77
	（精二泡）	1.12	3.88	40.089	0.21	43.57
	精二尾	2.56	17.62	7.028	2.28	17.49
	（精一泡）	3.68	13.36	17.097	2.49	61.06
	精一尾	17.38	19.18	1.353	16.84	22.82
	（粗泡）	21.06	18.16	4.104	19.33	83.88
	扫一泡	7.20	16.14	1.0901	5.88	7.62
	扫二泡	6.07	20.00	0.2332	6.16	1.38
	铜精矿	65.67	20.68	0.1117	68.63	7.12
	铜钼混合精矿	100.00	19.79	1.031	100.00	100.00
NaHS 225 煤油 16	钼精矿	0.62	0.682	50.579	0.02	29.93
	精三尾	0.50	7.51	32.358	0.19	15.44
	（精二泡）	1.12	3.73	42.446	0.21	45.37
	精二尾	3.60	16.68	6.976	3.03	23.97
	（精一泡）	4.72	13.61	15.393	3.24	69.34
	精一尾	17.53	19.44	0.6673	17.22	11.17
	（粗泡）	22.25	18.20	3.7909	20.46	80.51
	扫一泡	5.26	18.61	2.235	4.95	11.22
	扫二泡	4.75	17.06	0.6436	4.09	2.92
	铜精矿	67.74	20.60	0.08282	70.50	5.35
	铜钼混合精矿	100.00	19.79	1.048	100.00	100.00

从表 6-13 数据可知，采用 NaHS 225g/t，煤油 16g/t 可较完全地将现场铜钼混合精矿中的铜、钼进行分离浮选。当现场铜钼混合精矿含铜 19.79%、含钼 1.048% 时，三次精选开路试验，可获得含钼 50.579%、含铜 0.682% 的钼粗精矿，二次扫选产出铜精矿中钼含量可降至 0.08% 左右。采用高矿浆浓度进行铜、钼分离浮选，完全可在较低的 NaHS 及煤油用量条件下实现铜、钼分离浮选。因此，在上述条件下进行一粗五精四扫，可产出含钼大于 45%、含铜小于 0.5% 的钼精矿及铜含量约 20.9%、含钼小于 0.05% 的铜精矿（见表 6-14）。

表 6-14　预计工业调试时新工艺的铜、钼分离浮选指标

药量/g·t⁻¹	产品名称	产率/%	品位/%		回收率/%	
			Cu	Mo	Cu	Mo
NaHS 225 煤油 16	钼精矿	2.83	0.5	46	0.07	95.58
	铜精矿	97.17	21.53	0.062	99.93	4.42
	铜钼混合精矿	100.00	20.94	1.362	100.00	100.00

从表 6-12 和表 6-14 可得预计工业调试时新工艺的总指标（见表 6-15）。

表 6-15　预计工业调试时新工艺的总指标

药量/g·t⁻¹	产品名称	产率/%	品位/%		回收率/%	
			Cu	Mo	Cu	Mo
LP60 丁黄药 70 NaHS 225 煤油 16	铜精矿	0.044	21.53	0.062	94.52	3.91
	钼精矿	1.516	0.5	46	0.07	84.61
	铜钼混合精矿	1.56	20.94	1.362	94.59	88.52
	尾矿	98.44	0.019	0.0028	5.41	11.48
	原矿	100.00	0.346	0.024	100.00	100.00

从表 6-15 数据可知，当原矿含铜 0.346%，含钼 0.024%（与 2013 年平均品位相同），采用 -0.074mm 占 75% 的磨矿细度，矿浆自然 pH 值条件下进行铜钼混合浮选。铜钼混合精矿在矿浆自然 pH 值条件下浓缩脱水，浓缩底流在矿浆自然 pH 值条件下进行再磨至 -0.038mm 占 96% 后，在矿浆浓度为 35%~40% 下，采用 NaHS 和煤油、2 号油，经一粗五精三扫流程进行铜、钼分离浮选，可产出含铜 21%、含钼 0.06% 的铜精矿，铜的综合回收率为 94.52%，和含钼 46%、含铜 0.5% 的钼精矿，钼的综合回收率为 84.61%。

2013 年二分厂全年的平均累计指标与预计工业调试时新工艺的总指标对比见表 6-16。

表 6-16　2013 年二分厂全年的平均累计指标与预计
工业调试时新工艺的总指标对比　　　　　　　　　（%）

工艺	铜钼混合浮选								铜、钼分离浮选					
	原矿品位		混精品位		混尾品位		混选回收率		分离回收率		综合回收率		终精品位	
	Cu	Mo	Cu	Mo	Cu	Mo	Cu	Mo	Cu	Mo	Cu	Mo	Cu	Mo
现工艺	0.346	0.024	20.72	0.73	0.057	0.012	86.36	49.96	99.90	69.31	86.27	34.83	20.01	45.0
新工艺	0.346	0.024	20.94	1.362	0.019	0.0028	94.59	88.52	99.93	95.58	94.52	84.61	21.53	46.0

从表 6-16 数据可知，在原矿品位相同条件下，由于磨矿细度、工艺路线、药剂制度不同，与现工艺相比，铜钼混合浮选段新工艺的铜回收率高 8.23%，钼回收率高 38.56%；铜、钼分离浮选段，铜综合回收率高 8.25%，钼综合回收率高 49.78%，铜、钼精矿品位各提高 1%。

d　铜钼混合浮选尾矿的絮凝沉降试验

（1）现场铜钼混合浮选尾矿与新工艺铜钼混合浮选尾矿的絮凝沉降对比试验。各取干矿 230g 矿浆，用自来水稀释矿浆浓度为 20%，加入 13mL 浓度为 0.05% 的相应絮凝剂，絮凝剂用量为 28g/t。铜钼混合浮选尾矿絮凝沉降结果见表 6-17。

表 6-17　铜钼混合浮选尾矿的絮凝沉降试验结果

沉降时间/s		絮凝剂类型							
		阴离子	阳离子	复合型	非离子	阴离子	阳离子	复合型	非离子
		现场铜钼混合浮选尾矿				新工艺铜钼混合浮选尾矿			
澄清水层高度/mm	5	5	1	5	6	18	1	15	14
	10	7	3	5	15	21	4	24	21
	20	12	6	13	28	40	5	40	34
	30	17	11	20	43	54	6	54	50
	60	31	32	35	94	99	10	95	90
	180	97	117	94	141	156	27	154	160
	300	127	135	133	154	173	55	175	178
	600	152	158	160	169	192	90	194	197
	900	164	169	172	177	201	114	208	206
	1800	178	184	188	186	213	169	216	218
	3600	190	196	197	196	221	200	225	227
压缩区的浓度/%		45.26	47.06	47.70	49.28	52.79	60.00	51.75	52.25

从表 6-17 数据可知：

1）对新工艺铜钼混合浮选尾矿而言，絮凝剂的絮凝沉降能力顺序为：复合型>阴离子>非离子>阳离子。

2）对现场铜钼混合浮选尾矿而言，絮凝剂的絮凝沉降能力顺序为：非离子>复合型>阴离子>阳离子。

3）现场铜钼混合浮选的磨矿细度为 -0.074mm 占 60%，而新工艺铜钼混合浮选的磨矿细度为 -0.074mm 占 75%，故新工艺铜钼混合浮选尾矿中的细泥含量应高于现场铜钼混合浮选尾矿中的细泥含量。表 6-17 数据表明，复合型、非离子和阴离子絮凝剂对新工艺铜钼混合浮选尾矿的絮凝沉降速度均高于对现场铜钼混合浮选尾矿絮凝沉降速度，而且新工艺铜钼混合浮选尾矿的压缩区的浓度均高于对现场铜钼混合浮选尾矿的压缩区的浓度。

（2）新工艺铜钼混合浮选尾矿絮凝沉降的絮凝剂用量对比试验。新工艺铜钼混合浮选尾矿絮凝沉降的絮凝剂用量对比试验结果见表 6-18。

表 6-18　新工艺铜钼混合浮选尾矿絮凝沉降的絮凝剂用量对比试验结果

沉降速度		澄清水层高度/mm											压缩区浓度/%
沉降时间/s		5	10	20	30	60	180	300	600	900	1800	3600	
7mL，13.5g/t	阴离子	2	3	4	5	8	20	33	67	101	168	195	49.14
	非离子	2	3	4	7	10	23	39	79	109	174	194	49.60
	复合型	2	3	6	8	10	21	35	68	103	174	198	50.92

续表 6-18

沉降速度		澄清水层高度/mm											压缩区浓度/%
沉降时间/s		5	10	20	30	60	180	300	600	900	1800	3600	
10mL, 19.2g/t	阴离子	3	5	7	10	18	48	81	141	159	180	195	52.87
	非离子	2	4	6	7	12	30	51	95	132	176	189	51.27
	复合型	3	4	6	8	13	39	57	115	151	180	195	51.84
13mL, 28g/t	阴离子	18	21	40	54	99	156	173	192	201	213	221	52.79
	非离子	14	21	34	50	90	160	178	197	206	218	227	52.25
	复合型	15	24	40	54	95	154	175	194	203	216	225	51.75

从表 6-18 数据可知:

1) 絮凝剂用量为 13.5g/t 时,非离子、复合型絮凝剂的沉降速度相近,几乎为自然沉降,絮团很小。

2) 絮凝剂用量为 19.2g/t 时,只有阴离子絮凝剂的沉降速度较快,其次为复合型絮凝剂和非离子絮凝剂。

3) 絮凝剂用量为 28.0g/t 时,阴离子絮凝剂的沉降速度最高,其次为复合型絮凝剂和非离子絮凝剂。

4) 就压缩区浓度而言,阴离子絮凝剂的压缩区浓度最大(达 52.79%),其次为复合型絮凝剂和非离子絮凝剂。

5) 对新工艺铜钼混合浮选尾矿而言,阴离子絮凝剂的适宜用量约 20g/t。

e 新工艺铜钼混合精矿与现场铜钼混合精矿的粒度筛析

新工艺铜钼混合精矿与现场铜钼混合精矿的粒度筛析结果见表 6-19。

表 6-19 新工艺铜钼混合精矿与现场铜钼混合精矿的粒度筛析结果

铜钼混合精矿	粒级/mm	质量/g	产率/%	品位/%		分布率/%	
				Cu	Mo	Cu	Mo
新工艺 (磨矿细度 -0.074mm 占 75%)	+0.15	0.70	0.061	4.57	4.596	0.13	1.82
	-0.15+0.1	5.50	4.81	7.56	2.012	1.72	6.31
	-0.1+0.074	18.80	16.45	12.89	1.134	10.03	12.15
	-0.074+0.038	36.40	31.85	19.39	1.036	29.23	21.49
	-0.038	52.90	46.28	26.89	1.932	58.89	58.23
	合 计	114.30	100.00	21.13	1.5354	100.00	100.00
现工艺 (磨矿细度 -0.074mm 占 60%)	+0.15	17.00	5.04	8.29	0.2839	2.17	1.51
	-0.15+0.1	31.30	9.28	12.39	0.5695	5.98	5.57
	-0.1+0.074	40.00	11.86	15.17	0.9075	9.36	11.34
	-0.074+0.038	66.50	19.72	20.91	0.7937	21.44	16.50
	-0.038	182.50	54.11	21.70	1.414	61.05	65.08
	合 计	337.30	100.00	19.23	0.9486	100.00	100.00

从表 6-19 数据可知：

（1）与现工艺比较，新工艺铜钼混合精矿中铜含量高 1.9%，钼含量高 0.5868%。

（2）现工艺磨矿细度比新工艺低 15%，但 -0.038mm 粒级的产率比新工艺铜钼混合精矿中相同粒级产率高 7.83%。因此，现工艺铜钼混合精矿中的矿泥含量较高。

（3）新工艺铜钼混合精矿中 -0.038mm 粒级含铜比现工艺铜钼混合精矿中相同粒级的铜含量高 5.19%，钼含量高 0.791%。

6.7　鹿鸣硫化钼铜矿浮选

6.7.1　矿石性质

矿石结构主要为半自形-他形粒状结构、似斑状结构、斑状结构，其次为交代作用形成的反应边结构、溶蚀结构、镶边结构，局部见有充填作用形成的脉状结构、网脉状结构和由应力作用形成的压碎结构，另外还可见环带结构和暗化边结构。

表 6-20 和表 6-21 所列原矿性质为初步设计原矿性质数据，仅供参考。

表 6-20　矿石的矿物组成及相对含量　　　　　　　　　　（%）

矿物名称	含量	矿物名称	含量
辉钼矿	0.18	长石[②]	47.00
硫化铜[①]	0.06	石英	32.94
黄铁矿	1.18	方解石[③]	7.85
磁黄铁矿	0.09	白云母、绢云母	3.99
闪锌矿	0.14	伊利石、高岭石	3.93
方铅矿	0.04	钛铁矿[④]	0.58
榍石	0.32	铁矿物[⑤]	0.01
其他矿物	1.69		

① 硫化铜中包括少量辉铜矿、蓝辉铜矿、铜蓝；

② 长石以微斜长石为主，其次为正长石；

③ 方解石中包括少量白云石等碳酸盐矿物；

④ 钛铁矿中包括少量金红石；

⑤ 铁矿物中包括很少量赤铁矿、磁铁矿。

鹿鸣钼矿原矿物理性质见表 6-21。

表 6-21　鹿鸣钼矿原矿物理性质

矿石密度/t·m^{-3}	2.71
矿石硬度系数	$f=8 \sim 12$
邦德球磨功指数/kW·h·t^{-1}	15.12
原矿含水率/%	3
设计供矿品位/%	0.088

6.7.2　高碱介质浮选工艺

公司选用了满足矿山生产实际需要的高效、节能、环保的采选工艺技术和设备，设备选型与建设内容、规模匹配，技术先进，经济合理，各种手续齐全完备。

选矿工艺按设计要求已建成，设备及其他已配置到位，2013 年年底完成了一次成功投料试车。选矿生产工艺流程为碎磨—钼铜浮选—精矿处理—尾矿处理。选矿设备选型符合大型、先进、高效、节能降耗的原则，厂房布置及设备配置紧凑合理。

（1）碎磨。设计能力为日处理量 5 万吨，年处理能力 1500 万吨。碎磨流程采用"粗碎+半自磨+顽石破碎+球磨"系统，具有占地面积小、环境污染小、自动化程度高等优点，符合寒冷地区建厂"流程短"及用人少的设计原则。

（2）钼浮选。钼浮选工艺包括钼快速浮选、粗选、两次扫选、钼预精选、四次浮选柱精选及三次精扫选。

（3）铜浮选工艺为一次粗选、两次扫选、三次精选。各精选的尾矿顺序返回至上一作业。

（4）精矿处理。钼精矿采用浓密+压滤+干燥三段脱水工艺流程，精矿水分设计 4%。铜精矿采用浓密+压滤两段脱水工艺流程，精矿水分设计 12%。

（5）尾矿处理。利用 65m 高效浓缩机将尾矿中的大量水脱去，溢流水返回浮选系统再利用。经浓缩的 45% 浓度尾矿浆经尾砂泵站排送至尾矿库。

尾矿库基础坝采用透水堆石坝，排洪采用井-洞式+井-管式排洪系统。

自 2010 年 3 月建矿到 2013 年年末，公司主要进行了矿山基本建设，包括采矿场、选矿厂、排土场、尾矿库及生产、生活辅助设施工程。

自 2013 年年末到 2014 年 7 月，主要进行选矿试车工作。

自 2014 年 8 月开始，进入试生产阶段，公司在总结前期生产调试经验的同时，不断完善生产组织方式，优化工艺流程，科学制定了工艺技术参数与指标控制标准，各项生产指标和参数日趋稳定并逐步提升。

经过集团、公司全体员工共同努力，到 2015 年 7 月，选矿日处理量基本稳定在 5 万吨以上。各项生产技术指标基本达到了设计水平，基本实现"达产达标"的目标。2015年实际完成采剥总量 2112.9 万吨，处理原矿量 1174.76 万吨，原矿品位 0.108%，生产品位 53.13%，钼精矿 20744.99t，钼金属量 11021.26t，钼实际回收率 87.04%；生产铜金属量 933.83t，品位 21.62%，铜实际回收率 35%。

6.7.3　低碱介质浮选新工艺

2016 年 4 月在中铁集团鹿鸣矿业有限公司进行小型铜钼混合浮选和铜钼分离小型探索试验。该矿日处理量为 5 万吨，原矿含钼 0.12%、含铜 0.02%。现工艺钼精矿含钼 51%、含铜 0.5%，钼回收率为 85%；铜精矿含铜 16%，铜回收率 35%。

采用高细度低碱介质浮选新工艺小型试验指标为：混选段钼回收率为 94.5%，铜回收率为 85.12%；分离段添加少量巯基乙酸钠条件下产出含钼 53%、铜含量小于 0.3% 的钼精矿，钼回收率大于 90%；铜硫分离段不添加石灰条件下产出含铜 23%、铜回收率大于 80%的铜精矿；原浆选硫段产出含硫 40% 的硫精矿，硫回收率为 70%。鹿鸣矿业公司准备将此新工艺进行系统的小型试验，以期尽早用于工业生产。

7　硫化铜镍矿浮选

7.1　概述

7.1.1　镍矿产资源

镍矿床有硫化铜镍矿、红土矿和风化壳硅酸镍矿床三种类型。其中红土矿和硅酸镍矿床的储量约占目前世界镍储量的 75%，但目前从硫化铜镍矿中提取的镍约占目前镍总产量的 75%。尽管从氧化矿中提取镍愈来愈迫切，但在可预见的若干年内，硫化铜镍矿仍是镍的主要矿物原料。由于硫化铜镍矿石可采用物理选矿方法进行富集，而氧化镍矿只能采用化学选矿的方法进行富集，其生产成本要高得多。

未来镍的重要矿产资源为海底锰结核（锰矿瘤），在太平洋、大西洋和印度洋的海底，广泛分布有锰结核，其储量极大。锰结核除富含锰、铁外，还含有镍、钴、铜等有用组分。仅太平洋海底的锰结核中所含的镍约 164 亿吨，而陆地上目前发现的镍储量仅 1 亿吨。因此，开发海底资源，加强利用锰结核的综合利用的试验研究工作尤为重要。太平洋海底锰结核中与陆地几种金属的储量见表 7-1。

表 7-1　太平洋海底锰结核中与陆地几种金属的储量

元素	海底锰结核中的金属含量/%			锰结核中的金属储量 /亿吨	陆地金属储量 /亿吨
	最高	最低	平均		
Mn	77.0	8.2	24.2	2000	20
Ni	2.0	0.16	0.99	164	1
Cu	2.3	0.028	0.53	88	大于 2
Co	1.6	0.014	0.35	58	0.04~0.05

我国硫化铜镍矿资源较丰富，我国西北金川镍矿是目前世界三大硫化铜镍矿床之一。吉林、四川、青海、新疆、陕西等省区均有较丰富的铜镍矿资源。

硫化铜镍矿石中，除含铜、镍外，还伴生有金、银、钴、铬和铂族元素。在氧化镍矿石中，除含镍外，目前只回收少量的钴铁，其他组分无工业回收利用价值。

7.1.2　镍的地球化学特征

元素的成矿取决于元素的化学性质和物理性质，主要与元素原子的核外电子层结构有关。铁、钴、镍和铂族元素等过渡元素的原子的核外电子层结构为：d 亚层未被电子充满，次外层电子数为 8~18，它们的最外层电子数相同或相近。因此，这些元素的原子（或离子）半径相近，价数相同或相近。铁、钴、镍、镁等元素的特征见表 7-2。

表 7-2 铁、钴、镍、镁等元素的特征

元素	离子半径/nm	氧化态价数		配位数		电离势/mV
Fe	0.071	2	3	4	6	7.875
Co	0.065	2	3	4	5	7.875
Ni	0.077	2	3	5	6	7.633
Mg	0.066	2		4	5、6	

这些元素均为亲铁元素，主要集中于地球深部的"铁镍核"中。根据这些元素的原子结构、结晶化学特征及它们在自然界的分布与组合情况，又将这些元素称为超基性岩元素。它们在地壳中的结晶化学关系非常密切，广泛呈类质同象彼此置换，存在于分布最广的铁镁硅酸盐矿物中，如橄榄石、辉石、角闪石及碳酸盐矿物中。镁、铁常呈二价类质同象等价置换，少量的镍、钴也进入该硅酸盐中。由于铁、钴、镍的离子半径极为相近（相差仅 1%~2%）。因此，它们的结晶化学关系极其密切，使它们呈混合晶体广泛分布于铁镁硅酸盐矿物中。

镍的分布趋向集中于最早期结晶的铁镁矿物中，如辉长质或玄武质岩浆分异的早期结晶产物。纯橄榄岩和橄榄岩中的镍含量最高。岩浆的正常分异次序为辉长岩—闪长岩—花岗岩，镍的含量随此次序而逐渐下降。

镍与硫的亲和力比镍与铁的亲和力大，在硫化矿床中镍异常富集。但镍很少生成单独的镍硫化物，一般是与铁、硫形成镍黄铁矿（$(Fe、Ni)_9S_8$）和硫铁镍矿（$(Ni、Fe)S_2$）。在镍黄铁矿中 Ni:Fe=1:1，而在硫铁镍矿中镍铁的比例是变化的。

在岩浆成因且与橄榄岩有关的镍矿床中，镍不仅存在于与纯橄榄岩和橄榄岩有关的硫化矿物中，而且在这些岩石的硅酸盐矿物中也含有相当数量的镍。镍可存在于岩浆岩的铁镁矿物中，尤其是存在于橄榄石中，但镍也是辉石的次要组分。

在热液矿床中，可产出多种含镍的硫化矿物，如辉砷镍矿（Ni、As、S）、锑硫镍矿（Ni、Sb、S）、红砷镍矿（Ni、As）等，伴生矿物有方钴矿（$(Co、Ni)_4As_3$）和红锑矿（Sb_2S_2O）。

通常在镍矿床中含有铂、钯等铂族元素，有些富铂矿体可作单独的铂矿进行开采，但也有不含铂族元素的镍矿床。

在矿石中镍除呈某些单独的镍矿物存在外，还可呈类质同象混入、晶格杂质混入、显微包裹体及胶体吸附等形态赋存于某些矿物中。

7.1.3 硫化镍矿床的成因和矿物共生组合

7.1.3.1 硫化镍矿床的成因、矿石类型及矿物共生组合

A 硫化镍矿床的成因

地球核心为镍和铁组成的熔融岩浆，在核心和地壳之间主要为含镍、铜、铂或铬、钒、钛的铁镁硅酸盐。当含铜镍硫化物的岩浆浸入至地壳中时，随温度的降低而逐渐冷凝。铁镁硅酸盐中，最先结晶析出橄榄石，随后为辉石，从而形成橄榄石和辉石呈不同比例的橄榄岩相。由于铜镍硫化物的结晶温度低于铁镁硅酸盐的结晶温度，加之其密度最

大，故铜镍硫化物向深部沉积和富集。沉向深部而未完全凝固的金属硫化物，因受压而可能沿着裂隙或与下部未凝固的橄榄石一起，再次贯入地壳浅部。当温度较高的含矿岩浆浸入时，其中的挥发性气体或含矿热液可能与周围岩石发生化学反应，使围岩成分发生变化，产生金属元素的富集。

世界最著名的硫化铜镍矿床的形成均与基性或超基性岩有关。即使是含镍红土矿及硅镁镍矿等氧化镍矿床也均为基性或超基性岩在一定条件下经长期风化所生成。

基性和超基性岩系指富铁、镁，贫硅、铝，少钾、钠的岩石。它主要由橄榄岩类（镁铁硅酸盐）、辉石类（镁铁钙硅酸盐）和斜长石类（钾钠铝硅酸盐）所组成的岩浆岩。基性岩中的二氧化硅含量低于 52%，超基性岩中的二氧化硅含量为 40% 左右。

B　矿石类型

世界各地的硫化铜镍矿床的矿石类型大致可分为：

(1) 基性-超基性母岩中的浸染状矿石：稠密状浸染状矿石以海绵晶铁状矿石最为典型，孤立的硅酸盐脉石矿物，被互相连接的硫化矿物所包围。稀疏浸染状矿石中，硫化矿物散布于脉石矿物中。

(2) 角砾状矿石：在硫化矿物中包裹有岩状的破碎角砾。

(3) 致密块状矿石：几乎全由金属硫化矿物所组成。致密块状矿石与角砾状矿石关系密切，实际为角砾很少的角砾状矿石。

(4) 细脉浸染状矿石：由金属硫化矿物细脉、透镜体和条带所组成。

(5) 接触交代矿石：在高温气化作用下，围岩（如钙镁碳酸盐）发生化学组分变化，除形成浸染状、细脉状矿化外，还产生如硅灰石、透闪石、石榴石等接触交代矿物。

在不同地区产出的各类型矿石中，由于地质环境的差异，在不同的矿床中各类矿石所占的比例及规模不相同。

在硫化铜镍矿石中，除硫化铜和硫化镍矿物外，还伴生种类繁多的其他矿物，如自然金属、金属互化物、多种金属硫化物、砷化物、硒化物、碲化物、铋和铋碲化物、锡化物、锑化物、氧化物等。虽然各个矿床中的有用矿物种类和数量不同，但在所有硫化铜镍矿床中，不论何种矿石类型，其基本的金属矿物组合却十分相近为磁黄铁矿（或黄铁矿、白铁矿）-镍黄铁矿（或紫硫镍矿）-黄铜矿及方黄铜矿-磁铁矿（或 δ-磁赤铁矿）。由于多数硫化铜镍矿床的生成与基性及超基性岩有关，各地的硫化铜镍矿床中的脉石矿物组合也十分相似。

7.1.3.2　围岩蚀变及脉石矿物的共生组合

成矿热液在转移过程中，将与围岩产生蚀变交代作用。对于岩浆成因的硅酸盐而言，热液的作用可认为是一种氧化作用。如产生蛇纹石化时，水对镁硅酸盐中的低价铁的氧化作用。此种氧化作用伴随硅酸盐的水解，不仅存在于高温热液作用阶段，而且一直持续至低温阶段的风化作用阶段。

蚀变矿物的共生组合规律为：

$$2(Mg,Fe)_2SiO_4 + 2H_2O + CO_2 \longrightarrow (Mg,Fe)_3[Si_2O_5](OH)_4 + (Mg,Fe)CO_3$$

　　（橄榄石）　　　　　　　　　　　　　　　　（蛇纹石）　　　　　（菱镁矿）

随二氧化碳浓度的提高，则转化为滑石-菱镁矿组合：

$$4(Mg,Fe)_2SiO_4 + H_2O + 5CO_2 \longrightarrow (Mg,Fe)[Si_4O_{10}](OH)_2 + 5(Mg,Fe)CO_3$$

（橄榄石）　　　　　　　　　　　　　　　　（滑石）　　　　　　　（菱镁矿）

若仅存在水的交代作用时，橄榄石则转化为蛇纹石-氢氧镁石组合：

$$(Mg,Fe)_2SiO_4 + 6H_2O \longrightarrow Mg[Si_4O_{10}](OH)_8 + 2(Mg,Fe)(OH)_2$$

（橄榄石）　　　　　　　　　　　（蛇纹石）　　　　　　（氢氧镁石）

辉石则发生滑石化：

$$4MgSiO_3 + 2H_2O \longrightarrow Mg[Si_4O_{10}](OH)_2 + Mg(OH)_2$$

（辉石）　　　　　　　　　　（滑石）

因此，火成岩的无水镁铁硅酸盐在热液作用下，形成了蛇纹石和滑石；橄榄石最终形成蛇纹石和相关含水硅酸盐；辉石则转变为滑石；含铝铁镁硅酸盐则转变为绿泥石属的矿物。此为早期蚀变的结果。

在低温风化作用下，也发生与上述类似的转变。所以，以橄榄石及辉石为基质的超基性岩，在热液及低温风化作用下，总存在橄榄石-蛇纹石-辉石-滑石-绿泥石-菱镁矿的共生矿物组合。

蚀变过程中，有氧时，橄榄石、辉石蚀变为蛇纹石时会析出云雾状的磁铁矿，并嵌布于蛇纹石中。因此，硫化铜镍矿石中的脉石具有易泥化、有一定磁性和天然可浮性好等特点。

7.1.3.3 硫化铜镍矿物的浅成蚀变及矿物的共生组合

A 硫化铜镍矿物的浅成蚀变

硫化铜镍矿物的浅成蚀变可将理想的硫化铜镍矿体的蚀变剖面分为过渡带、浅成带和氧化带。

地下水和风化作用是导致硫化铜镍矿体的化学组成和矿物组成发生变化的根本原因。对块状磁黄铁矿-镍黄铁矿石的浅成蚀变过程可采用电化学模型进行解释。在此模型中认为空气中的氧通过通道进入块状硫化矿体的隐蔽露头所形成的氧化电位差，在潜水层的块状硫化矿体中形成阳极区和阴极区，在阴极区氧被还原，俘获电子；在阳极区硫化矿物被氧化，释放出金属离子（Ni^{2+}、Fe^{2+}）及电子。此过程中的主要反应如图7-1所示。

硫化矿物发生浅成蚀变的同时，其围岩也发生蚀变。在空气中的氧、地下水及硫化矿体浅成蚀变产物的综合作用下，脉石矿物发生了滑石化、绿泥石化及硅化，并析出大量的水溶性盐类。在选矿过程中，它们可溶于矿浆中而提高矿浆中的离子浓度。

B 硫化矿物的共生组合

由于地质条件不同，同一硫化铜镍矿体在不同的空间部位发生不同程度的浅成蚀变。在某些硫化铜镍矿体中，原生硫化矿物与次生矿物交错共生，使矿物组成变得相当复杂。这些因素均给硫化铜镍矿物的浮选增加了难度。

原生硫化矿物的共生组合为：磁黄铁矿-镍黄铁矿-黄铜矿。

浅成蚀变后的硫化矿物的共生组合为：次生黄铁矿、白铁矿-紫硫镍矿、针镍矿-黄铜矿。

硫化铜镍矿床中，尚含某些过渡成分的矿物，如铜镍铁矿、四方硫铁矿（马基诺矿）等。

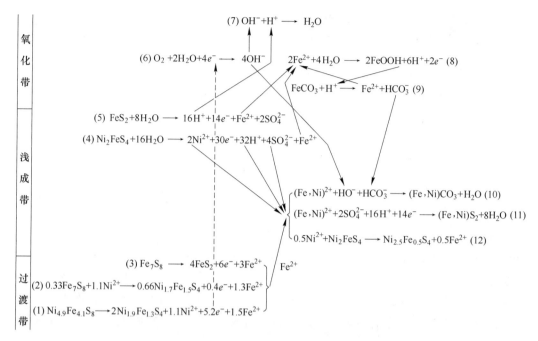

图 7-1　硫化铜镍矿床中的硫化铜镍矿物可能发生浅成蚀变过程的主要化学反应
（虚线箭头——一系列阳极反应所释放的电子运动路径；实线箭头——各组分反应的路径）

原生硫化铜镍矿物的共同特点为：矿物晶格组分稳定，天然可浮性良好。次生硫化铜镍矿物的晶格组分不稳定，矿物解理发达，易被氧化，易过粉碎等，如紫硫镍矿、白铁矿等，故次生硫化铜镍矿物的天然可浮性较差。

7.1.3.4　主要硫化镍矿物及其伴生矿物的矿物学特征

目前已发现有 20 多种镍矿物，加上类质同象混合等形成的镍矿物则更多，但常见的镍矿物不多。在所见的镍矿物中，由于常发生离子置换，镍矿物的实际化学组分常与矿物的分子式不相符。

常见的镍矿物为：

（1）镍黄铁矿（Ni、Fe）$_9$S$_8$：为最常见的硫化镍矿物，目前世界上 75% 以上的镍产自镍黄铁矿。镍黄铁矿呈青铜黄色，沿矿物的光滑表面的解理裂隙相当发育。自然界很少可见大的晶体或纯的块状矿物。与大量的磁黄铁矿共生，其化学成分波动，Ni/Fe 比例接近 1，其理论化学成分为：Fe 32.55%、Ni 34.22%、S 33.23%。常含类质同象形态的钴（含量为 0.4%~3%），有时还含硒、碲等。密度为 4.5~5g/cm^3，莫氏硬度为 3~4，性脆，无磁性，为电、热良导体。

镍黄铁矿属等轴晶系，其晶格结构为硫离子呈立方紧密堆积，铁和镍离子可互相置换。其化学分子式中的 9 个阳离子中有 8 个充填于半数四面体空隙，而第 9 个阳离子则位于八面体的空隙中。通常镍黄铁矿具有发育良好的八面体解理，在解理中常为紫硫镍矿所充填。有时镍黄铁矿呈微粒状或透镜状包裹于黄铁矿中，有时可呈固熔体分离的乳浊状。

镍黄铁矿常与磁黄铁矿、黄铜矿共生，产于基性岩（辉长岩、紫苏辉长岩）或超基性岩（橄榄岩）中，为一组具有典型特性的共生组合矿物，有时还含有磁铁矿和铂族矿物。这一共生组合矿物中，镍黄铁矿最不稳定。在浅成条件下，紫硫镍矿沿其解理发育，最终紫硫镍矿将完全取代镍黄铁矿。

（2）紫硫镍矿（$(Ni, Fe)_3S_4$）：其理论分子式为 Ni_2FeS_4，其中含 Ni 38.94%，Fe 18.52%及 S 42.54%。紫硫镍矿由镍黄铁矿或磁黄铁矿蚀变而得，其化学成分波动较大。有些弱蚀变矿石的镍矿石中的紫硫镍矿含镍28%~36%，强蚀变矿石含镍16%~25%，即强蚀变矿石中的紫硫镍矿含镍较低，含铁较高，含硫低。紫硫镍矿的八面体解理十分发育。在解理中，除广泛穿插磁铁矿外，还有碳酸盐矿物、透闪石、金云母等。紫硫镍矿氧化时产生龟裂收缩，使矿物疏松易碎。紫硫镍矿极易被氧化，氧化后，其表层比内层的铁含量高、硫含量低。其表面氧化层的厚度随氧化程度而异，一般为 $0.2~1\mu m$。氧化层由碧矾晶体、氢氧化铁和氢氧化镍混合物组成。

紫硫镍矿为有限氧化环境下稳定的中间产物，易被氧化淋失，不易生成具有工业价值的矿床。但在我国西北地区，由于气候干旱，氧化速度慢，才得以保存而生成世界罕见的大型以紫硫镍矿为主的硫化铜镍矿床。

此外，紫硫镍矿受其解理中密集穿插的小于 $1~30\mu m$ 宽的磁铁矿细脉的影响，其比磁化系数为 $13300\times10^{-6}cm^3/g$，具有磁性。当磁铁矿含量低或不含磁铁矿时，显弱磁性。也常见黄铜矿等细脉穿插。

（3）铜镍铁矿：为镍黄铁矿与黄铜矿的复合相，为超基性岩浆的高温熔体在快速冷却中，部分铜镍硫化物固熔体分离成为显微晶粒的两种矿物集合体。其硫、铁含量稳定（一般含硫 32%~33.3%，含铁 29.3%~31.4%），铜镍含量变化较大（一般含 Cu 8.0%~22.7%，Ni 17.0%~28.1%）。但铜镍总含量比较稳定，矿物的颜色随铜镍含量的变化而变化。性脆，中等硬度，具有磁性。常与镍黄铁矿、磁铁矿、黄铜矿、蛇纹石等共生。其天然可浮性差。

（4）针镍矿 NiS：含镍64.67%，含硫35.33%，混入有 Fe 1%~2%，Co 小于0.5%及 Cu 小于1%。密度为 $5.2~5.6g/cm^3$，硬度为3~4。性脆，良导电性，属三方晶系。为紫硫镍矿等镍矿物次生变化的产物。

（5）四方硫铁矿（马基诺矿）：由镍黄铁矿和黄铜矿转变而生成，为国内某些镍矿石中的重要含镍矿物，其化学成分见表7-3。

表 7-3 四方硫铁矿的化学成分

产 状	元素含量/%				
	Fe	S	Ni	Co	Cu
交代镍黄铁矿	56.7	32.8	5.9	0.6	4.1
交代黄铜矿	55.9	35.25	8.26	0.42	0.09

（6）磁黄铁矿（$Fe_{n-11}S_n$）：非镍矿物，镍不是其晶格中的基本成分，但有些磁黄铁矿含镍。几乎所有的硫化镍矿石中均含有磁黄铁矿，而且其含量很高，并与镍黄铁矿、黄铜矿等紧密共生。磁黄铁矿由几乎相等的硫原子和铁原子组成，但铁原子数总比硫原子数少些，铁、硫原子数的比值因产地而异，通常介于 FeS 与 Fe_7S_8 之间。镍和钴常呈类质同象的形态置换晶格中的少量铁。

磁黄铁矿有单斜晶系和六方晶系二种晶形，前者镍含量最高可达 1%，具强磁性，可采用磁选法进行富集；后者含镍为千分之几，无磁性。此外，可见铜、铅、银等呈类质同象置换铁。磁黄铁矿的密度为 4.6~4.7g/cm³，具有导电性。

磁黄铁矿参与硫化镍矿体的浅成蚀变过程，在其解理中，有紫硫镍矿发育，某些镍黄铁矿在磁黄铁矿中呈火焰状嵌布。由于这些镍矿物呈微细粒浸染嵌布，物理选矿过程中无法分离。因此，选矿过程中获得的磁黄铁矿精矿中的镍含量常大于 1%。

(7) 次生黄铁矿、白铁矿 (FeS_2)：为硫化铁矿物，参与硫化镍矿体的浅成蚀变过程，故富含镍。在空气中极易被氧化，天然可浮性差。

(8) 黄铜矿 ($CuFeS_2$)：与镍黄铁矿共生，为硫化镍矿石中的主要含铜矿物。

(9) 墨铜矿 ($(CuFeS_2) \cdot n[MgFe(OH)_2]$)：墨铜矿与黄铜矿关系密切，其结构较特殊，分为铜铁硫化物层 $(Cu、Fe)S_2$ 和水镁石层 $Mg(OH)_2$，两者呈薄膜状有规律相互交替排列。其分子式中的 n 为系数，其值常为 1.3~1.5。水镁石质软，破碎时易沿其层面裂开。墨铜矿常被水镁石层覆盖，因其具有亲水性而使墨铜矿失去可浮性。西北金川镍矿二矿区的富矿中，墨铜矿的含量较高，约占总铜量的 20%。试验表明，墨铜矿在酸性介质中的可浮性良好，这与水镁石层被酸溶解而露出铜铁硫化物层密切相关。

(10) 方黄铜矿 ($CuFe_2S_3$)：在硫化镍矿石中普遍存在此矿物，但含量很少。

除上述矿物外，在大多数硫化镍矿床中还含有少量的银、金及铂族金属矿物。如银金矿 (AuAg)，碲化银-碲银矿 (Ag_2Te)、砷铂矿 ($PtAs_2$)、硫铂矿 (PtS)、硫钯铂矿 ($(Pt、Pd、Ni)S$) 等。

7.2　硫化铜镍矿物的可浮性

7.2.1　硫化镍矿物的表面特性与液相 pH 值的关系

新鲜的镍黄铁矿、针镍矿和紫硫镍矿的表面特性与液相 pH 值密切相关，在适宜的氧化还原电位条件下，针镍矿和紫硫镍矿表面的氧化产物为 $Ni(OH)_2$，而镍黄铁矿表面的氧化产物为 $Fe(OH)_3$ 与 $Ni(OH)_2$ 的混合物。在氧化不充分时，镍黄铁矿表面还可生成镍、铁的碳酸盐或碳酸盐与其氢氧化物的混合物。在碳酸钠介质中，氢氧化物将代替相应的碳酸盐。因此，在碱性溶液中，新鲜的硫化镍矿物表面将被一层氧化物薄膜所覆盖，此薄膜由表面氧化物和多孔的氧化最终产物层所组成。

25℃常压下，溶液 pH 值及氧化还原电位对镍黄铁矿表面状态的影响如图 7-2 所示。

从图 7-2 中曲线可知，在高 pH 值和氧化还原电位为负值时，镍黄铁矿表面生成 $Fe(OH)_3$ 和 $Ni(OH)_2$，甚至生成 $FeCO_3$。提高氧化还原电位时，镍黄铁矿表面仅生成 $Fe(OH)_3$ 和 $Ni(OH)_2$。若 pH 值小于 7 时，随氧化还原电位的提高，镍黄铁矿表面产物的变化顺序为：

$$S^0 \rightarrow [Fe(OH)_3、Ni(OH)_2] \rightarrow [Fe^{2+}、Ni^{2+}、Fe(OH)_3、Ni(OH)_2]$$

即出现镍及铁的转移。

25℃常压下，溶液 pH 值及氧化还原电位对紫硫镍矿表面状态的影响如图 7-3 所示。

从图 7-3 中曲线可知，25℃常压下，提高溶液的 pH 值可降低紫硫镍矿表面氧化的氧化还原电位，使矿物表面氧化过程较易进行。若 pH 值小于 9.2 时，紫硫镍矿表面的氧化

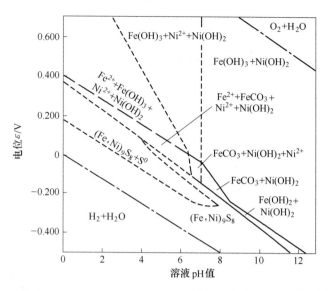

图 7-2　25℃常压下，溶液 pH 值及氧化还原电位对镍黄铁矿表面状态的影响
（溶液中 CO_2 的溶解总量为 10^{-5} mol/L）

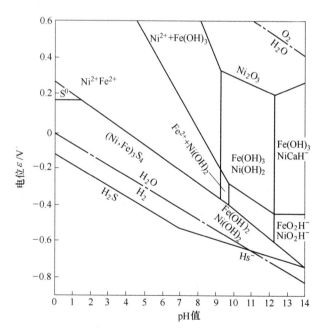

图 7-3　25℃常压下，溶液 pH 值及氧化还原电位对紫硫镍矿表面状态的影响
（常压、25℃、溶液中 [Fe^{2+}]、[Ni^{2+}] 及 [SO_4^{2-}] 均为 10^{-6} mol/L，[H_2S] 及 [HS^-] 为 10^{-1} mol/L）

产物为 $NiSO_4$ 和 $FeSO_4$；若 pH 值大于 9.2 时，其表面氧化产物为 $Fe(OH)_3$ 和 $Ni(OH)_2$ 或 $FeOOH^-$ 与 $NiOOH^-$ 的混合物。

试验表明，不仅在矿浆搅拌过程中会产生镍黄铁矿和紫硫镍矿的表面氧化过程，甚至矿物与气泡接触时间较长时也会发生此氧化过程。

7.2.2　镍黄铁矿的可浮性

镍黄铁矿为最重要和最普通的硫化镍矿物，世界上 75% 的镍产自镍黄铁矿。镍黄铁矿的理论化学成分为 Fe 32.55%、Ni 34.22% 和 S 33.23%，镍铁比接近 1.0，常含类质同象的钴（含量为 0.4% ~ 3%）等。由于镍黄铁矿的含铁量比黄铁矿低些，镍黄铁矿的天然可浮性接近于黄铁矿的天然可浮性。因此，镍黄铁矿的天然可浮性比黄铁矿的天然可浮性好些。镍黄铁矿是最不稳定的硫化镍矿物，与黄铁矿相似，表面易被氧化，生成相应的氧化膜和可溶盐。在氧化带和浅成蚀变过程中，镍黄铁矿将转变为紫硫镍矿、针镍矿等。在浮选过程中，其氧化速度随矿浆 pH 值的提高而增大，故在高碱介质中可抑制镍黄铁矿的浮选。在酸性或弱碱介质中，可溶去镍黄铁矿表面的氧化膜，露出新鲜的含镍、硫的矿物表面。因此，低碱介质浮选可提高镍黄铁矿的天然可浮性。

7.2.3　紫硫镍矿的可浮性

紫硫镍矿的可浮性较复杂，既与其矿物组成有关，也与其表面特性有关。我国西北金川镍矿富矿中的紫硫镍矿见表 7-4。

表 7-4　紫硫镍矿可浮性与矿物晶格成分的关系

矿物	可浮性	元素含量/%				Ni/Fe	Ni/Fe（原子数）
		Ni	Fe	Co	S		
紫硫镍矿 K_1	良好	35.00	20.90	0.79	43.20	1.67	1.59
紫硫镍矿 K_2	好	30.64	27.80	0.72	40.38	1.10	1.05
紫硫镍矿 K_3	一般	30.60	29.10	0.72	39.60	1.05	1.00
紫硫镍矿 K_4	较差	26.30	31.91	0.60	40.30	0.82	0.77

从表 7-4 中数据可知，晶格中镍铁原子数比值愈高，紫硫镍矿的可浮性愈好；反之，紫硫镍矿晶格中的铁含量愈高，其可浮性愈差。由镍黄铁矿蚀变生成的紫硫镍矿含镍高、含钴高、含铁低，由磁黄铁矿及黄铁矿蚀变生成的紫硫镍矿含镍低、含钴低、含铁高。因此，由镍黄铁矿蚀变生成的紫硫镍矿的可浮性好，而由磁黄铁矿及黄铁矿蚀变生成的紫硫镍矿的可浮性差。对该矿贫矿石中的紫硫镍矿的浮选试验表明，强蚀变矿石中的紫硫镍矿比弱蚀变矿石中的紫硫镍矿具有明显的含铁高、含镍低和含硫低的特点，强蚀变矿石中的紫硫镍矿的浮选回收率仅 40% 左右，弱蚀变矿石中的紫硫镍矿的浮选回收率可达 60% ~ 70%。

紫硫镍矿的可浮性与其表面特性密切相关，紫硫镍矿的表层及内部晶格元素成分见表 7-5。

表 7-5　紫硫镍矿的表层及内部晶格元素成分

项　目			元素成分/%					
			Fe	Co	Ni	Cu	O	S
表面氧化膜	1	质量	46.24	0.89	11.96	1.90	23.13	15.80
		原子数	27.30	0.50	6.70	1.10	47.80	16.40
	2	质量	42.03	0.91	11.35	1.99	23.57	20.15
		原子数	24.20	0.50	6.20	1.00	47.50	20.30

项　目			元素成分/%					
			Fe	Co	Ni	Cu	O	S
紫硫镍矿晶格	强蚀变	质量	48.20	0.95	22.61	2.06	5.91	20.27
		原子数	37.50	0.70	16.70	1.46	16.10	27.30
	弱蚀变	质量						
		原子数	20~26	0.50	28~36			40~43

从表 7-5 中的数据可知，紫硫镍矿表层的成分较复杂，尤其是存在相当数量的氧。与内层比较，表层具有铁高、镍低和硫低的特点。表层存在氢氧化铁、氢氧化镍及在解理中存在磁铁矿及脉石矿物的穿插，更增强了紫硫镍矿的天然亲水性。

为了提高紫硫镍矿物的可浮性，曾采用"磁选—酸洗—浮选"的联合流程进行试验，利用紫硫镍矿具有磁性进行磁选和酸洗溶去其表面的氧化膜，以露出新鲜的含镍、硫高和含铁低的较为疏水的表面，然后采用浮选法回收镍矿物。试验表明，经酸洗后可明显提高含镍矿物的可浮性。

7.2.4　铜镍铁矿的可浮性

铜镍铁矿为镍黄铁矿与黄铜矿的复合相，其化学成分为 S 32%~33.3%、Fe 29.3%~31.4%、Cu 8%~22.7%、Ni 17%~28.1%，其硫、铁含量较稳定，铜、镍含量变化大，但比较稳定。常与镍黄铁矿、磁铁矿、黄铜矿、蛇纹石等共生。其天然可浮性差。具有磁性，性脆。

7.2.5　磁黄铁矿的可浮性

磁黄铁矿为非镍矿物，但有些磁黄铁矿含镍，而且几乎所有的硫化镍矿石中均含有磁黄铁矿，且含量较高，常与镍黄铁矿、黄铜矿等紧密共生，镍、钴常以类质同象形态置换晶格中的少量铁。单斜系晶形的磁黄铁矿具有强磁性，可采用磁选法进行富集。六方晶系的磁黄铁矿无磁性，无法进行磁选富集。

磁黄铁矿的天然可浮性比黄铁矿差，浮选时常用硫酸铜作磁黄铁矿的活化剂，用黄药类药剂作浮选磁黄铁矿的捕收剂。

在硫化镍矿体的浅成蚀变过程中，磁黄铁矿的解理中常有紫硫镍矿发育，某些镍黄铁矿在磁黄铁矿中呈火焰状嵌布，这些镍矿物均呈微细粒浸染嵌布。硫化镍选矿实践中所得的磁黄铁矿精矿中的镍含量常大于 1%，采用物理选矿法不可能分离其中的镍，只能采用化学选矿法将磁黄铁矿分解后才可采用相应的方法回收磁黄铁矿精矿中的镍。

7.2.6　硫化铜镍矿中有用矿物的相对可浮性

硫化铜镍矿中的有用矿物常为黄铜矿、镍黄铁矿、紫硫镍矿、黄铁矿和磁黄铁矿等，其天然可浮性递降的顺序为：黄铜矿→镍黄铁矿→黄铁矿→紫硫镍矿→磁黄铁矿。这些矿物的可浮性与矿浆介质 pH 值、矿浆中捕收剂类型和浓度、磨矿细度、活化剂用量等密切相关。矿浆 pH 值为酸性和自然 pH 值时，这些矿物具有最好的可浮性；随捕收剂用量的增大，其可浮性提高，适宜浮选的 pH 值范围扩大，由酸性介质扩展至弱碱介质；当矿浆 pH 值高至强碱介质时，它们均被抑制；随磨矿细度的增大，单体解离度增大，不可浮的过粗粒含量降低，适于浮选的粒级含量的增加，可提高有用矿物的可浮性。

由于单斜系磁黄铁矿具有强磁性，常采用"浮选—磁选联合流程"。采用浮选方法回收黄铜矿和镍黄铁矿。当磁黄铁矿含镍较高时，可采用弱磁场磁选法从浮选尾矿中回收单斜系磁黄铁矿，产出黄铜矿和镍黄铁矿的混合精矿和含镍磁黄铁矿精矿。对含非磁性的六方晶系的磁黄铁矿石，可采用添加石灰、碳酸钠等调整剂实现黄铜矿、镍黄铁矿与磁黄铁矿的浮选分离。

黄铜矿、紫硫镍矿、黄铁矿及白铁矿的矿物组合中，仅黄铜矿为原生矿物，具有好的天然可浮性。而紫硫镍矿、黄铁矿及白铁矿均为蚀变的次生矿物，与其共生的脉石矿物为蛇纹石、绿泥石、滑石和碳酸盐等蚀变矿物，上述硫化矿物的可浮性与脉石矿泥和水溶盐的有害影响密切相关。由于紫硫镍矿具有较强的磁性及其可浮性易受矿泥和水溶盐的干扰，可采用磁选法从浮选尾矿中富集紫硫镍矿。由于蛇纹石中含有云雾状的磁铁矿，有部分进入磁选精矿。因此，磁选精矿须进行再磨再浮选。

由于硫化矿物紧密共生及磁铁矿与黄铜矿相互穿插和含方黄铜矿等原因，磁选精矿会富集硫化铜矿物。因此，处理浅成蚀变带的硫化镍矿石时，磁选法可使铜和镍进行初步富集；处理以镍黄铁矿为主要镍矿物的原生带矿石时，磁选法则为回收磁黄铁矿的重要方法。

镍黄铁矿、紫硫镍矿、含镍磁黄铁矿、次生黄铁矿和白铁矿等皆易被氧化，其表面层的镍铁和硫铁原子比值的变化取决于其氧化程度。硫化矿物表面的强烈氧化将降低硫化矿物的可浮性，氧化生成的矿泥可在硫化矿物表面形成泥膜，水溶盐也将降低浮选的选择性和增加药剂耗量。浮选时，黄铜矿及大部分镍黄铁矿及紫硫镍矿的浮选速度高，可迅速浮出。磁黄铁矿和铁镍比值高的紫硫镍矿的浮选速度较缓慢，需较长的浮选时间，有时还须添加活化剂。

7.3　选矿产品及其分离方法

7.3.1　选矿产品

依入选矿石中硫化矿物的可浮性，铜、镍、铁硫化矿物的比例及其嵌布特性和贵金属与铜、镍、铁硫化矿物的共生关系等因素，入选硫化铜镍矿原矿处理后的产品结构可能为：（1）铜镍混合精矿；（2）铜镍混合精矿，磁黄铁矿精矿；（3）单一铜精矿，单一镍精矿（+磁黄铁矿）；（4）单一铜精矿，单一镍精矿，磁黄铁矿精矿；（5）单一铜精矿，铜镍混合精矿（+磁黄铁矿）。

当入选矿石中硫化矿物的可浮性相当，铜镍硫化矿物紧密共生，矿石中贵金属及铂族元素与铜、镍、铁硫化矿物关系密切时，宜采用混合浮选法产出铜镍混合精矿，送后续作业进行铜镍分离和回收金银铂钯等贵金属。

若入选矿石中硫化铜矿物的可浮性好，硫化镍矿物易于抑制；硫化铜矿物与硫化镍矿物易于单体解离；贵金属及铂族元素与硫化铜关系不密切；可获得铜含量大于 25% 的单一铜精矿石，可产出单一铜精矿、单一镍精矿（+磁黄铁矿）。

若入选矿石中磁黄铁矿含量高，磁黄铁矿中不含贵金属和铂族元素，生产实践中可采用磁选法获得单一的磁黄铁矿精矿。磁黄铁矿精矿中镍含量约1%，可用化学选矿法回收其中的铁、镍、铜、钴、硫，可作钴冰铜冶炼的硫化剂，可单独堆存或送尾矿库。

7.3.2　硫化铜镍矿的分离方法

硫化铜镍矿的分离方法主要为铜镍混合精矿-抑镍浮铜法。

此分离方法有两种方案：（1）全分离方案：产出铜含量为25%~30%的单一铜精矿和镍含量大于8%的单一镍精矿；（2）半分离方案：产出镍含量小于2%的单一合格铜精矿和铜镍混合精矿。

生产实践表明，对于易选矿石，大多采用从铜镍混合精矿中直接分离铜镍的工艺，但对蚀变强度大的难选矿石和贵金属（Au、Ag、Pt、Pd、Rh、Ir、Os、Ru）含量价值较高的矿石，为避免贵金属的分散，一般不采用铜、镍分离的选矿工艺，常采用铜、镍混合浮选工艺，产出铜镍混合精矿。铜镍混合精矿送冶炼作业处理，产出高冰镍以初步富集贵金属。再从高冰镍中分离铜、镍和产出贵金属化学精矿（富集物）。

7.4　镍矿石的工业要求

镍矿石开采的一般工业要求见表7-6。

表7-6　镍矿石开采的一般工业要求

项　目	硫化镍矿			氧化镍-硅酸镍矿
	原生矿石		次生氧化矿石	
	坑采	露采		
镍边界品位/%	0.2~0.3	0.2~0.3	0.7	0.5
镍最低工业品位/%	0.2~0.3	0.2~0.3	1	1
最低可采厚度（真厚度）/m	1	2	1	1
夹石剔除厚度（真厚度）/m	≥2	≥3	1~2	1~2

注：1. 露采矿石尚需具体制订剥采比指标；
2. 混合矿石与原生矿石的工业指标相同；
3. 主矿体的平均品位是选择勘探区的重要条件之一，根据我国当前的技术经济条件，主矿体的平均品位一般露采应不低于0.5%~0.6%，坑采不低于0.7%~0.8%，否则，将会影响矿山生产的经济合理性。因此，在初勘转详勘时应于考虑；
4. 矿体厚度小于最低可采厚度，而品位又高于最低工业品位时，可采用米百分比值来衡量；
5. 硫化镍矿床中，镍、铜常伴生和共生，镍矿体中的铜无需单独制定指标和圈定矿体；当镍品位达不到工业品位而铜可形成单独矿床时，其工业指标可参照《铜矿地质勘探规范》确定。

除表7-6项目外，划分镍矿石工业技术品级的一般参考指标为：

（1）硫化镍矿石按镍含量分为三个品级：特富矿石（$w(\text{Ni}) > 3\%$）、富矿石（$w(\text{Ni}) = 1\% \sim 2\%$）、贫矿石（$w(\text{Ni}) = 0.3\% \sim 1\%$）。富矿石及贫矿石需经选矿产出镍精矿再冶炼，特富矿石可直接入炉冶炼。

（2）硫化镍矿石按硫化率（$m(\text{SNi})/m(\text{TNi})$）分为：原生矿石（$m(\text{SNi})/m(\text{TNi}) > 70\%$）、混合矿石（$m(\text{SNi})/m(\text{TNi}) = 45\% \sim 70\%$）、氧化矿石（$m(\text{SNi})/m(\text{TNi}) < 45\%$）。

（3）硅酸镍矿石按氧化镁含量分为：铁质矿石（$w(Mg)<10\%$）、铁镁质矿石（$w(Mg)=10\%\sim20\%$）、镁质矿石（$w(Mg)>20\%$）。

7.5　镍精矿质量标准

镍精矿质量标准见表 7-7。

表 7-7　镍精矿质量标准（YS/T 3400—2005）　　　　　（%）

品　位	Ni 含量（不小于）	MgO 含量（不大于）
一级品	9.5	6
二级品	8.5	6.8
三级品	7.5	8.0
四级品	6.5	9.0
五级品	5.5	12.5

7.6　金川镍矿浮选

7.6.1　矿石性质

我国的镍矿床类型见表 7-8。

表 7-8　我国的镍矿床类型

矿床类型	围岩	主要金属矿物和脉石矿物	实例
岩浆熔离型硫化铜镍矿床	以二辉橄榄岩为主，其次为橄榄辉石岩、蛇纹岩、大理岩等	主要金属矿物为磁黄铁矿、镍黄铁矿、黄铜矿。磁黄铁矿：镍黄铁矿：黄铜矿约为 2.59：1：0.5。脉石矿物为橄榄石、辉石、透闪石、绿泥石、碳酸盐等	金川镍矿二矿区
	以辉橄榄岩、二辉橄榄岩为主，其次为辉长岩、绿泥石化片岩、透长石等	主要金属矿物为黄铁矿、紫硫镍铁矿、黄铜矿。脉石矿物为橄榄石、辉石、蛇纹石化橄榄石等	金川镍矿一矿区
	斜方辉石、蚀变辉石、苏长岩长岩及黑云母片麻岩	主要金属矿物为磁黄铁矿、镍黄铁矿、紫硫镍铁矿、黄铜矿和黄铁矿。磁黄铁矿：镍黄铁矿：黄铜矿约为 3.34：1：0.44。脉石矿物为斜方辉石、透闪石、滑石、硅酸盐等	磐石镍矿

我国镍矿石储量位于世界第五位，大部分分布于我国西北、西南和东北，保有储量分别占全国总储量的 76.8%、12.1% 和 4.9%。就省区而言，甘肃占全国总储量的 62%、新疆占 11.6%、云南占 8.9%、吉林占 4.4%、湖北占 3.4%、四川占 3.3%。我国硫化铜镍矿中的镍占全国总储量 86%，我国红土镍矿中的镍占全国总储量的 9.6%。我国平均镍含量大于 1% 的硫化镍富矿约占全国总储量 44.1%。我国镍的主要产地为甘肃省金昌市。

金川镍矿属岩浆熔离型硫化铜镍矿床，共划分为四个矿区，其中二矿区占总储量的 76%，一矿区占 16%。1965 年 5 月金川选矿厂第 1 条生产线投产，目前选矿厂年处理能力为960万吨矿石，为国内规模最大的镍选矿厂。选矿厂下设三个独立的选矿车间，一选矿车间日处理量为14000t，处理二矿区富矿；二选矿车间日处理量9000t，处理龙首贫矿（日处理量5000t）和西二采矿（日处理量4000t）；三选矿车间日处理量为6000t，处理三矿区贫矿。一个精矿车间（两个精矿脱水系统），一个尾矿车间（两个浓密系统，一个尾矿回水利用及尾砂处理系统）。选厂产出铜镍混合精矿。

原矿中主要金属硫化矿物为磁黄铁矿、镍黄铁矿、黄铜矿，其次为方黄铜矿、黄铁矿、墨铜矿、紫硫镍铁矿，还有少量的四方硫铁矿。金属氧化矿物为磁铁矿、铬尖晶石、赤铁矿等，含量较少。主要脉石矿物为橄榄石，其中部分橄榄石已蛇纹石化，其次为辉石，少量碳酸盐、斜长石、滑石、绿泥石、云母等。

二矿区矿石依工业品级分为贫矿石、富矿石和特富矿石三类。贫矿以星点状构造为主，富矿以海绵晶铁构造为主，特富矿以块状构造为主。海绵晶铁构造的金属硫化矿物呈集合体形态出现，由镍黄铁矿、磁黄铁矿和黄铜矿组成。集合体粒度为1~5mm。硫化矿物集合体紧密充填于橄榄石颗粒间，与脉石矿物接触界线明显。镍黄铁矿的粒度一般为0.05~1mm，有少部分呈火焰状嵌布于磁铁矿中，粒度一般小于0.01mm，难于解离和分离。黄铜矿的粒度一般为0.1~0.5mm，少部分达1~3mm，有少量细粒。磁黄铁矿的粒度较粗，90%大于0.1mm。

矿石中除主要含磁黄铁矿、镍黄铁矿和黄铜矿外，还伴生有金、银和铂族元素。其中金、银主要富集于铜精矿中。铂族元素主要呈镍黄铁矿固溶体形态存在，故大部分铂族元素富集于镍精矿中。此外，磁黄铁矿中含有少量的镍和贵金属。

二矿区富矿石的莫氏硬度为10~14，密度为3.08g/cm^3，松散密度为1.89g/cm^3，安息角为38°。

7.6.2　高碱介质浮选工艺

选厂三个车间均采用三段一闭路碎矿流程（粗碎设于井下），将原矿从350mm碎至小于10mm。磨浮均采用二段磨矿、二段浮选、分段精选流程。一段磨矿细度为-0.074mm占70%，二段磨矿细度为-0.074mm占80%。一段浮选采用一次粗选、两次精选；二段浮选采用一次粗选、两次扫选、三次精选。

铜镍混合精矿采用浓密、过滤两段脱水工艺。浓密作业为两次浓密。过滤作业有新、老两个系统，老系统处理一段浮选作业产出的高品位混合精矿，主要过滤设备为压滤机，滤饼水分小于11.3%，送闪速炉熔炼。新系统处理二段浮选作业产出的低品位混合精矿，主要过滤设备为陶瓷过滤机，滤饼水分小于15%，送富氧顶吹炉熔炼。

尾矿采用浓缩、回水利用、尾矿坝堆放和尾矿砂充填生产工艺。尾矿经浓缩脱水，浓度为40%的浓缩尾矿送尾矿库堆存。部分尾矿经旋流器分级，产出粗粒级、高浓度尾矿，送至井下作胶结充填配料。混合精矿、尾矿产品脱水后的溢流水作生产回水循环使用。

金川公司选矿厂工艺流程如图7-4所示。

金川公司选矿厂（三个车间加权）主要技术指标（2013年）见表7-9。

金川公司选矿厂一车间（14000t）的主要设备见表7-10。

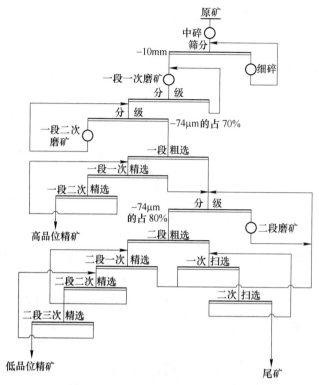

图 7-4　金川公司选矿厂工艺流程

（浮选药剂：一车间富矿采用丁基黄药、J-622、硫酸铵、硫酸铜，pH 值为 10.5；

龙首贫矿采用乙基黄药、丁基铵黑药，pH 值为 9.5；二车间采用丁基黄药、

J-622、丁基铵黑药、碳酸钠，pH 值为 10）

表 7-9　金川公司选矿厂主要技术指标（2013 年）　　　　　　　　（%）

原矿品位		精矿品位		尾矿品位	
Ni	Cu	Ni	Cu	Ni	Cu
1.10	0.79	7.13	4.58	84.06	75.25

表 7-10　金川公司选矿厂一车间（14000t）的主要设备

序号	设备名称	规格	台数	备注
1	标准圆锥破碎机	H7800（EC）	1	中碎、引进
2	短头圆锥破碎机	H7800（EF）	3	细碎、引进
3	香蕉筛	ZXF-3073/6	5	筛分
4	溢流型球磨机	$\phi 5.5m \times 8.6m$	4	一、二段磨矿
5	溢流型球磨机	$\phi 3.2m \times 5.4m$	1	再磨
6	旋流器组	$\phi 660-9$	2	分级
7	旋流器组	$\phi 500-18$	1	分级
8	旋流器组	$\phi 360-9$	1	分级

序号	设备名称	规格	台数	备注
9	浮选机	JC-150m³	22	粗选、扫选
10	浮选机	GF/JJF-28m³	34	精选
11	浮选机	GF/JJF-24m³	10	中矿精选
12	陶瓷过滤机	TT-60m²	16	精矿过滤
13	高效浓缩机	道尔φ50m	1	尾矿浓密、引进

7.6.3 选厂技术革新

（1）改三段开路破碎为三段一闭路破碎。2000 年后均采用了瑞典山特维克（SADVIK）公司生产的 H 系列液压高效圆锥破碎机。H 系列液压高效圆锥破碎机采用陡锥、高摆频、小偏心距，底部单缸液压支撑和顶部行星架结构。采用 ASRplus 自动控制装置对排料口进行在线控制，使碎矿最终粒度从 25mm 降至 10mm。

（2）磨矿、分级设备大型化。目前选厂使用的球磨机为 MQY-φ2700mm×3600mm、MQY-φ3200mm×5400mm、MQG-φ5500mm×8500mm。目前选厂分级设备全部由国产切线型旋流器改用 K 型水力旋流器。

（3）浮选设备大型化。由初期的 A 型、XJC-80 型陆续换为 KYF、JJF 型浮选。2000 年后，6000t 系统粗、扫选为 24 台 KYF-50 浮选机，14000t 系统粗、扫选为 22 台 JC-150 浮选机。

（4）精矿脱水。原设计圆筒外滤机的滤饼水分高、卸料难、效率低、维修量大。1967~1972 年逐步改用折带过滤机，处理量提高一倍以上，水分降 3%~5%，滤布寿命长、成本低、维修易、效率稳定。14000t 系统投产后全部停用此类设备。

1993 年引进芬兰 LAROX 公司产 PF 自动压滤机，该机工作可靠、自控水平高、工艺性能好，大幅度降低了滤饼水分和后续作业能耗。

1999 年引进 1 台芬兰奥托昆普公司的 CC-45 陶瓷过滤机。具有处理量大、生产成本低、过滤效率高、自动化程度高等特点，14000t 系统选用了 16 台 60m² 陶瓷过滤机。

7.6.4 低酸调浆混合浮选新工艺小型试验

7.6.4.1 现生产工艺存在的主要不足

现生产工艺存在的主要不足有：
（1）工艺流程较长，三段磨矿，二段浮选，能耗较高。
（2）镍、铜的浮选指标仍有相当的提高空间。
（3）药剂种类和加药点较多，不利于指标稳定。
（4）需用硫酸铵、碳酸钠调浆。

7.6.4.2 新工艺试验结果

于 2012~2015 年 7 次前往金川公司，在科技部、选厂、镍冶炼厂、矿物工程研究所和检化中心的大力支持下，前后 4 个年头约 8 个月的时间对金川矿石进行了探索试验和小型试验。

从 2014 年 10 月 20 月至 2015 年 1 月 21 日历时 3 个月，对金川选矿厂处理的矿浆样和原矿样进行了低酸新工艺小型试验，大幅度提高了混合精矿中的镍、铜浮选指标。

A　新工艺试验的初步设想

高细度矿浆加硫酸将矿浆 pH 值降至弱酸性介质，以 SB 选矿混合剂与丁黄药组合药剂为捕收剂进行混合浮选获得镍铜混合精矿。在弱酸介质中，可提高硫化镍矿物和墨铜矿物的可浮性，矿化泡沫清爽，夹带矿泥少，有利于提高镍铜混合精矿中镍、铜回收率和降低镍铜混合精矿中的氧化镁含量。

B　低酸新工艺小型试验结果

（1）试验流程。从一段磨矿的第一磨机的旋流分级溢流取矿浆样，磨矿细度约 -0.074mm 占 55%。将矿浆样分为小样（干矿 400g），分别磨至 -0.074mm 占 95% 进行闭路试验。原矿样取自给矿皮带，碎至 -2mm，干矿 400g 分别磨至 -0.074mm 占 95% 进行闭路试验。闭路试验流程为一粗二精二扫，中矿循序返回。

（2）矿浆样闭路试验结果。

矿浆样闭路试验的药剂用量见表 7-11。

表 7-11　矿浆样闭路试验的药剂用量

药名	SB 选矿混合剂	丁基钠黄药
用量/g·t^{-1}	60	250

矿浆样闭路试验指标见表 7-12。

表 7-12　矿浆样闭路试验　　　　　　　　　　（%）

试样	试样品位		产品名称	产率	品位			回收率	
	Ni	Cu			Ni	Cu	MgO	Ni	Cu
1 车间	1.41	1.10	混合精矿	20.11	7.71	4.65	6.60	92.68	83.00
			尾矿	79.89	0.15	0.24		7.32	17.00
			给矿	100.00	1.67	1.13		100.00	100.00
	1.25	1.32	混合精矿	17.61	8.23	7.68	5.00	91.96	84.25
			尾矿	82.39	0.15	0.31		8.04	15.75
			给矿	100.00	1.58	1.61		100.00	100.00
	1.43	1.09	混合精矿	19.86	8.36	5.59	5.66	92.56	84.01
			尾矿	80.14	0.17	0.26		7.44	15.99
			给矿	100.00	1.79	1.32		100.00	100.00
	1.50	1.21	混合精矿	17.95	8.14	5.83	5.69	92.40	84.16
			尾矿	82.05	0.15	0.24	—	7.60	15.84
			给矿	100.00	1.58	1.24	—	100.00	100.00

试样	试样品位		产品名称	产率	品位			回收率	
	Ni	Cu			Ni	Cu	MgO	Ni	Cu
2 车间	0.87	0.69	混合精矿	11.98	8.51	7.10	4.84	84.25	84.56
			尾矿	88.02	0.22	0.18		15.75	15.44
			给矿	100.00	1.21	1.00		100.00	100.00
3 车间	0.98	0.66	混合精矿	16.02	6.34	3.44	5.96	91.67	83.45
			尾矿	83.98	0.11	0.13		8.33	16.55
			给矿	100.00	1.11	0.65		100.00	100.00
	1.00	0.50	混合精矿	16.76	6.31	3.23	6.23	91.36	87.37
			尾矿	83.24	0.12	0.09		8.64	12.63
			给矿	100.00	1.16	0.62		100.00	100.00

（3）原矿样校核试验闭路试验（回水）指标。

原矿样校核试验闭路试验（回水）指标见表 7-13。

表 7-13　原矿样校核试验（回水）的闭路指标

（药剂用量与矿浆样闭路相同） （%）

来源	试样品位	金属平衡率	产品名称	产率	品位			回收率	
					Ni	Cu	MgO	Ni	Cu
1 车间	Ni：1.42 Cu：1.10	Ni：94.67 Cu：99.10	混合精矿	16.74	8.20	5.54	5.19	91.50	83.57
			尾矿	83.26	0.15	0.22	—	8.5	16.43
			给矿	100.00	1.50	1.11	—	100.00	100.00
	Ni：1.42 Cu：1.10	Ni：99.35 Cu：96.85	混合精矿	15.70	8.23	5.63	5.68	91.65	82.62
			尾矿	84.30	0.20	0.22	—	8.35	17.38
			给矿	100.00	1.41	1.07	—	100.00	100.00
	Ni：1.42 Cu：1.10	Ni：95.30 Cu：92.99	混合精矿	16.40	8.36	5.14	6.19	92.00	82.60
			尾矿	83.60	0.14	0.21	—	8.00	17.40
			给矿	100.00	1.49	1.02	—	100.00	100.00
3 车间	Ni：1.31 Cu：0.73	Ni：96.30 Cu：98.63	混合精矿	20.13	6.17	3.02	3.86	92.00	84.47
			尾矿	79.87	0.14	0.14	—	7.00	15.53
			给矿	100.00	1.35	0.72	—	100.00	100.00
	Ni：1.31 Cu：0.73	Ni：96.94 Cu：98.41	混合精矿	20.39	6.01	3.03	5.20	91.48	83.54
			尾矿	79.61	0.14	0.15	—	8.52	16.46
			给矿	100.00	1.34	0.74	—	100.00	100.00
2 车间 龙首	Ni：1.02 Cu：0.96	Ni：98.08 Cu：96.97	混合精矿	12.92	7.00	6.46	4.97	86.93	84.36
			尾矿	87.08	0.17	0.18	—	13.07	15.64
			给矿	100.00	1.04	0.99	—	100.00	100.00

来源	试样品位	金属平衡率	产品名称	产率	品位			回收率	
					Ni	Cu	MgO	Ni	Cu
2 车间 西二	0.67 0.40	Ni: 94.03 Cu: 86.96	混合精矿	8.51	6.14	4.14	8.18	76.84	74.95
			尾矿	91.49	0.17	0.13	—	23.16	35.05
			给矿	100.00	0.68	0.46	—	100.00	100.00

从表 7-12 和表 7-13 数据可知，在磨矿细度、加酸量和浮选药剂用量基本相同条件下，原矿样校核试验（回水）的闭路指标基本重现了矿浆样的闭路指标，但矿浆样的闭路指标的金属平衡率较低，原矿样校核试验（回水）的闭路指标的金属平衡率较高，浮选指标较稳定可靠。

（4）2015 年 5~7 月的小型验证试验指标。

2015 年 5~7 月的验证试验新工艺与现工艺闭路指标对比见表 7-14。

表 7-14　新工艺与现工艺闭路指标对比表

浆样	工艺	药量/g·t⁻¹	产品名称	产率/%	品位/%			金属量			回收率/%	
					Ni	Cu	MgO	Ni	Cu	MgO	Ni	Cu
富矿	新工艺	H_2SO_4 25mL, 丁黄 50, SB 60	混精	15.47	8.28	5.05	6.78	1.2809	0.7812	1.0488	90.44	82.68
			尾矿	84.53	0.16	0.19		0.1352	0.1606		9.56	17.32
			原矿	100	1.42	0.94		1.4161	0.9418		100	100
	现工艺	$CuSO_4$ 50, 丁黄 120, 混药 45, $CuSO_4$ 50, 丁黄 120, 混药 25	总混精	14.82	7.60	4.78	7.73	1.1263	0.7084	1.1456	85.17	79.09
			尾矿	85.18	0.23	0.22		0.1959	0.1874		14.83	20.91
			原矿	100	1.32	0.90		1.3222	0.8958		100	100
	二段加酸	$CuSO_4$ 50, 丁黄: AT620 =7:3 120, 丁铵 100, 硫酸 18, 丁黄 120, 丁铵 60, $CuSO_4$ 50	总混精	16.66	6.85	5.64	7.65	1.1412	0.9396	1.2745	89.83	85.90
			尾矿	83.34	0.16	0.19		0.1333	0.1583		10.17	14.10
			原矿	100	1.27	1.09		1.2745	1.0979		100	100
三矿贫矿	新工艺	H_2SO_4 20mL, 丁黄 50, SB 60	混精	16.04	5.38	2.55	8.36	0.8630	0.4090	1.3409	90.33	83.38
			尾矿	83.96	0.11	0.10		0.0924	0.0840		9.67	16.62
			原矿	100	0.95	0.49		0.9554	0.4930		100	100
	现工艺	乙黄: AT622 = 7:3 120, 丁铵 70, 不加酸丁黄 120, 丁铵 30	总混精	14.32	5.75	2.23	7.44	0.8434	0.3193	1.0654	82.77	65.10
			尾矿	85.68	0.20	0.20		0.1714	0.1714		17.23	34.90
			原矿	100	0.99	0.49		1.0148	0.4907		100	100
	二段加酸	乙黄: AT622 = 7:3 120, 丁铵 100, 硫酸 13, 丁黄 120, 丁铵 60	总混精	16.09	5.35	2.51	6.31	0.8608	0.4039	1.0153	89.27	82.81
			尾矿	83.91	0.12	0.10		0.1007	0.0839		10.73	17.19
			原矿	100	0.96	0.49		0.9615	0.4878		100	100
龙首贫矿	新工艺	H_2SO_4 25, SB 50	混精	9.70	6.94	6.20	5.95	0.6732	0.6014		84.52	84.38
			尾矿	90.30	0.14	0.12		0.1264	0.1084		15.48	15.62
			原矿	100	0.80	0.71		0.7996	0.7098		100	100

浆样	工艺	药量/g·t⁻¹	产品名称	产率/%	品位/%			金属量			回收率/%	
					Ni	Cu	MgO	Ni	Cu	MgO	Ni	Cu
龙首贫矿	现工艺	乙黄药120,丁铵70,碳酸钠150,丁黄120,丁铵35	总混精	10.13	6.15	5.24	8.20	0.6230	0.5308	0.8307	78.47	73.46
			尾矿	89.87	0.19	0.21	—	0.1708	0.1887		21.53	26.54
			原矿	100	0.79	0.72		0.7938	0.7195		100	100
	二段加酸	乙黄药120,丁铵70,碳酸钠150,硫酸14,丁黄120,丁铵35	总混精	9.71	6.56	5.72	6.87	0.6370	0.5554	0.6671	79.97	81.44
			尾矿	90.29	0.18	0.14	—	0.1625	0.1264		20.03	18.56
			原矿	100	0.80	0.68		0.7995	0.6818		100	100
西二贫矿	新工艺	H₂SO₄ 20,丁黄50,SB 50	混精	7.66	6.48	3.54	6.77	0.4964	0.2712	0.5186	79.42	76.20
			尾矿	92.34	0.14	0.092	—	0.1293	0.0850		20.58	23.80
			原矿	100	0.63	0.36	—	0.6257	0.3562		100	100
	现工艺	乙黄120,丁铵70,不加酸,丁黄120,丁铵40	总混精	7.51	5.91	3.18	12.21	0.5029	0.2388		67.90	67.67
			尾矿	92.49	0.23	0.12	—	0.2127	0.1110		32.10	32.33
			原矿	100	0.65	0.35		0.7156	0.3498		100	100
	二段加酸	乙黄120,丁铵70,H₂SO₄12,丁黄220,丁铵110	总混精	7.62	5.84	3.25	8.32	0.4450	0.2477	0.6340	68.65	68.53
			尾矿	92.38	0.22	0.12		0.2032	0.2032		31.35	31.47
			原矿	100	0.65	0.36		0.6482	0.4509		100	100
四种矿样加权指标	新工艺	硫酸20~25,SB 50,丁黄50	混精	12.22	6.78	4.22	5.95	0.8284	0.5157	0.7271	87.27	82.47
			尾矿	87.78	0.14	0.12		0.1208	0.1096		12.73	17.53
			原矿	100	0.95	0.63		0.9492	0.6253		100	100
	现工艺	乙黄120,丁铵70,不加酸,丁黄120,丁铵40	总混精	11.70	6.61	3.84	9.45	0.7739	0.4493	1.1055	80.48	73.19
			尾矿	88.30	0.21	0.19		0.1877	0.1646		19.52	26.81
			原矿	100	0.96	0.61		0.9616	0.6139		100	100
	二段加酸	乙黄120,丁铵70,硫酸13~20,丁黄120~220,丁铵60~120	总混精	12.52	6.16	4.29	7.17	0.7710	0.5366	0.8977	83.72	78.96
			尾矿	87.48	0.17	0.16		0.1499	0.1430		16.28	21.04
			原矿	100	0.92	0.68		0.9209	0.6796		100	100

从表7-14数据可知：

（1）二矿富矿的新工艺闭路指标与现工艺闭路指标比较：新工艺混精镍含量提高0.68%，铜含量提高0.27%，氧化镁含量低0.95%；镍回收率提高5.27%，铜回收率提高3.59%；尾矿镍含量低降0.07%，铜含量降低0.03%。

（2）三矿贫矿的新工艺闭路指标与现工艺闭路指标比较：新工艺混精镍含量降低0.37%，铜含量提高0.32%，氧化镁含量提高0.92%；镍回收率提高7.56%，铜回收率提高18.28%；尾矿镍含量降低0.09%，铜含量降低0.1%。

（3）龙首贫矿的新工艺闭路指标与现工艺闭路指标比较：新工艺混精镍含量提高0.79%，铜含量提高0.96%，氧化镁含量降低2.25%；镍回收率提高6.05%，铜回收率提高 10.92%；尾矿镍含量降低 0.05%，铜含量降低 0.09%。

（4）西二贫矿的新工艺闭路指标与现工艺闭路指标比较：新工艺混精镍含量提高 0.57%，铜含量提高 0.36%，氧化镁含量降低 5.44%；镍回收率提高 11.52%，铜回收率提高 8.53%；尾矿镍含量降低 0.09%；铜含量降低 0.028%。

（5）四种矿样的加权指标比较：

1）新工艺与现工艺比较：新工艺混精镍含量提高 0.17%，镍回收率提高 6.79%；铜含量提高 0.38%，铜回收率提高 9.28%；混精氧化镁含量降低 3.50%。新工艺混精氧化镁含量为 5.95%。

2）新工艺与现工艺二段加酸比较：新工艺混精镍含量提高 0.62%，镍回收率提高 3.55%；铜含量降低 0.07%，铜回收率提高 3.51%；混精氧化镁含量降低 1.22%。新工艺混精氧化镁含量为 5.95%。

3）现工艺二段加酸与不加酸比较：现工艺二段加酸混精镍含量降低 0.45%，镍回收率提高 3.24%；铜含量提高 0.45%，铜回收率提高 5.77%；混精氧化镁含量降低 2.28%。现工艺二段加酸混精氧化镁含量为 7.17%。

4）综合全部验证试验数据可知，采用高细度—低酸调浆——一段混合浮选流程处理金川硫化镍铜矿是较合理的方案。该方案捕收剂只有两种，药剂用量低，为一点加药，空白精选，空白扫选，精矿品位高、回收率高，混合精矿氧化镁含量全部小于 6.8%。金川硫化铜镍矿低酸调浆新工艺的小型试验指标重复性强、数据真实、稳定可靠，表明进入工业试验的时机已成熟。

5）工业试验时，建议采用高细度—低酸调浆—低碱调浆—低碱一段混合浮选流程，以保护浮选设备和使工业生产具有连续性和持久性。投产后可产出高质量的镍铜混合精矿，可达节能、降耗、提质（品位）、增产（混精金属量）、提高经济效益和环境效益，可为后续作业降低生产成本创造条件。

为了进一步提高镍铜的浮选指标，工业试验时，高细度—低酸调浆—低碱调浆—低碱一段混合浮选新工艺的工艺参数有待进一步优化。

7.7　磐石镍矿浮选

7.7.1　矿石性质

吉恩镍业股份有限公司磐石镍矿选矿厂地处吉林省磐石市红旗岭镇，目前选厂日处理量为 1500t，处理红旗岭地区 1 号矿体和 7 号矿体的硫化铜镍矿石。

该矿为岩浆熔离型硫化铜镍矿床。现有两个矿区（红旗岭地区 1 号矿脉和 7 号矿脉），主要金属矿物为磁黄铁矿、镍黄铁矿、紫硫镍铁矿、黄铜矿和黄铁矿，硫化矿物含量占矿石总量的 20% 左右，其中磁黄铁矿占硫化物的 50%~60% 以上，磁黄铁矿与镍黄铁矿之比为（3~6）：1，矿石平均镍铜比为（3.5~4）：1。脉石矿物主要以斜辉石、斜长石为主，但大部分已蚀变为蛇纹石、滑石、角闪石、绿泥石等，滑石等泥质脉石占脉石矿物总量的 20%~40%。

矿石平均含镍 0.6%~0.7%、含铜 0.15%~0.18%。7 号矿体主要为斜方辉岩-苏长岩含矿，其次为辉石、橄榄岩含矿，矿石平均含镍 2.11%，含铜 0.58%。物相分析表明，硫化矿物中镍、铜含量分别为93.2%和97.18%。大量磁黄铁矿与易浮、易泥化的次生硅酸盐脉石矿物如滑石、纤闪石、次闪石、蛇纹石等，是影响铜镍混合精矿品位和浮选回收率的主要因素。

镍黄铁矿、针镍矿基本不含铜。镍的主要载体矿物为磁黄铁矿、镍黄铁矿、黄铁矿等，紧密伴生，镍除呈类质同象形态存在于磁黄铁矿中外，尚有部分镍黄铁矿呈火焰状结构嵌布于磁黄铁矿中，其品位较高。脉石矿物中的镍含量一般小于0.1%。因此，欲提高铜镍混合精矿的品位，除尽量去除脉石矿物外，还应设法去除镍含量低的磁黄铁矿。

矿石中除镍外，含铜矿物黄铜矿多以不规则状产于磁黄铁矿中，呈细粒嵌布。少部分黄铜矿在脉石矿物中呈片状、浸染状产出。钴呈固溶体形态存在于镍黄铁矿和磁黄铁矿中。铜主要呈黄铜矿，它与镍黄铁矿关系不密切。

7.7.2　选矿工艺

该矿选矿厂浮选流程如图7-5所示。

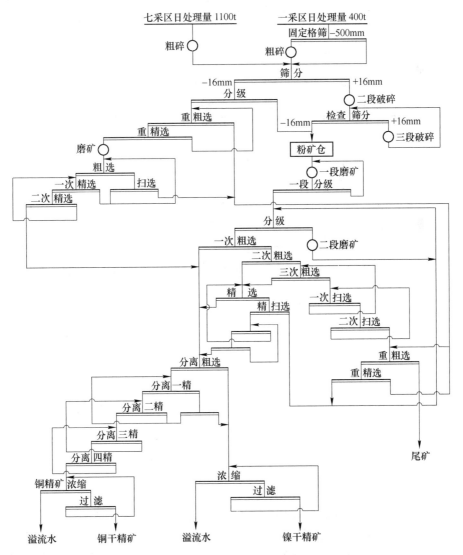

图7-5　磐石镍矿选厂浮选流程

　　选厂流程包括破碎、洗矿、洗矿水重选脱泥-浮选、磨矿、铜镍混合浮选、混合精矿浮选分离、尾矿重选再选、产品浓缩、过滤等作业。

　　破碎采用三段一闭路流程，破碎最终产品粒度小于 16mm。磨浮采用阶段磨矿——铜镍混合浮选——分离浮选的流程，产出单一铜精矿和单一镍精矿两种产品。

　　混合浮选采用碳酸钠调浆，矿浆 pH 值为 9 左右。采用硫酸铜、纤维素、丁基黄药、C125、BK-206 等药剂。第一段磨矿细度为 -0.074mm 占 50%~55%，第二段磨矿细度为 -0.074mm 占 70%~75%。产出含铜 1.778%，含镍 6.002% 的铜镍混合精矿。

　　混合精矿分离浮选时，采用石灰调浆，矿浆 pH 值为 12，采用羧甲基纤维素为脉石抑制剂，采用一粗一扫四精流程产出铜精矿和镍精矿。混合浮选尾矿重选再选，采用螺旋溜槽选别两次后的精矿返回分级作业，之后进入铜镍混合浮选粗选作业，尾矿为最终尾矿。

　　浮选药剂用量见表 7-15。

表 7-15　浮选药剂用量

药名	C125	丁基黄药	碳酸钠	羧甲基纤维素	石灰
用量/g · t^{-1}	291	158	1590	924	9366

　　浮选指标见表 7-16。

表 7-16　浮选指标　　　　　　　　　　（%）

产品	产率	品位		回收率	
		Cu	Ni	Cu	Ni
铜精矿	1.10	25.26	1.375	56.80	0.84
镍精矿	25.29	0.745	6.203	38.00	87.50
铜镍混合精矿	26.39	1.778	6.002	94.80	88.34
尾矿	73.61	0.035	0.284	5.20	11.66
原矿	100.00	0.495	1.793	100.00	100.00

　　从表 7-16 中数据可知，该矿浮选指标仍有提高的空间，混合浮选指标较理想，铜镍分离浮选指标不够理想，镍精矿含铜高达 0.75%，镍精矿中铜损失率高达 38%，导致铜精矿中铜浮选回收率较低。

　　建议该矿采用低碱工艺路线，在矿浆自然 pH 值条件下，采用 SB 选矿混合剂与丁基黄药组合捕收剂进行铜镍混合浮选，混合精矿高细度再磨后，仅添加少量石灰，在 pH 值为 9 左右的条件下，采用 SB 作捕收剂进行铜镍分离，产出单一的铜精矿和单一的镍精矿。在减少药剂种类和用量，降低吨矿药剂成本的条件下，可获得较高的铜、镍浮选指标，取得更大的经济效益。

7.8　新疆某硫化铜镍矿浮选

7.8.1　矿石性质

　　新疆某硫化铜镍矿主要金属矿物为磁黄铁矿、黄铜矿、方黄铜矿、紫硫镍矿、镍黄铁矿、黄铁矿、磁铁矿等。脉石矿物为橄榄石、斜方辉石、角闪石、长石、绿泥石等。

　　矿样原矿品位为：Cu 0.84%、Ni 0.53%、S 3.75%、MgO 17.93%。要求产出铜镍混

合精矿，要求混合精矿中的氧化镁含量低于6%。

7.8.2　低碱浮选工艺小型试验

采用一粗二精二扫的浮选流程，在磨矿细度为 $-0.074mm$ 占 85% 和矿浆自然 pH 值（pH 值为 6.5）条件下，进行了硫酸铜用量、SB 用量、CMC 用量和水玻璃用量等优化试验。闭路的药剂用量见表 7-17。

表 7-17　闭路的药剂用量　　　　　　　　　　（g/t）

药名	SB	丁基黄药
用量	60	40

小型试验闭路指标见表 7-18。

表 7-18　小型试验闭路指标　　　　　　　　　　（%）

产品	产率	品位				回收率			
		Cu	Ni	S	MgO	Cu	Ni	S	MgO
混合精矿	11.28	7.04	3.95	26.40	3.25	94.11	84.36	79.42	3.25
尾矿	88.72	0.056	0.093	0.87	19.55	5.89	15.64	20.58	96.75
原矿	100.00	0.84	0.53	3.75	17.93	100.00	100.00	100.00	100.00

从表 7-18 中的数据可知，当原矿直接磨至 $-0.074mm$ 占 85% 和在矿浆自然 pH 值条件下，以 SB 选矿混合剂和丁基黄药组合药剂作硫化铜矿物和硫化镍矿物的捕收剂进行混合浮选，仅采用一粗二精二扫的简单流程，采用一点加药的方法即可获得比现有工艺高的铜、镍浮选指标，混合精矿中的氧化镁含量仅 3.25%，矿泥的有害影响较小。

8　硫化铜铅锌矿浮选

8.1　概述

8.1.1　硫化铜铅锌矿的矿石特点

常将硫化铜铅锌矿称为多金属硫化矿。此类型矿石中，除含铜、铅、锌、硫的金属硫化矿物外，还常含有 Au、Ag、Cd、In、Bi、Sb、W、Sn 及 Te、Se、Ge、Ga 等元素。因此，硫化铜铅锌矿石是提取有色金属铜、铅、锌和贵金属及稀有、稀散金属的重要矿产资源。

硫化铜铅锌矿矿石中，主要的金属矿物为黄铜矿、方铅矿、闪锌矿，其次为黄铁矿、磁黄铁矿、斑铜矿、辉铜矿、黝铜矿、磁铁矿和毒砂等。地表氧化带含有孔雀石、蓝铜矿、白铅矿、铅矾及褐铁矿等。脉石矿物主要为石英、方解石、绿帘石、透闪石、矽灰石及石榴子石等，有时还含一定量的重晶石、萤石和绢云母等。矿石中的金呈自然金形态存在或伴生于黄铁矿与黄铜矿中。银与矿石中的方铅矿、砷黝铜矿及黝铜矿共生，镉、锗、镓一般含于闪锌矿中。

硫化铜铅锌矿的矿石主要产于热液型和矽卡岩型矿床，有时也产于其他类型矿床。矿石的矿物组成和化学组成因成矿条件和矿床类型而异，产于不同矿床类型的硫化铜铅锌矿矿石的特性有差异。

硫化铜铅锌矿的矿石特点为：矿石中的有用金属硫化矿物以方铅矿、闪锌矿为主，硫化铜矿物含量较低，黄铁矿含量一般也较低，但有的铅锌矿石原矿含硫可高达 30% 左右。选厂一般产出铜精矿、铅精矿、锌精矿三种产品，有时也产出硫精矿。次生铜矿物在磨矿过程中易产生铜离子活化闪锌矿，使有用金属硫化矿物的分离较困难。

8.1.2　矿石中主要金属硫化矿物的可浮性

硫化铜铅锌矿矿石中主要金属硫化矿物的可浮性分别为：

（1）黄铜矿（$CuFeS_2$）：纯矿物含 Cu 34.56%，含 Fe 30.52%，含 S 34.92%，密度为 4.1~4.3g/cm^3，莫氏硬度为 3.5~4.2。在中性和弱碱性介质中可较长时间保持其天然可浮性。但在高碱介质中（pH 值大于 10），其矿物表面结构易受 OH^- 侵蚀，生成氢氧化铁薄膜，使其天然可浮性下降（请参阅 5.1.2 节硫化铜矿物的可浮性）。可用硫化矿物的捕收剂作硫化铜矿物的捕收剂。高碱介质浮选时，硫化铜矿物的抑制剂为氰化物、硫化钠和氧化剂，现生产中已不用氰化物，主要采用氧化剂或硫化钠作抑制剂，起泡剂一般可用常用起泡剂。

采用低碱介质浮选工艺路线，在矿浆自然 pH 值条件下浮选时，常用起泡剂的起泡能力无法满足浮选的要求，当浮选的有用矿物量大时更是如此。此时采用组合药剂可获得比高碱介质浮选工艺更高的浮选指标。

（2）方铅矿（PbS）：纯矿物含 Pb 86.6%，含 S 13.4%，密度为 7.4~7.6g/cm^3，莫氏硬度

为 2.5~2.7。方铅矿中常含 Ag、Cu、Zn、Fe、Sb、Bi、As、Mo 等杂质。试验表明，方铅矿的可浮性与矿浆 pH 值密切相关。方铅矿的天然可浮性较好，属易浮的硫化矿物。当矿浆 pH 值大于 9.5 时，捕收剂（如黄药、黑药等）在方铅矿表面的吸附量明显下降，其可浮性明显下降。在高碱介质中浮选时，虽可获得较稳定的铅浮选回收率，但捕收剂（如高级黄药、硫氮等）用量高。因此，高碱介质浮选的药剂成本较高。可用硫化矿物的捕收剂作方铅矿的捕收剂，方铅矿的抑制剂为重铬酸盐、硫化钠等。生产中常用重铬酸盐（红矾）作方铅矿的抑制剂。

低碱介质浮选可提高方铅矿的可浮性，可大幅度降低捕收剂的用量。

（3）闪锌矿（ZnS）：纯矿物含 Zn 67.0%，含 S 33.0%，密度为 3.9~4.1g/cm³，莫氏硬度为 3.5~4.0。闪锌矿中常含铁杂质形成铁闪锌矿，铁闪锌矿表观颜色有灰黑色和灰白色两种，常见的为灰黑色铁闪锌矿，其中铁含量为 5%~10%，有的甚至高达 16%。闪锌矿的天然可浮性与其中铁含量密切相关，随闪锌矿中铁含量的增加，其可浮性下降。闪锌矿的天然可浮性与矿浆 pH 值密切相关，在酸性介质中，闪锌矿易浮；在碱性介质中，须采用 Cu^{2+} 活化后，才能采用硫化矿物捕收剂进行浮选。Cu^{2+} 活化闪锌矿的效果与矿浆 pH 值有关，当 pH 值为 6 左右时，闪锌矿表面对 Cu^{2+} 的吸附量最大；在酸性和碱性介质中，闪锌矿表面对 Cu^{2+} 的吸附量均下降。因此，采用低碱介质浮选可以降低硫酸铜的用量，提高闪锌矿的可浮性。可用硫化矿物的捕收剂作闪锌矿的捕收剂，闪锌矿的抑制剂为石灰、硫酸锌、硫酸亚铁、亚硫酸盐、二氧化硫气体等。生产中常用石灰与硫酸锌作闪锌矿的抑制剂。常用起泡剂均可作浮选闪锌矿的起泡剂。但在低碱介质和闪锌矿含量高时，常用起泡剂常无法满足浮选的要求，此时采用组合药剂可获得比高碱介质浮选工艺更高的浮选指标。

8.1.3　硫化铜、铅、锌、硫矿的浮选流程

硫化铜、铅、锌、硫矿常用的浮选流程为：

（1）硫化铜、铅、锌、硫矿的浮选流程：常用的为铜铅部分混合浮选流程，即铜铅混合浮选—浮选锌—浮选硫、铜铅混合精矿分离浮选流程，产出铜精矿、铅精矿、锌精矿和硫精矿四种单一精矿产品。

（2）硫化铅、锌、硫矿的浮选流程：常用的为优先浮选流程，即浮选铅—浮选锌—浮选硫的浮选流程，产出铅精矿、锌精矿和硫精矿三种单一精矿产品。

目前，生产实践中较少采用等可浮流程、全混合浮选流程。

8.1.4　铅锌矿工业指标

铅锌矿一般工业指标见表 8-1。

表 8-1　铅锌矿一般工业指标

项目	铅/%		锌/%		可采厚度 /m	夹石剔除 厚度 /m
	边界品位	工业品位	边界品位	工业品位		
硫化矿	0.3~0.5	0.7~1.0	0.5~1.0	1.0~2.0	1.0~2.0	2.0~4.0
混合矿	0.5~0.7	1.0~1.5	0.8~1.5	2.0~3.0	1.0~2.0	2.0~4.0
氧化矿	0.5~1.0	1.5~2.0	1.5~2.0	3.0~6.0	1.0~2.0	2.0~4.0

铅锌矿伴生组分综合评价一般参考指标见表 8-2。

表 8-2　铅锌矿伴生组分综合评价一般参考指标　　　　　　　（%）

伴生组分	Cu	WO_3	Sn	Mo	Bi	S	Sb	CaF_2	As	Au/g·t^{-1}
含量	0.06	0.06	0.08	0.02	0.02	4	0.4	5	0.2	0.1
伴生组分	Ag/g·t^{-1}	Cd	In	Ga	Ge	Se	Te	Tl	Hg	U
含量	2	0.01	0.001	0.001	0.001	0.001	0.001	0.001	0.005	0.02

8.1.5　铅、锌精矿质量标准

8.1.5.1　铅精矿质量标准

铅精矿质量标准（YS/T 319—2013）见表 8-3。

表 8-3　铅精矿质量标准（YS/T 319—2013）

品级	化学成分（质量分数）/%					
	Pb（不小于）	杂质含量（不大于）				
		Cu	Zn	As	SiO_2	Al_2O_3
一级品	65	3.0	4.0	0.3	1.5	2.0
二级品	60	3.0	5.0	0.4	2.0	2.5
三级品	55	3.0	6.0	0.5	2.5	3.0
四级品	50	4.0	6.5	0.55	3.0	4.0
五级品	45	4.0	7.0	0.6	3.0	4.0

8.1.5.2　锌精矿质量标准

锌精矿质量标准（YS/T 320—2007）见表 8-4。

表 8-4　锌精矿质量标准（YS/T 320—2007）

品级	化学成分（质量分数）/%					
	Zn（不小于）	杂质含量（不大于）				
		Cu	Pb	Fe	As	SiO_2
一级品	55	0.8	1.0	6	0.2	4.0
二级品	50	1.0	1.5	8	0.4	5.0
三级品	45	1.0	2.0	12	0.5	5.5
四级品	40	1.5	2.5	14	0.5	6.0

8.1.5.3　混合铅锌精矿质量标准

混合铅锌精矿质量标准（YS/T 452—2013）见表 8-5。

表 8-5　混合铅锌精矿质量标准（YS/T 452—2013）

品级	主品位（不小于）/%			杂质（质量分数，不大于）/%				
	Pb	Zn	Pb+Zn	S	Fe	As	Cd	SiO$_2$
一级品	15	36	55	25~32	6~15	0.30	0.20	4.0
二级品	15	34	50	25~32	6~15	0.35	0.30	4.5
三级品	15	32	48	25~32	6~15	0.40	0.40	5.0
四级品	14	28	45	25~32	6~15	0.40	0.50	5.5

8.2　白银公司小铁山硫化铜铅锌矿的浮选

8.2.1　矿石性质

8.2.1.1　原矿化学成分分析结果

原矿化学成分分析结果见表 8-6。

表 8-6　原矿化学成分分析结果

化学成分	Cu	Pb	Zn	Fe	S	As	Ca	MgO	SiO$_2$	Al$_2$O$_3$	Cd
含量/%	0.92	3.18	5.11	16.74	20.69	0.08	3.67	1.44	35.97	8.06	0.03

8.2.1.2　原矿铜化学物相分析结果

原矿铜化学物相分析结果见表 8-7。

表 8-7　原矿铜化学物相分析结果　　　　　　　　（%）

铜物相	原生硫化物中铜	次生硫化物中铜	氧化物中铜	其他铜	总铜
含量	0.76	0.14	0.015	0.005	0.92
占有率	82.70	15.23	1.52	0.55	100.00

8.2.1.3　原矿铅化学物相分析结果

原矿铅化学物相分析结果见表 8-8。

表 8-8　原矿铅化学物相分析结果　　　　　　　　（%）

铅物相	硫化物中铅	氧化物中铅	硫酸盐中铅	其他铅	总铅
含量	2.98	0.12	0.05	0.03	3.18
占有率	93.71	3.77	1.57	0.95	100.00

8.2.1.4　原矿锌化学物相分析结果

原矿锌化学物相分析结果见表 8-9。

表 8-9　原矿锌化学物相分析结果　　　　　　　（%）

锌物相	硫化物中锌	氧化物中锌	其他锌	总锌
含量	4.74	0.27	0.10	5.11
占有率	92.76	5.28	1.96	100.00

8.2.1.5　原矿主要矿物含量

原矿主要矿物含量见表 8-10。

表 8-10　原矿主要矿物含量　　　　　　　（%）

矿物名称	含量	矿物名称	含量
黄铁矿、白铁矿、磁黄铁矿	30.0	毒砂	0.2
闪锌矿	6.7	磁铁矿、赤铁矿、褐铁矿、钛铁矿等	1.6
方铅矿	3.2	自然金、银矿物	微
黄铜矿	2.0	石英	25.0
白铅矿、铅矾	0.7	绿泥石、绢云母	20.0
黝铜矿、铜蓝、斑铜矿、辉铜矿、蓝辉铜矿	0.4	重晶石、方解石及其他脉石矿物	10.0
菱锌矿	0.2	合　计	100.0

8.2.1.6　矿石结构、构造

矿石结构以半自形-他形粒状结构、固溶体分离结构、交代残余结构、交代溶蚀结构、压碎结构和填间结构为主，其次为次文象-蠕虫状结构、反应边结构和环带结构等。

矿石构造主要为粒状构造和浸染状构造，其次为条带状构造、（网）脉状构造、揉皱构造、斑条状构造和角砾状构造等。

8.2.1.7　金属矿物的嵌布特征

小铁山选厂原矿综合样中的矿物嵌布粒度特征见表 8-11。

表 8-11　小铁山选厂原矿综合样中的矿物嵌布粒度特征

矿物	不同粒级含量（质量分数）/%			嵌布粒度	嵌布粒度区间/mm
	2~0.2mm	0.2~0.02mm	0.02~0.002mm		
黄铁矿	28.3	66.8	4.9	中细粒	0.5~0.002
闪锌矿	18.6	73.4	8.0	中细粒	0.5~0.002
方铅矿	5.4	77.6	17.0	微细粒	0.4~0.002
黄铜矿	4.8	78.1	17.1	微细粒	0.5~0.002
黝铜矿	0.0	87.0	13.0	微细粒	0.2~0.002
脉石	35.1	41.1	3.8	中细粒	2.0~0.002

8.2.2　高碱介质浮选工艺

小铁山选厂现选矿工艺流程如图 8-1 所示。

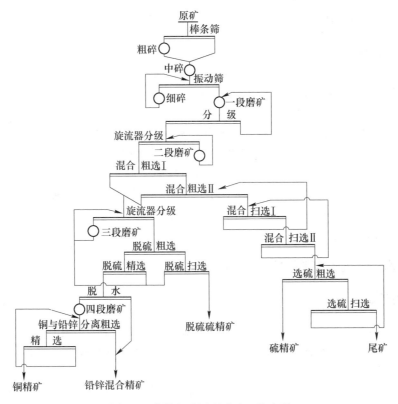

图 8-1　小铁山选厂现选矿工艺流程

碎矿为三段一闭路碎矿流程，原矿经第一段磨矿磨至 -0.074mm 占 70%，经全混合（Cu、Pb、Zn、S）浮选抛尾。混合粗精矿经第二段磨矿磨至 -0.045mm 占 76%~82% 后送分离（脱硫）浮选，产出 Cu-Pb-Zn 混合精矿。Cu-Pb-Zn 混合精矿经第三段磨矿磨至 -0.038mm 占 80%~85% 后，进入分离作业，采用亚硫酸+硫化钠进行抑铅锌浮铜，产出铜精矿和铅锌混合精矿。混合浮选尾矿加入碳酸铵活化硫铁矿后回收硫精矿。

2009 年小铁山选厂选矿技术指标见表 8-12。

从表 8-12 数据可知，原矿含 Cu 0.92%、Pb 2.98%、Zn 5.01%，铜精矿品位仅 17.86%，铜回收率仅 63.01%，只产出铅锌混合精矿，铅回收率仅 81.28%，锌回收率仅 89.27%，Au、Ag 回收率也不高。

表 8-12　2009 年小铁山选厂选矿技术指标　　　　　　　　　（%）

产品名称	品位						回收率					
	Cu	Pb	Zn	S	Au/g·t⁻¹	Ag/g·t⁻¹	Cu	Pb	Zn	S	Au	Ag
铜精矿	17.86				15.06	583.78	63.01				23.92	19.66
铅锌混精		14.91	27.56		7.14	382.41		81.28	89.27		56.72	64.43
硫精矿				41.23	1.89	77.00				37.14	12.52	10.88
原矿	0.92	2.98	5.01	14.84	2.04	96.26	100.0	100.0	100.0	100.00	100.00	100.00

8.2.3　低碱介质浮选新工艺

建议改为低碱工艺。采用低碱浮选工艺时，原矿经三段磨矿磨至-0.038mm 占 85%~90%，pH 值为 7.0 条件下采用 SB 系列药剂实现 Cu-Pb 部分混合浮选，产出 Cu-Pb 混合精矿。部分混浮尾矿添加硫酸铜，采用 SB 系列药剂进行抑硫浮锌，产出锌精矿。锌尾采用丁黄药进行原浆选硫产出硫含量大于 48% 的优质硫精矿。Cu-Pb 混合精矿经高细度再磨至-0.038mm 占 100%，采用一粗二精二扫流程和氧化剂、抑制剂及 SB 系列捕收剂进行抑铅浮铜的分离浮选，分离浮选 pH 值为 7.0~8.0。预计铜精矿含铜 23% 左右，铜回收率大于 85%；铅、锌精矿混合产出铅锌混合精矿，铅回收率大于 85%，锌回收率大于 92%。Au、Ag 主要富集于铜精矿中，Au、Ag 回收率大于 70%。其余 Au、Ag 富集于铅锌混合精矿中，Au、Ag 总回收率大于 90%。因此，采用低碱浮选工艺，可大幅度提高小铁山选厂矿产资源的综合利用率和企业经济效益。

8.3　广西佛子冲硫化铜铅锌矿浮选

8.3.1　矿石性质

广西佛子冲硫化铜铅锌矿为矽卡岩型高中温热液交代多金属硫化矿，主要金属矿物为方铅矿、铁闪锌矿、闪锌矿、磁黄铁矿，并伴生金、银等贵金属。主要脉石矿物为透辉石。矿石结构以致密块状、浸染状为主。

有用矿物的嵌布粒度粗细极不均匀，方铅矿的嵌布粒度为 0.005~20mm，以细粒为主，与其他矿物致密共生；铁闪锌矿的嵌布粒度为 0.004~1mm；闪锌矿常被其他金属矿物交替溶蚀，互相包裹；黄铜矿的嵌布粒度为 0.002~5mm，常局部富集，与其他矿物生成富集块状；银主要以类质同象赋存于方铅矿、黄铜矿中。矿石硬度为 6~11。

原矿平均品位为：Pb 3.12%、Zn 3.0%、Cu 0.234%、Au 0.28g/t、Ag 35.5g/t。

8.3.2　高碱介质浮选工艺

原设计碎矿采用三段一闭路，最终破碎粒度-20mm。采用一段闭路磨矿，磨矿细度为-0.074mm 占 75% 左右。

原设计浮选流程为混合浮选—再分离流程，因药耗大、浮选指标低、氰化物用量高达 500g/t 等原因，于 1969 年 10 月改为直接优先浮选流程。该流程与混合浮选流程比较，铅回收率提高了 9.78%，锌回收率提高了 18.59%，吨矿药剂成本降低 2.89 元，但铜回收率较低。1970 年 10 月改为铜铅混选—铜铅分离—混尾选锌的浮选流程，后又增加了锌尾磁选磁黄铁矿产出硫铁精矿，此流程一直沿用至今，选厂规模为日处理量 1000t。

2009 年 1~12 月的累计生产指标见表 8-13。

表 8-13　2009 年 1~12 月累计生产指标

产品	质量/万吨	产率/%	品位/%			回收率/%		
			Pb	Zn	Cu	Pb	Zn	Cu
铅精矿	1.185	4.235	64.045	4.558	0.339	89.13	5.59	5.73
铜精矿	0.687	0.668	5.169	10.609	22.300	1.14	2.05	59.34
铜铅混精	1.372	4.903	56.023	5.382	3.332	90.27	7.64	65.07

产品	质量/万吨	产率/%	品位/%			回收率/%		
			Pb	Zn	Cu	Pb	Zn	Cu
锌精矿	1.667	5.959	1.141	50.216	1.143	2.23	86.65	27.12
尾矿	24.938	89.138	0.256	0.221	0.022	7.50	5.71	7.81
原矿	27.977	100.000	3.043	3.453	0.251	100.00	100.00	100.00

该矿铜铅混合精矿进行铜铅分离时，重铬酸钾用量高达每吨原矿 500g。

8.3.3 低碱介质浮选新工艺

应该矿邀请，与矿里组成试验小组，从 2010 年 7 月 6 日至 8 月 6 日历时一个月，对取自球磨给矿皮带的两个矿样分别进行了两个方案的低碱工艺小型试验，圆满地完成了试验任务，取得了较好的小试闭路指标。

小试流程为一粗三精一扫，铜铅混选—浮锌流程，磨矿细度为-0.074mm 占 80%。

第一方案：铜铅混选作业添加 4000g/t 石灰和 500g/t 硫酸锌（pH 值为 9）、SB 50g/t 和硫氮 50g/t；浮锌时添加硫酸铜 400g/t、SB 20g/t 和硫氮 70g/t，锌尾矿浆 pH 值为 7 左右。

第二方案：铜铅混选作业添加 500g/t 硫酸锌、SB 40g/t，矿浆 pH 值为 6.5；浮锌时添加 4000g/t 石灰、硫酸铜 400g/t、SB 20g/t 和硫氮 90g/t，锌尾矿浆 pH 值为 7 左右。

小试闭路试验结果见表 8-14。

表 8-14 小试闭路试验结果 （%）

方案	产品	产率	品位			回收率		
			Pb	Zn	Cu	Pb	Zn	Cu
第一方案（石灰）	铜铅混精	5.94	51.848	5.795	4.406	94.49	7.82	68.67
	锌精矿	7.72	0.547	51.421	1.378	1.30	90.23	27.92
	尾矿	86.34	0.159	0.099	0.015	4.21	1.95	3.41
	原矿	100.00	3.259	4.400	0.381	100.00	100.00	100.00
第二方案（无石灰）	铜铅混精	4.70	55.809	5.572	4.575	92.87	7.43	70.72
	锌精矿	6.24	0.859	50.520	1.160	1.90	89.37	23.82
	尾矿	89.06	0.166	0.127	0.013	5.23	3.20	5.46
	原矿	100.00	2.824	3.527	0.304	100.00	100.00	100.00

从表 8-14 中数据可知：

（1）第一方案的浮选指标高于第二方案的相应指标。

（2）第一方案的中矿循环量比第二方案小，尤其是第一方案的锌金属在铅循环的循环量比第二方案小得多。

（3）第一方案可用新水或回水，指标稳定，锌尾矿浆 pH 值为 7 左右，环境效益好。第二方案只能用新水，无法使用回水。

对比表 8-13 和表 8-14 的数据可知：

（1）小试的混合精矿中的铅回收率比生产指标高 4.22%，铜回收率高 3.6%。

（2）小试的锌精矿的锌品位比生产指标高 1.2%，锌回收率高 3.58%。

铜铅混合精矿的开路分离浮选试验表明，采用 40g/t 原矿的重铬酸钾进行抑铅浮铜，可获得较理想的浮选分离指标，重铬酸钾的用量仅为生产用量的 10%。

但因多种原因，该小试成果尚未用于工业生产。

8.4　湖南黄沙坪硫化铜铅锌矿浮选

8.4.1　矿石性质

湖南黄沙坪硫化铜铅锌矿为高-中温中深热液碳酸盐岩石中的裂隙充填交代矿床，主要金属矿物为黄铁矿、铁闪锌矿、方铅矿、纤维锌矿、黄铜矿、白铁矿、斜方砷铁矿、毒砂、磁黄铁矿、白铅矿、铅矾、孔雀石、锡石和黝锡矿等，含少量的辉铋矿、辉钼矿、辉银矿，伴生元素有 Cd、Au、Ag、Ga、In、Ge、Te、Se、Tl 等。可回收的有用矿物为方铅矿、铁闪锌矿、黄铁矿、黄铜矿和锡石。脉石矿物主要为石英、方解石、萤石、绢云母和绿泥石等，其中主要为石英和方解石。

矿石构造以致密块状为主，其次为浸染状、角砾状、细脉状和条带状等。

方铅矿多呈不规则粒状集合体，充填于黄铁矿、铁闪锌矿的裂隙和间隙中，同时溶蚀交代黄铁矿和铁闪锌矿。方铅矿嵌布粒度大于 0.043mm 粒级占 91%。

铁闪锌矿多呈不规则粒状集合体，嵌布于黄铁矿的间隙和裂隙中，常溶蚀交代黄铁矿。大部分铁闪锌矿中嵌布有乳浊状黄铜矿和磁黄铁矿，粒径为大于 0.043mm 粒级占 86.3%。纯度为 95% 左右的铁闪锌矿含 Zn 46.01%、Fe 14.37%、Sn 0.25%。此外，还有少量的普通的闪锌矿和极少量的纤维锌矿。

黄铁矿一般呈粒状集合体，粒径大于 0.043mm 粒级占 80.7%。黄铁矿生成较早，其颗粒或间隙之间常为较晚的铁闪锌矿、方铅矿、黄铜矿所充填和溶蚀交代。因此，产生有用矿物紧密共生，构成致密状矿石。

黄铜矿一般呈不规则粒状嵌布于黄铁矿间隙中，溶蚀交代黄铁矿，一部分黄铜矿呈乳浊状嵌布于铁闪锌矿中。黄铜矿的嵌布粒度为大于 0.043mm 粒级占 54.5%。

锡石多呈半自形晶体，部分呈他形晶体产出，粒度一般为 0.02～0.03mm，部分为 0.09～0.12mm，有的为 0.002mm 左右。锡石与黄铁矿、铁闪锌矿嵌布较密切，有部分小于 0.01mm 的锡石分散于石英晶体中。

原矿化学成分分析结果见表 8-15。

表 8-15　原矿化学成分分析结果　　　　　　　　　　（%）

化学成分	Pb	Zn	S	Cu	Fe	Sn	Au/g·t^{-1}	Ag/g·t^{-1}	Mn	F
含量	3.69	6.01	16.00	0.15	15.9	0.1	0.11	65	1.3	0.9
化学成分	As	Sb	全 C	SiO$_2$	CaO	MgO	Al$_2$O$_3$	Cd	Ga	Ge
含量	0.67	0.02	2.57	20.73	11.7	3.74	4.35	0.02	0.001	0.0004

8.4.2　高碱介质浮选工艺

选厂日处理量为 2000t。碎矿采用三段一闭路流程，将 -600mm 原矿碎至 -20mm，1967 年投产，流程经四次重大变革。1966 年下半年短期试用二段磨矿全混合浮选；1967～1968 年部分混合浮选；1968～1971 年一季度一段磨矿全混合浮选；1971 年二季度起选厂流程为铅、锌、硫等可浮—锌硫混选—再分离的浮选流程（见图 8-2）。

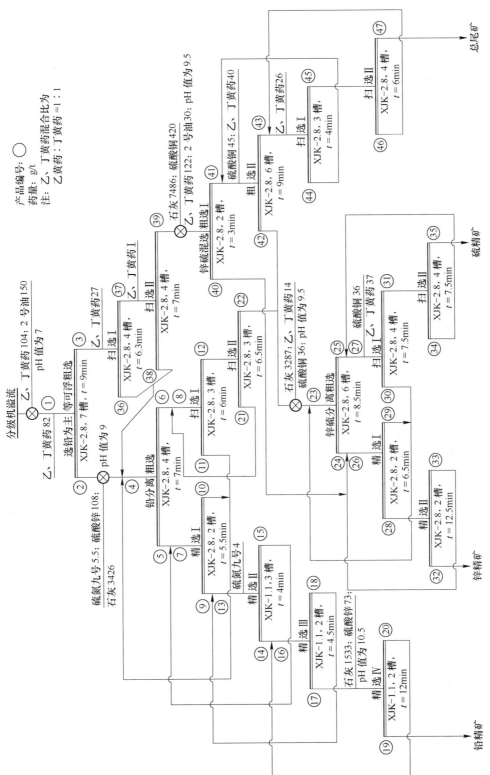

图 8-2 湖南黄沙坪硫化铜铅锌矿选厂选厂——等可浮流程

在矿浆自然 pH 值（约 6.5）条件下，不添加任何抑制剂，浮选方铅矿和部分可浮性好的黄铁矿及闪锌矿，等可浮粗精矿经一次分离粗选、四次精选和二次扫选产出铅精矿；等可浮扫选尾矿在 pH 值为 9~9.5 条件下，添加硫酸铜活化闪锌矿、铁闪锌矿，采用乙丁黄药进行锌硫混合浮选；铅锌硫等可浮粗精矿分离后的尾矿与锌硫混浮的粗精矿一起进入锌硫分离作业，在 pH 值大于 11 的条件下，添加硫酸铜作活化剂进行浮锌抑硫，产出锌精矿和硫精矿。采用石灰作矿浆 pH 值调整剂。

浮选药剂制度见表 8-16。

表 8-16　浮选药剂制度　　　　　　　　　　（g/t）

药名	25 号黑药	1：1 乙丁黄药	2 号油	硫酸铜	石灰	硫酸锌	硫氮	加药点
铅锌等可浮	30~40	120~180	50~80	0	0	0	0	球磨机，搅拌槽
锌硫混浮	0	60~120	50~100	250~350	pH 值大于 10	0	0	搅拌槽，扫Ⅰ、扫Ⅱ
铅锌分离	0	0	0	0	pH 值为 12	200~250	30	搅拌槽，精Ⅳ
锌硫分离	0	40	0	50	pH 值大于 12	0	0	
合计	30~40	220~300	100~1803	300~350	15000	200~250	30	

1982 年上半年的生产指标见表 8-17。

表 8-17　1982 年上半年的生产指标　　　　　　　（%）

产品	产率	品位			回收率		
		Pb	Zn	S	Pb	Zn	S
铅精矿	3.93	70.93	2.71	13.47	90.88	1.84	4.06
锌精矿	12.29	0.66	44.11	32.00	2.64	93.47	30.16
硫精矿	23.41	0.49	0.63	29.60	3.74	2.54	53.15
尾矿	60.37	0.14	0.21	2.73	2.74	2.15	12.63
原矿	100.00	3.07	5.80	13.04	100.00	100.00	100.00

1996 年在以铅为主等可浮前加了铜铅混浮，产出铜精矿、铅精矿、锌精矿和硫精矿四种产品。

近 30 年的生产实践表明，该流程对矿石性质变化的适应性强，浮选过程稳定，易操作，尾矿品位较低，回收率较高。其存在的主要问题为：

（1）铅与锌硫分离尾矿产率约 20%，进入锌硫分离作业，使其循环负荷增大，黄铁矿上浮的干扰增大，使锌硫分离困难。

（2）铅与锌硫分离尾矿含硫约 40%，含锌 2%~6%；锌硫混选进入分离的泡沫产品含硫约 33%，含锌 25% 左右。两股矿浆混合后，锌品位下降 10%，硫品位上升 3%，降低了锌的入选品位，增加了提高锌精矿品位的难度。

（3）锌硫混选时夹带较多的脉石矿物，锌硫分离后全部进入硫精矿，致使硫精矿品位较低。

8.4.3　低碱介质浮选工艺

2002 年作者应该矿邀请，在矿试样室对取自球磨给矿皮带的试样进行了铜铅混选—铜铅分离—混尾选锌的流程试验。铜铅混选矿浆 pH 值为 11，采用丁铵黑药和硫氮作捕收剂和起泡剂。选锌硫酸铜用量为 400g/t，丁基黄药 100g/t，锌尾硫未回收，取得了比较理想的浮选指标。后来该矿对此流程进行了重复试验，此后生产现场流程全部改为铜铅部分混选—优先浮选流程，一直沿用至今。锌尾原用摇床回收部分硫精矿，后改为添加硫酸活化硫铁矿，采用丁基黄药浮硫产出硫精矿。

建议该矿利用现有浮选设备和流程，改变浮选工艺路线和药剂制度，实现低碱介质浮选铜、铅、锌和实现原浆浮选硫铁矿，可产出优质的铜精矿、铅精矿，含锌为 46% 的锌精矿及含硫达 46% 的硫精矿，各有用组分的回收率均可不同程度地高于现有指标，可实现节能降耗，提高企业经济效益。

8.5　凡口硫化铅锌矿浮选

8.5.1　矿石性质

凡口铅锌矿的原矿为中低温热液充填接触交代形成的铅锌铁高硫硫化多金属矿，有用金属硫化矿物呈细粒不均匀复杂嵌布。矿石性质复杂，铅、锌、铁关系密切。因该矿的硫化铁矿物主要为黄铁矿，硫与铁的比例稳定（Fe : S = 1 : 1.15），故该矿较长时间以铁的含量代替硫的含量。原矿中主要金属矿物为黄铁矿、闪锌矿和方铅矿，次要金属矿物为白铁矿、磁黄铁矿、铅矾、白铅矿、毒砂、淡红银矿、辉银矿、黄铜矿等。还伴生有 Ag、Cd、Ga、Ge 等稀贵金属。金属硫化矿的矿物量占矿石总量的 60% 以上，其中黄铁矿的矿物含量占 40% 以上。主要脉石矿物为石英、方解石、白云石、绢云母等。

该矿矿石中的黄铁矿分两期成矿，早期成矿早，黄铁矿晶粒较粗；晚期成矿较晚，黄铁矿晶粒较细。晚期黄铁矿被闪锌矿、方铅矿的成矿热液溶蚀交代而呈溶蚀交代残余结构。

部分早期黄铁矿的粒度较粗，一般大于 0.1mm，且与方铅矿、闪锌矿结合不密切。另一部分黄铁矿粒度较细，一般为 0.02~0.1mm，生成于闪锌矿、方铅矿的成矿阶段，这部分黄铁矿与闪锌矿、方铅矿的关系极为密切，铅锌硫较难分离。闪锌矿的粒度为 0.1~0.5mm，部分粒度较细的为 0.02~0.1mm。方铅矿成矿于黄铁矿、闪锌矿之后，受空间限制，方铅矿呈他形晶粒状或细脉状嵌布于黄铁矿与闪锌矿的间隙和裂隙中，并溶蚀交代黄铁矿和闪锌矿，方铅矿的粒度为 0.018~0.5mm。因此，该矿铅、锌、硫分离的关键之一是浮选作业前，浮选矿浆应具有足够高的磨矿细度，矿石不怕细磨，只怕欠磨。浮选过程中，有用组分主要损失于过粗粒级和氧化铅、氧化锌矿物中。

由于锌原子半径为 0.137nm，锗原子半径为 0.146nm，镓原子半径为 0.127nm，它们的原子半径较相近。因此，矿石中 93% 的锗和 70% 的镓均分布于闪锌矿中。

矿石中铅氧化率为 9.05%，锌氧化率为 2.17%，属铅锌硫化矿。

凡口铅锌矿原矿化学成分分析结果见表 8-18。

表 8-18　凡口铅锌矿原矿化学成分分析结果　　　　　　　　　（%）

化学成分	Pb	Zn	Fe	S	Cu	Ga/g·t⁻¹	Ge/g·t⁻¹	Cd	Bi
含量	4.52	9.62	23.06	27.34	0.054	60	22.2	0.019	0.004
化学成分	Ag/g·t⁻¹	Sb	As	F	Hg/g·t⁻¹	SiO₂	Al₂O₃	CaO	
含量	91.20	0.033	0.086	0.08	35.50	12.36	2.49	11.26	

凡口铅锌矿原矿矿物组成见表 8-19。

表 8-19　凡口铅锌矿原矿矿物组成　　　　　　　　　（%）

矿物名称	方铅矿	闪锌矿	黄铁矿	毒砂	黄铜矿	黝铜矿	其他	合计
含量	4.80	13.90	43.60	0.25	0.10	0.05	0.30	59.00
矿物名称	石英	方解石	白云石	绢云母	硅灰石	其他	合计	
含量	10.10	15.80	7.20	7.30	0.40	0.20	41.00	

凡口铅锌矿原矿铅锌化学物相分析结果见表 8-20。

表 8-20　凡口铅锌矿原矿铅锌化学物相分析结果　　　　　　　　　（%）

铅物相			锌物相		
类别	含量	占有率	类别	含量	占有率
硫化物	4.02	89.13	硫化物	9.34	97.09
氧化物	0.51	10.87	氧化物	0.28	2.91

8.5.2　高碱介质优先浮选工艺

凡口铅锌矿选厂从 1968 年投产至今已有 50 多年的历史，选厂的浮选工艺历经多次重大改革。1979 年前，原矿含铅 5%，含锌 11%，产出的铅精矿、锌精矿的主品位仅 40%～42%，主金属的回收率仅 60% 左右。1979 年 8 月原西德鲁奇化学冶金公司在广州交易会中标，在凡口矿 50t/d 小选厂进行高细度和高碱度的"两高"半工业试验，在同样原矿品位条件下，获得铅精矿含铅 53%、铅回收率为 82% 及锌精矿含锌 55%、锌回收率为 92% 的浮选指标。半工业试验后的总结认为：半工业试验成功的主要原因是浮选前，原矿进行两段磨矿，磨矿细度高达 -0.043mm 占 70%；其次是采用高碱介质浮选，矿浆 pH 值为 13.5。凡口矿向当时的冶金部汇报后，冶金部向全国有关单位转发了凡口矿的总结报告，从此在全国有关选厂全面推行"高细度、高碱度"的"两高"工艺。半工业试验后，凡口矿选厂对选矿工艺流程和药剂制度进行了重大改革，采用北京矿冶研究总院提供的流程和药剂制度，一举取得了工业试验的成功。此后 30 多年期间，虽经多次流程改革，但只是在精选、扫选次数、浮选顺序及产品方案等方面不断完善，而精矿品位和主金属回收率未有明显提高，"两高"工艺的本质从未改变。

凡口矿选厂细磨、高碱优先浮选工艺的药剂用量见表 8-21。

表 8-21　凡口矿选厂细磨、高碱优先浮选工艺的药剂用量

药剂名称	石灰	硫酸锌	2 号油	硫酸铜	丁基黄药
用量/g·t⁻¹	11500	175	43	550	415

凡口矿选厂细磨、高碱优先浮选工艺流程如图 8-3 所示。

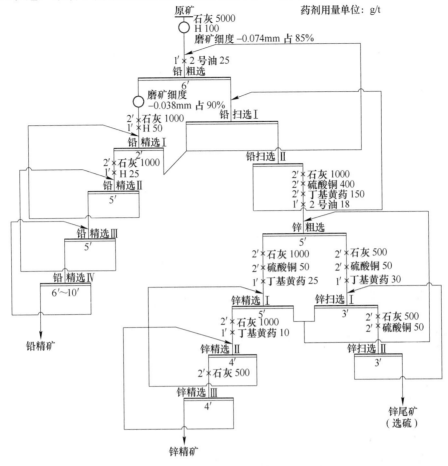

图 8-3 凡口矿选厂细磨、高碱优先浮选工艺流程

两高优先浮选生产指标见表 8-22。

表 8-22 凡口矿两高优先浮选生产指标 （%）

产品名称	产率	品位		回收率	
		Pb	Zn	Pb	Zn
铅精矿	6.66	62.76	3.62	87.75	2.53
锌精矿	16.43	0.86	54.67	2.97	93.97
综合精矿	23.09			87.75	93.97
锌尾	76.91	0.57	0.43	9.28	3.50
原矿	100.00	4.76	9.55	100.00	100.00

8.5.3 高碱介质老四产品浮选工艺

在优先浮选基础上将部分难选中矿从流程中放出来成为混合精矿。其工艺流程如图 8-4 所示。

高碱介质老四产品浮选工艺药剂用量见表 8-23。

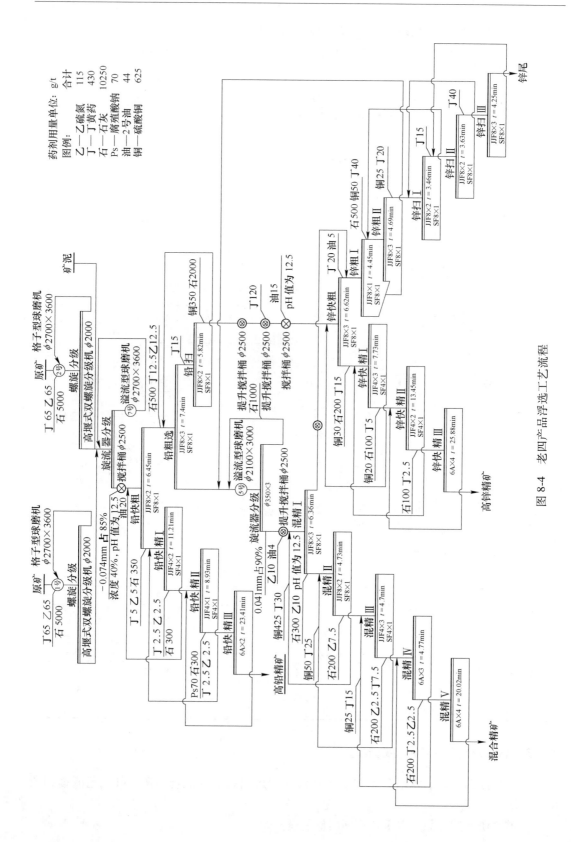

图 8-4　老四产品浮选工艺流程

表 8-23 老四产品浮选工艺药剂用量

药名	石灰	丁黄药	乙硫氮	松醇油	硫酸铜	腐殖酸钠
用量/g·t^{-1}	10250	430	115	44	625	70

从表 8-23 中数据可知，石灰用量为 10.25kg/t，捕收剂用量为 0.65kg/t，松醇油为 0.05kg/t，硫酸铜 0.625kg/t，Ds 为 0.07kg/t，总药量为 11.645kg/t。因此，现高碱工艺的吨矿药剂用量较高，吨矿药剂成本较高。

高碱介质老四产品浮选工艺生产指标见表 8-24。

表 8-24 老四产品浮选工艺生产指标

年份	原矿			精矿品位/%						精矿回收率/%						尾矿品位/%		综合回收率/%	
	每班处理量/t	品位/%		铅精		锌精		混精		铅精		锌精		混精					
		Pb	Zn	Pb	Zn	Pb	Zn	Pb	Zn	Pb	Zn	Pb	Zn	Pb	Zn	Pb	Zn	Pb	Zn
2010	736.56	4.14	8.46	60.17	55.25	13.94	32.39	64.26	70.31	22.16	25.20	0.60	0.35	86.42	95.51
2011	732.38	4.17	8.18	60.57	55.30	16.03	30.48	64.03	73.57	22.80	22.08	0.57	0.32	86.83	95.65

从表 8-24 中数据可知，单一铅精矿中的铅回收率仅 64.03%，单一锌精矿中的锌回收率仅 73.57%，混合精矿中的铅、锌回收率各为 22%。若混合精矿中的回收率以 0.9 的系数换算为单一精矿的回收率，则单一铅精矿中的铅回收率为 84.78%，单一锌精矿中的锌回收率为 92.99%。因此，老四产品高碱工艺的浮选指标比 1979 年的"两高"优先浮选工艺的工业试验指标低，浮选指标仍有较大的提高空间。

8.5.4 高碱介质新四产品浮选工艺

采用原矿适当粗磨、强化中矿再磨，细磨少量"难选慢浮"的连生体。不再磨条件下，快速选出铅精矿、锌精矿，对难选中矿集中强化再磨，减少已解离铅、锌矿物的过粉碎和作业循环量。难选中矿集中处理，中矿粗泡再磨后产出铅锌混合精矿。

高碱介质新四产品浮选生产药剂用量见表 8-25。

凡口矿高碱介质新四产品浮选工艺流程如图 8-5 所示。

表 8-25 高碱介质新四产品浮选生产药剂用量

药剂名称	石灰	丁黄药	乙硫氮	腐殖酸钠	2 号油	硫酸铜
用量/g·t^{-1}	10250	430	115	70	44	625

高碱介质新四产品浮选生产指标见表 8-26。

表 8-26 新四产品浮选生产指标 （%）

产品名称	产率	品位		回收率	
		Pb	Zn	Pb	Zn
铅精矿	3.99	61.98	2.26	63.00	1.09
锌精矿	10.49	0.68	55.34	2.36	70.03
混合精矿	6.47	15.35	33.03	23.02	25.76
综合精矿	20.95			86.02	95.79
尾矿	79.05	0.51	0.33	11.62	3.12
原矿	100.00	3.83	8.29	100.00	100.00

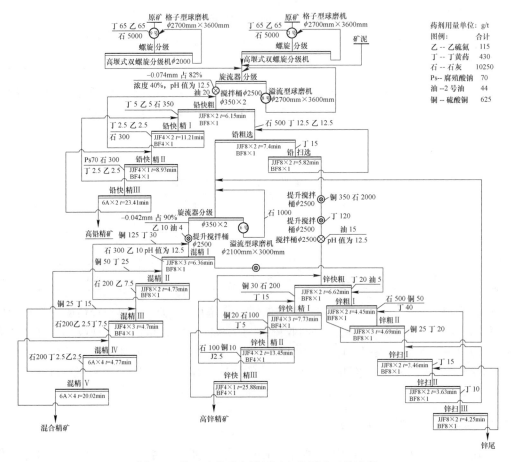

图 8-5　凡口矿高碱介质新四产品浮选工艺流程

高碱介质新四产品方案实为三产品方案，目的是将难选的方铅矿和闪锌矿选入铅锌混合精矿中。

从表 8-26 中数据可知，单一铅精矿中的铅回收率仅 63.00%，单一锌精矿中的锌回收率仅 70.03%，混合精矿中的铅回收率为 23.02%、锌回收率为 25.76%。若混合精矿中的回收率以 0.9 的系数换算为单一精矿的回收率，则单一铅精矿中的铅回收率为 83.72%，单一锌精矿中的锌回收率为 93.21%。因此，新四产品高碱工艺的浮选指标比 1979 年的"两高"优先浮选工艺的工业试验指标（见表 8-22）低，且流程较复杂，作业次数和加药点多，吨矿药剂成本高。因此，浮选指标仍有较大的提高空间。

8.5.5　低碱介质浮选工艺

8.5.5.1　1999 年 3 月的小型试验

1999 年 3 月在矿长刘侦德和凡口矿科研所戴晶平所长的邀请和大力支持下，在矿科研所试验室进行了凡口矿矿样的小型试验室低碱介质探索浮选试验。本次试验主要是针对凡口矿当时生产中存在的主要问题进行的。当时高碱工艺存在的主要问题为：

（1）选矿药剂用量高，以当时的市价计算，吨矿药剂成本大于 20 元。

（2）中矿循环量大，能耗高。

（3）锌尾加酸选硫，结钙严重。

（4）尾矿水中有害物含量高。

双方商定，本次小型试验的目的为：

（1）研究铅、锌低碱度浮选的可行性。

（2）评价黄铁矿新型抑制剂 K202 的效果。

（3）进行原浆选硫试验。

（4）优化药剂制度和流程结构。

试验从 1999 年 3 月 24 日开始至 4 月底结束，历时一个多月，圆满完成了试验任务。

试样取自球磨机给矿皮带，为保证试样的代表性，在同一地点分三天取样 3 小时 30 分钟，取得试样 150kg，全部碎至 -3mm，混匀装袋。试样的铅、锌、铁含量见表 8-27。

表 8-27 试样中铅、锌、铁含量

元素	Pb	Zn	Fe
含量/%	5.13	11.73	23.20

低碱介质小型闭路试验数质量流程如图 8-6 所示。

低碱工艺小型闭路试验的药剂用量见表 8-28。

表 8-28 低碱工艺的药剂用量

药名	石灰	混药	丁基黄药	硫酸铜	2 号油	K202
用量/g·t^{-1}	8700	130	170	100	42.7	150

注：混药为乙硫氮∶丁基黄药＝1∶1 的组合捕收剂。

从表 8-28 中数据可知，此次低碱介质新工艺闭路试验的药量为：石灰 8.7kg/t、丁基黄药 0.235kg/t、乙硫氮 0.065kg/t、硫酸铜 0.1kg/t、松醇油 0.0427kg/t、K202 0.15kg/t，铅锌循环总药量为 9.2925kg/t。

低碱工艺闭路指标见表 8-29。

表 8-29 低碱工艺闭路指标 （%）

产品	产率	品位			回收率		
		Pb	Zn	Fe	Pb	Zn	Fe
铅精矿	7.417	59.60	3.59	11.41	84.32	2.25	3.74
锌精矿	19.768	1.04	56.86	4.89	3.93	94.84	4.27
尾矿	72.815	0.85	0.47	28.61	11.75	2.91	91.99
原矿	100.000	5.24	11.85	22.64	100.00	100.00	100.00

从表 8-29 数据可知，低碱介质工艺小型闭路试验获得铅精矿含铅 59.60%、铅回收率为 84.32% 和锌精矿含锌 56.86%、锌回收率为 94.84% 的浮选指标。

锌尾原浆选硫采用一粗一扫、粗精和扫泡一起进行一次精选得硫精矿的开路流程，药剂制度见表 8-30。

表 8-30 锌尾原浆选硫探索试验药剂制度

药名	石灰	K202	混药	2 号油	硫酸铜	丁黄药
用量/g·t^{-1}	5000	100	110	45	100	360

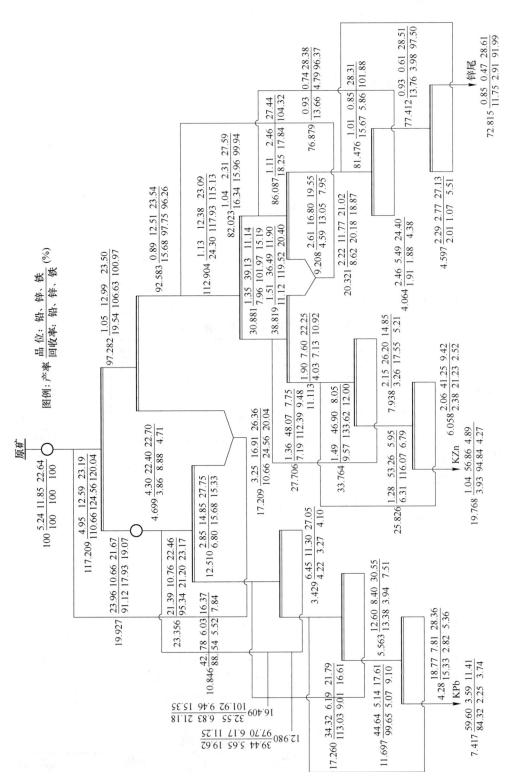

图 8-6　低碱介质小型闭路试验数质量流程

从表 8-30 中数据可知，铅锌硫分离浮选药量为：石灰 5kg/t、K202 0.1kg/t、丁基黄药 0.415kg/t、乙硫氮 0.055kg/t、硫酸铜 0.1kg/t、松醇油 0.045kg/t、铅锌硫循环总药量为 5.715kg/t。

原浆选硫开路浮选指标见表 8-31。

表 8-31 原浆选硫开路浮选指标 （%）

产品	产率	品位			回收率		
		Pb	Zn	Fe	Pb	Zn	Fe
铅粗泡	19.926	22.80	14.40	20.50	86.23	24.41	18.00
铅扫泡	5.592	2.70	34.80	15.20	2.87	16.55	3.75
锌粗泡	16.648	1.16	39.90	11.00	3.67	56.50	8.07
锌扫泡	5.884	1.72	3.06	25.65	1.92	1.54	6.65
矿泥	7.510	0.56	0.16	20.30	0.80	0.10	6.72
硫精矿	29.483	0.54	0.20	39.40	3.02	0.50	51.20
硫中矿	2.821	0.73	0.28	9.85	0.39	0.07	1.22
尾矿	12.136	0.48	0.33	8.20	1.10	0.34	4.39
原矿	100.000	5.27	11.76	22.69	100.00	100.00	100.00

从表 8-31 中数据可知，低碱工艺的锌尾经脱水脱泥后，进行原浆选硫可获得含硫 45%（S：Fe=1.15）的优质硫精矿，原浆选硫时锌尾中的铅锌进入硫精矿中的量仅 3.5% 左右，其余 1.5% 左右进入终尾，开路终尾中含铅 0.48%、含锌 0.33%。

对比试验的高碱工艺闭路数质量流程如图 8-7 所示。

对比试验的高碱工艺的药量及加药点见表 8-32。

表 8-32 对比试验的高碱工艺的药量及加药点

药名	石灰	混药	丁基黄药	硫酸铜	2号油	Ds	硫酸
用量/g·t⁻¹	19500	205	505	500	40	65	12000

注：混药为乙硫氮：丁基黄药=1:1的组合捕收剂。

从表 8-32 中数据可知，高碱工艺小型闭路的药剂用量为：石灰用量为 19.5kg/t，捕收剂用量为 0.71kg/t，松醇油为 0.04kg/t，硫酸铜为 0.5kg/t，Ds 为 0.065kg/t，硫酸为 12kg/t，总药量为 32.815kg/t，故吨矿药剂用量相当高。

对比试验的高碱工艺的闭路指标见表 8-33。

表 8-33 对比试验的高碱工艺的闭路指标 （%）

产品	产率	品位			回收率		
		Pb	Zn	Fe	Pb	Zn	Fe
铅精矿	7.218	58.52	3.53	12.18	83.29	2.13	3.88
锌精矿	20.022	1.20	56.75	5.00	4.76	94.93	4.42
尾矿	72.760	0.80	0.45	28.55	11.54	2.71	91.70
原矿	100.000	5.05	11.94	22.65	100.00	100.00	100.00

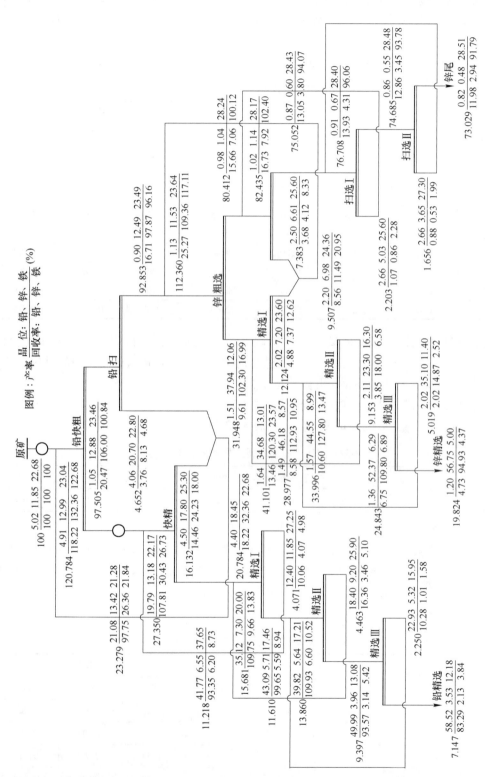

图 8-7　对比试验的高碱工艺闭路数质量流程

从表8-33中数据可知，高碱介质工艺小型闭路试验获得铅精矿含铅58.52%、铅回收率为83.29%和锌精矿含锌56.75%、锌回收率为94.93%的浮选指标。

两种工艺的药剂用量及药剂成本对比见表8-34。

表8-34 两种工艺的药剂用量及药剂成本对比

项目	单耗	石灰	丁黄药	乙硫氮	硫酸铜	2号油	Ds	K202	硫酸	合计
单价(千克)	元	0.171	10.5	18.5	7.0	8.0	4.5	13.0	0.63	
低碱工艺	耗量/g·t^{-1}	8700	235	65	100	35	0	150	0	9285
	吨矿成本/元	1.488	2.468	1.203	0.7	0.28	0	1.95	0	8.098
高碱工艺	耗量/g·t^{-1}	19500	407.5	102.5	500	40	65	0	12000	32.615
	吨矿成本/元	3.335	4.279	1.896	3.500	0.32	0.293	0	7.56	21.183
低碱-高碱	耗量/g·t^{-1}	−10800	−172.5	−37.5	−400	−5	−65	150	−12000	−23.330
	吨矿成本/元	−1.847	−1.811	−0.693	−2.800	−0.04	−0.293	1.95	−7.56	−13.085

从表8-34中数据可知，高碱工艺药剂总用量为32.815kg/t，低碱介质浮选工艺的药剂总用量为9.285kg/t，高碱工艺药剂总用量比低碱介质浮选工艺高23.33kg/t。高碱工艺的吨矿药剂成本为21.183元，低碱介质浮选工艺的吨矿药剂成本为8.098元，高碱工艺的吨矿药剂成本比低碱介质浮选工艺的吨矿药剂成本高13.085元。

两种工艺的闭路指标对比见表8-35。

表8-35 两种工艺的闭路指标对比 （%）

工艺	产品	产率	品位			回收率		
			Pb	Zn	Fe	Pb	Zn	Fe
低碱工艺	铅精矿	7.417	59.60	3.59	11.41	84.32	2.25	3.74
	锌精矿	19.768	1.04	56.86	4.89	3.93	94.84	4.27
	尾矿	72.815	0.85	0.47	28.61	11.75	2.91	91.99
	原矿	100.00	5.24	11.85	22.64	100.00	100.00	100.00
高碱工艺	铅精矿	7.147	58.52	3.53	12.18	83.29	2.13	3.84
	锌精矿	19.824	1.20	56.75	5.00	4.73	94.93	4.37
	尾矿	73.029	0.82	0.48	28.51	11.98	2.94	91.79
	原矿	100.00	5.02	11.85	22.68	100.00	100.00	100.00

从表8-35中数据可知，低碱工艺的铅精矿品位和铅回收率均比高碱工艺提高约1%，低碱工艺的锌浮选指标与高碱工艺的锌浮选指标相当。

本次试验的结论为：

（1）本次试验对降低石灰用量进行了大胆的探索，在保证铅粗选较高的pH值条件下，其他作业可尽量少用石灰，并可取得高碱工艺相应的指标。

（2）试验表明，K202 能改善铅矿物的选别效果，但对黄铁矿的抑制效果不明显。

（3）试验对原浆选硫进行了探索试验，取得较好的指标，但对该项技术措施应结合生产实际进一步验证。

（4）本次试验对生产工艺流程的药剂制度进行了全面的优化，特别是降低了硫酸铜和硫酸的用量。

若生产上能实现，将取得明显的经济效益（以上低碱介质浮选内容全摘自"凡口矿选矿优化工艺研究"，由江西理工大学、凡口铅锌矿共同编写，1999 年 5 月）。

此次试验是继德兴铜矿低碱铜硫分离浮选工业试验和工业试生产后，首次对硫化铅锌硫多金属矿石进行的首次低碱介质浮选小型试验。本次试验虽然取得了较好的结果，但也发现了一些亟待改进和解决的问题，其中主要为：

（1）采用丁黄药：乙硫氮＝1∶1 的混药作方铅矿的捕收剂，无论从捕收能力和选择性方面考虑均无法满足低碱工艺的要求。

（2）采用 2 号油作起泡剂，在低碱介质中的起泡能力差，无法满足低碱介质浮选对起泡剂起泡能力的要求。

（3）采用丁基黄药作闪锌矿的捕收剂的选择性差，不利于抑硫浮锌和原浆选硫，对低碱介质浮选而言，应寻求更高效和选择性高的药剂作为活化后的闪锌矿的捕收剂。

（4）此次试验的石灰用量偏高，浮铅的矿浆 pH 值不宜超过 9.5，否则不利于伴生组分的综合回收和原浆选硫。

针对所发现的问题，1999 年至今的 16 年来，一直从事各种硫化矿物的低碱介质浮选工艺及其适应性的试验研究工作。目前，当年低碱介质浮选试验中所出现的问题均已完全解决。现在金属硫化矿物低碱介质浮选工艺已相当成熟，已成为处理各种金属硫化矿石的常规浮选工艺之一。

8.5.5.2　2012 年 5 月的小型开路试验

2012 年 5 月应蔡江松副矿长和技术中心方振鹏主任的邀请，在凡口矿选矿研究室又一次进行了低碱介质浮选的小型探索试验。试验矿样为 2011 年 9 月 29 日取自破碎 5 号皮带，2012 年 5 月 16 日将该矿样碎至−3mm，混匀装袋，每袋 800g。本次探索试验进行了高碱工艺与低碱工艺的开路对比试验。试验流程为铅、锌、硫优先浮选，铅、锌循环均采用一粗二精一扫的开路流程，高碱工艺开路不选硫，低碱工艺采用一粗一扫开路流程原浆选硫。

A　高碱介质开路浮选试验药剂制度

高碱介质开路浮选试验药剂制度见表 8-36。试验指标见表 8-37。

表 8-36　高碱介质开路试验药剂制度

药名	石灰	混药	松醇油	硫酸铜	丁黄药
用量/g·t⁻¹	11500	110	0	350	120

注：混药为丁基黄药：乙硫氮＝1∶1 的混药。

从表 8-36 中数据可知，高碱介质开路试验的药剂用量为：石灰 11.5kg/t、捕收剂用量

0.23kg/t、松醇油 0.023kg/t、硫酸铜 0.35kg/t。再加锌尾浮选硫的硫酸用量 9.77kg/t、丁基黄药用量 0.2kg/t、松醇油 0.02kg/t,则高碱介质开路试验的总药剂用量为:石灰 11.5kg/t、捕收剂用量 0.43kg/t、松醇油 0.043kg/t、硫酸用量 9.77kg/t、硫酸铜 0.35kg/t,总药量为 22.093kg/t。

表 8-37　高碱介质开路浮选指标　　　　　　　　(%)

产品	产率	品位			回收率		
		Pb	Zn	S	Pb	Zn	S
铅精矿	3.31	63.07	2.13	19.90	47.40	0.73	2.26
精二尾	7.66	18.91	3.91	37.00	32.89	3.07	9.74
(精一泡)	10.97	32.23	3.37	31.84	80.29	3.80	12.00
精一尾	10.68	3.36	20.20	36.80	8.15	22.14	13.51
(铅粗泡)	21.65	17.99	11.67	34.29	88.44	25.94	25.51
铅扫泡	4.45	2.11	6.60	34.10	2.13	3.01	5.21
(铅尾)	73.89	0.56	9.37	27.29	9.43	71.05	69.28
锌精矿	7.93	0.64	55.72	30.20	1.15	45.34	8.23
精二尾	3.99	1.06	40.50	30.60	0.96	16.58	4.19
(精一泡)	11.92	0.78	50.63	30.33	2.11	61.92	12.42
精一尾	6.70	1.06	10.66	26.80	1.62	7.33	6.17
(锌粗泡)	18.62	0.88	36.25	29.06	3.73	69.25	18.59
锌扫泡	2.15	1.30	2.23	31.20	0.63	0.49	2.31
锌尾	53.13	0.42	0.24	26.50	5.07	1.31	48.38
原矿	100.00	4.404	9.745	29.102	100.00	100.00	100.00

B　低碱介质开路浮选试验

试验药剂制度见表 8-38。试验指标见表 8-39。

表 8-38　低碱开路试验药剂制度

药名	石灰	硫酸锌	SB 选矿混合剂	丁黄药	硫酸铜
用量/g·t⁻¹	3000	1000	120	390	100

从表 8-37 中的数据可知,低碱开路浮选试验药量为:石灰 3.0kg/t、硫酸锌 1kg/t、SB 选矿混合剂 0.12kg/t、丁基黄药 0.3kg/t、硫酸铜 0.1kg/t,铅锌硫浮选分离的总药量为 4.52kg/t。

表 8-39　低碱开路浮选试验指标　　　　　　　　(%)

产品	产率	品位			回收率		
		Pb	Zn	S	Pb	Zn	S
铅精矿	3.76	57.12	2.13	22.30	47.38	0.89	2.71
精二尾	6.90	17.76	5.99	36.80	27.03	4.60	8.21
(精一泡)	10.66	31.64	4.63	31.69	74.41	5.49	10.92

产品	产率	品位			回收率		
		Pb	Zn	S	Pb	Zn	S
精一尾	12.69	4.61	8.93	34.50	12.90	12.62	14.15
（铅粗泡）	23.35	16.95	6.97	33.22	87.31	18.11	25.07
铅扫泡	4.23	2.78	20.35	33.30	2.59	9.58	4.55
（铅尾）	72.42	0.63	8.97	30.06	10.10	72.31	70.38
锌精矿	9.39	0.66	53.85	31.00	1.37	56.29	9.41
精二尾	1.96	1.20	28.67	32.90	0.52	6.26	2.08
（精一泡）	11.35	0.75	49.50	31.33	1.89	62.55	11.40
精一尾	9.96	1.23	7.46	32.60	2.87	8.27	10.5
（锌粗泡）	21.31	1.01	29.85	31.92	4.75	70.82	21.99
锌扫泡	6.48	0.98	1.06	35.70	1.40	0.76	7.48
（锌尾）	44.63	0.40	0.15	28.35	3.95	0.73	40.91
硫精矿	33.13	0.46	0.13	36.80	3.18	0.48	39.42
硫扫泡	2.22	0.53	0.26	9.00	0.26	0.06	0.65
硫尾	9.28	0.25	0.18	2.80	0.51	0.19	0.84
原矿	100.00	4.53	8.98	30.93	100.00	100.00	100.00

　　对比表 8-36 和表 8-38 的数据可知，低碱介质浮选的药剂种类少，药剂用量较低，加药点少，多数药剂为一点加药。就总药量而言，高碱介质浮选与低碱介质浮选相比较，高碱介质浮选石灰用量高 8.5kg/t，捕收剂用量相同，硫酸高 9.77kg/t，硫酸铜高 0.25kg/t，松醇油高 0.043kg/t，但高碱工艺未添加硫酸锌。

　　对比表 8-37 和表 8-39 中的数据可知，低碱介质浮选的指标不低于相应的高碱介质的浮选指标，而低碱浮选所得锌尾中的铅、锌含量均较低，且可实现原浆选硫，硫的回收率高。硫精矿精选后可产出硫含量达 48% 的高硫精矿和硫含量为 38% 的标硫精矿。

　　预计低碱介质浮选的小型试验闭路指标见表 8-40。

表 8-40　预计低碱介质浮选的小型试验闭路指标　　　　　　　　（%）

产品	产率	品位			回收率		
		Pb	Zn	S	Pb	Zn	S
铅精矿	6.64	59.00	3.04	20.50	86.48	2.25	4.40
锌精矿	15.39	0.90	56.00	30.50	3.06	95.97	15.18
高硫精矿	31.56	0.60	0.20	49.00	4.18	0.70	50.00
标硫精矿	21.79	0.50	0.30	38.00	2.41	0.73	26.77
尾矿	24.62	0.71	0.13	4.59	3.87	0.35	3.65
原矿	100.00	4.53	8.98	30.93	100.00	100.00	100.00

　　从表 8-40 可知，低碱介质浮选工艺可获得较高的铅、锌、硫浮选指标，可产出单一的铅精矿、锌精矿、高硫精矿和标硫精矿四种产品，且可实现原浆选硫。单一铅精矿含铅为 59%，铅回收率为 86%；单一锌精矿含锌 56%，锌回收率为 96%；高硫精矿含硫 49%，

硫回收率为50%；标硫精矿含硫38%，硫回收率为26.77%。

但因多种原因，此新工艺至今未用于工业生产。

8.6 厂坝硫化铅锌矿浮选

8.6.1 矿石性质

白银有色金属公司厂坝铅锌矿为我国大型铅锌矿之一。经整合后，目前新建选厂日处理能力为5000t，已从露采转为井下开采。矿区情况复杂，老采矿点多，采场空区多，出矿点变化大，选厂处理的矿石性质变化频繁，波动大，矿石性质较复杂，铅、锌氧化率高，生产指标较低。

原矿中主要有用矿物为铁闪锌矿、方铅矿、黄铁矿等。脉石矿物主要为石英、碳酸盐类矿物。原矿含铅1%左右，含锌7%左右，含硫5%左右。铅氧化率为20%左右，锌氧化率为10%左右，属混合硫化铅锌矿石，较难选。

8.6.2 高碱介质浮选工艺

2006年现场生产流程为铅粗精矿再磨的铅锌优先浮选流程，铅循环为一次粗选—铅粗精再磨—三次精选三次扫选；锌循环为一粗四精三扫流程。铅循环添加石灰10000g/t（pH值为12）、硫酸锌2000g/t、丁基黄药60g/t、松醇油40g/t优先浮铅；锌循环添加硫酸铜400g/t、丁基黄药100g/t浮锌。锌尾矿浆pH值大于11，硫未回收。

原矿含铅1.12%，含锌6.69%，磨矿细度为-0.074mm占75%，铅粗精矿再磨细度为-0.074mm占90%，铅精矿含铅51%，铅回收率73%，锌精矿含锌54%，锌回收率为80%。

8.6.3 低碱介质浮选新工艺

2006年9~10月应厂坝铅锌矿的邀请，在矿试验室进行"厂坝铅锌矿物低碱介质浮选分离新工艺小型试验"。

2006年9月19日白班在2号和3号球磨机给矿皮带上每隔半小时刮取矿样一次，8h内采取试样100kg，全部碎至-2mm，混合均匀后取原矿样，经化验所得铅、锌含量及氧化铅、锌含量见表8-41。

表8-41 试样的铅、锌含量及氧化铅、锌含量　　　　（%）

项目	含量				氧化率	
	总Pb	PbO	总Zn	ZnO	Pb	Zn
	0.98	0.25	5.77	0.53	25.51	9.19

现场2006年8月原矿平均含铅1.12%，含锌6.69%。该试样原矿品位明显低于生产现场的原矿品位，而铅、锌氧化率却高于生产原矿的氧化率，属偏难选。经讨论，双方确认仍采用该试样进行小型试验。

双方组成联合试验组，在矿领导的直接领导和支持下，试验组与矿质检中心从9月20日至10月12日，历时三周，国庆节不休息，连续奋战，圆满完成了合同所规定的任务。其间进行了"无石灰铅锌硫浮选分离新工艺"和"加少量石灰的低碱介质铅锌硫浮选分离新工艺"两个方案的试验研究工作，试验中配制了13种新药剂，较详细地检验了各种药剂在低碱介质条件下的浮选性能，为金属硫化矿物低碱介质浮选工艺的完善奠定了良好的基础。

小型试验闭路指标见表 8-42。

表 8-42　小型试验闭路指标　　　　　　　　　　　　（%）

试验方案	产品	产率	品位		回收率	
			Pb	Zn	Pb	Zn
无石灰 （自然 pH 值） （pH 值为 6.5）	铅精矿	1.30	54.21	10.43	73.01	2.24
	锌精矿	9.32	1.52	54.56	14.64	84.15
	尾矿	89.38	0.13	0.92	12.35	13.61
	原矿	100.00	0.97	6.04	100.00	100.00
少量石灰 （pH 值为 9.0）	铅精矿	1.32	51.22	13.87	69.21	3.06
	锌精矿	9.23	1.55	53.92	14.61	83.14
	尾矿	89.45	0.18	0.92	16.19	13.80
	原矿	100.00	0.98	5.99	100.00	100.00

产品中 PbO、ZnO 和 SiO_2 的含量见表 8-43。

表 8-43　产品中 PbO、ZnO 和 SiO_2 的含量　　　　　　（%）

方案	无石灰			少量石灰		
产品	铅精矿	锌精矿	尾矿	铅精矿	锌精矿	尾矿
PbO	0.1	0.11	0.12	0.25	0.10	0.18
ZnO	0.3	0.11	0.70	0.11	0.15	0.74
SiO_2		3.19			3.50	

试验报告的结论为：

（1）无石灰铅锌硫浮选分离新工艺可完全代替现有的高碱浮选分离工艺，可利用现高碱工艺的设备和工艺流程实现无石灰铅锌硫浮选分离新工艺，技改费用低。

（2）在原矿铅锌品位和氧化率相同，现有磨矿细度为 -0.074mm 占 75% 左右条件下，新工艺的铅回收率与高碱工艺相当，但铅精矿含铅较高，含锌相当；新工艺的锌回收率比高碱工艺高 3.5%，锌精矿中锌含量相当。

（3）若年处理原矿 105 万吨，在降低吨矿药剂成本的条件下，新工艺可年净增锌金属 2300t 以上。

（4）新工艺所得锌精矿中的二氧化硅含量小于 3.5%。

（5）若流程中增加锌粗精矿再磨作业，可提高铁闪锌矿的单体解离度，可降低硫化锌在尾矿中的损失，预计锌回收率还可提高 1%~2%。

因多种原因，该新工艺未用于工业生产。

8.7　锡铁山硫化铅锌矿的浮选

8.7.1　矿石性质

锡铁山硫化铅锌矿矿石多为致密块状，细脉浸染状矿石较少。金属矿物多为较大的晶体，呈集粒状、散粒状分布于矿石和脉石矿物中。矿石中的黄铁矿、闪锌矿的晶体破碎甚烈。矿物组成较复杂，金属矿物主要为占矿物总量17%的黄铁矿，占矿物总量10%的铁闪锌矿、占矿物总量5%的方铅矿，其次为白铁矿，少量黄铜矿等。脉石矿物以石英、碳酸盐矿物为主，其次为长石、石膏等。围岩为大理岩、绿泥石片岩等。

矿石中的方铅矿与铁闪锌矿密切共生，其结晶多为1~3mm的粗粒晶体，最小粒径为0.004mm。矿石中的铁闪锌矿多呈致密状分布，粒径一般为0.5~1.0mm，最小粒径为0.0035mm左右。矿石中的黄铁矿呈粗粒状集合体或粒状集合体嵌布，晶体破碎强烈，粒径一般为1~2mm，最小粒径为0.005mm，破碎后的粒径为0.1~0.4mm。原矿品位为：Pb 2.92%、Zn 6.53%、S 17.79%、Au 0.44g/t、Ag 25.0g/t。矿石密度为3.59g/cm³，松散密度为2.24g/cm³，原矿粒度为0~600mm，硬度系数为6~8。

1978年建成年处理量100万吨的矿山，选厂日处理为3000t，1986年建成投产。21世纪初扩建为日处理4000t。

选厂碎矿采用三段一闭路，将600mm原矿石碎至-15mm，一段磨矿磨至-0.074mm占60%。浮选采用等可浮流程（见图8-8），产出铅精矿、锌精矿和硫精矿三种产品。

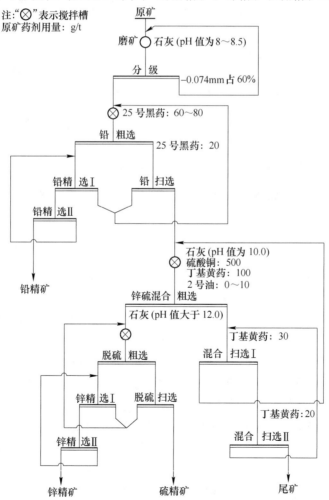

图8-8 锡铁山铅锌矿Ⅰ、Ⅱ、Ⅲ系列等可浮流程

生产调试指标见表 8-44。

表 8-44　等可浮流程生产调试指标　　　　　　　　（%）

产品	产率	品位			回收率		
		Pb	Zn	S	Pb	Zn	S
铅精矿	3.637	72.70	3.21	16.42	88.69	2.56	4.63
锌精矿	8.350	1.14	46.60	31.32	3.19	85.40	20.29
硫精矿	19.100	0.51	0.49	41.63	3.27	2.06	61.71
尾矿	68.904	0.21	0.66	2.50	4.85	9.98	13.37
原矿	100.000	2.98	4.56	12.89	100.00	100.00	100.00

金、银在产品中的分布率见表 8-45。

表 8-45　金、银在产品中的分布率

产品	产率/%	含量/g·t^{-1}		回收率/%	
		Au	Ag	Au	Ag
铅精矿	3.637	2.6	654	22.50	70.42
锌精矿	8.350	0.52	25	14.77	8.83
硫精矿	19.109	0.62	13	44.88	11.71
尾矿	68.904	0.13	5.3	17.83	9.04
原矿	100.000	0.4055	32.597	100.00	100.00

　　从表 8-44 和表 8-45 中数据可知，等可浮流程所得的铅、锌、硫浮选指标不够理想，铅精矿中的金、银回收率分别可达 22.5% 和 70.42%。随后浮选流程改为优先浮铅—铅尾添加硫酸铜和石灰进行锌硫等可浮—锌硫分离的流程，铅、锌、硫的浮选指标均有较大幅度的提高。

8.7.2　高碱介质浮选工艺

　　目前，选厂日处理量为 4000t，分四个系列，其中第 4 系列为优先浮选流程，在 pH 值为 13~14 的条件下优先浮铅，铅尾采用硫酸铜活化铁闪锌矿后，在 pH 值为 13 条件下，采用丁基黄药选锌。锌尾采用摇床回收部分黄铁矿产出硫含量较低的硫精矿。其余三个系列为优先浮铅-铅尾添加硫酸铜和石灰进行锌硫等可浮—锌硫分离的流程。在自然 pH 值条件下，首先采用 25 号黑药优先浮铅，铅尾采用硫酸铜活化铁闪锌矿后，在 pH 值为 10 左右（石灰 6kg/t），采用丁基黄药进行锌硫等可浮，等可浮产出的锌硫粗精矿采用一粗三精二扫流程，在 pH 值大于 12 的条件下进行锌硫分离浮选，产出锌精矿和少量硫精矿。因此，四个系列均为高碱浮选工艺，但产出部分硫精矿的方法不同。

　　2003 年只有三个系列，日处理量为 3000t。2002 年浮选药剂制度见表 8-46。平均生产指标见表 8-47。

　　后经扩建，增加一个系列使日处理量变为 4000t，这个系列采用优先浮选流程，高碱介质产出铅精矿和锌精矿，锌尾采用摇床产出部分硫精矿。

表 8-46 2002 年浮选药剂制度 (g/t)

药 名	石灰	25 号黑药	硫酸铜	丁基黄药	pH 值
铅循环	0	80	0	0	6.5
锌硫等可浮	6000	0	400	100	10
锌硫分离	2000	0	0	0	12
合 计	8000	80	400	100	12

表 8-47 2002 年平均生产指标 (%)

产品	产率	品位			回收率		
		Pb	Zn	S	Pb	Zn	S
铅精矿	7.10	72.00	2.61	12.85	92.95	2.82	5.70
锌精矿	11.00	0.81	48.00	26.12	1.62	88.00	17.96
硫精矿	18.29	0.30	0.50	35.00	1.00	1.39	40.00
尾矿	63.61	0.38	0.70	9.14	4.43	7.39	36.34
原矿	100.00	5.50	6.00	16.00	100.00	100.00	100.00

8.7.3 低碱介质浮选新工艺

2003 年 7 月底应该矿邀请在该矿试验室进行浮选工艺参数优化试验，当时该矿生产原矿含铅约 5.5%，含锌约 6%。浮选指标为：铅精矿含铅 72%，铅回收率为 93%；锌精矿含锌 48%，锌回收率为 88%。采用目前仍在应用的优化浮铅—锌硫等可浮—锌硫分离浮选得铅精矿、锌精矿和少量硫精矿的生产流程。

此次试验矿方要求采用生产用的浮选药剂进行工艺参数优化，当时回水不返回，生产用水全用新鲜水。因此，仅进行了工艺参数优化试验。工艺条件优化后，闭路药剂制度见表 8-48。

表 8-48 闭路药剂制度

药名	25 号黑药	石灰	硫酸铜	丁基黄药	丁基黄药
用量/g·t^{-1}	80	5000	400	90	150
加药点	铅粗选	锌粗选	锌粗选	锌粗选、锌扫选	硫粗选、硫扫选

闭路指标见表 8-49。

表 8-49 闭路指标 (%)

产品	产率	品位			回收率		
		Pb	Zn	S	Pb	Zn	S
铅精矿	8.84	72.74	2.47	12.74	95.37	3.11	7.08
锌精矿	12.74	0.70	49.18	25.25	1.32	89.17	20.24
硫精矿	28.81	0.30	0.43	37.06	1.28	1.76	67.15
尾矿	49.61	0.28	0.84	1.77	2.03	5.96	5.53
原矿	100.00	6.74	7.03	15.90	100.00	100.00	100.00

　　表 8-49 小型试验闭路指标与表 8-47 生产指标比较，在铅精矿品位相当时，铅回收率提高 3%左右；在锌精矿品位相当时，锌回收率提高 2%左右。但此小试方案无法应用回水。为了应用回水，降低铅精矿中的锌含量，提高锌精矿品位和锌的回收率及提高硫精矿品位和硫的回收率，建议利用现有厂房和设备，改为优先浮选流程，采用低碱工艺路线和药剂制度，在降低吨矿药剂成本的前提下，进一步提高铅、锌的浮选指标，实现原浆选硫，产出硫含量为 46%以上的优质硫精矿，硫回收率可达 70%以上。

　　若想进一步提高浮选指标，除采用优先浮选流程和低碱介质浮选工艺路线外，还须增加铅中矿再磨和锌中矿再磨两个作业，以进一步降低铅锌互含，提高铅、锌精矿品位和相应金属的回收率。预计在原矿品位为：Pb 5%，Zn 6%，S 16%，粗磨细度−0.074mm 占65%，铅中矿再磨、锌中矿再磨细度−0.074mm 占 85%~90%的前提下，预计可达浮选指标为：铅精矿含铅 75%，铅回收率为 97%左右；锌精矿含锌 50%，锌回收率为 93%左右；硫精矿含硫 48%，硫回收率 70%左右。此低碱介质浮选新工艺可利用回水，可降低互含，可实现原浆浮选黄铁矿和较大幅度提高企业经济效益。

9 硫化锑矿的浮选

9.1 概述

9.1.1 锑矿物原料

锑为亲铜、亲硫元素，主要生成硫化物。在自然界已知的锑矿物有 120 多种，但具有工业意义的锑矿物为：

（1）辉锑矿（Sb_2S_3）：纯矿物含锑 71.4%，含硫 28.6%。密度为 4.5~4.6 g/cm³，莫氏硬度为 2.0。

（2）方锑矿（Sb_2O_3）：含锑 83.3%，含氧 16.7%。密度为 5.2~5.3g/cm³，莫氏硬度为 2.0~2.5。

（3）锑华（Sb_2O_3）：含锑 83.5%，含氧 16.5%。密度为 5.5g/cm³，莫氏硬度为 2.5~3.0。

（4）黄锑矿（Sb_2O_4）：含锑 78.9%，含氧 21.1%。密度为 4.1g/cm³，莫氏硬度为 4.0~5.0。

上述四种具有工业价值的锑矿物中，只有辉锑矿为原生的锑矿物，其他的锑矿物为辉锑矿的氧化产物。

辉锑矿中常含有 Se、As、Bi、Pb、Cu、Fe、Hg、Au、Ag 等，其中绝大部分为机械混入物。辉锑矿不导电，属斜方晶系，斜方双锥晶类。

辉锑矿的成因为：

（1）低温热液型：辉锑矿产于标准的低温热液矿床中，与辰砂、重晶石、方解石、萤石等共生，有时与雌黄、雄黄、自然金等共生。呈充填脉状或交代脉状产出，此类型经济价值最大。

（2）中温热液型：产量较小，常与方铅矿、黄铁矿、毒砂等共生。

（3）火山升华及温泉中有时也可见少量的辉锑矿。

在氧化带，辉锑矿较易氧化分解为黄色、白色、赭色、褐色的锑氧化物，如黄锑华（$Sb_2O_4 \cdot nH_2O$）、方锑矿、黄锑矿等。这些锑氧化物覆盖于辉锑矿表面，有的呈假象而保持辉锑矿原有的晶形。未完全氧化的辉锑矿为硫化锑矿物与锑华的混合物 $2Sb_2S_3 \cdot Sb_2O_3$。

除上述锑矿物外，锑常与其他元素生成复杂的锑矿物，如脆硫锑铅矿（$Pb_4FeSb_6S_{14}$）、车轮矿（$CuPbSbS_3$）、圆柱锡矿（$6PbS_6 \cdot SnS_2 \cdot Sb_2S_3$）、硫汞锑矿（$HgS \cdot 2Sb_2S_3$）等。

9.1.2 锑矿床类型

锑矿床分原生锑矿床和次生锑矿床两大类。全部原生锑矿床均为岩浆期后热液矿床，次生锑矿床则是由原生锑矿床经地表氧化再经搬运堆积而成的锑矿床。

原生锑矿床可分为：

（1）热液层状锑矿床：此为原生锑矿床的主要类型，其特点是矿体常呈层状或囊状，产于灰岩或白云岩中。当石灰岩上为透水性差的页岩覆盖时，对锑的富集特别有利。此类矿床成因于热液交代作用。矿石中的主要金属矿物为辉锑矿，与石英一起呈浸染状分布于石灰岩中。脉石矿物主要为石英、萤石、重晶石等。此类矿床分布广、储量大、品位较高。我国锡矿山锑矿床属此类矿床。

（2）热液脉状锑矿床：其特点是矿体呈脉状产于各种围岩的裂隙中，规模大小不一，围岩常见硅化现象。主要金属矿物为辉锑矿，伴生金属矿物为黄铁矿、闪锌矿、毒砂、黝铜矿、自然金等。脉石矿物主要为石英，其次为重晶石、方解石、萤石等。此类型矿床虽然分布广，但储量较小，锑品位也较低，工业意义较小。

9.1.3　硫化锑矿石分类

硫化锑矿石按选矿工艺可分为：

（1）单一硫化锑矿石：此类矿石中的金属矿物为辉锑矿，如湖南锡矿山南选厂、贵州半坡锑矿、广东庆云锑矿等。

（2）混合硫化-氧化锑矿石：如锡矿山北选厂、湘西金矿、云南木利锑矿、贵州晴隆锑矿等。

（3）含锑复杂多金属硫化物矿石：矿石中金属矿物除辉锑矿外，还有钨、金等。可细分为铅锑矿、金锑矿、锑钨矿、锑金钨矿等。如湖南板溪锑矿、广西茶山锑矿、江西德安锑矿等。

9.1.4　锑矿物的可选性

9.1.4.1　手选

锑矿石常呈粗大结晶或块状集合体形态产出，锑矿物与脉石矿物在颜色、光泽和形状等方面均有较大的差异。因此，锑选矿厂常采用人工分选法进行锑矿石的分选。含锑 7%以上的块锑精矿可用竖炉焙烧法生产三氧化锑，然后再进行还原精炼产出金属锑。其反应可表示为：

$$2Sb_2S_3 + 9O_2 \xrightarrow{\triangle} 2Sb_2O_3\uparrow + 6SO_2\uparrow$$

$$2Sb_2O_3 + 3C \xrightarrow{\triangle} 4Sb + 3CO_2\uparrow$$

含锑高于 45%的手选块状硫化锑精矿可采用熔析法制取纯硫化锑（俗称生锑），可用于火柴和军工企业。

手选工艺适用于单一硫化锑矿石及混合硫化氧化锑矿石，也可用于含锑复杂多金属硫化物矿石（如钨锑金矿石）。除用于粗粒嵌布的锑矿石外，对粗细不均匀嵌布的锑矿石，只要其围岩（脉石）锑含量极低，也可采用手选法大量抛尾，以提高入选原矿的锑品位。

手选的矿石粒级一般为-150mm+28mm，粒度愈小，生产率愈低，锑回收率愈低；手选粒度过大，不利于提高块矿精矿中的锑品位。

对于粗粒嵌布的锑矿石，原矿含锑 2%以上即可进行手选。原矿品位愈高，选矿比愈低，块矿精矿的富矿比愈高。

矿石手选前须经洗矿作业，以清除黏附于矿石表面的矿泥。洗矿一般在洗矿筛上进行，常采用多段洗矿流程。

手选常在手选皮带上进行，皮带线速度为 0.15~0.2m/s，少数为 0.3m/s。皮带宽度为 500~800mm，少数为 1000mm。手选皮带首轮底部装有导向轮，使上下皮带面相距 0.7~0.8m，以便于手选操作人员坐着进行手选。

9.1.4.2 重选

锑矿物的密度大于 $4.5g/cm^3$，石英的密度为 $2.7g/cm^3$。因此，可采用重选的方法选别简单或复杂的锑矿石。选别锑矿石时，重选可作为浮选前的预选作业，也可作为主要选别作业，直接产出粗粒级及某一粒级的合格锑精矿。

锑矿石重选时，可采用重介质选矿、跳汰选矿、摇床选矿、溜槽选矿等重选方法。

9.1.4.3 辉锑矿的可浮性

辉锑矿的可浮性与雄黄（AsS）、雌黄（As_2S_3）类似，其可浮性与其晶体结构密切相关。

辉锑矿的晶体结构为链状，其晶体由紧密衔接的锑和硫原子链或带所组成，链体内 Sb—S 的距离为 0.25nm，其间为离子键-金属键的过渡性键连接，而相邻侧面链体与链体之间为分子键连接。其任何两个相对应的原子间（Sb—S）相距 0.32nm。因此，辉锑矿的解理面平行于化学键最强的方向，其解理面为（010）板面，解理面的投影图如图 9-1 所示。

解理面破裂的为弱的分子键，故辉锑矿的可浮性好。若沿其他方向破裂，则其可浮性差，但此现象很少发生。

在水溶液中，由于氧化作用及氧化产物的水解作用，在辉锑矿表面存在类似 $(SbS_x \cdot O_yH_2)^{n-}$ 形态的离子基团而使表面荷负电。

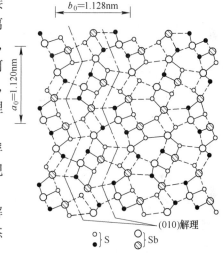

图 9-1 辉锑矿晶体在（010）面上的投影

试验表明，辉锑矿具有碱溶性。其反应可表示为：

$$2NaOH + H_2S + S \longrightarrow 2NaHS + 2OH^-$$
$$Sb_2S_3 + 2NaHS \longrightarrow Na_2S \cdot Sb_2S_3 + H_2S$$

由于辉锑矿表面上生成可溶性复合物 $Na_2S \cdot Sb_2S_3$，可阻止活化剂或捕收剂离子在矿物表面的附着，降低辉锑矿的可浮性，使辉锑矿被抑制。因此，在碱性介质中浮选，辉锑矿将被明显抑制。

矿浆 pH 值对表面接触角的影响如图 9-2 所示。

矿浆 pH 值对辉锑矿可浮性的影响如图 9-3 所示。

从图 9-2 和图 9-3 的曲线可知，辉锑矿浮选的最佳 pH 值为 3~4，此时采用非极性油类捕收剂（如烃类油、页岩焦油等）也可获得满意的浮选指标。在矿浆自然 pH 值条件下（一般 pH 值为 6.5），辉锑矿仍可保持较好的可浮性，采用丁基黄药或异戊基黄药等高级黄药作捕收剂也可获得满意的浮选指标。

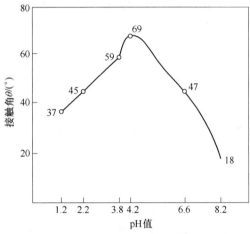

图 9-2　矿浆 pH 值与辉锑矿表面接触角的关系

（用戊基黄药 5mg/L 溶液处理辉锑矿纯矿物）

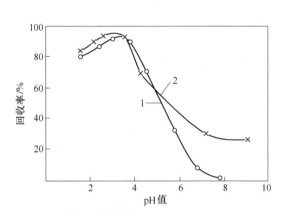

图 9-3　矿浆 pH 值对辉锑矿可浮性的影响

1—戊基黄药 5mg/L；2—硝酸铅 10mg/L、戊基黄药 5mg/L

许多金属离子如 Cu^{2+}、Pb^{2+}、Hg^+、Ag^+ 对辉锑矿的浮选具有活化作用。这些金属阳离子的活化能力顺序为：$Hg^{2+}>Ag^+>Hg^+>Pb^{2+}>Cu^{2+}$。生产中常用硝酸铅、醋酸铅、硫酸铜作辉锑矿的活化剂。

辉锑矿的捕收剂为金属硫化矿物的捕收剂，如黄药、黑药、乙硫氮、非极性油等。辉锑矿的抑制剂常用硫化钠、苛性钠、单宁酸、石灰、重铬酸钾等。

9.1.5　我国锑矿资源及特点

我国锑矿资源特点为：

（1）储量大、规模大、分布集中：我国为世界锑矿资源最丰富的国家，储量、产量、消费量及出口量均居世界第一。目前探明锑矿 166 处，遍布全国 19 个省（区），主要分布于湖南（占查明储量的 25.8%）、广西（20.4%）、西藏（13.6%）、贵州（10.6%）、云南（10.3%）等省（区）。我国锑矿以大型矿床多、矿石质量高而著称。

（2）成矿环境和成矿条件好：世界锑矿主要集中分布于环太平洋构造成矿带、地中海构造成矿带、中亚天山构造成矿带，其中环太平洋构造成矿带集中了世界 77% 的锑储量。我国湘、桂、滇、黔等省的大型、超大型锑矿集中分布于环太平洋构造成矿带西岸，为环太平洋构造成矿带的重要组成部分。

（3）锑储量开发程度高：至 2008 年年底，我国已开发的锑矿区 71 处，占全国查明锑资源的 47.8%。

（4）以单锑硫化矿为主，规模大，以大中型为主，组成简单，品位高。

9.1.6　锑精矿质量标准

几种锑精矿质量标准如下：

（1）硫化锑精矿（硫化锑中锑含量大于精矿锑含量的 85%）质量标准见表 9-1。

（2）混合锑精矿（硫化锑中锑含量为精矿锑含量的 15%～85%）质量标准见表 9-2。

表 9-1　硫化锑精矿的质量标准　　　　　　　　　　　　　　　（%）

类　别	品级	锑（不小于）	杂质（不大于）	
			As	Pb
粉精矿	一级品	55	0.6	0.15
	二级品	45	0.6	0.15
	三级品	35	0.4	0.15
	四级品	30	0.4	0.15
块精矿	一级品	60	0.6	0.15
	二级品	50	0.6	0.15
	三级品	40	0.4	0.15
	四级品	30	0.4	0.15
	五级品	20	0.2	0.10
	六级品	10	0.2	0.10

表 9-2　混合锑精矿质量标准　　　　　　　　　　　　　　　（%）

类　别	品级	锑（不小于）	杂质（不大于）	
			As	Pb
粉精矿	一级品	55	0.6	0.15
	二级品	45	0.6	0.15
	三级品	35	0.4	0.15
	四级品	30	0.4	0.15
块精矿	一级品	60	0.6	0.15
	二级品	50	0.6	0.15
	三级品	40	0.4	0.15
	四级品	30	0.4	0.15
	五级品	20	0.2	0.10
	六级品	10	0.2	0.10

（3）氧化锑精矿（硫化锑中锑含量小于精矿锑含量的 15%）质量标准见表 9-3。

表 9-3　氧化锑精矿质量标准　　　　　　　　　　　　　　　（%）

类　别	品级	锑（不小于）	杂质（不大于）	
			As	Pb
块精矿	一级品	65	0.6	0.2
	二级品	55	0.6	0.2
	三级品	45	0.4	0.15
	四级品	35	0.4	0.15

注：1. 粉精矿水分不大于 10%，块精矿水分不大于 0.5%；

　　2. 浮选粉精矿粒度小于 0.074mm 应大于 60%，手选块精矿粒度为 25~150mm；

　　3. 精矿中不含肉眼可辨的夹杂物。

9.2　湖南锡矿山闪星锑业有限责任公司南矿选矿厂

9.2.1　矿石性质

湖南锡矿山南矿选矿厂矿床以低温热液充填为主，伴生交代的单一硫化锑矿床，建于 1968 年。主要金属矿物为辉锑矿，其次为少量的黄锑华、锑华及黄铁矿、褐铁矿等。脉石矿物以石英为主，其次为方解石、重晶石、高岭土、石膏。围岩为硅化灰岩。

辉锑矿呈块状、脉状、交错角砾状、星点状及晶硐状五种类型存在，具有自形、他形晶等结构。辉锑矿呈粗粒嵌布，大于 1mm 者占 95.8%。

矿石中矿物的大致含量见表 9-4。

表 9-4　原矿石中矿物组成

矿物名称	辉锑矿	氧化锑	黄铁矿	石英	硅化灰岩	其他
含量/%	1.97	0.17	0.10	37.26	60.44	0.06

9.2.2　选矿工艺

选厂采用手选—浮选的联合流程（见图 9-4）。手选、浮选作业的处理量百分比分别为 33.3% 和 60.1%。

该厂采用两段一闭路的碎矿流程，给矿粒度为 −480mm＋0mm，由竖井箕斗将矿石卸入原矿仓，经虎口机（600mm×900mm）碎至 0~150mm，经 1250mm×4000mm 双层振动筛进行筛分和洗矿，分为 −150mm＋35mm、−35mm＋10mm、−10mm 三种产品。−150mm＋35mm 进入手选作业，−35mm＋14mm 进入圆磨-筛分，筛下产物（−10mm）与 −14mm 产物合并送细矿仓，然后进入磨矿和浮选作业。

手选作业采用二段皮带正手选，选出的富块锑精矿（青砂）直接出厂。贫块锑精矿（花砂）经 250mm×400mm 虎

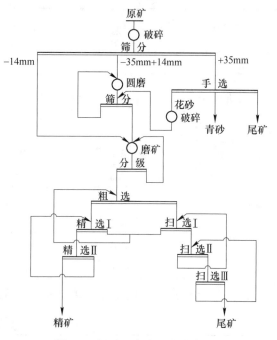

图 9-4　锡矿山南选厂选矿流程

口机破碎后进入细碎闭路筛分作业，然后送磨矿—浮选作业。手选废石经皮带送废石场。

磨矿-浮选分两个系列，磨矿细度为 −0.074mm 占 54%~60%，采用一粗三精三扫浮选流程，产出的锑精矿采用 φ18m 周边传动式浓缩机浓缩至底流浓度为 45%~50%，经圆筒过滤机过滤，产出水分含量为 18%~20% 的滤饼。

浮选在矿浆自然 pH 值条件下进行。建厂初期采用硝酸铅、丁基黄药和松醇油作浮选药剂，药耗高。20 世纪 60 年代以页岩油作辅助捕收剂，降低了原三种药剂的耗量，70 年

代采用乙硫氮与页岩油组合药剂，进一步降低了药耗、提高了锑回收率。生产药剂制度为：硝酸铅 160g/t、丁基黄药 80g/t、乙硫氮 90g/t、页岩油 300~350g/t、松醇油 120g/t、煤油 60g/t。

锡矿山南选厂浮选药剂制度见表 9-5。

表 9-5 锡矿山南选厂浮选药剂制度

药剂名称	辅助捕收剂	活化剂	捕收剂 1	捕收剂 2	松醇油
用量/g·t^{-1}	400	150	70	100	150

锡矿山南选厂选厂主要技术指标见表 9-6。

表 9-6 锡矿山南选厂主要技术指标

项目	日处理能力/t	原矿品位/%	精矿品位/%	尾矿品位/%	回收率/%
手选	290	1.55	44	0.19	91.0
浮选	790	2.82	48	0.21	92.59
全厂	1080	2.14	47.93	0.21	90.54

2012 年浮选药剂制度为：硝酸铅 150g/t、Ma 100g/t、硫氮 120g/t、煤焦油 320g/t、松醇油 180g/t。

从上可知，目前浮选作业存在的主要问题为：（1）浮选药剂用量高，其中捕收剂用量为 220g/t，辅助捕收剂为 320g/t，起泡剂为 180g/t；（2）提高锑浮选回收率仍有空间；（3）提高锑精矿品位仍有一定空间，现场浮选矿化泡沫黏，二次富集作用极有限，中矿循环量较大；（4）可适度提高磨矿细度；（5）浮选药剂添加顺序和地点可进一步优化。

9.3 湖南锡矿山闪星锑业有限责任公司采选厂

9.3.1 矿石性质

湖南锡矿山采选厂矿为中低温热液裂隙充填矿床，主要有用矿物为辉锑矿和黄锑华，其次为水锑钙石和少量的锑赭石、锑华、硫氧锑矿及少量的黄铁矿、磁黄铁矿。硫化矿和氧化矿约各 50%。脉石矿物以石英为主，其次为方解石、石灰石、重晶石、石膏、锆石、电气石、白云石、绢云母、绿帘石、自然硫等。围岩为硅化灰岩、灰岩和页岩。锑矿物在矿石中呈粗细不均匀嵌布。矿石矿物组成见表 9-7。

表 9-7 矿石矿物组成

矿物名称	辉锑矿	氧化锑矿	石英	硅化灰岩	其他
含量/%	0.90	0.90	55.10	37.10	6.00

9.3.2 选矿工艺

采选厂生产流程如图 9-5 所示。

选矿采用手选、重选和浮选法。浮选药剂为：活化剂 150g/t、捕收剂 300g/t、松醇油 150g/t。

采选厂主要技术指标见表9-8。

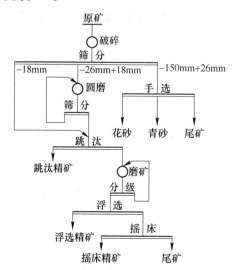

图 9-5　锡矿山闪星锑业有限责任公司采选厂选矿工艺流程

表 9-8　采选厂主要技术指标

项目	日处理能力/t	原矿品位/%	精矿品位/%	尾矿品位/%	回收率/%
手选	328	1.29	6.98	0.21	86
重浮选	197	2.63	30.0	0.64	77
全厂	525	1.79	11.66	0.38	81.1

9.4　湖南辰州矿业公司沃溪选矿厂

9.4.1　矿石性质

湖南辰州矿业公司沃溪选矿厂矿山属低温热液充填石英脉状矿床，主要金属矿物有自然金、辉锑矿、白钨矿、黄铁矿、钨铁矿、闪锌矿、毒砂等。脉石矿物以石英为主，其次为方解石、白云石、绿泥石，次生矿物主要为褐铁矿，其次为钨华和锑华，呈薄脉状产出。

有三个磨浮系统，日处理能力为1300t。

9.4.2　选矿工艺

沃溪选矿厂金锑浮选药剂制度见表9-9。

选厂工艺流程如图9-6所示。

表 9-9　沃溪选矿厂金锑浮选药剂制度

药剂名称	Ma-1	丁钠黑药	RB-3	氢氧化钠	碳酸钠
用量/g · t⁻¹	220	50	150	650	1200

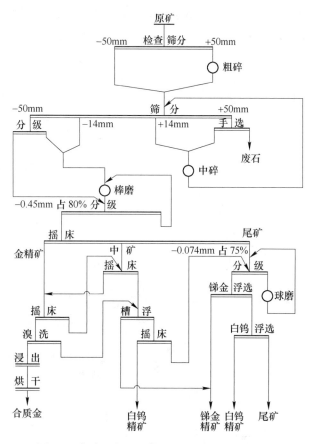

图 9-6　湖南辰州矿业公司沃溪选矿厂工艺流程

沃溪选矿厂金锑浮选生产指标见表 9-10。

表 9-10　沃溪选矿厂金锑浮选生产指标

项目	日处理量/t	原矿品位		精矿品位		回收率/%	
		Sb/%	Au/g·t^{-1}	Sb/%	Au/g·t^{-1}	Sb	Au
浮选	1300	1.5~1.6	4.5~4.8	25	100	87.5~90	96.5~97.5

9.5　湖南新龙矿业公司龙山金锑矿

9.5.1　矿石性质

湖南新龙矿业公司龙山金锑矿位于新邵县境内,始建于清光绪二十三年(1897年),为百年老矿。经多次改扩建,目前日处理量为 800~900t。

矿石类型分为三类:(1)辉锑矿-毒砂-自然金矿石;(2)毒砂-自然金矿石;(3)黄铁矿-自然金矿石。矿石结构主要为粒状结构,矿石构造为致密状、浸染状,少有角砾状、晶格状等。矿物组成简单,主要金属矿物为辉锑矿、自然金、黄铁矿、毒砂和锑华等。非金属矿物为石英、绢云母、方解石、绿泥石、黏土矿物等。矿石易泥化,硬度为 7~8,松散系数为 1.45，矿石含水 5%～8%，小于 0.074mm 的泥量为 10% 左右。入选矿石含金 1.8g/t 左右，含锑 1.30% 左右。

9.5.2　选矿工艺

龙山金锑矿选矿工艺流程如图 9-7 所示。

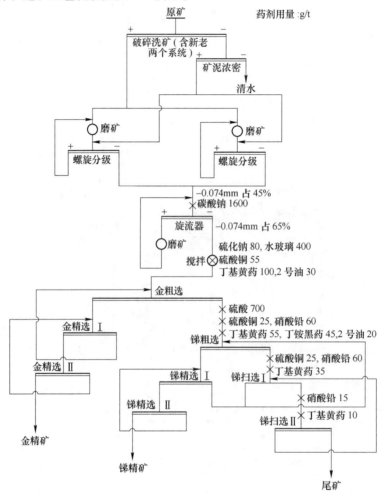

图 9-7　龙山金锑矿选矿工艺流程

湖南新龙矿业公司龙山金锑矿选矿工艺流程：碎矿为两段一闭路加粗碎前洗矿，由新、老两系统组成，磨矿为两段两闭路流程，其中第一段磨矿由新、老两系统组成；浮选为部分优先浮选，金为一次粗选、两次精选，锑为一次粗选、两次精选、两次扫选流程，金精矿和锑精矿混合为最终混合精矿。

龙山金锑矿浮选药剂制度见表 9-11。

表 9-11　龙山金锑矿浮选药剂制度

药剂	碳酸钠	硫化钠	水玻璃	硫酸铜	硝酸铅	硫酸	丁黄药	丁铵黑药	2 号油
用量/g·t^{-1}	1600	80	400	105	135	700	200	45	50

龙山金锑矿选厂主要技术指标见表 9-12。

表 9-12 龙山金锑矿选厂主要技术指标 （%）

产品名称	产率	品位		回收率	
		$Au/g \cdot t^{-1}$	Sb	Au	Sb
金精矿	2.76	45.50	22.35	72.44	48.99
锑精矿	0.82	23.00	61.87	10.88	40.29
混合精矿	3.58	40.35	31.40	83.32	89.28
尾矿	96.42	0.30	0.14	16.68	10.72
原矿	100.00	1.73	1.26	100.00	100.00

9.6 板溪锑砷（金）选矿厂

9.6.1 矿石性质

板溪锑砷（金）选矿厂矿床属低温热液裂隙类型。主要金属矿物为辉锑矿、毒砂、黄铁矿、黄锑华和微量的黄铜矿、白钨矿、自然金、孔雀石等。脉石主要为石英，其次为白云石、方解石、绢云母、绿泥石，此外有微量的磷灰石和长石。锑矿物在矿石中呈粗细粒不均匀嵌布。

9.6.2 选矿工艺

板溪锑砷（金）选矿厂工艺流程如图 9-8 所示。

板溪锑砷（金）选矿厂浮选药剂制度见表 9-13。

表 9-13 板溪锑砷（金）选矿厂浮选药剂制度

药剂名称	硫酸	硝酸铅	丁基铵黑药	松醇油
用量/g·t^{-1}	1450（pH 值为 4.8~5.0）	120	250	8~13

板溪锑砷（金）选矿厂生产指标见表 9-14。

表 9-14 板溪锑砷（金）选矿厂生产指标

项目	日处理量/t	原矿品位/%		精矿品位/%		尾矿品位/%	回收率/%
		Sb	As	Sb	As	Sb	Sb
手选	100	4.2	—	—	0.28	0.5	89
浮选	200	6.47	0.43	64.39	0.51	0.42	93.52
全厂	300	5.71	—	60.26	—	0.45	92.4

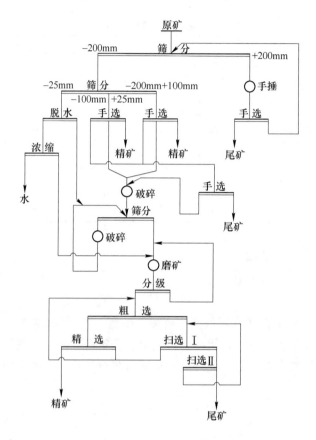

图 9-8　板溪锑砷（金）选矿厂工艺流程

9.7　美国 Bradley 锑金银矿

美国 Bradley 锑金银矿选矿厂浮选的原则流程如图 9-9 所示。

在磨机中加苛性钠与碳酸钠，再加入醋酸铅、硫酸铜作活化剂，采用硫酸将矿浆调至弱酸性，加入丁基黄药进行混合浮选，产出金锑混合精矿和尾矿。混合精矿再磨时加入苛性钠以抑制辉锑矿，加入硫酸铜作活化剂，充气几分钟，采用丁基黄药进行抑锑浮金分离浮选，产出金粗精矿和锑精矿。金粗精矿进行精选，产出金精矿和低品位锑精矿。

该矿浮选指标见表 9-15。

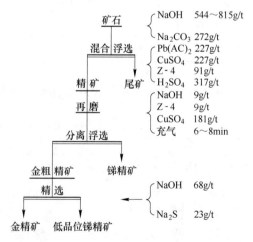

图 9-9　Bradley 选矿厂浮选的原则流程

表 9-15 Bradley 选矿厂的浮选指标 （%）

产品	产率	品位			回收率		
		Au/g·t⁻¹	Ag/g·t⁻¹	Sb	Au	Ag	Sb
金精矿	1.82	83.07	226.8	1.5	61.96	21.50	2.20
锑精矿	1.82	11.91	623.7	51.3	8.89	69.12	75.30
低品位锑精矿	0.44	36.86	226.8	20	6.65	5.20	7.10
混合精矿	4.08	46.35	419.58	29	77.5	85.82	84.60
尾矿	95.92	0.57	2.84	0.20	22.5	14.18	15.40
原矿	100.00	2.44	19.20	1.24	100	100	100

9.8 某锑砷矿

某锑砷矿主要金属硫化矿物为辉锑矿，含少量的方铅矿、斜硫锑铅矿和斜方硫锑铅矿及黄铁矿、毒砂。原矿含锑 1.95%、含铅 0.4%、As 0.3%。混合浮选所得混合精矿中含黄铁矿 65%，含辉锑矿 23%，含 4%的硫锑铅矿和毒砂。混合精矿分离前，在矿浆液固比为 3:1 条件下，加入漂白粉或高锰酸钾，搅拌 1min，然后再加入醋酸铅活化辉锑矿，加入丁基黄药浮选辉锑矿，取得了良好的分离效果。锑粗精矿精选四次得锑精矿，中矿经粗选和扫选得低品位锑精矿，循环尾矿为硫精矿（黄铁矿、毒砂精矿）。氧化剂用量与浮选指标的关系如图 9-10 所示。

氧化剂抑制法的分离浮选指标见表 9-16。

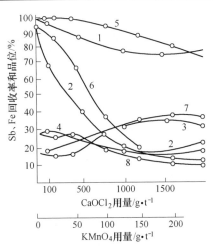

图 9-10 氧化剂用量与浮选指标的关系
1，4—漂白粉；5，8—高锰酸钾；
1，5—精矿中锑回收率；2，6—精矿中铁回收率；
3，7—精矿中锑品位；4，8—精矿中铁品位

表 9-16 氧化剂抑制法的分离浮选指标 （%）

产品	产率	品位			回收率		
		Sb	Fe	As	Sb	Fe	As
锑精矿	13.6	44.71	9.32	0.31	52.6	4.6	3.5
低品位锑精矿	11.4	26.58	15.76	1.18	26.1	6.6	10.9
总锑精矿	25.0	36.6	12.2	0.71	78.7	11.2	14.4
硫精矿	75.0	3.32	32.2	1.41	21.3	88.8	85.6
混合精矿	100.0	11.6	27.25	1.24	100.0	100.0	100.0

9.9 锑汞硫化矿的选矿

锑汞硫化矿的分离方法为：优先浮选法、混合浮选-分离法、联合法。

（1）优先浮选法。原矿磨细后，添加苛性钠作矿浆调整剂和辉锑矿的抑制剂，在碱性

条件下可抑制辉锑矿，而辰砂仍保持其天然可浮性。采用选择性较高的硫化矿物捕收剂，进行优先浮选，可产出汞精矿。汞尾加入醋酸铅活化辉锑矿，加适量捕收剂可产出锑精矿。

（2）混合浮选-分离法。原矿磨细后，加入醋酸铅活化辉锑矿，加入硫化矿物捕收剂和起泡剂，进行锑汞混合浮选，可产出锑汞混合精矿。混合精矿中加入重铬酸钾抑制被 Pb^{2+} 活化了的辉锑矿，进行抑锑浮汞，产出汞精矿和锑精矿。

（3）联合法。原矿磨细后，加入醋酸铅活化辉锑矿，加入硫化矿物捕收剂和起泡剂，进行锑汞混合浮选，可产出锑汞混合精矿。混合精矿用蒸馏炉进行真空蒸馏，可产出金属汞。蒸馏炉渣送反射炉熔炼，可产出金属锑。

10 硫化汞矿浮选

10.1 概述

10.1.1 汞矿产资源

汞在地壳中的克拉克值为 $7.7×10^{-6}\%$，其中 99.8%呈分散状态赋存于各类岩石中，仅 0.2%的汞富集成为汞矿床，而且汞矿中的汞含量一般均小于 1%。

目前，已知的汞矿物约 20 种，主要呈硫化汞（辰砂）形态存在，其他为少量的自然汞、硒化汞、碲化汞、硫盐、卤化物及氧化物等。汞主要呈硫化汞（辰砂）形态存在于所有汞矿床中，为选厂回收的主要汞矿物。

世界主要汞产地为地中海沿岸、美洲西海岸及我国西南地区。汞产量较高的国家为西班牙、意大利、俄罗斯等。我国的汞产量在 20 世纪 50 年代末曾居世界首位，现仍居世界前列。

10.1.2 汞矿物

辰砂为最具工业价值的硫化汞矿物，其化学式为 HgS，含汞 86.2%，含硫 13.8%。颜色鲜红，性脆，密度为 $8.09 \sim 8.20g/cm^3$，硬度为 $2 \sim 2.5$。属三方晶系，常呈菱面体、三方柱等晶形产出，有的呈六方晶系的菱面体或薄板状产出。良好的晶体一般不常见，但在我国黔东和湘西地区常可见发育良好的单晶和穿插双晶。

在硫化汞矿床中可偶见少量的黑辰砂，其化学式与辰砂相同，颜色为灰黑色，常呈细小晶体或土状粉末及黑色薄膜状产出。密度为 $7.7 \sim 7.8g/cm^3$，硬度为 $2 \sim 3$，结晶为等轴晶系的四面体或六面体，性脆。

与辰砂伴生的常见金属矿物为黄铁矿、辉锑矿、毒砂、雄黄、雌黄、闪锌矿等，伴生元素为硒、碲、镓、铟、铊等。伴生组分的类型及数量因成矿条件而异。

10.1.3 我国汞矿资源特点

我国汞矿资源特点为：（1）矿产地和储量分布高度集中：全国已探明储量的 103 个矿区主要分布于贵州、陕西和四川；（2）储量组成以单汞矿床储量为主，与其他矿床共（伴）生储量约占 20%；（3）贫矿多、富矿少：我国大中型汞矿床汞品位为 0.1%~0.3%居多，部分为 0.3%~0.5%，大于 0.5%~1%的较少；（4）矿石工业类型虽多，但以单汞型为主，矿石易采、易选和易冶炼。

我国汞矿资源分布：（1）西南区储量占 56.9%，西北区占 28.4%，中南区占 14.4%；（2）贵州储量占全国汞储量的 38.3%，陕西占 19.8%，四川占 15.9%，广东占 6%，湖南占 5.8%，青海占 4.4%，甘肃占 3.7%，云南占 2.7%，上述 8 省区占全国汞储量的 96.6%。

10.1.4　硫化汞矿石类型

根据矿物组成，硫化汞矿石可分为：

（1）单一硫化汞矿石：此类型汞矿石中的汞矿物主要为辰砂，其他伴生矿物无回收价值，汞是唯一可回收有用组分。脉石矿物多为硅酸盐矿物或碳酸盐矿物，主要为白云石、方解石和石英等。我国黔东和湘西地区的汞矿床属此类型，汞是唯一可回收有用组分。

（2）复杂硫化汞矿石（多金属硫化汞矿石）：此类矿石中除含辰砂外，尚含相当数量的辉锑矿、毒砂、黄铁矿、雄黄及铅、锌、铜的硫化矿物。苏联的海达尔肯汞矿的矿石属此类型。

10.1.5　汞矿床一般工业指标

汞矿床一般工业指标见表 10-1。

表 10-1　汞矿床一般工业指标

项目	边界品位（Hg）/%	可采厚度/m	最低工业品位（Hg）/%	夹石剔除厚度/m
要求	0.04	≥0.8~1.2	0.08~0.10	≥2~4

10.1.6　汞精矿质量标准

10.1.6.1　朱砂质量标准

朱砂质量标准（YB 748—1970）见表 10-2。

表 10-2　朱砂质量标准（YB 748—1970）　　　　　　　　（%）

等级	特级	一级	二级
硫化汞含量（不小于）	98	97	96
杂质含量（不大于）	0.1	0.2	0.3

10.1.6.2　汞精矿质量标准

汞矿山常为采、选、冶联合企业，常用企业综合技术经济指标确定，无统一汞精矿质量标准。目前，国内汞选厂浮选汞精矿含汞品位常为 10%~30%。

10.2　汞矿石的可选性

10.2.1　选择性破碎磨矿

辰砂性脆，破碎过程中辰砂易富集于细粒级别。如美国苏里弗尔-班克汞选厂曾对破碎产物进行筛分，将+225mm 产物丢尾，筛下产物送筛分、洗矿和手选作业。

若辰砂呈细粒浸染状存在于玄武岩中，此类矿石原矿含汞 0.2%，破碎筛分后，+50mm 粒级中汞含量为 0.088%，废石丢弃率达 70%，汞回收率约 80%。但废石中的汞含量常高达 0.07%~0.075%。

10.2.2 手选

汞矿体变化较大，开采时的贫化率较高。对于原矿品位低、贫化率较高、汞矿物呈集合体嵌布或矿化矿块与围岩有明显色泽区别的矿石，有利于采用手选的方法抛弃尾矿，以提高入选品位。手选皮带常为平胶带，带宽为 800mm，带长为 10000~15000mm，带速为 0.1~0.5m/s。某汞矿的手选流程如图 10-1 所示。

该矿采用一段破碎，筛分洗矿，-100mm+25mm粒级进行手选，原矿含汞为 0.15% 时，可选出废石；当原矿品位低于 0.1%时，可选出品位为 0.3% 的富矿块精矿，汞回收率为 60%~70%。

洗矿是提高手选效率的有效措施。手选粒度愈小，手选效率愈低；手选粒度过大，易造成金属流失。因此，手选粒度应适当，应通过试验确定手选的粒度。手选法简单而经济，但劳动强度较大，常常较难控制抛弃废石的品位。

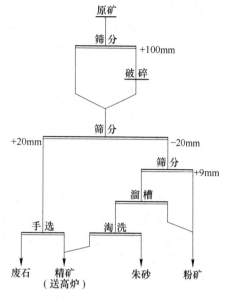

图 10-1 某汞矿的手选流程

10.2.3 重选

汞矿石能否采用重选法处理主要决定于有用矿物和脉石矿物的密度差及有用矿物的浸染特性。重选法分离有用矿物和脉石矿物的难易程度常用等降比 e 进行判断。

$$e = \frac{\delta_2 - \Delta}{\delta_1 - \Delta}$$

式中　δ_2——汞矿物的密度，g/cm^3；

　　　δ_1——脉石矿物的密度，g/cm^3；

　　　Δ——重选介质的密度，g/cm^3。

一般认为，若 $e>2.5$ 时，采用重选法可使有用矿物易与脉石矿物相分离。

矿石中的辰砂密度为 $8~8.2g/cm^3$，汞矿石中的主要脉石矿物为钙镁碳酸盐和硅酸盐矿物，其密度为 $2.65~2.90g/cm^3$。计算其 e 值为 3.79~4.20。因此，单一辰砂型汞矿石易于重选。由于汞矿石细磨后，辰砂表面疏水性良好，常漂浮于矿浆表面，给重选回收辰砂造成困难。

辰砂重选时，常用的重选设备为跳汰机、摇床、溜槽和螺旋选矿机等，其中摇床使用最广。

跳汰法产出的辰砂常用作药材，其商品名称为硃砂，为一种贵重药材。据部颁标准（YB 748—1970），药用硃砂中 HgS 含量应大于 96%，硒含量应小于 0.4%。

重选硃砂在我国有悠久的历史，从粉碎矿或手选富矿经破碎后的矿石中，采用溜槽或淘汰盘人工淘洗生产硃砂，此为我国多年沿用的方法，至今某些汞选厂仍在使用。此法生产的硃砂产量最高达 150~160t（1959 年）。

新晃汞矿重选厂处理高炉无法冶炼的 -25mm 的粉矿，采用棒磨机将粉矿磨至 -3mm，进行分级—摇床重选，精矿含汞 3.4%，汞回收率为 56%。另一选厂采用对辊机将矿石碎至 -4mm，进行分级—摇床重选，尾矿采用溜槽扫选，精矿含汞 32%～36%，汞回收率为 72%。

单一重选法处理汞矿石的指标不太高，其原因为辰砂在溢流中的漂浮损失及尾矿中仍有辰砂和脉石的连生体。

10.2.4　浮选

国内生产硃砂的选厂均采用重选—浮选的联合流程，根据各自矿石性质和对产品的质量要求，形成了各具特色的生产工艺流程。

若辰砂呈粗细不均匀嵌布（如新晃矿），将 +20mm 的块矿碎至 -16mm，其中 -6mm+3mm 粒级进行跳汰重选，-3mm 粒级进行摇床重选。重选尾矿与 -16mm+6mm 粒级合并进行细磨，细磨后进行浮选。

贵州汞矿将原矿棒磨至 -3mm，进行摇床重选回收硃砂，尾矿细磨后进行浮选，产出汞精矿。此流程利用选择性破碎的特点，可提高硃砂的产量。

若辰砂呈细粒嵌布，则采用多段磨矿多段选别流程。由于流程中增加了脱水作业，易造成辰砂的漂浮损失。

综上所述，对单一辰砂型的汞矿石，若辰砂呈粗粒或粗细不均匀嵌布时，宜采用重选—浮选联合流程。采用跳汰或摇床产出粗精矿，尽可能实现粗粒抛弃尾矿，避免中间脱水作业以减少金属的漂浮损失。

10.2.5　原矿直接焙烧冶炼

采用高炉（竖炉）、回转窑、多膛炉和沸腾炉等对原矿进行焙烧冶炼，这些焙烧设备与冷凝器组合为炼汞的专用设备。焙烧过程中，辰砂分解为金属汞蒸气，经冷凝获得液态汞。原矿直接焙烧提汞一直是生产汞的主要方法。原矿直接焙烧冶炼，过程简单，回收率高，生产成本低。

由于汞矿石的原矿品位逐年下降，为了减少汞冶炼的矿石量和降低直接冶炼三废（废气、废水、废渣）的危害，汞矿石的选矿愈来愈重要。目前，品位较高的原矿直接焙烧冶炼，品位较低的汞矿石须经选矿处理，选矿精矿再送冶炼处理。

10.3　辰砂的可浮性

10.3.1　概述

辰砂的浮选试验研究始于 1916 年，20 世纪 30 年代用于工业生产。我国辰砂的浮选试验研究始于 20 世纪 50 年代末期，于 20 世纪 60 年代初期用于工业生产。

与汞矿石的原矿直接焙烧冶炼相比，低品位的汞矿石浮选具有下列优点：

（1）浮选可处理低品位矿石或湿黏的矿石，浮选的汞回收率较高，而湿黏汞矿石或粉末状汞矿石无法直接冶炼。

（2）浮选法处理汞矿石对人体危害小，而冶炼汞的烟气有毒，对人体危害大。

（3）可处理组成复杂的汞矿石。

（4）生产规模较灵活，易操作、易管理。

（5）基建费较低，设备再利用率高。

10.3.2　辰砂的可浮性

辰砂矿物表面具有较好的疏水性，其可浮性较好。辰砂的可浮性与介质 pH 值的关系如图 10-2 所示。

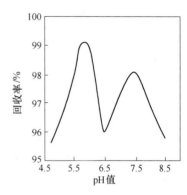

图 10-2　辰砂的可浮性与介质 pH 值的关系

从图 10-2 中曲线可知，在 pH 值为 4~8.5 的范围内，汞的回收率均大于 96%。因此，辰砂浮选宜在矿浆自然 pH 值条件下进行。浮选过程添加石灰可提高矿浆液相的 pH 值，此时可获得较稳定的矿化泡沫，但对辰砂浮选有抑制作用，将降低汞的浮选回收率。

辰砂浮选时一般无需添加活化剂。但当矿石中含雄黄（AsS）时，因其在磨矿过程中易被氧化和水解而生成硫化氢。其反应可表示为：

$$4AsS + 4H_2O + O_2 \longrightarrow 2As_2O_3 + 4H_2S$$

硫化氢对辰砂浮选起抑制作用，此时添加适量的硫酸铜或硝酸铅，可提高辰砂的可浮性。试验表明，硫酸铜对辰砂浮选回收率的影响如图 10-3 所示。

硫酸铜和氯化汞均为辰砂的活化剂，而氯化汞为辰砂最有效的选择性活化剂。

水玻璃可分散矿泥，抑制石英和白云石等脉石矿物，但用量过大时，对辰砂也有抑制作用，其用量一般为 500~1000g/t。

可溶性淀粉和羧甲基纤维素等为炭质物及钙镁碳酸盐脉石的抑制剂，可改善汞精矿的质量。

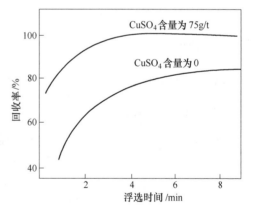

图 10-3　硫酸铜对辰砂浮选回收率的影响
（条件：碳酸钠 250g/t、乙黄药 60g/t、松油 19g/t）

采用浮选金属硫化矿物的捕收剂即可浮选辰砂。

10.4　贵州汞矿的选矿

10.4.1　概述

贵州汞矿为我国最大的汞采矿、选矿、冶炼企业，为我国汞和硃砂的主要生产基地。有悠久的生产历史，目前采出矿石的 50% 经选矿处理。选矿产品为硃砂和汞精矿两种，其硃砂产量占全国总产量的 50% 以上。

汞精矿送电热蒸馏炉炼汞。选矿流程多为单一浮选流程或重选—浮选联合流程。

10.4.2　矿石性质

矿石中主要汞矿物为辰砂，偶见自然汞，极少见黑辰砂。伴生矿物为少量的黄铁矿、辉锑矿、闪锌矿。脉石矿物主要为白云石，其次为石英、方解石、少量的玉髓、云母、长石等。辰砂的单矿物分析表明，辰砂中不含其他有害杂质元素，某些矿段的硒含量具有工业价值。

矿石多为条带状、浸染状构造，还有角砾状、晶洞状等构造。辰砂以充填结构为主，分为自形、他形和半自形粒状结构；其次为交代溶蚀结构，可细分为边缘溶蚀、交代残余和骸晶结构。

辰砂的嵌布粒度不均匀，主要嵌布于硅化白云岩中，最粗达 12mm，最细为 0.002mm，0.1~0.5mm 居多。辰砂密度高（8.0~8.2g/cm³）、硬度低（$f=2.5$）、脆性大、颜色鲜艳、疏水性大、可浮性好。

原矿含汞平均为 0.1%~0.3%，真密度为 2.7~2.8g/cm³，假密度为 1.6~1.7g/cm³。原生矿泥少，各矿段的主要成分略有差异，矿石化学成分分析结果见表 10-3。

表 10-3　矿石化学成分分析结果　　　　　　　　（%）

成分		CaO	MgO	SiO₂	Ba	Se	Sb	As	S	Fe	Fe₂O₃	CO₂	Al₂O₃	TiO₂
含量	1 坑	21.31	14.63	26.5	0.012	0.001	—	痕	—	0.65	—	—	1.25	0.05
	4 坑	20.26	13.53	33.94	0.012	0.0008	0.0008	0.22	0.062	0.55	0.46	28.2	0.32	—

10.4.3　选矿工艺

该矿原有四座选矿厂，现已政策性关闭破产。

10.4.3.1　一选厂

该厂建于 20 世纪 50 年代后期。原设计为重选流程，因重选尾矿汞含量高，无法丢尾，生产不正常，于 1965 年改为浮选流程。

采用一台颚式破碎机将原矿碎至 -50mm。用球磨机磨至 -0.074mm 占 65%~70%。矿浆浓度为 30%~35%。采用 4 槽 5A 浮选机和 10 槽 3A 浮选机组成一粗一精二扫的浮选流程。浮选药剂为：乙黄药 170~180g/t、松醇油 40~60g/t。

浮选指标为：原矿含汞 0.167%，精矿含汞 16.09%，尾矿含汞 0.0076%，汞的浮选回收率为 95.68%。

10.4.3.2　二选厂

1979 年 7 月投产，采用重选—浮选联合流程，产出硃砂和汞精矿二种产品。其工艺流程如图 10-4 所示。

原矿采用颚式破碎机和 ϕ900mm 标准圆锥破碎机二段开路破碎，将原矿碎至 -50mm。送入一台 ϕ1500mm×3000mm 棒磨机开路磨矿，排矿粒度为 -3mm。经矿浆分配器直接送至摇床进行重选。辰砂含量约 50% 的摇床粗精矿送硃砂精加工车间生产硃砂。摇床尾矿送球磨—分级回路磨至 -0.074mm 占 70%~80%，矿浆浓度为 25%~30%，送浮选作业。

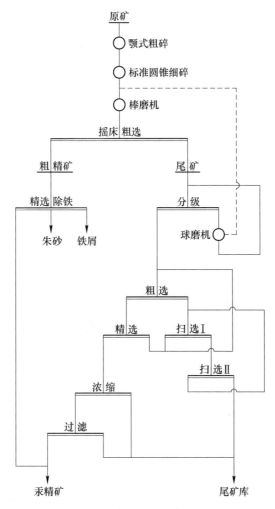

图 10-4 贵州汞矿二选厂生产工艺流程

浮选作业采用 16 槽 5A 浮选机组成一粗一精二扫的浮选回路，浮选精矿经浓缩过滤后，送电热蒸馏炉炼汞。

浮选药剂制度为：硫酸铜 200~250g/t、乙黄药 180~200g/t、松醇油 50~70g/t。

选矿指标为：原矿含汞约 0.3%，浮选精矿含汞 15%~20%，选矿总回收率为 95%~97%。产品中硃砂产品的汞回收率占 40%~50%，最终尾矿含汞为 0.01%左右。

此流程中棒磨产品不分级进行摇床重选及摇床尾矿不脱水直接进球磨机，可以最大限度提高硃砂产量和减少辰砂的漂浮流失。

硃砂精矿加工流程为：采用试验室小型摇床进行精选，在小摇床精选带上方悬挂磁铁以除去铁屑。精选所得摇床精矿经红外线低温干燥，获得硃砂产品。

10.4.3.3 三选厂

该厂于 1981 年 10 月投产，其生产流程如图 10-5 所示。

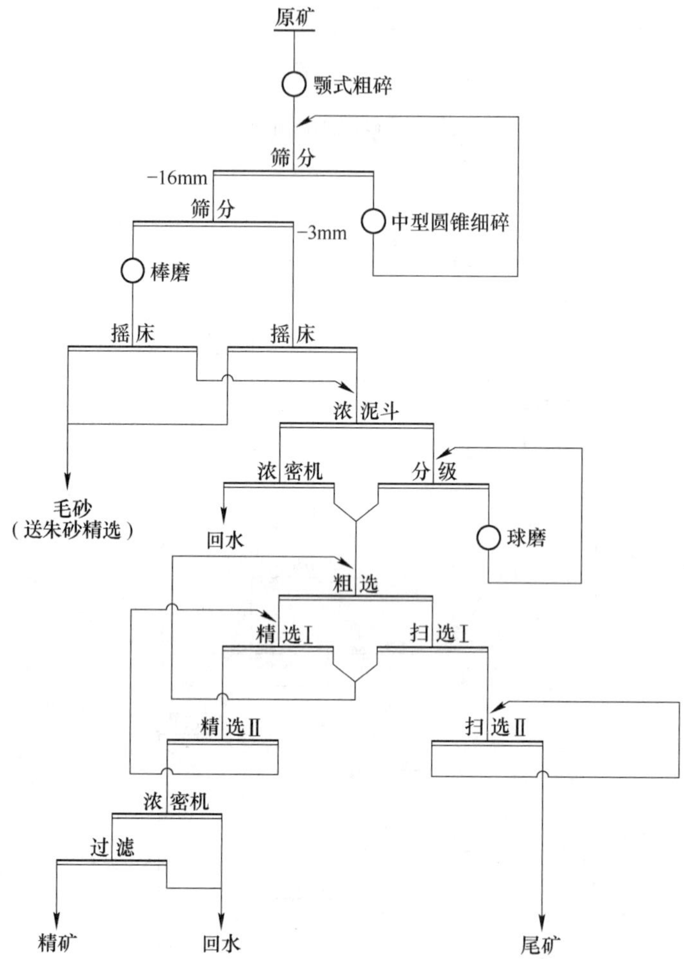

图 10-5　贵州汞矿三选厂生产流程

原矿经颚式破碎机和 ϕ1200mm 中型圆锥破碎机和 1800mm×3600mm 单层振动筛组成的二段一闭路碎矿流程将矿石碎至-16mm。经 1250mm×2500mm 单层振动筛预先筛分，+3mm 粒级进 ϕ1500mm×3600mm 棒磨机磨至-3mm。棒磨产物与预先筛分的筛下产物合并，分级送摇床重选。

摇床粗精矿送精加工生产硃砂。摇床尾矿经 ϕ2000mm 分泥斗脱水，沉砂进入 ϕ2100mm×3000mm 球磨机和 ϕ1500mm 双螺旋分级机组成的磨矿-分级回路磨至-0.074mm 占 75%~80%，矿浆浓度为 30%~33%。分级溢流送浮选。

浮选药剂制度为：硫酸铜 120~140g/t、乙黄药 120g/t、松醇油 50g/t。浮选精矿浓缩过滤后送电热蒸馏炉炼汞。

浮选指标为：原矿含汞 0.08%~0.15%，尾矿含汞 0.003%~0.008%，精矿含汞 15%~25%，选矿总回收率为 90%~95%，其中硃砂中汞的回收率为20%~40%。

10.5　务川汞矿选矿厂

10.5.1　矿石性质

务川汞矿含汞矿物为辰砂，伴生金属矿物为少量黄铁矿和微量的白铁矿、辉锑矿、褐铁矿，偶见方铅矿、闪锌矿、雄黄和雌黄。脉石矿物主要为方解石，其次为白云石、石英、石髓、偶见萤石和纤维石膏及微量至少量的泥质和有机质等。

大多数辰砂呈粒状稀疏浸染状嵌布于方解石、白云石的颗粒间，少量辰砂呈脉状充填于方解石、重晶石、硅化白云岩中。此外，还有少量辰砂呈脉石包裹体。辰砂呈他形不等粒嵌布，其嵌布粒度极不均匀，微细粒为 0.02~0.06mm，少量集合体为 0.25~1mm。2001年政策性关闭破产，现由务川自治县银昱矿产有限公司收购。

10.5.2　浮选工艺

浮选工艺生产流程如图 10-6 所示。

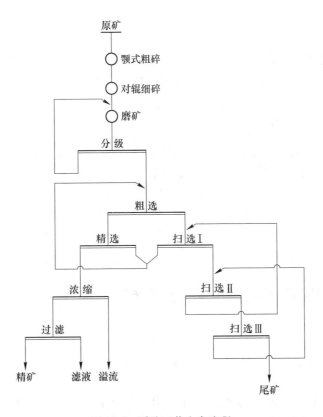

图 10-6　浮选工艺生产流程

原矿经 250mm×400mm 颚式破碎机和 φ600mm×300mm 对辊机二段开路破碎，将矿石碎至−15mm。磨矿分三个系列，每个系列由 φ1500mm×1500mm 球磨机和 φ1000mm 单螺旋分级机组成回路，磨矿细度为−0.074mm 占 75%~80%。浮选采用 12 槽 3A 浮选机组成一粗一精三扫流程。

浮选药剂为：硫酸铜 50g/t、乙黄药 100g/t、松醇油 60g/t。浮选指标为：原矿含汞 0.10%~0.13%，精矿含汞 9%~13%，尾矿含汞 0.006%~0.01%，浮选汞的回收率为 90% ~93%。

浮选汞精矿经浓缩过滤后，送电热蒸馏炉炼汞或作化学沉淀法生产硃砂的原料。

10.6　贵州铜仁金鑫矿业开发有限公司选矿厂

10.6.1　矿石性质

贵州铜仁金鑫矿业开发有限公司选矿厂为民营企业，2007 年投产，日处理量 300t。

铜仁汞矿乱岩塘矿区有乱岩塘、大坪、油房喇－阴山朗三个矿段，属变化极大类型，品位为 0.049%~5.260%，平均品位 0.391%，矿化为不连续至连续，储量大于 2000t，属大型汞矿床。矿石结构为自形晶结构、他形晶粒镶嵌结构、显微晶粒充填结构、交代结构、包含结构五种。主要有用矿物为辰砂，其次为黑辰砂。主要脉石矿物为石英、白云石、辉锑铅矿、黄铁矿、白铁矿、方铅矿、闪锌矿及沥青、硅化岩石等。

10.6.2　选矿工艺

贵州铜仁金鑫矿业开发有限公司选矿厂工艺流程如图 10-7 所示。

原矿-350mm，原矿含汞 0.39%，经两段一闭路碎至-20mm。磨矿为两段一闭路，采用全浮选流程，产出含汞 24% 的汞精矿。

选矿工艺指标见表 10-4。

表 10-4　选矿工艺指标　　　　　　　　　　　　（%）

项目	2007 年	2008 年	2009 年	2010 年
原矿品位	0291	0.298	0.286	0.293
精矿品位	23.81	23.50	23.60	22.50
尾矿品位	0.0074	0.0067	0.0078	0.0065
回收率	92.10	94.70	93.80	95.20

10.7　陕西旬阳青铜沟汞锑矿业有限公司选矿厂

10.7.1　矿石性质

陕西旬阳青铜沟汞锑矿业有限公司选矿厂 2002 年建成，日处理量为 300t，属超大型汞锑矿床。

矿床以盲矿体居多，小矿体有数百个，其中较大的矿体有 58 个，矿体长度数米至 800m，厚度 0.5~5m，一般延深大于延长 2~3 倍。矿石以单汞型为主，汞锑混合型次之，锑矿较少见。主要金属矿物为辰砂、辉锑矿和少量闪锌矿、方铅矿等。矿石含汞 0.3%~0.4%、锑 1.44%~1.62%、金 0.14~10g/t。矿床围岩蚀变主要为硅化、碳酸盐化、重晶石化。矿床类型属碳酸盐岩型"沉积再造"矿床，但也有人认为属"多源热液"型矿床。

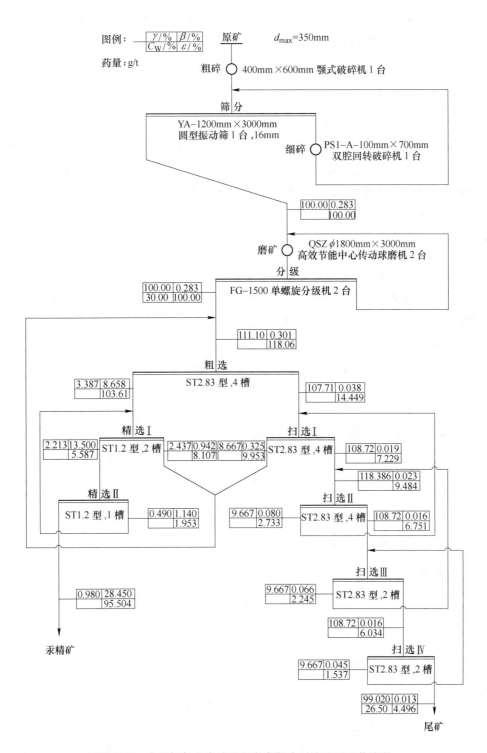

图 10-7 贵州铜仁金鑫矿业开发有限公司选矿厂工艺流程

入选矿石有 4 种类型，共发现原生金属矿物为辉锑矿、辰砂、黄铁矿、磁铁矿 4 种；次生金属矿物为褐铁矿、锑华、黄锑华 3 种；脉石矿物为 9 种，合计 16 种。金属矿物主要为辉锑矿、辰砂，其他很少。脉石矿物主要为石英、方解石、白云石，其次为重晶石，其他很少。

辉锑矿主要分布于锑矿石和汞锑矿石中，呈长柱状、针状及叶片状，+0.074mm 占 40%，-0.074mm+0.01mm 约占 50%，-0.01mm 约占 10%。与石英连生占 60%，与碳酸盐连生占 30%，与重晶石连生占 5%，与辰砂连生、交代或互为包体的约占 10%。

辰砂主要分布于汞矿石和汞锑矿石中，呈板状、板柱状，一般为他形粒状。粒径为 0.01~0.5mm，+0.074mm 占 45%，-0.074mm+0.01mm 约占 45%，-0.01mm 约占 10%。

辰砂与辉锑矿关系较复杂，既有被辉锑矿包裹，也有包裹辉锑矿的现象，还有共结连生、相互交生现象，分离难度较大。

10.7.2　选矿工艺

陕西旬阳青铜沟汞锑矿选矿厂工艺流程如图 10-8 所示。

破碎三段一闭路，最终碎至-8mm。一段闭路磨矿。采用一粗三精二扫流程进行汞锑混合浮选。汞锑混合精矿浓缩脱水脱药后，采用一粗三精二扫流程进行汞锑分离浮选。

浮选指标见表 10-5。

表 10-5　陕西旬阳青铜沟汞锑矿选矿厂浮选指标　　　　　　　　　（%）

选别流程	产品名称	产率	品位		回收率	
			Hg	Sb	Hg	Sb
汞锑分离	汞精矿	1.05	78.626	6.24	87.83	2.80
	锑精矿	3.52	2.657	61.87	9.95	93.07
混合浮选	尾矿	95.43	0.024	0.10	2.22	4.13
	原矿	100.00	0.940	2.31	100.00	100.00

汞精矿和锑精矿分别经浓缩、过滤，最终精矿水分含量为 14%。

10.8　美国麦克德米特（MC Dermitt）汞选矿厂

10.8.1　矿石性质

麦克德米特（MC Dermitt）汞矿为美国最大的汞企业，于 1975 年建成投产，年产汞 690t，占美国汞需要量的 50%。选厂日处理量为 600~700t，原矿全采用浮选法富集，汞精矿送多膛炉炼汞。

该矿为湖底沉积矿床，含汞矿物辰砂占 70%，氯硫汞矿占 30%。氯硫汞矿为含氯高的地下水局部地与辰砂相互作用的产物，本质为辰砂的氯化物。汞矿物呈细粒稀疏状嵌布于湖床的高岭石黏土中。下层湖床黏土含有大量蛋白石和玉髓，致密坚硬的蛋白石作为选厂自磨机的磨矿介质。该矿采用露天开采，矿石用汽车运至选厂堆栈，用装载机给入 50t 原矿仓。

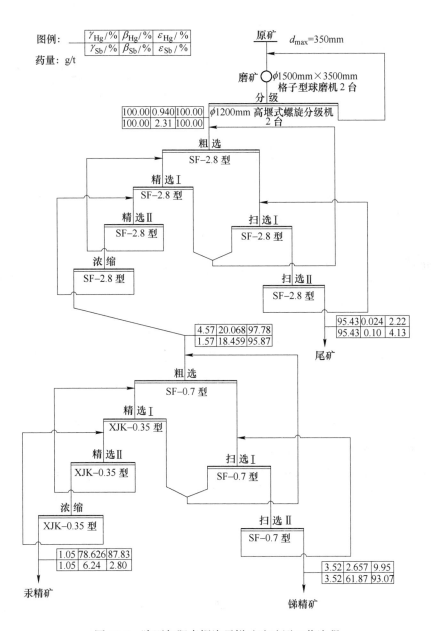

图 10-8　陕西旬阳青铜沟汞锑矿选矿厂工艺流程

10.8.2　浮选工艺

浮选工艺生产流程如图 10-9 所示。

入选矿石经一台 18 英寸格筛，给入一台 φ18×9 英寸哈丁型瀑落式自磨机。自磨介质蛋白石与矿石分别开采、分别贮存，按一定配比加入自磨机中。自磨介质蛋白石的装填按自磨机的功率加以控制，磨机功率为 661.95±36.79kW。曾试用添加部分钢球作磨矿介质，现全部采用蛋白石作磨矿介质。自磨机与可调整底部排料口大小的旋流器构成闭路，溢流粒度为 -0.074mm 占 65%~75%。

旋流器溢流送浮选作业。粗选采用 6 台 16.98m³ 丹佛浮选机，扫选采用 6 台 16.98m³ 丹佛浮选机，第一次精选采用 6 台 5.66m³ 丹佛浮选机，第二次精选采用 8 台 1.42m³ 浮选机。因矿石黏土含量高，浮选矿浆浓度为 20%。

浮选采用异丙基黄药作捕收剂。浮选指标为：原矿含汞 1%，精矿含汞 75%，汞的浮选回收率为 95%；原矿含汞 0.5%，精矿含汞 75%，汞的浮选回收率为 90%。

浮选精矿经浓缩、过滤，滤饼含水约 20%，送多膛炉炼汞。

10.9　汞炱的选矿

10.9.1　概述

火法冶炼汞矿石、汞精矿和含汞物

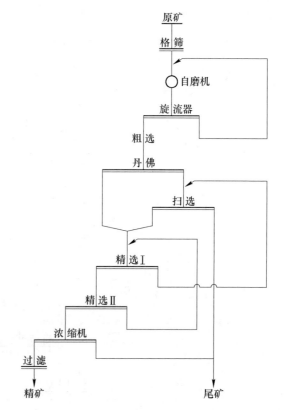

图 10-9　麦克德米特（MC Dermitt）汞矿浮选生产流程

料时，尽管汞的焙烧挥发率高达 97%~99% 以上，所得汞蒸气需经冷凝凝聚后，才能获得金属汞。但在汞蒸气冷凝凝聚过程中，将生成部分汞炱。对目前的火法炼汞的冷凝设施而言，不可能完全避免汞炱的生成。

汞炱为含汞烟尘和沉淀泥的总称，它是一种夹附多种杂质的含汞的疏松物质。其他重有色金属冶炼厂和化工厂，在处理含汞原料时，也会产出此类物质。

汞炱的产生，不仅降低汞的回收率，而且处理不当，还将污染环境，造成公害。因此，研究和选择合理的汞炱处理方法，已日益引起人们的重视。实践表明，采用选矿方法处理汞炱是较适宜的方法。

10.9.2　汞炱的产生原因及其特性

10.9.2.1　产生汞炱的原因

就火法炼汞作业而言，产生汞炱的原因大致为：

（1）火法炼汞过程的除尘系统不完善，部分矿粉或煤粉等进入冷凝系统。

（2）汞炱为炼汞过程中的化学平衡和相转变的平衡产物所致。不同作业产出的汞炱中的汞含量见表 10-6。

表 10-6 不同作业产出的汞烟中的汞含量

汞烟 类别	汞 冶 炼						重有色冶炼
	高炉 汞烟	蒸馏炉 汞烟	沸腾炉 汞烟	高炉 沉淀泥尘	蒸馏炉 沉淀泥尘	沸腾炉 沉淀泥尘	锌烟尘、 汞烟尘
汞含量（质 量分数）/%	78.7	42.72	20~51	16.4~17	16.4~17	1~6	27~85

从表 10-6 中数据可知，汞烟中的汞含量相当高，从这些汞烟含汞物料中回收汞，对综合利用矿产资源、防治汞污染、保护环境等均具有十分重要的意义。

10.9.2.2 汞烟的基本性质

汞烟中，通常含有细尘、未反应的硫化汞、硫酸汞、冷凝的各种锑和砷的氧化物、大量的碳氢化合物、大量的水分及细的金属汞珠等。其表观颜色为灰色至黑色。

汞烟的大致化学组成见表 10-7。

表 10-7 汞烟的大致化学组成

组分		金属汞	HgS	$HgSO_4$	总锑	Sb_2O_3	As_2O_3	SiO_2	Al_2O_3	CaO	备 注
含量 /%	回转窑	69.5~ 60.1	2.7~ 3.4	0.002~ 0.003	0.29~ 0.33	0.07	0.32~ 0.43	5.30~ 10.00	3.15~ 5.57	0.55~ 0.42	不足百分百部 分为水分和少量 其他杂质
	蒸馏炉	80.3	0.25	—	0.06	0.02	0.06	1.10	0.54	2.55	

汞烟在铁质冷凝器内可出现含量为 3%~4% 的 $Fe(OH)_2$、$Fe(OH)_3$ 及 $Me(OH)_n$ 产物。铁的氢氧化物进入汞珠表膜层将阻碍汞珠结合，使其产生粉化。

从表 10-7 中数据可知，无论汞烟类型如何，汞烟的主要组分为金属汞，其次为硫化汞，硫酸汞的含量仅 0.002%~0.003%。

汞烟中各组分的特性见表 10-8。

表 10-8 汞烟中各组分的特性

组分	密度 /g·cm⁻³	熔点 /℃	沸点 /℃	溶解度/%			备 注
				在水中		在有机 溶剂中	
				20℃	100℃		
金属汞	13.6	-38.87	356.9	—	—	—	溶于硝酸、王水中
HgO	11.4	—	—	易溶	易溶	—	
HgS	8.1	升华 583.5	—	1×10^{-6}	—	—	
$HgSO_4$	6.47	分解	—	反应	反应	—	
Sb_2O_3	5.2~5.7	656	1500	难溶	难溶	醋酸	
As_2O_3	3.7~4.1	—	升华	2.04(25℃)	11.46	乙醇	
SiO_2	2.2~2.65	1725~1713	2590	—	—	—	
Al_2O_3	3.5~4.1	2050	2980	1×10^{-4}	不溶	—	
CaO	3.4	2585	2850	0.12 反应	0.06 反应	—	

汞 中的金属汞粒度一般为 0.1~0.001mm，经强烈搅拌后，大部分汞粒可转为连续相，成为液态汞。-0.1μm 的汞粒只有少量成为胶体状。几个微米至几十微米的汞粒多呈悬浮态。由于第一、第二电离能较高，汞粒易沉淀分离，不易氧化，碰撞时易集结长大。汞珠虽为球形，但表面张力大，影响其可浮性，但含少量的 Zn、Cd、Pb、Bi 等杂质，或遇氧与二氧化碳等气体时，汞粒的表面张力将降低，从而会改变汞粒的表面特性。金属汞表面亲油疏水，具有较好的可浮性。研究表明，阻碍汞粒集结的表面膜和泥膜亲水疏油，但在强烈搅拌、冲洗下，表面膜和泥膜易脱落，易与汞粒分离。

汞 中的脉石的密度为 2.2~5.7g/cm³，汞的密度为 13.6g/cm³，两者有较大的密度差。因此，可采用重力选矿、浮选及化学选矿法处理汞 。

10.9.3　汞 的处理方法

10.9.3.1　人工法

架锅起灶，将汞 放入锅中，用柴火加热，用铁钩不断搅拌，有时还加入石灰。焙烧时汞蒸气压力大，汞蒸气冷凝后可获得液态汞。残渣含汞达 10%~35%，仍需回炉进行二次焙烧。汞 颜色为灰黑色，处理后，残渣呈疏软灰色。

人工处理汞 的劳动强度大、回收率低、处理能力小、易汞中毒。该法已逐渐被淘汰。

10.9.3.2　机械法

（1）离心机。采用转速为 2400r/min 的不锈钢离心机，可破坏汞珠表面膜，使其集结为液态汞。

（2）搅拌机。类似于搅拌槽或浮选槽，轴上装有叶片，在打汞轮上面装有带中心孔的锥形盖，沿槽周边可形成环状间隙。

（3）打汞机。为一直径为 1~2m 的圆桶，高度小于直径，底部向中央倾斜。中心轴上装有十字柄，柄上装有一系列刮刀，用于搅拌、挤压物料。转速为 5~10r/min，有的在桶底或桶壁外加保温装置（电加热或蒸气加热）。

采用机械处理汞 排出的残渣仍需送冶炼炉进行焙烧以回收残留的汞。

10.9.3.3　重选法

一般采用摇床或水力旋流器处理汞 ，二者均已用于生产。

10.9.3.4　浮选法

浮选法处理汞 时，汞的回收率可达 95% 以上，渣可废弃，水可循环使用。

10.9.4　汞 的选矿实践

10.9.4.1　汞 的重选

A　摇床处理汞

摇床处理汞 的工艺流程如图 10-10 所示。

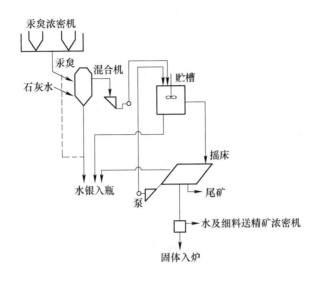

图 10-10 摇床处理汞氡的工艺流程

贵州汞矿产出的贫汞氡，先经强烈搅拌，再采用矿泥摇床进行重选。重选指标见表10-9。

表 10-9 矿泥摇床选别汞氡的指标 （%）

汞氡含汞	精矿含汞	尾矿含汞	汞回收率
1.889	99.99	0.068	97.5

B 水力旋流器处理汞氡

贵州汞矿采用水力旋流器处理汞氡的流程如图10-11所示。

采用水力旋流器处理汞氡时，先将汞氡与水在搅拌槽中制浆，浓度为25%~40%。汞氡浆进入水力旋流器后，在离心力作用下，密度大的细小汞珠互相碰撞摩擦和挤压，兼并为大汞粒。大汞粒沿器壁下落至锥体底部，经排汞闸门或U形管自动流出、装罐。汞氡中密度小和颗粒细小的大量烟尘杂质则从溢流排出，达到良好的分离效果。

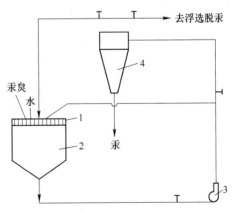

图 10-11 水力旋流器处理汞氡的流程

1—筛子；2—汞氡搅拌槽；3—泵；4—水力旋流器

某汞矿研究所采用水力旋流器分离汞氡，其结论为：（1）水力旋流器适用于处理富汞氡和贫汞氡；（2）给料固体浓度以5%~10%为宜；（3）汞氡含汞一定的条件下，给料的固体浓度为10%~20%时，活性汞的产率较高；（4）延长循环时间可提高汞的回收率；（5）溢流管直径以6~10mm为宜；（6）进口压力为0.1MPa时，可提高汞的回收率。

贵州汞矿采用水力旋流器，处理沸腾炉炼汞打汞后的汞宓渣及沸腾炉炼汞产出的沉淀泥，其特性为：

（1）汞宓渣：+0.074mm 粒级产率为 49.7%，含汞 30.18%，汞分布率为 68.35%；-0.074mm 粒级产率为 50.3%，含汞 13.92%，汞分布率为 31.65%。

（2）沉淀泥：+0.053mm 粒级产率为 3.89%，含汞 2.56%，汞分布率为 4.75%；-0.053mm 粒级产率为 96.11%，含汞 2.07%，汞分布率为 95.25%。

从汞宓渣和沉淀泥的特性可知，汞宓渣中的汞粒较粗，沉淀泥中的汞粒绝大部分为极微细粒，脉石多数为极微细粒。此种物料在离心力作用下，表面膜易裂开，汞粒易脱出、易集结，大部分呈活性汞从沉砂嘴排出。活性汞一般为可自由流动的液体汞团，过滤后，产品纯度可达 99.999%Hg。

分选工艺参数：

（1）分选汞宓渣：给料含汞约 30%，给料粒度小于 1mm，给料固体浓度约 10%～20%，进口压力约 0.4MPa，循环次数至残渣不见汞为止。分散剂视情况而添加，一般不加，如需要，可加碳酸钠、明矾或水玻璃作分散剂，用量为 0.5～1kg/t 渣。

（2）分选沉淀泥：给料含汞 0.7%～10%，给料粒度小于 1mm，给料固体浓度约 5%～10%，进口压力约 0.17MPa（因给料含汞低，采用低压），循环至残渣不见汞为止。若物料含汞太低，可经预先处理，集中处理沉砂，必要时可添加分散剂。

汞宓渣的分选指标见表 10-10。

表 10-10　汞宓渣的分选指标

产品	产率/%	汞含量/%	汞量/kg	汞回收率/%
汞	39.1	99.99	243.00	99.87
溢流	60.9	0.084	0.13	0.13
汞宓渣	100.0	39.18	243.13	100.00

沉淀泥的分选指标见表 10-11。

表 10-11　沉淀泥的分选指标　　　　　　　　　　　（%）

给料含汞	产品含汞	溢流含汞	汞回收率
2.551	2.073	0.478	81
1.464	1.36	0.104	93
2.220	1.538	0.682	69
0.78	0.676	0.104	86

10.9.4.2　汞宓浮选

某汞冶炼厂产出的汞宓中的有用组分为金属汞和硫化汞，含汞 0.6%～1%，其中金属汞占95%，硫化汞占5%。给料粒度小于10μm，水分含量大于56%。

浮选药剂为：SN-9 243g/t、松醇油300g/t、水玻璃965g/t。经一粗二精三扫流程浮选，浮选精矿含汞99%，汞回收率为98%。

10.9.4.3 汞炱的重选—浮选

汞炱的重选—浮选流程如图10-12所示。

浮选药剂为SN-9、松醇油。给料含汞0.6%~1%，尾矿含汞0.012%，精矿含汞99.99%，汞回收率为98.93%。

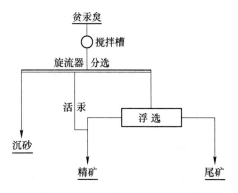

图10-12 汞炱的重选—浮选流程

11　伴生多金属硫化矿物浮选

11.1　概述

11.1.1　伴生多金属硫化矿物的主要来源

11.1.1.1　含钨多金属硫化矿

我国的钨矿资源极其丰富，多属气化高温钨矿床。主要类型为细脉浸染型、矽卡岩型、石英脉型和砂钨矿床。其中石英脉型的工业价值最高，为各类钨矿床中分布最广、储量大和远景最好的矿床类型。其矿物组成较复杂，金属矿物除黑钨矿和白钨矿外，伴生金属矿物有锡石、辉钼矿、辉铋矿、自然铋、黄铁矿、方铅矿、闪锌矿、黝锡矿等。脉石矿物主要为石英、长石、云母（以锂云母和铁锂云母为主）、黄玉、电气石、磷灰石、萤石、方解石、氟磷酸铁锰矿等。

除脉状钨矿床外，细脉浸染型钨矿床具有较好的远景。细脉浸染型钨矿床也是含钨的多金属硫化矿物矿石。除含黑钨矿和白钨矿外，常伴生钽、铌、钼等元素，伴生的硫化矿物有黄铜矿、辉钼矿、斜方砷钴矿、毒砂、辉铋矿、黄铁矿、磁黄铁矿、闪锌矿、方铅矿等。脉石矿物主要为白云母、石英、正长石、绢云母、石榴石、电气石、绿泥石、方解石等。

11.1.1.2　含锡多金属硫化矿

含锡多金属硫化矿多为热液型矿床。根据国内主要伴生有用矿物种类，可将含锡多金属硫化矿分为：锡石-毒砂型、锡石-硫化铅锌矿型、锡石-磁性矿物型、锡石-铜钨铋矿物型等四类。矿石中除锡石外，硫化矿物主要为毒砂、黄铁矿、磁黄铁矿、铁闪锌矿和脆硫锑铅矿，其次为黄铜矿，还伴生有白钨矿、自然铋等。

11.1.2　伴生多金属硫化矿物的回收

11.1.2.1　含钨多金属硫化矿物的回收

含钨多金属硫化矿的选矿以回收黑钨矿物为主，并尽可能回收伴生的多金属硫化矿物。黑钨矿石常采用手选、跳汰选、摇床选、离心选矿机选、皮带选矿机选、浮选、磁选、电选和化学选矿等选矿方法获得黑钨精矿或黑钨粗精矿。在黑钨矿石重力选矿过程中，伴生的金属硫化矿物，常与黑钨矿物一起进入黑钨粗精矿中。粗粒黑钨粗精矿中伴生的多金属硫化矿物，常采用摇床台浮的方法，产出黑钨精矿、黑钨中矿、金属硫化矿物混合精矿和尾矿。细粒黑钨粗精矿中伴生的多金属硫化矿物，常采用浮选的方法产出金属硫化矿物混合精矿和黑钨中矿。产出的金属硫化矿物混合精矿经磨矿和分离浮选或化学选矿，产出含相应有用组分的单一矿物精矿或化学精矿。

11.1.2.2 含锡多金属硫化矿物的回收

含锡多金属硫化矿的选矿以回收锡石矿物为主,并尽可能回收伴生的多金属硫化矿物;当处理锡石-铜钨铋矿物型锡矿石时,主要回收多金属硫化矿物,并尽可能回收伴生的锡石。锡石矿石常采用手选、重介质选矿、跳汰选、摇床选、离心选矿机选、皮带选矿机选和化学选矿法等选矿方法获得锡石精矿或粗精矿。在锡石矿石重力选矿过程中,其中伴生的金属硫化矿物,常与锡石矿物一起进入锡石粗精矿中。粗粒锡石粗精矿中,伴生的多金属硫化矿物常采用摇床台浮或磨矿后浮选的方法,产出锡石精矿、锡石中矿、金属硫化矿物混合精矿和尾矿。细粒锡石粗精矿中伴生的多金属硫化矿物,常采用浮选的方法产出金属硫化矿物混合精矿和锡石中矿。产出的金属硫化矿物混合精矿经磨矿、分离浮选或化学处理,产出含相应有用组分的单一矿物精矿或化学精矿。处理锡石—铜钨铋矿物型含锡多金属硫化矿时,以回收伴生的多金属硫化矿物为主,综合回收锡石。

11.2 含钨伴生多金属硫化矿物的硫化钠分离法

11.2.1 硫化钠抑制含钨伴生多金属硫化矿物的顺序

硫化钠可脱除金属硫化矿物混合精矿中各种金属硫化矿物表面的捕收剂,使其中的金属硫化矿物被抑制而无法浮选。但随着矿浆中硫化钠的氧化分解,矿浆液相中的硫化钠浓度不断降低,被硫化钠抑制的金属硫化矿物又可复活,而可浮选。

硫化钠抑制金属硫化矿物的抑制作用由强至弱的顺序为:方铅矿>被 Cu^{2+} 活化过的闪锌矿(铁闪锌矿)>黄铜矿>斑铜矿>铜蓝>黄铁矿>辉铜矿等。

随着矿浆中硫化钠的氧化分解,被硫化钠抑制的金属硫化矿物可恢复其浮游活性,其顺序为:黄铁矿>方铅矿>黄铜矿>闪锌矿。

11.2.2 韶关钨矿精选厂

原韶关钨矿精选厂处理粤北 8 个钨矿山所产的钨粗精矿。各矿山钨粗精矿的主要化学组成见表 11-1。

表 11-1 粤北 8 个钨矿山所产的钨粗精矿的主要化学组成

化学组成	品位/%							
	WO_3	Sn	MoO_2	Bi	Cu	S	As	P
石人嶂钨矿	25.33	4.07	0.02	0.14	0.28	0.71	14.42	0.022
梅坑钨矿	25.75	0.58	0.008	0.40	0.52	7.9	6.0	0.034
师坑钨矿	25.89	0.23	0.96	4.4	3.4	12.07	0.40	0.05
瑶岭钨矿	25.81	1.49	0.27	1.23	0.78	11.21	2.0	0.105
红岭钨矿	25.50	0.06	0.90	3.50	2.08	6.78	0.11	0.268
棉土窝钨矿	26.56	0.36	0.37	3.50	2.09	1.81	0.15	0.288
龙胫钨矿	22.25	0.12	0.30	2.04	1.55	9.60	0.50	0.068
大笋钨矿	23.60	0.10	0.47	3.10	0.19	8.91	0.08	0.17

　　该厂主要产品为：黑钨精矿、白钨精矿、锡精矿、铋精矿、钼精矿、铜精矿和仲钨酸铵等。该厂工艺流程较灵活，根据来矿性质，采用不同的流程，目的是尽力提高来矿中各有用组分的回收率，达到综合回收和综合利用的目的。大部分来矿先经对辊机破碎，破碎产物进筛分、磁选，产出黑钨精矿，磁尾进行台浮和重选。台重精矿干燥后再进磁选，磁尾进行电选以分离锡石和白钨矿。根据产物中的组成情况，精矿再进行二次加工，其中有台浮脱铜、盐酸浸出降磷、盐酸浸出降铋、焙烧降锡、焙烧除砷等作业。台浮和浮选产出的硫化矿物混合精矿主要含辉钼矿、辉铋矿、黄铜矿、毒砂和黄铁矿。采用以硫化钠为抑制剂进行浮选分离，产出辉钼矿精矿、铋精矿和铜精矿。铜精矿中的铋含量较高，采用盐酸、氯化铁加锰粉为浸出剂，浸出铜精矿中的辉铋矿，浸液采用水解法产出氯氧铋。

　　生产指标见表 11-2。

表 11-2　生产指标　　　　　　　　　　　（%）

产品	化学成分	设计	最高（1979 年）	1985 年
原矿品位	WO₃	—	41.95	42.50
	Sn	—	3.18	0.09
	Cu	—	4.43	2.19
	Mo	—	0.84	0.94
	Bi	—	0.94	0.94
精矿品位（同名精矿）	WO₃	65~70	67.28	69.51
	Sn	60	71.29	70.52
	Cu	20	19.0	16.76
	Mo	48	50.14	51.56
	Bi	15	19.33	19.46
回收率（同名精矿）	WO₃	93~96	97.35	96.26
	Sn	83	95.45	74.33
	Cu	80	80.89	82.83
	Mo	60	92.40	83.65
	Bi	30	60.80	57.17

　　20 世纪 90 年代初期，由于相关矿山选厂相继建成精选工段，直接产出钨精矿和相关副产品，韶关精选厂则逐渐被停产和转产。

11.2.3　赣州钨矿精选厂

　　原料来自华兴钨业公司部分钨矿山及地方县办钨矿产出的钨粗精矿、中矿、钨细泥及毛锡砂等。因此，来矿性质比较复杂，但均属高温热液矿床，许多为钨锡复合矿、粗中矿均为钨锡硫化矿的混合精矿。

　　原料中主要金属矿物为黑钨矿、白钨矿、锡石、黄铜矿、辉铋矿、辉钼矿、黄铁矿、钨华、方铅矿、闪锌矿、铁闪锌矿、黄铋矿和褐铁矿等。脉石矿物主要为石英，其次为长石、云母、石榴子石和毒砂等。

　　几种典型的钨粗精矿和钨中矿的化学成分分析结果见表 11-3。

表 11-3　几种典型的钨粗精矿和钨中矿的化学成分分析结果

来矿	品位/%											
	WO$_3$	Sn	S	Cu	Mo	As	P	SiO$_2$	Ca	Bi	Pb	As
粗精矿 I	56.68	1.56	6.61	0.061	2.30	0.096	0.01	4.90	1.43	1.56	0.22	0.02
粗精矿 II	47.29	0.47	7.48	0.82	1.80	3.60	0.012	8.89	1.93	0.92	1.22	0.04
中矿 I	21.28	0.42	3.67	0.23	0.67	0.044	0.22	27.50	7.66	0.94	0.021	0.02
中矿 II	10.87	0.15	20.62	13.33	0.50	0.06	0.088	11.20	2.47	1.60	0.26	0.04

　　该厂原料来自 40 多个矿山 60 多个矿点,不论钨粗精矿和钨中矿的矿物组成和化学组成的差异均较大,故其选别流程较灵活。

　　该厂主要采用磁选、重选、台浮、电选、浮选和化学选矿等,产出符合GB 2825—1981 技术标准的黑钨精矿、白钨精矿,综合回收锡、铜、钼、铋。产出黑钨精矿、白钨精矿、锡精矿、铜精矿、钼精矿和铋精矿等六种矿物精矿。该厂选矿生产流程如图 11-1 所示。

　　该厂除选矿车间外,还有锡铋冶炼车间,钨化学处理车间,硬质合金车间。除产出黑钨、白钨、铜、钼、铋、锡六种矿物精矿产品外,还产出精锡、精铋、锡基焊料条、锡基轴承合金、铅、碲、银,工业纯和化学纯钨氧、合成白钨、锡酸钠、钨酸、仲钨酸铵、碳化钨等产品。

　　20 世纪 90 年代初期,由于相关矿山选厂相继建成精选工段,直接产出钨精矿和相关副产品,赣州精选厂选矿车间被停产,转产为有色金属冶炼厂。

11.2.4　铁山垅杨坑山钨矿选矿厂

　　铁山垅杨坑山钨矿为高中温裂隙充填矿床,属黑钨矿-多金属硫化矿石英脉型,其中可分为单脉、大脉、细脉。属内外接触带型矿床。各类原矿化学成分分析结果见表 11-4。

表 11-4　各类原矿化学成分分析结果

化学成分	品位/%						
	WO$_3$	Sn	Bi	Mo	Cu	Zn	Pb
大脉	1.30~0.476	0.044	0.157	0.033	0.203	0.148	0.028
细脉	0.289	0.014	0.014	0.004	0.198	0.271	0.047

　　矿石中主要金属矿物为黑钨矿、黄铜矿、黄铁矿,其次为辉铋矿、辉钼矿、锡石、方铅矿、闪锌矿等。脉石矿物主要为石英,其次为长石、白云母、铁锂云母和萤石,少量绿泥石、电气石、叶蜡石和方解石。

　　原矿经洗矿脱泥、筛分,经六级手选,再经四段开路破碎将原矿碎至-12mm;经三级跳汰、六级摇床重选;经二段开路磨矿,粗粒摇床重选,中矿再磨再选、贫富分选。原、次生矿泥浓缩合并,先浮选脱硫,浮选尾矿经离心选矿机粗选丢尾,粗精矿送钨浮选和摇床精选,最后经湿式磁选、降磷和降锡,产出 WO$_3$ 含量为 50% 左右,回收率为 60% 左右的黑钨细泥精矿。

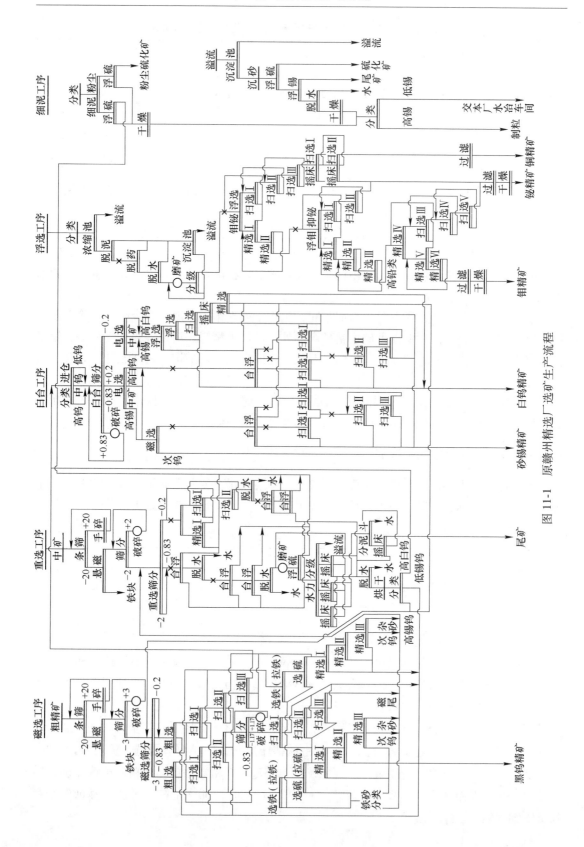

图 11-1　原赣州精选厂选矿生产流程

所得粗精矿经双层筛筛分，+1.7mm（+10 目）经跳汰产出合格黑钨精矿，跳汰尾矿经对辊机破碎后返回双层筛；−1.7mm+0.25mm（−10 目+60 目）粒级送台浮脱硫，产出合格黑钨精矿、尾矿和台浮硫化矿混合精矿，经棒磨、筛分，磨至−0.25mm（−60 目）。然后，送浮选钼铋，再按顺序浮铜、锌和黄铁矿。浮选尾矿经摇床产出黑钨精矿和精选尾矿；粗细粒钨精矿经干燥、筛分，+1.7mm（+10 目）粒级经对辊、筛分分为−1.7mm+0.45mm（−10 目+40 目）和−0.45mm（−40 目）两个粒级，分别经强磁选产出合格黑钨精矿，磁选尾矿经浮选和摇床回收泡铋矿和锡精矿。

该选厂最终产出黑钨精矿、锡精矿、铜精矿、钼精矿、铋精矿和锌精矿。

该选厂的生产指标见表 11-5。

表 11-5 该选厂的生产指标 （%）

化学成分	原矿品位	同名精矿品位	同名精矿回收率
WO_3	0.233	70.1	83.45
Cu	0.714	21.83	56.47
Mo	0.019	47.50	29.16
Sn	0.092	49.03	26.50
Zn	0.577	21.41	13.73
Bi	0.106	41.67	34.78

11.2.5 大吉山钨矿选矿厂

大吉山钨矿为黑白钨共生的大型石英脉矿床。主要金属矿物为黑钨矿、白钨矿、辉钼矿、辉铋矿、自然铋、绿柱石、磁黄铁矿、黄铁矿、黄铜矿、斑铜矿等。主要脉石矿物为石英、云母、长石，其次为电气石、萤石、绿泥石和方解石等。黑钨矿粒度较粗，一般为0.15~0.35mm。白钨矿较细，多数小于0.15mm。自然铋多呈细粒集合体形态存在，粒度较粗者为0.5~1.0mm。辉铋矿呈柱状，辉钼矿多为不规则粒状。此外，还含有钽铌锂铍矿物和稀土矿物。

该选厂工艺流程包括破碎段、重选段和精选段三部分。

（1）破碎段。包括破碎、洗矿和手选，采用三段一闭路破碎流程将原矿（500mm）碎至−8mm。粗碎后进行三反一正手选，手选废石产率为55%~57%，原矿品位由0.25%~0.27%上升至0.5%~0.64%以上。洗矿溢流水汇集于浓密机，浓密底流送重选段的细泥作业处理。

（2）重选段。双筛产品经三级跳汰，粗、中粒级送一段棒磨，与双筛成闭路，细粒尾矿经四级摇床选矿，次生矿泥和原生矿泥一起送细泥作业。摇床中矿再磨再选，形成中矿处理系统。重选段的钨作业回收率列于表 11-6 中。重选段毛精矿的 WO_3 品位为29%~31%。

表 11-6 重选段的钨作业回收率 （%）

作业	跳汰	矿砂摇床	细泥摇床	全段理论	全段实际
作业回收率	71.6	86.35	41.29		
局部回收率	62.61	21.45	5.19	88.98	89.25

（3）精选段。粗粒跳汰毛精矿，经跳汰加工可产出最终黑钨精矿，其 WO_3 品位可达 70% 以上。一般不精选，除非用户有特殊要求才进行精选。

中、细粒跳汰毛精矿和矿砂摇床毛精矿送双层筛筛分为 4.5~1.5mm、1.5~0.25mm、0.25~0mm 三个粒级，前两个粒级送台浮作业，直接获得最终黑钨精矿，其中矿再送跳汰机扫选一次，其尾矿经对辊破碎后与细粒中矿一起返双筛构成闭路。粗粒台浮尾矿经小球磨机磨矿后送浮选作业，泡沫产品与细粒台浮尾矿合并送浮选回收铋和钼，浮选尾矿送钨细泥作业。0.25~0mm 粒级的毛精矿直接送浮选作业回收铋和钼。浮选尾矿通过二次摇床获得最终钨精矿。当用户对钙含量有特殊要求时，则用湿式强磁选机将其分为黑钨精矿和白钨精矿。

重选细泥毛粗精矿的 WO_3 品位可达 5%~7%，可先经浮选脱硫，再经振摆溜槽精选，可获得 WO_3 品位达 50%~55% 的粉钨精矿，一般将其混入粗粒级钨精矿中搭配出厂。

产品为黑钨精矿、白钨精矿、铋精矿和钼精矿。

全厂生产指标为：原矿 WO_3 品位 0.54%，精矿 WO_3 品位 70.45%，WO_3 回收率为 87.65%。每年还可产出 30~50t 氧化稀土。

11.3　含钨伴生多金属硫化矿物的浸出-浮选分离法

11.3.1　盘古山钨矿选矿厂

盘古山钨矿为钨、铋、水晶综合矿床，属石英-黑钨-硫化矿物型。主要金属矿物为黑钨矿、辉铋矿和铅辉铋矿，其次为白钨矿、黄铁矿、磁黄铁矿、辉钼矿和黄铜矿等。主要围岩为石英砂岩、板岩和千枚岩等。

黑钨矿呈板状，晶粒粗大，长轴可达 40mm，一般为 6mm。辉铋矿-铅辉铋矿常呈柱状，长轴可达 10mm，一般为 1~8mm。白钨常与黑钨共生，一般粒度小于 0.2mm。

原矿化学成分分析结果见表 11-7。

表 11-7　原矿化学成分分析结果　　　　　　　　　　　（%）

化学成分	WO_3	Bi	Fe	Cu	Pb	Mo	Yb_2O_3	Y_2O_3	Sn	BeO
含量	0.48	0.052	0.70	0.0061	0.029	<0.005	0.00022	0.003	<0.0044	0.0026
化学成分	SiO_2	Al_2O_3	TiO_2	Mn	P	MgO	K_2O	Na_2O	Li_2O	
含量	81.64	7.2	0.38	0.153	0.718	1.06	2.60	0.01	0.25	

从表 11-7 中数据可知，除可回收钨、铋外，还可综合回收钼、锡、稀土等。稀土呈独居石、磷钇矿的形态存在。

该选厂主要包括碎矿、洗矿、手选、磨矿、跳汰、摇床、浮选和磁选等作业。全厂可分为粗选、重选、细泥和精选四个工段。

（1）粗选。原矿经初步脱泥分级后，+250mm 的矿块经颚式破碎机碎至-150mm，全部物料经脱泥分级后分四级手选丢废石。-6mm 粒级经跳汰后进入螺旋分级机脱除原生矿泥。原生矿泥进入细泥段。螺旋返砂、手选合格矿及-25mm+6mm 粒级的矿砂一并送重选段处理。

（2）重选段。合格矿经颚式破碎机和对辊机进行中碎、细碎，筛分为三个粒级进行跳汰。粗、中粒跳汰尾矿进行一段闭路磨矿。细粒跳汰尾矿分为七个粒级进行摇床选（一粗一扫），扫选中矿进行再磨再选。次生矿泥归队后送细泥作业。

（3）细泥段。原生矿泥和次生矿泥经浓密机浓缩后，底流送分级，各粒级分别进行摇床选，原生矿泥采用一粗二扫流程，次生矿泥采用一粗一扫流程。溢流混合后送离心机选别，采用一粗二精的流程。

（4）精选段。跳汰毛砂采用磁选机分离钨和铋。摇床毛砂采用台浮法分离钨和铋。离心选矿机毛砂采用浮选法先浮辉铋矿，再浮黄铁矿，钨中矿再用磁选法分离钨和铋。最终产出钨精矿和铋精矿。

生产指标见表11-8。

表 11-8 生产指标 （%）

原矿品位		同名精矿品位		同名精矿的回收率	
WO_3	Bi	WO_3	Bi	WO_3	Bi
0.906	0.123	70.0	28.88	88.74	46.72

该厂含铋金属硫化矿物混合精矿的分离采用浸出-浮选-重选分离法。盘古山钨矿的铋含量较高，为选厂主产品之一。金属硫化矿物采用硫化钠抑制法进行浮选分离时，铜铋互含高，铋的回收率低，铋精矿含铋常为30.0%左右，铋回收率常为40%左右。该矿为了提高铋的生产指标，将磁选尾矿、台浮铋精矿及离心机毛精矿等含铋硫化矿混合精矿进行磨矿—浸出—浮选，浮选尾矿再经摇床选，产出钨中矿。

11.3.2 含铋金属硫化矿物混合精矿的浸出—浮选—重选的分离流程

国内外单一的铋矿床极少，铋常和多金属硫化矿物共生于多金属矿中。我国的铋资源较丰富，主要来源于钨、铅、锡矿的综合回收产品。铋的工业矿物主要为辉铋矿、泡铋矿和自然铋。辉铋矿和自然铋的可浮性好，不被氰化物所抑制，硫化钠对辉铋矿的抑制作用较弱。因此，硫化矿物混合精矿浮选分离时，辉铋矿、自然铋常混杂于钼精矿或铜精矿中，使铋矿物精矿中的铋含量低和铋回收率低。

根据含铋金属硫化矿物混合精矿的组成，可采用盐酸、硫酸与食盐混合液、氯化铁与盐酸混合液、稀硝酸或液氯等作浸出剂，将易氧化的辉铋矿、自然铋、方铅矿等分解，铋、铅转入浸液中。含铋金属硫化矿物混合精矿的浸出—浮选—重选的原则流程如图11-2所示。

含铋金属硫化矿物混合精矿的浸出反应可表示为：

$$Bi_2S_3 + 6HCl \longrightarrow 2BiCl_3 + 3S^0 + 6H^+$$

$$Bi + 3HCl \longrightarrow BiCl_3 + 3H^+$$

$$Bi_2O_3 + 6HCl \longrightarrow 2BiCl_3 + 3H_2O$$

$$Bi_2S_3 + 6FeCl_3 \longrightarrow 2BiCl_3 + 3S^0 + 6FeCl_2$$

$$Bi + 3FeCl_3 \longrightarrow BiCl_3 + 3FeCl_2$$

$$Bi + 3FeCl_3 \longrightarrow BiCl_3 + 3FeCl_2$$

$$Bi_2O_3 + 2FeCl_3 \longrightarrow 2BiCl_3 + Fe_2O_3$$

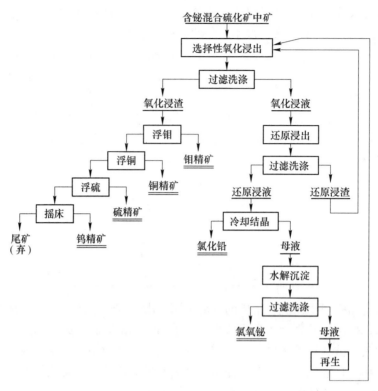

图 11-2　含铋金属硫化矿物混合精矿的浸出—浮选—重选的原则流程

　　浸出矿浆进行过滤、洗涤，混合精矿中的黄铁矿、黄铜矿、辉钼矿、钨矿物、锡矿物等不分解而留在浸渣中，氧化浸渣送浮选—重选作业，可综合回收钼、铜、硫、钨、锡等有用组分。

　　浸液中含铋、铅和过量的氧化浸出剂。为了降低浸出剂耗量，常采用含铋金属硫化矿物混合精矿作还原剂进行还原浸出。还原浸出反应与氧化浸出相同，只是浸渣中含有未反应的含铋金属硫化矿物混合精矿。因此，还原浸出矿浆须经过滤、洗涤，滤饼须返回氧化浸出作业以回收滤饼中的铋、铅等有用组分。将还原浸液冷却，可析出氯化铅。过滤洗涤可获得氯化铅产品和净铋液。将含铋净液进行中和或水解，即可析出氢氧化铋或氯氧铋沉淀。其反应可表示为：

$$BiCl_3 + H_2O \longrightarrow BiOCl \downarrow + 2HCl$$
$$BiCl_3 + 3NH_4OH \longrightarrow Bi(OH)_3 \downarrow + 3NH_4Cl$$

经过滤、洗涤、烘干，可获得含铋达 70% 以上，铋回收率达 90% 以上的铋化学精矿。

11.3.3　含铋金属硫化矿物混合精矿的烘焙-浸出-浮选-重选分离法

　　有的选厂产出的含铋金属硫化矿物混合精矿的量较少，常采用堆存至一定量后才采用间断作业的方式进行分离，以回收其中所含的有用组分。含铋金属硫化矿物混合精矿在堆存过程中，将自然干燥，部分浮选药剂会氧化分解。因此，此类含铋金属硫化矿物混合精矿常呈散砂状。

处理此类含铋多金属硫化矿物混合精矿时，可在 150~200℃ 左右条件下进行烘焙，以彻底氧化分解矿物表面的浮选药剂。将烘焙后的含铋金属硫化矿物混合精矿磨细，然后采用浸出-浮选-重选分离法综合回收其中的相关有用组分。其分离原则流程与图 11-2 相似。

11.4　含锡伴生多金属硫化矿物的分离

11.4.1　概述

含锡伴生多金属硫化矿属热液矿床，主要产生于燕山期和阿尔卑斯早期。按地球化学和岩石学特征，含锡伴生多金属硫化矿可分为硫化物-铁类和硅-碱类两大类。硫化物-铁类可分为：（1）矽卡岩；（2）锡石-硫化物；（3）锡石-碳酸盐；（4）锡石-碳酸盐-硫化物四小类。硅-碱类主要为锡石-石英脉矿石。

根据我国情况，根据伴生的有用矿物种类，将含锡伴生多金属硫化矿分为：

（1）锡石-毒砂型。其特点为矿物组成较简单，除锡石外，主要金属矿物为毒砂，毒砂矿物含量有时大于 50%；其次是锡石嵌布粒度较粗、含量高、矿石可选性好。

（2）锡石-硫化铅锌矿型。其特点为矿石中矿物种类多，除锡石外，金属硫化矿物主要为黄铁矿，其次为铁闪锌矿和脆硫锑铅矿等；金属矿物多呈集合体嵌布、围岩矿化少、锡石呈粗细不均匀嵌布，但主要与金属硫化矿集合体呈粗粒嵌布，矿石可选性为中等。

（3）锡石-磁性矿物型。其特点为矿石中矿物种类多而复杂，除锡石外，伴生约 50% 的磁性矿物。磁性矿物主要为磁黄铁矿，其次为磁铁矿；金属硫化矿物多呈集合体嵌布，锡石大部分呈细粒嵌布于脉石中，少部分锡石嵌布于黄铁矿中，矿石较难选。

（4）锡石-铜钨铋矿物型。其特点是矿石中的金属矿物总量大于矿石量的 60%，除锡石外，金属硫化矿物主要为磁黄铁矿和黄铁矿，其次为黄铜矿，还伴生有白钨矿、自然铋等；锡石结晶粒度细，主要嵌布于磁黄铁矿、萤石和辉石矿块中，此类型矿石较难选。

11.4.2　以回收锡为主，综合回收伴生多金属硫化矿

含锡伴生多金属硫化矿物的分离，以回收锡为主，综合回收伴生多金属硫化矿，其选矿工艺流程一般包括下列工段：

（1）粗选段。原矿经粗碎-洗矿筛分-预选，预选方法各选厂不一，有的采用重介质选矿丢尾，有的采用手选的方法丢尾，丢尾产率常达 30%~60%，可使原矿的入选品位提高 1.5~2.5 倍。

（2）重选段。通常采用多段跳汰、多段摇床重选的方法获得锡石、硫化矿物混合精矿。重选段还带有多段破碎与棒磨，以尽力使有用矿物集合体与脉石矿物解离和降低锡石的过粉碎。

（3）细泥段。含锡伴生多金属硫化矿的原生矿泥较少，但在矿石采矿、运输、破碎、磨矿过程中可产生较多的次生矿泥。粗选和重选段的溢流水全部进入浓密机进行浓缩脱水。浓密机底流经离心选矿机，溜槽等重选设备获得锡石、硫化矿物混合精矿，或先经浮选脱硫获得伴生多金属硫化矿物的混合精矿。浮选尾矿再经离心选矿机，溜槽等重选设备获得锡精矿。

（4）锡石与伴生多金属硫化矿物的分离。粗粒级锡硫化矿物混合精矿常采用台浮或粒

浮的方法使锡石与伴生多金属硫化矿物分离，获得锡精矿和多金属硫化矿物的混合精矿；细粒级锡硫化矿物混合精矿或物料常采用浮选的方法使锡石与伴生多金属硫化矿物分离，浮选尾矿常用摇床重选回收锡石，获得锡精矿和多金属硫化矿物混合精矿。

（5）伴生多金属硫化矿物的分离。伴生多金属硫化矿物混合精矿中主要含 Cu、Pb、Zn、Sb、Bi、WO_3、Sn、S、As 等组分，其矿物组成主要为黄铜矿、方铅矿、脆硫锑铅矿、铁闪锌矿、辉铋矿、黑钨矿、锡石、磁黄铁矿、黄铁矿和毒砂等，主要脉石矿物为石英。

根据伴生多金属硫化矿物的混合精矿的矿物组成、粒度特性和有用矿物解离情况，可采用浮选—重选、浸出—浮选—重选、磁选—浸出—浮选—重选等原则流程进行分离。最终产出各有用组分的单一精矿。

11.4.3　以回收伴生多金属硫化矿物为主，综合回收锡

此类型含锡伴生多金属硫化矿的主要特点是伴生多金属硫化矿物含量高，原矿中锡含量低，一般锡含量仅 0.05%~0.3%。处理此类型含锡伴生多金属硫化矿时，以回收伴生多金属硫化矿物为主，锡仅作为副产品进行综合回收。

处理此类型矿石时，通常采用处理多金属硫化矿的方法。根据伴生多金属硫化矿物的矿物组成、嵌布粒度特性决定适宜的磨矿细度、浮选工艺路线、浮选流程和浮选药剂制度，首先采用浮选的方法产出有关有用组分的单一精矿，然后考虑采用相应的细泥重选方法或浮选方法，从浮选尾矿中综合回收锡石和黑钨矿，产出锡精矿和钨精矿。

11.5　华锡集团长坡选矿厂

11.5.1　矿石性质

华锡集团长坡选矿厂矿床为经多次脉动式成矿作用而形成的高中温热液矿床。可分为裂隙脉型、细脉带型、似层状交代型、似层状细脉浸染交代型和似层状网状浸染型等。主要金属矿物为锡石、铁闪锌矿、黄铁矿、砷黄铁矿、磁黄铁矿、脆硫锑铅矿、硫锑铅矿等。脉石矿物主要为石英、方解石、石膏。围岩为灰岩、页岩和灰质页岩。矿石中主要化学成分分析结果见表 11-9。

表 11-9　矿石中主要化学成分分析结果

化学成分	Sn	Pb	Sb	Zn	S	As	Fe	C	SiO_2	CaO
含量/%	0.3~0.45	0.3~0.45	0.2~0.3	1.5~2.0	5~6	0.3~0.6	5~10	2~3	40~50	10~12

从表 11-9 中数据可知，该矿主要有用组分为锡、锌、铅、锑、硫、砷，此外还伴生具经济价值的铟、镉、镓等。

锡石主要与金属硫化矿物共生，嵌布粒度较粗。原矿碎至 -20mm 时，约有 70% 的脉石从矿石中解离。当原矿碎至 -3~4mm 时，脉石和矿石基本解离。矿石中的金属矿物含量约 30%，含铜较低。金属硫化矿物受天然氧化和浸蚀少，通常均保持其天然可浮性。金属硫化矿物呈粗细不均匀嵌布，以细粒嵌布为主，嵌布较致密。除黄铁矿磨至 0.2mm 可基本解离外，其他金属硫化矿物须磨至 0.1mm 以下才能基本解离。

锡主要呈锡石形态存在，硫化锡仅占全锡的8%～10%。铅、锌、锑均呈硫化矿物形态存在，其氧化物不超过总量的5%。矿石的可选性为中等。

11.5.2　选矿工艺

11.5.2.1　长坡选厂工艺流程

长坡选厂工艺流程如图11-3所示。

20mm+0mm矿石送筛分，-20mm+4mm粒级矿石送重介质预选，丢废产率为30%～40%，废石含锡0.05%左右，可使选厂处理量提高一倍，使选厂生产成本下降30%～40%。重介质预选产物经棒磨机闭路磨至-0.074mm占12%～14%，与-4mm筛下产物一起进入跳汰、摇床重选，获得锡含量为1.5%～2%的粗精矿和中矿。粗精矿和中矿分别闭路磨矿磨至-0.074mm占30%～50%后，进入硫化矿物全混合浮选获得硫化矿物混合精矿。硫化矿物混合精矿经闭路磨矿后送分离浮选，产出锌精矿和铅精矿。混合浮选尾矿分别进分级箱分级，进行分级摇床选，产出重选锡精矿。分级箱溢流经旋流器分级，旋流器沉砂返回分级箱分级而进入摇床选。旋流器溢流进入浮选作业，先进行脱硫浮选，脱硫尾矿经浓密脱泥脱水后，底流进行锡石浮选，产出浮选锡精矿。跳汰、摇床产出的粗精矿和中矿的浓泥斗溢流，经浓密机浓缩，溢流为终尾，底流经旋流器分级，沉砂进中矿混合浮选以实现金属硫化矿物与锡石的分离，旋流器溢流送脱炭浮选，脱出的炭送终尾，脱炭尾矿送中矿混合浮选。因此，该厂的选矿流程为"重选—浮选—重选"的联合流程。

11.5.2.2　锡石浮选

长坡选厂的锡石浮选流程如图11-4所示。

锡石浮选物料为原生矿泥和次生矿泥，矿泥中的锡金属量约占原矿锡金属量的1/3，-0.074mm+0.01mm粒级的产率占入选矿泥的51.68%，金属分布率占59.86%；-0.01mm粒级产率为42.11%，金属分布率占20.83%。

锡石细泥浮选包括分级脱泥、浓密脱水、浮选脱硫、锡浮选等四个作业。采用硫酸为介质调整剂，以羧甲基纤维素钠为抑制剂，混合甲苯胂酸为锡石捕收剂，松醇油为起泡剂进行锡石浮选。采用一粗二扫二精及精一尾扫选流程产出锡精矿。给料含锡0.64%～0.76%时，锡精矿含锡25.45%～28.96%，矿泥系统的锡回收率为52.44%～66.05%，浮选作业的锡回收率为86.71%～93.0%。

浮选锡石时应满足下列要求：（1）矿浆浓度以35%～45%为宜；（2）入选粒级以-0.074mm+0.01mm较佳；（3）浮选前，药剂与矿浆搅拌时间宜足够长（如50min）；（4）浮锡前应脱硫，硫含量须小于1%。

11.5.2.3　铅（锑）锌硫化矿物混合浮选精矿的分离

A　氰化物抑锌浮铅（锑）工艺

1964年综合回收铅锌时，曾采用氰化物抑锌浮铅（锑）工艺。采用石灰10～20kg/t，氰化钠900～1500g/t抑制铁闪锌矿，以丁基黄药640～800g/t为捕收剂，松醇油50g/t为起泡剂进行浮选脆硫锑铅矿和硫锑铅矿，然后采用硫酸铜1200～1600g/t活化铁闪锌矿，以

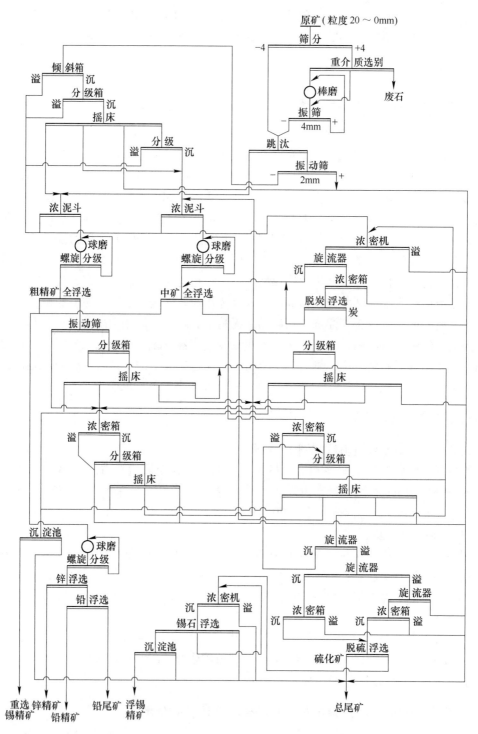

图 11-3　长坡选厂工艺流程碎矿采用三段一闭路流程（将原矿碎至−20mm+0mm）

丁基黄药和松醇油为捕收剂和起泡剂进行浮选铁闪锌矿。此工艺浮选药剂耗量高，且须采用剧毒的氰化钠为抑制剂。此工艺已被淘汰。

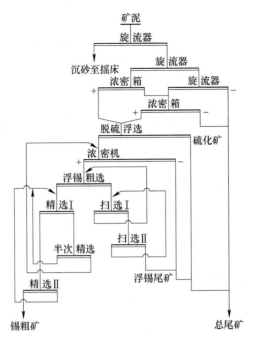

图 11-4　长坡选厂的锡石浮选流程

B　无氰抑铅浮锌工艺

无氰抑铅浮锌工艺流程如图 11-5 所示。

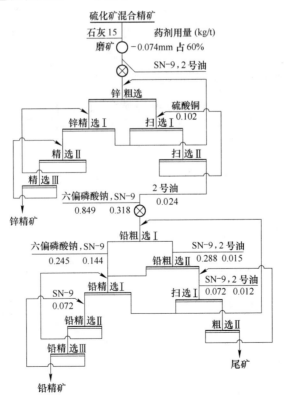

图 11-5　无氰抑铅浮锌工艺流程

无氰抑铅浮锌工艺采用石灰 15kg/t，以抑制脆硫铅锑矿、硫铅锑矿和硫、砷硫化矿物。以硫酸铜 102g/t 为铁闪锌矿的活化剂，以 SN-9 为捕收剂和松醇油为起泡剂浮选铁闪锌矿。锌尾先调浆，以六偏磷酸钠 1094g/t 为脉石抑制剂，以 SN-9 为捕收剂和松醇油为起泡剂浮选硫化铅矿物。浮选指标见表 11-10。

表 11-10　无氰抑铅浮锌工艺的试生产指标　　　　　　　　（％）

产品	产率	精矿品位		回收率	
		Pb	Zn	Pb	Zn
锌精矿	21.47	0.78	51.10	7.30	92.59
铅精矿	6.44	26.15	3.92	72.50	2.17
尾矿	71.09	0.66	0.86	20.20	5.24
给矿	100.00	2.32	11.65	100.00	100.00

11.6　华锡集团车河选矿厂

11.6.1　矿石性质

华锡集团车河选矿厂矿为接触带的高温热液锡石多金属硫化矿床，分布于隐伏花岗岩顶部，赋存于矽卡岩与大理岩间，呈似层状及镜状产出。矿石主要为粗结晶致密块状硫化矿、细结晶致密块状硫化矿、浸染型矽卡岩和断层氧化矿等四种类型。

矿石中主要金属矿物为磁黄铁矿、锡石、黄铜矿、白钨矿、铁闪锌矿和自然铋等。主要脉石矿物为辉石、萤石、方解石、石英和云母。矿石中主要矿物为磁黄铁矿，其矿物量约占 24%；其次为辉石，其矿物量约占 22%。方解石约占 22%，其他矿物量较低，锡石约占 0.73%。主要矿物含量见表 11-11。

表 11-11　矿石中的主要矿物的相对含量

矿物	磁黄铁矿	方解石	透辉石	长石石英	萤石	褐铁矿	黄铁矿	云母	石榴石	铁闪锌矿	黄铜矿	锡石	符山石	白钨矿	自然铋
含量/%	23.24	22.05	21.50	9.31	6.84	5.69	2.36	1.62	1.29	1.19	1.17	0.73	0.26	少	少

原矿化学成分分析结果见表 11-12。

表 11-12　原矿化学成分分析结果

化学成分	Sn	Cu	Pb	Zn	Sb	S	As	Fe	CaO	MgO	SiO$_2$	C
含量/%	0.36	0.037	0.41	1.57	0.27	6.68	0.20	6.68	7.06	1.41	50.50	1.78

11.6.2　选矿工艺

11.6.2.1　原则流程

主要锡矿物为锡石，呈细粒不均匀嵌布，磨至 0.3mm 时锡石的单体解离度仅 15%，磨至 0.01mm 时才基本解离。黄铜矿的嵌布粒度和单体解离度与锡石相似。

选矿工艺原则流程为：采出原矿在大树脚选厂经三段一闭路碎矿，将 600mm 的原矿碎至−20mm。碎矿产品送重介质选矿，重介质丢废率为 40% 左右。重介质选矿的重产物及螺旋分级返砂经索道送车河选厂处理。大树脚选厂和车河选厂的原则工艺流程分别如图 11-6 和图 11-7 所示。

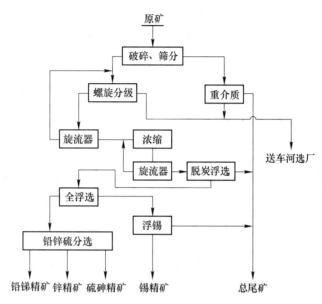

图 11-6　大树脚选厂的原则工艺流程

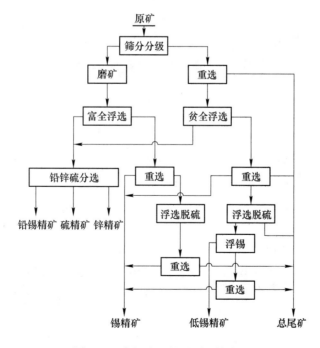

图 11-7　车河选厂的原则工艺流程

车河选厂处理重介质选矿的重产物和-3mm+0.074mm 的矿石，分两个系列，每系列日处理量为 1100t。设计采用"重选—浮选—重选"联合流程。

11.6.2.2　前重选

矿石经棒磨机磨至-3mm，通过跳汰粗选、摇床扫选丢弃一部分尾矿，获得粗精矿、中矿及细泥产品。粗精矿组成为：Sn 32%～37%、WO_3 4%～8%、Bi 0.15%～4%、S 10%～15%。粗精矿中各有用组分的金属回收率为：Sn 70%～80%、WO_3 45%～55%、Bi 4%～8%、S 1%。

粗精矿中的主要矿物为磁黄铁矿、毒砂、锡石、白钨矿、自然铋、萤石、透辉石等。粗精矿中各有用矿物之间的密度差较小，结晶粒度细，大部分为-0.2mm+0.037mm 粒级。

11.6.2.3　混合浮选

粗精矿经棒磨后进入富系统进行混合浮选，中矿经棒磨后与细泥合并进入贫系统进行混合浮选。富、贫两系统混合浮选的混合精矿合并进行分离浮选，获得铅锑精矿，锌精矿、硫精矿和砷精矿。

11.6.2.4　后重选

富、贫两系统混合浮选的尾矿，各自经旋流器脱泥和分级，分为+0.074mm、-0.074mm+0.037mm、-0.037mm 三级别，前两粒级分别进入后重选摇床选别，获得锡精矿。贫系统摇床中矿、富系统摇床尾矿、砷浮选尾矿合并磨至-0.074mm 后与-0.037mm 粒级一起经旋流器脱泥后送锡石浮选，获得含锡为 45% 的锡精矿和含锡为 8.46% 的锡中矿。

20 世纪 80 年代后期的生产指标见表 11-13。

表 11-13　20 世纪 80 年代后期的生产指标　　　　　　　（%）

原矿品位			锡精矿		铅精矿		锌精矿	
Sn	Pb	Zn	品位	回收率	品位	回收率	品位	回收率
0.73	0.29	2.13	49.84	62.03	21.87	44.19	44.66	58.02

浮选药剂为：丁基黄药 0.95kg/t、硫酸 3.33kg/t、硫酸铜 0.47kg/t、氰化钠 0.17kg/t、纤维素 0.018kg/t、甲苯胂酸 0.043kg/t、亚硫酸钠 0.154kg/t。

从表 11-13 中的数据可知，生产指标仍有较大的提高空间，尤其是锡和锌的回收率不很理想，而且氰化钠耗量较大，实不可取。粗精矿中铋含量为 0.15%～4%，建议粗精矿磨矿后、混合浮选前，采用浸出的方法回收铋，产出铋含量大于 70% 的单一铋精矿；建议采用低碱介质浮选工艺路线和相应的药剂制度，采用优先浮选与化学选矿联合流程获得相应的单一精矿，既可降低药耗和不用氰化物，又可提高指标，降低互含；其次是寻求更有效的锡石捕收剂以进一步提高锡的浮选回收剂。

12　含金银硫化矿物浮选

12.1　概述

12.1.1　金矿物原料

12.1.1.1　金矿物

金在地壳中的含量为 $5×10^{-7}$%。金为亲硫元素，但在自然界从不与硫化合，更不与氧化合，除存在少量碲化金和斜方金锑矿外，金主要呈单质的自然金形态存在于自然界。主要金矿物为：

（1）自然金。自然金中的主要杂质为 Ag、Cu、Pb、Fe、Te、Se，而 Bi、Mo、Ir、Pa 的含量较少，又称"毛金"。其密度为 $15.6 \sim 18.3 g/cm^3$，莫氏硬度为 $2 \sim 3$。含银较高（银含量为 15% ~ 50%）的自然金称为金银矿。含银高达 50% ~ 70% 的自然金称为银金矿。自然金含铁杂质而具磁性，为电和热的良导体。在原生条件下，金矿物常与黄铁矿、毒砂等硫化矿物共生。与金共生的主要金属矿物为黄铁矿、磁黄铁矿、辉锑矿、毒砂和黄铜矿等，有时还含有方铅矿和其他金属硫化矿物及有色金属氧化矿物。脉石矿物主要为石英。

低温热液矿床中产出的自然金一般含银较高，高温热液矿床和次生再沉积矿床的自然金含银低，金含量高，较纯。金的颜色及条痕均为金黄色，并随金含量而异。金含量高，其颜色及条痕较深（金黄色）。纯金略带红色，故称赤金。含银达 34.38% 的金的颜色及条痕为淡金黄色，含银达 50% 的金的颜色及条痕为黄白色。因此，根据自然金的颜色及条痕可大致估计金的纯度（成色）。

自然金常呈不规则片状、鳞片状、颗粒状、块状产出，有时也呈线状、网状、树枝状及浸染状等形态出现，偶尔可见呈等轴晶系的发育完整的晶体。

（2）碲金矿（$(Au、Ag)Te_2$）。密度为 $9.0 \sim 9.3 g/cm^3$，莫氏硬度为 2.5。含金 39% ~ 44%，含银 3%，呈淡黄色。

（3）斜方碲金矿（$(Au、Ag)Te_2$）。密度为 $8.3 \sim 8.4 g/cm^3$，莫氏硬度为 2.5。含金 35%，含银 13%，呈灰色。

12.1.1.2　金矿床工业类型

金矿床工业类型大致有五类：

（1）高温热液金-毒砂矿矿床。此类矿床常产于前寒武纪古生代的花岗岩和变质岩中。最常见的为含金石英脉，偶见有硅化和黄铁矿化的含金片岩。矿石中的重要金属矿物为毒砂和黄铁矿，其次为磁黄铁矿，有时有辉钼矿、黄铜矿和闪锌矿。脉石矿物主要为石英，有时有电气石、阳起石、黑云母。金呈自然金形态存在，部分混在毒砂、黄铁矿及其他硫化矿物中。矿石中的金粒一般较粗,当矿区受破坏时,易生成富的砂金矿床,如吉林某些金矿为此类型。

(2)中温热液金-多金属矿矿床。此类矿床常产于花岗岩类侵入体顶部的围岩中,或产于岩体内部。矿体为脉状或脉带状。矿石中矿物组成较复杂,常见金-黄铁矿型矿石,个别为富含多金属硫化矿物的复杂含金矿石。除金外,具有综合回收价值的有 Cu、Pb、Zn、Se、Te、Sb 等,有时还含铟、铊及其他一些分散元素。脉石矿物除石英外,还有碳酸盐类矿物。山东玲珑金矿属此类型。

(3)低温热液型金-银矿矿床。此类矿床与火山活动有关,常产于火山岩中。矿脉不很大,厚度可达几米,甚至更大。矿石中有用组分除金外,有些矿床主要为黄铁矿,有些矿床则为闪锌矿和方铅矿,或黄铁矿、白铁矿、深红银矿,有的矿床为碲化物。台湾金瓜石金矿属此类型。

(4)砂金矿矿床。砂金矿床分为残积型和冲积型两种。最有工业价值的为冲积砂金矿床。冲积砂金矿可分为:河床砂矿、阶地砂矿、海床砂矿,其中分布最广的为河床砂金矿和阶地砂金矿。

(5)含金古砾岩矿床。此类矿床较少,多数人认为此类矿床的成因为金矿与砾石同时沉积,后受变质作用和岩墙的侵入,使金发生溶解、重结晶、再沉淀。也有人认为是热液形成的矿床。

因此,可大致将金矿分为脉金矿和砂金矿两大类金矿床。

12.1.1.3　脉金矿石类型

根据脉金矿石选矿工艺特点,可将脉金矿石分为六种类型:

(1)含金石英脉矿石。此类矿石矿物组成较简单,金是唯一可回收的有用组分。自然金粒度较粗,选别流程简单,选别指标较高。

(2)含少量硫化矿物的金矿石。金是唯一可回收的有用组分,硫化矿物含量少,且硫化矿物呈黄铁矿形态存在。多为石英脉型,自然金的粒度较粗,可采用简单的选别流程获得较高的选别指标。

(3)含多量硫化矿物的金矿石。此类矿石中的黄铁矿和毒砂的含量较高,金含量较低。一般黄铁矿和毒砂为载金矿物,金常包裹于黄铁矿和毒砂中。常采用浮选法回收矿石中的黄铁矿、毒砂和金,产出含金混合精矿,就地或送冶炼厂综合回收 Au、Ag、Cu、S、As 等有用组分。

(4)含金多金属硫化矿矿石。此类矿石除含金外,含有 10%~20% 的金属硫化矿物。自然金除与黄铁矿密切相关外,还与铜、铅的硫化矿物密切共生。自然金的粒度较粗,但变化范围大,分布不均匀,且随开采深度而变化。处理此类矿石一般采用浮选法将金和有色金属硫化矿物一起浮选,产出含金的混合精矿,就地或送冶炼厂综合回收混合精矿中的各有用组分。

(5)复杂难选含金矿石。矿石中除含金外,还含相当数量的锑、砷、碲、泥质和碳质物等。选别此类矿石时,一般先采用浮选法将含金的有色金属硫化矿物选为含金的混合精矿,然后采用低温氧化焙烧、热压氧化浸出、细菌预氧化浸出等方法从金精矿中除去砷、锑、碲、碳等有害杂质,再用氰化法从浸渣或焙砂中提取金银。

采用酸性硫脲溶液直接从含砷、锑、碳、硫的难氰化金精矿中提取金银的试验研究工作取得了很大的进展，小型试验指标较理想，将来有可能用于工业生产。

（6）含金铜矿石。此类矿石与含金多金属硫化矿矿石的区别在于含金铜矿石中的金含量较低，属综合回收组分。自然金粒度中等，但变化范围大，金与其他有用矿物的共生关系复杂。浮选硫化铜矿物时，大部分金富集于铜精矿中，在铜冶炼过程中综合回收金、银。

处理含微粒金的多金属矿物原料时，一般先采用浮选法将其富集为混合精矿，然后采用高温氯化挥发法、低温氧化焙烧、热压氧浸、细菌氧化酸浸等预处理方法使载金矿物分解，使载金矿物中的包体金解离或裸露，然后再用氰化法或硫脲等方法从浸渣或焙砂中提取金银，可综合回收金银和其他共生的有用组分。

12.1.1.4 浮选流程

为了提高黄金产量，目前金矿山多数选厂只产出含金的混合精矿，一般不产出单一精矿。当混合精矿中金含量低时，可进行分离浮选，产出金含量较高的金精矿和金含量低的某单一精矿。

浮选时，金回收率与矿浆 pH 值密切相关。当 pH 值大于 9~9.5 时，浮选尾矿中可见明金，金浮选的适宜 pH 值宜小于 9.5，最好在矿浆自然 pH 值下浮选金。但在矿浆自然 pH 值下浮选时，2 号油等起泡剂的起泡能力无法满足浮选要求，现场常加石灰至 pH 值为 9~10，以提高 2 号油的起泡能力，此时金的浮选回收率大幅降低。对比试验表明，矿浆自然 pH 值下浮选时，金回收率比 pH 值为 9~10 时金回收率可提高 10%~15%。低碱介质浮选可在矿浆自然 pH 值下进行，可大幅度提高金回收率。

12.1.2 银矿物原料

12.1.2.1 银矿物

地壳中银的含量为 1×10^{-5}%。银在自然界除少数呈自然银、银金矿、金银矿存在外，主要呈硫化矿物形态存在。主要的银矿物为：

（1）自然银，含银 72.0%~100.0%，密度为 10.1~11.1g/cm³。

（2）辉银矿（Ag_2S），含银 87.1%，密度为 7.2~7.3g/cm³，莫氏硬度为 2.0~2.5。

（3）锑银矿（Ag_9SbS_6），含银 75.6%，密度为 6.0~6.2g/cm³，莫氏硬度为 2.0~3.0。

（4）脆银矿（Ag_5SbS_4），含银 68.5%，密度为 6.2~6.3g/cm³，莫氏硬度为 2.0~2.5。

（5）深红银矿（Ag_3SbS_3），含银 60.0%，密度为 5.7~5.8g/cm³，莫氏硬度为 2.5~3.0。

（6）淡红银矿（Ag_3AsS_3），含银 65.4%，密度为 5.5~5.6g/cm³，莫氏硬度为 2.0~2.5。

（7）角银矿（AgCl），含银 75.3%，密度为 5.5g/cm³，莫氏硬度为 1.0~1.5。

（8）硫锑铜银矿（$(Ag、Cu)_{16}(Sb、As)_2S_{11}$），含银 75.6%，密度为 6.0~6.2g/cm³，莫氏硬度为 2.0~3.0。

此外还有黝铜银矿、含银方铅矿、含银软锰矿、针碲金银矿等。除少数单一银矿外，银主要伴生于有色金属硫化矿中。我国生产的伴生金和伴生白银的比例约为 1∶100。我国有色金属矿山伴生金银回收的比例见表 12-1。

表 12-1　国内有色金属矿山伴生金银回收比例　　　　　　　　　（%）

精矿名称	铜精矿	铅精矿	锌精矿	金精矿	银精矿	其他精矿	合计
黄金	87.95	7.15		4.10	0.1	0.66	99.96
白银	32.17	52.80	11.86	0.04	2.13	0.90	99.99

12.1.2.2　银矿石

根据银矿石的矿物组成和选矿特点，可将银矿石分为：

（1）含少量硫化物的银矿石。矿石中银是唯一可回收的有用组分，硫化物主要为黄铁矿，其他有回收价值的有用组分含量少。常将此类银矿称为单一银矿。此类矿石可采用浮选法产出银精矿，进而可实现就地产银。

（2）含银铅锌矿石。矿石中的银、铅、锌均有回收价值，此类矿石是产出白银的主要矿物原料。此类矿石一般采用浮选法将银富集于铅精矿和锌精矿中，送冶炼厂综合回收铅、锌、银等有用组分。黄铁矿精矿中的银一般损失于黄铁矿烧渣中。

（3）含银金矿石或金银矿石。金矿中的银与金共生，其合金称为银金矿或金银矿，回收金时可回收相当数量的银。此类矿石中的银常与黄铁矿密切共生，一般采用浮选法将其富集于矿物精矿中。采用氰化法就地产出金银或送冶炼厂综合回收金银。

（4）含银硫化铜矿石。各国产出的硫化铜矿石中，多数含有少量的银。银与金及其他硫化矿物密切共生。一般采用浮选法将矿石中伴生的金银富集于硫化铜精矿中，送冶炼厂综合回收金银。

（5）含银钴矿石。有的钴矿石中，银存在于方解石中，与毒砂、斜方砷铁矿共生。此类矿石较少，其选矿流程较复杂。

（6）含银锑矿石。此类矿石中的银、锑、铅等均有回收价值，一般采用浮选法将其富集为矿物精矿，送冶炼厂综合回收其中的各有用组分。

此外，有色金属冶炼副产品及金银的废旧材料也是提取金银的重要原料。

12.2　单一脉金矿浮选

12.2.1　概述

12.2.1.1　矿石性质

单一脉金矿矿石以热液充填含金石英脉为主，其次为热液充填交代型含金石英脉及蚀变岩型石英脉。矿石中主要金属矿物为黄铁矿、黄铜矿、闪锌矿、磁铁矿、褐铁矿、磁黄铁矿、自然金、银金矿、自然银等。脉石矿物为石英、绢云母、斜长石、白云母、黑云母、角闪石、高岭土、重晶石、独居石、正长石等。

12.2.1.2　选矿工艺

矿石中的金常呈粗细不均匀嵌布，有些选厂将矿石碎矿-磨细后，最初采用混汞—浮选—氰化流程实现就地产金。现在较少采用混汞法回收粗粒金，有的选厂改用重选或单槽浮选法回收粗粒金，更多选厂将矿石磨细后直接进行浮选产出金精矿，有的选厂则将金精矿就地氰化产出合质金或金锭和银锭。

为了提高金回收率以增加黄金产量，目前选厂基本上全采用混合浮选法，产出含金混合精矿，就地产金或出售给冶炼厂以综合回收混合精矿中的金、银及相关有用组分。

12.2.2　山东招远金矿选矿厂

12.2.2.1　矿石性质

招远金矿有玲珑和灵山两个矿区，分别建有选厂。该矿为破碎带蚀变岩型含金石英脉矿床，具有规模大、埋藏浅、延续深，矿化连续性较好，矿物组合简单，金含量较低，易选等特点。

矿石结构主要为自形和半自形晶粒结构、压碎结构、变晶结构、变余结构等。矿石主要构造为细脉浸染状、网脉状、角砾状等。围岩蚀变主要为中低温热液的黄铁绢英岩化、绢云母化、硅化、钾化等，其次为绿泥石化、高岭土化、碳酸盐化等。

含金石英脉型金矿石中的主要金属矿物为银金矿、自然金、黄铁矿，其次为黄铜矿、方铅矿、磁黄铁矿、闪锌矿等，还含少量的毒砂、斑铜矿、辉铜矿、辉钼矿、斜方辉铅铋矿、磁铁矿等。脉石矿物主要为石英、绢云母和长石等。

招远金矿始建于1962年7月，相继建立了灵山和玲珑两个采选生产系统，现已成为我国最大的黄金生产企业之一。

该矿主要采用留矿法和下向胶结充填法进行地下开采。留矿法的回采量占总采矿量的90%，回采率为80%左右，贫化率为30%。

12.2.2.2　选矿工艺

选矿工艺为：入厂原矿经二段一闭路碎矿（细碎前加洗矿筛分作业）后进入棒磨机磨矿，开路棒磨排矿进行二段球磨闭路磨矿，将原矿磨至-0.074mm占55%，分级溢流送浮选。

原设计浮选流程为优先浮选流程，产出金铜混合精矿和含金黄铁矿精矿。金铜混合精矿送冶炼厂综合回收铜、金、银，含金黄铁矿精矿经再磨后采用氰化法就地产金，产出合质金，并建有氰化物回收车间。招远玲珑选厂原设计工艺流程如图12-1所示。

随采场深度的变化，原矿中铜含量不断降低。为了提高黄金产量，将优先浮选流程改为混合浮选流程，只产出含金混合精矿。招远玲珑选厂现生产工艺流程如图12-2所示。

含金混合精矿再磨后经浓密机进行脱水、脱药，浓密机底流进行二浸二洗氰化提金。每次浸出为五级顺流氰化浸出，然后采用三层浓密机进行逆流洗涤。所得贵液进行锌粉置换，金泥熔炼得金银合质金。合质金经电解分银，阳极泥熔铸产出金锭，电银熔铸产出银锭。

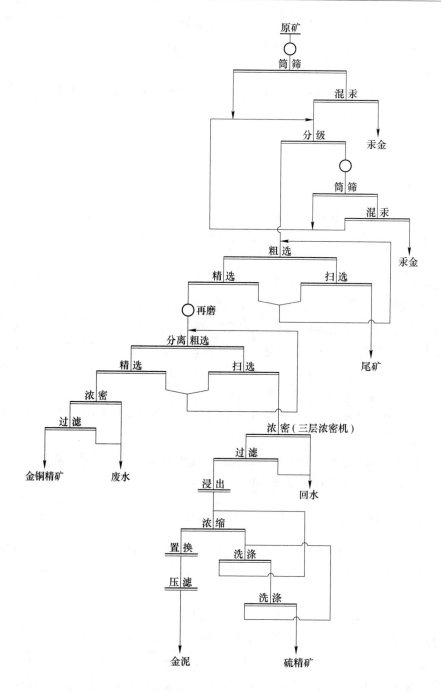

图 12-1　招远玲珑选厂原设计工艺流程

　　氰化尾矿经过滤机脱水，产出硫精矿。脱金贫液采用酸化法回收氰化钠。处理后的废液与浮选尾矿送至尾矿库进行曝气处理，曝气后的废水中的氰根含量小于 0.5mg/L，符合国家规定的排放标准。

　　招远金矿 1985 年的生产指标见表 12-2。

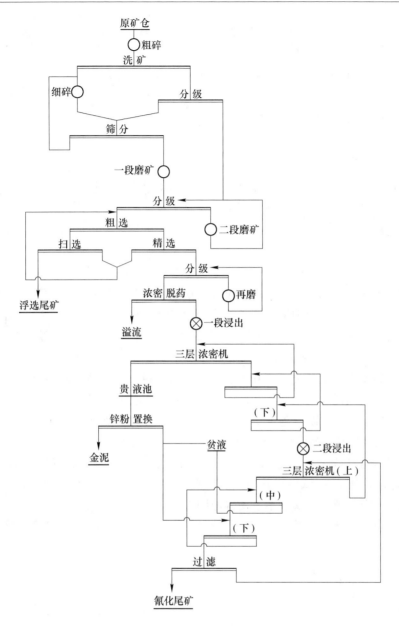

图 12-2 招远玲珑选厂现生产工艺流程

表 12-2 招远金矿 1985 年的生产指标

浮 选			氰 化				
原矿含金 /g·t⁻¹	精矿品位 /g·t⁻¹	金回收率 /%	氰原 /g·t⁻¹	浸出率 /%	洗涤率 /%	置换率 /%	氰化回收率 /%
6.63	64.39	95.13	64.39	97.62	99.75	99.96	97.34

该矿 1985 年的材料消耗指标见表 12-3。

表 12-3　招远金矿 1985 年的材料消耗指标

浮选（按原矿计）					氰化（按精矿计）				
水 /m³·t⁻¹	电/kW ·h·t⁻¹	钢球 /kg·t⁻¹	丁黄药 /kg·t⁻¹	2 号油 /kg·t⁻¹	电/kW ·h·t⁻¹	石灰 /kg·t⁻¹	氰化钠 /kg·t⁻¹	锌粉 /kg·t⁻¹	醋酸铅 /kg·t⁻¹
2.14	29.0	1.66	0.118	0.06	103.0	5.94	6.66	0.20	0.02

12.2.3　广西龙水金矿选矿厂

广西龙水金矿选矿厂矿床为中温热液裂隙充填型含金硫化物矿床，矿体赋存于花岗岩与砂页岩地层接触部位。矿石中的主要金属矿物为黄铁矿，其次为方铅矿、黄铜矿、少量闪锌矿、斑铜矿和自然金等。脉石矿物主要为石英，少量绢云母、白云石、方解石和重晶石等。

自然金主要赋存于黄铁矿裂隙中，一般与黄铁矿和石英共生。金的嵌布粒度不均匀，大部分小于 0.1mm，一般为 0.01~0.006mm。矿石密度为 2.87g/cm³，莫氏硬度为 8~10。

选矿工艺为：选厂日处理量为 100t，采用单一浮选流程产出含金黄铁矿精矿，送冶炼厂回收金、硫。选厂生产指标为：原矿含金 3.05g/t，金精矿含金 32.72g/t，浮选回收率为 87.88%。

浮选药剂制度为：丁基黄药 130g/t、丁基铵黑药 40g/t、2 号油 110 g/t。从以上数据可知，该矿吨矿药剂耗量较大，浮选精矿金品位和金回收率均较低。

该矿地处广东西江上游，为了不污染西江流域的水源，20 世纪 80 年代初期，该矿曾建有日处理量为 10t 的硫脲提金车间，用于处理选厂产出的含金黄铁矿精矿。硫脲提金采用的为硫脲浸出-铁板置换一步法工艺（可参阅冶金工业出版社出版的《金银提取技术》（第 3 版）的有关内容）。试生产几年后，因原材料（酸、铁板等）耗量高、金泥品位低和处理流程冗长而复杂、金属量不平衡等原因而停产。

目前龙水金矿已转产铅锌矿的采矿和选矿，产出含金银的铅精矿和锌精矿，并且正在扩建中。

12.2.4　河北金厂峪金矿选矿厂

河北金厂峪金矿矿石为硫化物含量较少的石英脉含金矿石。主要金属矿物为自然金、黄铁矿、磁黄铁矿、褐铁矿、闪锌矿，其次为磁铁矿、黄铜矿、辉钼矿。脉石矿物主要为石英、斜长石、绿泥石。

矿石以细粒浸染构造为主，其次为脉状构造。80% 的自然金为他形粒状，20% 为片状。与黄铁矿密切共生的金达 58%，35% 的金产于石英中；其次为产于辉铋矿、褐铁矿和石英的接触处。自然金的粒度很细，一般为 0.025~0.003mm，最粗粒为 0.15mm，最细粒为 0.0005mm。

原矿含金 5g/t 左右，含钼 0.027%。

选矿工艺为：该选厂采用金硫混合浮选—混合精矿再磨—氰化提金—氰尾浮钼的工艺流程（见图 12-3）。

原矿经破碎、磨矿和分级，磨矿细磨为 -0.074mm 占 55%，经一粗二精二扫的浮选作

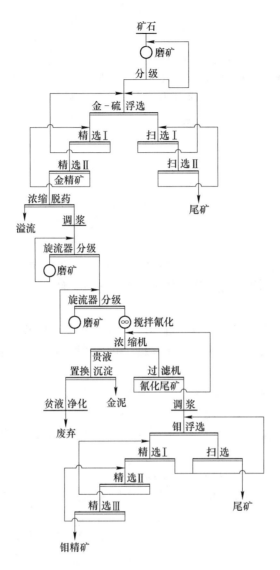

图 12-3 河北金厂峪金矿选矿厂的工艺流程

业产出金硫混合精矿和浮选尾矿。浮选矿浆浓度为 40%，浮选在矿浆自然 pH 值条件下进行，浮选药剂制度为：丁基黄药 40g/t、丁基铵黑药 25g/t、松醇油 30g/t。混合精矿含金 120~140g/t，金浮选回收率为 94%。混合金精矿经两段再磨后送氰化提金，产出合质金，金的氰化浸出率为 94%，金的总回收率为 83%。

氰化尾矿经调浆后送浮钼作业，采用一粗三精一扫的浮选流程产出钼精矿和丢弃尾矿。

12.2.5 新疆阿希金矿选矿厂

12.2.5.1 矿石性质

新疆阿希金矿矿石为硫化矿物含量少的石英脉型及强蚀变斜长花岗斑岩型金矿石，主要金属矿物为银金矿、自然金、黄铁矿、白铁矿，其次为磁黄铁矿和毒砂。脉石矿物主要为石英、长石，其次为方解石等。载金矿物主要为黄铁矿和石英。金属矿物呈浸染状及星散-星点状分布于岩石中，石英颗粒间相互紧密镶嵌，并与长石等矿物紧密共生。

金粒以-0.04mm+0.01mm细粒级为主，占66.67%；其次为-0.01mm微细粒级，约占30%。矿石中的金矿物以粒间金为主，其中以石英粒间金和黄铁矿粒间金为主，包裹金主要包裹于黄铁矿中。因此，浮选前矿石须磨至-0.074mm占90%。

12.2.5.2　选矿工艺

原矿碎磨至-0.074mm占90%，采用二粗二精二扫的浮选流程产出金精矿。浮选在矿浆pH值为8~9的条件下进行，目前的浮选药剂制度为：碳酸钠1500g/t左右（pH值为8~9）、异戊基黄药300g/t、丁基铵黑药40g/t、松醇油30g/t、水玻璃1500g/t。在原矿含金4g/t时，产出含金40g/t左右的金精矿，金浮选回收率约86%。

由于金精矿中的金有20%~30%呈包体金形态存在，为了提高氰化浸出率，氰化前须将金精矿进行再磨—生物预氧化酸浸，使载金矿物分解，使包体金转变为单体解离金或裸露金。

生物预氧化酸浸矿浆经浓缩脱水—过滤洗涤后，将滤饼制浆—石灰调整矿浆pH值至10~11后，送氰化车间进行树脂矿浆氰化浸出—载金树脂解吸—贵液电积—金泥熔炼，产出金锭。

该矿为一个完整的采矿、选矿、冶炼的黄金企业（可参阅《金银提取技术（第3版）》的有关内容）。

该矿的浮选作业的金精矿品位和金的回收率不够理想。建议采用低碱介质新工艺浮选路线和药剂制度，预计在原矿含金4g/t左右，磨矿细度大于-0.074mm占90%的条件下，金精矿含金可大于50g/t，金回收率可达90%以上。

浮选金精矿再磨—生物预氧化酸浸—氰化树脂矿浆浸金—载金树脂解吸—贵液电积—金泥熔铸的提金流程冗长而复杂，能耗高，生产成本高。为了进一步提高企业经济效益，2012年该矿又将提金工艺改为：浮选金精矿氧化焙烧—再磨氰化浸金—多段浓密机逆流洗涤—贵液锌粉置换—金泥熔炼—电解精炼—金锭的工艺流程。此工艺为逆流洗涤的经典二步法提金工艺，该提金工艺于2013年上半年投入生产。

12.2.6　山东某银矿

我国山东某银矿的银矿物赋存于石英脉中，主要金属矿物为黄铁矿、黄铜矿、自然金、闪锌矿、方铅矿、银金矿、辉银矿等，含少量的磁黄铁矿、磁铁矿、赤铁矿和褐铁矿等。脉石矿物主要为石英、绢云母、斜长石、白云石、高岭土等。金属矿物中黄铁矿占90%，脉石矿物中石英占70%以上。

原矿银含量为300g/t，采用混合浮选—混合精矿再磨—氰化提银的选矿流程。选厂浮选工艺流程如图12-4所示。

原矿磨至-0.074mm占70%，采用一粗二精二扫浮选流程产出混合精矿。浮选矿浆pH值为7，浮选时加入丁基铵黑药90g/t、丁基黄药70g/t、松醇油10g/t。

混合银精矿含Ag 1200g/t、Pb 5%、Zn 7%，银的浮选回收率为91%。

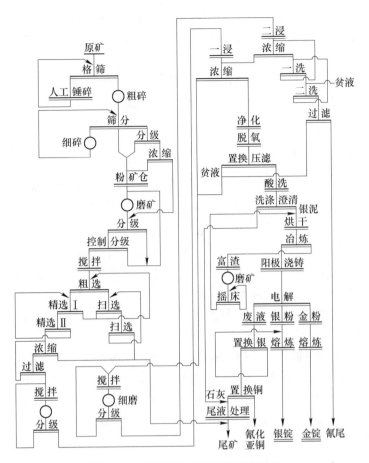

图 12-4　我国某银矿的浮选工艺流程

混合银精矿再磨后送氰化-电解车间提取金、银，产出金锭和银锭。

12.3　单一金银矿无石灰混合浮选

12.3.1　江西德兴市某金矿选矿厂（一）

江西德兴市某金矿为单一金矿，硫化矿物含量低，除含少量黄铁矿外，还含极少量的砷。选厂日处理量为 250t，原矿含金仅 0.6~0.7g/t，在原矿磨矿细度为 -0.074mm 占 60%~65% 的条件下，除部分自然金已单体解离外，主要呈包体金形态存在于黄铁矿中。脉石矿物极易泥化，次生矿泥含量较高。

原工艺采用 38 号捕收剂、松醇油、丁基铵黑药等浮选药剂，在矿浆自然 pH 值条件下进行混合浮选，泡沫发黏，呈稠稀饭状，金精矿中矿泥含量较高，尾矿含金品位较高。浮选药剂用量愈高，泡沫愈黏。浮选指标为：原矿含金 0.66g/t，金精矿含金 50g/t，尾矿含金 0.14g/t，金浮选回收率为 78.79%。

采用 38 号捕收剂与 SB 选矿混合剂组合药剂，在矿浆自然 pH 值条件下进行混合浮选。矿化泡沫非常清爽，夹带矿泥较少，金精矿品位较高。

该矿由于设备老化，充气能力差，使泡沫浮选变为表层浮选，难形成稳定的泡沫层，更谈不上二次富集作用。即使如此差的浮选条件，工业试验仍取得了较满意的浮选指标。工业试验的平均浮选指标为：原矿含金 0.66g/t，金精矿含金 43.19g/t，尾矿含金 0.087g/t，金浮选回收率为 87.03%。

建议检修浮选机，在矿浆自然 pH 值条件下，采用 SB 选矿混合剂和异戊基黄药组合捕收剂进行混合浮选，预计可将浮选尾矿中的金含量降至 0.07g/t 左右，金浮选回收率可增至 90% 左右。

12.3.2　江西德兴市某金矿选矿厂（二）

江西德兴市某金矿选矿厂现日处理量为 150t，在建的新选厂的日处理量为 400t，回收的有用组分为金，其他组分无回收价值。矿石有部分粒度较粗的明金和相当部分的包体金，故金的嵌布粒度相当不均匀。原矿磨矿细度为 -0.074mm 占 60%~65%，在分级与磨矿回路装有汞板以回收部分粗粒金（新厂拟采用绒布溜槽回收粗粒金），现工艺采用硫酸铜、38 号捕收剂、松醇油、丁基铵黑药等浮选药剂，在矿浆自然 pH 值条件下进行混合浮选，泡沫发黏，呈稠稀饭状，金精矿中矿泥含量较高，尾矿含金品位较高。浮选药剂用量愈高，泡沫愈黏。浮选指标为：浮选原矿含金 1g/t，金精矿含金 50g/t，尾矿含金 0.18g/t，金浮选回收率为 80% 左右。

工业试验采用 38 号捕收剂与 SB 选矿混合剂组合药剂，在矿浆自然 pH 值条件下进行混合浮选。矿化泡沫非常清爽，夹带矿泥较少，金精矿品位较高。在原矿磨矿细度为 -0.074mm 占 60%~65%，在分级与磨矿回路装有汞板以回收部分粗粒金，浮选原矿含金 1g/t、硫酸铜用量 100g/t、38 号捕收剂用量 150g/t、SB 40g/t 的条件下，可获得金精矿含金 58.24g/t，尾矿含金 0.15g/t，金浮选回收率为 85.22% 的浮选指标。

建议在矿浆自然 pH 值条件下，采用 SB 选矿混合剂和异戊基黄药组合捕收剂进行混合浮选，预计可将浮选尾矿中的金含量降至 0.1g/t 左右，金浮选回收率可增至 90% 左右。

12.4　含锑金矿选矿

12.4.1　概述

12.4.1.1　矿石性质

金锑矿石一般含金 1.5~2g/t、含锑 1%~10%。金主要呈自然金存在，锑主要呈辉锑矿形态存在。在部分氧化锑矿中还含锑华、锑赭石、方锑矿、黄锑华和其他锑氧化物。最常见的伴生金属矿物为黄铁矿、磁黄铁矿。脉石矿物主要为石英、方解石等。矿石中自然金呈不均匀嵌布，黄铁矿中常含微粒金。

12.4.1.2　选矿工艺

A　选矿流程

金锑矿石的选矿方法取决于辉锑矿的嵌布粒度和结构构造。当辉锑矿呈粗粒嵌布或呈块矿产出时，将矿石碎至一定粒度后，应预先经洗矿、筛分，进行手选或重介质选矿。手选可产出锑含量达50%的富块锑精矿和丢弃部分废石，重介质选矿可提高矿石入选品位和丢弃相当量的废石。碎磨后的金锑矿石可用跳汰法或其他重选方法处理，以回收金和锑。碎磨过程中应设法防止辉锑矿的过粉碎。

　　浮选法是处理金锑矿石最有效的选矿方法，一般均能废弃尾矿和产出金精矿和锑精矿产品。金锑矿石浮选的原则流程如图12-5所示。

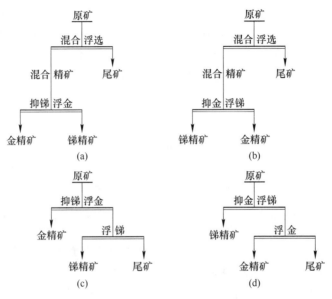

图 12-5　金锑矿石浮选的原则流程
(a) 混合浮选—抑锑浮金；(b) 混合浮选—抑金浮锑；
(c) 抑锑浮金—浮锑；(d) 抑金浮锑—浮金

　　金锑矿石浮选流程的选择主要取决于矿石性质，其中主要包括原矿的金、锑含量，锑的存在形态，金的赋存状态，金的嵌布粒度及其在各矿物中的分布，其他金属硫化矿物含量等。

　　金锑矿石的混合浮选可在矿浆自然 pH 值条件下进行，以铅盐（硝酸铅、醋酸铅）作辉锑矿的活化剂，以黄药类药剂作捕收剂，以松醇油为起泡剂浮选获得金锑混合精矿。混合精矿再磨（或不再磨）后可采用抑锑浮金或抑金浮锑的方法进行分离浮选。抑锑浮金时，可在再磨机中加入苛性钠、石灰或苏打，在 pH 值为 11 的条件下浮选可获得金精矿。然后添加铅盐和黄药浮选，可获得锑精矿。混合精矿采用抑金浮锑方案时，以氧化剂（漂白粉、高锰酸钾等）作含金黄铁矿的抑制剂，添加铅盐活化辉锑矿，用黑药类捕收剂浮选，可获得锑精矿，然后采用黄药类捕收剂浮选，可获得金精矿。

　　金锑矿石的混合浮选可在矿浆自然 pH 值条件下，可不添加铅盐，直接采用 SB 选矿混合剂与异戊基黄药组合捕收剂进行，可获得较高的浮选指标，可大幅度降低药耗。

　　采用优先浮选流程，可优先浮金或优先浮锑的方案。优先浮金时，可在磨机中加入苛性钠，使矿浆 pH 值大于 9 以抑制辉锑矿；加入硫酸铜以活化毒砂和黄铁矿，加入黄药和起泡剂浮选得金精矿。然后加入铅盐活化辉锑矿，加入黄药和起泡剂浮选，可得锑精矿。若优先浮锑，可用铅盐活化辉锑矿，采用矿浆自然 pH 值，采用黑药类捕收剂浮选得锑精矿。然后添加黄药类捕收剂和起泡剂浮选，可产出金精矿。

若矿石中的锑主要呈氧化锑形态存在时，则须采用阶段重选和浮选的联合流程，产出氧锑精矿和硫锑精矿。浮选时，常采用弱酸介质、铅盐、黄药与中性油组合捕收剂等药剂进行浮选，可获得硫锑-氧锑混合精矿。

含部分氧化锑的矿石浮选时，可产出硫锑精矿和氧锑精矿两种产品。硫锑精矿主要含辉锑矿，氧锑精矿主要含锑氧化物，此两种锑精矿的化学性质有较大的差异。硫化锑易被硫化钠溶液浸出，高价锑氧化物则不溶于硫化钠溶液中。浓度为 8%~10% 的硫化钠溶液是辉锑矿和某些锑氧化物的良好浸出剂，在 80~90℃，液固比为 2：1 条件下浸出 1~2h，可获得较高的锑浸出率，金不被浸出。浸渣水洗、过滤，制浆后可采用氰化法实现就地产金。

B　浸出

金锑精矿再磨后，直接氰化浸出时，锑的简单硫化物易溶于碱性氰化物溶液中。其主要反应可表示为：

$$Sb_2S_3 + 6NaOH \longrightarrow Na_3SbO_3 + Na_3SbO_3 + 3H_2O$$

$$2Na_3SbS_3 + 3NaCN + \frac{3}{2}O_2 + 3H_2O \longrightarrow Sb_2S_3 + 3NaCNS + 6NaOH$$

辉锑矿在 pH 值为 12.3~12.5 的苛性钠溶液中的溶解度最大，生成亚锑酸盐和硫代亚锑酸盐。硫代亚锑酸盐易溶于氰化物溶液中，消耗大量的氰化物和溶解氧，反应生成的硫化物沉积于金粒表面形成硫化锑膜。硫化锑膜重新溶于苛性钠溶液中，生成的亚锑酸盐又溶于氰化物溶液中，直至全部硫化锑均转变为氧化锑后，这些消耗氰化物和溶解氧的反应才会终止。

金锑精矿可采用低碱度（氧化钙含量小于 0.02%，或用苏打代替石灰）、低氰化物含量（氰化钠浓度小于 0.03%）的氰化物溶液，预先添加氧化剂或预先进行强烈充气搅拌、加铅盐（用量为 0.3~11g/t）等措施进行氰化浸出，以降低硫化锑对氰化浸金的有害影响。浮选所得金锑精矿直接氰化前须进行再磨和碱处理。若氰化尾矿不能废弃时，可进行二段氰化或送去进行氧化焙烧，焙砂再磨后进行氰化提金。氰化法处理含金锑矿物原料所得金泥常含锑，采用硫酸处理金泥时会生成有毒的 SbH_3 气体。因此，采用硫酸处理含锑的金泥时，一定要具备很好的通风条件，以防氢化锑中毒。

金锑精矿可直接在氨介质中进行热压氧浸。氨介质热压氧浸时生成的硫代硫酸盐是金的良好浸出剂，可获得较高的金浸出率。氨介质热压氧浸的工艺参数为：氢氧化铵浓度为 33%~35%，温度为 170~175℃，氧压为 1.5~1.6MPa（15~16atm），浸出 24~30h，金浸率可达 99% 以上。

金锑精矿中的金若呈单体形态存在或再磨后可使自然金单体解离和裸露，可直接采用酸性硫脲溶液直接浸金。酸性硫脲溶液浸金的工艺参数为：硫酸浓度为 0.1%~0.5%（pH 值为 1~1.5），硫脲浓度为 0.1%~1%，氧化剂（常为高铁盐）为 0.01%~0.1%，浸出 5~10h，可获得较高的金浸出率。

难于直接用水溶液浸出剂浸出的金锑精矿可送冶炼厂进行火法处理，可综合回收其中的伴生金。

C　焙烧

金锑精矿焙烧时可使锑呈三氧化二锑（Sb_2O_3）气体挥发。焙烧温度应小于650℃，以免焙砂熔结。焙烧时最好进行二段焙烧，先在500~600℃条件下焙烧1h，然后在1000℃条件下焙烧2~3h。挥发的三氧化二锑烟尘可用收尘器回收。所得焙砂可先用稀硫酸浸出，以除去有害氰化浸金的杂质，硫酸浸渣经过滤、洗涤后，送氰化提金。

硫化锑焙烧时的主要反应可表示为：

$$2Sb_2S_3 + 9O_2 \longrightarrow 2Sb_2O_3 \uparrow + 6SO_2 \uparrow$$
$$4FeS_2 + 11O_2 \longrightarrow 2Fe_2O_3 + 8SO_2 \uparrow$$
$$FeS_2 + O_2 \longrightarrow FeS + SO_2 \uparrow$$
$$Sb_2O_3 + O_2 \longrightarrow Sb_2O_5$$
$$2Sb_2O_3 + O_2 \longrightarrow 2Sb_2O_4$$
$$3FeO + Sb_2O_5 \longrightarrow Fe_3(SbO_4)_2$$

三氧化二锑易挥发，高价锑氧化物（Sb_2O_4、Sb_2O_5）及锑酸盐（$Fe_3(SbO_4)_2$）在高温条件下相当稳定，留在焙砂中。由于相同温度下，三氧化二锑及三硫化二锑比相应的三氧化二砷及三硫化二砷的蒸气压小，故金锑精矿焙烧过程中的脱锑率比脱砷率低，焙砂中残留的锑、硫、亚铁含量较高。焙砂氰化前，应先采用稀硫酸浸出焙砂，硫酸浸渣再送氰化提金。

12.4.2　湘西金矿选矿

湘西金矿为中低温热液脉状锑矿床，工业类型为裂隙充填辉锑矿。金属矿物主要为辉锑矿，其次为毒砂、黄铁矿和微量的自然金、黄铜矿、白钨矿等。脉石矿物主要为燧石和石英，其次为白云石、方解石、绢云母、绿泥石、磷灰石、长石等。矿石密度为2.75g/cm^3，松散密度为1.65g/cm^3；脉石密度为2.65g/cm^3，脉石松散密度为1.6g/cm^3。

矿石中矿泥含量为3%，有用矿物呈不均匀嵌布，辉锑矿多呈块状，也有的呈星点状，粗粒达6mm，细粒为0.074~0.1mm，可采用手选产出部分富块锑精矿。金从0.1mm开始解离，当磨至0.1~0.2mm时解离较完全。

原矿品位为：Au 6~8g/t、WO_3 0.4%~0.6%、Sb 4%~6%。

选矿工艺为：选矿工艺流程如图12-6所示。

该选厂采用重选—浮选联合流程，用重选产出部分金精矿和白钨精矿，用浮选法产出金-锑精矿和白钨精矿。金-锑精矿送火法冶炼产出金属锑，综合回收伴生的金。白钨粗精矿经浓缩、加温、水玻璃解吸、精选和脱磷后产出白钨精矿。

浮选药剂制度为：

（1）金浮选：硫酸46g/t、氟硅酸钠91g/t、丁基黄药46g/t、煤油8.2g/t、松醇油适量。

（2）浮金-锑：硝酸铅100g/t、硫酸铜70g/t、丁基黄药200g/t、丁基铵黑药80g/t、松醇油适量。

（3）浮白钨：碳酸钠3000~4000g/t、水玻璃1000g/t、油酸120g/t。

生产指标见表12-4。

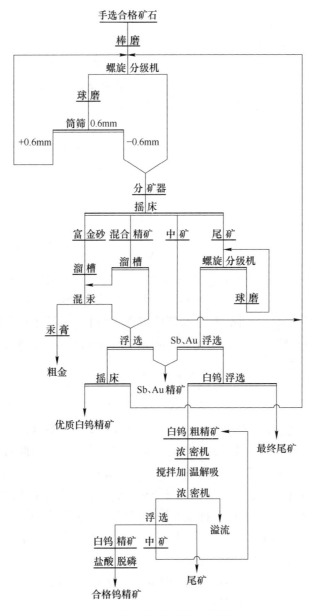

图 12-6　湘西金矿选矿工艺流程

表 12-4　湘西金矿选厂生产指标　　　　　　　　　　　　　　（%）

产品	产率	品位			回收率		
		WO₃	Sb	Au/g·t⁻¹	WO₃	Sb	Au
合质金	0	0	0	98.4%	0	0	13.75
金-锑精矿	7.43	0.21	41.66	61.25	2.47	96.59	72.87
白钨精矿	0.71	73.20	0	0	84.42	0	0
废石	2.12	0.045	0.17	1.41	2.09	0.18	0.50
尾矿	89.74	0.081	0.076	0.8	11.02	3.23	12.88
原矿	100.00	0.631	3.205	6.246	100.00	100.00	100.00

12.4.3　南非康索里杰依捷德-马尔齐松矿选矿

南非康索里杰依捷德-马尔齐松矿矿为含金锑矿，矿物组成较复杂，原矿含金 5.63g/t，含锑 11.59%。选厂生产工艺流程如图 12-7 所示。

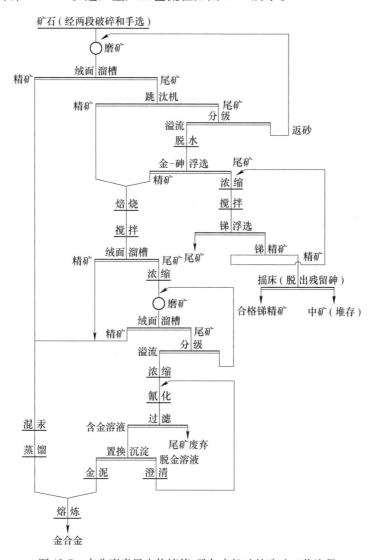

图 12-7　南非康索里杰依捷德-马尔齐松矿的选矿工艺流程

矿石破碎后采用手选法产出富块锑精矿和废弃部分废石。手选后的矿石经磨细后采用绒面溜槽回收部分粗粒金，产出重砂产物。溜槽尾矿进跳汰选矿，产出跳汰精矿。跳汰尾矿送螺旋分级，分级溢流送金-砷浮选，产出金-砷精矿，分级返砂返至手选后的矿石磨矿作业。

跳汰精矿与金-砷浮选精矿合并进行焙烧脱砷，焙砂制浆经绒面溜槽捕金得金重砂。溜槽尾矿经脱水后送再磨，磨矿产物用绒面溜槽进行扫选捕金，产出扫选金重砂。所有绒面溜槽捕金产出的金重砂合并送混汞作业，产出的金汞齐经压汞、蒸馏作业，产出海绵金和回收汞。

绒面溜槽扫选捕金后的尾矿经分级后的分级溢流，经浓缩脱水后送氰化提金，贵液经锌粉置换，产出金泥和脱金液，含锌金泥经焙烧、酸洗得金泥。金泥与混汞作业产出的海绵金合并送熔炼，产出合质金。

金-砷浮选尾矿经脱水后送锑浮选作业，产出锑粗精矿和尾矿。锑粗精矿经摇床脱砷后产出合格锑精矿和锑中矿（暂堆存）。

各作业药剂制度和工艺参数为：

（1）金-砷浮选药剂制度：浮选 pH 值为 8、硫酸铜 50g/t、丁基黄药 25g/t、松油 5g/t。

（2）氰化浸出：液固比为 4∶1，充气并加硝酸铅除 S^{2-}、pH 值为 12、NaCN 浓度 0.3%。

（3）熔炼熔剂配比：硼酸 20%、萤石 20%、氧化硅 35%、铁 2.5%。

该选厂生产指标见表 12-5。

表 12-5　该选厂生产指标

产品	品　　位		回　收　率	
	Au/g·t^{-1}	Sb	Au	Sb
合格锑精矿	17.6	61.94	53.6	91.4
合质金		0	34.0	0
尾矿	0.87	1.2	12.5	8.6
原矿	5.63	11.50	100.0	100.0

12.5　含砷金矿选矿

12.5.1　概述

原生含砷金矿石中常含砷 1%~12%，含金 3~6g/t。砷在矿石中主要呈砷黄铁矿（毒砂）的形态存在，有时也呈简单的砷化物雄黄和雌黄的形态存在。金主要呈自然金、银金矿的形态存在。其他金属硫化矿物主要为黄铁矿、磁黄铁矿，脉石矿物主要为石英。

选矿工艺为：处理含砷金矿石的常用选矿方法是将矿石碎磨至一定细度后，采用浮选法获得含金砷的混合精矿和废弃尾矿。若浮选尾矿无法废弃时，可送去进行氰化提金，进行就地产金，氰化尾矿经处理后送尾矿库堆存。

含砷金矿石的浮选常在矿浆自然 pH 值条件下，采用硫酸铜作毒砂等硫化矿物的活化剂，采用丁基铵黑药和丁基黄药作捕收剂，添加适量松醇油进行浮选，产出金-砷-黄铁矿混合精矿和丢弃尾矿。

金砷混合精矿或金砷黄铁矿混合精矿的处理方法取决于金的嵌布粒度和砷矿物的存在形态：

（1）混合精矿分离浮选。金-砷-黄铁矿混合精矿可在碱性介质中，采用软锰矿、空气、高锰酸钾等作砷黄铁矿的抑制剂进行浮选分离，产出金-黄铁矿精矿和金-砷精矿。如某金矿采用浮选法获得金-砷-黄铁矿混合精矿，精矿含金 180.74g/t，含砷 8.3%。在矿浆浓度为 15%，高锰酸钾 100g/t，搅拌 5min，丁基黄药 80g/t 的条件下进行分离浮选，产出含金黄铁精矿和砷精矿。含金黄铁矿精矿含金 328.05g/t，含砷 1.74%，金回收率为 93.43%；砷精矿含金 24.5g/t，含砷 15.26%，砷回收率为 89.22%。

（2）碱处理-氰化。若金-砷混合精矿中含简单的砷硫化物（如雄黄和雌黄）时，金-砷精矿可直接氰化，由于简单的砷硫化物易溶于碱性氰化物溶液中生成硫化钠和硫代砷酸盐，可大量消耗氰化物和溶解氧。为了降低简单的砷硫化物的有害影响，可采用预先碱处理、阶段氰化和低浓度氧化钙（低于 0.02%）的氰化液浸出。氰化过程中应向矿浆中加入氧化剂或预先进行强烈充气搅拌并加入铅盐。

（3）快速氰化法。若金-砷精矿中的砷只呈毒砂形态存在，由于毒砂的氧化速度较低，此时可将混合精矿高细度再磨，采用提高固-液接触界面和较强的氰化条件，以尽量缩短氰化浸出时间的方法降低砷的有害影响。

（4）氧化焙烧-氰化法。若金-砷精矿中的金呈微细粒存在，高细度再磨条件下仍无法单体解离或裸露，主要呈毒砂和黄铁矿的包体金形态存在时，为了提高金的氰化浸出率和降低砷的有害影响，常采用预氧化法进行预处理，使载金矿物分解，使包体金单体解离或裸露。常用的预氧化法为氧化焙烧、热压氧浸、细菌预氧化酸浸、高阶铁盐酸浸、硝酸浸出等。

氧化焙烧时的主要反应为：

$$2FeAsS + 5O_2 \longrightarrow Fe_2O_3 + As_2O_3 + 2SO_2$$

$$2FeS_2 + \frac{11}{2}O_2 \longrightarrow Fe_2O_3 + SO_2$$

$$FeAsS \xrightarrow{\triangle} FeS + As$$

$$2As + \frac{3}{2}O_2 \longrightarrow As_2O_3$$

$$As_2O_3 + O_2 \longrightarrow As_2O_5$$

$$FeS_2 + O_2 \longrightarrow FeS + SO_2$$

$$3FeO + As_2O_5 \longrightarrow Fe_3(AsO_4)_2$$

三氧化二砷（低价砷氧化物）易挥发，温度为 120℃ 时挥发已相当显著，其挥发率随温度的升高而快速增大，温度为 500℃ 时的蒸气压可达 0.101MPa。

部分三氧化二砷与空气中的氧或易被还原的氧化铁、二氧化硫等氧化剂作用可生成不易挥发的五氧化二砷（高价砷氧化物）。升高焙烧温度和增大空气过剩系数将促进五氧化二砷的生成。生成的五氧化二砷将与金属氧化物作用生成砷酸盐。

为了提高焙烧过程的脱砷率和脱硫率，金-砷精矿常采用二段焙烧工艺。第一段焙烧温度为 550~580℃，空气过剩系数为零，进行还原焙烧。第二段焙烧温度为 600~620℃，空气过剩系数大，进行氧化焙烧。此种二段焙烧工艺可避免焙砂的熔结，脱砷率和脱硫率较高，焙砂中的残余砷含量可降至 1%~1.5%，可获得孔隙率高的焙砂。

若采用较高温度和空气过剩系数大的条件进行一段氧化焙烧，易使焙砂熔结，易生成不易挥发的砷酸盐。导致焙砂中的残余砷含量高，砷酸盐还将覆盖金粒表面，降低金的浸出率。

焙烧不完全时，焙砂中的砷、硫含量高，焙砂中的砷除少量呈砷硫化物形态存在外，主要呈不易挥发的砷酸盐形态存在。焙砂中的硫除少量呈砷硫化物和黄铁矿、磁黄铁矿形态存在外，主要呈 FeS 形态存在。因此，金-砷精矿焙烧不完全时，不仅残余的砷、硫含量高，而且大量的铁以亚铁形态存在于焙砂中，对焙砂氰化提金极为有害。若金-砷精矿的焙砂送火法冶炼处理，可采用一段焙烧工艺，焙砂中的砷含量可允许高达 2%。

金-砷精矿二段焙烧后的焙砂中的砷、硫含量应小于 1.5%。焙砂氰化前先经高细度再磨，用水洗涤以洗去焙砂中的可溶化合物，可大幅度降低氰化物和石灰耗量。焙砂氰化浸出时，氰化物浓度应大于 0.08%，pH 值为 10~12，通常金的浸出率较高。当焙砂中的金较难浸出时，可采用二段或三段氰化浸金。有时可在各段氰化之间进行碱处理。碱处理时的苛性钠浓度为 6%~8%，温度为 80~90℃，浸出 2~3h，碱处理可溶解砷酸铁等砷氧化物，使包体金单体解离或裸露。碱处理后的矿浆经脱水、氰化，可提高金的氰化浸出率。

若将金-砷精矿二段焙烧后的焙砂再经高温处理，可进一步提高金的氰化浸出率。如某金矿的金-砷精矿含金 175g/t，含砷 10.72%，含硫 20.78%，含锑 0.85%，含铅 0.22%。二段焙烧后的焙砂再磨至 -0.074mm 占 95%，金的氰化浸出率为 89%。若将金-砷精矿二段焙烧后的焙砂先经温度为 1000℃ 的高温处理（此温度低于焙砂熔点），在相同的磨矿细度条件下，金的氰化浸出率可增至 94.8%，氰化物耗量可从 0.92kg/t 降至 0.61kg/t。二段焙烧后的焙砂再经高温处理时，可使部分呈固溶体形态存在于氧化铁中的包体金单体解离或裸露。

金-砷精矿进行一段焙烧时，脱砷率和脱硫率较低，焙砂中的砷、硫和亚铁含量较高。焙砂再磨后氰化时，消耗大量的石灰、氰化物和溶解氧，金的氰化浸出率特低。为了消除焙砂中的残留砷、硫和亚铁对氰化浸金的有害影响，再磨后的焙砂可采用酸洗法处理，酸洗水的 pH 值应小于 1.5。酸洗时可分解焙砂中的大部分砷、硫和亚铁化合物，可使这些化合物中的包体金解离或裸露，酸洗矿浆经脱水、制浆、氰化，可大幅度提高金的氰化浸出率。

部分金-砷氧化矿中的砷呈臭葱石和其他砷氧化物形态存在，此类矿石中的自然金粒常被臭葱石薄膜覆盖。因此，此类矿石难于用常规的浮选法和氰化法回收其中的金。但可采用脂肪酸类捕收剂浮选臭葱石。

为了从部分氧化的金-砷矿石中回收金和砷，矿石磨细后可采用黄药类捕收剂浮选回收金和硫化矿物，所得金-砷精矿可采用二段焙烧—焙砂氰化的工艺回收金。浮选尾矿可采用苛性钠溶液浸出法浸出砷和除去金粒表面的臭葱石薄膜。碱浸渣可送氰化回收金，碱浸液可用石灰或高浓度苛性钠溶液作沉淀剂沉析砷。

12.5.2　罗马尼亚达尔尼金矿选矿厂

罗马尼亚达尔尼金矿选厂日处理能力为 800t，其选矿工艺流程如图 12-8 所示。

原矿含金 6.2~7g/t，采用阶段浮选—焙烧—氰化的联合流程提金。原矿经二段破碎后

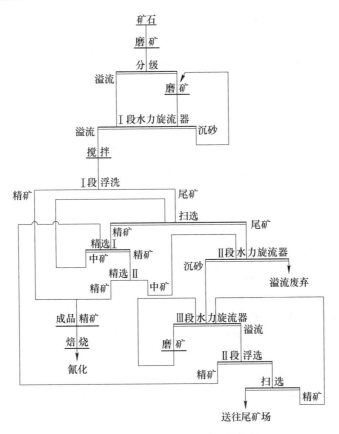

图 12-8 达尔尼金矿选厂工艺流程

送棒磨开路磨矿（ϕ3.66m×7.1m 棒磨机），棒磨排矿送球磨闭路磨矿（ϕ2.4m×2.4m 球磨与 ϕ609mm 水力旋流器闭路）。水力旋流器溢流送浮选，浮选分两段进行。

I 段浮选尾矿采用 ϕ457mm 水力旋流器脱泥，沉砂送 ϕ1.67m×3.05m 管磨机与 ϕ304mm 水力旋流器进行闭路磨矿。总的磨矿细度为 −0.074mm 占 90%~95%。II 段水力旋流器溢流细度为 −0.044mm 占 96%~98%，含金 0.58g/t；II 段浮选扫选尾矿含金 0.68g/t，可废弃。浮选精矿含金 90~125g/t，含硫 16%~22%，含砷 6%，金的浮选回收率约 89%。浮选产出的金-砷精矿采用双室沸腾焙烧炉进行焙烧，焙砂送氰化提金，金的氰化浸出率为 95%~97%。

浮选药剂制度见表 12-6。

表 12-6 浮选药剂制度 （g/t）

加药点	碳酸钠	丁（戊）黄药	硫酸铜	丁黄药	道福劳斯 250	25 号黑药
棒磨机	750	65	—	—	—	—
球磨机	—	—	55	30	10	—
III 段旋流器给矿	—	10	20	—	—	—
III 段旋流器沉砂	—	10	20	—	—	—
浮选给矿	—	—	—	—	10	15
合计	750	85	95	30	20	15

金-砷精矿沸腾焙烧条件和氰化指标见表 12-7。

表 12-7　金-砷精矿沸腾焙烧条件和氰化指标

浮选精矿品位/%			精矿焙烧量 /t·d⁻¹	焙烧段数	焙烧温度/℃	焙砂品位/%			焙砂氰尾含金 /g·t⁻¹	焙砂氰化回收率 /%
Au /g·t⁻¹	S	As				Au /g·t⁻¹	S	As		
90~125	16~22	6	25	2	560	125~150	1~2	1~1.5	4.5~6.0	95~97

从图 12-8 可知，该厂流程复杂冗长，浮选药剂制度复杂，加药点多且不太合理。

12.5.3　江西某金矿

原矿主要金属矿物为毒砂、黄铁矿，其次为方铅矿、黄铜矿、铁闪锌矿、自然金和银金矿等。脉石矿物主要为石英。原矿含金 7g/t，含银 230g/t，含砷 8.66%，含硫 7.86%，含铅 2.08%，含锌 0.98%，含铜 0.068%。

应矿方邀请，承担了选矿小试任务，要求产出混合金精矿和寻求就地产金的方法。

将原矿试样磨至 -0.074mm 占 70%，在矿浆自然 pH 值条件下，添加硫酸铜 250g/t 作活化剂，丁基黄药和丁基铵黑药为捕收剂，加少量松醇油作起泡剂进行浮选。浮选指标见表 12-8。

表 12-8　混合浮选指标　　　　　　　　　　　　　　（%）

产品名称	产率	品　　位						
		Au/g·t⁻¹	Ag/g·t⁻¹	Cu	Pb	Zn	As	S
混合精矿	35.00	20.58	800	0.23	6.06	3.84	24.40	21.02
尾矿	65.00	0.46	25.12	0.007	0.001	0.033	0.57	0.77
原矿	100.00	7.00	230.0	0.068	2.08	0.98	8.66	7.86

产品名称	产率	回　　收　　率						
		Au	Ag	Cu	Pb	Zn	As	S
混合精矿	35.00	95.77	92.90	93.02	95.95	97.83	95.71	93.60
尾矿	65.00	4.23	7.10	6.98	4.05	2.17	4.29	6.40
原矿	100.00	100.00	100.00	100.00	100.00	100.00	100.00	100.00

将混合精矿再磨至 -0.041mm 占 97%，pH 值为 10~12（加石灰调浆），氰化钠 8000g/t 混精，浸出 16h，混合精矿中金的氰化浸出率可达 85% 以上。

若将混合精矿在 600℃ 条件下氧化焙烧 2h，焙砂组成为：Au 30.21g/t、Ag 1089.5g/t、As 1.78%、S 8.95%。采用氰化钠 8000g/t 焙砂，石灰 1089.5g/t 焙砂，液固比为 2:1，浸出 16h，焙砂中金的氰化浸出率仅为 12.52%。若将焙砂再磨至 -0.038mm 占 99%，采用上述焙砂不再磨的直接氰化浸出条件进行氰化浸出，金的氰化浸出率仅为 10.13%。若焙砂再磨后采用 180kg/t 硫酸浸出铜，然后采用上述氰化条件进行浸铜渣的再磨焙砂进行氰化浸出，金的氰化浸出率也仅为 16.49%。从上述试验结果可知，在试验条件下焙砂的氰化浸出率较低，究其原因是氧化焙烧时砷、硫脱除率低，焙砂中残留的砷、硫含量较高，焙砂中的亚铁含量高，致使氰化过程中，这些有害物大量消耗氰化物和溶解氧。

推荐流程为：原矿碎磨至-0.074mm 占 70%～75%后，在自然 pH 值下进行混合浮选产出混合精矿，混合精矿中的砷呈毒砂形态存在，铜含量较低，将混合精矿再磨至-0.041mm 占 97%后，直接氰化提金或硫脲酸性液浸出提金可获 86%左右的金浸出率，可实现就地产金的目标。但应用于工业生产，仍有许多工作有待完善和解决。

由于该矿被乱采乱挖，矿体被严重破坏，导致该矿无规模开采价值，使试验研究工作无法进行而中断。

12.6 从氰化浸出渣中浮选回收金银

12.6.1 概述

19 世纪 80 年代氰化浸金工艺工业化至今 100 多年来，国内外金银矿山主要采用氰化法就地产出金银。一般以合质金锭的形态出售，大金矿则以金锭、银锭出售。大部分氰化渣仍堆存于尾矿库中，其数量相当可观。

氰化提金产出的氰化渣，大致可分为下列几种类型：

（1）氰化堆浸渣：此类氰化渣的粒度较粗，矿粒常大于 10mm。氰化堆浸渣的矿物组成和化学组成与原矿相似。视堆浸渣堆存时间的长短，氰化渣的氧化程度各异。该类氰化渣金含量高，一般含金 1～3g/t，含硫各异，有的还含少量的铜、锑、铅、锌、砷等组分。一般经碎磨至-0.074mm 占 95%后，采用浮选方法回收其中所含的金银。

（2）全泥氰化渣：全泥氰化渣的粒度细，矿泥含量高。由于堆存时间长，常混有其他杂物。据全泥氰化工艺的差异，有时全泥氰化渣中还含少量的细粒载金炭或细粒载金树脂。此类氰化渣含金常大于 1g/t，含硫大于 1%。常用浮选法回收其中的金银。

（3）金精矿再磨直接氰化渣：此类氰化渣的粒度细，硫含量高。其中含金常大于3g/t，含硫常大于 3%～5%。

（4）金精矿再磨预氧化酸浸后的氰化渣：此类氰化渣的粒度常为-0.04mm（-360目）占 95%，矿泥含量高。渣中含金常大于 3g/t，硫含量常为 3%～5%。常用浮选法回收其中的金银。

12.6.2 从氰化堆浸渣中回收金银

当含金大于 1g/t 氰化堆浸渣，浸渣堆存时间较久，矿堆中的硫化矿物氧化严重，矿堆底部的防渗水层没破坏的条件下，可采用对原矿堆进行再氰化堆浸的方法回收金银。此法的金银回收率虽较低，但成本低，有一定的经济效益。

若不具备上述条件，尤其是堆存时间长，防渗水层被破坏的条件下，最常用的方法为浮选法。堆浸渣经破碎、磨矿，磨至-0.074mm 占 90%以上，最好先用硫酸调浆（pH 值为6.5～7.0），加入浮选硫化矿物的浮选药剂（如硫酸铜、丁基铵黑药、丁基黄药等）浮选单体解离金和硫化矿物中的包体金，金银浮选回收率可达 80%以上。

12.6.3 从全泥氰化渣中回收金银

某金矿上部为氧化矿，含金大于 4g/t、含硫 1%左右。经试验和技术论证，决定采用全泥氰化工艺产出金锭。具体工艺流程为：原矿经自磨、球磨磨至-0.074mm 占 90%送树脂矿浆氰化作业浸出吸附金，载金树脂用硫脲酸性液解吸金。所得贵液送电积、熔铸作业，产出金锭。后来该矿由露天开采转为井下开采，随原矿中硫含量的提高和硫化矿物中包体金含量的提高，全泥氰化指标每况愈下。2003 年全泥氰化工艺改为自磨、两段球磨、分级溢流经旋流器检查分级、经浮选得金精矿、金精矿高细度再磨后送细菌氧化酸浸、预浸矿浆经压滤、滤饼制浆中和至 pH 值为 10 后送树脂矿浆氰化作业、载金树脂用硫脲酸性液解吸金，所得贵液送电积、熔铸作业，产出金锭。2012 年该矿又将提金工艺改为：浮选金精矿氧化焙烧—再磨氰化浸金—多段浓密机逆流洗涤—贵液锌粉置换—金泥熔炼—电解精炼—金锭的工艺流程。此工艺为逆流洗涤的经典二步法提金工艺。

多年的全泥氰化，矿山留下了数量可观的全泥氰化渣和表外矿石。为了回收其中所含的金银，2006 年，该矿新建一座日处理量为 500t 的浮选车间。该车间给料中日处理表外矿 100t、氰化渣 400t。表外矿碎至 15mm 送球磨磨矿，球磨与螺旋分级机闭路，螺旋分级溢流经旋流器检查分级，旋流器沉砂返回螺旋分级机。尾矿库中的全泥氰化渣，采用水采水运的方法送入浓密机。浓密机底流与旋流器溢流一起进入浮选作业（细度为-0.074mm 占 95%）。添加硫酸铜、丁基铵黑药、丁基钠黄药和 2 号油。采用一次粗选、三次精选、三次扫选、中矿循序返回的浮选流程。当给矿含金 2g/t 时，可产出含金 25g/t 的浮选含金黄铁矿精矿，金回收率约 60%，浮选尾矿含金约 0.76g/t。

低碱介质工艺工业试验时，将 500t 的给矿全部进球磨机，磨矿细度仅-0.074mm 占 60%。采用硫酸铜、硫酸调浆至 pH 值为 6.5~7.0，以 SB 选矿混合剂和丁黄药组合药剂，采用原生产流程进行试验，尾矿含金降至 0.7g/t，金浮选回收率仅 70%左右。建议复原生产流程，只将表外矿 100t 进球磨机，分级机溢流经旋流器检查分级后的溢流与浓密机底流（金泥氰化渣 400t）混合后，采用低碱介质浮选药剂制度进行浮选。由于磨矿细度可达-0.074mm 占 95%，故尾矿含金可降至 0.5g/t 左右，金的浮选回收率可达 85%左右。

12.6.4　从金精矿再磨后直接氰化渣中回收金银

当金的嵌布粒度大于 0.037mm 时，金精矿再磨至-0.042mm 占 95%条件下，金精矿中绝大部分金呈单体解离金和裸露金的形态存在。金精矿再磨后直接氰化可以获得较满意的金浸出率。

此类氰化渣含金常大于 5g/t、含硫常大于 20%，浸渣细度常为-0.042mm 占 95%，渣中的金绝大部分呈硫化矿物包体金的形态存在。常用浮选法从氰化渣中回收金银。浮选的关键是先将被氰化物抑制的硫化矿物活化。然后采用浮选硫化矿物的方法浮选。

此类氰化渣硫含量高，有两种浮选方案：一是产出含金低的含金黄铁矿精矿。用硫酸调浆至 pH 值为 6.5~7.0，加入丁基铵黑药、丁基钠黄药进行浮选。金、硫浮选回收率可达 85%以上，含金黄铁矿精矿金含量较低（约 10g/t）；二是产出含金量稍高的含金黄铁矿精矿。用硫酸调 pH 值为 6.5~7.0，加入对硫捕收能力弱的高效捕收剂（如丁基铵黑药、SB 选矿混合剂等）进行浮选。金浮选回收率可达 80%，硫浮选回收率约 40%，含金黄铁矿精矿中金含量可大于 25g/t。

12.6.5　从金精矿再磨预氧化处理后的氰化渣中回收金银

此类氰化渣粒度细，矿泥含量高，含金常大于 3g/t，含硫为 3% ~ 5%。处理此类氰化渣的浮选，依其堆存时间、提金浸出方法和浸出剂的氧化分解程度等因素，浮选前的矿浆调浆方法稍有差异。

若预氧化处理采用氧化焙烧法，其氰化渣的浮选与金精矿再磨后直接氰化渣的浮选相似。浸渣细度常为−0.042mm 占 95%，渣中的金绝大部分呈硫化矿物包体金的形态存在。常用浮选法从氰化渣中回收金银。浮选的关键是先将被氰化物抑制的硫化矿物加硫酸活化。然后采用浮选硫化矿物的方法浮选。

若预氧化处理采用生物预氧化酸浸法，其氰化渣浮选前，宜先制浆、过滤、洗涤以除去残余氰化物和其他药剂。滤饼制浆，用硫酸调浆至 pH 值为 6.5~7.0，加入丁基铵黑药、丁基黄药等药剂进行浮选。金、硫浮选回收率可达 85%，金精矿含金大于 35g/t。金精矿中的金主要为硫化矿物包体金，单体金含量低。

若预氧化处理采用热压预氧浸法，其氰化渣的浮选与金精矿再磨后直接氰化渣的浮选相似。

若预氧化处理采用高价铁盐酸浸法，其氰化渣的浮选与金精矿再磨后直接氰化渣的浮选相似。

若预氧化处理后的矿浆采用酸性硫脲法提金，浸出矿浆经固液分离、洗涤后的浸渣，其特性与氰化渣有较大的差异。硫脲浸渣制浆后，矿浆呈酸性，液相中含有一定量的杂质离子，渣中的残余硫化矿物不被硫脲抑制，具有较好的可浮性。与氰化渣相似，渣中的自然金几乎全部为包体金。因此，处理硫脲浸渣时，可采用低碱介质浮选工艺和药剂制度，但浮选前须采用碱将矿浆 pH 值调至 6.5~7.0 以消除大部分杂质离子的干扰。否则，将增加捕收剂耗量和药剂成本。

13　有色金属冶炼中间产品和冶炼渣浮选

13.1　概述

可采用浮选法从某些有色金属冶炼中间产品和冶炼渣中回收所含的有用组分，其分离效率和有用组分的回收率均较高。生产实践表明，采用选矿方法回收某些有色金属冶炼中间产品和冶炼渣中的有用组分，是非常经济、有效的分离回收方法。

硫化铜矿物精矿的火法炼铜渣与湿法炼铜渣，均可采用浮选法从中回收铜及渣中所含的其他有用组分，获得铜含量较高的铜浮选精矿，其他有用组分富集于铜精矿中。

粗铜电解精炼时产出的铜阳极泥，可用浮选法富集其中所含的贵金属和铂族元素，可获得较高的经济效益。

硫化锌精矿经焙烧、浸出产出的湿法冶炼渣，可用浮选法回收其中所含的锌、银等有用组分，产出锌银精矿。

含金银的硫精矿经氧化焙烧、制酸产出的硫酸烧渣，可采用浮选法回收其中所含的金、银等有用组分，产出含金、银的硫精矿。

硫化镍铜混合精矿经造锍、缓冷产出的高冰镍，可采用磁选和浮选的方法将其分离为镍铜铁合金、硫化铜精矿和硫化镍精矿三种产品，为贵金属回收、铜冶炼和镍冶炼创造了较好的条件。

13.2　硫化铜精矿冶炼渣浮选

13.2.1　硫化铜精矿火法冶炼渣浮选

13.2.1.1　硫化铜精矿火法冶炼渣的特性

目前，世界上 80%以上的金属铜采用火法冶炼法生产。硫化铜精矿火法冶炼的原则流程如图 13-1 所示。

从图 13-1 中可知，硫化铜精矿火法冶炼时，除部分预备作业和电解精炼作业外，其他冶炼过程均在高温条件下进行。硫化铜精矿火法冶炼的最大优点是其对铜精矿的适应性强、能耗低，尤其适用于处理一般硫化铜精矿和铜含量高的氧化铜矿。

硫化铜精矿经预备作业处理后，采用冶炼炉在 1150~1250℃ 的条件下进行熔炼，生成两种互不相溶的冰铜和炉渣液相。将冰铜送吹炼炉进行吹炼产出粗铜，粗铜送精炼炉精炼产出精铜（含铜99.5%）。将精炼铜铸成阳极板送电解精炼，可产出电解铜和阳极泥。然后，可从阳极泥中综合回收其中所含的贵金属及其他有用组分。

冰铜熔炼时对炉渣的基本要求为：与冰铜不相溶，Cu_2S 在渣中的溶解度极低，炉渣具有良好的流动性且密度低。冰铜熔炼时的炉渣，为炉料与燃料中各种氧化物互相混合熔融而生成的共熔体，主要氧化物为 SiO_2 和 FeO，其次为 CaO、Al_2O_3、MgO 等。固态炉渣

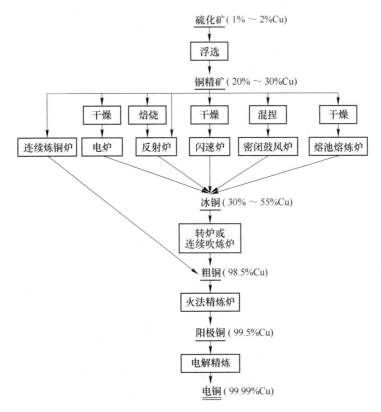

图 13-1 硫化铜精矿火法冶炼的原则流程

可认为是 $2FeO \cdot SiO_2$ 及 $2CaO \cdot SiO_2$ 等复杂分子化合物，液态炉渣为离子熔体。此离子熔体由氧阴离子（O^{2-}）、各种硅氧阴离子（$Si_xO_y^{x-}$）及金属阳离子（Fe^{2+}、Ca^{2+}、Mg^{2+} 等）组成。

常采用炉渣的碱度对炉渣进行分类。若炉渣的碱度为 M_0，则：

$$M_0 = \frac{w(CaO) + w(MgO) + w(FeO)}{w(SiO_2) + w(Al_2O_3)}$$

若 $M_0 = 1$，则称为中性渣；$M_0 > 1$，称为碱性渣；$M_0 < 1$，称为酸性渣。

鼓风炉渣的 $M_0 = 1.1 \sim 1.5$，为典型的碱性渣；反射炉渣依铜精矿中含铜量和含铁量的不同可为碱性渣或酸性渣，处理低品位铜精矿时，其渣的 $M_0 = 1.2 \sim 1.4$，产出碱性渣；处理铜高、硫低的铜精矿时，其渣的 $M_0 = 0.5 \sim 0.65$，产出酸性渣；闪速炉熔炼渣为碱性渣（$M_0 = 1.4 \sim 1.6$）。

各种冰铜熔炼炉的典型炉渣组成见表 13-1。

表 13-1 各种冰铜熔炼炉的典型炉渣组成

熔炼炉类型	化学组成/%							
	Cu	Fe	Fe_3O_4	SiO_2	S	Al_2O_3	CaO	MgO
敞开鼓风炉	0.42	34.4	—	34.9	0.91	3.4	7.6	0.74
密闭鼓风炉	0.20	29.0	—	38	—	7.5	12	3

熔炼炉类型	化学组成/%							
	Cu	Fe	Fe₃O₄	SiO₂	S	Al₂O₃	CaO	MgO
生精矿反射炉	0.51	33.2	7.0	36.5	1.40	7.2	5.2	1.5
焙烧料反射炉	0.37	35.1	11.0	38.1	1.30	6.5	1.1	—
奥托昆普闪速炉（不贫化）	1.5	44.4	11.8	26.6	1.6			
奥托昆普闪速炉（不贫化）	1.0	34.0	—	37.0	—	5.1	5.0	—
印柯闪速炉	0.62	39.0	10.8	37.1	1.1	4.72	1.73	1.61
奥托昆普闪速炉（电炉贫化）	0.78	44.06	—	29.7	1.4	7.8	0.6	—
诺兰达炉（产冰铜）	5.0	38.2	20.0	23.1	1.7	5.0	1.5	1.5
三菱法熔炼炉	0.6	38.2	—	32.2	0.6	2.0	5.0	
瓦纽柯夫炉	0.50	36.0	5.0	34.0	—	—	2.6	
白银炉	0.45	35.0	3.15	35.0	0.70	3.3	8.0	1.4
诺兰达炉（产粗铜）	10.6	34.0	25	20.0	2.4			

从表 13-1 中的数据可知，熔炼炉渣中铜的含量依熔炼炉型而异，鼓风炉熔炼渣中的铜含量为 0.2%~0.42%；反射炉熔炼渣中的铜含量为 0.37%~0.51%；闪速炉熔炼渣中的铜含量为 0.62%~1.5%；诺兰达炉产冰铜时的炉渣含铜为 5%；诺兰达炉产粗铜时的炉渣含铜为 10.6%。

冰铜熔炼时，铜主要损失于烟尘和炉渣中。据统计，烟尘损失占铜总损失量的 0.5% 左右，渣中铜的损失量约占冶炼厂产铜量的 1%~2%。因此，渣中铜损失是冰铜熔炼时铜损失的主要途径。

目前较一致地认为：渣中铜的存在形态主要为铜的电化学溶解和铜的机械夹带。铜硫化矿物的溶解及铜的氧化和造渣而进入渣中，均属电化学溶解。铜氧化物、铜硫化物及总铜溶解损失与冰铜品位的关系如图 13-2 所示。

从图 13-2 中的曲线可知，渣中铜硫化物损失随冰铜品位的提高而下降；渣中氧化铜损失随冰铜品位的提高而显著增大；渣中的总铜损失随冰铜品位的提高而显著增大。

炉渣中的机械夹带物主要为冰铜悬浮物、铜金属夹杂物和未彻底澄清分离的冰铜液滴。夹带液滴的粒度很细，其粒度范围的测量数据不一，有人认为炉渣中的冰铜滴上限粒度为 0.2mm，其下限粒度为 0.5×10^{-3} mm，夹带的金属铜粒的粒度为 7×10^{-6} mm。炉渣中铜的存在形态见表 13-2。

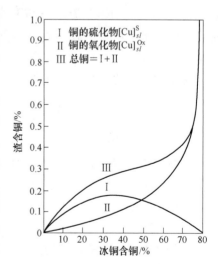

　　Ⅰ 铜的硫化物$[Cu]_{sl}^{S}$
　　Ⅱ 铜的氧化物$[Cu]_{sl}^{Ox}$
　　Ⅲ 总铜＝Ⅰ＋Ⅱ

图 13-2　铜溶解损失与冰铜品位的关系

表 13-2　炉渣中铜的存在形态

冶炼方法	渣含铜/%	渣中铜损失率/%		平均比值	渣中 SiO$_2$ 含量/%
		机械夹带损失	电化学溶解损失		
鼓风炉熔炼	0.3~0.4	70~75	25~30	2.65	
反射炉熔炼	0.47~0.54	47~52	48~53	1.00	29~36
电炉熔炼	>0.5	60~65	35~40	1.66	

从表 13-2 中数据可知，虽然炉渣中铜的存在形态因冶炼炉类型有所差异，但渣中铜的主要形态为机械夹带损失。

影响炉渣中铜损失的因素较复杂，其主要影响因素为熔融炉渣的黏度、密度、表面张力、冰铜品位、熔体温度及转炉渣的处理方法等。

研究表明，炉渣在大于 1000℃ 条件下保温较长时间（1~8h，视保温设备而异），铜可从熔融体中析出，可使渣中的铜粒长大，其平均粒径与冷却时间的对数成近似正比关系；当温度小于 1000℃ 时，可采用喷水的方法加速冷却，不影响炉渣的可磨性和铜的可浮性。

13.2.1.2　浮选工艺

试验测定，炉渣的可磨性为：若铜矿石的可磨系数为 1.0，缓冷的反射炉渣的可磨系数为 1.03，废弃反射炉渣的可磨系数为 0.72，快速冷却反射炉渣的可磨系数为 0.63，转炉渣的可磨系数为 0.90，低硅渣较易磨。

炉渣经破碎、筛分，再磨细至 -0.036mm 占 95%，送浮选。浮选作业常在矿浆自然 pH 值条件下进行，采用黄药类捕收剂和常用的松醇油作起泡剂，但用量较高。若在矿浆自然 pH 值条件下，采用 SB 选矿混合剂作捕收剂与黄药组合捕收剂，将取得较理想的浮选指标。

某铜冶炼厂产出的闪速炉冶炼渣含铜 1.3% 左右，将其磨至 -0.036mm 占 95%，采用丁基黄药和丁基铵黑药进行浮选，可产出铜含量达 50% 以上的铜精矿，尾矿含铜约 0.3%，铜的浮选回收率可达 90% 以上。

13.2.2　硫化铜精矿湿法冶炼渣浮选

13.2.2.1　硫化铜精矿湿法冶炼渣的特性

目前，世界金属铜产量的 15% 由湿法冶炼生产。湿法炼铜是在常温常压或热压条件下，采用浸出剂从富铜矿石或硫化铜精矿的焙砂中浸出铜，铜浸出液经净化，使铜与杂质分离。最后采用电积法、萃取-电积等方法提取铜，产出电解铜。氧化铜矿和自然铜可采用浸出剂直接浸铜，对硫化铜矿石或浮选铜精矿，一般先经氧化焙烧，然后采用相应的浸出剂浸出焙砂中的铜。现湿法炼铜已成为处理硫化铜矿和复杂铜矿的重要方法，为化学选矿的重要内容之一。硫化铜精矿焙烧—浸出—电积法流程如图 13-3 所示。

若硫化铜矿中含伴生金、银等组分时，氧化焙烧过程中基本不发生变化，焙砂中的残硫一般为 1%～3%，即仍有少量的硫化铜矿物未被氧化，仍呈硫化铜矿物形态存在于浸出渣中。浸出渣中除含氧化物外，还含少量的铜、铅、铋硫化物和硫化铜精矿中所含的全部贵金属。

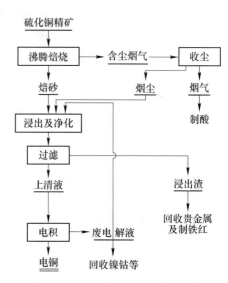

图 13-3　硫化铜精矿焙烧—浸出—电积法流程

13.2.2.2　选矿工艺

为了回收硫化铜精矿湿法冶炼渣中的铜、金、银等有用组分，可采用摇床选和浮选的方法，获得富含金、银、铜的混合精矿。可将此混合精矿送铜冶炼厂综合回收铜、金、银，也可采用硫脲提取金银的方法就地综合回收铜、金、银。

13.3　硫化锌精矿湿法冶炼渣浮选

13.3.1　湿法炼锌渣的类型与组成

硫化锌精矿焙砂浸出的原则流程如图 13-4 所示。

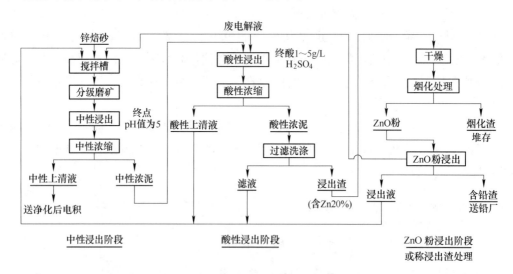

图 13-4　硫化锌精矿焙砂浸出的原则流程

从图 13-4 中可知，整个浸出过程分为中性浸出、酸性浸出和 ZnO 粉浸出三个阶段。焙砂经中性浸出和酸性浸出后，浸出渣中仍含 20%左右的锌，故浸出渣常采用烟化挥发法处理，以氧化锌粉形态回收渣中的不溶锌。此氧化锌粉单独处理，可回收其中所含的金属铟。

20 世纪 30 年代开始采用热酸（90℃，H_2SO_4 浓度为 200g/L）浸出浸渣中的 $ZnFe_2O_4$ 和 ZnS，以取代烟化挥发工艺，此时铁大量溶解，直至 20 世纪 60 年代发现新的沉铁方法后，热酸浸出工艺才用于工业生产。湿法炼锌热酸浸出工艺流程如图 13-5 所示。

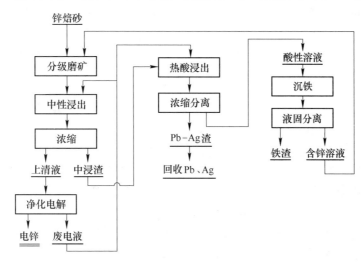

图 13-5　湿法炼锌热酸浸出工艺流程

从上可知，湿法炼锌渣有烟化挥发渣（窑渣）、赤铁矿法铁渣、黄钾铁矾法铁渣和针铁矿法铁渣四种形态。多数锌冶炼厂采用回转窑挥发法回收渣中的铅锌，此时银不挥发而留在渣中，渣中的银含量可达 300~400g/t。有些锌厂将此类渣作为铅精矿的铁质助熔剂送铅熔炼，使锌渣中的金银富集于粗铅中，在粗铅精炼过程中综合回收金银。若铅冶炼能力大，可用此法处理窑渣。若不具备此条件，只能单独处理以回收其中所含的有用组分。

某厂湿法炼锌渣的化学组成见表 13-3。

表 13-3　某厂湿法炼锌渣的化学组成

编号	含量/%									
	$Ag/g \cdot t^{-1}$	$Au/g \cdot t^{-1}$	Cu	Pb	Zn	Fe	S总	SiO_2	As	Sb
1	270	0.2	0.82	3.3	19.4	27.0	5.3	8.0	0.59	0.41
2	340	0.2	0.85	4.6	20.5	23.8	8.57	9.72	0.79	0.36
3	360	0.25	0.83	4.33	21.8	23.54	5.0	10.63	0.57	0.33
4	355	0.2	0.73	3.18	20.38	21.14	5.47	8.88	0.54	0.21

渣中银、锌物相分析结果见表 13-4。

表 13-4　渣中银、锌物相分析结果

锌	锌物相	$ZnSO_4$	ZnO	$ZnSiO_3$	ZnS	$ZnO \cdot Fe_2O_3$	
	相对含量/%	16.73	14.13	0.96	7.54	60.64	
银	银物相	自然银	AgS	Ag_2SO_4	AgCl	Ag_2O	脉石
	相对含量/%	10.03	61.80	2.14	3.50	5.44	17.09

346 · 第 2 篇　金属硫化矿物浮选

从表 13-4 中数据可知，71.83% 的银呈自然银和硫化银的形态存在于渣中，氯化银和氧化银含量仅为 8.94%，与脉石共生的银占 17.09%；渣中的锌主要呈铁酸锌、硫酸锌、氧化锌和硫化锌的形态存在。

锌浸出渣的筛析结果见表 13-5。

表 13-5　锌浸出渣的筛析结果

粒级/mm	+0.147	−0.147 +0.104	−0.104 +0.074	−0.074 +0.037	−0.037 +0.019	−0.019 +0.010	−0.010	合计
产率/%	3.84	8.07	3.57	13.49	14.55	12.17	44.31	100.00
银含量/g·t^{-1}	150	130	220	360	300	220	120	235
银分布/%	2.94	5.34	4.00	24.75	22.24	13.64	27.09	100.00

从表 13-5 中数据可知，锌浸出渣中 −0.074mm 粒级产率占 84.52%。−0.074mm 粒级中的银分布率占 87.72%，其中 −0.01mm 粒级的银占 27.09%。

从湿法炼锌渣的化学组成、物相分析结果和粒度筛析结果可知，可采用直接浸出法、浮选-精矿焙烧-焙砂浸出法和硫酸化焙烧-水浸法等工艺回收湿法炼锌渣中的金银。

13.3.2　湿法炼锌渣浮选

某厂湿法炼锌渣浮选采用一粗三精三扫的浮选流程，浮选药剂为：Na_2S 250~350g/t、丁基铵黑药 700~1000g/t、松醇油 250~300g/t。在室温，矿浆浓度为 30% 的条件下浮选。浮选指标见表 13-6。

表 13-6　湿法炼锌渣的浮选指标　　　　　　　　　　（%）

产品	产率	品位									
		Ag/g·t^{-1}	Cu	Pb	Zn	Fe	S$_总$	In	Ge	Ga	Cd
精矿	2.70	9410	4.50	0.28	39.90	5.73	29.80	0.014	0.0031	0.012	0.26
尾矿	97.30	90	0.097	4.41	19.06	24.03	4.66	0.038	0.0069	0.021	0.13
浸渣	100.00	342	0.80	4.30	29.60	23.54	5.34	0.037	0.0068	0.021	0.18

产品	回收率									
	Ag	Cu	Pb	Zn	Fe	S$_总$	In	Ge	Ga	Cd
精矿	74.29	15.19	0.18	3.64	0.66	15.07	0.07	1.23	1.54	3.90
尾矿	25.71	84.81	99.82	96.36	99.34	84.93	99.93	98.77	98.46	96.10
浸渣	100.00	100.00	100.00	100.00	100.00	100.00	100.00	100.00	100.00	100.00

从表 13-6 中的数据可知，浮选所得精矿实为富含银的硫化锌精矿，98% 以上的 Pb、In、Ge、Ga 留在浮选尾矿中，银的回收率仅 74.29%，有待进一步完善浮选工艺。建议采用 SB 与异戊基黄药组合捕收剂进行浮选，预计可进一步降低药剂用量和可获得较理想的浮选指标。

浮选精矿的化学组成见表 13-7。

表 13-7　浮选精矿的化学组成　　　　　（%）

元素	Au/g·t^{-1}	Ag	Cu	Zn	Cd	Pb	As	Sb	Bi	SiO$_2$	Fe	S$_总$
1 号精矿	2.0	1.0	4.68	48.4	0.32	0.98	0.15	0.14	0.02	4.28	5.31	28.86
2 号精矿	2.0	0.94	4.85	48.7	0.29	0.94	0.15	0.13	0.02	3.90	6.06	28.71
3 号精矿	2.5	0.74	4.25	46.2	—	0.44	0.24	0.15	—	3.90	6.35	29.0

从表 13-7 中数据可知，精矿中 Au、Ag、Cu 和 Zn 的含量均较高，可从精矿中回收 Au、Ag、Cu 和 Zn。

精矿中 Ag、Zn 和 Cu 的物相组成见表 13-8。

表 13-8　湿法炼锌渣浮选精矿的物相组成　　　　　（%）

元素	Ag				Zn				
物相	Ag^0	Ag$_2$S	Ag$_2$SO$_4$	Ag$_总$	ZnS	ZnO	ZnSO$_4$	ZnO+Fe$_2$O$_3$	Zn$_总$
含量	0.0026	0.76	0.018	0.781	41.38	0.25	0.25	6.62	48.50
分布	0.03	97.31	2.30	100.00	85.32	0.51	0.52	13.65	100.00

元素	Cu				
物相	CuS+Cu$_2$S	CuO	CuSO$_4$	Cu^{0}结合	Cu$_总$
含量	4.32	0.19	0.011	0.011	4.532
分布	95.32	4.19	0.24	0.25	100.00

从表 13-8 中数据可知，浮选精矿中 97.31% 的银呈硫化银形态存在，85.32% 的锌呈硫化锌形态存在，95.32% 的铜呈硫化铜形态存在。

从浮选精矿中回收银的工艺流程如图 13-6 所示。

浮选精矿在 650~750℃ 条件下进行 2.5h 的硫酸化焙烧，焙砂进行硫酸浸出，硫酸用量为 700kg/t，液固比为（4~5）∶1，温度为 85~90℃ 条件下浸出 2h。银的浸出率可大于 95%。

固液分离可获得富含 Ag、Cu、Zn 的浸出液和含 Pb、Au、Ag、Zn 的浸出渣，浸渣进铅冶炼以综合回收其中所含的有用组分。

浸出液送还原银作业，以二氧化硫气体作还原剂，还原温度为 50℃，银的还原率大于 99.5%。所得银粉组成为：Ag 95.12%，Cu 0.05%、Zn 0.01%。为防止铜被还原，应严格控制二氧化硫的通入量。用 Cl$^-$ 检查银是否完全沉淀，一旦银完全沉淀，立即停止通二氧化硫。

沉银母液采用锌粉沉铜，锌粉用量为理论量的 1.2 倍，反应温度为 80℃，反应时间为 1~2h，

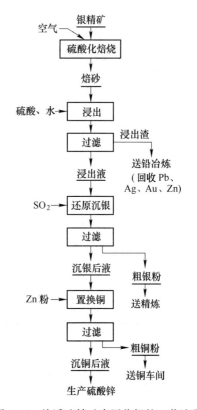

图 13-6　从浮选精矿中回收银的工艺流程

所得铜粉含铜为 80%。

沉铜后液送净化生产 $ZnSO_4 \cdot 7H_2O$。

13.4　铜电解阳极泥浮选

13.4.1　铜电解阳极泥的组成

铜电解阳极泥的原处理流程为：氧化焙烧脱硒—熔炼铜锍和贵铅—贵铅灰吹氧化精炼—银、金电解。此常规流程较成熟，至今仍为许多国内外冶炼厂所采用。但此流程冗长复杂、设备多、原材料消耗高、工艺过程间断作业、劳动强度大、返料多、有用组分回收率较低。

日本 6 座铜冶炼厂采用火法冶炼铜阳极泥的月平均技术经济指标见表 13-9。

表 13-9　日本 6 座铜冶炼厂采用火法冶炼铜阳极泥的月平均技术经济指标

项目		单位	小坂	日立	日光	竹原	新居浜	佐贺关
阳极泥主成分	Au	g/t	1.13	10.45	1.91	4.96	7.44	10.10
	Ag	g/t	222.8	129.3	207.9	166.4	81.1	90.1
	Cu	%	20.36	22.48	8.65	17.03	19.00	27.30
	Pb	%	12.54	8.90	19.32	16.78	15.60	7.01
贵铅炉熔炼	炉料总量	t	77.4	74.5	56.3	67.8	125.5	137.3
	阳极泥	t	45.8	20.3	23.2	38.4	30.6	34.0
	铅铜锍	t	4.8	12.4				
	产品总量	t	96.9	41.8	43.4	68.6	108.5	119.7
	贵铅	t	24.0	14.2	17.5	23.3	66.2	74.7
	铜锍	t	45.1	5.0		2.9		15.1
	重油消耗	kg	37.3	电炉 33100 kW·h	18.4			
分银炉熔炼	炉料总量	t	34.0	7.7	24.9	69.6	46.4	48.1
	贵铅	t	23.7		19.1	23.9	35.8	33.3
	杂银	t	1.5		0.8		0.1	
	粗银	t	2.1	6.6	0.2	1.5	0.3	5.1
	熔剂	t	6.7	1.0	3.2	28.5	8.1	8.7
	产品总量	t	31.5	7.7	26.3	63.1	52.5	67.1
	银阳极板	t	10.9	6.1	6.8	14.0	7.9	8.7
	密陀僧	t	20.6		9.9	43.0	33.9	24.6
	重油消耗	kg	728	5.1	丁烷 19.1	38.1	28.7	27.8

为了提高贵金属的回收率，改善操作条件和减少铅害，近 20 年来除对传统阳极泥处理工艺进行改进和完善外，还试验研究了采用浮选法富集阳极泥中的贵金属等有用组分，并已成功用于工业生产。采用浮选法处理铜阳极泥的国家有中国、俄罗斯、芬兰、日本、美国、德国和加拿大等国家。

日本大阪精炼厂处理的阳极泥的化学组成见表 13-10。

表 13-10　日本大阪精炼厂处理的阳极泥的化学组成　（%）

化学组成	Au/g·t^{-1}	Ag/g·t^{-1}	Cu	Pb	Se	Te	S	Fe	SiO$_2$
阳极泥 A	22.55	198.5	0.6	26	21	2.2	4.6	0.2	2.4
阳极泥 B	6.24	142	0.6	31	17	1.0	6.7	0.1	1.0

13.4.2　铜阳极泥的浮选工艺

该厂采用浮选法处理铜阳极泥的工艺流程如图 13-7 所示。

首先将铜阳极泥给入球磨机中，将其磨至 -0.03mm 占 100%，磨机中加入硫酸，在磨机中进行磨矿脱铜。脱铜后的阳极泥溢流送入丹佛浮选机，在 pH 值为 2，矿浆浓度为 10% 的条件下，加入 50g/t 208 号黑药进行浮选。Au、Ag、Se、Te、Pt、Pd 等进入浮选精矿中，大部分 Pb、As、Sb、Bi 等留在浮选尾矿中。浮选技术指标列于表 13-11 中。

所得浮选精矿在同一冶炼炉中完成氧化焙烧除硒、熔炼和分银三个工序，最后产出硒尘、银阳极板和炉渣。银阳极板送电解作业回收银和金。熔炼时可不添加熔剂和还原剂，产生的烟尘和氧化铅副产品很少。

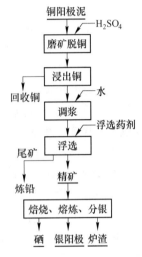

图 13-7　日本大阪精炼厂采用浮选法处理铜阳极泥的工艺流程

表 13-11　日本大阪精炼厂的浮选技术指标　（%）

| 产品 | 产率 | 品位 | | | | | | | | | |
		Pb	Se	Te	As	Sb	Bi	Pt/g·t^{-1}	Pd/g·t^{-1}	Au/kg·t^{-1}	Ag/kg·t^{-1}
精矿	45	7.14	31.22	4.6	0.15	1.1	0.42	132	410	16.1	351.5
尾矿	55	53.79	0.08	0.05	0.75	3.26	1.02	10	27	0.03	0.6
给矿	100	32.8	14.09	2.1	0.48	2.29	0.35	45	199	7.13	158.5

| 产品 | 回收率 | | | | | | | | | |
	Pb	Se	Te	As	Sb	Bi	Pt	Pd	Au	Ag
精矿	9.80	99.69	98.70	14.10	21.60	25.20	91.50	92.50	99.77	99.79
尾矿	90.20	0.31	1.30	85.90	78.40	74.80	8.50	7.50	0.23	0.21
给矿	100.00	100.00	100.00	100.00	100.00	100.00	100.00	100.00	100.00	100.00

美国和德国的铜冶炼厂与日本的指标相似。

苏联报道的铜阳极泥浮选是在 150~200g/t 的硫酸介质中，采用 250g/t 黄药作捕收剂进行浮选，60%~65%的铜进入矿浆液相，98%~100%的 Au、Ag、Pd 和 Se 进入浮选精矿中，镍富集于浮选尾矿中。

13.4.3　我国铜阳极泥浮选工艺

我国铜冶炼厂的铜阳极泥浮选工艺大致为：首先采用氯酸盐浸出铜阳极泥，使铜、硒转入浸液中，使银转化为氯化银，并有部分金、铂、钯转入浸液中。浸出矿浆不固液分离，将适量铜粉加入矿浆中，使氯化银转变为金属银，并使浸液中的金、铂、钯还原析出，还可使部分极难浮选的贵金属结合体得到"活化"，可提高这部分"顽固"贵金属结合体的可浮性。但铜粉过量时，可使浸液中的亚硒酸和硒酸还原为金属硒，会降低硒的回收率。因此，对硒含量较高的铜阳极泥，氯酸盐酸化浸出后，可先加入一定量的铜粉将浸出液中的大部分银、金、铂、钯还原析出，使硒留在浸出液中，然后加入少量活性炭吸附浸出液中残余的金、铂、钯。矿浆经过滤脱铜、硒，滤饼制浆后送浮选作业。

浮选作业以硫酸为调整剂，六偏磷酸钠为抑制剂，在 pH 值为 2~2.5 的介质中，以丁基铵黑药和丁基黄药为捕收剂，以松醇油为起泡剂进行浮选。浮选精矿中的金、银回收率均达 99% 以上，尾矿中的金、银含量分别降至 20g/t 和 0.06% 以下。

浮选精矿配入适量的苏打，在熔炼炉中进行熔炼，扒渣后的"开门合金"含银可达89%，经 3h 吹风氧化，银含量可升至 98.6%，将其铸成阳极板，送银、金电解精炼，产出银锭和金锭。因此，含硒低的铜阳极泥可直接采用氯酸盐浸出—铜粉还原—浮选—精矿熔炼—电解工艺，含硒高的铜阳极泥可采用氯酸盐浸出—铜粉还原—活性炭吸附—浮选—精矿熔炼—电解工艺。上述工艺已用于我国云南冶炼厂和天津电解铜厂的铜阳极泥处理。

铜阳极泥浮选可使金、银、铂、钯与铅获得较好的分离，金、银、铂、钯的浮选回收率高，而且可简化火法熔炼流程，可降低生产成本和可基本根除铅害。

13.5　含金硫酸烧渣的选矿

13.5.1　含金硫酸烧渣的组成

处理含金多金属硫化矿时，应尽可能将金、银富集于有色金属硫化矿物浮选精矿中，送冶炼厂综合回收金、银，或就地处理实现就地产金、银。含金有色金属硫化矿物混合浮选精矿分离或部分混合浮选和浮选黄铁矿时，常产出含金黄铁矿精矿。含金黄铁矿精矿送化工厂制取硫酸，金、银留在硫酸烧渣中，此类含金烧渣，常称为含金硫酸烧渣。含金硫酸烧渣的量相当可观，是提取金、银的宝贵资源，各国均重视从含金硫酸烧渣中提取金、银的试验研究工作。目前，从含金硫酸烧渣中提取金、银可采用直接浸出（氰化或硫脲浸出等）和直接浮选的工艺。前者可产出合质金，后者产出含金黄铁矿精矿。

如我国某化工厂制酸车间处理来自多个选厂的含金黄铁矿精矿，硫精矿中主要矿物为黄铁矿，其次为磁黄铁矿、毒砂、褐铁矿、黄铜矿、方铅矿、闪锌矿、自然金和银金矿等，自然金和银金矿主要呈包体形态存在于黄铁矿中。硫酸烧渣中的主要化合物为磁铁矿、赤铁矿，尚有少量未分解的黄铁矿、毒砂、自然金等。自然金的粒度为 0.009 ~ 0.0009mm，80% 的自然金呈单体和连生体形态存在，20% 左右的自然金呈包体形态存在。

烧渣化学成分分析结果见表 13-12。

表 13-12 烧渣化学成分分析结果

化学成分	Au/g·t^{-1}	Cu	Pb	Zn	Fe	S
含量/%	5.28	0.069	0.929	0.028	21.12	0.53
化学成分	As	C	SiO$_2$	Al$_2$O$_3$	CaO	MgO
含量/%	0.054	0.091	39.9	5.39	2.51	0.65

烧渣的铁物相分析结果见表 13-13。

表 13-13 烧渣的铁物相分析结果

产物	Fe(磁铁矿)	Fe(褐铁矿)	Fe(菱铁矿)	Fe(黄铁矿)	Fe(硅铁矿)	TFe
含量/%	14.68	15.86	0.056	0.95	0.39	31.936
占有率/%	45.67	49.66	0.18	2.97	1.22	100.00

从表 13-13 中数据可知,烧渣中的铁主要呈赤铁矿和磁铁矿的形态存在。

烧渣密度为 3.47g/cm^3,烧渣粒度筛析结果见表 13-14。

表 13-14 烧渣粒度筛析结果

粒级 /mm(目)	+0.15 (+100)	−0.15+ 0.106 (−100+150)	−0.106+ 0.074 (−150+200)	−0.074+ 0.061 (−200+240)	−0.061+ 0.045 (−240+320)	−0.045 (−320)	合计
产率/%	27.48	3.33	4.78	1.78	8.12	54.5	100.00
含金/g·t^{-1}	3.4	5.4	5.2	6.33	6.6	6.0	5.28
金占有率/%	17.69	3.4	4.71	2.15	10.15	61.99	100.00

从表 13-14 中的数据可知,该厂硫酸烧渣中 +0.074mm(+200 目)粒级的产率为 35.58%,该粒级金的占有率为 25.8%。因此,硫酸烧渣须经再磨至一定细度后,才能送去浸出提金或浮选回收金。

含金硫精矿经焙烧后,产出疏松多孔的烧渣,焙烧可提高孔隙率,可提高金的单体解离度和裸露程度。烧渣中金的解离度取决于焙烧温度、物料粒度特性、空气过剩系数及固气接触状况等因素,这些工艺参数的最佳值与物料特性有关。因此,不同的硫精矿有各自的适宜处理流程和最佳的焙烧工艺参数。此条件下产出的烧渣的孔隙率最高,金裸露最充分。

若焙烧温度高于最佳焙烧温度(一般为 600~700℃),烧渣会结块,生成新的包体金;若焙烧温度过低,黄铁矿氧化不充分,不仅对制酸不利,也将影响金的解离度。

某矿含金硫精矿的焙烧温度与金暴露程度的关系见表 13-15。

表 13-15 某矿含金硫精矿的焙烧温度与金暴露程度的关系

焙烧温度/℃	包体金/%	裸露金/%	合计/%
700	17.42	82.58	100.00
800	24.15	75.85	100.00
900	28.60	71.40	100.00

焙烧温度为 600～700℃时，主要生成三氧化硫，对制酸不利；焙烧温度为 850～900℃时，是制酸的最佳温度，但对提金不利。因此，含金硫精矿焙烧时，应在满足制酸的前提下，尽量采用低温焙烧。烧渣中主要为磁铁矿和赤铁矿，二者的比例取决于焙烧温度和空气过剩系数等因素。一般可从烧渣颜色判断烧渣质量，若渣呈红色时，赤铁矿含量高，烧出率高，但炉气中二氧化硫含量低，三氧化硫含量高，不利于制酸；若渣呈黑色时，磁铁矿含量高，高温下空气过剩系数小，还原气氛强，炉气中二氧化硫含量高，但渣中残硫含量较高，烧出率低。对从烧渣中提金而言，红渣有利，黑渣不利；对制酸而言，红渣黑渣均不利。实践表明，若维持棕色渣操作，对制酸最有利。因此，焙烧时应严格控制工艺参数，既不影响制酸又有利于提金，须防止出现未烧透的黑渣，否则，对提金不利，金的回收率相当低。

烧渣中金的裸露率除与炉温、空气过剩系数等因素有关外，还与烧渣的排放方式有关。烧渣快速冷却，尤其将赤热的烧渣直接排入冷水中进行水淬，可增加烧渣的裂隙度。因此，含金烧渣采用沸腾焙烧水排渣是非常必要的（见表 13-16）。

表 13-16　焙砂水淬与金氰化浸出率的关系

排渣方式	渣含金/g·t^{-1}	浸渣含金/g·t^{-1}	贵液含金/g·m^{-3}	氰化浸出率/%
水淬渣	4.2	1.10	1.55	78.80
未水淬渣	4.2	1.40	1.40	66.67

13.5.2　硫酸烧渣氰化提金

烧渣氰化提金流程如图 13-8 所示。

水淬后的烧渣先进行磨矿以碎解焙烧时生成的结块与假象团聚，分级溢流浓度常为 6%～8%，磨矿细度为 -0.036mm 占 90%，矿浆液相中含有大量的硫酸根和可溶盐。因此，分级溢流须送浓密机脱水以除去大部分可溶盐、提高矿浆浓度和利于实现贫液返回。

脱水后的浓密机底流送碱处理，添加石灰使矿浆 pH 值为 10.5～11，以中和沉淀酸溶物，为氰化创造有利条件。

碱处理后的矿浆送氰化提金，其工艺与一般氰化工艺相似，最后产出合质金或金锭。

从上可知，含金硫酸烧渣氰化提金时，焙烧温度、空气过剩系数、水淬排渣、磨矿、浓密脱水、碱处理等作业与氰化指标密切相关，其工艺参数须严格控制，以达较高的氰化浸出率。

该厂金的氰化浸出率为 70%，金的总回收率为 60.2%。

13.5.3　含金硫酸烧渣浮选

采用浮选法从硫酸烧渣中回收金时，先将水排渣送入球磨-分级回路将其磨至 -0.043mm 占 95%，在矿浆自然 pH 值条件下，加入 SB 与丁基黄药组合捕收剂进行浮选，预计可产出含金 50g/t 左右的混合精矿，金的浮选回收剂可达 85% 左右。金精矿中的自然金，除部分呈单体解离金外，还有部分金呈包体金形态存在。

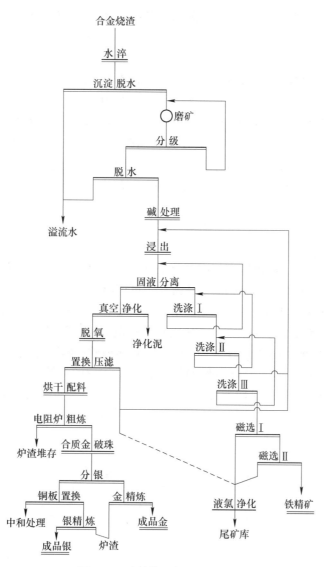

图 13-8 硫酸烧渣氰化提金流程

13.6 高冰镍的选矿分离

13.6.1 高冰镍的组成

硫化铜、镍矿选矿厂根据入选矿石中铜、镍硫化矿物集合体和硫化镍矿物的可浮性，硫化镍矿物和硫化铁矿物的比例，硫化矿物集合体中铜、镍、铁硫化矿物的嵌布特性及贵金属和铂族元素与铜、镍、铁硫化矿物的共生关系等因素，硫化铜、镍矿选矿厂的选矿产品可能为单一的铜精矿和镍精矿，贵金属和铂族元素富集于镍精矿中。也可能产出硫化铜、镍混合精矿，使贵金属和铂族元素富集于混合精矿中。

混合精矿经冶炼造锍产出高冰镍，高冰镍经缓冷后，铜、镍、铁以镍铜铁合金、人造辉铜矿和人造硫化镍矿的形态存在于高冰镍中。高冰镍经高细度磨矿使镍铜铁合金、人造辉铜矿和人造硫化镍矿单体解离，然后采用弱磁场磁选和浮选的方法可使它们分离，产出镍铜铁合金、硫化铜精矿和硫化镍精矿三种产品，贵金属和铂族元素富集于镍铜铁合金中。

我国金川有色金属集团有限责任公司产出的高冰镍，目前采用在二段磨矿分级返砂中磁选，产出产率为 8% 左右的镍铜铁合金。由于返砂中的镍铜铁合金、人造辉铜矿和人造硫化镍矿未全部单体解离，致使镍铜铁合金中夹带一定量的硫化铜矿物和硫化镍矿物，增加了铜镍的互含损失和降低了合金中贵金属和铂族元素的品位，而且镍铜铁合金的产率低，选不干净。分级溢流进入浮选作业，采用加入苛性碱 4000g/t、丁基黄药 100g/t 浮选药剂，产出硫化铜精矿和硫化镍精矿，两种浮选精矿中的铜镍互含为 8.2% 以上，互含损失较高。

13.6.2　高冰镍选矿分离新工艺

建议将缓冷后产出的高冰镍高细度磨至细度为 $-0.036mm$ 占 95% 以上，将磨矿排矿直接送磁选作业，采用一粗一精一扫的磁选流程，可产出产率较低及金和铂族元素含量高的镍铜铁合金，而且可将镍铜铁合金磁选完全。磁选尾矿送水力旋流器分级，旋流器沉砂返回球磨磨矿。旋流器溢流送浮选作业，采用石灰作硫化镍矿物的抑制剂，以 SB 选矿混合剂作硫化铜矿物的捕收剂进行抑镍浮铜，预计可将铜精矿中的镍含量降至 1.72%，可将镍精矿中的铜含量降至 1.6%，这样可使铜精矿和镍精矿中的铜镍互含降至 3.32%。因此，镍铜铁合金和镍精矿中的镍回收率达 98.92%，镍铜铁合金和铜精矿中的铜回收率达 96.07%。

第 3 篇

金属氧化矿物浮选

JINSHU YANGHUA KUANGWU FUXUAN

14 氧化铁矿物浮选

14.1 概述

14.1.1 铁矿物

地壳内铁含量为5.1%，仅次于氧、硅、铝元素，分布极广。铁矿物种类繁多，已发现的铁矿物和含铁矿物多达300余种，常见的铁矿物有170余种，但作为炼铁原料的铁矿物只有十多种。

主要铁矿物及其主要物理性质见表14-1。

表 14-1 主要铁矿物及其主要物理性质

铁矿种类		铁矿物名称	组成	含铁量/%	密度/g·cm^{-3}	比磁化系数/m^3·g^{-1}	比导电度	莫氏硬度
强磁性矿	磁铁矿	磁铁矿	Fe$_3$O$_4$	72.4	4.9~5.2	>8000	2.78	5.5~6.5
		针磁铁矿						
		磁赤铁矿						
弱磁性矿	无水赤铁矿	赤铁矿	Fe$_2$O$_3$	70.1	4.8~5.3	40~200	2.23	5.5~6.5
		镜铁矿	Fe$_2$O$_3$	70.1	4.8~5.3	200~300		5.5~6.5
		假象赤铁矿	nFeO·mFe$_2$O$_3$	约70	4.8~5.3	500~1000		
	含水赤铁矿、菱铁矿	含水赤铁矿	2Fe$_2$O$_3$·H$_2$O	66.1	4.0~5.0			
		针铁矿	Fe$_2$O$_3$·H$_2$O	62.9	4.0~4.5			
		水针铁矿	3Fe$_2$O$_3$·4H$_2$O	60.9	3.0~4.4			
		褐铁矿	2Fe$_2$O$_3$·3H$_2$O	60	3.0~4.2	20~80	3.06	1~5.5
		黄针铁矿	Fe$_2$O$_3$·2H$_2$O	57.2	3.0~4.0			
		黄赭石	Fe$_2$O$_3$·3H$_2$O	52.2	2.5~4.0			
		菱铁矿	FeCO$_3$	48.2	3.8~3.9	40~100	2.56	3.5~4.5
硫化矿		黄铁矿	FeS$_2$	47		7.5~47	2.78	0~6.5
		磁黄铁矿	Fe$_x$S$_{x+1}$			4500		3.5~4.5

14.1.2 我国铁矿床

14.1.2.1 我国铁矿床成因类型

我国铁矿床成因类型见表14-2。

表 14-2　我国铁矿床成因类型

地质成因		主要岩矿特性	工业价值
内生	晚期岩浆矿床	与辉长岩有关的含钒钛磁铁矿	有一定或较大的工业价值
	伟晶岩矿床	1. 含磷灰石、阳起石磁铁矿； 2. 含镜铁矿伟晶岩或花岗岩	工业价值很小
	矽卡岩矿床	含矽卡岩矿物磁铁矿	矽卡岩矿床与高温热液矿床组成混合成因类型时，有较大或巨大的工业价值
	高温热液矿床	高温热液生成的磁铁矿或赤铁矿	一般有一定或较大的工业价值，有时有巨大的工业价值
	中、低温热液矿床	中、低温热液生成的赤铁矿	有一定或较大的工业价值
外生	风化残积矿床	有色金属矿床铁帽或奥陶纪侵蚀面上残积赤铁矿和褐铁矿	工业价值小或很小
	淋滤矿床	冷水沉积的褐铁矿	工业价值很小或无工业价值
	机械沉积矿床	近代磁铁矿砂矿	工业价值很小或无工业价值
	化学沉积矿床	1. 不同时代的层状鲕状赤铁矿； 2. 不同时代的煤系地层中的菱铁矿； 3. 风化残积赤铁矿又经溶液沉积的赤铁矿； 4. 沼铁矿	其中一部分（如下震旦纪及中、上泥盆纪的鲕状赤铁矿）有较大或巨大的工业价值，其余工业价值很小或无工业价值
变质	沉积变质矿床	不同时代或不同变质程度的受区域变质的沉积铁矿	"鞍山系"或"五台系"中变质沉积矿床有巨大的工业价值

14.1.2.2　我国各成因类型铁矿床的分布区

我国各成因类型铁矿床的分布区见表 14-3。

14.1.3　铁精矿质量标准

铁精矿质量标准见表 14-4。

表 14-3　我国各成因类型铁矿床的分布区

地质成因	矿石类型	占总储量/%	占富矿储量/%	主要分布区
沉积变质矿床	鞍山式、镜铁山式铁矿床	53	13	辽宁鞍山、本溪，河北迁安、滦县，山西峨口，甘肃镜铁山等地区
	大西沟式铁矿床	3.2	8	陕西大西沟，云南大红山等地区
风化残积淋滤矿床	大宝山式铁矿床	3.3	8.8	广东大宝山、大降坪，福建建爱，江西分宜，海南临登等地区
化学沉积矿床	宣龙-宁乡式铁矿床	12	3.7	河北宣化、龙关、赤城，湖北长阳，四川綦江，广西屯秋，贵州赫章，云南鱼子甸，湖南湘东等地区

地质成因	矿石类型	占总储量/%	占富矿储量/%	主要分布区
晚期岩浆矿床	攀枝花式、大庙式铁矿床	14	0.9	四川攀枝花、白马、太和、红格，河北大庙等地区
矽卡岩矿床	大冶式铁矿床	8	40	湖北大冶、程潮、金山店，山东张家洼，河北邯邢等地区
高温沉积变质矿床	白云鄂博式铁矿床	4	14.6	内蒙古白云鄂博、吉林大栗子、海南石碌等地区
中、低温热液矿床	宁芜式铁矿床	2.5	11	江苏梅山，安徽南山、姑山等地区

表 14-4　铁精矿质量标准

铁精矿类型			磁铁精矿				赤铁精矿				攀西式钒钛磁铁精矿	包头式多金属精矿
品级代号			C67	C65	C63	C60	H65	H62	H59	H55	P51	B57
TFe/%			≥67	≥65	≥63	≥60	≥65	≥62	≥59	≥55	≥51	≥57
TFe 允许波动范围/%	I类		+1.0~-0.5				+1.0~-0.5				±0.5	±1.0
	II类		+1.5~-1.0				+1.5~-1.0					
杂质/%	SiO$_2$	I类	≤3	≤4	≤5	≤7	—	—	≤12	≤12	—	—
		II类	≤6	≤8	≤10	≤13	≤8	≤10	≤13	≤15		
	S	I类	0.1~0.19				0.1~0.19				<0.6	<0.5
		II类	0.2~0.4				0.2~0.4					
	P	I类	0.05~0.09				0.08~0.19				—	<0.3
		II类	0.1~0.3				0.20~0.40					
	Cu		0.10~0.20				0.10~0.20					
	Pb		≤0.10				≤0.10					
杂质/%	Zn		0.10~0.20				0.10~0.20					
	Sn		≤0.08				≤0.08					
	As		0.04~0.07				0.04~0.07					
	TiO$_2$										<13	
	F											<2.5
	Na$_2$O+K$_2$O		≤0.25				≤0.25					≤0.25
水分/%	I类		≤10				≤11				≤10	≤11
	II类		≤11				≤12					

14.1.4　铁矿石用途

铁是发现最早、用量最大的金属，其耗量约占金属总耗量的 95%。

铁矿石主要用于钢铁工业，冶炼生产碳含量不同的生铁和钢。生铁按用途分为炼钢生铁、铸造生铁、合金生铁。钢按组成元素分为碳素钢、合金钢。合金钢是在碳素钢基础上，为改善或获得某些性能而加入适量的一种或多种元素的钢，加入的元素种类较多，主要为 Cr、Mn、V、Ti、Ni、Mo、Si 等。

铁矿石还用作合成氨的催化剂（纯磁铁矿）、天然矿物颜料（赤铁矿、镜铁矿、褐铁矿）、饲料添加剂（磁铁矿、赤铁矿、褐铁矿）和名贵药石（磁石）等，但用量很少。

自 19 世纪中期发明转炉炼钢法后，逐步形成大规模生产钢铁。钢铁一直为最重要的功能性结构材料，为社会发展的支柱产业，是现代工业最重要和应用最广的金属材料。因此，常将钢材的产量、品种、质量作为衡量一个国家工业、农业、国防和科学技术发展水平的重要标志。

14.2 弱磁性铁矿石浮选

14.2.1 概述

采用浮选法处理弱磁性铁矿石有正浮选和反浮选之分。强磁选技术成功用于工业生产前，正浮选法是处理弱磁性铁矿石的主要方法。其优点是工艺流程简单，药剂来源广，价廉易得。其缺点是多种铁矿物共生时，可浮性差异对产品质量影响大，各种脉石及原生和次生矿泥严重影响浮选指标和增加药剂用量，浮选精矿的过滤脱水困难。

反浮选技术适用于脉石种类和含量较少的弱磁性铁矿的精选。因此，绝大多数选厂于反浮选工艺入选前，均采用各种方法脱除大量影响浮选效果的脉石矿物。20 世纪 70 年代，强磁选技术在弱磁性铁矿选矿领域的应用，极大地推进了反浮选技术的工业应用。采用弱磁-强磁抛尾-粗精矿反浮选工艺已成为处理弱磁性铁矿石和混合型铁矿石的主要工艺流程。

14.2.2 鞍钢东鞍山铁矿选矿厂

14.2.2.1 矿石性质

东鞍山铁矿属沉积变质铁矿床，又称鞍山式铁矿床。矿石类型较复杂，可分为假象赤铁矿石英岩、磁铁石英岩、磁铁赤铁石英岩、赤铁磁铁石英岩和绿泥石假象赤铁石英岩、绿泥石磁铁赤铁石英岩、菱铁磁铁石英岩等。

生产管理时，一般将铁矿分为未氧化矿、半氧化矿、高亚铁矿、氧化矿石、含碳酸铁矿石和含绿泥石铁矿石等 6 种。未氧化矿埋藏深，暂未研究。其他铁矿石全分析结果表明，除含绿泥石铁矿石外，其余铁矿石铁含量为 32.81% ~ 34.06%。因此，东鞍山铁矿虽种类多，但原矿铁含量相对稳定。

东鞍山铁矿石中的铁主要呈氧化物形态存在于假象赤铁矿、赤铁矿、镜铁矿、磁铁矿、褐铁矿和针铁矿中，以其他化合物形态存在于菱铁矿、鳞绿泥石、铁闪石、铁方解石、铁白云石、黄铁矿等矿物中。

矿石结构主要为细粒变晶结构、鳞片状变晶结构、交代、蜂窝及土状。包裹结构也较常见。

矿石构造主要为条带状构造,其次为隐条带状构造和块状构造,部分为揉皱状和角砾状构造,碳酸盐矿石中分布较多的网脉状、蜂窝多孔状及卜状构造等。

东鞍山铁矿石普氏硬度系数为 12~18,岩石普氏硬度系数为 8~18,矿石密度为 3.4t/m³,岩石密度为 2.6t/m³。矿石中硫、磷有害杂质含量低,铁矿物嵌布粒度较细,东部铁矿物嵌布粒度 0.03942mm,脉石粒度 0.05620mm;西部铁矿物嵌布粒度 0.03738mm,脉石粒度 0.05025mm。

14.2.2.2 选矿工艺

现年处理矿量 585 万吨,年产铁精矿 181 万吨。

选厂破碎筛分流程如图 14-1 所示。

选厂破碎筛分设备见表 14-5。

原矿给矿粒度为 0~1000mm,粗碎至 0~350mm,中碎至 0~75mm,细碎后与振动筛闭路,最终产品为-12mm 占 90%以上。

选矿工艺流程如图 14-2 所示。

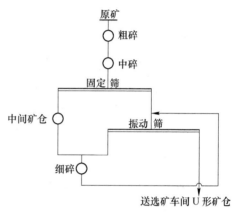

图 14-1 东鞍山选厂破碎筛分流程

表 14-5 选厂破碎筛分设备

设 备 名 称	规格型号/mm	数量/台	电 动 机	
			传动功率/kW	数量/台
液压重型旋回破碎机	ККЛ-В1200	1	430	1
弹簧标准型圆锥破碎机	КСЛ-Ф2100	3	210	3
弹簧短头型圆锥破碎机	КСЛ-Ф2100	6	210	6
自定中心振动筛	SZZ-1800×3600	8	10	8
固定棒条筛	2000×6000			

东鞍山选厂采用连续两段磨矿、粗细分级、重选—强磁—阴离子反浮选工艺流程。粗细分级沉砂给入螺旋溜槽,产出粗螺精矿和粗螺尾矿。粗螺精矿给入精螺,产出粗粒精矿,精螺中矿自循环,粗螺尾矿给入立环脉动中磁机抛弃粗粒尾矿。精螺尾矿和扫中磁精矿作为中矿给入三次旋流器分级,分级沉砂进球磨机再磨,再磨排矿与三次旋流分级溢流混合返回粗细分级。粗细分级溢流给入筒式弱磁机,弱磁尾矿经浓缩后,底流经平板除渣筛除渣后给入立环脉动高梯度强磁机。弱磁精和强磁精合并进入浓密机,浓密底流送浮选,经一粗一精三扫流程产出浮精和尾矿。浮精和重精合并为最终精矿,强磁尾、扫中磁尾及浮尾合并为最终尾矿。阴离子反浮选采用氢氧化钠为介质调整剂,淀粉为铁矿物抑制剂,氧化钙为石英活化剂,KS-1(脂肪酸)为石英捕收剂。

2007 年东鞍山选矿厂生产技术经济指标见表 14-6。

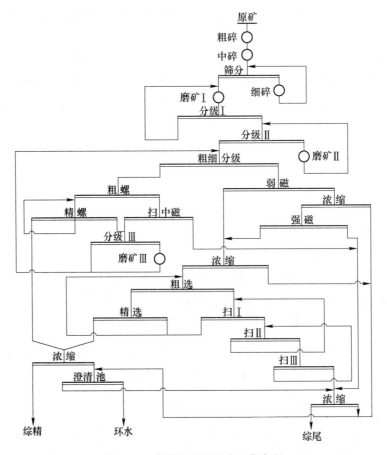

图 14-2 东鞍山选厂选矿工艺流程

表 14-6 2007 年东鞍山选矿厂生产技术经济指标

车间	处理原矿/万吨·年$^{-1}$	精矿/万吨·年$^{-1}$	原矿品位/%	精矿品位/%	尾矿品位/%	回收率/%	球磨作业率/%	磨矿效率/t·m^{-3}·h^{-1}	电耗(原矿计)/kW·h·t^{-1}	球耗/kg·t^{-1} 一段	球耗/kg·t^{-1} 二段
1	316	116	31.73	64.80	16.05	74.92	93.93	2.010	52.88	1.587	1.308
2	47.5	18.3	29.42	66.02	8.99	86.43	83.87	2.035	38.32	0.796	0.342

14.2.3 酒钢选矿厂

14.2.3.1 矿石性质

酒钢现有两个选矿厂，一选厂始建于 1958 年，经扩建，现有 10 个磨选系列，年处理原矿 650 万吨。2007 年为进一步提高精矿品位，采用阳离子反浮选工艺，经一粗一精四扫流程，铁精矿品位增至 59.6%，精矿中 SiO$_2$ 含量降至 5.8% 左右。二选厂于 2012 年投产，年处理矿量为 420 万吨。

选厂原矿主要来自镜铁山矿桦树沟和黑沟 2 个矿区，也处理部分周边民采中等品位矿石。

镜铁山铁矿为一大型沉积变质铁矿床，因后期构造运动，将矿体分为桦树沟和黑沟两大矿区。矿石结构为不规则条带、块状、浸染状等。铁矿石为中低品位，低磷高硫、酸性铁矿石。铁矿物主要为镜铁矿、褐铁矿、菱铁矿，少量磁铁矿和黄铁矿。脉石矿物主要为碧玉、石英、重晶石、铁白云石、绿泥石和绢云母等。矿体围岩为灰绿色千枚岩及黑色千枚岩。该矿石属难选矿石，其特点为：

（1）矿物组成复杂、比例多变、粗细不均。桦树沟和黑沟矿区间、同一矿区不同矿体之间，矿物组成差别较大，矿物嵌布粒度粗细不均，且以细粒为主，一般为 0.2 ~ 0.01mm，需细磨。

（2）矿石中有用矿物纯度低，杂质含量高。如菱铁矿中含有 Mg^{2+}、Mn^{2+}，呈类质同象存在，单矿物铁含量仅为 36.5% 左右，褐铁矿铁含量仅为 56.5% 左右。

（3）主要工业矿物与脉石矿物之间的物理参数有大小相同或交叉的现象，还含有部分微浸染铁围岩，主要为铁质千枚岩，矿石可选性差。

（4）选矿生产过程中，该矿石具有难选别、难脱磁、难过滤、易泥化等特点。

矿石硬度 f = 12 ~ 16。

原矿化学成分分析结果见表 14-7。

表 14-7　原矿化学成分分析结果　　　　　　　　　　（%）

化学成分	TFe	FeO	Fe_2O_3	V_2O_5	TiO_2	SiO_2	Al_2O_3	CaO
含量	33.77	10.10	37.05	0.08	0.01	23.78	2.95	2.12
化学成分	MgO	MnO	BaO	K_2O	Na_2O	S	P	烧失量
含量	2.82	1.11	4.17	11.99	0.84	0.98	0.02	0.2

14.2.3.2　选矿工艺

A　破碎及预选

镜铁山桦树沟铁矿预选工艺流程如图 14-3 所示。

原矿经粗、中碎（SP-900、ϕ2200mm、PYB-1200mm）6 台，强磁选机（H-Fϕ100mm×1500mm、H-Fϕ600mm×1500mm、H-Fϕ300mm×1500mm）14 台，对粒度小于 50mm 的桦树沟铁矿石预选抛废后运至山下选厂。

黑沟矿区原矿经粗、中碎（PXZ-900mm、PYB-2200mm）2 台，破碎后运至山下选厂。

B　筛分分级

进入选厂矿石经 10 台 SSZL1.8m×3.6m 振动筛进行一次分级，筛孔为 14mm×40mm（聚氨酯筛），台时处理量为 240t，筛上产品（15 ~ 100mm）称为块矿，产率为 55%，进焙烧磁选系列选别；筛下产品（0 ~ 15mm）称为粉矿，产率为 45%，进强磁选系列选别。

C　一选厂选矿工艺

一选厂选矿工艺流程如图 14-4 所示。

酒钢一选厂采用闭路磁化焙烧工艺，共有 26 台 100m³ 鞍山式竖炉，分大块炉、小块炉和返矿炉。一次筛分的 15 ~ 150mm 粒级经 1.8m×3.6m 振动筛进行二次筛分，分为 55 ~

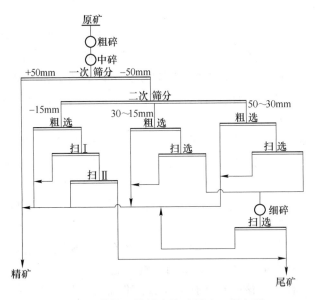

图 14-3　镜铁山桦树沟铁矿预选工艺流程

150mm 粒级大块和 15~55mm 粒级小块。分别给入大、小块焙烧炉进行一次磁化焙烧。磁化焙烧后的矿石经 4 台 φ1.4m×2.0m 干磁选机选别，磁性产品送弱磁机球磨机矿仓，不合格产品和废石送返矿炉进行二次磁化焙烧。二次磁化焙烧产品经磁滑轮抛废，产率为 8% 的废石送废石场。磁性产品送干磁选机选别。

磁化焙烧和还原气体均采用高炉混合煤气（热值为 4500kJ/m³），原矿单位热耗为 1.65GJ/t。2007 年 1~8 月入炉矿石品位 37.49%，磁化焙烧矿品位为 42.67%，台时处理量为 24.01t。

弱磁选系统有 5 个磨选系列，处理磁化焙烧后的矿石。采用阶段磨矿、两段脱水槽、三段磁选流程。一段磨矿采用 φ3.2m×3.1m（φ3.2m×3.5m）格子型球磨机与 φ500mm 旋流器闭路，旋流器溢流细度为 -0.074mm 占 65%，经一段磁力脱水槽、一段弱磁机选别后，抛弃约 25% 的尾矿。粗精矿经 φ350mm 旋流器和 φ3.2m×3.1m（φ3.2m×3.5m）格子型球磨机组成二段闭路磨矿，二段旋流器溢流细度为 -0.074mm 占 80%，再经二段磁力脱水槽、二段和三段弱磁机选别，产出弱磁选精矿。

2007 年对弱磁选精矿进行反浮选提质降杂技术改造，反浮选采用一粗一精四扫流程。弱磁选精矿进入 φ250mm 旋流器和 φ3.6m×6.0m 溢流型球磨机组成闭路磨矿，旋流器溢流细度为 -0.048mm 占 90%。旋流器溢流与浮选中矿经一台 φ25m 高效浓密机浓缩后进行一粗一精四扫流程反浮选选别，浮选后精矿进入大井浓缩。二磁精矿品位 55.76%，细度 -0.048mm 占 90.72%，浮选精矿品位 60.61%，SiO₂ 为 5.76%，回收率为 94.23%。精矿品位提高 4.04%，SiO₂ 含量降低 4.74%，反浮选提质降杂效果显著。

强磁选系统有 5 个磨选系列，采用连续两段磨矿、强磁粗细分选流程。一段磨矿为 φ3.2m×3.1m（φ3.2m×3.5m）格子型球磨机与 φ2.4m 高堰式双螺旋分级机组成闭路，溢流细度为 -0.074mm 占 55%。分级机溢流给入一段高频细筛分级，筛上产品给入 φ350mm× 4 旋流器组与 φ3.2m×3.1m（φ3.2m×3.5m）格子型球磨机组成的二段闭路磨矿，旋流器

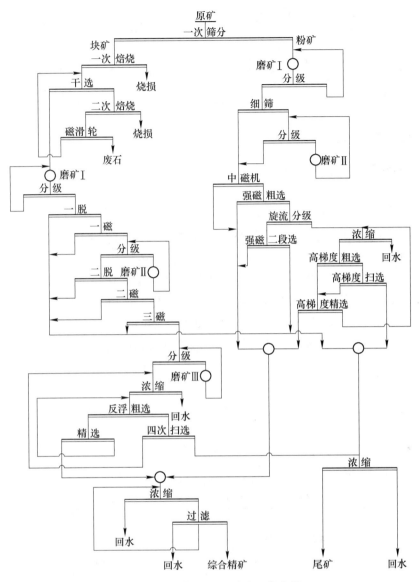

图 14-4 酒钢一选厂选矿工艺流程

溢流细度为-0.074mm 占 80%。旋流器溢流与一段高频细筛筛下产品合并,经隔渣后进入中磁机选别。中磁机尾矿给入粗选 Shp-φ3200 强磁机选别。强磁机粗选尾矿经 φ250mm× 18 旋流器组分级,沉砂-0.038mm 产率为 33%,进入 Shp-φ3200 强磁机进行一次、二次扫选。旋流器组溢流粒度为-0.038mm 占 95%,经 2 台 φ25m 高效浓密机浓缩后,底流给入 SLon-2000 立环式强磁机进行一次粗选、一次精选、一次扫选。中磁机选别精矿和粗、细两种强磁选精矿混合为强磁选精矿,送入大井浓缩,与浮选精矿合并为混合精矿。经 1 台 φ53m 普通周边传动浓密机浓缩,浓度为 55%~65% 的浓缩底流用 12 台 72m² 盘式真空过滤机过滤,混合精矿水分为 15.5%,经皮带运输机送至精矿库。

2013 年一选厂生产指标见表 14-8。

表 14-8　2013 年一选厂生产指标

磁选方法	原矿品位/%	精矿品位/%	尾矿品位/%	回收率/%	选矿比	磨机台时量/t·h⁻¹	磨机作业率/%	磨机利用系数/t·m⁻³·h⁻¹
焙烧磁选	40.84	59.35	17.82	80.56	1.804	72.14	89.09	2.98
强磁选	35.96	48.73	22.26	70.11	1.934	69.20	87.94	2.95

14.3　混合型铁矿选矿

14.3.1　鞍钢鞍千矿业公司选矿厂

14.3.1.1　概述

鞍钢鞍千矿业有限公司（简称鞍千公司）于 2004 年由鞍钢集团矿业公司和辽宁衡业集团共同组建，于 2009 年成为鞍钢集团矿业公司全资子公司，为大型采选联合企业。

矿床地表覆盖层较薄，矿体厚大，开采条件良好，探明地质储量 10 亿多吨，为国内少有的特大型矿体。采矿场分许东沟和哑巴岭两个采区，采用露采工艺，汽车-胶带联合开拓运输方式。选厂采用三段一闭路破碎、阶段磨矿、粗细分选、重选、磁选、反浮选联合工艺流程。全年处理矿量 800 万吨，年产铁精矿 190 余万吨。

14.3.1.2　矿石性质

处理矿石为典型的鞍山式贫赤铁矿石，矿石化学成分及物相组成见表 14-9 和表 14-10。

表 14-9　鞍钢鞍千矿业有限公司矿石化学成分

化学成分	TFe	FeO	SiO₂	Al₂O₃	CaO	MgO	MnO	S	P	烧失量
含量/%	23.89	1.62	63.20	0.69	0.11	0.16	0.012	0.010	0.041	0.63

表 14-10　鞍钢鞍千矿业有限公司矿石物相分析结果　　　　（%）

物相	磁铁矿中铁	假象、半假象赤铁矿中铁	赤、褐铁矿中铁	碳酸铁中铁	硅酸铁中铁	TFe
含量	3.60	2.00	16.94	0.35	1.00	23.89
分布率	15.07	8.37	70.90	1.47	4.19	100.00

矿区内出露的地层主要为前震旦系鞍山群、辽河群变质岩系、混合岩和第四系层。鞍山群自下而上分为绿泥石英片岩、云母石英片岩、条带状贫铁矿层、千枚岩夹条带状贫铁矿薄层。辽河群自下而上分为底部砾岩及石英岩薄层、千枚岩夹石英岩及间砾岩薄层。第四系主要由冲积、坡积、残积、植物生长层及人工堆积物等组成。矿区东北部出露混合岩。此外，矿区内还有少量辉绿岩脉、蚀变中性岩脉、伟晶岩脉和石英脉。

矿石的自然类型分为赤铁石英岩、磁铁石英岩、假象赤铁石英岩、透闪-阳起或绿泥磁铁石英岩等。属贫铁高硅、低硫磷的简单型矿石。矿石粒度较细，铁矿物粒径为 +0.074mm 占60%，-0.015mm 占 4%，其他为 -0.074mm+0.015mm。石英粒径比铁矿物粒径稍粗，+0.074mm 占 62.10%。

14.3.1.3　选矿工艺

A　破碎筛分

破碎筛分流程如图 14-5 所示。

鞍钢鞍千矿业有限公司选厂破碎筛分流程为三段一闭路。粗破 PXZ-1216（2 台）分别设在许东沟和哑巴岭采场，中细破筛分设在选厂。中破 H8800 圆锥破碎机 2 台，细破 H8800 圆锥破碎机 3 台，筛分采用 2YA2460 圆振筛（12 台）。设计处理原矿 800 万吨，粗破给矿粒度 0~1000mm，排矿粒度 0~350mm。中破排矿粒度 0~80mm，其中 0~12mm 粒级大于 28%。细破排矿粒度 0~30mm，其中 0~12mm 粒级大于 58%。最终破碎粒度 0~12mm 粒级大于 95%。实际生产最终破碎粒度 0~12mm 粒级大于 90%。

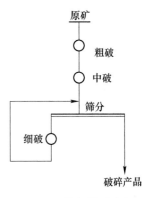

图 14-5　鞍钢鞍千矿业
有限公司选厂
破碎筛分流程

B　磨矿分级

选厂采用阶段磨矿、粗细分选。原矿经溢流磨机与旋流器组闭路进行一次闭路磨矿，二段磨矿为开路磨矿，重选中矿给入二次旋流器分级作业，旋流器沉砂给入二段球磨，磨矿后产品与二次分级溢流、一次溢流混合后给入粗细分级旋流器分级。粗细分级旋流器沉砂（粗粒级）给入重选作业，溢流（细粒级）给入磁选作业。

C　选矿工艺

鞍千公司选厂采用阶段磨矿—粗细分选—重选—磁选—阴离子反浮选联合工艺流程（见图 14-6）。

重选螺旋溜槽技术参数见表 14-11。

表 14-11　重选螺旋溜槽技术参数

名称	外径/mm	螺距/mm	圈数	头数	断面形状	台时处理量/t·h⁻¹	给矿粒度/mm
粗螺	1500	800	4	4	立方抛物线	15~25	0.03~0.2
精螺	1500	760	4*	4	立方抛物线	15~25	0.03~0.2
扫螺	1500	760	4	4	立方抛物线	15~25	0.03~0.2

永磁设备技术参数见表 14-12。

表 14-12　永磁设备技术参数

作业名称	扫中磁前永磁作业	强磁前永磁作业
设备名称	湿式中磁场永磁筒式磁选机	湿式弱磁场永磁筒式磁选机
型号及规格	YXB1230L	YXB1230L
设备台数	8	24
感应强度/mT	240	240
磁极数	6	6

底箱形式	半逆流	半逆流
工作间隙/mm	45~60	45~60
磁偏角/(°)	10~20	10~20
磁系磁包角/(°)	137	137
圆筒转速/r·min⁻¹	17.5	17.5
处理量/t·h⁻¹	100~150	100~150
电动机功率/kW	7.5	7.5

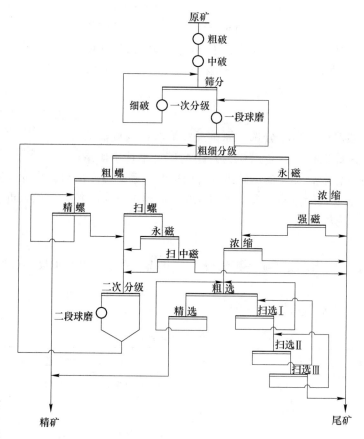

图 14-6　鞍千公司选矿工艺流程

SLon 立环脉动高梯度磁选机技术参数见表 14-13。

表 14-13　SLon 立环脉动高梯度磁选机技术参数

作业名称	扫中磁	强　磁
设备名称	立环脉动高梯度中磁机	立环脉动高梯度强磁机
型号及规格	SLon-2000	SLon-2000
设备台数	8	8
转盘直径/mm	2000	2000

作业名称	扫中磁	强磁
转速/r·min^{-1}	3~4	3~4
脉动冲程/mm	0~26	0~30
脉动冲次/r·min^{-1}	0~300	0~300
背景磁感应强度/T	0~0.6	0~1.0
处理量/t·h^{-1}	50~80	50~80
额定激磁电流/A	1400	1400
额定激磁电压/V	30	53
转环电动机功率/kW	5.5	5.5
脉动电动机功率/kW	7.5	7.5
给矿粒度上限/mm	1.3	0.3
给矿浓度/%	10~40	10~40
最重部件/t	11	14
设备外形尺寸/mm×mm×mm	4175×3640×4100	4200×3500×4300

2006~2009 年选矿生产主要技术经济指标见表 14-14。

表 14-14　2006~2009 年选矿生产主要技术经济指标

项　目	2006 年	2007 年	2008 年	2009 年
原矿年处理量/万吨	564.7238	846.9429	823.5924	812.7662
原矿品位/%	23.54	24.25	24.31	24.53
精矿品位/%	67.50	67.55	67.55	57.62
尾矿品位/%	10.49	10.28	10.42	10.18
回收率/%	70.96	73.40	73.00	74.40
选矿比	4.041	3.795	3.807	3.705
精矿成本（以精矿计）/元·吨$^{-1}$	495.73	454.07	489.32	—
全员劳动生产率/吨·人$^{-1}$·年$^{-1}$	18732.06	26059.87	26229.06	24356
钢球消耗（以原矿计）/kg·t^{-1}	1.715	1.532	1.72	1.66
衬板消耗（以原矿计）/kg·t^{-1}	0.134	0.12	0.17	0.18
水耗（以原矿计）/m^3·t^{-1}	0.553	0.171	0.18	0.18
其中新水消耗（以原矿计）/m^3·t^{-1}	0.421	0.171	0.17	0.14
胶带消耗（以原矿计）/米^2·万吨$^{-1}$	42	56	82.51	58.82
球磨作业率/%	90.533	97.89	94.95	93.74
电耗（以原矿计）/kW·h·t^{-1}	30.458	30.696	30.44	30.18

14.3.2　唐钢司家营铁矿选矿厂

14.3.2.1　概述

唐钢司家营铁矿有限公司位于河北省滦县。矿体全长 10km，地质储量 9.1 亿吨。该矿北区 1958 年开始筹备，至今已半个多世纪。经国内有关科研院所不断努力，尤其是 20 世纪 90 年代鞍山地区红铁矿选矿取得重大突破，在此基础上，唐钢于 2003 年 5 月开始筹建司家营铁矿一期工程，开采北区 2 号和 3 号采场。2 号采场用露天采矿，年规模 600 万吨。3 号采场用地下采矿，年规模 100 万吨。一期工程 2007 年 9 月建成投产，预计年产铁精矿 254 万吨。二期工程开发北区 1 号采场，用露天采矿，年规模 1500 万吨，其中氧化矿 400 万吨，磁铁矿 1100 万吨，年产铁精矿 492.07 万吨。

14.3.2.2　矿石性质

司家营铁矿属鞍山式沉积变质铁矿床，区内矿石以磁铁石英岩为主，浅部氧化带则以赤铁矿石英岩为主。该矿铁矿物组成较简单，主要为磁铁矿、假象赤铁矿，其次为赤铁矿。脉石矿物以石英为主，其次为阳起石、透闪石及少量角闪石和辉石等，微量矿物为磷灰石、黄铁矿、黄铜矿等。此外，还有后期蚀变的绿泥石、碳酸盐和黑云母等矿物。

区内贫铁矿石以细粒变晶结构为主，其次为纤维粒状变晶结构。铁矿物与脉石矿物常具镶嵌结构，少量闪石变斑晶常呈筛状结构。赤铁矿石中广泛发育残晶和环边等结构。

矿石的基本构造为：铁矿物（包括角闪石类）和石英构成黑白相间平行的条纹状，根据石英条纹宽窄，大致可分为三种构造类型：

（1）细纹状矿石：为区内分布最广泛的矿石之一。磁（赤）铁矿与石英条纹宽度基本相等，纹宽小于 1mm。矿物粒度较细，一般为 0.15~0.063mm，少数为 0.25~0.15mm。矿石品位较高，TFe 大于 30%。

（2）条纹状矿石：为区内分布最广泛的矿石之一，常与细纹状矿石呈渐变关系。石英条纹宽一般为 3~1mm，个别达 5mm。磁（赤）铁矿条纹宽多数 1mm 左右。矿物粒度一般为 0.25~0.063mm，少数为 0.5~0.25mm，极个别为 1~0.5mm。矿石品位 TFe 为 25%~30%。

（3）条纹状矿石：区内少见。石英条纹宽大于 5mm，磁（赤）铁矿条带宽 2~1mm 或稍宽些。因石英增多，矿石品位相对较低，TFe 为 20% 左右。

矿石化学组分分析结果与物相分析结果见表 14-15~表 14-17。

表 14-15　矿石化学组分分析结果　　　　　　　　　（%）

化学组分	TFe	FeO	SiO_2	Al_2O_3	CaO	MgO	MnO	S	P	烧失量
氧化矿	29.14	3.68	53.15	2.83	0.22	0.66	0.94	0.012	0.032	0.48
原生矿	25.67	10.24	51.75	3.95	2.69	1.65	0.13	0.012	0.091	1.39

表 14-16　氧化矿石物相分析结果　　　　　　　　　（%）

物相	磁铁矿中铁	假象、半假象赤铁矿中铁	赤、褐铁矿中铁	碳酸铁中铁	硅酸铁中铁	TFe
含量	6.30	2.20	19.89	0.35	0.40	29.14
分布率	21.62	7.55	68.26	1.20	1.37	100.00

表 14-17 原生矿石物相分析结果 (%)

物相	磁铁矿中铁	假象、半假象赤铁矿中铁	赤、褐铁矿中铁	碳酸铁中铁	硅酸铁中铁	TFe
含量	19.50	1.15	2.07	0.65	2.30	25.67
分布率	75.96	4.48	8.07	2.53	8.96	100.00

14.3.2.3 选矿工艺

A 破碎筛分

一期选矿厂氧化矿和磁铁矿分别采用不同流程。

(1) 氧化矿破碎筛分采用三段一闭路流程。一段粗碎用 PXZ1216 液压旋回破碎机 1 台，给矿最大块 1000mm，排矿粒度 280~0mm。中碎用 HP500 S Coarse 液压圆锥破碎机 2 台，排矿粒度 70~0mm。细碎用 HP500 SH Coarse 液压圆锥破碎机 3 台，排矿粒度 12~0mm。用 7 台 YAH2460 圆振筛闭路。

(2) 磁铁矿破碎筛分：采用三段一闭路+干选流程。粗碎用 PEJ1215 颚式破碎机 1 台，排矿粒度 230~0mm。中碎用 HP500 S Coarse 液压圆锥破碎机 1 台，排矿粒度 70~0mm。细碎用 HP500 SH Coarse 液压圆锥破碎机 1 台，排矿粒度 12~0mm。用 2 台 YAH2460 圆振筛闭路。

(3) 二期破碎筛分：氧化矿和磁铁矿的破碎为一套系统，氧化矿和磁铁矿分时破碎。氧化矿为三段一闭路，即粗、中碎闭路、中粒高压辊磨。磁铁矿为三段一闭路，即粗、中碎闭路、中粒干抛再高压辊磨。二期破碎筛分工艺流程如图 14-7 所示。

采场分时采出的氧化矿石与磁铁矿石，用汽车运至粗破碎站粗碎，破碎后的矿石用皮带机送至中碎车间进行中碎。氧化矿石中碎后，用皮带机送至筛分车间筛分，+50mm 筛上产物返回中碎车间中碎，振动筛与中碎成闭路，6~0mm 筛下产物送氧化矿磨矿仓。磁铁矿石的

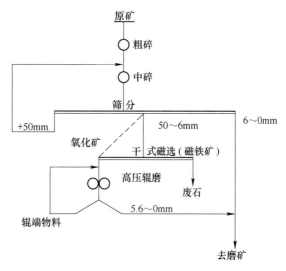

图 14-7 二期选矿厂破碎筛分工艺流程

-50mm+6mm 的筛上产物送干选车间干选，干选精矿送干选精矿仓。干选精矿仓的矿石送高压辊磨车间进行辊磨破碎，辊磨破碎后的细度为-0.074mm 26%（P_{80} 为 5.6~0mm）。辊磨破碎后产品送至主厂房磁铁矿磨矿仓。干选尾矿运至废石仓，再送至排土场。氧化矿-50mm+6mm 的中间产物直接送高压辊磨车间进行辊磨破碎，辊磨破碎后产品送至主厂房氧化矿磨矿仓。

粗碎用 54-75 旋回破碎机（2 台），中碎用 H8800 圆锥破碎机（3 台），振动筛为 LF2460D（6 台），高压辊磨用 RP1718 高压辊磨机（2 台）。

B　磨矿分级与选别

一期的磨选工艺：

（1）氧化矿磨选工艺。采用阶段磨矿—粗、细分级—重选—强磁选—反浮选工艺。其工艺流程如图14-8所示。

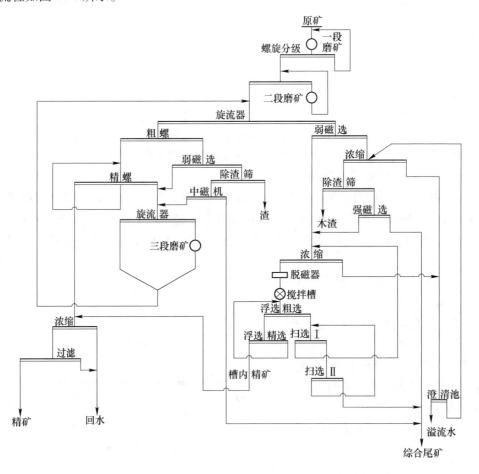

图14-8　一期氧化矿石磨矿选矿工艺流程

一段磨矿用MQG3.6m×5.0m（4台）和2FG-30（4台）闭路，溢流细度为−0.074mm占35%～40%，返砂比200%。分级溢流给入二段分级，二段分级采用ϕ500mm×8旋流器组（4组），每组5台生产，3台备用，溢流细度为$d_{95}=0.21$mm（−0.074mm 65%），沉砂进二段磨矿。二段磨矿用MQY3.6m×5.0m（4台）。分级溢流给入三段分级，三段分级采用ϕ500mm×10旋流器组（4组），每组7台生产，3台备用。沉砂进重选，溢流进强磁。重选为一粗一精两段，粗选用BL1500螺旋溜槽（128台），台时处理量为11t。精选用BL1500B螺旋溜槽（96台），台时处理量为11t，精矿品位为66.2%，精矿产率为23.91%。粗螺尾矿经中磁机抛尾，中磁机用SLon-1750立环脉动中磁机（12台），每个系列3台，抛尾品位为6.61%。中磁精矿与精螺尾一并进入四段分级，四段分级用ϕ500mm×6旋流器组（4组），每组3台生产，3台备用，台时处理量为180m³。四段分级沉砂进三段磨矿，三段磨矿用 MQY3.6m×6.0m（4 台），产品细度为-0.074mm 占 80%。三段磨矿产品与四段分级溢流合并返回三段分级。三段分级溢流经浓缩后进 SLon-1750 立环强磁机，台时处理量 40t，抛尾 TFe 品位 9.63%。强磁精矿经一粗一精二扫反浮选产出 TFe 品位 65.61%的浮选精矿，浮选尾矿 TFe 品位 18.51%。重选精矿与浮选精矿合并的最终精矿 TFe 品位 66%，浮选尾矿与中磁、强磁尾合并后的尾矿 TFe 品位 9.65%。

　　（2）磁铁矿磨选工艺。磁铁矿磨选采用阶段磨矿—阶段选别、单一磁选工艺。其工艺流程如图 14-9 所示。

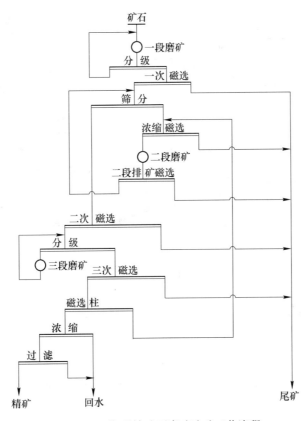

图 14-9　一期磁铁矿石磨矿选矿工艺流程

　　一段磨矿用 MQG3.6m×5.0m（1 台）和 2FG-30（1 台）闭路，处理量为 111.1t/h，溢流细度为-0.074mm 占 50%，返砂比 250%。分级溢流进 CTB-1230 永磁筒式磁选机进行第一次磁选。一次磁选精矿经 12 台高频振动筛分级，筛上产物磁选浓缩后进入二段磨矿，筛下产物进二次磁选。二段磨矿用 MQY3.6m×5.0m（1 台），排矿磁选抛尾后返回高频振动筛，筛下产品细度为-0.074mm 占 85%。二次磁选用 CTB-1230 永磁筒式磁选机（1 台），二磁精进旋流器组分级，沉砂进 MQY3.6m×6.0m（1 台）磨矿，产品细度为-0.053mm 占 90%。三段磨矿产品进三次磁选，三次磁选用 2 台 CTB1030 永磁筒式磁选机，磁选精矿进 ZXDD-650 磁选柱磁选，产出最终精矿。

　　二期的磨选工艺：

　　（1）氧化矿磨选工艺。采用阶段磨矿—粗、细分级—重选—强磁选—反浮选工艺。其工艺流程如图 14-10 所示。

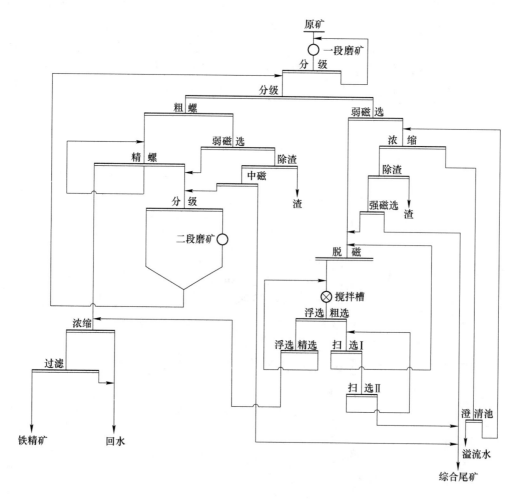

图 14-10　二期氧化矿石磨矿选矿工艺流程

原矿经皮带给入一段磨矿机，磨机与旋流器组成闭路。旋流器溢流经粗细旋流器组分级，粗粒经螺旋溜槽粗选和精选，产出重选精矿。粗螺尾进中磁机磁选，中磁尾为最终尾矿。螺旋精选中矿返回螺旋溜槽精选。螺旋溜槽精选尾矿与中磁精矿合并进第二段磨矿分级回路中的旋流器组，旋流器沉砂进二段球磨机，二段球磨机排矿与旋流器溢流合并返至重选前的粗细分级。重选前的粗细分级旋流器溢流（细度为 -0.074mm 占 95%）进弱磁机磁选，弱磁尾矿进高效浓密机，底流经圆筒筛除渣，进强磁机磁选，强磁尾矿为最终尾矿。弱磁精矿与强磁精矿合并进高效浓缩机，底流进浮选，经一粗一精二扫作业，产出浮选精矿和浮选最终尾矿。

二期氧化矿石主要选矿技术指标见表 14-18。

（2）磁铁矿磨选工艺。

采用阶段磨矿—阶段选别、单一磁选工艺。其工艺流程如图 14-11 所示。

表 14-18　二期氧化矿石主要选矿技术指标

项目	产率/%	TFe 品位/%	回收率/%	年产量/万吨
精矿	32.46	66.00	80.00	129.84
尾矿	67.54	7.93	20.00	270.16
原矿	100.00	26.78	100.00	400.00
选矿比	3.0807			

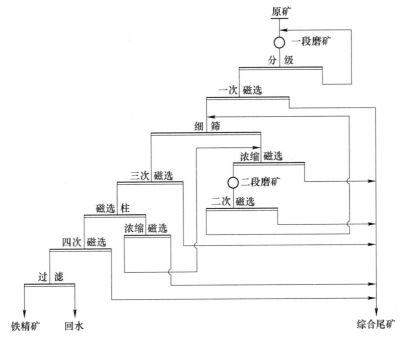

图 14-11　二期磁铁矿石磨矿选矿工艺流程

原矿经皮带给入一段磨选机，磨机与旋流器组成闭路。旋流器溢流（细度为 -0.074mm 占70%）进一磁进行弱磁选，一磁精矿进德瑞克细筛分级。细筛筛上产物经浓缩磁选一浓缩后进二段磨矿，二段磨矿产品进二次磁选，二磁精矿返回细筛。细筛与球磨成闭路。细筛筛下产品（细度为 -0.053mm 占 90%）进三次磁选，三磁精矿经磁选柱再选，磁选柱精矿进四磁别选。磁选柱尾矿进浓缩磁选二，浓缩磁选二精矿作为中矿返回至二段磨矿前的浓缩磁选。四磁精为最终精矿，一磁、浓缩磁一、二磁、三磁、四磁及浓缩磁选二尾矿为最终尾矿。

二期磁铁矿石主要选矿技术指标见表 14-19。

表 14-19　二期磁铁矿石主要选矿技术指标

项目	产率/%	TFe 品位/%	回收率/%	年产量/万吨
干选废石	8.00	8.00	2.38	88.0
干选精矿	92.00	28.47	97.62	1012

项目	产率/%	TFe 品位/%	回收率/%	年产量/万吨
精矿	32.93	66.00	81.00	362.23
尾矿	59.07	7.55	16.62	649.77
原矿	100.00	26.83	100.00	1100.0

二期选厂磨选工艺主要设备见表 14-20。

表 14-20　二期选厂磨选工艺主要设备

序号	设备规格与型号	数量/台	功率/kW
1	MQY5.5m×8.5m 溢流型球磨机	8	4500
2	ϕ600mm×10 水力旋流器组	8	
3	ϕ500mm×10 水力旋流器组	6	
4	ϕ1500mm 螺旋溜槽（粗选）	174	
5	CTB-1230 湿式永磁筒式磁选机	125	11
6	SL-ϕ1420mm×1500mm 圆筒筛	12	2.2
7	SLon-2000 立环脉动中磁机	8	5.5
8	SLon-2000 立环脉动高梯度磁选机	4	86.9
9	2SG48-60W-5STK 五路重叠式高频细筛	24	3.75
10	ϕ600mm 磁选柱	66	3
11	ϕ3.5m×3.5m 矿浆搅拌槽	3	37
12	XCY-50 浮选机（粗选）	1	90
13	KYF-50 浮选机（粗选）	6	75
14	XCF-50 浮选机（精选）	1	90
15	KYF-50 浮选机（精选）	4	75
16	XCF-50 浮选机（扫选Ⅰ）	1	90
17	KYF-50 浮选机（扫选Ⅰ）	3	75
18	XCF-50 浮选机（扫选Ⅱ）	1	90
19	KYF-50 浮选机（扫选Ⅱ）	2	75
20	ϕ22m 高效浓缩机（强磁前浓缩）	1	15
21	ϕ25m 高效浓缩机（浮选前浓缩）	1	15
22	ϕ20m 高效浓缩机（精矿浓缩）	1	15

14.4　多金属型铁矿选矿

14.4.1　武钢大冶铁矿选矿厂

14.4.1.1　概述

大冶铁矿为武钢主要原料基地。原年处理量达 430 万吨，经 40 年大规模生产，原露采闭坑，转入地采，采矿年生产能力 120 万吨左右。近年选厂原矿年入选量 260 万吨，年生产铁精矿 110 万吨，矿山铜 4000t，硫钴精矿 5 万吨，间接回收黄金 300kg。

2000 年后，自产矿下降，外购矿不断增加，入选矿石日益贫细杂。2003 年 7 月完成改造。设计年产铁精矿 110 万吨，年处理原矿 266 万吨。

14.4.1.2　矿石性质

大冶铁矿为大型的接触交代矽卡岩型含铜磁铁矿矿床，称为大冶式磁铁矿类型。铁矿体分布于闪长岩和大理岩的接触带内，由闪长岩浸入三叠纪石灰岩接触变质而形成。根据矿石中矿物共生组合与结构构造特征，矿石自然类型分为磁铁矿矿石、磁铁矿-菱铁矿矿石、菱铁矿-赤铁矿矿石、磁铁矿-赤铁矿矿石、菱铁矿-赤铁矿-菱铁矿矿石。根据目前矿石技术加工条件、结合矿石加工性能及矿石中磁性铁占有率（mFe/TFe）、全铁（TFe）、铜含量将矿石分为六种工业类型（见表 14-21）。

表 14-21　大冶铁矿矿石类型与现用工业技术指标

矿石类型		代号	mFe/TFe	化学成分/%	
				TFe	Cu
原生矿	高铜磁铁矿	Fe1	≥0.85	≥45	≥0.2
	低铜磁铁矿	Fe2		≥45	<0.2
	贫磁铁矿	Fe3		20~45	
混合矿	高铜混合矿	Fe1-△	<0.85	≥45	≥0.2
	低铜混合矿	Fe2-△		≥45	<0.2
	贫铜混合矿	Fe3-△		20~45	

矿石含 30 多种矿物，主要金属矿物为磁铁矿，其次为赤铁矿、菱铁矿，少量褐铁矿。硫化物以黄铁矿、黄铜矿为主，其次为斑铜矿，少量白铁矿、辉铜矿、磁黄铁矿、胶黄铁矿等。脉石矿物以方解石、白云石、透辉石为主，其次为金云母、方柱石、长石、石榴子石、阳起石、绿泥石、石英、玉髓、高岭石等。

矿石结构以半自形-他形晶粒状结构为主，其次为交代残余结构、交代结构、胶状结构、雏晶结构等。磁铁矿嵌布粒度较细，为-0.074mm 占 46.9%以上。

矿石构造主要为致密块状构造，其次为浸染状、似条带状构造。

原矿化学成分分析结果见表 14-22。

表 14-22　原矿化学成分分析结果

化学成分	TFe	Cu	S	Co	SiO$_2$	Al$_2$O$_3$	CaO	MgO	Au/g·t^{-1}	Ag/g·t^{-1}
含量/%	45.35	0.325	2.026	0.02	14.34	4.06	6.34	2.85	1.0	4.0

原矿铁物相分析结果见表 14-23。

表 14-23　原矿铁物相分析结果　　　　　　　　　（%）

铁物相	磁铁矿中铁	赤褐铁矿中铁	碳酸铁中铁	硫化物中铁	硅酸铁中铁	全铁
含量	37.65	3.40	2.70	1.60	0.00	45.35
分布率	83.02	7.50	5.95	3.53	0.00	100.00

原矿铜物相分析结果见表 14-24。

表 14-24　原矿铜物相分析结果　　　　　　　　　（%）

铜物相	硫化矿中铜	自由氧化矿中铜	结合氧化矿中铜	全铜
含量	0.181	0.032	0.112	0.325
分布率	55.69	9.85	34.46	100.00

原矿硫物相分析结果见表 14-25。

表 14-25　原矿硫物相分析结果　　　　　　　　　（%）

硫物相	硫化矿中硫	磁性矿中硫	硫酸盐中硫	全硫
含量	1.446	0.236	0.344	3.026
分布率	71.37	11.65	16.98	100.00

14.4.1.3　选矿工艺

A　概述

大冶铁矿选厂的原矿 55% 为自产矿，45% 为外购周边原矿。年处理量为 220 万～240 万吨，年产弱磁精矿 110 万吨，其次为铜精矿和硫钴精矿。

选矿工艺流程如图 14-12 所示。

B　破碎筛分

采用三段一闭路—洗矿—抛废的破碎流程，将 650mm 的矿石碎至 −18mm，抛弃 10% 左右的非磁性废石。改造完成后，最终破碎粒度为 13～0mm。

大冶铁矿选厂现破碎流程如图 14-13 所示。

C　磨矿分级

大冶铁矿选厂磨矿分级流程如图 14-14 所示。

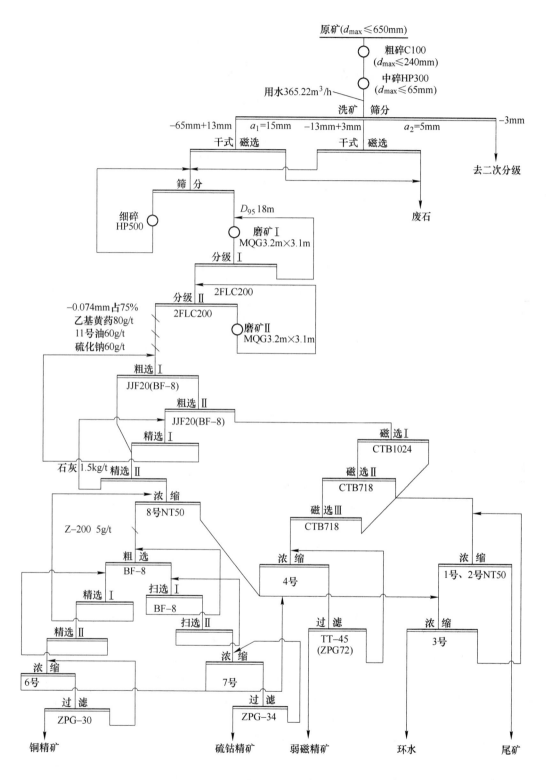

图 14-12 选矿工艺流程

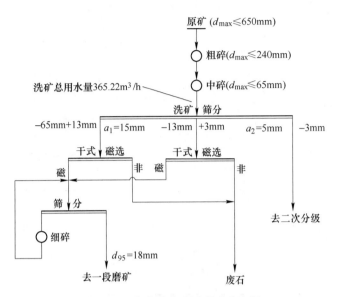

图 14-13　大冶铁矿选厂现破碎流程

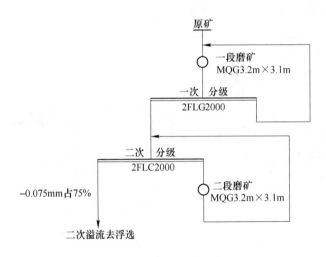

图 14-14　大冶铁矿选厂磨矿分级流程

采用两段全闭路磨矿，由 8 个系统组成。第一段分级细度为-0.074mm 占 50%~55%，第二段分级细度为-0.074mm 占 75%。2007 年改为两段闭路磨矿加再磨流程（1 个系列），一段磨矿为 1 台 MQY5.03m×6.4m 与 3 台 ϕ660mm 旋流器成闭路，磨矿细度为-0.074mm 占 50%。二段磨矿为 1 台 MQY5.03m×6.4m 与 6 台 ϕ500mm 旋流器成闭路，磨矿细度为-0.074mm 占 75%。再磨用 1 台 MQY3.6m×6.0m 开路磨矿，磨矿细度为-0.074mm 占 95%。

D　选别工艺

选别工艺为先浮后磁，浮选为混合浮选和分离浮选，磁选分弱磁选和强磁选两个作业。

选别工艺的浮选流程如图 14-15 所示。混合浮选 4 个系列，分离浮选 2 个系列。

选别工艺的磁选流程如图 14-16 所示。

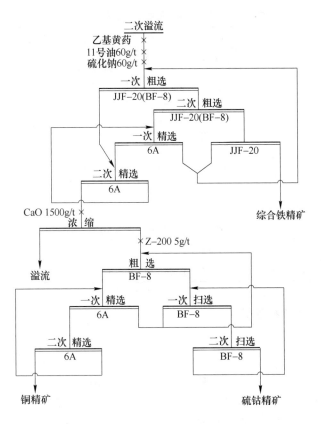

图 14-15 选别工艺的浮选流程

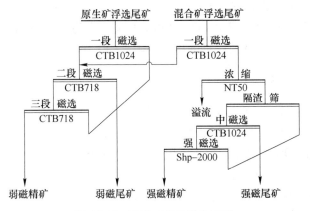

图 14-16 选别工艺的磁选流程

建议浮选工艺改为低碱优先浮选工艺，在自然 pH 值条件下，采用一粗二精二扫流程产出铜精矿。铜尾采用原浆、一粗二精二扫流程产出硫钴精矿。可简化流程，取消脱药等作业，有利于提高指标和降低生产成本。

E 选矿主要技术指标

2001~2006 年选矿主要技术指标见表 14-26。

表 14-26　2001~2006 年选矿主要技术指标

项　目		单位	2001 年	2002 年	2003 年	2004 年	2005 年	2006 年
年处理原矿		万吨	216.46	200.21	166.13	173.18	197.13	238.45
原矿品位	TFe	%	45.81	47.55	50.04	47.48	44.40	42.44
	Cu	%	0.353	0.349	0.380	0.300	0.280	0.270
	S	%	2.239	2.232	2.360	2.080	1.900	1.870
精矿品位	TFe	%	60.58	63.69	64.46	64.62	64.44	64.63
	Cu	%	18.893	20.333	20.330	19.700	20.30	20.40
	S	%	33.697	34.236	35.960	35.060	34.620	34.30
尾矿品位	TFe	%	19.76	16.99	13.92	12.97	10.96	8.57
回收率	TFe	%	69.34	74.67	81.81	70.13	74.18	72.85
	Cu	%	73.729	78.025	78.20	66.47	74.03	74.18
	S	%	35.46	41.14	42.81	35.95	37.07	43.57

14.4.2　包头白云鄂博铁矿选矿厂

14.4.2.1　概述

包头白云鄂博铁矿为包钢的主要原料基地，而且是国内主要的稀土生产基地。

选矿厂有 9 个生产系列，其中 1、2、4 系列处理白云鄂博主、东矿氧化矿石。6、7、8、9 系列处理白云鄂博主、东矿磁铁矿石。5 系列既处理氧化矿石，也可处理磁铁矿石。3 系列原处理氧化矿石，2001 年 12 月改为外购粗精矿再磨再选系统，年处理外购粗精矿 180 万吨，年产铁含量为 67%~67.5%再磨精矿 160 万吨。2005 年 10 月改建为年处理外购精矿 280 万吨，年产铁含量为 67%~67.5%再磨精矿 230 万吨。包钢选厂产出铁精矿（自产精矿+外购再磨再选精矿+球团用再磨再选精矿）840 万吨。

14.4.2.2　矿石性质

白云鄂博铁矿为沉积-岩浆后高温热液交代多次成矿作用的以铁、稀土、铌为主的多金属大型共生矿床，已探明铁矿石储量 14 亿吨，稀土储量居世界第一位，约占世界储量 50%、我国稀土储量 90%。铌储量仅次于巴西，居世界第二位。

原矿含铁 31%左右（90%为贫矿，10%为富矿）。主矿体、东矿体中稀土氧化物含量为 5%~6%，铌氧化物含量 0.1%左右。矿体上部为氧化矿，下部为磁铁矿。

各种矿物的嵌布粒度很细，尤其是铌和稀土矿物更细。铌矿物粒度一般为 0.01~0.03mm，稀土矿物粒度一般为 0.01~0.07mm，铁矿物粒度一般为 0.01~0.2mm，+0.1mm 占 90%以上。

欲分离矿物间的浮选可选性差异小，有用矿物与脉石矿物间浮选可选性差异小，脉石矿物间浮选可选性差异较大，矿石中同时存在碳酸盐和硅酸盐两大类矿物。有用元素铁、铌、稀土有少量分散于其他矿物中。铁的分散量在萤石型矿石中为 5%左右，钠辉石型矿石中为 5%~15%。

回收有用元素为铁、稀土和铌，需排除元素为钾、钠、磷、硅、氟、硅、钍、钙等。铁矿物主要为磁铁矿、半假象赤铁矿、假象赤铁矿、赤铁矿及褐铁矿，稀土矿物主要为氟碳铈矿和独居石，铌矿物为铌铁矿、铌铁金红石、黄绿石和易解石。脉石矿物主要为萤石、钠辉石、钠闪石、石英、长石、白云石、方解石、云母类矿物、重晶石和磷灰石等。

原矿化学成分分析结果见表 14-27。

表 14-27　原矿化学成分分析结果　　　　　（%）

化学成分	TFe	SFe	FeO	Fe_2O_3	SiO_2	K_2O	Na_2O
磁铁矿石	33.00	30.20	12.90	32.84	10.65	0.823	0.853
氧化矿石	33.10	—	7.20	—	7.73	0.35	0.52
化学成分	P	S	F	ReO	CaO	Al_2O_3	MgO
磁铁矿石	0.789	1.56	6.80	4.50	12.90	0.75	3.50
氧化矿石	1.09	1.08	8.43	6.50	16.60	0.82	1.16

原矿铁物相分析结果见表 14-28。

表 14-28　原矿铁物相分析结果　　　　　（%）

铁物相		磁铁矿中铁	赤褐铁矿中铁	硫化物中铁	硅酸铁中铁	全铁
氧化矿石	含量	21.00	5.10	0.10	6.10	32.30
	分布率	62.02	15.79	0.31	18.88	100.00
磁铁矿石	含量	21.10	9.50	0.60	1.49	32.69
	分布率	64.55	29.08	1.83	4.65	100.00

矿石中主要矿物含量分析结果见表 14-29。

表 14-29　矿石中主要矿物含量分析结果　　　　　（%）

矿物	磁铁矿	赤铁矿	黄铁矿	稀土矿物	萤石	辉闪石
磁铁矿中	34.24	8.36	3.10	5.50	13.46	14.68
氧化矿中	19.10	25.23	1.02	9.03	17.57	3.80
矿物	碳酸盐矿物	磷灰石	重晶石	石英长石	云母	其他
磁铁矿中	9.98	1.95	1.60	3.38	2.51	1.27
氧化矿中	6.78	2.50	5.20	5.60	3.65	0.52

14.4.2.3　选矿工艺

A　破碎筛分

粗碎位于白云鄂博矿山，采用两段开路破碎，第一段用 φ1500mm 旋回圆锥破碎机，第二段用 φ900mm 旋回圆锥破碎机，将 1200mm 原矿碎至 200～0mm。中、细碎位于选厂，破碎筛分流程如图 14-17 所示。

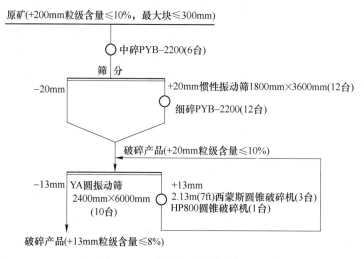

图 14-17　磁铁矿破碎筛分流程

B　磨矿分级

磨矿分级流程如图 14-18 所示。

此为 7 个系列的三段连续磨矿分级流程，氧化矿和磁铁矿的磨矿分级流程相同。系统磨矿处理量为 200t/h，最终磨矿细度为 -0.074mm 占 90% 以上。

C　选矿工艺

氧化矿为连续磨矿—弱磁选—反浮选，强磁选—反浮选—正浮选工艺。其工艺流程如图 14-19 所示。

磁铁矿石为连续磨矿—弱磁选—反浮选工艺，其工艺流程如图 14-20 所示。

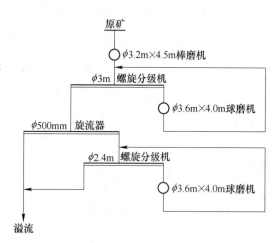

图 14-18　磨矿分级流程

包钢选矿厂 2001~2006 年主要选矿技术指标见表 14-30。

表 14-30　包钢选矿厂 2001~2006 年主要选矿技术指标

项目	单位	2001 年	2002 年	2003 年	2004 年	2005 年	2006 年
原矿处理量	万吨/年	836.58	896.51	1003.6	1136.1	1187.77	1190.18
原矿品位	%	32.55	32.55	32.65	32.59	32.62	32.67
铁精矿品位	%	62.96	63.35	63.65	63.85	63.91	64.39
尾矿品位	%			13.48	13.49	14.14	14.04
实际回收率	%	71.50	72.67	74.03	74.17	74.45	74.35
实际选矿比	t/t	2.71	2.69	2.63	2.64	2.63	2.65

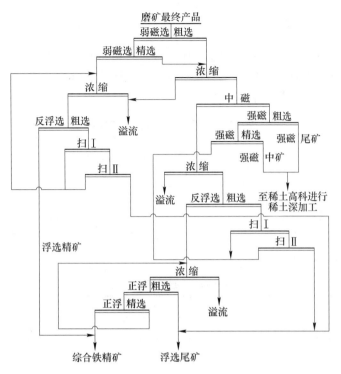

图 14-19 中贫氧化矿选矿工艺流程

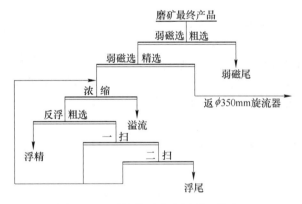

图 14-20 磁铁矿石选矿原则工艺流程

14.4.3 攀枝花钒钛磁铁矿选矿厂

14.4.3.1 概述

攀枝花矿业有限公司选厂隶属于攀钢集团公司，由兰尖铁矿和朱家包包铁矿两个露天采场供矿。

1978 年 16 个系列建成投产，2005 年流程为三段闭路破碎——一段干式抛尾——两段闭路磨矿——三次磁选流程。1979 年从磁选尾矿中回收钛铁矿与硫化物的重选—浮选—电选建成投产。2001~2004 年 16 个系列选铁尾矿回收微细粒钛铁矿生产系统建成投产。

14.4.3.2　矿石性质

攀枝花钒钛磁铁矿为岩浆分异型铁矿床，金属矿物主要为钛磁铁矿、钛铁矿及少量硫化矿。脉石矿物主要为钛普通辉石、斜长石及少量磷酸盐、碳酸盐矿物。

原矿化学成分分析结果见表 14-31。

表 14-31　原矿化学成分分析结果　　　　　　　　　　　（%）

化学成分	TFe	FeO	Fe_2O_3	V_2O_5	Cr_2O_5	TiO_2	SiO_2	Al_2O_3
含量	31.07	22.17	19.65	0.267	0.086~0.096	11.77	21.45	8.20
化学成分	CaO	MgO	MnO	Co	Ni	P	S	
含量	5.80	7.59	0.28~0.30	0.017	0.01	0.014	0.67	

原矿矿物组成见表 14-32。

表 14-32　原矿矿物组成　　　　　　　　　　　（%）

矿物	钛磁铁矿	钛铁矿	硫化物	辉石类	长石类
含量	43~44	7.5~8.5	1~2	28~29	18~19

14.4.3.3　选矿工艺

A　破碎筛分

破碎筛分用三段一闭路流程，兰尖、朱矿采出矿石铁路运至选厂粗碎，经 2 台 PX-1200/180 旋回破碎机及 4 台 PYB-2200 弹簧标准圆锥破碎机破碎至 -70mm。经干式抛尾和筛分后，进 2 台 H8800 山特维克破碎机、8 台 PYD-2200 短头圆锥破碎机破碎至 -15mm 占 93% 左右。破碎筛分流程如图 14-21 所示。

B　磨矿分级

2005 年改为两段磨矿。一段用 MQGφ3.6m×4.0m 与 4 台 φ610mm 旋流器（2 用 2 备）闭路。二段用 MQYφ2.7m×3.6m 与 6 台 φ350mm 旋流器（3 用 3 备）、4 台高频细

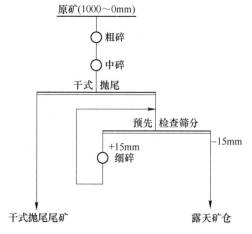

原矿(1000~0mm)

○ 粗碎

○ 中碎

干式　抛尾

预先　检查筛分

+15mm　　　　　　　　-15mm

○ 细碎

干式抛尾尾矿　　　　　露天矿仓

图 14-21　破碎筛分流程

筛闭路。一段入磨粒度 -15mm，磨矿细度为 -0.074mm 占 40%。二段入磨粒度 -3mm，磨矿细度为 -0.074mm 占 60%~70%。由于二段组合分级效率低，返砂量大，磨矿效率低，后采用 φ500mm 旋流器与筛孔为 0.18mm（代替 0.15mm）的高频细筛，但效果不太理想。

C　选铁工艺

选铁工艺流程如图 14-22 所示。

2005 年流程改为阶段磨阶段选，采用一次粗选抛尾、二次精选、一次扫选磁选流程。磁选机均采用 1050 系列。每个系统有 4 台磁选机，1 台粗选（场强 0.18T）、2 台精选

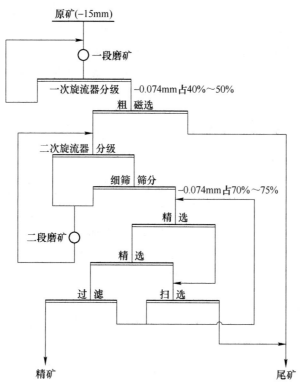

图 14-22 选铁工艺流程

（精一场强 0.15T、精二场强 0.13T）、1 台扫选（场强 0.25T）。铁精矿品位达 54%。

D 选钛铁矿和含钴硫化物精矿的工艺流程

选钛铁矿和含钴硫化物精矿的工艺流程如图 14-23 所示。

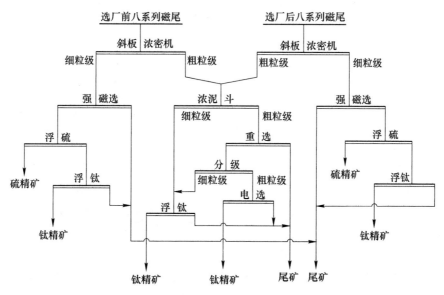

图 14-23 选钛铁矿和含钴硫化物精矿的工艺流程

选钛铁矿和含钴硫化物精矿的工艺流程由磁尾浓缩分级、粗粒重选-电选、细粒强磁-浮选组合而成。细粒级磁尾经强磁机（为 SLon 高梯度强磁机）除尾矿，然后采用丁黄药和 2 号油选硫，硫尾采用 MOS 作捕收剂浮选钛铁矿。年处理含 TiO_2 8%~9% 磁选尾矿 710 万吨，年产钛精矿约 25 万吨。浮选指标为：钛精矿 TiO_2>47%，钛回收率 20% 左右。硫钴精矿 S>32%，Co 为 0.25%~0.3%。

14.4.4　上海梅山矿业有限公司选矿厂

14.4.4.1　矿石性质

梅山铁矿矿石中金属矿物主要为磁铁矿、半假象赤铁矿、菱铁矿，其次为假象赤铁矿，少量褐铁矿、针铁矿、黄铁矿等。脉石矿物主要为铁白云石、白云石、方解石等碳酸盐矿物，高岭土组成的黏土矿物，磷灰石及少量的石榴子石、透辉石、绿泥石、石英等。矿石性质复杂，磷灰石常与碳酸盐和铁矿物呈包裹体，也有呈脉状贯穿于铁矿物中，分布普遍，粒度较细，难以脱除。

原矿化学成分分析结果见表 14-33。

表 14-33　原矿化学成分分析结果　　　　　　　　（%）

化学成分	TFe	SiO_2	Al_2O_3	CaO	MgO	S	P
含量	40.42	14.35	2.89	6.86	2.24	1.83	0.422

原矿铁物相分析结果见表 14-34。

表 14-34　原矿铁物相分析结果　　　　　　　　（%）

铁物相	磁铁矿中铁	赤铁矿中铁	碳酸铁中铁	硫化铁中铁	硅酸铁中铁	全铁
铁含量	20.41	8.96	8.58	1.42	1.05	40.42
分布率	50.49	22.17	21.23	3.51	2.60	100.00

14.4.4.2　选矿工艺

A　破碎筛分

破碎筛分工艺流程如图 14-24 所示。

破碎为四段破碎，两段闭路。井下 800~0mm 原矿经井下 2 台 C140 颚式破碎机粗碎后运至选厂。经 φ2200 液压标准圆锥破碎机中碎，经 YAH2460 圆振动筛分为 +50mm、50~0mm 两个粒级。+50mm 粒级经 φ2200 液压标准圆锥破碎机两次中碎，中碎产物返至 YAH2460 圆振动筛，形成闭路。50~0mm 粒级进预选。2006 年原矿年处理量达 400.76 万吨。

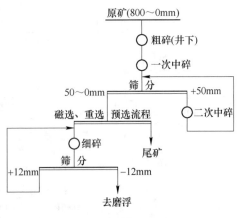

图 14-24　破碎筛分工艺流程

B 预选工艺

预选工艺流程如图 14-25 所示。

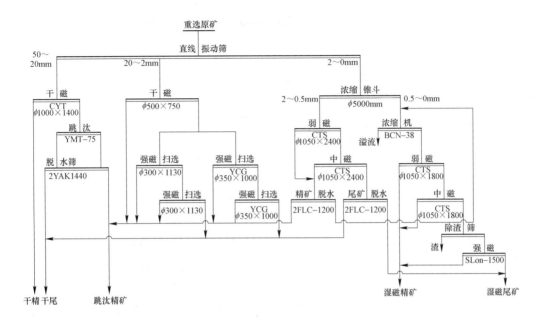

图 14-25 预选工艺流程

将中碎后的 50~0mm 粒级采用 2ZS2065 直线振动筛筛为 50~20mm、20~2mm、2~0mm 三个粒级，并将 2~0mm 粒级分为 2~0.5mm 和 0.5~0mm 两个粒级。50~20mm 采用 CYTφ1000mm×1400mm 干式磁选机、YMT-75 大粒度跳汰机一粗一扫，产出粗精矿和粗粒尾矿；20~2mm 采用 φ500mm×750mm 干式磁选机和 φ300mm×1130mm 辊式强磁选机或 YCGφ350mm×1000mm 强磁选机组成一粗二扫流程产出粗精矿和合格尾矿；2~0.5mm 粒级采用 CTS1018 弱磁场、中磁场磁选机和 SLon-1500 型脉动高梯度强磁选机一粗二扫，产出湿式磁选精矿和尾矿。50~0.5mm 三个粒级的粗精矿，经脱水后，给入与 2SZG1540 共振筛呈闭路的 CH680 液压圆锥破碎机和 PYD2200 短头圆锥破碎机进行细碎，最终碎至 12~0mm 进入磨选作业；三个粒级的尾矿经脱水后，产出粗粒干式尾矿作建筑材料外销。预选产出含铁 50% 左右的粗精矿，铁回收率大于 87.50%。

C 磨矿分级与选别

磨矿分级与选别流程如图 14-26 所示。

12~0mm 细碎产品经两段闭路磨矿磨至 -0.074mm 占 65%，采用乙基黄药、2 号油和一粗二精一扫、一次精扫浮硫，产出含硫 30%、硫回收率 50% 的硫精矿。硫尾经一粗一扫弱磁选产出强磁性矿物精矿和尾矿；弱磁选尾矿经一粗一扫强磁选产出弱磁性矿物精矿和最终尾矿；将两种铁精矿合并，产出含铁 57% 左右、含硫小于 0.5%、含磷小于 0.25% 的最终铁精矿，作业铁回收率大于 93%。

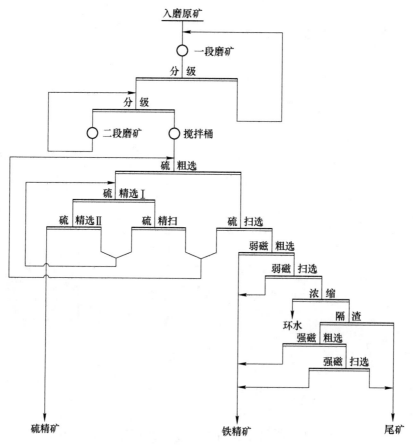

图 14-26 磨矿分级与选别流程

15　锰矿物浮选

15.1　概述

15.1.1　锰矿资源

世界陆地锰矿石储量和潜在资源十分丰富，主要集中于南非、乌克兰、澳大利亚、加蓬、印度、中国、巴西和墨西哥等八个国家。南非的锰资源占世界锰矿资源的 76.9%，乌克兰占 10%。

世界陆地锰矿资源量大于 1 亿吨的超大型锰矿产地有 8 处（分布于南非、乌克兰、澳大利亚、格鲁吉亚）。锰含量大于 35% 的富锰矿石主要分布于南非、澳大利亚、加蓬和巴西等国。南非卡拉哈里矿区锰矿品位达 30%~50%，澳大利亚的格鲁特岛矿区锰矿品位达 40%~50%。乌克兰 70% 以上为碳酸盐型中低品位锰矿石，氧化锰矿石品位为 22%~27%，碳酸锰矿石品位为 16%~19%，含磷 0.25%，偏高。

中国有较丰富的锰矿资源，居世界第六位。至 2011 年，我国锰矿查明资源储量为 7.70 亿吨，约占世界总量的 5%，其中储量 1.09 亿吨，基础储量 1.82 亿吨，资源量为 5.87 亿吨。富矿查明资源储量为 0.40 亿吨，占全国查明资源储量的 5.29%。查明资源储量中，氧化锰矿占 25.0%，碳酸锰矿占 56.0%，其他类型锰矿石约占 19.0%。锰矿石以贫矿为主，平均锰含量约为 21%，其中锰含量大于 30% 的富锰矿石查明资源储量只有 3885.2 万吨，占全部锰矿查明资源储量的 5%。

我国锰矿资源具有下列特点：

（1）分布广但不均衡：23 个省有锰矿资源，主要分布于西南、中南地区，其中广西、贵州两省占全国锰储量的 43.59%。

（2）矿床多为中、小型：全国现有锰矿区 295 处，特大型为大新下雷锰矿，2000 万吨至 1 亿吨的大型锰矿有 6 处，200 万~2000 万吨有 54 处，其余全为小型锰矿。历年 80% 的锰矿产量来自地方中、小矿山和民采矿山。

（3）矿石质量较差，多为贫矿：平均锰含量为 21.4%，其中锰含量大于 30% 的富锰矿石仅占 5%。

（4）组分复杂，有害杂质高：磷、铁、硅含量高，其中磷超标的占 49.6%，铁超标的占 73%，为共、伴生锰矿（银、铅、锌、钴等）。

（5）结构复杂、粒度细：绝大多数为细粒或微细粒嵌布矿床，锰矿物与脉石矿物呈细粒或微细粒嵌布，且矿物种类繁多。

由于锰含量低、嵌布粒度细、矿物成分复杂、有害杂质高，故锰矿开发利用困难，选矿难度大。

15.1.2　锰矿物

迄今发现的锰矿物有 150 多种，主要为氧化物、碳酸盐、硅酸盐、硫化物、硼酸盐、钨酸盐、磷酸盐类等，常见的有 20 多种，供工业用的大部分是锰的氧化物和碳酸盐矿物。主要锰矿物为：

（1）软锰矿（MnO_2）：四方晶系，晶形呈细柱状或针状，常呈块状、粉末状集合体。颜色和条痕为黑色，结晶完整的呈半金属光泽，硬度较高；隐晶质块体或粉末状的光泽暗淡，硬度低，极易污手。密度为 $5g/cm^3$ 左右，主要为沉积作用形成，为沉积锰矿的主要成分之一。锰矿床氧化带的常见矿物，为锰的重要矿物原料。

（2）硬锰矿（$mMnO \cdot MnO_2 \cdot nH_2O$）：单斜晶系，晶体少见，常呈钟乳状、肾状和葡萄状集合体，也有呈致密块状和树枝状。颜色和条痕为黑色，半金属光泽。硬度为 4~6，密度为 $4.4 \sim 4.7g/cm^3$，主要为外生作用形成，常见于锰矿床的氧化带和沉积锰矿床中，为锰矿中常见矿物，为锰的重要矿物原料。

（3）水锰矿（$Mn_2O_3 \cdot H_2O$）：单斜晶系，晶体呈柱状，柱面具纵纹。在某些含锰热液矿脉的晶洞中常呈晶簇产出。沉积锰矿床中多呈隐晶块体，或呈鲕状、钟乳状集合体等。颜色为黑色，条痕呈褐色，半金属光泽。硬度为 3~4，密度为 $4.2 \sim 4.3g/cm^3$。水锰矿既见于内生成因的某些热液矿，也见于外生成因的沉积锰矿床中，为锰的重要矿物原料之一。

（4）黑锰矿（Mn_3O_4）：四方晶系，晶体呈四方双锥，常为粒状集合体。颜色为黑色，条痕呈棕橙或红褐色，半金属光泽。硬度为 6，密度为 $4.84g/cm^3$。黑锰矿由内生成因或变质作用而形成，见于某些接触交代矿床、热液矿床和沉积变质锰矿床中，与褐锰矿等共生，为锰的矿物原料。

（5）褐锰矿（Mn_2O_3）：四方晶系，晶体呈四方双锥，也呈粒状和块状集合体。颜色为黑色，条痕呈褐黑色，半金属光泽。硬度为 6，密度为 $4.7 \sim 5.0 \, g/cm^3$。其他特征与黑锰矿相同。

（6）菱锰矿（$MnCO_3$）：三方晶系，晶体呈菱面体，常呈粒状、块状或结核状。颜色为玫瑰色，易氧化转变为褐黑色，玻璃光泽。硬度为 3.5~4.5，密度为 $3.6 \sim 3.7g/cm^3$。由内生成因的菱锰矿多见于某些热液矿床和接触交代矿床。由外生成因的菱锰矿大量分布于沉积锰矿床中。菱锰矿是锰的重要矿物原料。

（7）硫锰矿（MnS）：等轴晶系，常见晶形为立方体、八面体、菱形十二面体等，集合体为粒状或块状。颜色为钢灰至铁黑色，风化后变为褐色，条痕呈暗绿色，半金属光泽。硬度为 3.5~4.0，密度为 $3.9 \sim 4.1g/cm^3$。硫锰矿大量分布于沉积变质锰矿床中，为锰的矿物原料之一。

15.1.3　锰精矿和锰矿石的质量标准

国外部分锰精矿和锰矿石的质量标准见表 15-1。

表 15-1 国外部分锰精矿和锰矿石的质量标准

国家	产品	Mn/%				备注
		一级	二级	三级	四级	
格鲁吉亚	怡图拉锰精矿	48	42	35	22	含 Mn 量计
乌克兰	尼科波尔锰精矿	43	34	25	—	含 Mn 量计
美国	冶金锰	48	46	44		含 Mn 量计
	电池锰	75	68	—		含 MnO_2 计
	化工锰	80		—		含 MnO_2 计
南非	冶金锰	48	45~48	40~45	30~40	含 Mn 量计
	化工锰	75~85	65~75	35~65	—	含 MnO_2 计

我国冶金用锰矿石工业指标见表 15-2。

表 15-2 我国冶金用锰矿石工业指标

自然类型	工业分类	品级	Mn/%		Mn+Fe /%	Mn/Fe	每 1%锰允许含磷量/%	SiO_2/%
			边界品位	单工程平均品位				
氧化锰矿石	富锰矿石	Ⅰ	30	40	—	≥6	≤0.004	≤15
		Ⅱ	25	35	—	≥4	≤0.005	≤25
		Ⅲ	18	30	—	≥3	≤0.006	≤35
	贫锰矿石		10	18	—	—	—	—
	铁锰矿石	Ⅰ	20	25	≥50	—	≤0.2（磷含量）	≤25
		Ⅱ	15	20	≥40	—	≤0.2（磷含量）	≤25
		Ⅲ	10	15	≥30	—	≤0.2（磷含量）	≤35
碳酸锰矿石	富锰矿石		15	25	—	≥3	≤0.005	≤25
	贫锰矿石		10	15	—	—	—	—
	铁锰矿石		10	15	≥25	—	≤0.2（磷含量）	≤35
	含锰灰岩		8	12	碱性矿石			

锰矿石中伴生成分综合利用参考指标见表 15-3。

表 15-3 锰矿石中伴生成分综合利用参考指标

成分	Co	Ni	Cu	Pb	Zn	Au/g·t^{-1}	Ag/g·t^{-1}	B_2O_3	S
含量/%	0.02~0.06	0.1~0.2	0.1~0.2	0.4	0.7	0.2	5~10	1~3	2~4

矿层最低可采厚度 0.5~0.7m，堆积锰矿露天开采 0.3~0.5m，净矿石含矿率不小于 15%，夹石剔除厚度 0.2~0.3m。

锰矿石产品包括冶金锰矿石、碳酸锰矿粉、化工用二氧化锰矿粉和电池用二氧化锰矿粉等，锰、铁、磷三元素是衡量锰矿石质量的主要成分。冶金用锰矿石 90%用于钢铁工业，冶金用锰矿石化学成分见表 15-4。

表 15-4　冶金用锰矿石化学成分（YB/T 319—2005）

类别	品级	Mn/%	A 类、B 类：Mn/Fe			P/Mn			S/Mn	
			I	II	III	I	II	III	I	II
			不小于			不大于			不大于	
A 类	AMn45	≥44.0	15	10	3	0.0015	0.0025	0.0060	0.02	0.05
	AMn42	40.0~<44.0								
	AMn38	36.0~<40.0								
	AMn34	32.0~<36.0								
	AMn30	28.0~<32.0	10	5	2					
	AMn26	24.0~<28.0								
	AMn24	22.0~<24.0								
B 类	BMn22	≥21.0	55	45	35	0.0025	0.010	不限	0.01	不限
	BMn20	19.0~<21.0								
	BMn18	17.0~<19.0								
	BMn16	15.0~<17.0								

交货块矿粒度为 5~150mm，其中大于 150mm 的量不超过总量的 5%，小于 5mm 的量不超过总量的 8%，如超过 8% 则按粉矿计；交货矿石中粒度小于 5mm 的量超过总量的 40% 时视为粉矿。

生产高炉锰铁对锰矿石的一般技术要求见表 15-5。

表 15-5　生产高炉锰铁对锰矿石的一般技术要求

牌号	合金主要成分		对矿石的技术要求		
	Mn（不小于）/%	P（不大于）/%	Mn（不小于）/%	Mn/Fe（不小于）	P/Mn（不大于）
GFeMn76	76.0	0.33~0.50	30	7.0	0.005
GFeMn72	72.0	0.38~0.50	30	5.0	0.005
GFeMn68	68.0	0.40~0.60	30	4.0	0.005
GFeMn64	64.0	0.40~0.60	30	3.0	0.005
GFeMn60	60.0	0.50~0.60	30	2.5	0.005
GFeMn56	56.0	0.50~0.60	30	2.0	0.005
GFeMn52	52.0	0.50~0.60	30	2.0	0.005

生产锰铁合金用锰矿石的一般技术要求见表 15-6。

表 15-6　生产锰铁合金用锰矿石的一般技术要求

类别	牌号	对入炉锰矿的要求		
		Mn（不小于）/%	Mn/Fe（不小于）	P/Mn（不大于）
低碳锰铁	FeMn85C0.2	40	7.8~8.5	0.0014~0.0025
	FeMn80C0.4	40	7.5~8.0	0.002~0.0028
	FeMn80C0.7	40	7.5~8.0	0.002~0.003

类 别	牌 号	对入炉锰矿的要求		
		Mn（不小于）/%	Mn/Fe（不小于）	P/Mn（不大于）
中碳锰铁	FeMn80C1.0	40	7.5~8.0	0.002~0.003
	FeMn80C1.5	40	7.5~8.0	0.002~0.003
	FeMn78C1.0	38	7.0~7.5	0.0023~0.0033
	FeMn75C1.5	36	6.0~6.5	0.0023~0.0033
	FeMn75C2.0	36	6.0~6.5	0.0023~0.0036
高碳锰铁	FeMn79C7.5	40	7.5~7.8	0.0021~0.0031
	FeMn75C7.5-A	37	6.5~7.0	0.0025~0.0040
	FeMn75C7.5-B	37	6.5~7.0	0.0026~0.0040
	FeMn70C7.0	35	4.5~5.0	0.0028~0.0042
	FeMn60C7.0	33	3.8~4.0	0.0028~0.005

生产锰硅合金用锰矿石的一般技术要求见表 15-7。

表 15-7　生产锰硅合金用锰矿石的一般技术要求

牌 号	Mn（不小于）/%	Mn/Fe（不小于）	P/Mn（不大于）
FeMn60Si25	35	7.0~7.5	0.0016~0.0045
FeMn63Si22	35	7.0~7.5	0.0015~0.0043
FeMn65Si20	34	7.4~7.9	0.0015~0.0041
FeMn65Si17	32	6.5~7.0	0.0014~0.0036
FeMn60Si17	30	5.0~6.0	0.0015~0.0044
FeMn65Si14	32	5.5~6.0	0.0019~0.0020
FeMn60Si14	29	3.8~4.5	0.0035~0.0044
FeMn60Si12	29	3.5~4.0	0.004~0.0044
FeMn60Si10	29	3.3~3.8	0.0044~0.0048

碳酸锰矿粉主要用作生产电解金属锰、电解二氧化锰及硫酸锰的原料。碳酸锰矿粉的质量标准（GB 3714—1983）见表 15-8。

表 15-8　碳酸锰矿粉的质量标准（GB 3714—1983）

品级	一级品	二级品	三级品	四级品
Mn（不小于）/%	24	22	20	18
杂质 TFe（不大于）/%	2.5	3.0	3.3	4.0

化工级二氧化锰粉用于生产高锰酸钾和硫酸锰等锰化工产品。化工级二氧化锰粉的质量标准（GB 3713—1983）见表 15-9。

表 15-9　化工级二氧化锰粉的质量标准（GB 3713—1983）

品级	特级品	一级品	二级品	三级品	四级品	五级品	六级品
二氧化锰含量/%	≥80	≥75	≥70	≥65	≥60	≥55	≥50

高压型天然放电的二氧化锰粉的质量标准（YB/T 103—1997）见表 15-10。

表 15-10　高压型天然放电的二氧化锰粉的质量标准（YB/T 103—1997）

品级	3.9Ω 连续放电至 0.9V/min（不小于）	化学成分/%				
		MnO_2（不小于）	可溶于 20%NH_4Cl 溶液中的杂质含量（不大于）			
			Fe	Cu	Co	Ni
特级品	290	73	0.005	0.001	0.001	0.001
一级品	250	68	0.005	0.001	0.001	0.001
二级品	220	65	0.01	0.001	0.001	0.001
三级品	200	62	0.01	0.001	0.001	0.001

低压型天然放电的二氧化锰粉的质量标准（YB/T 103—1997）见表 15-11。

表 15-11　低压型天然放电的二氧化锰粉的质量标准（YB/T 103—1997）

品级	3.9Ω 连续放电至 0.9V/min（不小于）	化学成分/%				
		MnO_2（不小于）	可溶于 20%NH_4Cl 溶液中的杂质含量（不大于）			
			Fe	Cu	Co	Ni
特级品	700	73	0.005	0.001	0.001	0.001
一级品	650	68	0.005	0.001	0.001	0.001
二级品	550	65	0.01	0.001	0.001	0.001
三级品	500	62	0.01	0.001	0.001	0.001

富锰渣的质量要求（YB/T 2406—2005）见表 15-12。

表 15-12　富锰渣的质量要求（YB/T 2406—2005）

牌号	化学成分/%									
	Mn	Mn/Fe			P/Mn			S/Mn		
		I	II	III	I	II	III	I	II	III
		不小于			不大于			不大于		
FMnZn45	≥44.0	35	25	10	0.0003	0.0015	0.003	0.01	0.03	0.08
FMnZn42	40.0~<44.0									
FMnZn38	36.0~<40.0									
FMnZn34	32.0~<36.0									
FMnZn30	28.0~<32.0	25	15	8						
FMnZn26	24.0~<28.0									

15.1.4　锰矿石生产

国外锰矿资源好、储量大，露采占 80%，地采仅占 20%。常经破碎筛分或洗矿可产出商品锰矿石，低品位锰矿石则经简单破碎、筛分、洗矿、选别加工，粉矿送烧结、球团。如南非锰矿只经破碎、水洗，产品含锰达 40%~48%；澳大利亚平均入选品位 33%，精矿品位达 42%~50%；加蓬锰矿经重介质选矿后精矿品位达 49%~50%；乌克兰波科罗夫选厂处理含锰 17.5% 的碳酸锰矿石，精矿含锰 28.6%，经焙烧后含锰大于 40%。

世界锰矿生产和贸易，尤其是高品位商品级锰矿石的生产和贸易主要集中于世界 6 大矿业公司，即必和必拓、埃赫曼-康密劳、巴西淡水河谷、南非联合锰业、乌克兰 Privat 集团（控股加纳锰业）和西澳联合公司，6 大矿业公司拥有 13 个矿山，年处理矿石 2270 万吨，2007 年产高品位商品级锰矿石 1515 万吨，占当年世界锰矿总产量的 38%，几乎控制了全球约 50% 的锰矿资源，尤其是优质富锰矿资源。

我国受锰矿资源制约，仅大新锰矿选厂年处理量为 60 万吨，遵义锰选厂年处理量为 15 万吨外，多数为中小型锰矿企业。虽产量逐年增加，但仍无法满足国民经济发展的需要，必须进口高品位锰矿石。近几年我国自产和进口锰矿石数量见表 15-13。

表 15-13　近几年我国自产和进口锰矿石数量　　　　　　　（万吨）

年份	2003	2004	2005	2006	2007	2008
自产	513	1000	1075	1290	1500	1900
进口	286	465	458	621	663.5	758

15.2　锰矿石的可选性

15.2.1　洗矿

洗矿为利用水力、机械力和自摩擦力实现矿石与泥质矿物分离，提高矿石品位的方法。其主要影响因素为黏土的物理性质、矿石类型和水力、机械力和自摩擦力的大小及作用时间等。对于锰矿石、铁矿石、石灰石，尤其是经风化、淋滤、搬运、富集于第三系-第四系氧化带形成的残积、淋滤、堆积、锰帽等锰矿床，洗矿是必要的作业。

原生氧化锰矿和碳酸锰矿的含泥率低，泥质与矿石胶结度低，属于易洗矿石。可采用振动筛洗矿，筛下产物经螺旋分级机脱泥和分级。

堆积氧化锰矿和其他风化型氧化锰矿（锰帽型氧化锰矿和松软锰矿）属中等可洗性锰矿石。含泥率较高（堆积氧化锰矿含泥率达 70%~80%），有时含黏性较大的泥团，简单水力冲洗法无法脱泥，须采用机械擦洗法的圆筒洗矿机、自磨碎解机或带有螺旋的槽式洗矿机脱泥。

洗矿产品为矿砂和矿泥，矿砂为净矿，为洗矿最终产品，送后续作业处理或作精矿。矿泥锰含量低时作尾矿丢弃，若锰含量较高时，应进一步回收锰矿物。

15.2.2　重选

氧化锰矿物密度为 $3.7~5.0g/cm^3$，碳酸锰矿物密度为 $3.3~3.8g/cm^3$，脉石矿物密度

为 $2.6 \sim 2.9 \mathrm{g/cm^3}$。虽然锰矿物结晶粒度较细且与微细脉石矿物紧密共生，难以分离单矿物，但锰矿物常聚集为集合体，集合体粒度为 $0.1 \sim x.0 \mathrm{mm}$。因此，可用重介质选矿、跳汰选和摇床选等重选法进行选别。

（1）重介质选矿：重介质选矿的给矿粒度为 $2 \sim 75 \mathrm{mm}$，分选精度高，适于选别碳酸锰矿石和氧化锰矿石。

（2）跳汰选矿：主要用于选别氧化锰矿石，其给矿粒度为 $30 \sim 1 \mathrm{mm}$，优点是生产率高，投资、操作费用低。

（3）摇床选矿：主要用于选别 $3 \mathrm{mm}$ 以下的细粒氧化锰矿石，其优点为分选效率高，操作简单。缺点是处理能力低，占地面积大。

15.2.3　磁选

氧化锰矿物的比磁化系数为 $(3 \sim 15) \times 10^{-7} \mathrm{m^3/kg}$，碳酸锰矿物的比磁化系数为 $(13.1 \sim 16.9) \times 10^{-7} \mathrm{m^3/kg}$，脉石矿物（石英、方解石等）的比磁化系数为 $(2.5 \sim 125) \times 10^{-9} \mathrm{m^3/kg}$。因此，锰矿物的比磁化系数比脉石矿物的大 10 倍以上，可采用强磁选方法进行各类型锰矿石的选别。目前各种类型的粗、中、细粒强磁选工艺已占锰矿选矿的主导地位。$10 \sim 25 \mathrm{mm}$ 粗粒锰矿石一般采用 80-1 型和 CGD-38 型感应辊式强磁选机，$1 \sim 10 \mathrm{mm}$ 中粒锰矿石一般采用 CS-1、CS-2、DQC-1、CGDE-210 型等强磁选机，$0.05 \sim 1 \mathrm{mm}$ 细粒锰矿石一般采用 Shp、SLon、SZC 系列强磁选机。

15.2.4　浮选

各种锰矿物的可浮性以菱锰矿最好，软锰矿和硬锰矿次之，其他锰矿物（尤其是锰土）的可浮性最差。锰矿物组成复杂，与脉石矿物密切共生，易泥化，浮选难度大，药耗高，成本较高。现工业生产主要采用阴离子捕收剂正浮选，阴离子捕收剂反浮选和阳离子捕收剂反浮选较少用。一般趋向磁—浮或重—浮联合流程，先采用磁选或重选丢弃部分脉石和矿泥，采用浮选进行精选。

15.2.5　化学选矿

15.2.5.1　焙烧法

锰矿石中铁锰常共生，物理选矿法难于铁锰分离。还原焙烧可使高价氧化锰还原为易浸出的低价氧化锰及将弱磁性铁矿物转化为强磁性的磁铁矿和 γ-赤铁矿，易用磁选法进行锰铁分离，提高锰铁比。通常有还原焙烧、中性焙烧和氧化焙烧三种。锰矿石焙烧设备主要采用反射炉、竖炉、沸腾炉和回转窑等。

15.2.5.2　熔炼法

于高炉或电炉内进行选择性还原熔炼时，炉料中的铁、磷优先还原，而锰呈 MnO 形态富集于渣中，产出富锰渣，常将此工艺称为富锰渣法。适于处理无法直接冶炼铁合金的贫锰矿或铁锰矿，目的是去铁除磷，提高锰铁比和锰磷比。

15.2.5.3 浸出法

适于处理难选贫锰矿、锰中矿和锰矿泥，常用的浸出剂为：连二硫酸盐、二氧化硫、硫酸化焙烧-水浸法、还原焙烧-氨浸法、亚硫酸铁等。浸出法可从浸出液中产出锰含量大于50%、杂质含量低的优质锰化学精矿，同时还可回收矿石中的其他有用组分，但生产成本较高，工艺流程较复杂。

15.3 遵义锰矿选矿厂

15.3.1 概述

遵义锰矿区包括铜锣井、沙坝、长沟、黄土坎、石榴沟、深溪沟等矿段，铜锣井矿区的锰矿资源量占总储量的75%，矿石锰品位为15%~25%，含铁9%~10%，含磷平均为0.046%，含硫平均为4.43%，属于低锰、磷，高铁、硫的半自熔性锰矿石。矿区位于高原丘陵山区，地表矿体出露标高795~980m，矿体埋深0~606m，除浅部氧化矿可露采外，其余需竖井开拓、地下开采。可采矿层连续性好，厚度、品位稳定，矿层产状变化小。

15.3.2 矿石性质

属海相沉积型矿床，碳酸锰矿层产于龙潭组下段黏土岩中。锰矿床有两矿层，上矿层为铁锰或锰铁矿层，产于含矿岩系上部黏土岩顶部，矿层呈透镜状，极不稳定，无工业意义；下层为主矿层，从上至下为砾状、条带状、块状碳酸锰矿层。产于含矿岩系底部灰绿色水云母黏土之上，以菱锰矿、钙菱锰矿矿石为主。

矿石中有氧化锰矿石和碳酸锰矿石两种类型。氧化锰矿石是碳酸锰矿氧化富集的产物，分布于近地表处，占探明储量的5.85%，在保有储量中仅占1.45%，目前各地段的氧化锰矿已采完。碳酸锰矿石由钙菱锰矿、菱锰矿、锰方解石、含硫方解石、锰白云石、锰菱铁矿、铁菱锰矿、水锰矿、黑锰矿、硫锰矿、黄铁矿、含锰菱铁矿和水云母、鲕绿泥石、叶绿泥石、高岭石、白云石、石英、长石等组成。主体矿石矿物以钙菱锰矿为主，其含量占碳酸盐矿物总量的82%~83%。矿石具砂砾屑、球粒、生物碎屑和晶粒结构，具纹层状、微层状、断续层状、花边状和葡萄状构造。矿石锰品位为8%~32%，以15%~25%居多，平均为20.29%，锰品位变化系数为13.9%~19.2%。矿石锰品位较稳定，垂直由下至上，锰、磷、钙有降低趋势。

矿石中的菱锰矿多呈细粒状集合体及致密块状，钙菱锰矿呈层状结构，锰方解石以晶体集合体或细粒体出现。锰矿物集合体或单体嵌布粒度一般为0.02~0.2mm。矿石密度为3.3g/cm³，普氏硬度为6~8，矿石含水4%~6%。

遵义锰矿化学成分分析结果见表15-14。

表 15-14 遵义锰矿化学成分分析结果

成分		Mn	TFe	S	P	SiO₂	Al₂O₃	MgO	CaO	Co	Ni	烧损
含量 /%	贫矿	18.17	10.35	4.02	0.045	13.36	8.24	3.00	6.16	0.009	0.018	22.98
	富矿	21.20	9.00	3.24	0.038	13.91	7.85	3.10	4.77	0.0085	0.020	24.85

遵义锰矿锰、铁物相分析结果见表 15-15。

表 15-15　遵义锰矿锰、铁物相分析结果　　　　　（%）

矿相	锰物相					铁物相					
	含锰方解石	碳酸锰	氧化锰	硅酸锰	合计	碳酸铁	易溶硅酸铁	氧化铁	硫化铁	其他	合计
上矿带	6.87	80.29	0.79	12.05	100.00	26.53	55.96	1.99	14.44	1.08	100.00
中矿带	15.91	74.38	1.19	8.52	100.00	20.02	5.43	2.58	70.46	1.51	100.00
下矿带	13.87	79.52	1.10	5.51	100.00	9.24	7.07	5.71	73.37	4.61	100.00

15.3.3　选矿工艺

遵义锰矿选厂工艺流程经 20 多年的试验研究和技术改造，改造后的选厂工艺流程如图 15-1 所示。

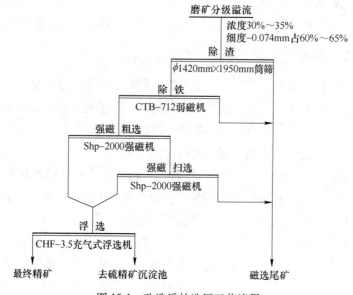

图 15-1　改造后的选厂工艺流程

改造后的选厂工艺流程为两段磨矿—强磁（一粗一扫）—浮选工艺流程。锰浮选采用石油磺酸钠与氧化石蜡皂混合捕收剂代替原用氧化石蜡皂，用浮选机代替原用的浮选柱。

改造前后的选矿指标见表 15-16。

表 15-16　改造前后的选矿指标　　　　　（%）

产品名称	改进前 1998 年 5~7 月平均值			改进后 1998 年 8~10 月平均值		
	产率	锰品位	锰回收率	产率	锰品位	锰回收率
最终精矿	50.97	26.44	69.51	57.85	26.96	77.17
磁选精矿	69.28	22.72	8.18	75.05	23.75	88.20
磁选尾矿	30.72	11.88	18.82	24.95	9.56	11.80
给矿	100.00	19.39	100.00	100.00	20.21	100.00

15.4 花垣锰矿选矿厂

15.4.1 概述

花垣锰矿属"湘潭式"大型锰矿，约有3000万吨分布于选厂周边2~8km范围内，探明储量占湖南省总储量的27.4%。经多年开采，高品位矿石已采尽，原矿品位急剧下降。

矿区位于湘西高山地带，矿体呈层状、似层状和扁豆状，与围岩地层产状基本一致。按层位分为上矿层和下矿层。上矿层为主矿层，其储量占矿区总储量的98%，分布在全区长4.25km、宽0.3~1.8km、平均厚2.71m。矿层顶板为含锰炭质粉砂质页岩，底板为炭质页岩、细砂岩或含砾砂岩。矿层由3~4个薄层菱锰矿层和粉砂质页岩互层构成。下层为次要矿层，其储量占矿区总储量的1.6%，分布在矿区中心部位。下矿层呈扁豆体，长1.5km、宽1.29km、厚0.2~2.28m，平均1.07m。下矿层含矿岩系底部，距上矿层底板0.43~2m。下矿层结构简单，不含夹石。矿体规模大，连续稳定，且大部分赋存于矿区侵蚀基准面之上，适于平硐开拓，地下开采。

15.4.2 矿石性质

花垣锰矿属海相沉积碳酸锰矿床，工业类型为"湘潭式"碳酸锰矿床。矿石自然类型以碳酸锰矿石为主，氧化锰矿不发育。

矿石中锰矿物以菱锰矿为主，次为钙菱锰矿、镁菱锰矿、锰方解石、锰白云石、少量硬锰矿、软锰矿、褐锰矿、水锰矿，其他金属矿物为黄铁矿、褐铁矿等。脉石矿物以石英为主，次为方解石、白云石、磷灰石、胶磷矿、黏土矿物等。

矿石化学成分分析结果见表15-17。

表15-17 矿石化学成分分析结果

成分	Mn	SiO_2	CaO	MgO	Al_2O_3	Fe	P	S	C	其他
含量/%	10.00	54.74	1.53	0.88	9.84	5.28	0.2	0.4	5	12.13

矿石主要矿物及含量见表15-18。

表15-18 矿石主要矿物及含量

矿物	碳酸锰	石英	碳酸钙	碳酸镁	绢云母长石	黄铁矿	有机碳
含量/%	20.9	54.74	2.4	1.85	9.84	7.83	2.44

15.4.3 选矿工艺

采用两段一闭路破碎——一段闭路磨矿——一粗三精五扫浮选工艺流程。选矿工艺流程如图15-2所示。

分级溢流浓度为20%~25%，碳酸钠调浆至pH值为9左右，抑制剂为$HNCC_1$、工业水玻璃、单宁等组合抑制剂，捕收剂为$HNCC_2$+NaOH，用量为1~6kg/t。选矿指标见表15-19。

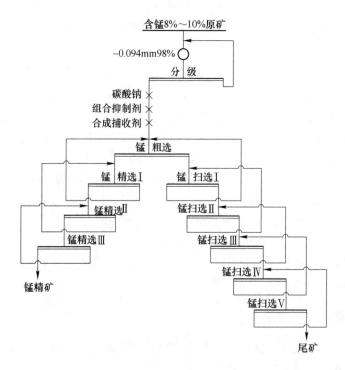

图 15-2　花垣锰矿选矿工艺流程

表 15-19　花垣锰矿选矿指标

产品名称	年产量/万吨	产率/%	锰品位/%	锰回收率/%
锰精矿	12.00	40.00	18.00	88.34
尾矿	18.00	60.00	1.57	11.57
原矿	30.00	100.00	8.15	100.00

16　铝土矿浮选

16.1　概述

16.1.1　铝矿物

铝是地壳中分布最广的元素之一，占地壳成分的 8.8%，仅次于氧和硅。金属铝及其合金因密度小、导电导热性好、易机械加工等优良性能，被广泛用于国民经济各领域和人们日常生活中，其用量仅次于钢铁。生产金属铝的主要矿物原料为铝土矿，铝土矿中氧化铝主要呈三水铝石（$Al(OH)_3$ 或 $Al_2O_3 \cdot 3H_2O$）、一水软铝石（α-AlOOH 或 α-$Al_2O_3 \cdot H_2O$）和一水硬铝石（β-AlOOH 或 β-$Al_2O_3 \cdot H_2O$）的矿物形态存在。因此，铝土矿分为三水铝石型、一水软铝石型、一水硬铝石型和各种混合型。生产金属铝分为铝土矿的物理选矿、生产氧化铝和氧化铝电解三个阶段。

16.1.2　铝土矿工业品级

铝土矿的主要化学组分为 Al_2O_3，其次为 SiO_2、Fe_2O_3、TiO_2，少量的 CaO、MgO、硫化物，微量的 Ga、Ge、P、Cr 等。国外的铝土矿主要为三水铝石型和一水软铝石型，占世界总储量的 90% 以上。我国的铝土矿主要为一水硬铝石型，具有铝高、硅高、铁低的特点。我国现行的铝土矿标准（GB 3470—1983）见表 16-1。

表 16-1　按化学成分划分的铝土矿工业品级

项　目	铝土矿化学成分		用　途
	A/S（不小于）	Al_2O_3（不小于）/%	
一级品	12	73~60	刚玉型研磨材料、高铝水泥、氧化铝
二级品	9	71~50	氧化铝
三级品	7	69~62	氧化铝
四级品	5	62	氧化铝
五级品	4	58	氧化铝
六级品	3	54	氧化铝
七级品	6	48	氧化铝

我国主要省区的铝土矿特征及化学组成见表 16-2。

从表 16-2 中数据可知，我国铝土矿平均品位为：Al_2O_3 61.99%、SiO_2 10.40%、Fe_2O_3 7.73%，A/S 为 5.96。在全国 307 个矿区中，A/S 大于 10 的只有 7 个矿区，储量仅占 6.97%，近 50% 储量的 A/S 为 4~6（见表 16-3）。

表 16-2　我国主要省区的铝土矿特征及化学组成

产地	矿床类型	矿区个数	矿床规模			平均品位/%			A/S
			大	中	小	Al_2O_3	SiO_2	Fe_2O_3	
山西	沉积型	70	17	36	17	62.36	11.57	5.78	5.39
贵州	沉积型	62	3	19	40	65.43	9.02	5.72	7.25
	堆积型	4	0	1	3	66.48	8.20	6.94	8.11
河南	沉积型	37	7	18	12	65.41	11.80	3.41	5.54
广西	沉积型	13	0	6	7	57.06	9.45	12.33	6.04
	堆积型	7	6	0	1	54.31	5.76	21.35	9.43
山东	沉积型	23	0	2	21	55.54	15.36	9.33	3.62
四川	沉积型	18	0	4	14	58.39	12.66	8.95	4.61
云南	沉积型	17	0	1	16	58.36	11.30	4.57	5.16
	堆积型	4	0	0	4	56.79	8.01	16.54	7.09
小计	沉积型	240	27	86	127	63.11	11.10	5.71	5.69
	堆积型	15	6	1	8	54.83	5.96	20.63	9.20
合计		255	33	87	135	61.99	10.40	7.73	5.96

表 16-3　我国不同 A/S 值的铝土矿区数及储量比例

A/S	<4	4~6	6~7	7~9	9~10	>10	合计
矿区个数	75	145	36	36	8	7	307
储量化例/%	7.42	48.59	10.94	14.63	11.65	6.97	100

16.1.3　铝土矿的物理选矿

铝土矿物理选矿的目的是提高氧化铝含量和降低氧化硅含量，提高 A/S（铝硅比），为后续生产氧化铝创造较好的条件。目前，铝土矿的物理选矿方法主要为：

（1）洗选法：如平果铝那豆矿区含 Al_2O_3 59.14%、SiO_2 6.15%、Fe_2O_3 16.41%，A/S 为 9.62。经三段洗选后的铝土矿精矿含 Al_2O_3 63.52%、SiO_2 4.36%，A/S 为 15±0.5。

（2）选择性磨矿法：由于一水硬铝石和脉石硅酸盐矿物的可磨度不同，采用不同的磨矿介质和工艺参数使铝土矿碎解，经分级后，粗粒级中氧化铝含量高、氧化硅含量低，细粒级则相反，可提高粗粒级铝土矿产物的铝硅比。

（3）浮选法：如河南铝土矿含一水硬铝石 66.72%、伊利石 15.43%、高岭土 6.45%、叶蜡石 1.96%、含钛矿物 2.92%、其他矿物 6.52%。磨矿细度为 -0.074mm 占 75%，磨矿时加碳酸钠作分散剂，加阴离子捕收剂 HZB 浮选一水硬铝石，加 HZT 抑制硅酸盐矿物。原矿含 Al_2O_3 65.19%、SiO_2 11.05%，A/S = 5.9。浮选精矿含 Al_2O_3 70.87%、SiO_2 6.22%，A/S = 11.39，Al_2O_3 回收率为 86.45%。

16.1.4　化学选矿法制取氧化铝

以铝土矿为原料生产氧化铝的工艺可分为碱法、酸法和联合法。目前，主要采用碱法生产氧化铝。用氢氧化钠或碳酸钠溶液浸出铝土矿，其中氧化铝呈铝酸钠形态转入浸出液中，矿石中的铁、钛、硅等杂质大部分留在浸渣（俗称赤泥）中。从分离和净化后的铝酸钠溶液中分解沉淀析出氢氧化铝。经固液分离、洗涤、煅烧，产出氧化铝化学精矿。

目前，碱法生产氧化铝的工艺分为拜耳法、碱石灰烧结法、联合法等。拜耳法为生产氧化铝的主要方法，世界90%以上的氧化铝用该工艺生产，国外主要采用拜耳法生产氧化铝。拜耳法适于处理 A/S≥9 的优质铝土矿，国内仅平果铝业公司采用此法生产氧化铝，占全国总产能的10%左右。

碱石灰烧结法适于处理铝硅比低的铝土矿。先将铝土矿、碳酸钠和石灰制成料浆在回转窑中进行钠化烧结，使铝土矿中有用组分转变为易溶于水或稀碱液的铝酸钠。用水或稀碱液浸出烧结熟料，获得铝酸钠溶液。经净化、分解、洗涤、煅烧，产出氧化铝化学精矿。国内中州铝厂和山东铝厂采用此法生产氧化铝，占全国总产能的24.3%左右。

联合法为烧结法和拜耳法的组合工艺，又可分为并联、串联和混联三种组合方式。适于处理 3≤A/S≤10 的铝土矿。国内郑州铝厂、贵州铝厂和山西铝厂采用混联工艺生产氧化铝，占全国总产能的65.7%左右。

通常 A/S≥10 时采用拜耳法；A/S=3 左右时采用碱石灰烧结法；3≤A/S≤10 时采用联合法。

16.1.5　氧化铝电解

金属铝的生产可分为三个阶段：

（1）化学炼铝：1825 年德国 F. Woler 先用钾汞齐，后用金属钾还原无水氧化铝制得金属铝。1845 年法国 H. S. Deville 用金属钠还原 $NaCl·AlCl_3$ 复盐制得金属铝，并进行小规模生产。随后罗西和别凯托夫分别采用金属钠和金属镁还原冰晶石制得金属铝，并建厂生产金属铝约 200t。

（2）初期电解法炼铝：1886 年美国 Hall 和法国 Heroult 同时获得利用冰晶石-氧化铝电解法制得金属铝的专利，开创了铝电解时代，最初采用预焙电解槽。20 世纪初开始采用小型侧部导电的自焙阳极电解槽，电流强度从 2kA 发展至 50kA 以上。20 世纪 40 年代出现上部侧导电的自焙阳极电解槽。

（3）现代电解法炼铝：20 世纪 50 年代出现大型预焙阳极电解槽，使电解铝技术迈向大型化、现代化发展新阶段，其原理仍是美国 Hall 和法国 Heroult 冰晶石-氧化铝熔盐电解法，但在理论、工艺、装备和规模上有了巨大的进步。冰晶石-氧化铝熔盐电解法包括氧化铝、冰晶石、氟化盐、炭素材料等原料的制备及氧化铝电解两部分。

16.2　铝土矿的可浮性

16.2.1　概述

我国铝土矿的特点是铝高、硅高、铁低，主要有用矿物为一水硬铝石，主要脉石矿物为铝硅酸盐（高岭石、伊利石、叶蜡石、绿泥石）、石英、铁矿物（针铁矿、水针铁矿和赤铁矿）、钛矿物（锐钛矿、金红石）及少量硫化物（黄铁矿等）。原矿中的铝硅酸盐脉石矿物与一水硬铝石的嵌布关系复杂，含硅脉石矿物基质中常包裹一水硬铝石、锐钛矿、金红石和锆石等矿物。矿物间的复杂嵌布给一水硬铝石的浮选脱硅造成较大的难度。

16.2.2　一水硬铝石的可浮性

一水硬铝石的零电点（PZC）一般为 5～7。采用脂肪酸类阴离子捕收剂浮选时，pH 值为 4～11 时的可浮性较好，尤其 pH 值为 4～10 时，一水硬铝石的上浮率大于 90%；pH 值大于 11 时，一水硬铝石的上浮率小于 90%；pH 值为 3～4 时，一水硬铝石的可浮性较差，上浮率为 20%～40%。

采用脂肪胺类阳离子捕收剂浮选时，pH 值为 5～10 时，一水硬铝石的可浮性较好，上浮率大于 80%；pH 值为 5～10 时，一水硬铝石的可浮性较差。

16.2.3　脉石矿物的可浮性

16.2.3.1　高岭石的可浮性

产地不同，高岭石的零电点不同，一般为 2.5～4。采用脂肪酸类阴离子捕收剂浮选时，pH 值为 1～14 时高岭石的可浮性较差，上浮率仅 30% 左右。采用十二烷基硫酸盐或十二烷基磺酸盐作捕收剂浮选时，高岭石的可浮性稍有提高，pH 值为 2～7 时高岭石的上浮率为 50% 左右；随 pH 值的升高，高岭石的可浮性逐渐下降。

采用脂肪胺类阳离子捕收剂浮选，pH 值为 2～4 时高岭石的可浮性较好，其上浮率为 80% 左右；随 pH 值的升高，高岭石的可浮性逐渐下降；pH 值大于 10 时，高岭石的上浮率降至 20% 左右。采用十六烷基三甲基溴化铵等季胺盐类阳离子捕收剂浮选时，高岭石的可浮性和选择性均比十二胺高，且浮选 pH 值范围比十二胺浮选宽。

16.2.3.2　伊利石的可浮性

铝土矿浮选时，伊利石是所有铝硅酸盐脉石矿物中可浮性最差的矿物。采用脂肪酸类阴离子捕收剂浮选时，pH 值为 1～14 时伊利石的可浮性均较差，伊利石的上浮率仅 10% 左右。

采用脂肪胺类阳离子捕收剂浮选，在强酸性介质中，伊利石的可浮性较好，其上浮率可达 30% 左右；随介质 pH 值升高，伊利石的可浮性显著降低，直至不浮。

16.2.3.3　叶蜡石的可浮性

铝土矿浮选时，叶蜡石是所有铝硅酸盐脉石矿物中可浮性相对最好的矿物。采用脂肪酸类阴离子捕收剂浮选时，pH 值为 1～14 时叶蜡石的可浮性均较其他硅酸盐脉石矿物好，其上浮率可达 60% 左右。

采用脂肪胺类阳离子捕收剂浮选，叶蜡石浮选的 pH 值范围较其他硅酸盐脉石矿物宽，pH 值为 3～9 时叶蜡石的可浮性较好，其上浮率可达 80% 左右；随介质 pH 值升高，叶蜡石的可浮性略有降低。

采用合成的新型阳离子胺类捕收剂浮选，叶蜡石、伊利石、高岭石的可浮性均有所改善。尤其是采用多胺、季胺、酰胺基胺类捕收剂时，叶蜡石、伊利石、高岭石的可浮性非常好。而且采用几种无机和有机调整剂可调整一水硬铝石与这些硅酸盐脉石矿物的可浮性差异，为一水硬铝石与这些硅酸盐脉石矿物的浮选分离奠定了基础。

16.3　铝土矿浮选脱硅的主要影响因素

16.3.1　矿石性质

16.3.1.1　原矿的铝硅比

矿石的可浮性主要与原矿的铝硅比、矿物组成与嵌布粒度特性密切相关。通常，原矿铝硅比愈高，矿石的可浮性愈好，当原矿铝硅比小于 4 时，浮选脱硅难度明显增大。

山西和河南矿区铝土矿的正浮选指标见表 16-4。

表 16-4　山西和河南矿区铝土矿的正浮选指标

矿区	精矿品位/%		Al_2O_3 回收率/%	原矿 A/S	精矿 A/S
	Al_2O_3	SiO_2			
山西矿区	67.64	6.14	85.35	4.40	11.02
河南矿区	66.82	6.04	84.92	4.29	11.06
	70.87	6.22	86.45	5.90	11.39

山西和河南矿区铝土矿的反浮选指标见表 16-5。

表 16-5　山西和河南矿区铝土矿的反浮选指标

矿区	精矿品位/%		Al_2O_3 回收率/%	原矿 A/S	精矿 A/S
	Al_2O_3	SiO_2			
山西矿区	65.91	8.12	81.07	4.71	8.12
河南矿区	69.43	6.60	85.04	5.67	10.52
	68.90	6.86	85.76	5.72	10.04

16.3.1.2　矿物组成

矿物组成对浮选脱硅的影响为：（1）原矿中叶蜡石含量偏高时，因其可浮性好，易进入泡沫产品，对正浮选不利，但对反浮选有利；（2）原矿中高岭石含量偏高时，因其可浮性较差，对正浮选有利，但对反浮选不利；（3）原矿中伊利石含量偏高时，因其难浮选，对正浮选极有利，但对反浮选不利。

16.3.2　磨矿粒度

在充分解离的前提下，正浮选要求磨矿粒度细些，反浮选可以粗些。应尽可能降低 +0.1mm 粗粒级含量和 -0.005mm 粒级的矿泥含量。

16.3.3　矿泥

降低矿泥有害影响的措施主要为：（1）优化磨矿工艺参数，尽可能降低 -0.005mm 粒级的矿泥含量；（2）选择性脱泥，采用浓泥斗等设备进行选择性脱泥，试验表明可脱除

10%的矿泥，矿泥中铝硅比小于1.6；（3）添加矿泥分散剂，如碳酸钠、六偏磷酸钠、水玻璃及新型分散剂等。

16.3.4　浮选矿浆浓度

试验表明，对正浮选而言可采用较高的浮选矿浆浓度；对反浮选则宜采用较低的浮选矿浆浓度，适宜的反浮选矿浆浓度为15%~20%。

16.3.5　其他

铝土矿浮选脱硅的主要影响因素还有以下几个方面。

（1）介质pH值：采用脂肪酸类阴离子捕收剂浮选时，正浮选的适宜pH值为8~10；采用脂肪胺类阳离子捕收剂浮选，反浮选的pH值为5~7。

（2）水质：采用脂肪酸类阴离子捕收剂正浮选时，对水中 Ca^{2+}、Mg^{2+} 含量极为敏感，对硬度高的水应加大碳酸钠用量以降低其有害影响。反浮选采用胺类阳离子捕收剂浮选，水质的有害影响较小。

（3）矿浆温度：采用脂肪酸类阴离子捕收剂正浮选时，矿浆温度宜高于15℃；采用胺类阳离子捕收剂反浮选时，矿浆温度宜高于25℃；中南大学研发的新型阳离子捕收剂DTAL具有良好的水溶性，可在5℃以上的低温矿浆中使用。

（4）浮选机转速：对正浮选而言，为防止粗粒脱落，浮选机转速宜比正常转速低20%~30%，为150~270r/min；反浮选时，提高转速有利于矿粒与药剂接触，可提高含硅矿物浮选速率，较适宜的浮选机转速为300~350r/min。

（5）浮选机充气量：对正浮选而言，调整为常规充气量的20%左右才能保证粗粒一水硬铝石矿物的上浮，充气量应控制为 $0.15~0.3m^3/(m^2 \cdot min)$；反浮选时，提高充气量有利于提高含硅矿物浮选速率，充气量与常规有色金属硫化矿浮选相近，为 $1.0m^3/(m^2 \cdot min)$ 左右。

16.4　铝土矿选择性磨矿—聚团浮选脱硅

16.4.1　概述

目前，工业应用的铝土矿物理选矿方法为堆积型铝土矿洗矿富集和沉积型铝土矿正浮选脱硅两种方法。其他的选矿方法仍处于试验研究阶段。

16.4.2　中国铝业中州分公司选矿车间

2003年，中南大学研发的铝土矿选择性磨矿—聚团浮选脱硅技术，成功应用于中州铝业公司的选矿-拜耳法生产氧化铝生产线。

2003年，中国铝业中州分公司建设了年处理能力为30万吨选矿-拜耳法氧化铝生产线，其中选矿系统年处理能力为70万吨。选矿系统于2003年10月投产，全线于2004年初建成投产，3个月达产，半年内达标，工艺指标良好，拜耳法氧化铝回收率最高达84.6%，综合能耗按标准煤计为594kg/t，碱耗为78kg/t，氧化铝生产成本与传统拜耳法基本持平，低于烧碱法。随后，中州分公司又建设了第2条年处理能力为30万吨选矿-拜耳法氧化铝生产线。因此，通过物理选矿—化学选矿联合流程可经济有效利用中低品位一水硬铝石型铝土矿生产氧化铝，为保障我国铝工业持续发展具有重要意义。通过铝土矿物理选矿脱硅，应用物理选矿—化学选矿联合流程生产氧化铝，可使现有铝土矿资源的服务年限提高 3 倍以上。

铝土矿选择性磨矿—聚团浮选脱硅充分利用铝土矿选择性碎解特性进行选择性磨矿，提高磨矿产品中粗粒级的铝硅比，将粗粒级直接作为精矿，再通过选择性聚团浮选处理细粒级铝土矿，强化铝硅分离和细粒级铝矿物的回收。

铝土矿选择性磨矿—聚团浮选脱硅原则流程如图 16-1 所示。

浮选过程分为粗、扫选和精选两大循环。粗、扫选产出的粗精矿进入精选循环，产出浮选精矿；精选循环的尾矿和粗、扫选尾矿合并为最终尾矿；浮选精矿与分级粗粒级合并为最终精矿。此工艺流程彻底解决了粗粒级回收、低浓度硅酸泥中矿干扰粗选等问题，可大幅度降低浮选药剂用量，提高浮选段的处理能力和铝硅分离的选择性，进而提高选别指标和经济效益，可降低中矿中有用矿物含量。

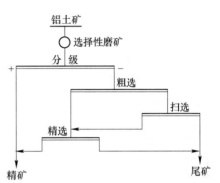

图 16-1　铝土矿选择性磨矿—聚团浮选脱硅原则流程

铝土矿选择性磨矿—聚团浮选脱硅的试验指标见表 16-6。

表 16-6　铝土矿选择性磨矿—聚团浮选脱硅的试验指标

矿样	试验规模	工艺	处理量 /t·d⁻¹	铝硅比 原矿	铝硅比 精矿	Al₂O₃ 回收率/%	药剂用量 /kg·t⁻¹
中州样	工业试验	选择性磨矿—聚团浮选	64.02	6.34	12.33	88.74	5.188
中州样	工业试验	"九五"攻关正浮选流程	51.43	6.34	13.40	86.54	8.273
山西样	扩大连选	选择性磨矿—聚团浮选	1.52	4.40	11.09	85.57	4.730

从表 16-6 数据可知：（1）铝土矿选择性磨矿—聚团浮选脱硅工艺产出铝硅比大于 11 的精矿，大大扩展了拜耳法生产氧化铝的矿物原料；（2）铝土矿选择性磨矿—聚团浮选脱硅工艺对不同产地的铝土矿适应性强，精矿中氧化铝回收率均大于 85%；（3）铝土矿选择性磨矿—聚团浮选脱硅工艺与常规浮选工艺比较，处理量可提高 25% 左右；（4）与常规浮选工艺比较，吨矿药剂用量可降低 30%~50%。

16.5　磨矿—全浮选流程脱硅

16.5.1　概述

近几年中等品位的铝土矿资源愈来愈少，铝硅比为 3~4 的低品位铝土矿资源愈来愈多，仅靠铝土矿选择性磨矿—聚团浮选脱硅工艺无法产出铝硅比大于 8 的高品位合格精矿。

低品位铝土矿须采用磨矿—浮选工艺脱硅才能产出用于拜耳法生产氧化铝的铝硅比大

于 8 的高品位合格精矿。

16.5.2　中国铝业河南分公司选矿车间

中国铝业河南分公司最初选矿流程为中铝国际沈阳铝镁设计院设计，中南大学与选厂于 2009 年 4~9 月进行工业试验，采用一段闭路磨矿—全浮选—尾矿分级粗粒再磨再选流程。此流程从试车至 2009 年 4 月一直不通，选矿车间对流程经三次大改动：一段闭路磨矿—全浮选—尾矿分级粗粒精矿工艺；一段闭路磨矿—两级分级—半浮选工艺；一段闭路磨矿—两级分级—全浮选工艺。整改后的工艺流程如图 16-2 所示。

2009 年 9 月达产，其生产指标见表 16-7。

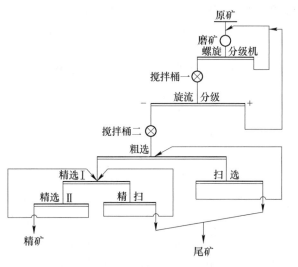

图 16-2　中铝河南分公司现生产工艺流程

表 16-7　中铝河南分公司现生产指标

产品名称	产率/%	铝硅比	回收率/%
精矿	70~74	6.5~7.5	76~79
尾矿	26~30	1.35~1.50	21~24
原矿	100.00	3.5~4.5	100.00

浮选药剂：碳酸钠 7.06kg/t、捕收剂 1.75kg/t、分散剂 1.79kg/t、硫酸 1.39kg/t。

16.5.3　河南汇源公司选矿车间

中南大学针对河南汇源公司铝硅比为 4.6 的低品位铝土矿，研发出梯度浮选技术，实现日处理 2000t 的规模生产。其工艺流程如图 16-3 所示。

铝硅比为 4 左右的低品位铝土矿碎至 -15mm，经两段闭路磨矿，旋流器溢流细度为 -0.074mm 占 90%，经三粗二精一扫浮选，产率为 70% 的精矿送浓缩、过滤，产出含水 14% 的精矿送制取氧化铝车间。30% 左右的尾矿泵送尾矿库堆存。

河南汇源公司生产指标见表 16-8。

表 16-8　河南汇源公司生产指标

产品名称	产率/%	铝硅比	回收率/%
精矿	68~75	8.5~10.0	78~85
尾矿		1.28~1.39	
原矿		4.0~4.4	

浮选药剂：碳酸钠 5.5kg/t、捕收剂 0.85kg/t、分散剂 0.067kg/t、助沉剂 0.070kg/t。

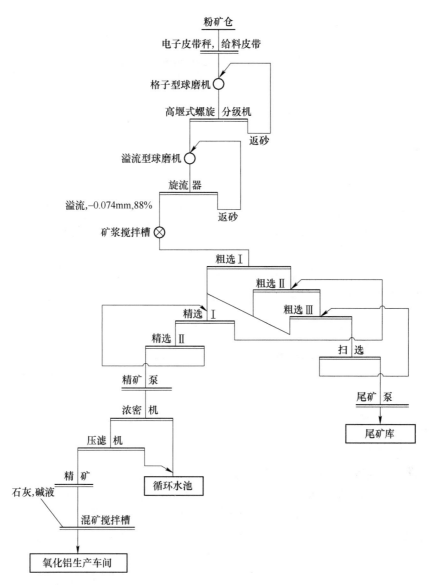

图 16-3 河南汇源公司浮选工艺流程

17　稀土矿物浮选

17.1　概述

17.1.1　稀土元素

元素周期表中ⅢB族中原子序数为 57~71 的 15 个镧系元素即 La 镧(57)、Ce 铈(58)、Pr 镨(59)、Nd 钕(60)、Pm 钷(61)、Sm 钐(62)、Eu 铕(63)、Gd 钆(64)、Tb 铽(65)、Dy 镝(66)、Ho 钬(67)、Er 铒(68)、Tm 铥(69)、Yb 镱(70)、Lu 镥(71)，加上电子结构和化学性质相近的 Sc 钪(21) 和 Y 钇(39)，共 17 个元素统称为稀土元素。

稀土元素发现年序见表 17-1。

表 17-1　稀土元素发现年序

年份	1788	1794	1803	1839	1843	1878	1879
发现稀土元素	钇	分离出钇	铈	镧	铒	镱、钬	铥、钪
年份	1880	1885	1886	1892	1895	1907	1947
发现稀土元素	钐、钆	钕、镨	镝	铕	铽	镥	钷

从 1788 年瑞典军官卡尔·阿雷尼乌斯（Karl Arrhenius）从斯德哥尔摩附近的伊特比(ytterby) 村首次发现稀土元素，1794 年芬兰化学家加多林（J. Gadolin）分离出钇至 1947年美国人马林斯基（J. A. Marinsky）、格兰德宁（I. E. Glendenin）和科列尔(C. D. Coryell) 从原子能反应堆用过的铀裂变产物中分离出原子系数为 61 的最后一个稀土元素钷，科学家们历经 150 多年才发现并制得 17 个稀土元素。原认为自然界不存在稀土元素钷，直至 1965 年芬兰一家磷酸盐厂处理磷灰石时发现了痕量的稀土元素钷。

根据稀土元素在矿物中的共生、化学性质及分离的工艺要求，常将它们分为轻稀土(La、Ce、Pr、Nd、Pm、Sm、Eu) 和重稀土（Gd、Tb、Dy、Ho、Er、Tm、Yb、Lu、Y) 两组。将稀土元素分为三组的标准不一，如按稀土硫酸复盐溶解度的大小可分为三组：(1) 难溶铈组稀土元素或轻稀土元素（La、Ce、Pr、Nd、Pm、Sm）；(2) 微溶性铽组稀土元素或中稀土元素（Eu、Gd、Tb、Dy）；(3) 可溶性钇组稀土元素或重稀土元素（Ho、Er、Tm、Yb、Lu、Y）。用 P204 萃取稀土元素时，可在钕/钐间分组，然后提高酸度再在钆/铽间分组，将稀土元素分为：(1) 轻稀土元素（La、Ce、Pr、Nd）；(2) 中稀土元素(Sm、Eu、Gd)；(3) 重稀土元素（Tb、Dy、Ho、Er、Tm、Yb、Lu、Y）。用 N263 硝酸盐体系萃取稀土元素时，可在铒/铥间分组，使铒以前的镧系元素与钇分离，使铒以前的镧系元素萃入有机相中，Y、Tm、Yb、Lu 和少量的铒留在水相中。

当时习惯将不溶于水的固体氧化物称为"土"和认为这些元素比较稀少及难将它们分离为单一元素，故将它们称为"稀土元素"，后来发现"稀土元素"并不稀少，也不是土，而是典型的金属元素。

稀土元素在自然界矿物中的分布特点为：（1）随原子序数的增加，稀土元素在地壳中的丰度呈下降趋势；（2）原子序数为偶数的稀土元素在地壳中的丰度一般大于与其相邻的奇数稀土元素的丰度；（3）轻稀土（La、Ce、Pr、Nd、Pm、Sm、Eu）在地壳中的含量大于重稀土（Gd、Tb、Dy、Ho、Er、Tm、Yb、Lu、Y）在地壳中的含量。

17.1.2　稀土资源

稀土元素在地壳中的丰度约为 $2×10^{-4}$。因此，稀土资源丰富，绝对量大，但单一元素含量低，分布不均匀，可开采的稀土矿不多。

我国是世界稀土资源最丰富的国家，不仅稀土资源储量大，而且矿种多和稀土元素齐全、稀土含量高、矿点分布较合理。我国稀土资源的98%分布于内蒙古、江西、广东、四川、山东等省区，形成北、南、东、西的分布格局。基本分为两大稀土基地，北方集中于包头白云鄂博等地及四川冕宁，主要含 La、Ce、Pr、Nd 和少量的 Sm、Eu、Gd 等元素；南方集中于江西、广东、广西、福建、湖南等省，主要含 Sm、Eu、Gd、Tb、Ho、Er、Tm、Yb、Lu、Y 和 La、Nd 等元素。目前已探明有储量的矿区193处，分布于17个省区（即内蒙古、吉林、山东、江西、福建、河南、湖北、湖南、广东、广西、海南、贵州、四川、云南、陕西、甘肃、青海）。北方以矿物型轻稀土为主，南方以离子型重稀土和中重稀土为主。

国外稀土资源主要集中于美国、印度、俄罗斯、澳大利亚、加拿大、南非、马来西亚、埃及、巴西、挪威等国。美国稀土资源储量大、种类齐全，主要为氟碳铈矿、独居石、黑稀金矿、硅铍钇矿和磷钇矿。俄罗斯稀土资源储量也较大，主要集中于科拉半岛的伴生矿床，存在于碱性岩中含稀土的磷灰石。澳大利亚为独居石资源大国，独居石作为回收锆英石、金红石、钛铁矿的副产品进行回收。澳大利亚海滨砂矿主要集中于西海岸。加拿大主要从铀矿中副产稀土。印度为稀土出口大国，印度的稀土资源主要为独居石，分布于海滨砂矿和内陆砂矿中。

17.1.3　我国稀土矿床

17.1.3.1　我国稀土矿床分布

我国稀土矿床的分布具有面广而相对集中的特点，轻、重稀土储量呈现"北轻南重"的特点，华北形成巨型的白云鄂博铁铌稀土矿床（轻稀土矿的原料），南岭地区分布储量可观的离子吸附型中稀土、重稀土矿，易采、易提取，已成为我国中、重稀土生产基地。南方地区还有风化壳型和海滨沉积型砂矿，有的富含磷钇矿；赣南的某些钨脉矿中（如西华山、荡坪等）伴生磷钇矿、硅铍钇矿、钇萤石、褐钇铌矿等重稀土矿物，可供综合回收。

17.1.3.2　我国稀土矿床类型

我国稀土矿床类型可分为：

（1）白云鄂博型铁铌稀土矿床：为一种迄今独一无二超大型稀土矿床，以规模大、储量丰富、铈组品位高著称于世，为我国最大的稀土矿物原料生产基地。

（2）花岗岩型铌、稀土矿床：主要分布于赣南、粤北和湘南、桂东一带，如姑婆山含褐钇铌矿花岗岩。其特点是储量大，品位稳定，但品位低，矿物粒度细，目前尚未大规模开采利用。

（3）花岗伟晶岩型稀土矿床：我国花岗伟晶岩型稀土矿床主要富含锂、铍、钽等稀有元素，富含稀土元素不多见，仅在江西发现稀土-铌钽-锂伟晶岩型矿床，其特点是稀土品位高、矿物粒度较粗，易采易选，但规模小，适于地方开采。

（4）含稀土氟碳酸盐热液脉状型矿床：为独立的轻稀土矿床，经济价值大，为国外稀土矿床的主要类型之一。我国四川冕宁牦牛坪稀土矿（大型）、山东微山湖郗山稀土矿（中型）属此类型。其特点为与碱性侵入岩有关，规模较大，稀土品位高，主要矿物为氟碳铈矿，富含 La、Ce、Pr、Nd 等元素，嵌布粒度粗，属易选矿石，此两个稀土矿已开发利用。

（5）含铌、稀土正长岩-碳酸岩型矿床：为稀土矿的主要类型之一，具有规模大、伴生组分多的特点，具有综合利用价值。主要矿物为独居石、氟碳铈矿、氟碳铈钙矿等，铌矿物为烧绿石、铌铁矿、铌铁金红石等，湖北竹山庙垭大型铌、稀土矿属此类型，尚待开发利用。

（6）化学沉积型含稀土磷块岩矿床：目前国内尚未发现此类矿床，贵州织金县新华磷矿探明的稀土氧化物储量已达大型矿床规模，其中氧化钇占储量的 1/3，现磷矿已开采，稀土矿待综合回收利用。

（7）沉积变质型铌、稀土、磷矿床：近年发现的一类变质矿床，矿石矿物主要为铌铁矿、铌易解石、铌铁金红石、独居石、磷灰石等，矿床规模较大，以铌为主，稀土和磷可综合回收利用。

（8）混合岩型稀土矿床：为含独居石、磷钇矿的混合岩或混合岩化花岗岩，如广东五和含稀土混合岩型矿床、辽宁翁泉沟混合岩化交代型硼铁稀土矿床。矿石矿物主要为独居石、磷钇矿、褐帘石和锆石等，此类矿床规模较大，尤其是南方由混合岩型稀土矿床形成的风化壳矿床和海滨砂矿具有重要的开采价值。

（9）风化壳稀土矿床：此矿床广泛分布于南岭和福建一带的花岗岩型、混合岩型稀土矿床和个别含稀土火山岩发育的地区，多呈面型分布。据稀土元素的赋存状态，风化壳稀土矿床分为单矿物型稀土矿床、混合型稀土矿床和离子吸附型稀土矿床三类。

单矿物型风化壳稀土矿床中的稀土元素呈稀土矿物形态出现，其工业矿物与原岩相同。有的以褐钇铌矿为主（如湖南和广西富川、贺州、钟山三县的风化壳花岗岩），有的以磷钇矿和独居石为主，其含矿母岩为含矿花岗岩和混合岩，易采、选，已为重稀土的重要矿物资源。

混合型风化壳稀土矿床为部分稀土元素呈稀土矿物形态出现，部分稀土元素呈离子吸附型稀土出现的混合型风化壳稀土矿床。易采、选，已为重稀土的重要矿物资源。

离子吸附型风化壳稀土矿床，其中的绝大部分稀土元素呈离子吸附型赋存于风化壳黏土矿物中（如高岭石、埃洛石和蒙脱石等黏土矿物）。主要分布于江西、广东、湖南、广西、福建等地，此类矿床分布于丘陵地区，规模适中，稀土品位低，稀土配分较全，易采、选，为我国轻稀土、中稀土和重稀土的重要矿产资源。

（10）独居石、磷钇矿冲积砂矿和海滨砂矿：分布于华东、中南、滇西南等地的第四系冲积层中，遍布独居石、磷钇矿砂矿，其原岩为含矿花岗岩和混合岩，砂矿富集程度、品位随地貌单元趋新而渐富。一般规模较小，易采、选。海滨砂矿一般规模较大，易采、选，主要分布于广东、海南、台湾等沿海省份。矿体赋存于第四纪滨海相细粒石英砂中，主要矿物为钛铁矿、金红石、锆石、独居石和磷钇矿等，均可综合开发、综合回收利用。

（11）碳酸岩风化壳型稀土矿床：原生碳酸岩稀土矿床经长期风化作用，形成厚大的红土型风化壳。风化壳内稀土等有用矿物富集，形成高品位的碳酸岩风化壳型稀土矿床。碳酸岩深度风化蚀变类型稀土矿赋存于深度风化蚀变的碳酸岩火山颈风化层，矿石呈碎块状和粉状，矿石中富含铌、钽、钛、稀土、锆和磷等有价元素，原生和次生形成的矿物有20多种，矿粒细小，呈散粒状或包含于次生形成的纤磷钙铝石和褐铁矿中，稀土元素主要富集于纤磷钙铝石和褐铁矿中，纤磷钙铝石中的稀土含量占原矿总稀土量的88.40%，分散于褐铁矿等铁矿物中的稀土占原矿总稀土量的11.47%，烧绿石中的稀土仅占原矿总稀土量的0.13%。

17.1.4 我国稀土矿床的工业指标

稀土矿床工业指标（工业品位）（DZ/T 0204—2002）见表17-2。

表 17-2 稀土矿床工业指标（工业品位）

工业指标	矿床类型		
	原生矿	离子吸附型矿	
		重稀土	轻稀土
边界品位 W_{ReO}/%	0.5~1.0	0.03~0.05	0.05~0.1
最低工业品位 W_{ReO}/%	1.5~2.0	0.06~0.1	0.08~0.15
最低可采厚度/m	1~2	1~2	1~2
夹石剔除厚度/m	2~4	2~4	2~4

17.2 稀土矿物

17.2.1 概述

目前已知约有150种稀土矿物，若将稀土氧化物含量大于10%的矿物计算为稀土矿物，则至少有250种以上。但具有工业意义的独立或复合的稀土矿物只有50余种，工业常使用的稀土矿物只有10多种。主要为：（1）氟化物：如钇萤石、氟铈矿等；（2）碳酸盐和氟碳酸盐：如氟碳铈矿等；（3）磷酸盐：如独居石、磷钇矿等；（4）氧化物：如褐钇铌矿、易解石、黑稀金矿；（5）硅酸盐：如硅铍钇矿、钪钇石等。

按稀土配分值可将稀土矿物分为：（1）富铈组稀土矿物：如氟碳铈矿、独居石、易解石等；（2）富钇组稀土矿物：如磷钇矿、褐钇铌矿、菱氟钇钙矿等。稀土矿物中仅对几种稀土元素特别富集，稀土矿物中的稀土配分值随生成条件而异，甚至同一矿床中的同一矿物中的稀土配分值也会因产状而异。如我国某铌-稀土-铁矿床中的钠闪石型矿石和钠辉石型矿石中的独居石与产于其他类型矿石中的独居石比较，前者贫镧而富钕、铈。

工业稀土矿物的物理化学性质见表 17-3。

表 17-3　工业稀土矿物的物理化学性质

矿物名称	物理性质					化学性质		
	晶形	硬度	密度 /g·cm⁻³	比磁化系数 /10⁻⁶cm³·g	介电常数	分子式	ReO/%	可溶性
氟碳铈矿	三方晶系	4~5.2	4.75~5.12	12.59~10.19	5.65~6.90	$CeCO_3F$	74.77	溶于 HCl
独居石	单斜晶系	5~5.5	4.83~5.42	12.75~10.58	4.45~6.69	$CePO_4$	67.76	溶于 H_2SO_4、HCl、H_3PO_4，微溶 NaOH
磷钇矿	正方晶系	4~5	4.4~4.8	31.28~26.07	8.1	YPO_4	63.23	溶于 H_2SO_4、H_3PO_4，微溶 NaOH
氟菱钙铈矿	三方晶系	4.2~4.6	4.2~4.5	14.37~11.56	—	$Ce_2Ca(CO_3)_3F_3$	60.30	溶于 HCl、H_2SO_4、HNO_3
硅铍钇矿	单斜晶系	6.5~7	4.0~4.65	62.5~49.38	—	$Y_2FeBe(SiO_4)_2O_2$	51.51	溶于 HCl，微溶 NaOH
易解石	斜方晶系	4.5~6.5	5~5.4	18.04~12.92	4.4~4.8	$(CeThY)(TiNb)_2O_6$	29.36	溶于 HCl、H_3PO_4，易溶于 HF、$H_2SO_4+(NH_4)_2SO_4$
铈铌钙钛矿	等轴晶系	5.8~6.3	4.58~4.89	6.54~5.23	5.56~7.84	$(NaCeCa)(TiNb)O_3$	28.71	不溶于 HCl、H_2SO_4、HNO_3，溶于 HF
复稀金矿	斜方晶系	4.5~5.5	4.28~5.05	21.05~18.00	—	$Y(TiNb)_2(O·OH)_6$	29.28~33.43	溶于 HF、H_2SO_4、H_3PO_4
黑稀金矿	斜方晶系	5.5~6.5	4.2~5.87	27.38~18.41	3.7~5.29	$Y(NbTi)_2(O·OH)_6$	20.82~29.93	溶于 HF、H_2SO_4、H_3PO_4
褐钇铌矿	四方晶系	5.5~6.5	4.89~5.82	29.2~21.16	4.5~16	$YNbO_4$	39.94	溶于 H_2SO_4、HNO_3

17.2.2　最主要的稀土工业矿物

17.2.2.1　氟碳铈矿

氟碳铈矿分子式为（Ce·La）CO_3F，机械混入物为 SiO_2、Al_2O_3、P_2O_5，易溶于稀 HCl、HNO_3、H_2SO_4、H_3PO_4。氟碳铈矿属六方晶系，复三方双锥晶类，晶体呈六方柱状或板状，细粒状集合体。呈黄色、红褐色、浅绿或褐色。玻璃光泽、油脂光泽。条痕呈白色、黄色。透明至半透明，硬度 4~4.5，性脆，密度为 4.72~5.12g/cm³，有时具有放射性，具有弱磁性。薄片透明，透射光下呈无色或淡黄色，在阴极射线下不发光。产于稀有金属碳酸岩、花岗岩和花岗伟晶岩、与花岗岩有关的石英脉、石英-铁锰碳酸脉、砂矿中。

我国内蒙古白云鄂博为已知最大的氟碳铈矿床，与独居石一起作为铁矿副产品回收。世界大型单一氟碳铈矿为：品位最高的氟碳铈矿为美国加利福尼亚州的芒廷帕斯矿，我国四川冕宁稀土矿、德昌稀土矿和山东微山稀土矿，布隆迪的卡鲁济稀土矿。

17.2.2.2　独居石

独居石分子式为（Ce，La，Y，Th）PO_4，又称磷铈镧矿，稀土氧化物含量为 50%~68%。类质同象混入物有钇、钍、钙、SiO_4^{4-}、SO_4^{2-} 等。独居石溶于 H_2SO_4、$HClO_4$、H_3PO_4 中。

独居石属单斜晶系，斜方柱晶类，晶体呈板状，晶面带有条纹，有时为柱、锥、粒状。呈黄褐色、黄色、棕色、棕红色，间或有绿色。半透明至透明。条痕呈白色或浅红黄色。具有弱玻璃光泽。硬度 5~5.5，性脆，密度为 4.9~5.6g/cm³。电磁性中弱。X 光下发绿光，阴极射线下不发光。产于花岗岩和花岗伟晶岩及与之有关的期后矿床中。共生矿物为氟碳铈矿、磷钇矿、锂辉石、锆石、绿柱石、磷灰石、金红石、钛铁矿、萤石、重晶石及铌铁矿等。产于稀有金属碳酸岩，云英岩与石英岩，云霞正长岩、长霓岩与碱性正长伟晶岩，阿尔卑斯岩，混合岩，风化壳与砂矿。因独居石密度大和性质稳定，常形成海滨砂矿和冲积砂矿。

除我国内蒙古白云鄂博和南非与铜伴生及马来西亚与锡伴生的矿床外，世界上很少发现伴生独居石的内生稀土矿床。具经济开采价值的主要资源为海滨砂矿和冲积砂矿。最重要海滨砂矿为澳大利亚、巴西、印度沿海。此外，斯里兰卡、马达加斯加、南非、马来西亚、中国、泰国、韩国、朝鲜、埃及等国均有含独居石的重砂矿床。独居石产量近年呈下降趋势，因其中含放射性钍，有害环境。

17.2.2.3　磷钇矿

磷钇矿分子式为 YPO_4，含 Y_2O_3 61.4%、P_2O_5 38.6%，混有镝、铒、镉、钆等钇组元素，尚有锆、铀、钍元素代替钇，硅代替磷。通常铀含量大于钍含量，磷钇矿化学性质稳定。溶于 H_2SO_4、H_3PO_4 中。

磷钇矿属四方晶系，复四方双锥晶类，呈粒状及块状。黄色、红褐色，有时呈黄绿色、棕色或淡褐色，条痕呈淡褐色。玻璃光泽、油脂光泽。硬度 4~5，密度为 4.4~5.1g/cm³。具有弱的多色性和放射性。主要产于花岗岩和花岗伟晶岩，也产于碱性花岗岩及有关的矿床中。

17.2.3　工业稀土矿物的特点

工业稀土矿物的特点为：（1）密度较大，常为 4.0~5.5g/cm³，它们易与大部分脉石矿物分离；（2）折光率范围宽，多数介于 1.6~1.8，氧化物类稀土矿物的折光率最高，如易解石、褐钇铌矿等的折光率均大于 2.0；（3）硬度较大，常为 4~6，但水合稀土矿物的硬度较小，仅 2~3；（4）磁性较弱；（5）具有放射性，其放射性强度与矿物中铀、钍氧化物含量有关。富铈组稀土的矿物中钍含量较高，富钇组稀土的矿物中铀含量较高；（6）多数稀土矿物易溶于硫酸、盐酸、磷酸和氢氟酸。

17.3　我国稀土精矿质量标准

17.3.1　氟碳铈镧矿-独居石混合精矿质量标准

氟碳铈镧矿-独居石混合精矿质量标准（XB/T 102—2007）见表 17-4。

表 17-4　氟碳铈镧矿-独居石混合精矿质量标准

产品牌号	化学成分（质量分数）/%			
	ReO（不小于）	非稀土杂质含量（不大于）		水分（不大于）
		F	CaO	
000060	60	10	9	12.5
000055	55	10	13	12.5
000050	50	12	15	12.5
000045	45	15	—	12.5
000040	40	15	—	12.5
000035	35	20	—	12.5
000030	30	20	—	12.5

17.3.2　氟碳铈镧矿精矿质量标准

氟碳铈镧矿精矿质量标准（XB/T 103—2010）见表 17-5。

表 17-5　氟碳铈镧矿精矿质量标准

产品牌号	化学成分（质量分数）/%					
	ReO（不小于）	非稀土杂质含量（不大于）				水分（不大于）
		F	CaO	P_2O_5	TFe	
000175	75	8.0	2.0	1.0	2.0	1.0
000170	70	8.0	2.0	1.0	2.0	1.0
000165	65	8.0	2.0	1.0	2.0	1.0
000160	60	8.0	2.0	1.0	2.0	5.0
000155	55	8.0	2.0	1.0	2.0	5.0
000150	50	8.0	2.0	1.0	2.0	5.0

17.3.3　独居石精矿质量标准

独居石精矿质量标准（XB/T 104—2010）见表 17-6。

表 17-6　独居石精矿质量标准

产品牌号	化学成分（质量分数）/%						
	ReO（不小于）	ThO_2（不小于）	非稀土杂质含量（不大于）				
			CaO	TiO_2	ZrO_2	SiO_2	Fe_2O_3	水分
000260	60	5	1.0	1.0	2.5	1.5	1.5	0.5
000255	55	5	2.5	2.5	3.0	2.5	2.5	0.5
000250	50	4	3.0	3.0	4.0	3.0	3.0	0.5

17.3.4 磷钇矿精矿质量标准

磷钇矿精矿质量标准（XB/T 105—2011）见表 17-7。

表 17-7 磷钇矿精矿质量标准

产品牌号	化学成分（质量分数）/%					
	$ReO+ThO_2$（不小于）	Y_2O_3/ReO（不小于）	非稀土杂质含量（不大于）			
			CaO	TiO_2	ZrO_2	SiO_2
000360	60.0	60.0	1.0	1.0	1.2	4.0
000357	57.0	60.0	1.3	2.0	1.5	5.0
000355	55.0	60.0	1.5	3.0	1.8	5.5
000353	53.0	60.0	1.7	4.0	2.0	6.0
000350	50.0	60.0	2.0	5.0	2.5	6.5

17.3.5 褐钇铌矿精矿质量标准

褐钇铌矿精矿质量标准（XB/T 106—1995）见表 17-8。

表 17-8 褐钇铌矿精矿质量标准

等级	$(Ta,Nb)_2O_5$/%（不小于）	杂质含量（不大于）/%		
		TiO_2	SiO_2	P
一级品	35	4	4	0.5
二级品	30	5	6	0.5

17.3.6 离子稀土矿混合稀土氧化物质量标准

离子稀土矿混合稀土氧化物质量标准（GB/T 17803—2006）见表 17-9。

表 17-9 离子稀土矿质量标准

产品牌号	化学成分（质量分数）/%										
	ReO	主要稀土氧化物							非稀土杂质含量		
		Y_2O_3/ReO	Nd_2O_3/ReO	Eu_2O_3/ReO	Tb_4O_7/ReO	Dy_2O_2/ReO	La_2O_3/ReO	$Sm_2O_3+Gd_2O_3$/ReO	Al_2O_3	SO_4^{2-}	H_2O
	不小于	不小于					不大于		不大于		
191012A	92	60	—	—	1.1	7.5	—	—	1.2	2	1.0
191012B	92	55	—	—	1.2	8.0	—	—	1.2	2	1.0
191012C	92	50	—	—	1.2	8.0	—	—	1.2	2	1.0
191012D	92	45	—	—	1.1	7.5	—	—	1.2	2	1.0
191012E	92	43	43	0.80	0.60	3.5	30	10	1.2	2	1.0
191012F	92	43	43	0.70	0.60	3.5	30	10	1.2	2	1.0
191012G	92	43	43	0.60	0.60	3.5	30	10	1.2	2	1.0
191012H	92	9	27	0.50	0.30	1.8	38	10	1.2	2	1.0

17.4　白云鄂博稀土矿选矿

17.4.1　矿石性质

白云鄂博稀土共生矿是世界罕见的富含稀土、铁、铌、钍、萤石等多元素共生的大型矿床。矿区范围东西长 16km，南北宽 3km，由主矿、东矿、西矿、东介勒格勒和都拉哈拉等 5 个矿段组成。主、东、西矿体为大型铁-稀土-铌多金属共生矿床，而主、东、西矿外围（包括主、东、西矿上下盘）为巨型的以稀土-铌为主的综合稀土、稀有元素矿区。

白云鄂博矿床的物质组成极为复杂，已查明有 73 种元素，170 多种矿物。其中铌、稀土、钛、锆、钍及铁矿物共近 60 种，约占总数的 35%。主要矿石类型为块状铌稀土铁矿石、条带状铌稀土铁矿石、霓石型铌稀土铁矿石、钠闪石型铌稀土铁矿石、白云石型铌稀土铁矿石、黑云母铌稀土铁矿石、霓石型铌稀土矿石、白云石型铌稀土矿石和透辉石铌矿石。

稀土元素在各类型矿石中均有分布，其中以萤石型矿石中的含量最高，其次为钠辉石型、钠闪石型矿石。稀土矿物以铈、镧轻稀土为主，白云鄂博稀土矿的稀土成分含量见表 17-10。各种稀土矿物的 $\sum Ce / \sum Y > 100$。

表 17-10　白云鄂博稀土矿的稀土成分含量　　　　　　　　（%）

ReO	La	Ce	Pr	Nd	Sm	Eu	Gd	Tb
	25	50	5	16	1.2	0.2	0.6	<0.01
5.49	Dy	Ho	Er	Tm	Yb	Lu	Y	Sc
	<0.01	<0.01	<0.01	<0.01	<0.01	<0.01	0.43	0.06

稀土矿物种类多，已发现 16 种稀土矿物，如氟碳铈矿、独居石、氟碳铈钡矿、黄河矿、氟碳钡铈矿、中华铈矿、氟碳钙铈矿、氟碳钙钕矿、氟铈钠矿、大青山矿、褐帘石、硅钛铈矿、铈磷灰石、水磷铈矿、水碳铈矿、方铈石等。

根据稀土矿物的化学组分，可将稀土矿物分为稀土碳酸盐、稀土磷酸盐、稀土复杂氧化物和稀土硅酸盐四类。碳酸盐中的氟碳铈矿是主要的稀土矿物，磷酸盐中的独居石位于其次，氧化物和硅酸盐中的稀土矿物含量很少。原矿稀土化学物相分析结果见表 17-11。

表 17-11　原矿稀土化学物相分析结果　　　　　　　　（%）

物相	氟碳铈矿中的 ReO	磷酸盐中的 ReO	合计
含量	3.94	1.76	5.70
分布率	69.12	30.88	100.00

白云鄂博主、东、西矿外围岩石和矿石中普遍含钪，其中主、东、西矿稀土铌矿物中钪含量较高。矿石中主要有用矿物为磁铁矿、赤铁矿、氟碳铈矿、独居石、铌矿物等。主要脉石矿物为钠辉石、钠闪石、方解石、白云石、重晶石、磷灰石、石英、长石等。白云鄂博稀土共生矿典型矿样的化学成分分析结果见表 17-12。

表 17-12 白云鄂博稀土共生矿典型矿样的化学成分分析结果 （%）

组分	TFe	SFe	FeO	ReO	F	Mn	P	TiO$_2$	BaO
含量	32.0	31.04	2.69	6.17	9.02	1.48	0.81	0.58	1.58
组分	SiO$_2$	MgO	S	Al$_2$O$_3$	CaO	K$_2$O	Na$_2$O	Nb$_2$O$_5$	Th
含量	10.22	2.57	0.87	2.68	16.21	0.57	0.52	0.12	0.0304

白云鄂博稀土共生矿典型矿样的主要矿物含量见表 17-13。

表 17-13 白云鄂博稀土共生矿典型矿样的主要矿物含量 （%）

矿物种类	铁 矿 物 类						
矿物名称	磁铁矿	半假象赤铁矿	假象赤铁矿	原生赤铁矿	褐铁矿	其他铁矿物	合计
含量	6.27	8.49	16.60	7.07	5.45	0.54	44.51
占有率	14.09	19.07	37.29	15.88	12.45	1.25	100.00
矿物种类	萤石、稀土、碳酸盐、硫酸盐矿物类						
矿物名称	萤石	氟碳铈矿	独居石	重晶石	白云石、方解石	其他矿物	合计
含量	16.00	9.00	2.00	2.00	3.00	3.49	35.49
占有率	45.08	25.36	5.64	5.64	8.45	9.83	100.00
矿物种类	含铁硅酸盐和硅酸盐矿物类						
矿物名称	钠辉石、钠闪石		云母		石英	合计	
含量	15.00		3.00		2.00	20.00	
占有率	75.00		15.00		10.00	100.00	

白云鄂博稀土共生矿典型矿样中主要稀土矿物的粒度见表 17-14。

表 17-14 白云鄂博稀土共生矿典型矿样中主要稀土矿物的粒度

矿物名称	氟 碳 铈 矿			
粒级/mm	+0.077	-0.077+0.04	-0.04+0.02	-0.02
含量/%	21.20	25.86	24.28	28.66
矿物名称	独 居 石			
粒级/mm	+0.077	-0.077+0.04	-0.04+0.02	-0.02
含量/%	35.10	23.07	13.62	28.21

白云鄂博稀土共生矿典型矿样的磨矿细度与稀土矿物单体解离度见表 17-15。

表 17-15 白云鄂博稀土共生矿典型矿样的磨矿细度与稀土矿物单体解离度

磨矿细度 (-0.074mm 含量)/%	单体稀土矿物含量/%	与其他矿物连生的稀土矿物含量/%				总计含量 /%
		与萤石	与铁矿物	与霓石、云母、闪石	与其他脉石	
75	63.42	12.12	18.97	0.86	4.63	100.00
85	69.97	11.61	14.78	0.72	2.92	100.00

磨矿细度 (-0.074mm 含量)/%	单体稀土矿 物含量/%	与其他矿物连生的稀土矿物含量/%				总计含量 /%
		与萤石	与铁矿物	与霓石、云母、闪石	与其他脉石	
95	75.95	8.13	12.67	0.40	2.85	100.00
95	84.87	5.45	8.89	0.13	0.66	100.00
95	90.10	4.03	5.38	0.03	0.46	100.00

从表 17-15 数据可知，矿石中两种稀土矿物的嵌布粒度非常细，-0.04mm 粒级中的两种稀土矿物的含量为 52.94%；当矿石磨至 -0.074mm 占 95% 时，稀土矿物的单体解离度才达 90.10%；主要与萤石及铁矿物连生。

17.4.2　选矿工艺

17.4.2.1　弱磁选—强磁选—浮选工艺流程

白云鄂博稀土共生矿床发现于 1927 年，1935 年在铁矿石标本中发现稀土矿物，1957 年开始建设，1959 年矿山直接提供富铁块矿炼铁。从 20 世纪 60 年代开始对白云鄂博氧化铁矿石的铁、稀土、铌的选矿组织过多次科技攻关，曾详细研究过 20 多种选矿工艺流程，其中具代表性或用于工业生产的工艺有：浮选—重选—浮选流程、浮选—选择性团聚选矿工艺、弱磁选—强磁选—浮选及德国哥哈德（KHD）公司的最佳化原则选矿工艺流程。

弱磁选—强磁选—浮选工艺流程为中国科学院、长沙矿冶研究院研发的选矿新工艺。其工艺特点为：原矿磨矿细度为 -0.074mm 占 90%~95% 时，用弱磁选回收强磁性铁矿物，弱磁选尾矿在磁感应强度为 1.4T 的条件下进行强磁粗选，将赤铁矿及大部分稀土矿物选入强磁粗精矿中，强磁粗精矿经一次强磁精选（0.6~0.7T），除去大量含铁硅酸盐等脉石矿物，使稀土矿物、铌矿物初步富集于强磁中矿中，强磁精选铁精矿和弱磁铁精矿合并一起送反浮选以除去磁选带入的萤石、稀土矿物等脉石矿物产出合格铁精矿，再从强磁中矿中用浮选法回收稀土矿物和铌矿物，达综合回收铁、稀土和铌的目的。

1982 年下半年对白云鄂博混合型及云母型矿样进行选铁降氟的扩大连选试验。1982~1984 年长沙矿冶研究院两次成功完成"弱磁选—强磁选—浮选综合回收铁、稀土和铌的选矿工艺流程"扩大连选试验。

1987 年，长沙矿冶研究院在包钢选厂第三系列进行弱磁选—强磁选—浮选综合回收铁、稀土和铌的工业分流试验，工业分流试验日规模为 100t。选矿工艺流程为：原矿磨矿细度为 -0.074mm 占 90%~95%，经圆筒隔渣筛除去木屑和粗粒，筛下矿浆经弱磁选（一粗一精），产出弱磁铁精矿；弱磁尾矿脱水后经强磁选（一粗一精），产出强磁铁精矿、强磁中矿和强磁尾矿（为磁选最终尾矿）。弱磁铁精矿和强磁铁精矿合并脱水后进行反浮选。反浮选采用碳酸钠、水玻璃、SR（SIM），分别作 pH 调整剂、铁矿物抑制剂及萤石等易浮矿物的捕收剂，经一次粗选、一次扫选和四次精选，产出萤石及稀土泡沫产品（即反浮选尾矿），槽内产品为含铁 60.53%、铁回收率为 79.19% 的铁精矿，铁精矿含氟 0.85%。强磁中矿脱水后进行稀土矿物浮选，采用水玻璃作调整剂和脉石矿物抑制剂，H205（邻羟基萘羟肟酸）作稀土矿物捕收剂，J210 为起泡剂，经一次粗选、一次扫选和二次精选，产出稀土氧化物含量为61.44%、稀土氧化物回收率为18.81%的混合稀土精矿；二精尾为稀土氧化物含量为39.01%、稀土氧化物回收率为16.70%的混合稀土次精矿。弱磁选—强磁选—浮选流程工业分流试验结果见表17-16。

表 17-16　弱磁选—强磁选—浮选流程工业分流试验结果　　　　　　（%）

产品名称	产率	品位			回收率		
		TFe	F	ReO	TFe	F	ReO
铁精矿	43.90	60.54	0.85		79.17	4.46	
萤石稀土泡沫	5.32	25.00	13.01		3.96	8.27	
强磁选尾矿	33.25	7.58	18.47		7.51	73.37	
稀土精矿	1.69	4.21		61.44	0.21		18.81
稀土次精矿	2.31	13.64		39.91	0.94		16.70
浮选稀土尾矿	12.95	20.88		2.65	8.05		6.21
脱水溢流							
原矿	100.00	33.57	8.37	5.52			

弱磁选—强磁选—浮选工艺流程如图17-1所示。

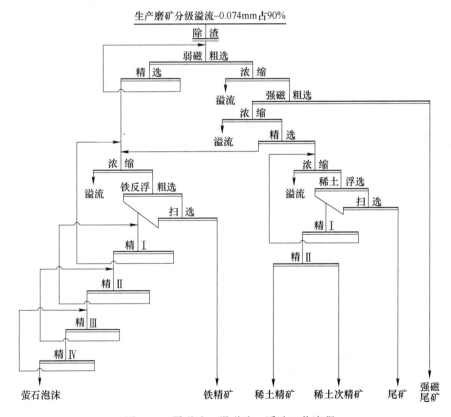

图 17-1　弱磁选—强磁选—浮选工艺流程

自1990年起先后将包钢选厂处理氧化铁矿石的5个生产系列全部按弱磁选—强磁选—

浮选工艺流程改造生产至今，生产稳定，指标较好。该项目被评为 1991 年"国家十大科技成果"之一，1993 年获国家科技进步二等奖。

17.4.2.2　弱磁选—浮选工艺流程

弱磁选—浮选工艺流程宜用于处理磁铁矿含量较多的矿石。白云鄂博稀土共生矿弱磁选—浮选工艺流程如图 17-2 所示。

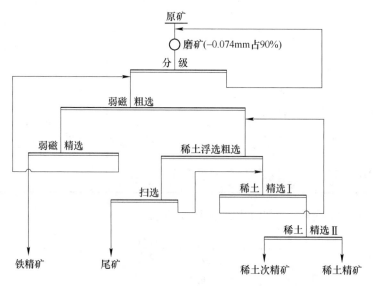

图 17-2　白云鄂博稀土共生矿弱磁选—浮选工艺流程

原矿磨至 -0.074mm 占 90% 左右，经弱磁选（一粗二精），产出弱磁铁精矿（磁铁矿精矿）。弱磁选尾矿脱水后进入稀土矿物浮选（一粗二精一扫），采用水玻璃、J102、H205 组合药剂，产出含 50%~60%ReO 的稀土精矿和含 34%~40%ReO 的稀土次精矿。

包头达茂稀土有限责任公司和包钢白云铁矿博宇公司按此工艺生产，生产指标良好。

17.4.2.3　氟碳铈矿与独居石分离

氟碳铈矿与独居石矿分离的原则流程如图 17-3 所示。

采用羟肟酸捕收剂、硅酸钠和常用起泡剂（如酮醇油），以低品位氟碳铈矿与独居石矿为原料，经一粗三精流程浮选，产出高品位的氟碳铈矿与独居石矿（3:2）混合精矿。然后采用苯酐加热水解或邻苯三甲酸半皂化产物作氟碳铈矿捕收剂，铝盐作独居石抑制剂，经一粗二精二扫浮选，分别产出氟碳铈矿精矿与独居石精矿。

1985 年包头稀土研究院采用明矾作独居石抑制剂，邻苯二甲酸作氟碳铈矿捕收剂，

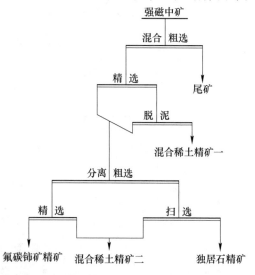

图 17-3　氟碳铈矿与独居石矿分离的原则流程

在弱酸介质中从包头混合稀土精矿（ReO 含量为 60%）分离产出单一氟碳铈矿精矿与独居石精矿。工业试验时，从重选粗精矿中获得 ReO 含量为 70.34%，回收率为 40.23%，纯度为 98.04% 的氟碳铈矿精矿。

20 世纪 90 年代初，包钢选厂从一、三系列强磁中矿生产的高品位混合稀土精矿为原料，以明矾作独居石抑制剂，H894 作氟碳铈矿捕收剂，在弱酸介质中进行分离试验。试验采用水玻璃、H205、H103 药剂组合，在碱性介质中产出 ReO 含量大于 60% 的混合精矿。混精经脱泥、脱药后，用明矾作独居石抑制剂，H103 为起泡剂，H894 为氟碳铈矿捕收剂，在弱酸介质中经一粗二精二扫浮选，分别产出氟碳铈矿精矿与独居石精矿。不同规模试验结果见表 17-17。

表 17-17　不同规模试验结果　　　　　　　　　　　　　　　（%）

| 试验规模 | 产品名称 | 产率 | 品位（ReO） | | 回收率（ReO） | | 纯度 |
			氟碳铈矿	独居石	氟碳铈矿	独居石	（按氟碳铈矿计算）
小型试验	氟碳铈矿精矿	4.65	67.70	2.99	58.61	2.91	95.77
	独居石精矿	2.05	2.35	52.79	0.98	22.74	4.30
	混合稀土精矿二	4.49	19.15	36.63	16.73	34.31	34.39
	混合稀土精矿一	7.98	7.66	8.77	12.32	16.06	46.62
	尾矿	80.83	0.74	1.38	11.36	23.08	34.91
	给矿	100.00	5.28	4.65	100.00	100.00	63.17
工业试验	氟碳铈矿精矿	4.18	67.54	2.71	22.37	0.90	96.14
	独居石精矿	0.72	2.79	57.46	0.16	3.28	4.83
	混合稀土精矿二	6.05	57.32	27.48			
	混合稀土精矿一	5.76	47.26	21.06			
	尾矿	83.29	3.75	24.75			
	给矿	100.00	12.62	100.00	73.30		

17.4.2.4　浮选稀土生产工艺流程

弱磁选—强磁选—浮选工艺中，可将强磁中矿、强磁尾矿、反浮选泡沫产品作浮选稀土矿物的给料；有的企业从总尾矿（选厂总尾矿溜槽尾矿）、强磁中矿、强磁尾矿、反浮选泡沫产品及总尾矿作浮选稀土矿物的给料。在弱碱性介质中（pH 值为 9），采用水玻璃、H205（邻羟基萘羟肟酸）、J102 组合药剂，产出含 50%ReO 的稀土精矿和含 30.16% ReO 的稀土次精矿，浮选作业回收率为 70%~75%。

包钢选厂稀土选矿车间现归内蒙古包钢稀土高科技股份有限公司，该公司主要以强磁中矿、弱磁尾矿为原料产出稀土精矿。包钢选厂已完成从铁精矿反浮选泡沫产品中浮选稀土矿物的试验，据市场需要可随时生产稀土精矿。

目前，主要采用浮选法回收白云鄂博矿中的稀土矿物，其原则工艺流程如图 17-4 所示。

含稀土入选原料经一粗二精一扫浮选可产出 ReO 含量为 50% 的混合稀土精矿。增加一次精选，可产出 ReO 含量为 60% 的混合稀土精矿。可根据需要进行混合稀土精矿的浮

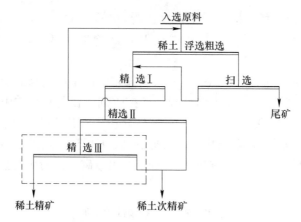

图 17-4　浮选法回收白云鄂博矿中稀土矿物的原则工艺流程

选分离，分别产出单一的氟碳铈矿精矿与独居石精矿。

17.5　四川凉山稀土矿选矿

17.5.1　矿石性质

四川凉山稀土矿主要由冕宁县牦牛坪稀土矿区和德昌稀土矿区组成。

17.5.1.1　冕宁县牦牛坪稀土矿区

矿区南北长约 3.5km，东西宽 1.5km，面积约 5km²，为大型稀土矿床。为中低温稀土矿床，按含稀土矿物种类分为氟碳铈矿型、硅钛铈矿-氟碳铈矿型和氟碳钙铈矿-氟碳铈矿型，工业利用的主要为氟碳铈矿型。稀土矿物以氟碳铈矿为主，少量硅钛铈矿及氟碳钙铈矿，脉石矿物主要为重晶石、萤石、铁、锰矿物等，少量方铅矿。稀土平均品位 3.70%，分块状矿和粉状矿。块状矿矿物嵌布粒度较粗，常大于 1.0mm，其中氟碳铈矿一般为 1~5mm，粒度粗，易碎易磨，单体解离度高。粉状矿为原岩风化产物，局部风化深度达 300m，形成含 20% 左右的黑色风化矿泥的矿石，它们为铁锰非晶质氧化物集合体。黑色风化矿泥的粒度为 -0.044mm 占 80%，ReO 含量为 2%~7%，其中铈、钇含量较高。牦牛坪原矿化学成分分析结果见表 17-18。

表 17-18　牦牛坪原矿化学成分分析结果　　　　　　　　（%）

化学成分	TFe	S	BaO	FeO	SiO₂	K₂O	ReO
含量	1.12	5.33	21.97	0.43	31.00	1.35	3.70
化学成分	Al₂O₃	Na₂O	F	CaO	Nb₂O₅	MgO	P
含量	4.17	1.39	5.50	9.62	0.122	0.73	0.24

牦牛坪稀土矿主要稀土元素配分见表 17-19。

表 17-19　牦牛坪稀土矿主要稀土元素配分

元素	La	Ce	Pr	Nd	Sm	Eu	Gd	Tb~Lu	Y
含量/%	28~30	45~50	5	12~14	1.5~2	0.4	0.8~1	1	0.76

17.5.1.2 德昌稀土矿区

为大型单一氟碳铈矿稀土矿床，矿山开采条件好，选矿指标高。按矿脉类型及矿物组合将矿石分为：（1）碳酸盐化含霓辉萤石锶重晶石型稀土矿石；（2）萤石钡天青石型稀土矿石；（3）细网脉-正长岩型稀土矿石；（4）细网脉-石英闪长岩型稀土矿石。

氟碳铈矿为各类矿石中的主要稀土矿物，呈淡黄色，油脂光泽或玻璃光泽，条痕无色或略呈黄白色，性脆，不平坦断口，硬度4.5，密度$4.94g/cm^3$，具有弱电磁性。矿物结晶单体一般呈板柱状或他形粒状，粒度0.01~5.0mm，偶见10mm左右伟晶体。主要呈浸染状、团块状嵌布于脉石矿物中。矿石中稀土矿物单一，脉石矿物复杂，唯一的稀土矿物为氟碳铈矿，其他综合回收的工业矿物有方铅矿、锶重晶石、钡天青石、萤石。脉石矿物为霓辉石、方解石、毒重石、云母、长石、石英等。矿石中95%的ReO呈氟碳铈矿相存在，只有3%ReO存在于其他矿物中。德昌稀土矿区原矿化学成分分析结果见表17-20。

表17-20 德昌稀土矿区原矿化学成分分析结果　　　　　　　（%）

化学成分	ReO	BaO	SrO	F	Pb	Zn	SiO_2	TiO_2
含量	5.38	9.73	5.31	15.47	0.48	0.078	22.09	0.21
化学成分	Al_2O_3	Fe_2O_3	FeO	MnO	CaO	MgO	Na_2O	K_2O
含量	3.09	2.71	0.00	0.61	23.18	0.24	0.08	2.25
化学成分	P_2O_5	S	CO_2	ThO_2	U	H_2O^+	H_2O^-	总量
含量	0.35	2.40	4.55	0.033	0.0035	1.56	0.44	100.2455

德昌稀土矿区原矿稀土及伴生有用组分含量见表17-21。

表17-21 德昌稀土矿区原矿稀土及伴生有用组分含量

有用组分	ReO	$SrSO_4$	$BaSO_4$	$BaCO_3$	CaF_2	Pb
含量/%	5.38	9.41	5.52	8.26	30.63	0.48

德昌稀土矿区原矿矿物组成及含量见表17-22。

表17-22 德昌稀土矿区原矿矿物组成及含量　　　　　　　　（%）

矿物	氟碳铈矿	锶重晶石	毒重石	萤石	长石	石英	霓辉石	方解石
含量	6.81	14.93	8.26	30.63	17.53	11.69	1.23	3.76
矿物	褐铁矿	赤铁矿	方铅矿	白铅矿	黄铜矿	黄铁矿	黑云母	白云母
含量	3.21	0.17	0.50	0.05	偶见	0.02	0.56	0.14
矿物	绢云母	绿泥石	褐帘石	绿帘石	白钛石	磷灰石	锆石	合计
含量	0.12	0.27	0.05	0.05	0.01	偶见	0.02	100.00

17.5.2 选矿工艺

17.5.2.1 单一重选工艺

原矿磨至-0.074mm占62%，经水力分级箱分为4个粒级，分别送刻槽矿泥摇床分选，可产出 ReO 含量为 30%、50%、60% 的三种氟碳铈矿精矿，重选总作业回收率为 75%。

17.5.2.2　磁选—重选工艺

原矿 ReO 为 3.2% 的原矿磨矿后先经弱磁选除铁，尾矿用 SLon-1000 磁选机经一粗一扫产出 ReO 含量为 5.64% 的磁性产品，磁性产品产率为 42%，作业回收率为 74.2%。磁选粗精矿经水力分级箱分为 4 个粒级，分别送刻槽矿泥摇床分选，重选总精矿含 ReO 为 52.3%，产率为 3.56%，稀土回收率为 55% 左右。

17.5.2.3　重选—磁选工艺

原矿经磨矿分级后，送刻槽矿泥摇床分选，摇床稀土粗精矿干燥后，再采用干式强磁选机选别，当原矿 ReO 含量为 5.3% 条件下，采用重选—磁选工艺流程可产出 ReO 含量为 51.50% 稀土精矿，稀土回收率为 55% 左右。

17.5.2.4　重选—浮选工艺

重选—浮选工艺流程如图 17-5 所示。

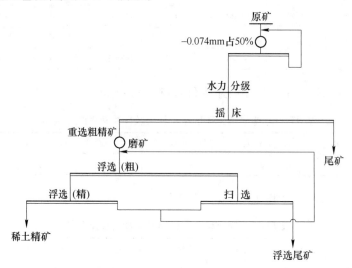

图 17-5　重选—浮选工艺流程

将重选粗精矿送浮选，采用水玻璃、H205 和磷苯二甲酸 1∶1 混合组合药剂，在 pH 值为 8~9 条件下浮选，产出 ReO 含量为 69.09% 稀土精矿，浮选作业回收率为 89.82%。重选—浮选工艺流程回收率为 66.92%。

17.5.2.5　重选—磁选—浮选工艺

牦牛坪稀土矿重选—磁选—浮选工艺流程如图 17-6 所示。

原矿磨至 -0.15mm 占 65%，送摇床重选，选出粗粒氟碳铈矿精矿、摇床中矿和尾矿。摇床中矿经烘干或晒干后进行磁选，产出中粒氟碳铈矿精矿、磁选尾矿和铁质矿物（可作

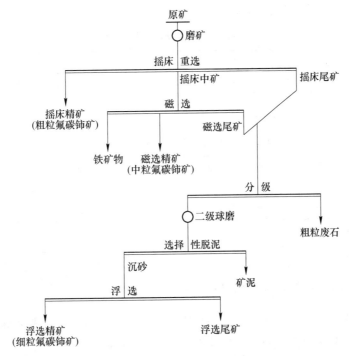

图 17-6　牦牛坪稀土矿重选—磁选—浮选工艺流程

废弃尾矿）。磁选尾矿和摇床尾矿合并进行筛分以除去脉石，连生体中矿再磨至-0.074mm 占 75%，分级溢流与筛下产物合并进行选择性脱泥，脱泥后的沉砂送浮选，产出微细粒氟碳铈矿精矿，浮选尾矿含重晶石和萤石，可作综合回收原料。重选—磁选—浮选工艺流程可获得 ReO 含量大于 62%、稀土精矿回收率为 80%~85% 的工业试验指标。其中一次浮选选别可产出 ReO 含量为 62%~67%，浮选作业回收率为 85%~90% 的氟碳铈矿精矿。

17.6　山东微山稀土矿选矿

17.6.1　矿石性质

山东微山稀土矿属中低温热液充填石英-重晶石-碳酸盐稀土矿床，稀土矿物以氟碳铈矿和氟碳钙铈矿为主，含极少量的铈磷灰石和独居石，脉石矿物主要为方解石、白云石、重晶石、石英、萤石等，钛、铁、磷杂质含量较低。97%的稀土元素呈单独的稀土矿物形态存在。稀土矿物嵌布粒度较粗，一般为 0.5~0.04mm，属易碎易磨易选矿石。原矿化学成分分析结果见表 17-23。

表 17-23　原矿化学成分分析结果　　　　　　　　　（%）

化学成分	ReO	TFe	SFe	SiO_2	Al_2O_3	BaO	SrO	CaO	MgO
含量	3.17	2.81	2.69	47.92	22.48	11.99	0.27	1.18	1.18
化学成分	K_2O	Na_2O	Nb_2O_5	Ta_2O_5	P	Th	F	S	
含量	1.85	3.53	0.012	0.0045	0.12	0.002	0.698	2.1	

稀土精矿的稀土配分见表 17-24。

表 17-24　稀土精矿的稀土配分

组分	La_2O_3	CeO_2	Pr_6O_{11}	Nd_2O_3	Sm_2O_3	Eu_2O_3	Y_2O_3
含量/%	24~41.47	48~53.45	3~6.67	7~16.13	0.3~2.3	0.15	0.08~0.46

地表矿与原生矿矿物组成对比见表 17-25。

表 17-25　地表矿与原生矿矿物组成对比　　　　　　　　　　（%）

矿物	稀土矿物	铁矿物	重晶石	碳酸盐	石英	长石	云母	闪石	其他	合计
地表矿	6.86	6.10	27.00	0.86	11.54	40.00	2.10	4.76	1.69	100.00
原生矿	4.88	3.88	17.28	12.75	12.46	39.12	2.41	5.81	1.43	100.00

17.6.2　选矿工艺

17.6.2.1　地表矿浮选工艺流程

（1）1984 年以前采用一粗三精一扫、中矿循序返回流程，以油酸和煤油组合捕收剂，硫酸调整剂（pH 值为 5.5~6.0）。矿泥含量高，富集比低。

（2）1984 年产出高品位稀土精矿的工艺流程。

1984 年产出高品位稀土精矿的工艺流程如图 17-7 所示。

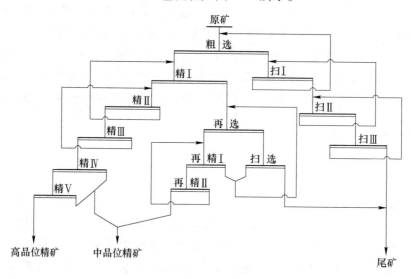

图 17-7　1984 年产出高品位稀土精矿的工艺流程

在酸性介质中采用对稀土矿物捕收能力较强的 1 号药作捕收剂，采用四精、五精开路减小了中矿对精选作业的干扰和增加再选作业以回收解离不充分、可浮性较差的稀土矿物，可产出 ReO 含量高于 68% 的高品位稀土精矿和 ReO 含量高于 35% 的低品位稀土精矿。但再选尾矿 ReO 含量大于 6%，与入选原矿相近，金属流失大。

（3）生产工艺流程。

地表矿生产工艺流程如图 17-8 所示。

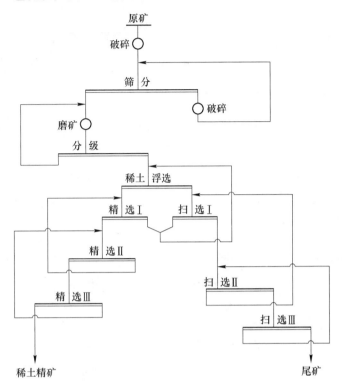

图 17-8 地表矿生产工艺流程

原矿经两段一闭路碎至 -18mm，一段闭路磨矿磨至 -0.074mm 占 60%~75%，硫酸调整剂（pH 值为 5.5~6.0），以油酸和煤油组合捕收剂，经一粗三精三扫浮选，产出 ReO 含量为 45%~60%，稀土回收率为 75%~80% 的稀土精矿。为满足出口需要，将精选增至五次，精选中矿单独处理，可产出 ReO 含量为 68% 的优质精矿供出口和 ReO 含量为 30%~50% 的次精矿供国内使用。

微山稀土矿地表矿浮选药剂为：硫酸 1500g/t，油酸 2100g/t，煤油 7500g/t。

原矿（ReO）为 3.5%~4.5%，稀土精矿品位（ReO）为 45%~60%，稀土回收率为 75%~80%。

17.6.2.2 原生矿生产工艺流程

A 1991 年原生矿生产工艺流程

1991 年原生矿生产工艺流程如图 17-9 所示。

1987 年扩建，1991 年改为在碱性介质中直接浮选稀土矿物的生产流程，采用碳酸钠、水玻璃、明矾为调整剂和抑制剂，用 H205 和 ZL102 为捕收剂浮选。精一尾与扫一泡合并经浓密箱脱泥浓缩后返回分级溢流进行调浆，避免了循序返回产生的干扰，保证粗选作业的稳定；精三作业开路有利于提高精矿品位和稀土总回收率；精四泡沫进行反浮选以脱除重晶石等脉石矿物。可产出高品位稀土精矿和中品位稀土精矿。

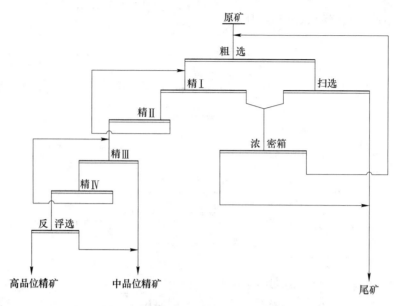

图 17-9　1991 年原生矿生产工艺流程

B　低碱介质优先浮选流程

低碱介质优先浮选流程如图 17-10 所示。

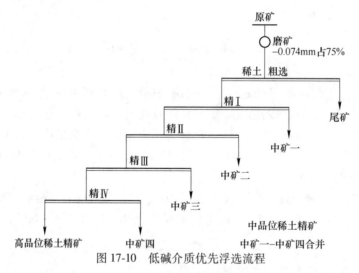

图 17-10　低碱介质优先浮选流程

采用氢氧化钠为调整剂，水玻璃为抑制剂，铝盐作活化剂，L101、L102 组合药剂（pH 值为 8~8.5）优先浮选稀土矿物。经一粗四精，产出 ReO 含量为 45%~50%、回收率为 80%~85%的稀土精矿。

低碱介质优先浮选的药量见表 17-26。

表 17-26　低碱介质优先浮选的药量

药剂名称	氢氧化钠	水玻璃	L102	L101	铝盐	药剂总用量
药量/g·t⁻¹	0.35	1.775	1.14	0.10	0.3	3.615

低碱介质优先浮选的指标见表 17-27。

表 17-27　低碱介质优先浮选的指标　　　　　　　　　　　（%）

产品名称	产率	ReO 品位	回收率
精Ⅳ泡（高品位稀土精矿）	5.34	67.81	59.58
中矿四	1.19	37.43	7.33
（三精泡）	6.53	62.27	66.91
中矿三	1.35	50.50	11.22
（二精泡）	7.88	60.25	78.13
中矿二	0.99	36.12	5.88
（一精泡）	8.87	57.56	84.01
中矿一	2.12	21.49	7.50
（粗泡）	10.99	50.60	91.51
尾矿	89.01	0.58	8.49
原矿	100.00	6.077	100.00
四个中矿合并（中品位稀土精矿）	5.65	34.34	31.93

注：粗选、精Ⅰ作业的 pH 值为 8.5，精Ⅱ、精Ⅲ、精Ⅳ作业的 pH 值为 8.0。

17.7　美国芒廷帕斯稀土矿选矿

17.7.1　矿石性质

芒廷帕斯（Mountain Pass）稀土矿位于加利福尼亚州南部圣贝纳迪诺区北部，矿区长 8km，厚 2.4km，稀土赋存于碳酸盐矿体中，呈不规则脉状产出。矿石含方解石 40%～60%，含重晶石和天青石 20%～35%，含石英 8%，含少量磷灰石、方铅矿、赤铁矿等。稀土矿物主要为氟碳铈矿，含少量独居石。稀土矿物嵌布粒度较粗，ReO 品位平均为 7%～8%。

该矿发现于 1949 年，1951 年为美国联合石油集团钼公司（Molycrop. Inc.）所有。1952 年少量生产，1954 年建成浮选厂，年产 ReO 4077t。1966 年 12 月完成二期扩建，年生产能力为 22650t，1973 年扩建为 27210t，1980 年扩建为 4 万吨。该厂产品为：含 ReO 60%～63% 的氟碳铈矿精矿；含 ReO 68%～72% 的稀土产品和含 ReO 85%～90% 的稀土产品。1984 年约生产 2.53 万吨稀土精矿，还副产重晶石及钍。科罗拉多钼公司宣布启动芒廷帕斯稀土生产工程，2012 年矿场产能从原 5000～7000t 增至 8000～10000t，年产能达 19050t。

17.7.2　选矿工艺

芒廷帕斯稀土矿选矿生产工艺流程如图 17-11 所示。

选厂日处理含氟碳铈矿 10%（ReO 含量 7% 左右）原矿 1500t，原矿经两段一闭路碎

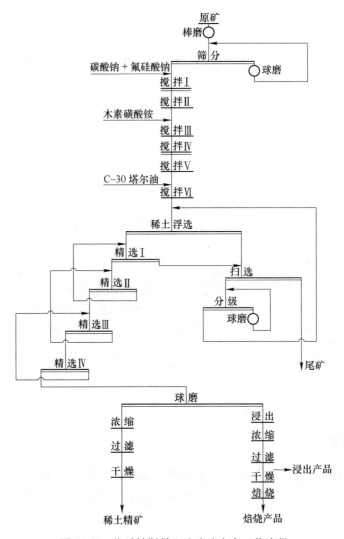

图 17-11 芒廷帕斯稀土矿选矿生产工艺流程

至-13mm。磨矿采用一段棒磨、一段球磨与水力旋流器闭路,磨至-0.149mm 占 80%送浮选作业。浮选前用 6 个搅拌槽通蒸汽加温(85~90℃)搅拌,第一搅拌槽加碳酸钠和氟硅酸钠,第三搅拌槽加木素磺酸铵(抑制剂),第六搅拌槽加捕收剂 C-30 塔尔油,pH 值为 8.8 条件下进行一粗四精一扫浮选,产出 ReO 含量为 60%~63%的稀土精矿,稀土回收率为 65%~70%。

稀土精矿用酸浸出,可产出 ReO 含量为 68%~72%的稀土产品。再经干燥、焙烧,可产出 ReO 含量为 85%~90%的稀土产品。

芒廷帕斯稀土选厂的药剂用量见表 17-28。

表 17-28 芒廷帕斯稀土选厂的药剂用量

药剂名称	碳酸钠	氟硅酸钠	木素磺酸铵	C-30 塔尔油
用量/g·t⁻¹	2500~3300	400	2300~3300	300

芒廷帕斯稀土选厂的浮选指标见表 17-29。

表 17-29　芒廷帕斯稀土选厂的浮选指标　　　　　　　　（%）

原矿品位（ReO）	稀土精矿品位（ReO）	稀土回收率
7.0	60~63	65~70

17.8　南非斯廷坎普斯·克拉尔稀土矿选矿

17.8.1　矿石性质

南非斯廷坎普斯·克拉尔（Steen Kamps Kraal）独居石石英脉矿除含独居石外，还含磷灰石、锆英石、磁铁矿、黄铁矿、黄铜矿和方铅矿等，次生矿物为赤铁矿、褐铁矿、孔雀石和白钛石等。原矿独居石含量高，结晶粒度粗，$ReO+ThO_2$ 含量一般为 25%，个别地段独居石含量达 70%、铜含量达 1.3%。

17.8.2　选矿工艺

斯廷坎普斯·克拉尔稀土矿选矿生产工艺流程如图 17-12 所示。

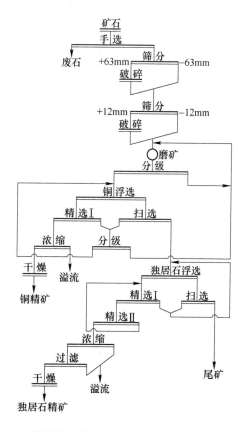

图 17-12　斯廷坎普斯·克拉尔稀土矿选矿生产工艺流程

原矿经手选、破碎筛分、磨矿分级后，分级溢流进入铜浮选，用硫氢化钠（100～250g/t）作调整剂，pH 值为 7.9～8.1，异戊基黄药（25～50g/t）作捕收剂，松油（10～15g/t）作起泡剂，浮选矿浆浓度为 45%，经一粗一精一扫浮选，可产出含铜 13.5%、ReO 含量为 10.3% 的铜精矿。

铜浮选尾矿用碳酸钠（250～500g/t）或硫酸（500g/t）调浆，pH 值为 8.4，用水玻璃（1250～2500g/t）作抑制剂，用油酸（750～1750g/t）作捕收剂，经一粗二精一扫浮选，可产出 $ReO+ThO_2$ 含量为 50%、回收率为 80% 的独居石精矿，浮选尾矿中的 $ReO+ThO_2$ 含量为 8.7%（原矿 ReO 含量为 27.2%）。

17.9　磷钇矿浮选

17.9.1　矿石性质

磷钇矿为镱-钇为主的磷酸盐，为主要的稀土工业矿物之一，其硬度为 4～5，密度为 4.37～4.83g/cm³，具有弱磁性，可溶于硫酸、磷酸，可部分溶于氢氧化钠溶液中。

我国某钨矿为花岗岩高温热液长石-石英脉黑钨矿床，主要有用矿物为黑钨矿、白钨矿、磷钇矿和少量的硅铍钇矿、氟碳铈钙矿、独居石、黑稀金矿等。脉石矿物主要为长石、石英类和部分锰石榴子石、菱铁矿、褐铁矿及硫化物。稀土元素大部分集中于磷钇矿中，嵌布粒度为 0.074～0.050mm 占 54%，0.25～0.30mm 占 98%。重选选钨过程中，原矿 Re_xO_y 含量为 0.04% 时，重选钨细泥精矿中的 Y_2O_3 含量为 0.7%～0.8%，其中 95% 已单体解离。

17.9.2　选矿工艺

采用浮选法处理重选钨细泥精矿的工艺流程如图 17-13 所示。

依次浮出硫化矿、白钨矿和磷钇矿，槽内产品 WO_3 含量为 62%、回收率为 79% 的黑钨精矿。硫化矿浮选采用碳酸钠、丁黄药和 2 号油等药剂。白钨浮选采用苛性钠、糊精、油酸：煤油 = 1：1 的混合捕收剂。磷钇矿浮选采用氯化铵、油酸：煤油 = 1：1 的混合捕收剂。磷钇矿浮选指标见表 17-30。

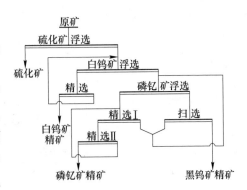

图 17-13　浮选法处理重选钨细泥精矿的工艺流程

表 17-30　磷钇矿浮选指标　　　　　　　　　　（%）

产品名称	产率	Y_2O_3 含量	Y_2O_3 回收率
磷钇矿精矿	16.19	3.44	72.33
尾矿	83.81	0.254	27.67
给矿	100.00	0.77	100.00

　　影响磷钇矿精矿质量的主要因素为白钨矿，为了提高 Y_2O_3 含量，添加糊精作抑制剂精选三次，然后采用水玻璃、碳酸钠加温（80℃）处理，再用油酸∶煤油∶2号油 = 1∶1∶0.2 的混合药剂浮选白钨，可产出含 Y_2O_3 为8%～10%，回收率为34%的磷钇矿精矿。

　　该矿已从重选钨精矿和钨中矿中回收磷钇矿精矿。生产中，该厂采用碳酸钠作调整剂，草酸作钨矿物的抑制剂，甲苯砷酸与油酸组合剂作磷钇矿的捕收剂进行抑钨浮磷钇矿方法浮选磷钇矿，降低了钨精矿中的磷含量，综合回收了磷钇矿精矿。

18　钨矿物浮选

18.1　概述

18.1.1　钨矿物

18.1.1.1　钨矿物

具有工业价值的钨矿物为黑钨矿（钨锰铁矿）和白钨矿（钨酸钙矿）。钨矿物及其性质见表 18-1。

表 18-1　钨矿物及其性质

矿物	钨锰矿	钨锰铁矿	钨铁矿	白钨矿
分子式	$MnWO_4$	$(Fe，Mn)WO_4$	$FeWO_4$	$CaWO_4$
含 WO_3/%	76.5	76.6	76.3	80.6
晶系	单斜	单斜	单斜	正方
解理	沿斜轴面	沿斜轴面	沿斜轴面	平行锥面
莫氏硬度	5~5.5	5~5.5	4~4.5	4.5~5
密度/g·cm^{-3}	7.2~7.5	7.1~7.5	6.8	5.9~6.2
磁性	弱磁性	弱磁性	弱磁性	非磁性

18.1.1.2　黑钨矿

黑钨矿 $(Fe，Mn)WO_4$ 为形成晶形结构相同的钨酸铁矿和钨酸锰矿的过渡矿物，其中锰铁两元素可相互取代。若锰较多时（大于 17.6%），便形成钨锰矿；含锰较少时（小于5.9%），便形成钨铁矿；含锰介于二者之间时，便形成钨锰铁矿。此三种黑钨矿中，WO_3 含量均大于 70%。

黑钨矿颜色呈暗灰色、淡红褐色、淡褐黑色、灰褐色及铁褐色等。具有半金属光泽、金属光泽及树脂光泽。它为单斜晶系，性脆，具有参差状断口。黑钨矿常为叶片状、弯曲片状、粒状和致密状，有的呈厚板状、尖柱状等形式分布，常与白色石英一起呈脉状充填于花岗岩及其附近的岩石裂缝中。

18.1.1.3　白钨矿

白钨矿为钙的钨酸盐（$CaWO_4$），含 WO_3 80.6% 和 CaO 19.4%。

白钨矿主要为灰白色，其次为黄褐色和棕色。油脂光泽，属正方晶系，常生成双锥状的八面体或板状晶体，晶面有时可见斜条，其中插生双晶较常见。有的晶体呈皮壳状、肾状、粒状和致密块状。性脆，贝壳状或参差状断口。紫外线照射时，可发出美丽的淡蓝色荧光。

18.1.1.4　钨华

钨华（$WO_2(OH)_2$）属斜方晶系，针状晶体呈放射状、鳞片状、泡沫状、被膜状，风化后为粉末状、土状集合体。颜色为亮黄、姜黄、绿黄、深橙黄色。松脂光泽，解理面为珍珠光泽。硬度 2.5～3，密度 5.5g/cm³。钨华为钨酸锰矿、白钨矿及其他钨矿物的变化产物。

18.1.2　钨矿床

18.1.2.1　钨矿床的一般工业要求

钨矿床的一般工业要求见表 18-2。

表 18-2　钨矿床的一般工业要求

矿床类型	石英大脉型	石英细脉带型	石英细脉浸染型	层控型	矽卡岩型
WO_3 边界品位/%	0.08～0.1	0.1	0.1	0.1	0.08～0.1
WO_3 工业品位/%	0.12～0.15	0.16～0.20	0.15～0.20	0.15～0.20	0.15～0.20
可采厚度/m		1～2	1～2	0.8～2.0	1～2
夹石剔除厚度/m		3	2～5	2～3	3

钨矿床伴生组分综合评价标准见表 18-3。

表 18-3　钨矿床伴生组分综合评价标准　　　　　　　（%）

元素或组分	Cu	Zn	Pb	Co	Sn	Mo	Bi
含量	0.05	0.5	0.2～0.3	0.01	0.03	0.01	0.03
元素或组分	Ta_2O_5	Nb_2O_5	BeO	Sb	Li_2O	TRe_2O_3	S
含量	0.01	0.08	0.03	0.5	0.3	0.03	2

18.1.2.2　钨矿床主要类型及其地质特征

世界钨矿床主要为矽卡岩型白钨矿矿床、石英脉型黑钨矿矿床和网脉（斑岩）型钨矿床，其他有伟晶岩型、砂岩型和热泉型钨矿床，它们的工业意义较小。

A　矽卡岩型白钨矿矿床

矽卡岩型白钨矿矿床为世界最重要的钨矿床类型，矿石多以浸染粒状发育于细脉或裂隙及花岗岩接触带中的碳酸盐岩中，WO_3 品位较低，矿化较均匀。主要钨矿物为白钨矿，常伴生 Mo、Cu、Bi 等组分；脉石矿物为方解石、萤石、石榴子石、透辉石、云母等。

根据有用矿物的组合特点和工业利用状况，可分为：（1）硫化物-白钨矿矽卡岩型：硫化矿物含量高（如黄铜矿、黄铁矿、方铅矿、闪锌矿、辉钼矿等），其中铅锌含量较高，可作独立矿床开采，银为主要综合利用对象，既为白钨矿，又是多金属硫化矿；（2）白钨矿矽卡岩矿床：硫化矿物含量较前类低，矿物组成简单，主要工业矿物为白钨矿，硫化矿物仅作副产品综合回收。

矽卡岩型白钨矿矿床国外多，约占国外钨储量的 50% 以上，其特点是储量集中，常形成大矿床，如巴西、加拿大、俄罗斯、澳大利亚、中国、美国等。

B　石英脉型黑钨矿矿床

石英脉型黑钨矿矿床为我国钨矿的主要类型之一，因矿床规模大而驰名中外，主要分布于赣南、粤北、湘南成矿带内。矿石主要由石英和黑钨矿组成，并含锡石、辉钼矿、辉铋矿、白钨矿、毒砂、磁黄铁矿、黄铁矿、闪锌矿、黄铜矿等。矿体围岩蚀变主要为云英岩化、硅化、钾化、绢云母化等，围岩一般不含有用矿物。矿脉和围岩界限明显，颜色清楚，易于识别。

C　网脉（斑岩）型钨矿床

网脉（斑岩）型钨矿床 WO_3 品位较低（0.1% 左右），储量大，埋藏浅，常伴生钼、锡等。主要金属矿物为白钨矿、黑钨矿、辉钼矿，其次为黄铜矿、闪锌矿、辉铋矿、黄铁矿等。

18.1.2.3　我国钨矿资源特点

A　分布高度集中，资源储量大

主要集中分布于湖南、江西、河南、甘肃、广东、广西、福建、云南等 8 省区，钨资源储量的 61.37% 分布于湖南、江西、河南三省。如湖南柿竹园，江西西华山、大吉山，福建行洛坑，广东锯板坑，广西大明山等矿床属超大型和大型钨矿床。

B　钨矿床类型较全，成矿作用多样

除现代热泉沉积矿床和含钨卤水-蒸发岩矿床外，几乎世界已知的钨矿床成因类型在我国均有发现。我国钨矿床主要为以黑钨矿为主的黑钨矿矿床，以白钨矿为主的白钨矿矿床及黑-白钨共生的混合矿钨矿床。

C　钨矿共（伴）生组分多，综合利用价值大

钨矿共（伴）生组分达 30 多种，主要有锡、钼、铋、铜、铅、锌、金、银、铁、硫、铌、钽、锂、铍、稀土，分散元素镓、铟、铊、铼及非金属砷、萤石等。从矿石类型而言，白钨矿主要与重有色金属和贵金属共（伴）生，黑钨矿则与重稀土、稀有和稀散元素共（伴）生。

D　伴生于其他矿床中的钨资源储量可观

伴生钨资源储量可观，大部分随主矿产开发而综合利用。如河南钨资源储量为第 3 大省，其钨储量的 90% 以上为栾川钼矿中的伴生白钨矿，栾川钼矿为世界六大巨型钼矿之一，其中 WO_3 平均品位为 0.124%，相当于一个特大型白钨矿床。

E 富矿少，贫矿多，难选矿石多

我国钨资源中，黑钨矿约占20%，白钨矿约占70%，混合钨矿石约占10%。因黑钨矿石易采易选，以前消耗的大部分为黑钨矿石，目前黑钨资源愈来愈少，已形成以白钨矿为主的局面。白钨矿占全国钨资源的70%，但品位低，组成复杂，有用矿物嵌布粒度细，大多属难回收利用的矿石。

18.2　钨精矿质量标准

钨精矿质量标准（GB 2825—1981）见表 18-4。

表 18-4　钨精矿质量标准　　　　　　　　　　　　（%）

品种名称	WO_3（不小于）	杂质（不大于）												
		S	P	As	Mo	Ca	Mn	Cu	Sn	SiO_2	Fe	Sb	Bi	Pb	Zn
黑钨特-Ⅰ-3	70	0.2	0.02	0.06		3.0		0.04	0.08	4		0.04	0.04	0.04
黑钨特-Ⅰ-2	70	0.4	0.03	0.08		4.0		0.05	0.10	5		0.05	0.05	0.05
黑钨特-Ⅰ-1	68	0.5	0.04	0.10		5.0		0.06	0.15	7		0.10	0.10	0.10
黑钨特-Ⅱ-3	70	0.4	0.03	0.05	0.01	0.3		0.15	0.10	3				
黑钨特-Ⅱ-2	70	0.5	0.05	0.07	0.015	0.4		0.20	0.15	3				
黑钨特-Ⅱ-1	68	0.6	0.10	0.10	0.02	0.5		0.25	0.20	3				
白钨特-Ⅰ-3	72	0.2	0.03	0.02			0.3	0.01	0.01	1		0.02	0.01	0.02
白钨特-Ⅰ-2	70	0.3	0.03	0.03			0.4	0.02	0.02	1.5		0.03	0.02	0.03
白钨特-Ⅰ-1	70	0.4	0.03	0.03			0.5	0.03	0.03	2		0.03	0.03	0.03
白钨特-Ⅱ-3	72	0.4	0.03	0.03	0.01		0.3	0.15	0.10	2	2	0.1		
白钨特-Ⅱ-2	70	0.5	0.05	0.05	0.015		0.4	0.20	0.15	2	2	0.1		
白钨特-Ⅱ-1	70	0.6	0.10	0.10	0.015		0.5	0.25	0.20	3	3	0.2		

注：1. 表中黑钨特-Ⅰ精矿用于生产优质钢，黑钨特-Ⅱ精矿用于生产优质钨制品、特纯钨材和三氧化钨，白钨特-Ⅰ精矿用于生产合金钢（直接炼钢）和优质钨铁，白钨特-Ⅱ精矿用于生产优质钨制品、特纯钨材和三氧化钨；

　　2. 表中空白表示杂质不限；

　　3. 精矿中钽铌为有价元素，供方应报分析数据；

　　4. 本标准不包括人造白钨产品，该产品另订标准执行；

　　5. 根据用户需要和资源特点，钨精矿特级品可自订企业标准执行；

　　6. 钨精矿特级品Ⅰ类产品中Sb、Bi和Pb杂质要求和白钨精矿特级Ⅱ类产品Fe、Sb暂不作交货依据，但供方应报分析数据。

18.3　黑钨矿选矿

18.3.1　概述

黑钨矿多为石英大脉型或细脉型钨矿床，属气化高温热液型钨矿床，黑钨矿呈粗粒板状或细脉状晶体在石英内富集，嵌布粒度较粗，有用矿物与脉石易分离。该类型钨矿规模大，易选别，具有非常重要的工业价值。

黑钨矿选矿的原则流程为：预先富集、手选丢废；多级跳汰、多级摇床、阶段磨矿、摇床丢尾；细泥归队处理、多种工艺精选、矿物综合回收。主要设备为：颚式破碎机、圆锥破碎机、对辊破碎机、棒磨机、球磨机、跳汰机、水力分级机、摇床、浮选机、磁选机、电选机等。

黑钨矿选矿的原则流程如图 18-1 所示。

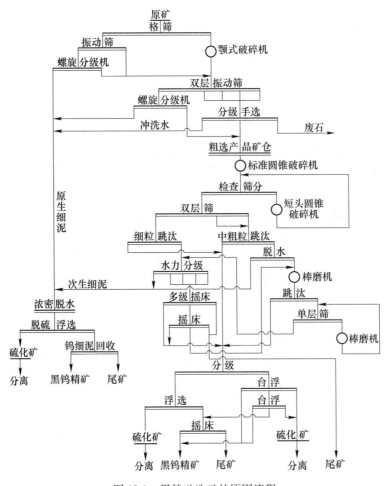

图 18-1　黑钨矿选矿的原则流程

18.3.2　粗选作业

原矿采用三段一闭路破碎流程破碎，粗碎后洗矿脱泥，按手选要求将矿石分为 3~4 个级别进行反手选、细泥集中浓缩处理，反手选后的合格矿破碎后进入重选作业。

为了提高丢废率和提高入选品位，在降低手选入选粒度下限等方面作了许多技术改造，在降低粗选丢废入选粒度和降低废石品位取得了实际成效。

钨选矿原则为"早收多收，早丢多丢"，使解离后的黑钨矿尽早回收，是提高钨回收率的重要措施。手选作业选出块钨和富连生体，直接进入精选作业，避免高品位块钨在破碎、磨矿、重选及皮带运输等环节产生泥化损失，可实现"早收多收"，提高钨回收率。

18.3.3　重选作业

黑钨矿重选作业的经典原则流程如图 18-2 所示。

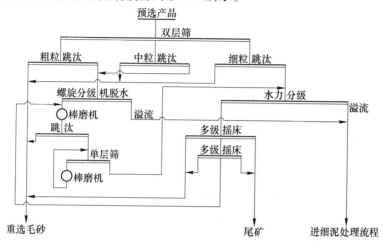

图 18-2　黑钨矿重选作业的经典原则流程

重选作业常采用多级跳汰、多级摇床、中矿再磨流程。细碎后的合格矿经振动筛分级后进行多级跳汰，产出跳汰重选毛砂（粗精矿），粗、中粒级跳汰尾矿进入棒磨机再磨，细粒级跳汰尾矿经水力分级机分级后进入多级摇床一粗一扫产出摇床重选毛砂，摇床尾矿送尾矿库，摇床中矿返回再磨再选。跳汰重选毛砂和摇床重选毛砂送精选作业。

跳汰早收和摇床丢尾是重选作业的核心，黑钨矿的三级跳汰和多级摇床的重选流程多年未变化，各选厂仅根据矿石性质改进重选工艺参数以提高黑钨矿选矿效率。

黑钨矿选厂大多采用 6-S 摇床，仅依据入选物料特点采用不同的床面结构和操作参数。

18.3.4　精选作业

精选作业段：重选毛砂经除铁、脱硫脱硅等精选作业产出黑钨精矿。除采用重选和浮选外，磁选和电选广泛用于黑钨矿与白钨矿、黑钨矿与锡石、白钨矿与锡石及与铁磁性物质的分离。

黑钨矿精选常采用浮—重或浮—重—磁联合等多种工艺进行精选，并在精选段综合回收伴生的有用组分。精选段常用粗粒台浮和细粒浮选脱除硫化矿，硫化矿进入硫化矿分离作业产出硫化矿精矿。脱除硫化矿后的黑钨矿进一步通过重选产出黑钨精矿。再通过浮—重或浮—重—磁联合等多种工艺进行精选，产出黑钨精矿、白钨精矿、锡石精矿。若含硫化铋矿时，还采用化学选矿产出铋化学精矿。

18.3.5　细泥处理

细泥的数量和金属量常为处理原矿的 11%～14%，细泥的金属回收率约占总回收率的 3%～8%。因此，有效提高细泥回收率是提高钨综合回收率和有用组分回收率及矿山经济效益的重要组成部分。

细泥处理流程为：先脱硫，再依细泥物料特性，通过重选、浮选、磁选、电选等或采用联合工艺回收钨矿物和综合回收伴生的有用矿物。由于钨细泥过细，矿物组成复杂，各选厂在处理回收钨细泥方面进行了大量工作，取得一定成效，但钨细泥的总回收率仍偏低。

18.4　白钨矿选矿

18.4.1　概述

白钨矿型钨资源主要为砂岩型、复合型（细脉浸染型-云英岩矽卡岩复合型），常与多种钼铋等有色金属矿伴生或共生，有用矿物嵌布粒度较细，多呈浸染状嵌布于矿石中。白钨矿的可浮性大于黑钨矿。因此，白钨矿的选矿方法以浮选法为主。

白钨矿浮选常分为硫化矿浮选、钨粗选和精选。硫化矿浮选与金属硫化矿物浮选相似，仅 Cu、Pb、Zn、Mo、Bi 硫化矿及黄铁矿含量不同而已。白钨矿粗选一般采用碳酸钠和水玻璃作调整剂，用脂肪酸类捕收剂浮选白钨矿，有的选厂采用螯合捕收剂。白钨粗精矿精选可采用加温浮选或常温浮选。大部分选厂采用加温浮选，常温浮选的有荡坪钨矿的宝山矿区和香炉山钨矿等。

若白钨矿粗精矿中含有方解石、萤石、石榴子石等多种含钙矿物时，采用加温精选的效果较好。

18.4.2　白钨矿浮选

18.4.2.1　浮选药剂

白钨矿捕收剂主要为脂肪酸及其皂类，如油酸、油酸钠、氧化石蜡皂等。近年开始推广应用以苯甲羟肟酸和亚硝基苯胲胺盐（CF）为代表的螯合捕收剂。生产中均与脂肪酸及其皂类混合使用，可加适量硝酸铅作活化剂，可发挥螯合捕收剂选择性强的优势。

常用水玻璃作硅酸盐矿物的有效抑制剂，常温下对一些含钙矿物也有一定的抑制作用。现较少单独使用水玻璃作抑制剂，大多与硫酸铝、六偏磷酸钠、氟硅酸钠、羧甲基纤维素等混合添加或制成组合抑制剂，如代号为 AD、BLR 等高效抑制剂为组合抑制剂。组合抑制剂的应用大幅度降低了水玻璃的用量，强化对含钙脉石矿物的选择性抑制作用，使常温浮选取代长期使用的彼德洛夫法进行白钨粗精矿精选的传统工艺成为可能。

18.4.2.2　常温精选

长期使用的"彼德洛夫法"进行白钨粗精矿精选的传统工艺的缺点为：水玻璃的用量高，能耗高，成本高，流程复杂，还须脱药清洗等。

报道了采用代号为 Y88 的组合抑制剂实现白钨粗精矿的常温精选的研究成果。Y88 为含多种亲水活性基团（R⁻）的组合抑制剂，将其用于湘西金矿的白钨常温精选，获得了与彼德洛夫法相似的指标，彼德洛夫法获得白钨精矿含 WO_3 52%、回收率 87.72%，常温精选获得白钨精矿含 WO_3 52%、回收率 86.05% 的指标，经酸洗后产出最终白钨精矿含

$WO_3$72. 80%。

柿竹园白钨精选采用改进的彼德洛夫法，添加单一水玻璃改为以水玻璃为主的组合药剂，取消了脱药和脱硫作业，改善了精选效果。采用彼德洛夫法精选，给矿含 $WO_3$18. 76%，经一粗三精四扫流程产出白钨精矿含 $WO_3$66. 49%、回收率 52. 63%。改进的彼德洛夫法，采用相同流程产出白钨精矿含 $WO_3$69. 78%、回收率 58. 04%。

18.4.2.3 低品位白钨矿的浮选

我国白钨矿资源中的贫、细、杂矿占多数，还有大量品位极低、赋存于其他金属矿床中的钨矿，此类白钨矿选矿是亟待解决的课题。近 5 年取得了实质性进展。最为典型的为栾川钼矿的白钨资源，白钨储量达 62 万吨，但品位很低，每年数万吨 WO_3 被丢废于尾矿中。洛阳钼业集团技术中心采用国产油酸皂作捕收剂，并在精选加温脱药作业后添加消泡剂，获得白钨精矿含 $WO_3$49. 35%、精选作业回收率 94. 38% 的试验指标。目前的生产指标为：白钨精矿含 $WO_3$30%~35%、回收率 50% 左右。

河南栾川县众鑫矿业有限公司从多金属硫化矿浮选含钨尾矿中回收白钨矿的工业试验表明，以 731 氧化石蜡皂为捕收剂，水玻璃为抑制剂，多金属硫化矿浮选尾矿含 WO_3 0. 25%，经一粗三精二扫流程产出白钨精矿含 WO_3 2. 5%、粗选回收率 69. 60%；白钨粗精矿采用加温精选法精选，经一粗四精一扫流程产出白钨精矿含 WO_3 61. 47%、精选作业回收率 73. 08%；再经酸浸处理，最终白钨精矿含 WO_3 65. 05%、钨总回收率 50. 47%。

18.5 荡坪钨矿宝山选矿厂

18.5.1 矿石性质

宝山矿区属接触交代矽卡岩型铅、锌、白钨矿矿床，矿体形态较复杂。围岩为花岗岩、灰岩或大理岩，结构致密坚硬。矿体由白钨矿矽卡岩矿体与硫化物矿石组成，后者位于上盘，占总量的 70%。矿体与围岩界线分明，矽卡岩矿石由透辉石、石榴子石、石英、方解石、萤石等组成，呈致密块状或粗粒块状产出。

18.5.2 选矿工艺

破碎采用三段一闭路，最终破碎粒度为 10mm。磨矿为两个系列磨至 -0. 074mm 占 63%。

浮选分硫化矿浮选和白钨矿浮选两个回路。硫化矿浮选采用先铜铅混合浮选、后锌硫混合浮选，然后分别进行分离浮选。铜铅分离浮选采用水玻璃抑铅浮铜；锌硫分离浮选采用石灰抑硫浮锌；再补加浮硫作业，将硫化物浮干净，浮出的硫化物与硫精矿合并不再返回。

硫化矿浮选后，加入碳酸钠调 pH 值至 9，加水玻璃（矿浆 pH 值为 9. 5~10），然后加入 “731” 和 “733” 精制氧化石蜡皂浮选白钨矿，经一粗二扫丢弃尾矿。粗精矿含 WO_3 15%~20%，不浓缩条件下加水玻璃（模数 2. 4）5~6kg/t，常温搅拌 40min，然后进行 5~ 6 次精选，精矿含 WO_3大于 65%。选矿工艺流程如图 18-3 所示。

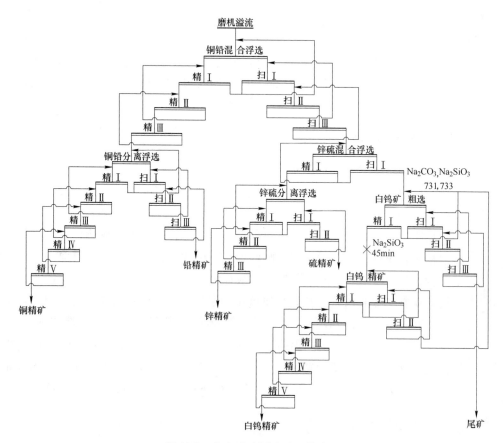

图 18-3　宝山选矿厂选矿工艺流程

18.6　香炉山钨业有限公司

18.6.1　矿石性质

香钨公司下属四个选矿厂，日总处理量为 2050t，其中三选厂于 2002 年投产，日处理量 600t，设计较规范，设备较先进。

香炉山钨矿属矽卡岩型白钨矿多金属矿床，矿石有透辉石石英角质岩白钨矿石（占总矿量 95% 以上）、大理岩化灰岩白钨矿石和铅、锌、硫白钨矿石三种类型。矿石化学成分分析结果见表 18-5。

表 18-5　香炉山钨矿矿石化学成分分析结果　　　　　　　　　　　（%）

成分	SiO_2	TiO_2	Al_2O_3	Fe_2O_3	FeO	MgO	MnO	CaO	K_2O
含量	40.76	0.16	7.71	9.71	6.30	5.80	0.64	12.02	1.78
成分	Na_2O	P_2O_5	CO_2	F	S	WO_3	Cu	Pb	Zn
含量	0.58	0.30	0.197	3.00	6.62	0.75	0.13	0.044	0.17
成分	Bi	Mo	Sn	Cd	Se	Te	$Au/g \cdot t^{-1}$	$Ag/g \cdot t^{-1}$	
含量	0.06	0.006	0.004	0.004	0.00022	0.0019	0.06	21.90	

　　金属矿物主要为白钨矿，伴生矿物有黄铜矿、磁黄铁矿、赤褐铁矿、黄铁矿、白铁矿、闪锌矿、黑钨矿、钨华、辉钼矿、辉铋矿和自然铋等。脉石矿物主要为石英、萤石、磷灰石、长石、透辉石、方解石、云母、绿帘石、绿泥石、石榴石等。本矿石钨矿物为以白钨矿为主，只有微量黑钨矿；金属硫化物主要以磁黄铁矿数量最多，达5%左右，少量黄铜矿、黄铁矿、闪锌矿，微量方铅矿、辉钼矿、镍黄铁矿等；铋主要以自然铋的形式产出；脉石矿物中磁性脉石——钙铁辉石-透辉石、透闪石、石榴子石、绿泥石、绿帘石等约占27%，非磁性脉石——石英、长石、方解石、萤石等约占66%，其中影响白钨矿精选的富钙脉石萤石和方解石含量较高，约占20%。

　　钨矿物中以白钨矿为主，其含量占钨矿物的95%左右，黑钨矿占4%左右，其余为钨华。

　　白钨矿多为不规则粒状，粒径一般为0.1~0.15mm，少数大的达1mm以上。黄铜矿呈不规则粒状或蠕虫状，粒径一般为0.023~0.046mm，部分0.1mm左右，少数大于0.1mm或小于0.005mm，常被白钨矿包裹。

　　磁黄铁矿呈不规则粒状或片状，颗粒粗大，小于0.1mm少见，常与闪锌矿、黄铜矿、黄铁矿、辉铋矿、铋方铅矿、透闪石、石英、长石、白钨矿等伴生，少数被白钨矿包裹。

　　黄铁矿粒径常为1~0.1mm，大于或小于此范围者不多见，与白钨矿紧密共生，常被白钨矿包裹。

18.6.2　选矿工艺

　　香炉山钨矿三选厂选矿工艺流程如图18-4所示。

　　香炉山钨矿四选厂选矿工艺流程如图18-5所示。

　　四个选厂处理同一矿体的矿石，原矿性质、处理流程和药剂制度基本相同。井下采出矿石汽车运至选厂，经破碎筛分碎至-14mm进粉矿仓，经磨矿分级溢流细度为-0.074mm占70%。进铜硫等可浮（一粗一扫一精）产出铜硫混合粗精矿，再经铜硫分离（一粗二扫三精）产出含铜16%以上的铜精矿。铜硫等可浮尾矿进行浮硫作业（一粗一精）脱除硫铁矿。脱硫尾矿浮白钨矿（一粗三扫二精）产出含WO_3 15%的白钨粗精矿。白钨粗精矿进入精选作业（一粗二扫五精）常温精选，产出含WO_3 55%左右的白钨精矿半成品，再经盐酸浸出（脱除部分磷、钙），产出含WO_3 65%以上的白钨精矿。

　　香炉山钨矿浮选白钨矿一直采用731作捕收剂，尾矿品位为0.13%~0.18%，且易跑槽。2008年3月改用广州有色院生产的ZL作捕收剂，ZL的选择性比731差，但其捕收能力比731强，尾矿品位可降至0.1%左右，理论回收率可提高3%，泡沫比731差些，操作易控制。

　　2006~2009年的生产指标见表18-6。

表18-6　香炉山钨矿选厂选矿生产指标 　　　　　　（%）

项　　目	2006年	2007年	2008年	2009年
原矿WO_3	0.825	0.683	0.725	0.763
钨精矿WO_3	65	65	65	65
钨回收率	78.55	78.12	79.32	79.48

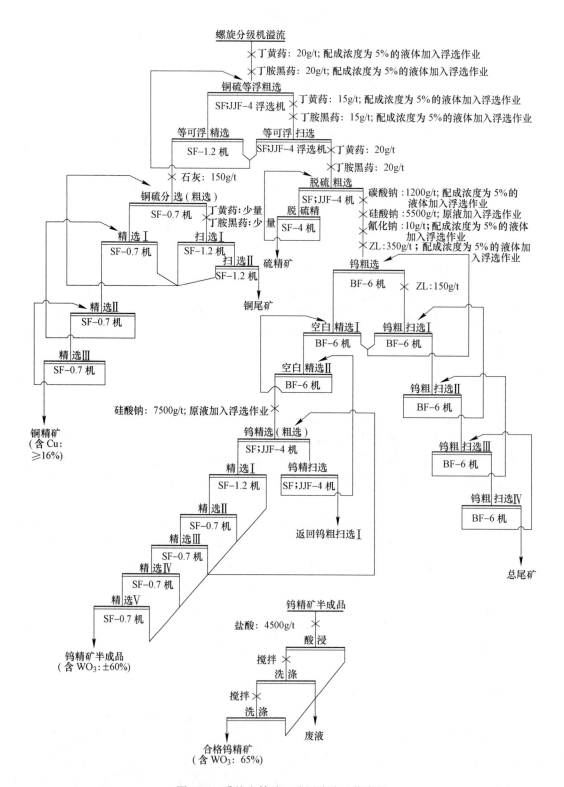

图 18-4　香炉山钨矿三选厂选矿工艺流程

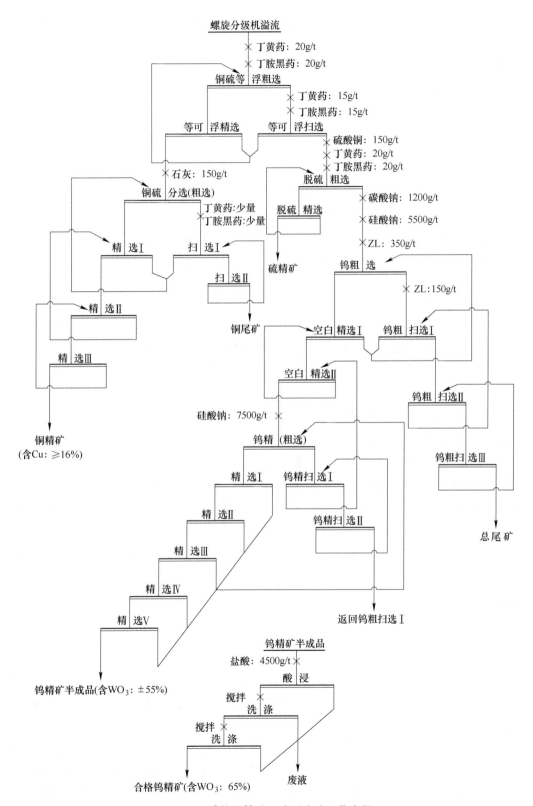

图 18-5　香炉山钨矿四选厂选矿工艺流程

建议改为铜、锌混选—再分离，混选尾矿脱硫—硫尾弱磁选弃磁黄铁矿和磁性脉石，磁尾浓缩后，底流进白钨浮选产出白钨精矿。白钨浮选尾矿重选产出少量黑钨精矿。最终产出铜精矿、锌精矿、白钨精矿、黑钨精矿和硫精矿五种产品。

18.7　奥地利米特西尔钨选矿厂

18.7.1　矿石性质

1975 年建选矿厂，1976 年 7 月投产，年处理量为 25 万吨，现已达 45 万~50 万吨。

矿床赋存于上古生代变质岩中（变质火山岩和凝灰岩），由角闪石岩、闪长岩、钠长石—片麻岩、石英片麻岩、白钨矿石英岩等组成。属层控型钨矿床，白钨矿呈细脉状、斑状和浸染状，主要与石英紧密共生。白钨矿粒度多小于 0.06mm，一般为 0.04mm，脉石矿物以石英为主（占 60% 以上），其次为角闪石、长石、云母等。

18.7.2　选矿工艺

碎矿采用三段一闭路，将 1500mm 的原矿碎至 -15mm。磨矿一台溢流型球磨机与一台 4000mm×1500mm 振动筛组成闭路，浮选为一粗三精流程。浮选前矿浆在 25m³ 的搅拌机中充蒸汽加温至 60℃，随后进入第二个容积为 6m³ 的搅拌桶中，加入浮选药剂，浮选温度为 32℃，矿浆 pH 值为 10.8。粗选尾矿用泵送入水力旋流器，旋流器溢流送尾矿库，旋流器底流返至球磨机磨矿。粗精矿含 WO₃5%，经三次精选后产出最终精矿含 WO₃25%~30%，经浓缩、过滤、装包，送冶炼厂处理。

白钨精矿经回转窑焙烧（600℃，煤气为燃料）以除去有机杂质，焙砂送高压釜进行碳酸钠溶液浸出，浸出矿浆经二次沉淀和过滤以除去 SiO_2、$CaCO_3$、未溶的 $CaWO_4$ 等。净化后的钨酸钠溶液用硫酸酸化，用石油和脂肪族胺进行萃取，水相中的仲钨酸的阴离子与有机相中的 SO_4^{2-} 进行交换，钨进入有机相中，分相后，用氨水进行沉淀反萃，放出的氨气和蒸汽经捕集后再循环使用，含钨母液在结晶槽中产出仲钨酸铵，经过滤、干燥、包装，送制取钨粉及钨制品。

18.8　黑白钨混合矿选矿

18.8.1　概述

黑白钨共生矿属难选矿石，湖南柿竹园钨钼铋多金属矿、湖南有色新田岭矿、福建行洛坑钼黑白钨矿等属此类矿石。其特点是 WO_3 品位低，嵌布粒度细，黑白钨与多种有用矿物密切共生，脉石矿物组成复杂，一般须采用复杂的工艺进行处理。

对黑白钨共生矿而言，关键是充分回收黑白钨和综合回收共（伴）生的有用矿物。目前对黑白钨共生矿的处理采用硫化矿浮选及分离—黑白钨混合浮选—白钨粗精矿加温精选—黑钨细泥浮选的主干全浮选流程（如湖南柿竹园有色金属公司）或重选—浮选联合流程（如福建行洛坑钨矿）。

18.8.2　柿竹园多金属矿的选矿

18.8.2.1　矿石性质

柿竹园多金属矿为特大型的钨钼铋矿床，以钨、铋为主，伴生钼、锡、萤石、石榴子石。钨储量为全国可利用储量的27%，铋储量为全国储量的74%，萤石储量为全国储量的73%，钼储量为全国储量的5%，锡储量为全国储量的14%。该矿为世界罕见的特大型矿床。主要金属矿物为黑钨矿、白钨矿、辉铋矿、自然铋、辉钼矿、黄铁矿、磁黄铁矿、磁铁矿。非金属矿物为石榴子石、萤石、方解石、石英、角闪石、绿泥石和云母等。矿物嵌布粒度粗细不均且偏细。原矿钨、钼、铋、萤石品位低；金属硫化矿物与钨矿物共生，白钨矿与黑钨矿共生交代蚀变严重；矿石中含有与白钨矿可浮性相似的萤石、方解石和石榴子石，分选难度大。

柿竹园多金属矿化学成分分析结果见表18-7。

表 18-7　柿竹园多金属矿化学成分分析结果　　　　　　　　　（%）

化学成分	WO$_3$	Mo	Bi	Sn	TFe	Mn	Pb	Zn	Cu	Be	S
含量	0.48	0.069	0.16	0.05	9.82	0.64	0.09	0.05	0.03	0.009	0.48
化学成分	P	CaF$_2$	CaCO$_3$	TiO$_2$	MgO	SiO$_2$	Al$_2$O$_3$	K$_2$O	Na$_2$O	Au	Ag
含量	0.015	19.78	10.46	0.10	1.76	41.31	7.34	1.58	0.74	0.06g/t	4.2g/t

钨化学物相分析结果见表18-8。

表 18-8　钨化学物相分析结果　　　　　　　　　（%）

相别	白钨矿	黑钨矿	钨华	总钨
含量	0.32	0.14	0.007	0.467
占有率	68.52	29.98	1.50	100.00

钼化学物相分析结果见表18-9。

表 18-9　钼化学物相分析结果　　　　　　　　　（%）

相别	辉钼矿	白钨矿中含钼	钼华	总钼
含量	0.063	0.0025	0.0032	0.0687
占有率	91.70	3.64	4.66	100.00

铋化学物相分析结果见表18-10。

表 18-10　铋化学物相分析结果　　　　　　　　　（%）

相别	辉铋矿	自然铋	氧化铋	总铋
含量	0.126	0.018	0.025	0.169
占有率	74.56	10.65	14.79	100.00

原矿矿物组成相对含量见表18-11。

表 18-11 原矿矿物组成相对含量 (%)

矿物	白钨矿	黑钨矿	辉钼矿	辉铋矿	黄铁矿、磁黄铁矿	磁铁矿	方解石
含量	0.39	0.17	0.11	0.13	0.86	2.78	10.46

矿物	萤石	石榴子石	绿泥石、绿帘石	辉石、角闪石	石英、长石、高岭土	其他
含量	19.76	27.32	3.66	3.84	25.46	5.06

18.8.2.2 选矿工艺

在国家"八五"、"九五"科技攻关中提出了以全浮选主干流程为基础,以螯合捕收剂浮选为核心的钼铋等可浮、铋硫混选、黑白钨混合浮选、钨粗精矿加温精选、黑钨细泥浮选的综合工艺流程(见图 18-6)。

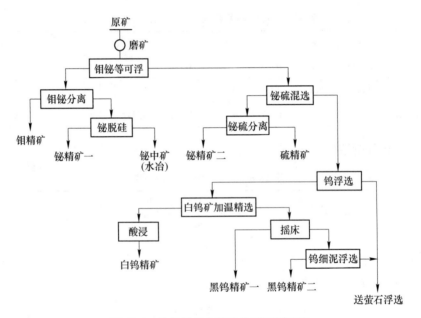

图 18-6 柿竹园多金属矿选矿原则流程

采用螯合捕收剂和组合抑制剂,较好地解决了白钨矿与含钙矿物的浮选分离难题。采用螯合捕收剂和组合抑制剂浮选细粒钨细泥,提高了选厂技术经济指标。

在国家"十一五"攻关中提出了以下主干流程:金属硫化矿浮选尾矿经脉动高梯度强磁选机分离黑、白钨;磁性产品采用 733 氧化石蜡皂浮选白钨矿,加温精选产出白钨精矿;白钨尾矿再采用螯合捕收剂浮选黑钨矿,精选产出黑钨精矿。该矿 380 选厂采用此流程使钨的综合回收率提高 5%~10%。

另一主干流程:金属硫化矿浮选尾矿采用 733 氧化石蜡皂浮选白钨矿,加温精选产出白钨精矿;白钨尾矿经脉动高梯度强磁选机回收黑钨矿,强磁产品经浮选精选产出黑钨精矿。

18.8.3　福建行洛坑钨矿选矿

18.8.3.1　矿石性质

福建行洛坑钨矿为细脉浸染型含钼黑、白钨矿石。按风化程度分为风化矿和原生矿，以原生矿为主。

18.8.3.2　选矿工艺

原矿破碎后的矿石经一段闭路棒磨，再分为三个粒级：−0.5mm+0.2mm 粒级进粗粒重选；−0.2mm+0.04mm 粒级进细粒重选；−0.04mm 粒级进细粒浮选。重选粗精矿进行钼浮选和脱硫浮选，脱硫尾矿经水力分级后，进行摇床精选，摇床精矿经除铁脱水后产出黑白钨精矿，重选尾矿进入钼浮选系统。因前期风化矿比重较大，选矿回收率较低，2008 年钨选矿回收率仅 51.92%。

19　锡矿物浮选

19.1　概述

19.1.1　锡矿床

我国的锡资源主要为三个成矿带：

（1）滨太平洋成矿带：包括昆明-成都-银川一线的整个东部地区，为我国大多数锡矿床所在区域，其中华南锡矿带（包括个旧、大厂和平桂等矿区）占全国锡储量的绝大部分。此外，大兴安岭-太行锡矿带中的辽宁昭乌达盟的大型锡铁矿床，为我国巨大的远东锡资源。吉林、黑龙江锡矿带，目前规模较小。

（2）特提斯-喜马拉雅成矿带：锡矿床主要位于滇西和藏南地区，著名的锡矿区有云龙、西蒙、腾冲、梁河、龙陵、潞西等，成矿区属地中海-马来西亚成矿带的中段。

（3）南亚洲成矿带：位于我国西北地区，主矿有青海锡铁山矿床中的大型铅锌矿含锡，此外有甘肃的雷神庙和云华山等矿床。

目前世界已开采的锡矿主要为原生锡矿和砂锡矿。原生锡矿可分为：

（1）含锡伟晶岩矿床：以中、小型为主，锡品位偏低，但矿石易选，锡回收率高。主要分布于非洲、巴西、澳大利亚等地。约10%世界锡产量来自此类矿床。

（2）锡石-石英脉矿床：以中、小型为主，少量大型，个别特大型。锡品位高，易选，锡回收率为70%~80%。多数矿床可露采，主要分布于东南亚和欧洲，为砂锡矿的主要来源。

（3）锡石-硫化物矿床：多为大、中型，少数特大型。矿石含锡0.2%~1.5%，多为地下开采，选矿流程复杂，回收率一般为30%~50%。主要分布于中国、玻利维亚和俄罗斯东北沿海地区。

（4）砂锡矿床：一般为中、小型，也有大型、特大型。矿石含锡0.05%~0.3%，多为露采，选矿流程简单，锡回收率为50%~95%。主要分布于东南亚、中南非洲、西澳大利亚等地。

19.1.2　锡矿物

目前世界已发现锡矿物达60多种，包括氧化物、氢氧化物、硫化物、硫酸盐、硅酸盐、硼酸盐、钽铌酸盐以及天然金属和合金。主要锡矿物及其特征见表19-1。

表 19-1　主要锡矿物及其特征

矿物名称	分子式	理论含锡量/%	密度/g·cm^{-3}
自然锡	Sn	100	7.31
锡钯矿	Pd$_3$Sn$_2$	42.6	10.2
锡石	SnO$_2$	78.8	6.8~7.2

矿物名称	分子式	理论含锡量/%	密度/g·cm⁻³
水锡石	$SnO_2 \cdot nH_2O$	19~51.3	2.52~5.01
羟钙锡石	$CaSn(OH)_6$	44.4	3.28
硫锡矿	SnS	78.8	5.16
黝锡矿	Cu_2FeSnS_4	27.6	4.3~4.5
辉锑铅锡矿	$Pb_5Sn_2SbS_{12}$	13.3	3.5~5.5
圆柱锡矿	$Pb_6Sn_6SbS_{21}$	24.8	5.42
黄硅钙锡矿	$CaSnSiO_5$	47.1	—
钽锡矿	$SnTa_2O_7$	20.0	7.6~7.9
锡钽锰矿	$(Fe、Mn)_4(Sn、Ta、Nb)_8O_{24}$	7~12	7.03~7.2

19.1.3 我国锡矿资源特点

我国锡矿资源特点为：

（1）储量高度集中：我国锡矿主要集中于云南、广西、广东、湖南、内蒙古、江西6省区。云南主要集中于个旧，广西主要集中于大厂。个旧、大厂两地区的锡储量占全国锡储量的40%左右。

（2）以原生锡矿为主，砂锡矿次之：全国锡总储量中，原生锡矿占80%，砂锡矿占16%。

（3）共、伴生组分多：呈单一锡矿的只占12%；作为主矿产的锡矿占全国锡总储量的66%；作为共、伴生组分的锡矿占全国锡总储量的22%。共、伴生组分有铜、铅、锌、钨、锑、钼、铋、银、铌、钽、铍、铟、镓、锗、镉及铁、硫、砷、萤石等。

（4）大、中型锡矿床多，云南个旧和广西大厂为世界级多金属超大型锡矿区。

19.1.4 世界锡的生产与消费

2010年世界锡矿山生产量为31.18万吨。世界锡矿山生产国主要为中国、印度尼西亚、秘鲁、玻利维亚、巴西等。世界锡矿山生产量见表19-2。

表 19-2 世界锡矿山生产量 （万吨）

国家或地区	2008年	2009年	2010年	国家或地区	2008年	2009年	2010年
中国	12.12	12.80	13.42	澳大利亚	0.18	0.56	0.63
印度尼西亚	9.60	8.40	8.40	马来西亚	0.34	0.24	0.25
秘鲁	3.90	3.75	3.44	越南	0.54	0.54	0.54
玻利维亚	1.73	1.96	1.98	泰国	0.02	0.02	0.03
巴西	1.30	1.00	1.10	其他	1.61	1.54	1.30
俄罗斯	0.15	0.12	0.10	世界总计	31.49	30.93	31.18

我国从1993年起锡精矿产量一直居世界第一位，云南、广西、湖南三省是我国的最大产锡基地，目前三省的锡精矿产量占全国总产量的90%。

锡的用途非常广，其主要消费领域为焊锡、镀锡板、易熔合金、化工制品及其他锡合金等。世界精炼锡消费量见表19-3。

表19-3　世界精炼锡消费量　　　　　　　　　　　　（万吨）

国家或地区	2008年	2009年	2010年	国家或地区	2008年	2009年	2010年
中国	14.50	14.30	15.28	巴西	0.55	0.77	1.06
日本	3.22	2.30	3.57	马来西亚	0.44	0.44	0.44
美国	2.60	2.69	3.45	泰国	0.42	0.27	0.41
德国	2.08	1.45	1.77	加拿大	0.40	0.21	0.30
韩国	1.63	1.52	1.74	意大利	0.40	0.25	0.36
中国台湾	1.19	0.88	1.14	墨西哥	0.32	0.25	0.43
印度	0.88	0.90	1.10	英国	0.30	0.30	0.30
西班牙	0.70	0.52	0.64	其他	4.61	4.11	4.42
法国	0.61	0.55	0.54	世界总计	35.45	32.25	37.49
荷兰	0.60	0.54	0.54				

我国为最大锡消费国，消费量占全球的41%。日本、美国和欧洲为主要消费国，消费量占全球的31%。其他国家和地区占28%。

中国锡主要消费领域为电子和汽车工业用锡，主要以锡焊料形式消费，约占我国锡消费量的50%，第二大消费领域为镀锡板。

美国为世界精炼锡主要消费国，2010年消费量为3.45万吨。美国从1993年起不再进行锡矿开采，主要通过进口和再生锡解决。其消费领域为：包装容器占26%，电子工业占24%，运输占11%，建筑占11%，其他占28%。

日本为世界精炼锡消费大国，2010年消费量为3.57万吨。

2010年世界精炼锡出口量为22.84万吨，进口量为24.21万吨。主要出口国为：中国、印度尼西亚、马来西亚、秘鲁、泰国、玻利维亚、巴西等。主要进口国家和地区为：美国、日本、德国、韩国、中国台湾、荷兰、法国和英国等。

19.2　锡精矿质量标准

19.2.1　锡精矿产品分类

锡矿石经选矿加工产出的锡精矿分为两类：（1）直接入炉冶炼的氧化型锡精矿，锡精矿分7级；（2）冶炼前需要加工处理的硫化型锡精矿，锡精矿分7级。

19.2.2　锡精矿化学成分

锡精矿化学成分（GB/T 8170）见表19-4。

表 19-4 锡精矿化学成分

类别	品级	化学成分/%								
		Sn（不小于）	杂质（不大于）							
			S	As	Bi	Zn	Sb	Fe	F	Cu
一类	一级品	70.00	0.30	0.20	0.08	0.30	0.20	3.00	0.20	0.30
	二级品	65.00	0.40	0.30	0.10	0.40	0.20	5.00	0.20	0.40
	三级品	60.00	0.50	0.40	0.10	0.50	0.30	7.00	0.20	0.50
	四级品	55.00	0.60	0.50	0.15	0.60	0.40	9.00	0.20	0.60
	五级品	50.00	0.80	0.60	0.15	0.70	0.40	12.00	0.20	0.70
	六级品	45.00	1.00	0.70	0.20	0.80	0.50	15.00	0.20	0.80
	七级品	40.00	1.20	0.80	0.20	0.90	0.60	16.00	0.20	0.90
二类	一级品	70.00	0.70	0.30	0.30	0.50	0.30	3.00	0.20	0.50
	二级品	65.00	1.00	0.40	0.40	0.80	0.40	5.00	0.20	0.80
	三级品	60.00	1.50	0.50	0.50	0.90	0.50	7.00	0.20	0.90
	四级品	55.00	2.00	1.00	0.60	1.00	0.60	9.00	0.20	1.00
	五级品	50.00	2.50	1.50	0.80	1.20	0.70	12.00	0.20	1.20
	六级品	45.00	3.00	2.00	1.00	1.40	0.80	15.00	0.20	1.40
	七级品	40.00	3.50	2.50	1.20	1.60	0.90	16.00	0.20	1.60

注：1. 一类为直接入炉锡精矿，二类为冶炼前需加工处理的锡精矿；
　　2. 锡精矿中铅、钨为有价元素，应报分析数据；
　　3. 自产自用锡精矿产品，可自定企业标准执行；
　　4. 锡精矿水分不得大于 10%；
　　5. 锡精矿粒度最大不得大于 3mm，小于 0.074mm 的量不大于 30%（浮选产锡精矿，-0.074mm 的量不大于 45%）；
　　6. 锡精矿中不得混入外来杂物，同批锡精矿要求混匀；
　　7. 锡精矿为袋装或散装。袋装用编织袋或麻袋装包，每袋净重 30kg±1kg，同品级为一批。

19.3 锡矿选矿

19.3.1 砂锡矿选矿

19.3.1.1 冲积砂锡矿选矿

冲积砂锡矿中的锡几乎全呈锡石状态存在，锡含量低，矿物单体解离度高，且以中粒为主，常伴有多种有用金属矿物。

冲积砂锡矿选矿将原矿经筛分除去不含矿的卵石、洗矿脱泥。然后分级粗选、集中精选。分为 +0.074mm 和 -0.074mm 两个粒级。+0.074mm 采用螺旋选矿机或跳汰机（摇床）进行选别，产出精矿。-0.074mm 除去矿泥后用摇床进行选别，产出精矿。

19.3.1.2 残坡积砂锡矿选矿

残坡积砂锡矿中的锡石结晶粒度细、嵌布粒度不均匀；铁含量高，锡铁结合紧密；风化严重，泥含量高；伴有多种金属矿物，但含量低。

残坡积砂锡矿选矿应尽量使锡石单体解离和防止锡石过粉碎，坚持贫富分选、难易分选、粗细分选原则和能拿早拿、能丢早丢原则。其原则流程包括洗矿与泥砂分离系统、矿砂系统、复选系统和矿泥系统四部分。

矿砂系统采用阶段磨矿、阶段选别流程。大部分选厂采用三段磨矿、三段选别流程。矿砂系统的摇床中矿送复选系统。

复选系统流程的简繁取决于原矿锡和铁的含量，可分别采用"预先复选、一段磨矿、一段选别"的简单流程或"预先复选、二至三段磨矿、二至三段选别、溢流单独处理、尾矿扫选"的较为复杂的流程。

矿砂系统和复选系统的主要选别设备为摇床。

原生矿泥和次生矿泥经水力旋流器脱除 -0.019mm 矿泥，0.037～0.019mm 细泥送矿泥系统采用离心选矿机粗选，皮带溜槽精选产出精矿。精选尾矿用矿泥摇床扫选。

19.3.2　脉锡矿选矿

19.3.2.1　概述

目前我国开采的脉锡矿有锡石-氧化矿、锡-钨石英脉矿和锡石-硫化矿三种类型。其中以锡石-硫化矿最重要。

19.3.2.2　锡石-氧化矿选矿

锡石-氧化矿选矿流程与残坡积砂锡矿选矿流程相似，采用以摇床为主的阶段磨矿、阶段选别的单一重选流程。

19.3.2.3　锡-钨石英脉矿选矿

锡-钨石英脉矿选矿流程常分为粗选和精选两部分。

A　锡-钨石英脉矿的粗选

粗选前，有时采用手选、光电选或重介质选矿进行预选，以除去未矿化的围岩及选出含锡和含钨的富矿块，直接送精选作业处理。

锡-钨石英脉矿的粗选几乎全采用单一重选法，常采用跳汰-摇床流程，部分细粒嵌布的锡-钨石英脉矿可采用单一摇床流程。锡-钨石英脉矿的粗选只产出锡钨混合精矿。

B　锡-钨石英脉矿的精选

锡-钨石英脉矿的精选采用浮选、重选、磁选和电选等多种选矿方法的联合流程，产出合格的锡精矿、黑钨精矿和白钨精矿。

19.3.2.4　锡石-硫化矿选矿

锡石-硫化矿中有用矿物种类多，紧密共生，嵌布粒度不均匀。为了最大限度回收其中的有用组分，依据矿物组成和嵌布粒度特性，常采用重选—浮选流程、重选—浮选—重选流程、浮选—磁选—重选流程、浮选—重选—浮选流程。

（1）锡石含量高，嵌布粒度较粗，矿物组成较简单的锡石-硫化矿：通常，矿石粗磨后直接重选，重选精矿脱硫浮选，槽内产品即为锡精矿。

（2）嵌布粒度细，矿物组成复杂的锡石-硫化矿：先将矿石磨至浮选粒度，先浮选脱硫，脱硫尾矿采用重选产出锡精矿。

（3）嵌布粒度不均匀，矿物组成复杂的锡石-硫化矿：将矿石粗磨分级，粗粒级先重选后浮选，细粒级先浮选后重选。

（4）锡石含量低，伴生硫化矿物含量高的锡石-硫化矿：宜采用浮选—重选流程。

（5）锡石与硫化矿物呈集合体嵌布的锡石-硫化矿：应在适宜的碎矿粒度下进行预选（如手选、光电选或重介质选矿），或在粗磨后进行重选，重选粗精矿再磨后再用浮选或其他方法进行锡石与硫化矿物的分离。

（6）矿石中含在大量磁性矿物或密度大的矿物（如钨、铋、钽铌矿物）锡石-硫化矿：应在选矿流程的适当部位采用磁选或其他方法进行锡石与磁性矿物或密度大的矿物的分离。

19.4 锡石与其他矿物分离

19.4.1 概述

锡矿石中最常见的硫化矿物为黄铁矿、磁黄铁矿和毒砂，还有黄铜矿、方铅矿、闪锌矿、辉铋矿和辉锑矿等。通常采用粒浮和泡沫浮选法分离锡石和硫化矿物。常用硫酸铜作活化剂，黄药作捕收剂，2号油作起泡剂。若浮选后产出的锡精矿中的硫含量仍大于1%，可采用氧化还原焙烧法脱硫，焙烧温度为800~1000℃。

19.4.2 锡石与钨矿物分离

黑钨矿为弱磁性矿物，锡石通常为非磁性矿物，可用强磁选法分离锡石与黑钨矿，磁选黑钨矿的磁场强度为0.5~0.8T。

锡石与白钨矿的密度和磁导率相近，而导电性和可浮性不同。锡石的导电性较好，在静电场内为导电体，可采用静电选矿机分离锡石和白钨矿。静电选矿时，须预先将给料预热至105~150℃，使给料水分含量小于1%。

白钨矿的可浮性比锡石好，浮选时用碳酸钠或氢氧化钠调浆至pH值为9~10，用水玻璃作锡石、萤石和方解石的抑制剂，采用油酸或氧化石蜡皂作白钨矿的捕收剂，可使锡石与白钨矿分离。

部分钨锡难选中矿由于钨锡紧密共生，用物理选矿法难以分离，可采用化学选矿法（如碳酸钠浸出法等）使锡石与白钨矿分离。

细粒锡石与黑钨矿可采用浮选法进行分离。浮选时，采用草酸作黑钨矿的抑制剂，混合甲苯胂酸作锡石的捕收剂，当给料为含锡25%、WO_3为40%的粗精矿，可产出含锡69%~75%、WO_3为0.8%~1.3%的锡精矿，锡回收率为92%~97%；钨精矿含$WO_3$63%~69%，含锡小于1%，WO_3回收率为91%~95%的黑钨精矿。也可采用硫酸和氟化钠作锡石的抑制剂，用埃尔索-22（磺化琥珀酸酰胺四钠盐）作黑钨矿的捕收剂浮选黑钨矿，产出含锡72.46%、WO_3为1.95%的锡精矿和含$WO_3$68.07%、含锡2.21%的黑钨精矿。

19.4.3　锡石与铅矿物分离

锡石与氧化铅矿物分离可采用浮选法，可加硫化钠硫化氧化铅矿物，然后用黄药捕收浮选铅；也可直接采用胺类阳离子捕收剂浮选氧化铅矿物。

含氧化铅低的锡精矿（Pb 3%~5%），可采用化学选矿法处理。可采用还原熔炼法除铅，也可采用氯化钠酸性液浸出法除铅。

含铅高的锡精矿（锡铅含量大于 50%）可直接还原熔炼，通过粗炼和精炼产出精锡和焊锡产品。

19.4.4　锡石与钽铌矿物分离

锡石和各种钽铌矿物在密度、比磁化系数和可浮性均存在差异，但差值不大。因此，常采用联合选矿流程进行分离，如采用重选除去密度较小的脉石矿物，用磁选法除去钛铁矿、磁铁矿、黑钨矿，用静电选除去非导电的锆石、独居石和磷钇矿，用酸浸法除去氢氧化铁等。

19.4.5　锡石与钛铁矿分离

锡石与钛铁矿的比磁化系数、密度差别较大，可用磁选或重选的方法进行分离。操作时先用弱磁选分离磁铁矿，然后用强磁选将钛铁矿分出进入磁性产物中，锡石进入非磁性产物中。再根据锡石与其他矿物的特性，采用重选或静电选产出锡精矿。

19.4.6　锡石与锆石分离

采用静电选分离粗粒锡石和锆石最有效，锡石进入导电产物中，锆石进入非导电产物中。预先将给料加温至 80~120℃，可提高电选效率。对细粒锆石可采用浮选法分离锆石，用碳酸钠调浆，用油酸和煤油（1:1）作锆石捕收率，用淀粉作锡石抑制剂，浮选锆石。

19.4.7　锡尾矿处理与综合利用

锡尾矿处理与综合利用的原则流程如图 19-1 所示。

含锡 0.15%~0.18% 的锡尾矿按图 19-1 流程处理，从给料至产品的锡总回收率可达 45%~50%。

锡矿山的锡尾矿的特点为：（1）锡及其他有价组分矿物多呈细粒、微细粒、未解离的连生体形态存在，细磨甚至超细磨仍难以解离，而且细磨将使选别过程进一步恶化；（2）尾矿为选后废弃物，有用组分含量低，剩余浮选药剂等对综合回收的影响较大；（3）矿泥和微细粒含量高，严重干扰有用组分的回收。

锡尾矿处理的步骤：（1）预先脱硫：用浮选法预先脱除硫化矿物，为采用重选、浮选法回收锡石准备条件；（2）除去铁、锰矿物：铁、锰矿物的密度与锡石相近，锡石浮选时也消耗药剂，重选、浮选锡石前须将其脱除，常采用磁选法脱除铁、锰矿物；（3）脱除 -0.010mm 矿泥及易浮的滑石、云母、方解石、萤石、透闪石等含钙矿物：目前采用旋流器脱泥效果较好，进行就地脱泥，只将脱泥后的矿砂送选厂，消除易浮脉石和矿泥对锡石

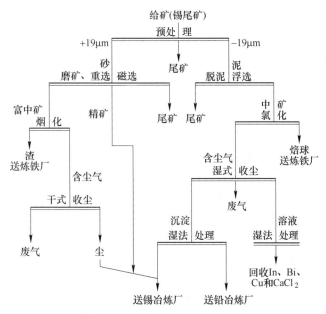

图 19-1　锡尾矿处理与综合利用的原则流程

浮选的干扰；（4）锡石浮选：锡石浮选常在酸性介质中进行，采用有效的脉石抑制剂和高选择性的锡石捕收剂同样重要，应加强低碱介质下浮选药剂的研发工作；（5）产出的锡中矿可采用化学选矿法处理，以提高选矿技术经济指标。

19.4.8　锡石浮选

对粒度小于0.037mm或小于0.019mm的细粒锡石，尽管研制了多种重选设备，但处理效果不尽如人意，流程冗长，选矿成本高，伴生的金属硫化矿物无法综合回收。因此，锡石浮选法仍认为是解决细粒锡石选矿的有效方法。

常用的锡石浮选法是最先除去金属硫化矿物，再采用水玻璃、六偏磷酸钠、氟硅酸钠、羧甲基纤维素等作硅酸盐和含钙脉石矿物的抑制剂，采用脂肪酸、烷基羟肟酸、烷基磺化琥珀酸类、膦酸、肿酸类等作锡石的捕收剂浮选锡石。但富集比不够理想，选择性较高的锡石捕收剂为混合甲苯肿酸、苯乙烯膦酸、羟肟酸（钠）等。

朱建光老师利用浮选药剂的同分异构原理研发锡石捕收剂的试验结果表明，用合成的2-羟基-3-萘甲羟肟酸（H205）和1-羟基-3-萘甲羟肟酸（H203）作锡石捕收剂、TBP为辅助捕收剂对广西华锡集团车河选厂细泥工段的浮选给矿的浮选结果表明，2-羟基-3-萘甲羟肟酸（H205）为锡石的良好捕收剂，给矿含锡1.36%，经一粗二精中矿集中返回粗选的闭路流程，产出含锡37.99%，回收率为91.21%的锡精矿。1-羟基-3-萘甲羟肟酸（H203）对微细粒锡石细泥特别有效，对-0.022mm为100%、-0.011mm占76%，给矿含锡1.16%，经一粗二精一扫的闭路流程，产出含锡18.29%，回收率为92.68%的锡精矿。试验结果表明，2-羟基-3-萘甲羟肟酸（H205）和1-羟基-3-萘甲羟肟酸（H203）为同分异构体，官能团相同，性能相似，均为细粒锡石的良好捕收剂。

19.5　车河选矿厂

19.5.1　矿石性质

车河选矿厂日处理量为 5000t。细脉带矿石以细脉浸染构造为主，似层状矿石以网脉浸染构造为主。有用矿物主要为锡石、铁闪锌矿、脆硫锑铅矿、黄铁矿、磁黄铁矿、毒砂及少量的闪锌矿、方铅矿、黄铜矿、黝锡矿。脉石矿物主要为方解石和石英。

细脉带矿石中，锡石主要见于锡石-方解石-黄铁矿、锡石-方解石-铁闪锌矿两种组合。与脆硫锑铅矿共生的锡石粒度细，形状不规则，界面弯曲模糊。与脉石共生的锡石，呈粒状集合体，有时呈宽窄不一的细脉。其中最大锡石粒度为 1mm，85% 以上的锡石集中于 -0.015mm 粒级，其中 -0.074mm 粒级占总量的 70.1%。

似层状矿石中，锡石主要与硫化矿物共生，尤其与黄铁矿、毒砂、铁闪锌矿关系密切。与脉石共生的锡石，呈不规则他形粒状集合体及单晶，界面弯曲模糊。最大锡石粒度为 2mm，85% 以上的锡石集中于 0.5 ~ 0.025mm 粒级，其中 -0.074mm 粒级占总量的 49.56%。与脉石共生的锡石，最大锡石粒度为 1mm，85% 以上的锡石集中于 -0.074mm +0.013mm 粒级占总量的 52.37%。

锡主要呈锡石形态存在，硫化锡中的锡占 5%~10%。

各种硫化矿物以细粒为主的粗细不均匀嵌布，相互嵌结比较致密。除黄铁矿磨至 0.2mm 基本解离外，其他硫化矿须磨至 0.1mm 以下才能解离完全。

矿石矿物组成及含量见表 19-5。

表 19-5　车河选矿厂矿石矿物组成及含量　　　　　　　　　　（%）

矿物	细脉带		似层状		备　注
	（1）	（2）	91 号	92 号	
锡石	0.42	0.70	1.56	0.85	
磁黄铁矿	0.65	0.49	15.12	3.27	
铁闪锌矿	5.46	3.50	9.10	2.69	
毒砂	0.56	0.38	3.19	1.82	
脆硫锑铅矿	0.86	1.00	0.91	0.35	
黄铁矿	24.11	19.41	7.36	12.02	1. 围岩主要为灰岩、硅化灰岩，其次为黑色硅质页岩。
闪锌矿	12.5				2. 脉石主要为方解石和石英
方铅矿	0.003				
黝锡矿	0.01	0.01		0.01	
电气石	0.14		0.02		
黄铜矿	0.18		0.13	0.01	
脉石	66.33	72.31	62.61	78.98	
合计	100.00	97.80	100.00	100.00	

车河选矿厂脉锡矿石化学成分分析结果见表 19-6。

表 19-6 车河选矿厂脉锡矿石化学成分分析结果 （%）

化学成分	细脉带		似层状		备 注
	（1）	（2）	91 号	92 号	
Sn	0.43	0.60	1.30	0.74	
Pb	0.56	0.75	0.41	0.17	
Sb	0.46	0.45	0.35	0.16	
Zn	3.12	2.42	3.74	2.12	
As	0.60	0.40	1.46	0.94	
Fe	9.40	9.61	14.52	9.56	1. 细脉（1）为冶金部地质研究所用岩心样于 1964 年完成的评价试验。
S	12.02	10.74	11.48	8.46	
Cu	0.058	0.05	0.094	0.068	
Al_2O_3	3.58	3.35	4.84	2.03	2. 细脉（2）为广西冶金研究所用长坡 595m 标高以上的细脉带矿石进行的可选性试验资料
CaO	15.36	14.84	9.56	3.17	
SiO_2	24.07	38.20	40.56	67.34	
Cd	0.019	0.012	0.037	0.022	
In	0.006	0.004	0.012	0.005	
$Ag/g \cdot t^{-1}$	46.00	31.00	11.5	28.5	
$Au/g \cdot t^{-1}$	0.06	0.06	—	—	

19.5.2 选矿工艺

车河选矿厂生产工艺流程如图 19-2 所示。

其原则流程为重—浮—重流程，原矿经预先筛分和一段棒磨磨矿后，经检查筛分分为三个粒级。预先筛分中间产品采用跳汰预选抛尾。跳汰精矿经两段球磨磨细后进行脱硫混合浮选，混合浮选尾矿经摇床产出合格锡精矿。混合浮选精矿经细磨后进行铅锌分离浮选，分别产出铅锑精矿和锌精矿。锌浮选尾矿进行硫砷分离，产出硫精矿。

检查筛分筛下产品经圆锥选矿机、螺旋溜槽富集后采用台浮摇床产出合格锡精矿。所有摇床中矿集中进入中矿系统再磨，采用浮—重流程回收锡，产出锡精矿。重选矿泥进入浓密机经浓缩后进行脱硫浮选，浮选尾矿再经直径 250mm 旋流器脱除细泥，沉砂进入锡石浮选，产出合格锡精矿。

车河选矿厂选矿技术指标见表 19-7。

表 19-7 车河选矿厂选矿技术指标 （%）

年份	原矿品位			精矿品位			回收率		
	Sn	Pb+Sb	Zn	Sn	Pb+Sb	Zn	Sn	Pb	Zn
2005	0.53	0.58	2.19	47.81	43.76	47.94	66.08	58.37	70.77
2006	0.47	0.43	1.97	48.20	41.68	47.80	65.18	58.87	73.51
2008	0.50	0.40	1.98	47.47	42.32	46.95	67.29	63.38	68.41

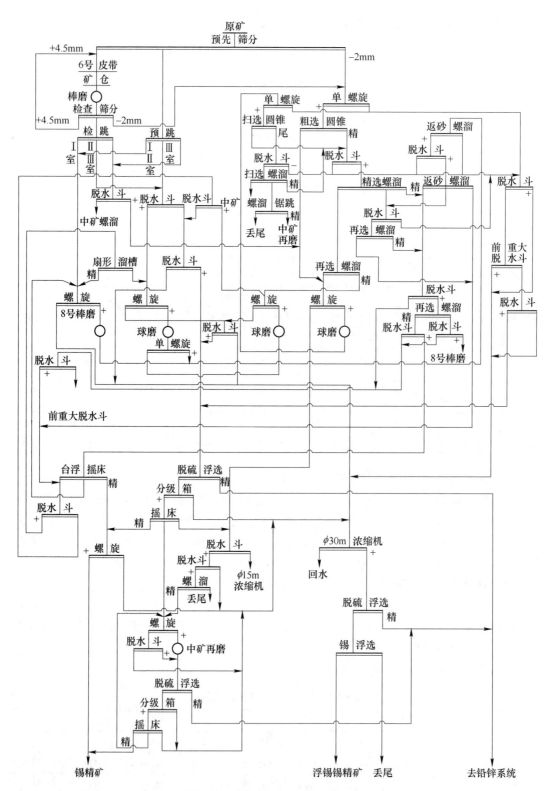

图 19-2　车河选矿厂生产工艺流程

车河选矿厂主要原材料消耗见表 19-8。

表 19-8 车河选矿厂主要原材料消耗

年 份		2005	2006	2008
耗量/kg·t⁻¹	钢球	0.73	0.67	0.90
	钢棒	0.50	0.58	0.61
	黄药	0.19	0.19	0.15
	硫酸铜	0.40	0.38	0.42
	2 号油	0.17	0.14	0.11
	黑药	0.14	0.14	0.22
	硫酸	7.57	7.71	8.02
	石灰	2.19	2.23	2.78
	纯碱	0.17	0.14	0.14
电耗/kW·h·t⁻¹		49.39	48.27	48.36

19.6 凤凰矿业分公司选矿厂

19.6.1 矿石性质

凤凰矿业分公司选矿厂前身为长坡选矿厂，目前主要处理细脉带矿石。原矿主要有用矿物为锡石、铁闪锌矿、脆硫锑铅矿、辉锑铅矿、黄铁矿、磁黄铁矿、毒砂及稀散贵金属银、铟、镉等，含少量铜和铋。脉石矿物主要为方解石和石英。

原矿品位较低，锡石既与硫化矿共生，又有约 50% 呈浸染状微细粒嵌布于脉石中。硫化矿矿石易受地热高温影响易起火燃烧，使矿石性质发生较大变化，铅锑、锌矿物氧化程度较高，性质复杂，选别难度大。

原矿化学成分分析结果见表 19-9。

表 19-9 原矿化学成分分析结果

化学成分	Sn	Pb	Sb	Zn	S	Fe	SiO₂	CaO
含量/%	0.39	0.40	0.32	1.78	6.44	6.73	57.78	9.78

原矿矿物组成及含量分析结果见表 19-10。

表 19-10 原矿矿物组成及含量分析结果

矿物	锡石	铁闪锌矿	脆硫锑铅矿	黄铁矿	毒砂	磁黄铁矿	辉锑锡铅矿	脉石	合计
含量/%	0.76	2.27	1.09	10.49	0.42	0.68	0.12	84.17	100.00

原矿特点为：

（1）锡石嵌布粒度较细，且较大一部分呈浸染状嵌布于脉石中，−0.074mm 粒级的锡石品位占总锡分布率达 70% 以上。

（2）锡石既与硫化物共生，可有 50% 左右与脉石共生，与脉石共生的锡石粒度特细。锡还呈硫化锡、胶态锡和酸溶锡形态存在，其中硫化锡含量占 11.76%~13.04%。铅、锌矿物种类多，性质复杂，尤其是含量较多的铁铅矾和异极矿较难浮，对选矿指标影响大。

（3）各种硫化物均呈细粒为主的不均匀嵌布，相互嵌结致密，磨至 -0.2mm 时，除黄铁矿基本解离外，其他硫化矿须磨至 -0.1mm 才基本解离。

（4）经燃烧氧化的火烧矿石中的铅锑、锌矿物的氧化率较高，锌矿物的氧化率一般为 11%~24%，铅锑氧化率一般为 30%，最高达 44%。同时存在可浮性较好、性质与铁闪锌矿相近的磁黄铁矿，含量较高，对铅、锌分离浮选影响大。

（5）矿石中伴生的稀散贵元素不呈单矿物存在，主要赋存于硫化物中：铟、镉、镓主要赋存于铁闪锌矿中，银主要赋存于脆硫锑铅矿中，金主要赋存于毒砂中。

19.6.2　选矿工艺

该厂破碎流程如图 19-3 所示。

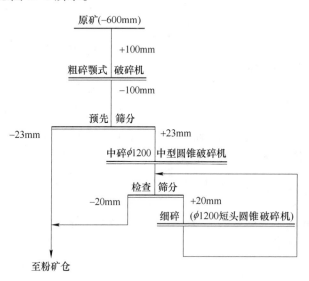

图 19-3　凤凰矿业分公司选矿厂破碎流程

该厂破碎流程为三段一闭路流程。

该厂选矿工艺流程如图 19-4 所示，为三段磨矿—三段选别的重—浮—重选别流程。

该流程特点为：以回收锡为主、综合回收、粗磨粗丢、阶段磨矿、贫富分磨、细泥归队集中处理。前重选由中、细粒跳汰预选丢弃 50% 左右尾矿，合格毛精矿经磨矿后全混合浮选产出硫化矿。全混合浮选尾矿进入后重选摇床回收锡，中矿再磨再选。细泥采用摇床粗选产出毛精矿、低度毛精矿（锡中矿）再集中精选。

该流程采用的主要技术：

（1）中细粒矿石联合丢废：采用双室锯齿波跳汰机取代单室锯齿波跳汰机处理 -4mm +1.5mm 中粒级矿石，跳汰对原矿的丢废率提高 8%。同时采用改造型双室锯齿波跳汰机取代螺旋溜槽处理 -1.5mm+0.074mm 细粒级矿石，细粒跳汰尾矿丢废率提高 5%~8%。改造型双室锯齿波跳汰机的应用，使前重丢废率比改造前提高 10.73%。

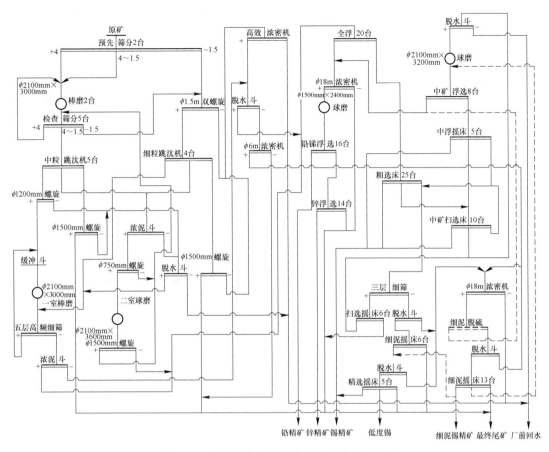

图 19-4　凤凰矿业分公司选矿厂选矿工艺流程

（2）高效磨矿分级设备减少火烧锡石过粉碎：用磨矿机处理双室锯齿波跳汰机第一、第二室精矿，实现贫富分磨，采用高效新型的德瑞克细筛进行有效分级，可减少火烧锡石过粉碎。

（3）采用低度锡中矿精选工艺：结合大厂矿泥溜槽流膜法回收细粒级锡石的经验，采用浮—重流程，先浮选脱硫，浮选尾矿再进行摇床重选回收锡，摇床中矿用浮槽（板沟）再回收锡，锡精矿品位达48%以上，回收率达4%~5%。

选厂选矿技术指标见表19-11。

表 19-11　选厂选矿技术指标　　　　　　　　　　（%）

年份	原矿品位			精矿品位			回收率		
	Sn	Pb+Sb	Zn	Sn	Pb+Sb	Zn	Sn	Pb+Sb	Zn
2005	—	—	—	—	—	—	55.60	48.45	55.25
2006	0.33	0.41	1.78	46.39	25.05	43.77	58.79	60.41	66.20
2007	—	—	—	—	—	—	54.62	61.44	67.29
2008	0.40	0.48	1.41	48.15	31.07	46.07	56.41	63.90	66.32

选厂主要原材料消耗见表19-12。

表 19-12　选厂主要原材料消耗

年　份		2005	2006	2007	2008
耗量/kg·t⁻¹	钢球	0.70	0.51	0.75	0.41
	钢棒	0.49	0.59	0.87	0.60
	黄药	0.26	0.25	0.35	0.32
	硫酸铜	0.62	0.50	0.54	0.49
	2 号油	0.18	0.20	0.17	0.20
	硫酸	9.74	5.09	0.62	4.08
	石灰	5.46	4.81	4.48	3.74
	聚丙烯酰胺	—	0.007	0.06	0.07
	硫酸锌	0.06	0.16	0.20	0.13
	乙硫氮	—	0.02	0.02	0.03
电耗/kW·h·t⁻¹		61.36	68.59	74.62	62.97

20 锂矿物浮选

20.1 概述

20.1.1 锂的性质及用途

20.1.1.1 锂的性质

锂（Li）为最轻的碱金属，原子序数为 2，密度为 $0.531g/cm^3$。比铅柔软，具有延展性。锂的化学性质非常活泼，腐蚀性强，可与大量无机试剂和有机试剂产生反应。在一定条件下，可与大部分金属和非金属反应。在空气中易氧化，遇湿空气可与氧、氮迅速化合，在表面生成锂化合物使表面变暗。由于锂的密度比煤油小，金属锂只能存放于凡士林、液体石蜡或惰性气体中。

锂很软，易被小刀切开，新切开断面呈金属光泽，暴露在空气中会慢慢失去金属光泽，表面变黑。若长时间暴露在空气中，最后变为白色，主要是生成氧化锂和氮化锂、氢氧化锂，最后变为碳酸锂。在 500℃ 左右易与氢反应，为唯一可生成稳定的直至熔融而不分解的氢化物的碱金属。电离能为 5.392eV，是在室温下唯一可与氮化合生成氮化锂（LiN）的碱金属。

锂可与水和酸作用放出氢气，易与氧、氮、硫化合。常温下，在无二氧化碳的干燥空气中，锂几乎不与氧气反应，但温度大于 100℃ 可与氧产生燃烧生成氧化锂。火焰呈蓝色，但其蒸气火焰呈深红色。反应似点燃金属镁条，非常激烈、危险。氧族其他元素也可在高温下与锂反应生成相应化合物。高温下，锂与碳反应生成碳化锂。接近锂熔点时，锂易与氢反应生成氢化锂。

锂可与水反应，但反应不激烈，不燃烧，也不熔化。因锂熔点、燃点较高，且生成的 LiOH 的溶解度较小（20℃ 时每 $100g$ H_2O 中含 LiOH $12.3 \sim 12.8g$），易附着于锂表面阻碍反应进行。块状锂可与水发生反应。粉末状锂与水发生爆炸性反应。金属锂在干燥空气中性质稳定，与盐酸、硝酸、稀硫酸反应。金属锂与浓硫酸反应且熔化燃烧。锂可与许多有机化合物及卤素或其衍生物反应，生成相应的锂化合物，此类反应可用于有机合成。锂盐在水中的溶解度与镁盐类似，但不同于其他的碱金属盐。

20.1.1.2 锂的用途

锂已广泛用于冶金、航天、航空等多个领域，最引人注目的应用领域为锂电池和可控热核聚变反应堆。锂已成为长期供应人类能源的重要材料，锂被誉为"能源金属"和"推动世界前进的金属"，锂电池为 IT 行业发展的支柱，故世界对锂金属的需求较迫切。

锂最早以硬脂酸锂形态作润滑剂的增稠剂，锂基润滑脂具有抗水性、耐高温、抗低温性能，如在汽车零件上加一次锂润滑剂可大大延长其使用寿命。

　　冶金工业利用锂与氧、氮、氯、硫等的反应用作脱氧剂、脱硫剂。如铜冶金中加入 0.001% ~ 0.01% 的锂可改善铜的内部结构，提高其导电性。在铸造优质铜铸件和优质特殊合金钢材中，锂是清除杂质和气体的最理想材料。

　　玻璃工业中，锂玻璃的溶解性仅为普通玻璃的 1%，玻璃中加锂成为"永不溶解"玻璃，且可耐酸腐蚀。

　　航空航天领域，锂为火箭燃料的最佳金属之一，1kg 锂通过热核反应燃烧后可产生 42998kJ 的热量，相当于燃烧 2 万多吨优质煤。火箭的有效载荷取决于比冲量的大小。若用锂或锂化合物制成固体燃料来代替固体推进剂，用作火箭、导弹、宇宙飞船的推动力，不仅能量高、燃速快，而且有极高的比冲量，可有效提升火箭等的有效载荷。

　　很软的纯铝加入少量锂、镁、铍等金属熔为合金，既轻便又特别坚硬，用此合金制造飞机，可使飞机减重 75%，一架锂飞机，两人可抬走。此外，锂-铅合金为良好的减摩材料。

　　锂电池为 20 世纪 30 ~ 40 年代研发的优质能源，具有开路电压高、比能量高、工作温度范围宽、放电平衡、自放电子、不污染环境等优点，成为当今及未来便携式再充电式电源优先选择的对象之一。当今笔记本电脑、数字照相机、移动电话、医疗器械及近地轨道地球卫星等新型电子仪器设备中均装有锂电池。

　　^6Li 具有很强的捕捉低速中子能力，可用于控制核反应堆中核反应速度，可用于防辐射和延长核导弹使用寿命领域。锂在反应堆中经中子照射可得氚，氚可实现热核反应。用锂制取氚，用来发动原子电池组，中间不需充电，可连续工作 20 年。

　　锂在核装置中可用作冷却剂。含锂制冷剂正全面取代氟利昂，以保护地球的臭氧层。军事上可用锂作信号弹、照明弹的红色发光剂和飞机用的稠润滑剂。

20.1.2　锂矿物

　　世界发现的锂矿物有 150 多种，其中以锂为主的锂矿物有 30 种。典型锂矿物为：

　　（1）锂辉石：化学组成为 $LiAl(Si_2O_6)$，Li_2O 含量为 8.07%。单斜晶系，常呈短柱状、板状产出，也见粒状、致密状或断柱集合体。常呈灰白色、粉红色或淡绿色。玻璃光泽，半透明至不透明，硬度 6.5 ~ 7.0，密度 3.15 ~ 3.6g/cm^3，无磁性。在伟晶岩中，锂辉石常与石英、长石和云母等共生，极易风化，其中的锂易被钠、钾置换。锂辉石有两种晶形结构，单斜晶系 α 锂辉石，在 720℃ 时转变为正方晶系的高温型 β 锂辉石，同时体积增加 30%，且易被破碎为粉末。锂辉石为目前世界上开采利用的主要锂矿物资源之一。

　　（2）透锂长石：化学组成为 $Li(AlSi_4O_{10})$，Li_2O 含量为 4.89%。常呈灰色、红白色、黄白色、白色或无色，硬度 6.0 ~ 6.5，密度 2.3 ~ 2.5g/cm^3，外观与石英相似，700℃ 时转变为高温型锂辉石。1817 年阿尔弗雷德松（Arfredson）从瑞典的乌托伟晶岩所产的透锂长石中首次分离产出 Li_2O。目前世界最大的透锂长石矿床为津巴布韦的比基塔矿床。

　　（3）锂云母：化学组成为 $K[Li_{2-x}Al_{1+x}(Al_{2x}Si_{4-2x}O_{10})F_2]$，其中 $x = 0 ~ 0.5$，成分变化大。一般代替钾的有钠（≤1.1%）、铷（≤4.9%）、铯（≤1.9%）；代替锂和铝的有 Fe^{3+}（≤1.5%）、Mn^{2+}（≤1.0%）、Ca^{2+}、Mg^{2+} 和 Ti^{4+} 较少；F 常被（OH）（≤2.6%）所代替。Li_2O 理论含量为 3.2% ~ 6.45%。呈假六方片状，但发育完整的晶体极其罕见，常呈片状或鳞片状产出，偶尔见有晶簇出现，为白色或浅白色，也常呈玫瑰色、浅紫色出现，偶见

桃红色锂云母，玻璃光泽，解理面呈珍珠光泽，硬度 2.0~3.0，片状具弹性，密度 2.8~3.0g/cm³。锂云母主要产于花岗伟晶岩中，我国辽宁、河南、内蒙古及新疆等均有产出。江西宜春钽铌矿为伴生锂云母及铷、铯的多金属矿床，为目前世界最大的伴生锂云母矿床，为我国正在开采的主要锂云母资源之一。

（4）锂磷铝石：化学组成为 $Li[Al(PO_4)(OHF)F]$，Li_2O 理论含量为 10.1%。最典型混入物为 Na_2O，其含量可达 1.96%（一部分锂类质同象被钠置换）。锂磷铝石属三斜晶系。白色、灰色、暗灰色、稍带黄色或玫瑰色。玻璃光泽至油脂光泽，解理面呈珍珠光泽，硬度 6.0，密度 2.92~3.15g/cm³。性质与锂辉石类似，可溶于硫酸，虽锂含量高，但矿物资源少。

（5）锂霞石：化学组成为 $LiAl(SiO_4)$，Li_2O 理论含量为 11.88%。晶体属六方晶系，晶形细小，常呈粒状集合体和致密块状产出，成晶体者少见，为锂辉石变蚀产物。常呈灰白色或灰色带浅黄、浅褐、浅红、浅绿等色，有时见无色，晶面呈玻璃光泽，断口呈脂肪光泽。硬度 5.0~6.0，密度 2.6~2.67g/cm³。矿物资源不多。

（6）铁锂云母：化学组成为 $K[LiFeAl(AlSi_3O_{10})F_2]$，成分变化大。钾可被钠、钡、铷、锶和少量钙代替。八面体位置的锂、铁、铝可被钛、锰代替。F 常为（OH）代替，有时 F：OH<1：1。铁锂云母中，Si：Al 比值与锂的含量一样比较高，且不含或含少量镁。Li_2O 理论含量为 4.13%。硬度 3.0，密度 3.0 g/cm³。铁锂云母常作为一种气成矿物产于含锡石及黄玉的伟晶岩内及云英岩中，与黑钨矿、锡石、黄玉、锂云母、石英等共生。

（7）锂冰晶石：化学组成为 $Na_3(Li_3Al_2F_{12})$，晶体结构为石榴石型，（AlF_6）八面体通过公用角顶与（LiF_6）四面体连结成架状，Na 充填于孔洞中，配位数为 8。晶体粗大，常呈菱形十二面体状，有时为菱形十二面体状或四角八面体的聚形。呈白色、无色、灰白色，薄片呈无色。该矿物资源稀少。

20.1.3　锂矿床

锂矿床可分为六种类型，即伟晶岩矿床、花岗岩矿床、卤水矿床、海水矿床、气成热液矿床和堆积矿床等。目前开采利用最多的锂资源为伟晶岩矿床和卤水矿床。常见工业开采锂矿床为：

（1）花岗伟晶岩锂矿床：其特点是锂品位高，储量大，伴生可供综合利用的铍、铌、钽等有用组分。矿石中主要锂矿物为锂辉石、锂云母、锂磷铝石和透锂长石等，常伴生钽铌铁矿等有用矿物。我国新疆阿勒泰可可托海 3 号伟晶岩锂铍铌钽矿床、四川康定呷基卡锂铍矿床、四川金川可尔因锂铍矿床等均属此类矿床。

（2）碱性长石花岗岩型矿床：钠长石-锂云母花岗岩型矿床、钠长石-铁锂云母花岗岩型矿床、钠长石-锂白云母花岗岩型矿床、钠长石-黑磷云母花岗岩型矿床均属此类矿床。共伴生组分为钽、铌、钨、锡、铍、铷、铯、锆、铪、钇、钍等，矿石中主要锂矿物为锂云母、铁锂云母、烧绿石等，江西宜春钽铌锂矿床、江西牛岭坳矿属此类矿床。

（3）盐湖卤水沉积矿床：此类锂矿床储量比伟晶岩矿床更大，但锂品位低，其中的锂主要呈氯化锂形态存在于盐湖卤水及其沉积矿床中，是一种很有远景的矿产资源。如青海柴达木盆地中部的一里坪矿床，东、西台吉乃尔湖锂矿床等。

20.1.4　锂矿床工业指标

锂矿床参考工业指标见表20-1。

表20-1　锂矿床参考工业指标

矿床类型	边界品位/%		最低工业品位/%		最低可采厚度/m	夹石剔除厚度/m
	机选 Li_2O	手选锂辉石	机选 Li_2O	手选锂辉石		
花岗伟晶岩类矿床	0.4~0.6		0.8~1.1	5.0~8.0	1.0	≥2.0
碱性长石花岗岩类矿床	0.5~0.7		0.9~1.2		1.0~2.0	≥4.0
盐湖类型（卤水中的氯化锂）			1000mg/L			

注：据生产经验，锂辉石粒径大于3.0cm，矿石 Li_2O 品位大于2%~3%划为手选矿石，其他矿石为机选矿石。

伴生铍锂综合回收参考工业指标见表20-2。

表20-2　伴生铍锂综合回收参考工业指标

矿床类型	铍	锂
	BeO/%	Li_2O/%
花岗伟晶岩类矿床与气成-热液矿床	≥0.04	≥0.2
碱性长石花岗岩类矿床	≥0.04	≥0.3
盐湖矿床		≥200~300g/L

20.1.5　我国锂资源特点

我国锂资源特点为：

（1）分布高度集中：锂集中分布于四川、江西、湖南、新疆4省区，占全国锂矿石储量的98.8%；卤水锂主要分布于青海柴达木盆地盐湖区、西藏和湖北潜凹陷油田内，其中柴达木盆地盐湖区占全国卤水锂保有储量的83%。

在省区内又高度集中分布于几个大型、特大型（或超大型）矿床（田）中。如四川矿石锂储量占全国50%以上，主要集中于康定和金川两个特大型花岗伟晶岩型矿床中，探明储量占四川锂储量90%以上；新疆锂储量主要集中于富蕴可可托海和柯鲁木特两个矿床中，占新疆锂储量80%以上。

锂资源分布高度集中有利于建设大型采选冶联合企业，如20世纪60~70年代新疆可可托海建成大型采选冶联合企业，成为我国锂、铍生产基地，年产锂辉石精矿3万吨，锂盐厂为世界三大锂盐厂之一，氢氧化锂和碳酸锂产量占全国锂产量的80%以上；20世纪70年代建成江西宜春钽铌矿和九江钽铌冶炼厂，钽精矿产量占全国50%以上，为我国钽铌工业的主要采选冶企业，是锂云母精矿的重要产地。

（2）单一矿少，共伴生矿多，综合利用价值高：我国锂铍矿大部分为共伴生矿，据统计，铍矿与锂、铌、钽矿伴（共）生占48%，与稀土矿伴生占27%，与钨矿伴（共）生占20%。此外，有少数与钼、锡、铅、锌等有色金属和云母、石英岩等非金属矿产相伴生。如可可托海大型花岗伟晶岩型矿床共伴生锂、铍、铌、钽、铯、铷，在采选冶过程中进行综合回收，取得显著经济效益。宜春钽铌矿除生产钽铌精矿、锂云母精矿外，还综合回收长石粉精矿、高岭土精矿、石英砂和白花岗岩石料等副产品，经济效益和社会效益十分可观，1986~1996 年的 10 年中，综合利用工业产值达 9000 万元，占矿山总产值的 40%。

共伴生矿多，多金属矿共生也增加了选矿的难度。

（3）品位低、储量大：我国除少数锂矿床或矿脉、矿体品位较高外，大多数矿床品位低，故矿产工业指标较低，以低品位指标计算的储量大。国外的伟晶岩铍矿，BeO 品位均大于 0.1%，而我国均小于 0.1%，且锂铍矿共伴生复杂多金属矿物，选矿分离和综合回收较困难。如锂辉石与绿柱石的分离为世界性选矿难题，使锂铍资源的提取成本较高。

我国锂盐资源储量大，但卤水中锂离子浓度低，伴有钾、硼、镁、铯、铷等有用元素，除扎布耶盐湖外，镁锂比均很高。大部分盐湖分布较分散，地处偏远高寒地区，不利于大规模开采。

20.2 锂精矿质量标准

20.2.1 锂辉石精矿质量标准

锂辉石精矿质量标准（YB 836—1975）见表 20-3。

表 20-3 锂辉石精矿质量标准 （%）

等级	Li_2O 含量	杂 质			
		Fe_2O_3	MnO	P_2O_5	K_2O+Na_2O
1	≥6	≤3	≤0.5	≤0.5	≤3
2	≥5	≤3	≤0.5	≤0.5	≤3
3	≥4	≤4	≤0.6	≤0.6	≤4
4	≥3.5	≤4.5	≤1.0	≤1.0	≤4

低铁锂辉石精矿质量标准见表 20-4。

表 20-4 低铁锂辉石精矿质量标准 （%）

品 组	Li_2O 品位	SiO_2	Al_2O_3	杂 质		
				Fe_2O_3+MnO	P_2O_5	K_2O+Na_2O
微晶玻璃级锂辉石精矿	≥6	≥65	≥22	≤0.2	≤0.2	≤1.0
陶瓷级锂辉石精矿	≥6	≥65	≥22	≤0.4~0.8	≤0.2	≤1.5

20.2.2 锂云母精矿质量标准

锂云母精矿质量标准（GB 3201—1982）见表 20-5。

表 20-5 锂云母精矿质量标准 （%）

品级	主成分（不小于）	
	$Li_2O+Rb_2O+Cs_2O$	Li_2O
特级品	6	4.7
一级品	5	4.0

品级	玻璃、陶瓷用				
	主成分（不小于）			杂质（不大于）	
	$Li_2O+Rb_2O+Cs_2O$	Li_2O	K_2O+Na_2O	Fe_2O_3	Al_2O_3
一级品	5	4	8	0.4	26
二级品	4	3	7	0.5	28
三级品	3	2	6	0.6	28

20.3 锂矿选矿

20.3.1 锂辉石手选

基于锂辉石晶体粗大，颜色、形体与脉石差别大，可用手选将锂辉石和脉石分开。手选粒度一般为 10~25mm，伟晶岩矿石中还可选出大块的锂辉石。美国南达科他州布莱克伟晶岩矿生产锂辉石精矿，原矿含 Li_2O 1.5%~1.7%，1948 年采用手选法产出产率为 10.5%，Li_2O 品位 4.8%，回收率为 30%~40% 的锂辉石精矿。1949 年将 3.3~38mm 粒级矿石改用重介质选矿，38~300mm 粒级矿石仍用手选剔除废石。

我国 20 世纪 50 年代可可托海和阿勒泰一直采用手选法生产锂辉石精矿，原矿含 Li_2O 1.5%~1.8%，手选精矿含 Li_2O 5%~6%，回收率为 20%~30%。

手选法劳动强度大，生产效率低，资源浪费大，现已被浮选法或其他选矿法所取代。但从粗粒嵌布锂矿石中采用手选产出锂精矿是最简单的方法。

花岗伟晶岩锂矿手选流程：原矿选择性开采—手选锂矿石—破碎—手选锂矿石，手选尾矿再选回收锂矿物和其他有用矿物。

20.3.2 锂辉石浮选

锂辉石浮选是最重要的锂辉石选矿方法。锂辉石的晶体结构中，硅氧四面体（SiO_4）以共顶氧的方式沿 c 轴方向连接无限延伸，铝氧八面体（AlO_6）以共棱方式也沿 c 轴方向连接无限延伸的之字形链，每两个硅氧四面体（SiO_4）与一个铝氧八面体（AlO_6）形成"Ⅰ"字形杆，各"Ⅰ"字形杆之间借助于氧连接起来。晶体结构中 Si—O 键主要为共价键，Li—O 键和 Al—O 键主要为离子键，Li—O 键的离子成分大于 Al—O 键的离子成分，矿物解离时主要沿 Li—O 键断裂，故矿物解离后破裂表面有较多的锂离子和少量的硅离子和铝离子。在矿浆中，锂辉石表面的 Li^+ 与液相中的 H^+ 进行交换，使 H^+ 吸附于矿物表面氧区，硅离子和铝离子也可吸附 OH^-。因此，锂辉石表面键合大量羟基，导致矿物表面在较宽的 pH 值范围内带负电，零电点低。表面纯净的锂辉石因其表面缺乏活化阳离子，当采用油酸钠类阴离子捕收剂浮选时，不易浮选。但当采用胺类阳离子捕收剂浮选，却极易浮选。

从锂辉石的晶体结构可知，锂辉石浮选的关键是锂辉石与可浮性相近的角闪石、绿柱石、石英、长石、云母、石榴子石、磷灰石等硅酸盐矿物及其他矿物的浮选分离。若原矿中含绿柱石，BeO 含量大于 0.04% 时，应考虑锂辉石与绿柱石的浮选分离（但较困难）。

研究表明,锂辉石与常见脉石矿物(石英、长石等)的天然可浮性相近,当矿浆中存在 Ca^{2+}、Fe^{3+}、Pb^{2+}、Mg^{2+} 等金属阳离子时,锂辉石、石英、长石等均被活化,增大了锂辉石与脉石矿物浮选分离的难度。若预先用碱(如 NaOH 强碱)调浆,氢氧化钠可清洗矿物表面,恢复矿物表面的天然可浮性,另一方面氢氧化钠可与矿物表面的 SiO_2 发生选择性溶蚀作用,减少亲水性强的硅酸盐表面区,使金属阳离子富集,有利于阴离子捕收剂在矿物表面的吸附。用氢氧化钠预先调浆,锂辉石的浮选回收率随氢氧化钠用量的增大而提高。

锂辉石浮选可采用正浮选工艺或反浮选工艺。

锂辉石反浮选工艺是先用石灰和糊精调浆,在 pH 值为 10.5～11 条件下用阳离子捕收剂浮选石英、长石、云母等脉石矿物。将含有某些含铁矿的槽内产品经浓缩后用氢氟酸调浆,然后采用脂肪酸类捕收剂进行精选,槽内产品为锂辉石精矿。研究表明,淀粉、糊精抑制剂的选择性较好,在适宜用量下可抑制锂辉石,对脉石矿物的抑制作用较低,但用量高时均可抑制。

20 世纪五六十年代,美国多采用反浮选工艺产出锂辉石精矿。美国金斯山(Kings Mountain)选厂的反浮选原则流程如图 20-1 所示。

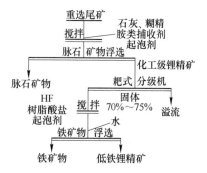

图 20-1　美国金斯山选厂的反浮选原则流程

先用石灰调浆,加入糊精、淀粉抑制锂辉石,用阳离子捕收剂浮选硅酸盐类脉石矿物,槽内产品可作为化工级的锂辉石精矿出售。为了降低槽内产品中的铁含量,须添加氢氟酸调浆,用树脂酸盐浮选铁矿物进行精选,可产出陶瓷级的低铁锂辉石精矿出售。

锂辉石正浮选工艺是预先采用氢氧化钠处理浓缩后的原矿浆,由于锂辉石表面的 SiO_2 被浸出而被活化,而脉石矿物表面的活化阳离子(如铁等)则生成难溶化合物而被抑制。洗矿脱泥后,采用脂肪酸或其皂类捕收剂直接浮选锂辉石。为了更好地抑制脉石矿物,可添加水玻璃、栲胶及乳酸等抑制剂。

俄罗斯处理的扎维琴伟晶岩矿床的矿样采于粗晶带,局部风化,锂辉石晶粒以 10～15mm 居多。其正浮选工艺流程如图 20-2 所示。

给矿含 Li_2O 0.7%～0.9%时,可产出含 Li_2O 大于 5%的锂辉石精矿。

20 世纪 60 年代,我国学者对可可托海伟晶岩矿进行锂辉石正浮选工艺研究,研发了不脱泥不洗矿的锂辉石正浮选工艺流程,将氢氧化钠和碳酸钠同时加于球磨机中,采用氧化石蜡皂、环烷酸皂和柴油作捕收剂,在矿浆温度为 7～22℃ 条件下浮选锂辉石,其原则工艺流程如图 20-3 所示。

该工艺于 1961 年用于生产,工业生产指标为:给矿含 Li_2O 1.3%～2%时,锂辉石精矿含 Li_2O 4%～5%,回收率为 85%～90%。原矿品位下降至 0.5%左右时,回收率均可达到较好水平。

20 世纪 70 年代后,美国金斯山选厂逐渐采用正浮选工艺流程。1976 年半工业试验指标为:锂辉石精矿含 Li_2O 6.3%,作业回收率(不计脱泥)为 94.5%,按原矿计的回收率

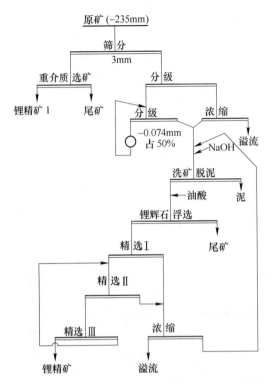

图 20-2　俄罗斯处理扎维琴伟晶岩矿的建议流程

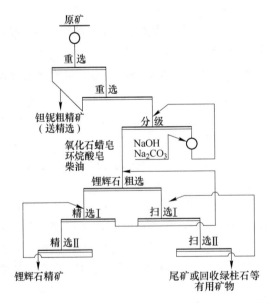

图 20-3　新疆可可托海选厂正浮选锂辉石的原则工艺流程

为 88.4%。此后，金斯山矿区美国锂公司和福特矿产公司的选矿厂均采用了正浮选锂辉石的工艺流程。金斯山锂辉石正浮选原则流程如图 20-4 所示。

两选厂日处理量分别为 2400t 和 2600t，日产锂辉石精矿分别为 480t 和 530t，另日产

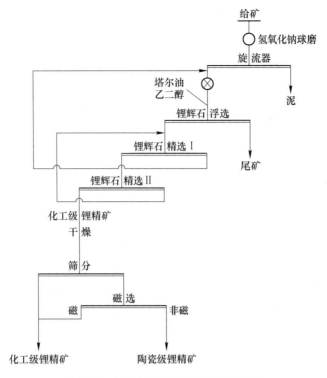

图 20-4 金斯山锂辉石正浮选原则流程

长石 1300t、石英 750t、云母 180t。选厂锂精矿品位为 6.3%，回收率为 75%～78%，药剂耗量稍高于 1kg/t。

20.3.3 煅烧–选择性磨矿法

天然锂辉石在 1000～1200℃煅烧，其晶体从 α 型转变为 β 型，密度由 3.15g/cm³ 变为 2.4g/cm³，同时体积膨胀，转变为质脆易碎的矿石。煅烧时，石英等脉石矿物不产生太大变化，不易磨的石英等仍然比较粗。因此，煅烧后的锂辉石矿石可采用选择性磨矿–筛分或风力选矿法将锂辉石与脉石矿物分离。此法可将含 Li_2O 0.8%～2.0% 的锂辉石原矿富集为含 Li_2O 4%～6% 的锂辉石精矿，其回收率为 70%～80%。

用四川甘孜呷基卡的锂辉石矿石试验结果表明，原矿含 Li_2O 2% 左右，在 1050℃ ±50℃ 煅烧，矿石粒度为 -55mm+0.2mm，恒温 30～40min 的电炉煅烧，精矿含 Li_2O 6%～8%，回收率 80%。

加拿大的试验流程为：原矿碎至 19mm—筛分（筛孔 0.2mm）—筛上产物煅烧—选择性磨矿—筛分（筛孔 0.2mm）—筛下产物为锂辉石精矿。原矿含 Li_2O 1.85%，锂辉石精矿含 Li_2O 4.39%，回收率为 85%。

煅烧–选择性磨矿法的煅烧温度为 1100℃ 左右，温度过高使矿石中的云母烧结，温度过低使矿石中的锂辉石晶型转变不完全；其次是要求矿石中不含大量易熔融或具有热裂性的其他矿物；煅烧时要求很高的温度，且无法综合回收其他有用组分。因此，该工艺的实际应用受一定的局限。

20.3.4　重介质选矿

锂辉石密度为 3.2g/cm³ 左右，脉石矿物密度为 2.8g/cm³ 左右，故无法采用常见的跳汰机、摇床、螺旋溜槽等重选设备分离锂辉石和脉石矿物。但可采用重悬浮液或重液实现锂辉石和脉石矿物的有效分离。

对我国四川某矿进行的重介质选矿试验表明，当锂辉石矿样粒级为-3mm+1mm，重介质密度为 2.95～3.0g/cm³ 时，可产出含 Li₂O 7.06%，总回收率为 87.47% 的锂辉石精矿。

美国南达科他州和北卡罗米纳州锂矿选厂均曾采用重介质选矿法。南达科他州某选厂采用 0.0744mm 硅铁为加重剂制备密度为 2.9g/cm³ 的重介质，采用重介质圆锥选矿机选别粒度为 3.3～3.8mm 的锂辉石矿石，产出含 Li₂O 5.31%，作业回收率为 78% 的锂辉石精矿。

北卡罗米纳州金斯山矿，除采用重介质圆锥选矿机外，还使用重介质旋流器选别粒级范围更细的锂辉石矿石。此外，美国矿山局曾用四溴乙烷作重液（密度 2.9529g/cm³），用重液旋流器选别锂辉石矿石的连续试验，给矿粒度为-0.417mm，含锂辉石 20%，精矿中含锂辉石 92%～95%，回收率为 86%～89%，重液回收率大于 95%。但四溴乙烷多用于实验室试验，工业生产应用有待进一步考察。

20.3.5　磁选

常用磁选法去除锂辉石精矿中的含铁杂质或分选弱磁性的铁锂云母。如美国北卡罗米纳州金斯山矿选厂浮选产出的锂辉石精矿含铁高，只能作化工级精矿出售。为满足陶瓷工业要求，该厂采用磁选法进行锂辉石精矿除铁。此外，磁选法可作为产出铁锂云母精矿的主要方法。

20.4　锂辉石与绿柱石的浮选分离

20.4.1　概述

在花岗伟晶岩矿床中，锂辉石与绿柱石常共（伴）生产出，两者可浮性相近，较难浮选分离。20 世纪五六十年代，国内外对锂、铍矿物的浮选分离进行了大量的试验研究工作，结果表明，采用阴离子捕收剂浮选时，抑制剂对锂辉石抑制作用的递增顺序为：氟化钠、木素磺酸盐、磷酸盐、碳酸盐、氟硅酸钠、硅酸钠、淀粉等。对绿柱石浮选而言，在中性和弱碱性介质中，大量的氟化钠、木素磺酸盐、磷酸盐、碳酸盐等强烈抑制绿柱石浮选，其中氟化钠的抑制效果最佳，而少量的淀粉、硅酸钠的抑制作用不明显；在强碱性介质中，上述药剂对绿柱石的抑制作用普遍降低，而对锂辉石的抑制作用普遍增强。

20.4.2　部分优先浮选锂辉石—混合浮选—浮选分离工艺

部分优先浮选锂辉石—混合浮选—浮选分离工艺为北京矿冶研究总院所研发，其原则工艺流程如图 20-5 所示。

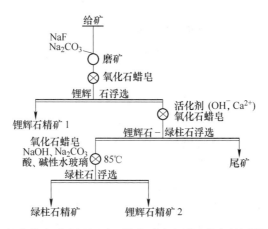

图 20-5 部分优先浮选锂辉石—混合浮选—浮选分离的原则工艺流程

　　采用氟化钠、碳酸钠作调整剂，用脂肪酸皂作捕收剂部分优先浮选锂辉石，产出锂辉石精矿 1；然后添加氢氧化钠和 Ca^{2+}，用脂肪酸皂作捕收剂混合浮选锂辉石和绿柱石；最后用碳酸钠、氢氧化钠和酸、碱性水玻璃加温处理锂辉石和绿柱石混合浮选泡沫，进行锂、铍分离浮选，浮出绿柱石精矿和锂辉石精矿 2。该工艺 1965 年工业试验成功后曾移交企业用于工业生产。

20.4.3 优先浮选绿柱石、再浮选锂辉石工艺

　　优先浮选绿柱石、再浮选锂辉石工艺为北京矿冶研究总院所研发，其原则工艺流程如图 20-6 所示。

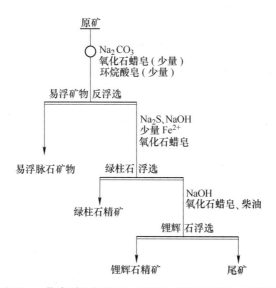

图 20-6 优先浮选绿柱石、再浮选锂辉石原则工艺流程

　　用碳酸钠、硫化钠、氢氧化钠调浆抑制锂辉石，用脂肪酸皂作捕收剂浮选绿柱石。绿柱石浮选尾矿用氢氧化钠活化后，用脂肪酸皂作捕收剂浮选锂辉石。该工艺用作可可托海 1 号系统生产流程。

20.4.4　优先浮选锂辉石、再浮选绿柱石工艺

优先浮选锂辉石、再浮选绿柱石工艺为新疆冶金研究所研发，其原则工艺流程如图20-7所示。

在碳酸钠和碱性木素（用碱溶解木素磺酸钠）的低碱介质中经较长时间搅拌，使绿柱石和脉石矿物受抑制，采用氧化石蜡皂、环烷酸皂、柴油浮选锂辉石，产出锂辉石精矿。然后采用硫化钠、氢氧化钠、三氯化铁活化绿柱石和抑制脉石矿物，氧化石蜡皂、柴油浮选绿柱石，产出绿柱石精矿。由于碳酸钠和碱性木素对绿柱石抑制作用不稳定，致使铍在锂辉石精矿中的损失较大，绿柱石精矿中的回收率较低。

20世纪60年代初期制定的上述三种流程对新疆可可托海3号伟晶岩锂铍矿石工业试验均获成功，其工业试验结果见表20-6。

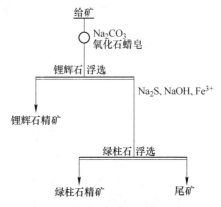

图 20-7　优先浮选锂辉石、再浮选绿柱石的原则工艺流程

表 20-6　三种锂铍分离流程的工业试验结果　　　　　　（%）

流　程	原矿品位		铍精矿		锂精矿	
	BeO	Li₂O	BeO 品位	回收率	Li₂O 品位	回收率
部分优先浮选锂辉石—混合浮选—浮选分离	0.045	0.99	9.62	58.45	5.84	84.41
优先浮选绿柱石、再浮选锂辉石	0.0534	0.895	8.82	60.22	6.01	84.66
优先浮选锂辉石、再浮选绿柱石	0.0457	1.097	8.44	49.99	5.67	84.66

20.4.5　预先脱泥、脱脉石矿物—锂铍混合浮选—锂铍分离—铍精选工艺

预先脱泥、脱脉石矿物—锂铍混合浮选—锂铍分离—铍精选工艺为中南大学与可可托海矿联合研发，其原则工艺流程如图20-8所示。

采用碳酸钠和氢氧化钠作调整剂，采用新型阴离子组合药剂PSS作锂辉石（铍）的捕收剂。经一粗二精一扫流程产出锂铍混合精矿。混合精矿分离时，采用三氯化铁、碳酸钠、氢氧化钠、硫化钠组合药剂进行加温和强搅拌处理，采用PSS组合药剂作绿柱石捕收剂，槽内产品为锂精矿。泡沫产品经精选产出铍精矿。平均药量耗量为4.51kg/t，2004年生产指标见表20-7。

20.4.6　美国金斯山1959年半工业试验工艺流程

美国金斯山1959年半工业试验回收绿柱石采用了碱性介质浮选工艺和酸性介质浮选工艺，其工艺流程如图20-9所示。

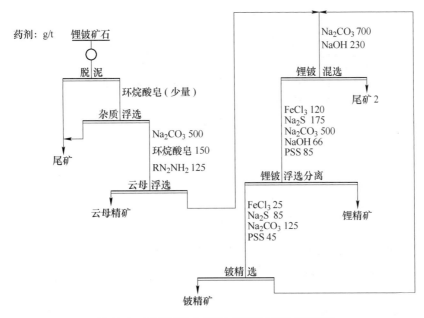

图 20-8 可可托海矿 2004 年浮选原则工艺流程

表 20-7 2004 年可可托海生产指标 (%)

产品	产率	品位		回收率	
		Li_2O	BeO	Li_2O	BeO
锂铍混合精矿	2.63	5.21	1.955	62.28	79.12
锂精矿	2.16	5.81	1.871	57.01	33.51
铍精矿	0.47	2.46	6.290	5.27	45.59
尾矿	97.37	0.09	0.014	37.72	20.88
原矿	100.00	0.22	0.065	100.00	100.00

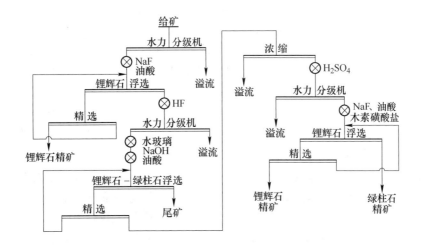

图 20-9 碱性介质-脂肪酸半工业试验工艺流程

　　试验规模为 1.5t/h，给矿含 BeO 0.068%、Li_2O 0.44%。矿物组成为绿柱石 0.6%、锂辉石 5.1%、云母 1.8%、长石 50.9%、石英 41.5%，其他矿物 0.1%。给矿经水力分级机分级脱泥后，采用氟化钠调浆，油酸作捕收剂浮选部分锂辉石精矿，尾矿在碱性介质中混合浮选锂辉石-绿柱石，混合精矿经分离浮选锂辉石，槽内产品为绿柱石精矿。最终产出两种锂辉石精矿和一种绿柱石精矿。

　　酸性介质-石油磺酸盐半工业试验工艺流程如图 20-10 所示。

　　给矿经水力分级机分级脱泥脱水后，采用氟化钠调浆，油酸作捕收剂浮选锂辉石精矿，产出锂辉石精矿。尾矿在酸性介质中用可可脂肪酸浮选绿柱石和长石，产出混合精矿。混合精矿经次氯酸钙调浆后经水力分级机浓缩后，采用硫酸和石油磺酸盐浮选绿柱石，经精选产出绿柱石精矿。

　　两种半工业试验指标为：

　　（1）碱性介质-脂肪酸半工业试验工艺：绿柱石精矿品位 BeO 4.12%，回收率为 71.10%；锂辉石精矿品位 Li_2O 5.97%，回收率为 71.10%。

　　（2）酸性介质-石油磺酸盐半工业试验工艺：绿柱石精矿品位 BeO 6.42%，回收率为 76.80%；锂辉石精矿品位 Li_2O 5.90%，回收率为 49.20%；长石精矿品位 98%。

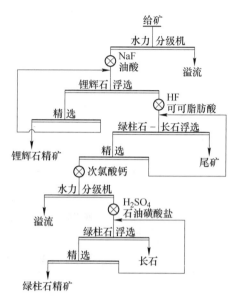

图 20-10　酸性介质-石油磺酸盐
半工业试验工艺流程

20.4.7　我国锂矿石浮选实践中的问题

　　我国锂矿石浮选实践中的问题有以下几个方面。

　　（1）捕收剂的选择性和效能不高。目前国内外锂矿石浮选实践中一般采用脂肪酸及其皂类（即油酸、氧化石蜡皂、环烷酸皂、塔尔油等）、烷基硫酸盐、烷基磺酸盐等作捕收剂，有少量采用螯合捕收剂以及柴油等油类捕收剂作辅助捕收剂。胺类阳离子捕收剂也有应用。常需采用两种或多种捕收剂混用。烷基硫酸盐、烷基磺酸盐等只在酸性介质中才对锂辉石和绿柱石有较强的捕收能力，设备须防腐蚀。在中性和碱性介质中，胺类阳离子捕收剂对锂辉石和绿柱石有较强的捕收能力，但它对石英、长石等脉石矿物的捕收能力也很强，选择性差，须用氢氟酸或硫酸活化绿柱石，同时抑制石英等脉石矿物。因此，捕收剂的混用、配比与介质 pH 值的关系及抑制剂匹配极为关键。

　　（2）抑制剂的选择性不高。生产实践中常用氟化钠、水玻璃、淀粉、糊精、木素磺酸盐、硫化钠等作抑制剂，这些药剂在环保、用量、稳定性等方面尚存在些问题，如氟化钠为绿柱石的有效抑制剂，但因毒性和环保而被限用。目前仍未找到对锂辉石和绿柱石有选择性的理想抑制剂。可可托海生产实践表明硫化钠为选择性抑制剂，它具有一定毒性和易分解，无法满足当前环保要求。水玻璃是石英等脉石矿物的有效抑制剂，也是锂辉石与绿柱石分离的选择抑制剂和活化剂，但其用量较大，易使精矿难过滤。

（3）流程长、药量较大、生产成本较高。我国最大的可可托海矿，原矿品位逐年下降，致使生产指标不理想，而吨矿药剂用量逐年增加，曾增至 7kg/t，使铍成本大于销售价格几倍，属亏损产品，矿山选厂不得不停止绿柱石选别系统，将选铍系统改为选锂系统。

（4）羟硅铍石为我国另一种铍矿资源，现尚未开发利用。

20.5　锂云母浮选

锂云母的选矿方法与云母的选矿方法类似（见表 20-8）。

表 20-8　锂云母的主要选矿方法

类别	选矿方法		原理及效果简介	适用范围
片状锂云母	手选法		选矿回收率80%，劳动强度大，尾矿品位高	适用于小型矿山
	摩擦选矿法		生产效率较高，厚度大于55mm时，形状和脉石相似的云母晶易进入废石中。处理粒度为70~20mm矿石，云母回收率为85%~95%	由于工艺和设备不完善，应用不广泛
碎锂云母	浮选法	酸性阳离子捕收剂法	回收率为77%，精矿品位高。要求0.104~0.074mm筛上仔细脱泥，易造成细粒云母损失	小于11.177mm复合矿物的矿石选别
		碱性阴离子捕收剂法	回收率为90%，精矿品位高	小于0.83mm含泥复合矿物的矿石选别
	风选法	振动空气分选机	借助离心力、上升气流及筛体的复杂振动作用使云母片与砂粒分离	用于+0.26mm粉锂云母除杂
		室式分选机	料流在气流作用下分离出各个组分，气流的方向与被分选颗粒的矢量方向垂直	选别细鳞片状锂云母矿石，粒度范围为-11.44mm+0.147mm
		Kippokely空气分选机	利用颗粒混合料间的密度差进行分选，为加拿大用于云母分选的专用设备	分选粒度范围 -11.65mm +0.147mm
		之行空气分选机	脉石矿物通过之行空气分选机粗粒段的气流落入尾矿，锂云母片为气流挟带进入旋流器而被收集，再经之行空气分选机精选，筛除细粒物料即产出精矿	分选粒度范围 -4.7mm +0.208mm

对细粒嵌布，粒度小于 1.17mm 的锂云母矿石，主要采用浮选法选别。

锂云母属于 TOT 型三层结构的硅酸盐矿物，其基本结构是由呈八面体配位的阳离子夹在两个相同的 [$(Si、Al)O_4$] 四面体网层之间，[$(Si、Al)O_4$] 四面体共三个角顶相连组成六方网层，四面体活性氧朝向一边。附加阴离子 OH^- 位于六方网层的中央，并与活性氧位于同一平面上。两层六方网层的活性氧上下相对，和 OH^- 呈最紧密堆积，组成的八面体空隙被阳离子 Li、Al 充填，结成八面体层，从而构成了两层六方网层中夹一层八面体层的锂云母结构层。由于 （SiO_4）四面体六方网层中的 Si^{4+} 有 1/4 被 Al^{3+} 取代，使结构层内正电荷短缺。因此，结构层间有大半径、低电价的 Li^+ 充填以补偿电荷。锂云母结构中 Li—O 键强度远小于 Al—O 键和 Si—O 键。因此，矿物解离时 Li—O 键最易断裂，即在外力作用下，锂云母主要沿层间断裂，解离面暴露出 Li^+ 和硅氧四面体阴离子，端面上含有铝、氧和部分硅离子，表面剩余键能为离子键。此外，由于暴露于表面上的 Li^+ 在水溶液中易溶解，与水溶液中 H^+ 交换，锂云母矿物表面具有极强的键合羟基的能力。因此，锂云母矿物表面带有不依赖 pH 值的较高的负电荷，负电性较强。零电点很低，使其在低 pH 值时也可使阳离子捕收剂覆盖于负电荷区使矿物表面疏水。

表面纯净的锂云母不易被油酸及其皂类浮选，须预先用氢氟酸活化。氢氟酸对锂云母表面有溶蚀作用，使 Al^{3+}、Li^+ 暴露于矿物表面上，从而降低矿物表面的 ζ 电位；F^- 与阳离子间有很强的静电引力，F^- 易与体积小的多价阳离子形成稳定的配离子；F^- 离子变形小，较难与体积较大的阳离子形成稳定的配离子。因此，氢氟酸解离后产生的少量 F^- 或溶蚀硅酸产生的 SiF_6^{2-} 不吸附于大半径的金属阳离子区，只能吸附于小半径的 Al^{3+}、Li^+ 区，导致在氢氟酸作用下，矿物表面富集大半径的金属阳离子，正电性增加。

锂云母常呈鳞片状或叶片状集合体，可浮性好。其捕收剂以阳离子捕收剂最佳，采用十八胺，无论酸性介质或中性介质均能获得好指标。据所用捕收剂，锂云母浮选可分为酸介质中的阳离子捕收剂浮选法和碱性介质中的阴离子捕收剂、阳离子捕收剂浮选法两种。

酸介质中的阳离子捕收剂浮选法的原则流程如图 20-11 所示。

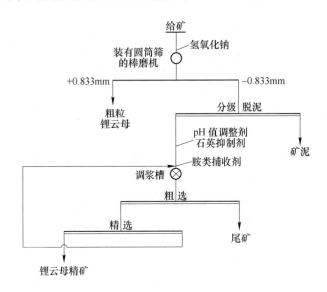

图 20-11　酸介质中的阳离子捕收剂浮选法的原则流程

碱性介质中的阴离子捕收剂、阳离子捕收剂浮选法的原则流程如图 20-12 所示。

原矿在棒磨机中加入氢氧化钠以促使黏性矿泥分散，+0.833mm 的筛上产物为粗粒锂云母精矿，筛下产物为细粒锂云母、石英、褐铁矿和重矿物。分级富集脱除重矿物，分级脱除部分矿泥。再经再磨、预选脱泥，再进入调浆槽，添加 pH 值调整剂、木质素磺酸盐等抑制剂，以脂肪酸和脂肪酸醋酸盐作捕收剂浮选锂云母，产出锂云母精矿。

油酸钠浮选锂云母时，须先用氢氟酸活化，用量为 200g/t，搅拌 20min 后经多次洗涤，然后用氢氧化钠（10kg/t）处理锂云母表面，再用油酸钠浮选，浮选 pH 值为 3.0～8.5，浮选效果较好。

其他活化剂为 $Ca(OCl)_2$、Na_2SiO_3、$K_4[Fe(CN)_6]$ 等。

矿浆中的铁盐、铝盐、铅盐、硫化钠、淀粉和磷酸氢钠等均可抑制锂云母，碳酸锂和硫酸锂可活化锂云母。采用十八胺浮选锂云母时，最佳的活化剂为水玻璃和硫酸锂，最佳

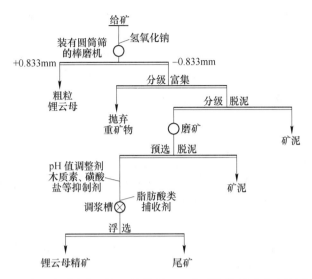

图 20-12　碱性介质中的阴离子捕收剂、阳离子捕收剂浮选法的原则流程

的抑制剂为漂白粉、硫化钠和淀粉的混合物。铜、铝和铅的硝酸盐为锂云母抑制剂，而铜和铝的硫酸盐却为锂云母的活化剂。

20.6　透锂长石浮选

在整个 pH 值范围内，无法用阴离子捕收剂（如油酸、油酸钠、异辛基砷酸钠等）浮选透锂长石；采用阳离子捕收剂（如十八胺）时，透锂长石的可浮性很好。矿浆 pH 值为 5.5～6.0，采用十八胺作捕收剂，透锂长石的回收率为 78%。矿浆 pH 值为 7.5～9.5，采用烷基胺盐作捕收剂，透锂长石的回收率为 90%～92%。

采用烷基胺盐作捕收剂时，氯化铁（300～500g/t）强烈抑制透锂长石浮选，pH 值为 5.8 时，透锂长石的回收率下降为 10%～15%，在酸性和碱性介质中，其抑制作用增强。氯化钙可活化透锂长石浮选，在中性和碱性介质中（pH 值为 9.2）可提高透锂长石浮选回收率。采用烷基胺盐作捕收剂时，硫化钠、硅酸钠、淀粉、单宁、碳酸钠、氟硅酸钠及磷酸氢钠等可抑制透锂长石浮选。

20.7　盐湖卤水提取锂

20.7.1　概述

20 世纪 80 年代中期前，世界各国主要从矿石中提取锂。随含锂盐湖的不断发现，人们逐渐将目光转向从盐湖中提锂。1997 年后，国外盐湖提锂技术逐渐成熟，盐湖提锂成本大大低于矿石提锂，20 世纪末，盐湖提锂已成为世界锂工业的主流。盐湖提锂技术成功用于工业生产，不仅改变了锂业市场格局，而且对世界锂资源的分布和配置产生了深刻的影响。

鉴于低成本锂盐产量的不断增加，以锂辉石为锂盐原料的矿山和工厂愈来愈少。俄罗斯、加拿大、津巴布韦等硬岩型锂资源大国相继退出世界锂资源和锂盐供应市场，美国的锂资源地位也显著降低。目前，中国、智利、阿根廷、玻利维亚等已成为世界锂资源大国。

盐湖卤水中 Li^+ 常以微量形态与大量的碱金属、碱土金属离子共存，因它们的化学性质非常相似，从盐湖卤水中分离提取锂较困难，尤其当 Mg^{2+} 含量高时，使分离提取锂更为复杂。从盐湖卤水中分离提取锂主要采用化学选矿法，最终产出碳酸锂、氯化锂。

盐湖沉积形成的锂矿床为锂的重要资源，主要采用化学选矿法或化学选矿法-浮选法从中提取锂化合物。

从盐湖卤水中分离提取锂主要采用难溶盐沉淀法、离子交换吸附法、有机溶剂萃取法、煅烧-浸出法、盐析法、碳化法和选择性半透膜法等。难溶盐沉淀法是从盐湖卤水中提锂的较成熟的方法，工业上常采用蒸发—结晶—难溶盐沉淀工艺，最终产品常为碳酸锂。较有工业应用前景的为盐梯度太阳池提锂法，其次为吸附法提锂。

难溶盐沉淀法包括碳酸盐沉淀法、盐梯度太阳池提锂法、铝酸盐沉淀法、水合硫酸盐结晶沉淀法及硼镁、硼锂共沉淀法等。

20.7.2　碳酸盐沉淀法

操作时，利用太阳能对蒸发池中的含锂卤水进行蒸发浓缩，然后用石灰沉淀除去卤水中残存的钙镁，经固液分离。除钙、镁后的溶液中再加入碳酸钠沉淀析出碳酸锂。此工艺适用于从低镁锂比的盐湖卤水中提锂。

美国西尔斯湖、银峰锂矿、智利阿塔卡玛盐湖、中国自贡张家坝化工厂、西藏扎布耶盐湖均采用此工艺，产出碳酸锂产品。

Minsal 公司从智利阿塔卡玛盐湖提取碳酸锂的工艺为：先将卤水在氯化钠沉淀池中除去氯化钠，剩余卤水中含钾、锂、$Na_2B_4O_7$，蒸发、结晶析出 KCl，经浮选、干燥，产出氯化钾产品。将沉淀氯化钾后的盐卤送锂蒸发池，进行太阳能蒸发浓缩，使锂浓度增至 6%，用煤油萃取除硼，然后加入碳酸钠沉淀碳酸镁，可除去 80%镁，再加石灰沉淀氢氧化镁除去其余 20%的镁。除硼、镁后的卤水富含氯化锂，加碳酸钠沉淀析出碳酸锂，碳酸锂纯度达 80%。

含大量碱土金属及锂浓度低的镁锂比高的卤水（如察尔汗盐湖和死海），提锂前须用碱除镁，碱耗量高，成本高。改进后的工艺为：用碱处理获得的碳酸锂泥浆在反应器中与 CO_2 反应使 Li_2CO_3 转化为 $LiHCO_3$ 转入水溶液中，再经过滤、除杂、离子交换除去 Ca^{2+}、Mg^{2+} 后，将溶液转入另一反应器中于 $60 \sim 100℃$ 下，加热沉淀析出高纯碳酸锂，纯度大于 99.4%。此工艺已成为从高镁锂比盐湖卤水中提锂的主要方法。

近年从高镁锂比盐湖卤水中提锂的主要研究为：利用日晒蒸发池中的含锂卤水进行蒸发浓缩，分段加入沉淀剂进行分段沉淀结晶，使镁离子生成碳酸镁或氢氧化镁，固液分离除去大部分镁离子。液相调整 pH 值，蒸发浓缩，结晶析出 NaCl。得富锂溶液，加入碳酸钠，沉淀析出碳酸锂。经分离、干燥，产出碳酸锂产品。该工艺利用太阳能自然蒸发，可降成本，易于工业化，可分阶段结晶副产多种产品。

也可将高镁锂比盐湖卤水经日晒蒸发，在 $40 \sim 100℃$ 下达过饱和浓度，在保温状态下送入带搅拌器的振荡分离塔中，加入化学计量的碳酸钠，同时开动搅拌器和振荡器，振荡 $5 \sim 10min$，静置至镁锂碳酸盐出现明显分界面为止。同步分离出碳酸镁和碳酸锂，再在离心机中将碳酸锂浆液进行离心脱水，然后将碳酸锂粗级产品按常规提纯法提纯。该工艺可在盐湖就地直接产出碳酸锂产品，且不耗淡水，分离简单、快速、成本低。

工业上采用的碳酸盐沉淀法提锂，对高镁锂比盐湖卤水（如青海柴达木盆地盐湖卤水及以色列的死海海水），因浓缩卤水中达过饱和浓度氯化镁的碳酸钠耗量大、生产成本较高，目前暂无应用价值。

20.7.3　盐梯度太阳池提锂法

盐梯度太阳池提锂法是根据西藏地区太阳能丰富、氧气不足、缺乏矿物能源和交通不便等特点研发的适用于西藏扎布耶盐湖锂资源开发的新技术。该法制卤阶段利用当地冬季丰富的冷资源，从卤水中除去大量的芒硝和泡碱，大幅度提高了卤水中的锂含量。结晶阶段主要利用太阳池技术，利用当地丰富的太阳能资源加热饱和卤水，直接产出品位为70%的碳酸锂产品。

太阳池又称盐梯度太阳池，为一个天然或人工储存池，一般由三个区域构成，最上层区域称为上对流层（为一层淡水）；中间区域称为浓度梯度层，盐溶液密度随池深度的增加而逐渐增大，此层没有对流运动，可防止下层热量向上散发；下层为储能层，使太阳能量蓄存池底储能区，可使卤水温度升至$40\sim60{}^{\circ}\!C$，可满足碳酸锂高温结晶的条件，使碳酸锂沉淀析出。

操作时，将盐田晒制好的富锂卤水灌入太阳池的中下部，然后灌入淡水或咸水，从而形成太阳池的分层结构。经过一段时间储热，下部卤水温度升高，促使富锂卤水中的锂离子呈碳酸锂集中沉淀析出，直接产出高品位的碳酸锂精矿。

近年来，在扎布耶盐湖已建成330万平方米的盐田，2004年10月扎布耶锂资源开发产业化示范工程建成投产，表明我国将转变主要靠进口碳酸锂的被动局面，标志着我国的锂产业可实现完全自给自足到转为出口国。盐梯度太阳池提锂法的研发成功并工业化，为我国锂业生产的重要里程碑。

此外，有机溶剂萃取法和吸附法为较有前景的提锂方法，其中吸附法工艺简单、回收率高、环保和经济效益比其他方法具有较大优势，适于从低品位盐湖水中提锂。盐湖卤水中提锂的各项技术各有优缺点，分别适用于不同组成的卤水。有机溶剂萃取法属于化学选矿范畴，在此不再赘述。

20.8　新疆可可托海锂铍铌钽矿选矿厂

20.8.1　矿石性质

可可托海矿区为国内外著名的大型稀有金属花岗伟晶岩矿床，富含锂、铍、铌、钽、铷、铯等，为我国开发最早的稀有金属矿产资源基地。提交储量的6条矿脉中，3号脉最大，矿石中主要金属矿物为锂辉石、锂云母、绿柱石、铌铁矿、钽铁矿、细晶石、基性泡铋矿、辉铋矿、铯铷榴石等。主要非金属矿物为长石、石英、云母、石榴子石、角闪石、鳞灰石和电气石等。矿床中锂、铍、铌、钽的平均品位为：Li_2O 0.9824%、BeO 0.051%、Nb_2O_5 0.0056%、Ta_2O_5 0.0245%。

代表性矿样的矿物组成见表20-9。

表 20-9　代表性矿样的矿物组成　　　　　　　　　　（%）

试样	绿柱石	锂辉石	云母	长石	石英	易浮矿物	其他
1	0.6	2	10	53.4	25.2	3.7	5.1
2	1.7	1.5	7.3	72.0	11.7	4.7	1.1
3	0.8	6	18	30.5	37.8	3.4	3.5

注：易浮矿物为磷灰石、电气石、石榴子石、铁锰氧化物、角闪石。

20.8.2　选矿工艺

选厂分三个系统，1 号系统日处理量 400t，处理高铍低锂矿石；2 号系统日处理量 250t，处理高锂低铍矿石；3 号系统日处理量 100t，处理高钽铌的锂铍矿石。

原矿来自 3 号脉露天采场，经两段一闭路碎矿流程，碎矿产品进入三个粉矿仓，分别供三个系统。三个系统原设计均综合回收锂、铍、铌、钽，磨矿作业均为一段开路棒磨，二段球磨，与水力旋流器组成闭路。

在磨矿-分级回路中采用重选法进行钽铌矿物粗选，在精选车间，采用弱磁—重选—强磁—电选等复杂流程产出钽铌精矿，（$Ta_2O_5 + Nb_2O_5$）品位达 60%。钽铌矿物粗选尾矿用浮选法回收锂辉石和绿柱石。分为两种浮选原则流程：

（1）重选回收钽铌—浮选回收锂辉石。在磨矿机中加入 $Na_2CO_3 + NaOH$，在磨矿—分级回路中采用重选法进行钽铌矿物粗选，产出钽铌粗精矿，重选尾矿浮选回收锂辉石。采用氧化石蜡皂和环烷酸皂，加入少量柴油作捕收剂，经一粗二精二扫的简化流程产出锂辉石精矿。对低品位锂矿石，原矿含 Li_2O 0.34%时，锂精矿可达 Li_2O 4.40%，回收率大于 60%；对高品位锂矿石，原矿含 Li_2O 1.32%时，锂精矿可达 Li_2O 5.97%，回收率为 86.50%。可可托海锂辉石浮选指标国内最高，国际领先。

（2）锂辉石和绿柱石综合回收。原设计 1 号系统优先浮选绿柱石，再浮选锂辉石（对高铍低锂原矿）。1977 年工业试验成功后，曾在我国首次产出含 BeO 8%以上的合格浮选铍精矿，销往水口山六厂。但铍尾矿选锂指标差，后因选矿成本高，绿柱石浮选停产，改单一浮选锂辉石。2 号和 3 号系统，采用优先浮选锂辉石，再浮选绿柱石的流程。1977 年 2 号系统工业试验曾获得成功，但因工艺不稳定和成本高等原因没有回收绿柱石，只浮选锂辉石。一个系统浮选前采用重选回收钽铌矿物。

此后 30 年间经多次试验研究，未有根本性突破，工业生产铍精矿 BeO 一般低于 8%，始终未达到 20 世纪 60 年代工业试验的技术指标。

选厂 2 号系统（锂系统）处理高锂低铍伟晶岩矿石，设计日处理量 250t，生产流程如图 20-13 所示。

1983 年生产平均指标为：原矿品位 Li_2O 1.32%，锂精矿可达 Li_2O 5.97%，回收率 86.5%，平均药耗 5.5kg/t。

可可托海选厂锂辉石精矿的化学成分见表 20-10。

表 20-10　可可托海选厂锂辉石精矿的化学成分

成分	Li_2O	BeO	$(Ta、Nb)_2O_5$	$Fe_2O_3 + MnO$	SiO_2	Al_2O_3	K_2O	Na_2O	MgO	P_2O_5
含量/%	5.95	0.061	0.045	1.69	64.24	23.32	0.21	3.51	0.14	0.27

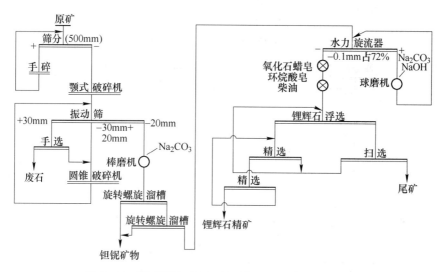

图 20-13　可可托海选厂 2 号系统（锂系统）生产流程

锂辉石精矿的矿物成分见表 20-11。

表 20-11　锂辉石精矿的矿物成分　　　　　　　（%）

样品	锂辉石	绿柱石	钽铌矿	电气石	石榴子石	角闪石	铁锰物质	石英	长石	矿泥
1	83.4	3.1	0.0468	1.4	0.9	0.8	5.0	3.2	2.0	
2	88.1				0.44		2.2	2.22	6.8	0.12

锂辉石精矿的粒度组成见表 20-12。

表 20-12　锂辉石精矿的粒度组成

粒度/mm	+0.154	−0.154+0.1	−0.1+0.07	−0.07+0.04	−0.04
分布率/%	1.12	9.62	23.49	16.33	49.44
累计/%	1.12	10.74	34.23	50.56	100.00

20.8.3　锂辉石精矿的化学选矿

锂辉石精矿经化学选矿产出碳酸锂、一水氢氧化锂、氯化锂和金属锂。硫酸法生产碳酸锂的工艺流程如图 20-14 所示。

1983 年采用硫酸浸出法生产碳酸锂，每生产 1t 碳酸锂产出 10t 锂渣（称酸法锂渣）。由硫酸法生产碳酸锂的工艺优于石灰石法生产氢氧化锂的工艺，1994 年底便完全淘汰了石灰石烧结法。

生产锂盐用的锂辉石精矿分高品位和低品位两种，其化学成分见表 20-13。

表 20-13　锂辉石精矿的化学成分　　　　　　　（%）

成分	Li_2O	Na_2O	K_2O	SiO_2	Al_2O_3	CaO	Fe_2O_3	MgO	MnO
高品位精矿	6.8	0.61	0.25	64.40	23.31	1.31	3.21	0.03	0.29
低品位精矿	6.32	0.65	0.26	64.45	23.34	1.38	3.76	0.07	0.29

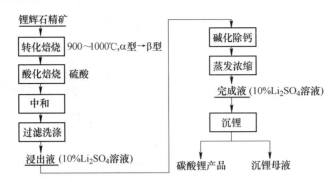

图 20-14　硫酸法生产碳酸锂的工艺流程

锂辉石精矿的矿物成分见表 20-14。

表 20-14　锂辉石精矿的矿物成分

矿物	锂辉石	钠长石	石英	角闪石	铁屑 (磨矿带入)	矿泥
含量/%	88.1	6.80	2.22	0.44	2.22	0.12

20.9　四川呷基卡锂铍选矿厂

20.9.1　矿石性质

四川呷基卡锂铍矿为我国 20 世纪 70 年代初期勘查的以锂辉石为主，同时伴生钽、铌、铍等有用元素的特大型矿床，矿石锂储量居全国之首。矿石平均品位为：Li_2O 1.2%、BeO 0.043%、Nb_2O_5 0.013%、Ta_2O_5 0.009%。现由甘孜州融达锂业有限公司开发。

呷基卡锂铍矿属花岗伟晶岩型稀有金属矿床。矿石中矿物组成复杂，已发现有 40 多种矿物，主要有用矿物为锂辉石，其次为绿柱石、钽铌矿。主要脉石矿物为长石、石英、白云母及少量黑云母、电气石、磷灰石、石榴子石等。134 号矿体为矿体中规模最大品位最高的矿体，以锂为主，伴生有铍、钽、铌、锡等可综合利用的金属。

20.9.2　选矿工艺

呷基卡锂辉石选矿厂工艺流程如图 20-15 所示。

生产指标为：原矿品位 Li_2O 1.35%，锂精矿可达 Li_2O 5.48%，回收率 75.44%。

20.10　江西宜春钽铌锂矿选矿厂

20.10.1　矿石性质

江西宜春钽铌锂矿为以钽为主、伴生铌、锂、铷、铯的特大型稀有金属矿床。1973 年开始建厂，设计日处理能力为 1500t，1976 年建成，产出钽铌、锂云母和长石精矿。

矿石类型有原生钽铌矿和残坡积型砂矿两种。其中原生矿约占全区总储量的 99.2%，原生钽铌矿体赋存于钠长石化、锂云母化的花岗岩中。矿石中主要有用矿物为细晶石、富锰钽铌铁矿、含钽锡石、锂云母、铯榴石、绿柱石等，铷、铯绝大部分赋存于锂云母中。

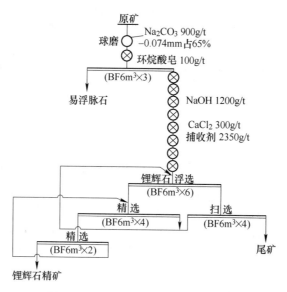

图 20-15 呷基卡锂辉石选矿工艺流程

主要脉石矿物为长石、石英，还有少量黄玉、磁铁矿、赤铁矿、磷灰石等。

20.10.2 选矿工艺

宜春钽铌锂矿选矿厂锂云母、长石综合回收工艺流程如图 20-16 所示。

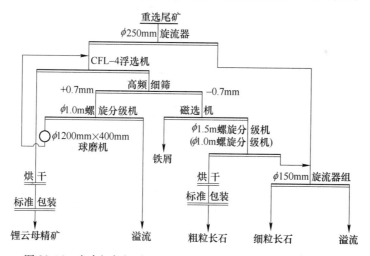

图 20-16 宜春钽铌锂矿选矿厂锂云母、长石综合回收工艺流程

原矿经破碎、磨矿后经重选产出钽铌粗精矿，经精选产出商品钽铌精矿。重选尾矿进入锂云母选矿车间，用盐酸调浆，采用椰油作捕收剂直接浮选锂云母，泡沫产品为锂云母精矿。浮选尾矿经高频细筛分级，筛上产物经再磨后返回浮选锂云母，筛下产物经磁选除铁屑后，经螺旋分级机产出粗粒长石精矿。重选尾矿的旋流器溢流经旋流器组脱泥脱水后，产出细粒长石精矿。

锂云母精矿的化学组成见表 20-15。

表 20-15　锂云母精矿的化学组成

成分	Li$_2$O	Na$_2$O	K$_2$O	Rb$_2$O	Cs$_2$O	SiO$_2$	Al$_2$O$_3$	Fe$_2$O$_3$
含量/%	4.56	1.35	8.22	1.40	0.22	53.28	23.70	0.25

20.11　加拿大魁北克锂矿选矿厂

20.11.1　矿石性质

岩石主要由花岗闪长石岩基，火山岩和黑云母片岩以及侵入花岗闪长石岩和火山岩的花岗脉组成。火山岩中主要为角闪石、斜长石及少量石英、绿帘石、黑云母和绿泥石。副产矿物主要为榍石、磷灰石、磁铁矿、黄铁矿和白钛石。部分角闪石蚀变为绿泥石或部分被锂蓝闪石取代。魁北克锂矿 Li$_2$O 储量为 $4.66×10^7$t，品位为 1.19%。

20.11.2　选矿工艺

20.11.2.1　魁北克锂矿选矿工艺

魁北克锂矿选矿工艺流程如图 20-17 所示。

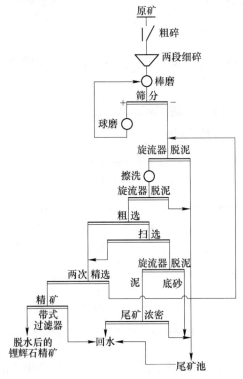

图 20-17　加拿大魁北克锂矿选矿工艺流程

选厂日处理量为 900t，原矿经三段一闭路碎矿、两段一闭路磨矿（棒磨、球磨），磨矿旋流器溢流用两段高压小旋流器进行两段脱泥。然后经交换洗涤塔清洗矿物表面。脱泥后的矿浆加入选矿药剂调浆，经一粗二精一扫浮选产出 Li$_2$O 含量大于 5.7% 的锂辉石精矿。

20.11.2.2　锂辉石精矿的化学选矿

浮选产出的锂辉石精矿在煅烧窑中于 1025℃下煅烧 15min，将 α-锂辉石转变为酸溶的 β-锂辉石。冷却后进行浓硫酸浸出，反应后在室温下用水浸出。浸出料浆加入石灰沉淀析出铁铝氢氧化物，经过滤、洗涤。滤液加入碳酸氢钠和碳酸钠，沉淀析出碳酸钙和碳酸锰，经过滤、洗涤，获得富锂溶液。富锂溶液再经阳离子交换树脂柱去除残余的钙、镁离子，获得纯净的富锂溶液，加入碳酸钠沉淀析出碳酸锂，经煅烧可产出高品位的氧化锂产品。阳离子交换树脂柱经盐酸淋洗后，再用氢氧化钠再生。

20.12　美国金斯山锂矿选矿厂

20.12.1　矿石性质

金斯山（Kings Mountain）锂矿位于美国北卡罗来纳州，属伟晶岩矿床。为世界最大的锂辉石产地，锂辉石基本储量 7000 万吨矿石，原矿金属矿物为锂辉石、钾长石、钠长石等。脉石矿物为石英、白云母、角闪石、黏土和少量其他矿物。原矿中的矿物含量见表 20-16。

表 20-16　原矿中的矿物含量

矿物	锂辉石	钠钾长石	石英	白云母及角闪石	其他矿物
含量/%	19～22	28～33	25～35	5～15	少量

原矿含 Li_2O 1.4%～1.5%、BeO 0.04%、Fe_2O_3 0.5%～0.7%、Al_2O_3 12.2%～17.9%。

20.12.2　选矿工艺

20 世纪 50 年代采用重介质选矿—反浮选流程，20 世纪 70 年代后一般采用正浮选流程。

20.12.2.1　反浮选流程

金斯山锂矿选厂的反浮选流程如图 20-18 所示。

用石灰调浆，在碱性介质中采用糊精+淀粉作锂辉石抑制剂，用阳离子捕收剂浮选硅酸盐类脉石矿物，槽内产品为锂辉石精矿，可作化工级产品出售。

为降低铁含量，添加氢氟酸、树脂酸盐和起泡剂，对槽内产品进行精选，可产出满足陶瓷工业级的锂辉石精矿。

反浮选产出的泡沫产品进行浮选分离可产出云母精矿、长石精矿和石英精矿。

原矿含 Li_2O 1.5%左右，锂精矿含 Li_2O 大于 6%，回收率约 70%，总药剂耗量 2.5～3kg/t。选厂日规模为 360t。

20.12.2.2　正浮选流程

20 世纪 70 年代后金斯山锂矿选厂逐渐采用正浮选流程。金斯山锂矿选厂的正浮选流

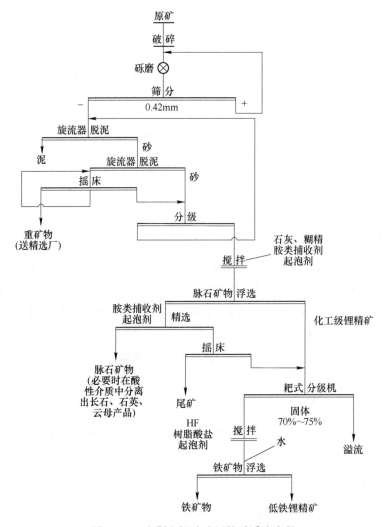

图 20-18　金斯山锂矿选厂的反浮选流程

程如图 20-19 所示。

　　用氢氧化钠作调整剂加于球磨机中，采用旋流器进行控制分级和检查分级脱泥，
+0.015mm 粒级进入浮选，采用塔尔油和乙二醇浮选锂辉石，经一粗二精流程产出化工级
锂精矿。

　　化工级锂精矿经干燥、筛分，筛上产物经磁选除去磁性产物，非磁产物为陶瓷级锂
精矿。

　　陶瓷级锂精矿经氯化焙烧，可产出低铁锂精矿，可用于制造高级陶瓷玻璃。

　　锂辉石浮选尾矿经脱水筛脱水后，采用酸+石油磺酸盐浮选铁矿物和白云母，泡沫产
品经洗矿脱泥后，采用一粗五精流程浮选白云母，产出白云母精矿。浮选铁矿物和白云母
后的尾矿进行长石浮选，产出长石精矿和石英精矿。

　　两选厂日处理量分别为 2400t 和 2600t，日产出锂辉石精矿分别为 480t 和 530t，另日
产长石精矿 1300t，石英精矿 750t 和云母精矿 100t。锂辉石精矿品位为 6.3%，回收率为

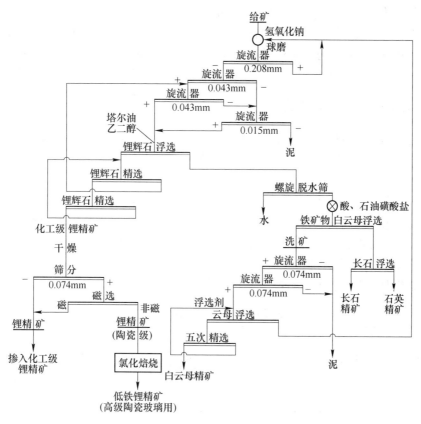

图 20-19 金斯山锂矿选厂的正浮选流程

75%~78%，药剂耗量稍大于 1kg/t。

20.13 智利阿塔卡玛盐湖提取锂

阿塔卡玛盐湖位于北部，海拔 2300m，平均降水量 20～30mm，平均蒸发量大于 3300mm。阿塔卡玛盐湖为一个巨大的干盐湖，面积 2900km²，盐类沉积面积达 1400km²，盐类沉积中富含晶间卤水，其深度达 0.6m，为富含硼、锂的硫酸盐型卤水。盐湖的卤水组成为典型的 Na^+、K^+、Mg^{2+}、Cl^-、SO_4^{2-} 海水型体系，其特征为 Mg/Li 比较低，一般 Mg/Li<10。现主要由智利锂公司和敏撒尔（Minsal）公司（SQM 子公司）进行开发。

1984 年智利锂公司开始采用阿塔卡玛盐湖卤水生产碳酸锂，1989 年产量为 6800t，1990 年达 11800t，1995 年出口的碳酸锂达 12600t，其副产品钾盐全部售给 SQM 子公司。智利锂公司的加工方法为：将除去镁和硫酸根后的母液蒸发浓缩到一定浓度后，加碳酸钠沉淀析出碳酸锂。

敏撒尔（Minsal）公司对阿塔卡玛盐湖资源的勘查和开发始于 1986 年，从卤水中提取的主产品为钾碱，碳酸锂为副产品，同时回收硼。其提取工艺为：盐湖卤水经预晒除去大部分氯化钠、钾盐后，先将含钙溶液与卤水混合以除去硫酸根，可避免夏季温度较高时在盐田中生成硫酸钾锂复盐而损失锂。然后在盐田中晒制卤水，使锂离子浓度增至 4.3%，再将浓缩卤水运至安托法加斯塔的拉内格拉的化学提纯厂加工，先用石灰乳调 pH 值至 11

左右，除去大部分 Mg^{2+} 和 SO_4^{2-}，再用碳酸钠除去卤水中残留的钙和镁，经压滤除去沉淀物。最后加热用碳酸钠沉淀析出碳酸锂，经过滤、干燥，产出碳酸锂。2003 年该公司年产碳酸锂 2.8 万吨，占世界总产量的 30%，销售份额占国际碳酸锂市场的 40%，销至 50 多个国家。

20.14　我国扎布耶盐湖提取锂

我国扎布耶盐湖位于青藏高原冈底斯山脉北麓，海拔 4422m，面积 247km²。湖区年蒸发量（2423mm）与降水量（121mm）之比为 20∶1，平均气温 1.4℃，年均日温差 12℃，年日照时数达 3100h。

扎布耶盐湖分南、北两湖。北湖为卤水湖，矿产主要以地表卤水为主；南湖为半干盐湖，以地表卤水与晶间卤水共存。其固相沉积物中含天然碳酸锂，除固相硼砂、芒硝、石盐外，卤水中富含锂、硼、钾、铷、铯、溴等多种元素。锂资源以碳酸锂计为 183 万吨、钾肥以氯化钾计为 1592 万吨、三氧化二硼资源为 963 万吨。

扎布耶盐湖卤水矿见表 20-17。

表 20-17　扎布耶盐湖卤水矿

矿　种	Li^+ 品位/g·L⁻¹	矿化度/g·L⁻¹	相对密度	水化学类型
南湖地表卤水	0.42~0.71	250.0~430.0	1.250~1.310	碳酸盐型
南湖晶间卤水	0.92~1.61	287.0~460.0	1.280~1.330	碳酸盐型
北湖地表卤水	0.89~1.33	330.0~440.0	1.260~1.280	碳酸盐型

扎布耶盐湖卤水提锂原则工艺流程如图 20-20 所示。

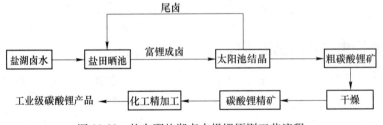

图 20-20　扎布耶盐湖卤水提锂原则工艺流程

西藏扎布耶盐湖为高寒、日照强地区，1982 年我国首创适合我国国情的冷冻、热晒、梯度太阳池的低成本提锂新工艺，2005 年已生产 600t 锂混盐，并建成一条年产 7128t 的生产线，产出品位为 75% 的碳酸锂。另外年产 5000t 锂盐生产线已投料试车，此项目目前为我国盐湖卤水提锂的规模最大的项目，此项目的建成为我国盐湖卤水提锂取得成功的标志，首创"冷冻除碱硝-梯度太阳池升温析锂"工艺并已产业化。其特点是利用当地高原太阳能和冷资源优势，不添加任何化学试剂即可从盐湖卤水中产出高品位碳酸锂化学精矿。该盐湖卤水中的锂含量比国外盐湖卤水高 3~4 倍，生产成本低，市场竞争力强，经济效益高，实现了清洁、环保、节能、经济效益和社会效益高的双重目标。

21 铍矿物浮选

21.1 概述

含铍矿物常与石英、长石、角闪石、石榴子石、云母、锂辉石、方解石、萤石、白云石等矿物密切共生，有时矿石中还含有黑钨矿、锡石、辉钼矿、黄铁矿等矿物。因此，为了回收铍矿物，或同时回收其他有用矿物，选矿流程常较复杂。其原则流程为：若矿石中含有钨、锡、钽、铌等矿物时，先用重选法回收钨、锡、钽、铌等矿物；若矿石中含有硫化矿物时，预先用浮选法回收钼、铅、锌、铁等硫化矿物；若矿石中含有黄玉、滑石、云母等易浮矿物时，用预先浮选法除去易浮矿物。

含铍矿物选矿，关键是将含铍矿物与萤石的浮选分离。若萤石为主要回收矿物而铍矿物可浮性较差时，可优先浮选萤石，但为了充分回收铍矿物，萤石回收率不高。因此，在后续铍尾矿及铍中矿中可继续浮选回收萤石精矿；若矿石中铍矿物为主要回收矿物，而且铍矿物可浮性较好时，可优先浮选铍矿物，产出铍精矿；若矿石中铍矿物与萤石的可浮性较接近无法进行优先浮选时，也可采用铍矿物与萤石混合浮选再分离的方法。通常认为铍矿物可浮性递降的顺序为：硅铍石、羟硅铍石、金绿宝石、蓝柱石、绿柱石、锌日光石、白闪石。我国对绿柱石、羟硅铍石、硅铍石、金绿宝石、日光榴石和香花石等铍矿物进行过不同程度选矿工艺学和选矿方法的研究，其中对绿柱石、羟硅铍石、硅铍石、金绿宝石的研究较充分。

21.1.1 铍的性质

铍，原子序数为4，为最轻的碱土金属元素。铍为稀有金属，颜色为铅灰色。铍的特性为：

(1) 低密度、高熔点：铍的密度为 $1.85g/cm^3$，为铝的 2/3，铁的 1/4；铍的熔点为 $1278℃ \pm 5℃$，比铝或镁的熔点高 1 倍以上。

(2) 比强度大、力学性能好：铍沸点为 2970℃，铍的弹性模量为 3.03×10^5，为铝的 4 倍、钛的 2.5 倍，故铍的屈服强度和抗拉强度较高。因铍密度低，铍的比强度（抗拉强度与密度之比）在常见金属中最高，为铝的 1.7 倍、镁的 2.1 倍、钛的 1.1 倍、钢的 1.5 倍。

(3) 优良的热性能：铍的室温比热容为 $1.926kJ/(kg \cdot K)$，大于所有金属，为铝的 2.5 倍、钛的 4 倍。突出的比强度和比刚度使其在航天领域具有很好的竞争性；良好的导热性使其在高温、低温下均能保持良好的使用性能，可保证在太空昼夜几百度温差的恶劣条件下保持尺寸的稳定性。铍为制造导弹惯性导航系统的陀螺仪及框架的重要材料。

(4) 优异的核性能：铍的热中子吸收截面积比所有金属小，铍的热中子散射截面积比所有金属大，铍为核反应堆最理想的中子屏蔽层材料和核弹头的包壳材料；中子在铍核中的结合能小，在能量粒子轰击下很容易释放出中子，铍可用作中子源和中子增殖器，用于军事科研和医疗等领域。

（5）优异的光学性能：抛光的金属铍表面对紫外线的反射率为 55%，对红外线的反射率为 99%，为光学镜体的理想材料；加上铍质轻和优异的力学性能及尺寸稳定性，使铍成为各类卫星空间遥感系统最理想的镜体材料。

（6）优异的合金性能：铍可用于制备铍-铜、铍-铝合金及含铍不锈钢等。其中铍-铜合金具有高刚性和延展性、高耐蚀性及冲击无火花性，广泛用于各工业领域，成为最重要的铍合金和最大的耗铍材料。

铍的最大缺点为贵、脆、毒。极大地限制了铍的推广应用。铍的脆性源于高温下为密排六方晶格、缺少滑动面，使铍无法像铜、铝等金属那样进行压延加工。铍材料须用粉末冶金工艺制取，以获得所需的强度和延伸率等力学指标。

铍的毒性为所有金属之最，为专属于铍的特殊毒性。铍毒主要通过粉尘损害肺部和直接接触损害皮肤，出现过铍致癌的报道，铍职业病属个体敏感性疾病。粉末冶金工艺恰好不利于铍毒防护。

铍材及金属铍均很昂贵，主要因矿产资源少，制备工艺复杂、生产流程长、综合成材率低、铍毒防护和职业病防治投资大，生产成本高所致。铍毒致害机理及致害范围等尚有诸多未知领域有待研究。

21.1.2　铍的用途

铍为国防工业的重要材料，由于铍的中子吸收截面小、散射截面大、对热中子有很大的反射能力和减速作用，金属铍被用作原子能反应堆的防护材料和制备中子源。在宇航和航空工业用于制造火箭、导弹、宇宙飞船的转接壳体和蒙皮；大型飞机结构材料、制作飞机制动器和飞机、飞船、导弹的导航部件；火箭、导弹、喷气飞机的高能燃料的添加剂等。

冶金工业中铍用作添加剂，生产铍-铜、铍-镍、铍-铝等各种合金，如含铍 2.5% 的青铜，淬火后异常坚硬，常用于制作高级手表的游丝、精密仪器或高温作业的弹簧、高速车刀、轴承、轴套及耐磨齿轮等；含铍 2.25%、含镍 1.1%～1.3% 的铜铍镍合金在撞击时不产生火花，常用于制作不发生火花的工具（凿子、锤子等），应用于某些特殊场合。铍还用作合金钢的添加剂，用于制作耐火材料、陶瓷、特种玻璃、集成电路、天线等。

21.1.3　铍的主要矿物

铍在地壳中的含量为 $6 \times 10^{-8} \sim 4 \times 10^{-6}$。铍与硅的地球化学性质近似而置换硅氧四面体中的硅。在碱性岩中，铍的含量虽高，因其中的钛、锆、稀土的丰度高，碱性环境有利于形成铍配离子，故铍大量分散。在碱性岩浆期后气成热液作用时，由于铍重新聚合，才能形成独立铍矿物。在花岗岩结晶的早期，因缺乏高价氧离子使铍很少富集，绿柱石产于钠长石花岗岩、花岗伟晶岩及气成热液矿床的整个形成过程中。自然界含铍矿物约 50 种，主要为硅酸盐类，其次为磷酸盐类，仅有极少数简单氧化物、硼酸盐、砷酸盐和锑酸盐等。具有工业价值的铍矿物为：

（1）绿柱石（绿宝石）：化学组成为 $Be_2Al_2(Si_6O_{18})$，其通式为 $R_n^+Be_{3-n/2}Al_2(Si_6O_{18})$

·$p H_2O$，R 代表一价碱金属元素锂、钠、钾、铯、铷等。有时少量铁、镁代替铝，$n=0\sim$ 1，$p=0.2\sim0.8$。属铝硅酸盐矿物，其晶形为六方晶系，结晶为长柱状，有时为块状，呈绿色、淡黄色、淡蓝色、淡红色等，条痕为白色，一般无磁性。莫氏硬度 7.5~8.0，密度 $2.6\sim2.8 g/cm^3$，纯绿柱石 BeO 理论含量为 14.1%、Al_2O_3 约 19%、SiO_2 约 67%，实际绿柱石常含其他杂质成分，常含 Na_2O、K_2O、Li_2O 和少量 CaO、FeO、Fe_2O_3、Cr_2O_3、V_2O_3 等。绿柱石常产于伟晶岩及热液矿脉中。除美国外，绿柱石为世界其他国家开采的主要铍矿石类型。

（2）金绿宝石（尖晶石）：化学组成为 $BeAl_2O_4$，斜方晶系，多呈板状或块状结晶，呈绿色或黄绿色，常因含氧化铁、氧化锰等杂质而呈弱磁性。莫氏硬度 8.5，密度 $3.0\sim3.8 g/cm^3$，BeO 理论含量为 19.8%、Al_2O_3 80.2%，常含氧化铁、氧化锰等杂质使 BeO 稍低。金绿宝石常与绿柱石产于花岗伟晶岩中。

（3）日光榴石：化学组成为 $Mn_4(BeSiO_4)_3S$，部分铁、锌代替锰。等轴晶系，褐色，有时呈黄色或绿色，常具有弱磁性，莫氏硬度 6.0~6.5，密度 $3.2\sim3.4 g/cm^3$，BeO 理论含量为 12.5%~13.6%。多产于矽卡岩矿床中。

（4）羟硅铍石：化学组成为 $Be_4Si_2O_9H_2$，斜方晶系，无色或淡黄色，常为薄板状、片状，性脆，莫氏硬度 6.5~7.0，密度 $2.6 g/cm^3$，BeO 理论含量为 39.6%~42.77%，常产于花岗伟晶岩及热液矿脉中。常与绿柱石共生。羟硅铍石为美国开采的主要铍矿石类型。

（5）硅铍石（似晶石）：化学组成为 Be_2SiO_4，常含少量镁、钙、铝和钠。硅铍石的晶体结构由（BeO_4）四面体和（SiO_4）四面体以角顶互相连接而成，每两个（BeO_4）四面体和一个（SiO_4）四面体共一个角顶，沿三次螺旋轴（即 c 轴）连接成柱，六个柱以其四面体共角顶围绕中空的六方筒状。莫氏硬度 7.5~8.0，密度 $3.0 g/cm^3$，BeO 理论含量为 43.82%。

含铍矿物还有蓝柱石（$2BeO\cdot Al_2O_3\cdot 2SiO_2\cdot H_2O$）、铍石（BeO）、磷钠铍石（$Na_2O\cdot 2BeO\cdot P_2O_5$）、磷钙铍石（$CaO\cdot 2BeO\cdot P_2O_5$）、双晶石（$Na_2O\cdot 2BeO\cdot 6SiO_2\cdot H_2O$）、板铍石（$Be_2BaSiO_2$）、硼铍石（$4BeO\cdot B_2O_5\cdot H_2O$）、铍榴石、锑钠铍矿、白铍石、密黄长石等，此外还有我国首次发现的香花石（$Ca_3Li_2(BeSiO_4)_3F_2$）和顾家石（$Ca_2(BeSi_2O_7)$）两种含铍新矿物。

21.1.4　铍矿床

世界铍资源以伴生矿居多，矿床类型多，但铍矿床主要有三类：（1）含绿柱石花岗伟晶岩矿床，分布广，主要产于巴西、印度、俄罗斯和美国；（2）凝灰岩中羟硅铍石层状矿床，属近地表浅成低温热液矿床，美国犹他州斯波山（Spor Mountain）矿床为此类矿床的典型代表，BeO 探明储量 7.5 万吨，BeO 含量 0.5%，年产铍矿石 12 万吨，美国铍资源几乎全部来自该矿；（3）正长岩杂岩体中含硅铍石稀有金属矿床，加拿大西北地区的索尔湖矿床属此类矿床。

我国铍矿床类型较多，主要为伟晶岩型、花岗岩型、气成热液型、火山岩型和残坡积类砂矿床。

（1）伟晶岩型铍矿床：此类矿床主要为花岗伟晶岩矿床，铍储量约占 50%。主要产于新疆、四川、云南等地。如新疆阿勒泰伟晶岩区有 10 万余条伟晶岩脉聚集于 39 个以上的密集区。四川西部康定、石渠、金川、马尔康等地分布大量而密集的稀有金属伟晶岩矿脉，形成大型、特大型锂铍矿床，如康定呷基卡锂铍矿（锂为特大型，铍为大型）、金川地区锂铍矿（锂为大型，铍为中型），主要含铍矿物为绿柱石，天然晶粒粗大，好选，常伴生锂和钽铌矿物，综合利用价值高，为我国主要铍矿工业开采类型。

（2）花岗岩型铍矿床：多见于地槽褶皱带。含铍花岗岩分酸性岩和碱性岩两种，岩体较小，呈岩株、岩舌、岩盖状产出。矿体位于岩体顶部或边缘。酸性花岗岩中常形成两种矿物组合：一种以铍为主，伴生铌、钽、锂或钨、锡、钼、镓等有用矿产。如新疆青河县阿斯喀尔特铍矿；另一种以钽、铌为主，伴生铍等稀有金属，如江西宜春钽铌锂铍矿，含铍矿物为绿柱石，矿化均匀，但品位低。碱性花岗岩也有两种矿物组合：一种以稀土为主，伴生铍、铌、锆等（如内蒙古巴尔哲矿）；另一种以锡为主，伴生铍（如云南个旧马拉格矿）。含铍矿物为羟硅铍钇铈矿和日光榴石，矿石品位低，成分复杂。

花岗岩型铍矿多属难选矿石，目前能开发利用的不多。

（3）气成热液型铍矿床：此类矿床主要以热液石英脉型铍矿床为主，少量的为火山热液型铍矿床（福建福里石），该类型矿床未被开发利用。其中，石英脉型铍矿床的规模中等，品位较富，矿物结晶较粗，为目前开发利用的类型之一。该矿床主要分布于我国中南及华东地区，矿中分带明显，矿物成分复杂，金属矿物以黑钨矿、锡石、白钨矿、辉钼矿为主，铍伴生其中。铍矿物多为绿柱石，也可见羟硅铍石和日光榴石。金属硫化物十分发育，多形成绿柱石-黑钨矿、绿柱石-锡石、绿柱石-多金属脉型等综合性矿床。

该类型矿床的典型代表为湖南香花岭矿床。其他小型的有广东惠阳构麻山、潮安万峰山、湖南临湘虎形山、江西星子枭木山。

（4）火山岩型铍矿床：产于次火山岩体与二叠系陆相火山岩接触带附近，矿体延伸规模较大，同时伴生铀工业矿产。如新疆和布克赛尔白杨河矿，有用铍矿物主要为羟硅铍石。

（5）残坡积类砂矿床：残坡积冲积型稀有矿床（如广东台山残坡积、冲积铌钽砂矿床、增城派潭河流冲积型铌铁矿砂矿等），铍伴生于钽铌矿床中。

21.1.5　铍矿床工业指标

铍矿床参考性工业指标见表 21-1。

表 21-1　铍矿床参考性工业指标

矿床类型	边界品位/%		最低工业品位/%		最低可采厚度/m	夹石剔除厚度/m
	机选 BeO	手选绿柱石	机选 BeO	手选绿柱石		
气成热液矿床	0.04~0.06	0.05~0.10	0.08~0.12	0.2~0.7	0.8~1.5	≥2.0
花岗伟晶岩类矿床	0.04~0.06	0.05~0.10	0.08~0.12	0.2~0.7	0.8~1.5	≥2.0
碱性长石花岗岩类矿床	0.05~0.07		0.10~0.14		1~1.5	≥4.0
残坡积类砂矿床		0.6kg/m³		2~2.5kg/m³	1.0	

注：据生产经验，绿柱石粒径大于 0.5cm，矿石 BeO 品位大于 0.1%~0.2% 划为手选矿石，其他矿石为机选矿石。

21.1.6　我国铍资源特点

我国铍资源特点为：

（1）分布高度集中：锂集中分布于四川、江西、湖南、新疆4省区，占全国锂矿石储量的98.8%；卤水锂主要分布于青海柴达木盆地盐湖区、西藏和湖北潜凹陷油田内，其中柴达木盆地盐湖区占全国卤水锂保有储量的83%。铍矿主要分布于新疆、内蒙古、四川、云南4省区，占全国铍储量的89.9%。

在省区内又高度集中分布于几个大型、特大型（或超大型）矿床（田）中。如四川矿石锂储量占全国50%以上，主要集中于康定和金川两个特大型花岗伟晶岩型矿床中，探明储量占四川锂储量90%以上；新疆锂储量主要集中于富蕴可可托海和柯鲁木特两个矿床中，占新疆锂储量80%以上。新疆铍储量占全国铍储量的33%，其中可可托海锂铍矿区探明铍储量占新疆铍储量的87%。

锂铍资源分布高度集中有利于建设大型采选冶联合企业，如20世纪60~70年代新疆可可托海建成大型采选冶联合企业，成为我国锂、铍生产基地，年产锂辉石精矿3万吨，锂盐厂为世界三大锂盐厂之一，氢氧化锂和碳酸锂产量占全国锂产量的80%以上；20世纪70年代建成江西宜春钽铌矿和九江钽铌冶炼厂，钽精矿产量占全国50%以上，为我国钽铌工业的主要采选冶企业，是锂云母精矿的重要产地。

（2）单一矿少，共伴生矿多，综合利用价值高：我国锂铍矿大部分为共伴生矿，据统计，铍矿与锂、铌、钽矿伴（共）生占48%，与稀土矿伴生占27%，与钨矿伴（共）生占20%。此外，有少数与钼、锡、铅、锌等有色金属和云母、石英岩等非金属矿产相伴生。如可可托海大型花岗伟晶岩型矿床共伴生锂、铍、铌、钽、铯、铷，在采选冶过程中进行综合回收，取得显著经济效益。宜春钽铌矿除生产钽铌精矿、锂云母精矿外，还综合回收长石粉精矿、高岭土精矿、石英砂和白花岗岩石料等副产品，经济效益和社会效益十分可观，1986~1996年的10年中，综合利用工业产值达9000万元，占矿山总产值的40%。

共伴生矿多，多金属矿共生也增加了选矿的难度。

（3）品位低、储量大：我国除少数锂、铍矿床或矿脉、矿体品位较高外，大多数矿床品位低，故矿产工业指标较低，以低品位指标计算的储量大。国外的伟晶岩铍矿，BeO品位均大于0.1%，而我国均小于0.1%，且锂铍矿共伴生复杂多金属矿物，选矿分离和综合回收较困难。如锂辉石与绿柱石的分离为世界性选矿难题，使锂铍资源的提取成本较高。

我国铍矿资源表面看储量丰富，位列世界第四位。但我国铍矿工业储量少，仅2.1万吨，仅占探明储量的7.5%，以每年生产300t BeO计算，铍矿工业储量只够服务18年。因此，我国仍是贫铍国家，其次是铍毒的防护问题较突出。

21.1.7 铍精矿质量标准

绿柱石精矿质量标准（YB 745—1975）见表21-2。

表 21-2 绿柱石精矿质量标准 （%）

精矿种类	等级	BeO	杂质		
			Fe_2O_3	Li_2O	F
浮选精矿	1	≥10	≤2	≤1.2	≤0.5
	2	≥8	≤3	≤1.5	≤1.0
	3	≥8	≤4	≤1.8	≤1.0

精矿种类	等级	BeO	杂　质		
			Fe_2O_3	Li_2O	F
手选精矿	1	≥10	≤4	≤1.5	≤0.5
	2	≥8	≤5	≤1.8	≤1.5

21.2　绿柱石选矿

21.2.1　手选法

手选的矿块粒度常大于 10~25mm，矿块粒度下限的确定主要取决于经济因素。手选前，矿石常需预先筛分、洗矿，工作区内环境良好，常用于伟晶岩中晶粒粗大的绿柱石的手选。

1949 年 10 月，我国新疆、湖南、江西和广东等地开始用手选法从伟晶岩和石英脉矿石中生产绿柱石精矿，1959 年仅新疆、湖南两地手选生产绿柱石精矿达 2800t。1962 年世界绿柱石精矿总产量为 7400t，手选绿柱石精矿占当年总产量的 91%。由于手选劳动强度大、效率低、选别指标差，已逐渐被其他机械选矿法所代替，但伟晶岩晶粒粗大的绿柱石手选仍是生产绿柱石精矿的重要选矿方法之一。手选铍矿石的另一目的是拣选质量良好的绿柱石和金绿宝石作为宝石原料。绿柱石手选的原则流程如图 21-1 所示。

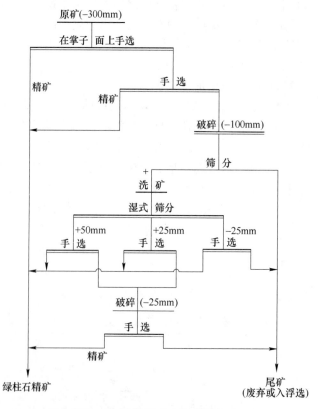

图 21-1　绿柱石手选的原则流程

21.2.2 浮选法

21.2.2.1 概述

浮选法是选别低品位、细粒嵌布绿柱石的主要方法。国外有拉姆法（Lamb）、拉比德西蒂法（Rabd City）、朗克法（Runke）、卡尔冈法（Calgon）、艾格列斯法（Egeles）等众多方法。国内有北京矿冶研究总院法、北京有色金属研究总院法（广州有色金属研究院）法和新疆有色金属研究所法等绿柱石和锂辉石的浮选分离方法（参阅 20.4 节绿柱石与锂辉石的浮选分离）。

本节重点讨论绿柱石的浮选。

绿柱石属环状结构的硅酸盐矿物。纯水中矿物的零电点为 2.8~3.4，比锂辉石略高。破碎时表面露出少量 Be^{2+}、Al^{3+} 阳离子。无外加高阶金属离子活化离子时，用油酸类阴离子捕收剂（用量 160mol/L）浮选纯净的绿柱石，回收率小于 25%，比锂辉石的回收率略高。Ca^{2+}、Mg^{2+}、Fe^{3+}、Pb^{2+} 等多价金属离子，在适宜的 pH 值条件下可强烈活化绿柱石浮选；用氢氟酸处理可大幅度提高绿柱石的可浮性。采用十二胺类阳离子捕收剂浮选时，绿柱石在很宽的 pH 值范围内具有很好的可浮性。高阶金属离子对阳离子捕收剂浮选绿柱石具有一定的抑制作用。pH 值为 10 时，绿柱石的可浮性最高。

若矿浆经氢氟酸处理，在强酸性介质中绿柱石和长石表面形成荷负电的氟硅配合物，强化了胺类阳离子捕收剂与矿物表面的作用，此条件下的石英被强烈抑制。因此，此条件下可实现绿柱石、长石与石英的浮选分离。阴离子捕收剂和阳离子捕收剂均可浮选绿柱石，只有与选择性高的抑制剂配合，才可实现绿柱石与脉石矿物的有效浮选分离。

浮选前，绿柱石常经预先处理，故绿柱石浮选可分为酸法流程和碱法流程两类。

21.2.2.2 绿柱石的酸法流程

先用氢氟酸（或氟化钠与硫酸）调浆，溶去铍矿物表面的重金属盐，活化绿柱石，用捕收剂和起泡剂浮选绿柱石。BeO 回收率与酸用量密切相关。酸法流程可分为混合浮选流程和优先浮选流程两种。

A 丹佛（Denver）公司的酸法混合浮选流程

丹佛（Denver）公司的酸法混合浮选流程如图 21-2 所示。

先用硫酸调浆至 pH 值为 1.5~2.0，用胺类阳离子捕收剂和起泡剂浮云母，再添加氢氟酸活化长石和绿柱石，用胺类阳离子捕收剂浮选长石和绿柱石。混合精矿经洗矿、脱泥后，用石油磺酸盐浮选绿柱石。处理含 BeO 0.95% 的原矿，产出含 BeO 8.61% 的绿柱石精矿，铍回收率为 87.8%。

B 酸法优先浮选流程

酸法优先浮选流程为用硫酸调浆，用胺类阳离子捕收剂浮云母；洗矿、浓缩，加氢氟酸调浆，在碳酸钠介质中用脂肪酸类捕收剂浮选绿柱石。美国某矿处理含 BeO 0.14% 的原矿，经磨矿、脱泥后加硫酸、硫酸铝和阳离子捕收剂和中性油浮云母。尾矿加氢氟酸活化绿柱石，在碳酸钠介质中用油酸和中性油浮绿柱石，浮选绿柱石精矿经磁选除去铁质矿

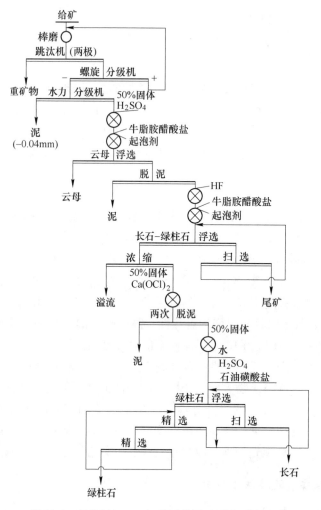

图 21-2   丹佛（Denver）公司的酸法混合浮选流程

物，产出含 BeO 8% 以上的绿柱石精矿，铍回收率为 69%。

产出的绿柱石精矿品位不高，常须经磁选、加温浮选或其他方法精选，以提高绿柱石精矿质量。

当原矿中含有金属硫化矿物时，可先用黄药和起泡剂预先浮出金属硫化矿物。若原矿中含较多萤石，可在浮选云母后，用少量水玻璃和阴离子捕收剂浮萤石。若矿石中含较多的强烈风化的长石，通常采用酸法优先浮选流程可获得较高的浮选指标。

21.2.2.3　碱法浮选流程

在磨矿或调浆时加入氢氧化钠，经洗矿、脱泥，然后用脂肪酸类捕收剂浮选绿柱石。如用碱法浮选流程对某含 BeO 1.3% 的伟晶岩绿柱石原矿，产出含 BeO 12.2% 的绿柱石精矿，铍回收率 74.7%。艾格列斯法为用水力旋流器脱泥，磁选排除磁性矿物，再用硫化钠调浆，添加热油酸（85℃）浮选绿柱石。含 BeO 0.091% 的原矿，半工业试验产出含 BeO 4.34% 的绿柱石精矿，铍回收率 81.2%。

绿柱石浮选实践表明，原矿中伴生的某些重矿物（或易浮矿物），如石榴子石、角闪石、电气石、磷灰石等严重影响绿柱石精矿质量，应尽可能排除。1963 年莫伊尔（Moir）等人提出预先排除易浮矿物，酸法优先浮选绿柱石的流程，用含 BeO 0.2%的原矿，连选试验产出含 BeO 10.9%的绿柱石精矿，铍回收率大于 75%。其试验流程如图 21-3 所示。

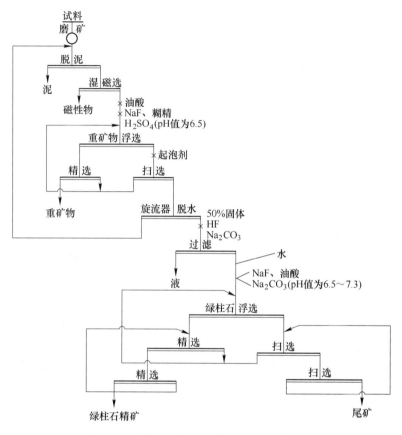

图 21-3 莫伊尔（Moir）等人的连选试验流程

1960 年我国学者研发了绿柱石碱法浮选流程，采用氢氧化钠-硫化钠-碳酸钠或氢氧化钠-碳酸钠调浆后，采用氧化石蜡皂和环烷酸皂，辅以柴油为组合捕收剂直接浮选绿柱石。此不洗矿、不脱泥的碱法正浮选简易流程为我国首创，并成功用于可可托海选铍系列。

21.2.3 辐射选矿法

绿柱石受 γ 射线照射后会放出放射性中子，用计数器记录并控制执行机构即可将绿柱石矿块拣选至精矿槽中。1958 年美国加利福尼亚州某选厂曾用此法代替手选生产绿柱石精矿，日处理量为 100t。

21.2.4 台浮（粒浮）法

台浮法广泛用于我国钨锡选厂，用台浮摇床或溜槽台浮回收某些金属硫化矿等疏水性矿物。20 世纪 50 年代起我国画眉坳、荡萍、盘古山钨矿曾试验用台浮法产出低品位绿柱石精矿。操作时，将手选低品位绿柱石精矿碎至 2mm，脱泥后加入油酸钠、煤油等捕收剂调浆，然后静置 2h 左右，再用溜槽粒浮，绿柱石精矿含 BeO 0.9% 左右，回收率为 85%～90%。江西某矿选别手选低品位绿柱石精矿的最终绿柱石精矿含 BeO 9.28%，回收率为 90%。此工艺劳动强度大，药耗高，应用范围有限。

21.2.5　磁选法

磁选法是采用磁选除去铁磁性杂质以提高绿柱石精矿品位的辅助方法。与绿柱石伴生的石榴子石、电气石、角闪石、黑云母等的可浮性与绿柱石相近，浮选分离困难。这些矿物具有弱磁性，可用磁选法将其与绿柱石分离，可提高绿柱石精矿品位。

21.2.6　选择性磨矿法

绿柱石的莫氏硬度较高（7.5～8），当它与较软的脉石矿物（如云母片岩、滑石等）伴生时，可利用其硬度差异进行选择性磨矿，磨矿后进行筛分，筛上产物可初步富集较硬的绿柱石。

21.3　羟硅铍石和硅铍石选矿

美国铍工业在世界占优势，对羟硅铍石和硅铍石选矿进行了许多富有成果的研究工作：

（1）20 世纪 60 年代末美国"铍资源公司"曾用正浮选法处理羟硅铍石黏土矿，选厂日规模 250t，原矿细磨后浮选云母和长石后，在产生微泡浮选机中浮选羟硅铍石，产出含 BeO 3%～7% 的铍精矿，铍回收率为 85%。

（2）1959 年美国内华达州发现某铅银矿中含有较高品位的羟硅铍石和硅铍石矿物，随后进行小型试验和连选试验，给料为浮选银铅后的尾矿堆积矿 Ⅱ，BeO 0.78%、羟硅铍石 0.8%、硅铍石 1.0%、石英 25%、方解石 15%、萤石 21%、长石 10%、云母 20%，连选试验规模 23kg/h，采用氢氟酸、六偏磷酸钠调浆，煤油、油酸和松醇油浮选，产出含 BeO 21% 铍精矿，铍回收率为 78.3%。

（3）给料为浮选银铅后的尾矿堆积矿 Ⅰ，与浮选银铅后的尾矿堆积矿 Ⅱ 的不同在于浮选银铅后的尾矿堆积矿 Ⅰ 中含 1% 的黄铁矿。处理浮选银铅后的尾矿堆积矿 Ⅰ 的连选流程前部采用黄药、松醇油浮选除去黄铁矿，然后浮选铍矿物，产出含 BeO 12.2% 铍精矿，铍回收率为 75%。

（4）含 BeO 高的试料进行连选试验以产出高品位的铍精矿。产出含 BeO 25% 铍精矿，铍回收率为 85.5%。试验表明：1）六偏磷酸钠的搅拌时间以 20～30min 为宜，时间过长可提高回收率，但品位下降；2）用 6 个小搅拌槽连续搅拌比用 1 个大搅拌槽的调浆效果好；3）氟化钠与六偏磷酸钠混用可更有效抑制方解石和萤石；4）硅铍石比羟硅铍石易浮，0.020～0.074mm 粒级的铍矿物比其他粒级的铍矿物易浮。

（5）犹他州斯波山羟硅铍石资源非常丰富，原矿含 BeO 0.5%～1.5%。羟硅铍石嵌布粒度极细，物理选矿法难有效富集。美国矿山局研究人员采用化学选矿法的浸出—萃取工艺提取铍，并用于工业生产。该工艺的研发成功结束了绿柱石作为唯一铍原料的历史，使羟硅铍石成为主要的铍原料。浸出—萃取工艺的要点为：磨细的原矿用硫酸进行搅拌浸出，浸出 pH 值为 0.5~1.5，羟硅铍石中的铍呈硫酸铍形态转入浸液中，经过滤产出硫酸铍浸液和尾矿。采用 P204 从浸液中萃取铍，然后采用氢氧化钠水溶液从负载铍的有机相中反萃铍，铍转入反萃液中。将反萃液加热煮沸，沉淀析出 $Be(OH)_2$，此时铝盐不水解沉淀，可达到铍铝分离。经过滤、洗涤，将 $Be(OH)_2$ 在 1100℃下煅烧 2~3h，可产出纯度达 99%左右的氧化铍。

（6）美国海伍德资源公司开发加拿大托尔湖（Thor Lake）的硅铍石资源。该矿除含铍外，还伴生稀土、钇、铀、钍、铌、钽等有用组分。选矿试验表明，可产出含 BeO 20%的铍精矿，铍回收率为 80%~85%。

21.4　金绿宝石选矿

金绿宝石为含铍较高的铍矿物，研究较少，迄今未见开发利用。

我国的金绿宝石矿为仅次于绿柱石的重要铍矿资源。湖南某矿的金绿宝石品位高，储量大，为我国潜在的重要铍矿资源。该矿床分为尖晶石含铍条纹岩、尖晶石含铍大理岩和电气石尖晶石含铍条纹岩等类型。金绿宝石与萤石、方解石、尖晶石密切共生，嵌布粒度极细，较难分选。国内曾对该矿进行物理选矿和物理选矿与化学选矿的联合工艺进行试验。其中主要为阳离子捕收剂或阴离子捕收剂浮选金绿宝石、浮选—酸浸—浮选、浮选—焙烧—浮选等工艺。俄罗斯曾进行重选—浮选工艺试验。上述试验均取得一定成果，但铍精矿均无法满足冶炼要求，或处理含 BeO 1%的富矿虽可产出含 BeO 11%以上的铍精矿，但铍回收率仅为 21%。

针对上述情况，20 世纪 70 年代初，根据铍精矿冶炼时需添加大量助熔剂（萤石）的特点，研发了采用浮选法产出含适量萤石和方解石的低品位、高回收率的铍精矿，用化学选矿法处理此低品位铍精矿的浮选—焙烧—浸出—萃取工艺流程，最终产出高品位、高回收率的氧化铍产品。试料含金绿宝石 2.08%、硅铍石 0.05%、萤石 34.82%、云母 20.39%、方解石 30.91%、电气石和角闪石 7.65%、硫化物 0.93%、氟硼镁石 3.19%。将原矿磨细至-0.074mm 占 98%，用黄药类捕收剂和起泡剂除去硫化物和部分方解石，然后用水玻璃和氟硅酸钠等抑制剂调浆，用脂肪酸皂浮选金绿宝石，从浮选尾矿中浮选萤石和云母。产出的铍精矿采用化学选矿法处理，用焙烧—浸出—萃取工艺流程，产出氢氧化铍或氧化铍产品。原矿含 BeO 0.4%，产出的氧化铍纯度大于 97%，铍浮选回收率大于 80%，对原矿的铍总回收率为 60%。

21.5　新疆可可托海锂铍钽铌矿选矿厂

21.5.1　矿石性质

可可托海铍储量为 6.5 万吨，长期以来只用手选绿柱石送往水口山六厂加工，最高年产 2500t。随铌钽锂的开采，3 号矿脉已采出 347.8 万吨铍矿石单独堆存，未得到利用，其化学成分见表 21-3。

表 21-3　可可托海 3 号矿脉铍矿石典型化学成分

成分	BeO	Li₂O	Ta₂O₅	Fe	Mn	CaO	SiO₂	Al₂O₃	K₂O	Na₂O	MgO	Nb₂O₅	其他
含量/%	0.096	0.46	0.0089	0.87	0.11	0.05	75.81	13.22	2.66	2.10	0.062	0.014	4.48

可可托海 3 号矿脉铍矿石典型矿物组成见表 21-4。

表 21-4　可可托海 3 号矿脉铍矿石典型矿物组成　　　　　　（%）

样品	绿柱石	锂辉石	云母	石英	长石	易浮矿物	其他
1	0.6	2	10	25.2	53.4	3.7	5.1
2	1.7	1.5	73	11.7	72.0	4.7	1.1
3	0.8	6	18	37.8	30.5	3.4	3.5

注：易浮矿物为磷灰石、电气石、石榴子石、铁锰氧化物和角闪石。

由于数十年的长期堆存，地表铍矿石的化学成分产生了很大变化，与表 21-3 中所列数据有较大差别，如 BeO 含量变为 0.045%～0.1%，Li₂O 含量变为 0.16%～0.46%。经研究，堆存的铍矿石的选矿工艺有铍锂混合浮选再分离流程和优先浮铍再浮锂的浮选流程。前者的原则流程如图 21-4 所示，后者的原则流程如图 21-5 所示。

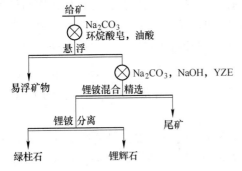

图 21-4　铍锂混合浮选再分离的浮选原则流程

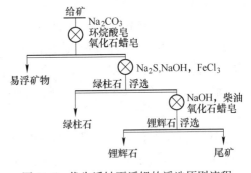

图 21-5　优先浮铍再浮锂的浮选原则流程

21.5.2　选矿工艺

可可托海锂铍钽铌矿选矿厂 1 号系列 1977 年正式投产选别高铍低锂矿石，设计日处理量 400t。入选矿石为伟晶岩矿石，有用矿物为锂辉石、绿柱石、钽铌铁矿等，主要脉石矿为长石、石英、云母等，尚有少量石榴子石、角闪石、磷灰石、电气石等。

1983 年选矿厂 1 号系统生产原则流程如图 21-6 所示。

1983 年入选的原矿含 BeO 约为 0.1%，绿柱石精矿含 BeO 为 7.35%，铍回收率为 59.86%。平均药剂耗量为 6.4kg/t。近年生产流程稍有变化，减少了精选次数。

21.6　麻花坪钨铍多金属矿选矿厂

21.6.1　矿石性质

麻花坪钨铍多金属矿为高温热液沉积型矿床。矿物组成较简单，有用矿物主要为白钨矿，其次为绿柱石、黑钨矿、萤石。主要铍矿物为绿柱石，少量蓝柱石、硅铍石。硫化矿

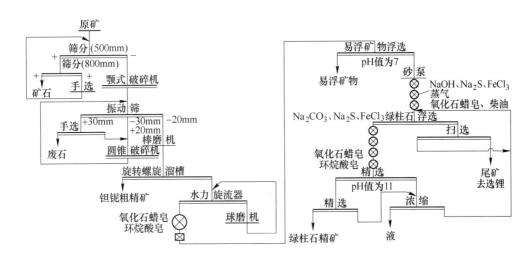

图 21-6　可可托海选矿厂 1 号系统生产原则流程

物极微量。脉石矿物主要为方解石、白云母，其次为金云母、石英等。矿石中铍矿物（绿柱石、硅铍石）粒度较粗，90%以上的绿柱石嵌布粒度大于 0.08mm，约 70%硅铍石嵌布粒度大于 0.08mm。

矿石硬度为 7.5~8，密度 2.6~3.0g/cm³，原矿含泥量 2%~3%，含水量 5%左右。绿柱石（含蓝柱石）晶体中包含白云母、方解石等包裹体，并见有白云母交代现象。绿柱石单体矿物化学分析主要成分为 BeO 12.06%、Al_2O_3 19.70%、Na_2O 0.38%、MgO 1.07%。

绿柱石（含蓝柱石）大多在脉壁生长，与萤石和白云母连生，呈较粗晶体。主要嵌布形式为：绿柱石呈自形晶柱状嵌布于萤石中或萤石和白云母之间；绿柱石晶腺状集合体成群嵌布于萤石和白云母之间。

原矿化学成分分析结果见表 21-5。

表 21-5　原矿化学成分分析结果

化学成分	WO_3	BeO	Zn	Cu	Fe	SiO_2	MgO	Al_2O_3	S	CaF_2	$CaCO_3$	Pb
含量/%	0.63	0.73	0.007	0.001	0.32	12.40	1.61	6.30	0.10	28.17	42.92	0.017

21.6.2　选矿工艺

破碎为三段开路，最终破碎粒度+20mm 粒级不大于 10%。采用阶段磨矿阶段选别的重、浮选联合流程选出黑钨矿和白钨矿，浮选尾矿细度为-0.074mm 占 65%，送反浮选铍（绿柱石）（选矿工艺流程如图 21-7 所示）。

反浮选铍作业采用萤石四次粗选、尾矿进行一粗二精三扫浮选云母作业。由于绿柱石、硅铍石的嵌布粒度较粗，反浮选前预先用水力旋流器脱泥，除去细粒级可降低药耗。加入抑制剂 CP1 合剂和捕收剂 GY101 进行四次粗选浮选萤石，其尾矿再添加抑制剂 CP2 合剂和捕收剂十八胺盐浮选云母。槽内产品经脱水即为绿柱石精矿。

钨浮选尾矿的主要成分分析结果见表 21-6。

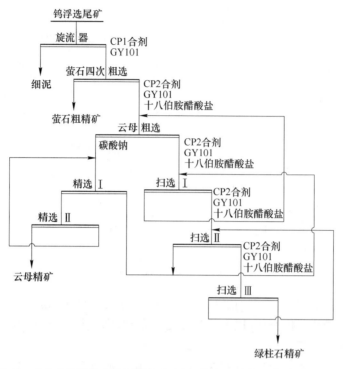

图 21-7　云南香格里拉麻花坪钨铍多金属矿选矿厂绿柱石反浮选工艺流程

表 21-6　钨浮选尾矿的主要成分分析结果

成分	BeO	CaF$_2$	CaCO$_3$	SiO$_2$	Al$_2$O$_3$	MgCO$_3$	S	Pb	白云母	黄铁矿
含量/%	0.73	25.17	36.53	11.80	6.27	2.93	0.10	0.017	15.10	0.088

绿柱石精矿主要成分分析结果见表 21-7。

表 21-7　绿柱石精矿主要成分分析结果　　　　　　　　（%）

成分	BeO	CaF$_2$	CaCO$_3$	SiO$_2$
含量	7.60	6.28	30.12	3.50
回收率	71.59	1.35	10.95	12.59

吨矿消耗指标见表 21-8。

表 21-8　吨矿消耗指标

项目	水 /m^3·t^{-1}	电 /kW·h	钢球 /kg·t^{-1}	GY101 /g·t^{-1}	CP1 /g·t^{-1}	CP2 /g·t^{-1}	Na$_2$CO$_3$ /g·t^{-1}	十八胺 /g·t^{-1}
用量	4.04	24.2	0.06	1600	3000	1050	480	420

　　工艺特点：（1）利用绿柱石、硅铍石与脉石矿物的嵌布粒度差异，进行预先脱泥，提高了入选品位和降低了矿泥的有害影响；（2）钨浮选尾矿中的绿柱石与萤石、方解石、石英、云母等矿物的可浮性相近，白钨浮选尾矿为碱性介质，采用酸化水玻璃抑制绿柱石和云母，用 GY101 反浮选萤石，使浮选作业在中性介质中进行；（3）加入酸化水玻璃抑制

绿柱石，用十八胺反浮选云母粗选，云母精选加入碳酸钠使精选作业在中性介质中进行；
（4）槽内产品经脱水即为绿柱石精矿；（5）该工艺综合利用率高，产出黑钨精矿、白钨
精矿、萤石粗精矿、云母精矿和绿柱石精矿。

21.7　水口山六厂

21.7.1　概述

早于 20 世纪 40 年代德国德古萨公司采用硫酸法生产工业氧化铍。由于硫酸无法直接
分解绿柱石，须加入碱性熔剂（如碳酸钠、石灰等）或氯化钙、氯化钠等熔炼或经煅烧处
理，破坏矿物结构或转变晶型，才可被硫酸浸出。其反应可表示为：

$$3BeO \cdot Al_2O_3 \cdot 5SiO_2 + 2CaO \longrightarrow CaO \cdot Al_2O_3 \cdot 2SiO_2 + CaO \cdot 3BeO \cdot SiO_2 + 2SiO_2$$

$$CaO \cdot 3BeO \cdot SiO_2 + H_2SO_4 \longrightarrow 3BeSO_4 + CaSO_4 \downarrow + H_2SiO_4$$

随后，美国布拉什（Brush）铍公司对德古萨工艺进行改进，直接将绿柱石精矿在电弧
炉中加热至 1700℃熔化，将熔融体倾入高速流动的冷水中进行水淬，获得粒状的铍玻璃，再
在煤气炉中加热至 900℃使氧化铍析出，粉碎后与浓度为 93%硫酸混合为浆状，将料浆于
250~300℃下进行硫酸浸出，铍浸出率达 93%~95%。

生产工业氧化铍的方法主要为硫酸法、氟化法和硫酸盐萃取法等。

硫酸法为产出氢氧化铍与氧化铍的应用最广的方法之一，其原则工艺流程如图 21-8
所示。

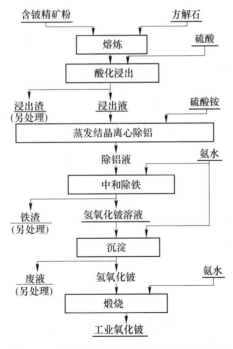

图 21-8　硫酸法生产氧化铍的原则工艺流程

依据破坏含铍矿物结构的方法，硫酸法分为加熔剂硫酸法和不加熔剂硫酸法。

不加熔剂硫酸法是熔炼过程中不加碱性熔剂造渣，该方法要求给料品位高，否则，转

化率低。

我国目前采用的加熔剂熔炼法，用预煅烧方法破坏矿物结构、转变晶型，再采用硫酸浸出含铍矿物，使铍、铝、铁等组分转入浸液中，过滤可除去硅等脉石矿物。浸液经净化、除杂后，用氨水沉淀析出氢氧化铍。经过滤、洗涤、煅烧，产出工业氧化铍产品。此流程较长，但产品纯度较高。

20 世纪 60 年代美国矿山局采用硫酸浸出—溶剂萃取工艺处理犹他州的硅铍石精矿和北卡罗纳州金斯山绿柱石精矿。1969 年美国布拉什—威尔曼公司建立了硫酸浸出—溶剂萃取工艺处理犹他州的硅铍石精矿的生产厂，所采用的原则工艺流程如图 21-9 所示。

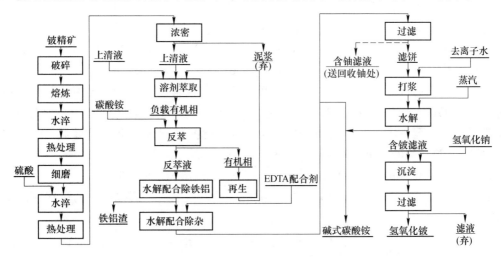

图 21-9　硫酸浸出—溶剂萃取工艺生产氢氧化铍的原则工艺流程

硅铍石精矿经破碎、熔炼、水淬、湿磨至 -0.074mm 占 98%，加入 10% 硫酸，于液固比为 3:1、65℃ 下搅拌浸出 24h，经逆流洗涤沉降，获得含铍 0.4~0.7g/L、铝 4~7g/L、pH 值为 0.5~1.0 的浸出液。用 P204-乙醇-煤油为有机相进行 8 级逆流萃取，铍及少量铝、铁转入有机相中。用碳酸铵溶液反萃负载有机相，铍呈铍碳酸铵转入反萃液中，铁、铝也进入反萃液中。反萃后的有机相用硫酸酸化再生后返回萃取作业循环使用。反萃液加热至 70℃，铁、铝水解沉淀析出。将除铁、铝后的铍净化液加温至 95℃，并加入 EDTA 配合剂，水解析出碱式碳酸铍沉淀，过滤后的滤液若含铀则送回收铀作业。滤饼用去离子水浆化，浆料用蒸汽加热至 165℃ 沉析碱式碳酸铵沉淀。过滤所得含铍滤液用氢氧化钠沉淀析出氢氧化铍。碱式碳酸铵和氢氧化铍为最终产品。

21.7.2　水口山六厂生产工业氧化铍的原则流程

水口山六厂生产工业氧化铍的原则流程如图 21-10 所示。

我国水口山六厂的提铍工艺为布拉什（Brush）工艺，将绿柱石精矿与方解石配料混合，在电弧炉中于 1400~1500℃ 下熔炼，熔体经水淬变为具有高反应活性的铍玻璃体，湿磨后的细铍玻璃与浓硫酸混合，剧烈反应使温度升至 250℃ 左右，过程中硅酸脱水析出 SiO_2。然后用水浸出，经固液分离，获得含铍及少量铁、铝杂质的浸出液。加入硫酸铵，经蒸发浓缩、冷却结晶析出铝铵矾（硫酸亚铁铵和硫酸铝铵矾渣）（另处理）。固液分离

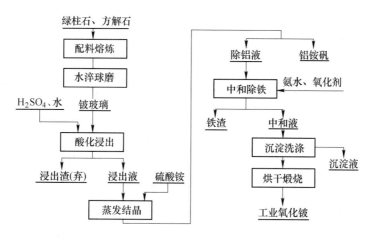

图 21-10　水口山六厂生产工业氧化铍的原则流程

后获得除铝后的含铍液，加入氧化剂（氯酸钠）和氨水（pH 值为 5 左右），使亚铁氧化为高铁并形成过滤性能好的类似针铁矿的铁渣。固液分离后获得含铍的净化液，用氨水调 pH 值至 7.5，高温沉淀析出氢氧化铍。经碱洗、过滤、煅烧，产出工业氧化铍。

工业氧化铍中主要杂质含量典型值见表 21-9。

表 21-9　工业氧化铍中主要杂质含量典型值

杂质成分	Fe$_2$O$_3$	Al$_2$O$_3$	SiO$_2$	CaO	MgO	P
含量/%	0.3	0.7	0.3	0.2	0.2	0.05

工业氧化铍产量见表 21-10。

表 21-10　工业氧化铍产量

年份	1996	1997	1998	1999	2000	2001	2002	2003	2004	2005
产量/t	18.7	33.9	55.2	60.6	72.7	92	115.1	118.3	115.2	97

工业氧化铍的回收率为 74%~78%。

水口山六厂除产出工业氧化铍外，还产出高纯氧化铍、铍铜中间合金、金属铍等产品。

第4篇

非金属矿物浮选

FEIJINSHU KUANGWU FUXUAN

22 硫铁矿浮选

22.1 概述

22.1.1 非金属矿

非金属矿产为除金属矿产和矿物燃料矿产外的具有经济价值的岩石、矿物等自然资源。国外文献中，有时将非金属矿产称为工业矿物和岩石。

非金属矿有91种，如金刚石、石墨、自然硫、硫铁矿、水晶、刚玉、蓝晶石、硅线石、红柱石、硅灰石、钠硝石、滑石、石棉、蓝石棉、云母、长石、石榴石、叶蜡石、透辉石、透闪石、蛭石、沸石、明矾石、芒硝、石膏、重晶石、毒重石、天然碱、方解石、冰洲石、菱镁矿、萤石、宝石、玉石、玛瑙、石灰岩、白垩、白云石、石英岩、砂岩、天然石英砂、脉石英、硅藻土、页岩、高岭土、陶瓷土、耐火黏土、凹凸棒石、海泡石、伊利石、累托石、膨润土、辉长岩、大理岩、花岗岩、盐矿、钾盐、镁盐、碘、溴、砷、硼矿、磷矿等。

22.1.2 硫铁矿矿床

硫铁矿矿床分布极广，各国均有。中国的硫铁矿储量相当丰富，硫铁矿不仅是硫的重要来源，且常伴生可综合利用的铜、铅、锌、金、银、铋、钴、镉、砷、硒、碲、铊、铟等多种金属和贵金属。

硫铁矿矿床类型可分为三种。

22.1.2.1 沉积硫铁矿矿床

此类硫铁矿矿床数目多，总储量大，分布范围大。但矿石品位低，矿层薄，难机械化开采。非含煤地层中的硫铁矿品位中等，以单一硫铁矿为主，其次为硫铁多金属矿床。矿床规模大、中、小型均有，少数规模巨大。

22.1.2.2 大陆火山-气液矿床

大陆火山-气液矿床有以下几种：

（1）火山构造沉陷型硫铁矿矿床：分布于川、滇、黔三省交界地区，硫铁矿体呈透镜状或似层状产于峨眉山玄武岩中，如"川南煤系硫铁矿"。

（2）火山岩盆地型玢岩硫铁矿矿床：为中国重要硫铁矿矿床之一，主要分布于长江中下游及东南沿海一带燕山运动中晚期的断陷盆地中。代表性矿床为安徽向山和马山硫铁矿矿床。

（3）热液充填硫铁矿矿床：包括单一的脉状硫铁矿矿床和含大量黄铁矿的有色金属

（铜、铅锌、钨锡等）和贵金属脉状矿床。

（4）接触交代型硫铁矿床：包括产于岩体边部接触带和岩体内部捕虏体接触带的矽卡岩矿床及产于同样部位但矽卡岩化不发育的交代矿床。矿床围岩主要为碳酸盐（灰岩、白云质灰岩和白云岩）。主要分布于豫西、湘南、鄂东和粤西，如河南银家沟、湖南上堡、广东黑石岗、湖北巷子口等。

22.1.2.3　海底火山矿床

海底火山矿床为一种重要的硫铁矿矿床类型。矿床多为中型以上，含硫品位高，常伴有铜、铅、锌、稀有金属和贵金属。此类矿床常绕火山喷发中心成带或成群出现。可分为：产于酸性火山岩中的矿床、产于基性火山岩中的矿床、产于沉积岩和深变质岩中的矿床、产于变质岩系中的硫铁矿床。产于变质岩系中的硫铁矿床的工业意义最大，一般为大型或特大型。如广东云浮大降坪、内蒙古东升庙、炭窑口等属此类矿床。

22.1.3　硫铁矿物

黄铁矿、磁黄铁矿、白铁矿统称为硫铁矿，其物化特性见表 22-1。

表 22-1　硫铁矿矿物的物化特性

矿物名称		黄铁矿（硫铁矿）	磁黄铁矿	白铁矿
分子式		FeS_2	$Fe_{1-x}S$（$x=0.1\sim0.2$） 或 Fe_nS_{n+1}	FeS_2
理论含量 /%	Fe	53.4	39~40	53.4
	S	46.6	—	46.6
结晶特征		等轴晶系	六方晶系	斜方晶系
颜色		金黄色、黄铜色	暗青铜黄色	淡黄铜色
条痕		绿黑色	灰黑色	暗灰绿色
光泽		金属光泽	金属光泽	金属光泽
硬度		6~6.5	4	5~6
密度/g·cm⁻³		4.95~5.2	4.58~4.7	4.6~4.9
其他性质		火烧时发蓝色火焰， 并有刺鼻硫黄臭味	具有磁性，为良导电体	
共生矿物		常与铜、铅、锌等共生， 形成多金属矿床	常与黄铜矿、黄铁矿、磁铁矿、 闪锌矿、方铅矿等共生	
分布状况		为分布最广的硫化物类矿物		产于沉积地层中， 分布较少

22.1.4　硫铁矿矿石

硫铁矿矿石可分为黄铁矿矿石、磁黄铁矿矿石、煤系硫铁矿矿石和多金属伴生硫铁矿矿石。

黄铁矿为硫资源的主体，以硅酸盐脉石为主的黄铁矿矿石，脉石矿物主要为石英、长石和黏土等硅酸盐类矿物，一般在酸性介质中或在矿浆自然 pH 值条件下易浮选。

以碳酸盐脉石为主的黄铁矿石，脉石矿物主要为白云石、方解石等碳酸盐类矿物，间或含有石英、绢云母之类的硅质物。一般采用碱性介质或在矿浆自然 pH 值条件下浮选。

另一类为黄铁矿与有用矿物伴生，包括煤系地层中伴生和与多金属伴生。

22.1.5　硫铁矿的工业要求

我国目前硫铁矿矿床资源/储量划分标准（DZ/T 0210—2002）见表 22-2。

表 22-2　硫铁矿矿床资源/储量划分标准

矿床规模	单位	硫铁矿资源储量/万吨
大型	矿石	≥3000
中型	矿石	200~3000
小型	矿石	<200

硫铁矿一般工业指标（DZ/T 0210—2002）见表 22-3。

表 22-3　硫铁矿一般工业指标

项　　目		指　　标
硫边界品位/%		8
硫最低工业品位/%		14
最低可采厚度/m		0.7~2.0
夹石剔除厚度/m		1~2
有害组分最大允许含量（质量分数）/%	As	0.1（酸洗流程）或 0.2（水洗流程）
	F	0.05（酸洗流程）或 0.1（水洗流程）
	Pb+Zn	1
	C	5~8
硫铁矿矿石品级划分/%	一级品	≥35
	二级品	25~35
	三级品	14~25

22.1.6　硫铁矿矿石技术指标

硫铁矿矿石技术指标（HC/T 2786—1996）见表 22-4。

表 22-4　硫铁矿矿石技术指标　　　　　　　　　　　　　　（%）

项　　目	优等品		一等品	合格品	
	优- I	优- II		合- I	合- II
有效硫含量（≥）	38	35	28	25	22
砷含量（≤）	0.05		0.1	0.15	
氟含量（≤）	0.05		0.10		
铅锌含量（≤）	1.0		1.0	1.0	
碳含量（≤）	2.0		3.0	5.0	

22.1.7　硫精矿质量标准

硫精矿技术指标（YS/T 337—2009）见表 22-5。

表 22-5　硫精矿技术指标

品　级	化学成分/%			
	有效硫不小于	杂质不大于		
		As	F	Pb+Zn
一级品	43	0.01	0.03	0.40
二级品	38	0.03	0.05	0.80
三级品	35	0.10	0.08	1.20
四级品	29	0.40	0.20	2.50
五级品	26	1.60	1.80	3.00

22.2　广东云浮硫铁矿

22.2.1　概况

广东云浮硫铁矿是目前国内最大的硫铁矿，已探明硫铁矿储量 2.08 亿吨，平均含硫 31.04%，氟、砷、铅、锌等有害元素含量均低于国家规定标准。其储量、品位、品质、规模均居世界首位。现年开采硫铁矿原矿 300 万吨，产硫酸 60 万吨，磷肥 20 万吨。为全国最大的硫铁矿生产基地、华南地区最大的硫酸生产基地和我国最大的硫精矿出口基地。

22.2.2　矿石性质

云浮硫铁矿系沉积变质型热液富集矿床，工业类型分块矿和粉矿。自然类型分致密块状、条带状、浸染状和粉砂状。金属矿物主要为黄铁矿、有少量磁黄铁矿、闪锌矿、方铅矿、黄铜矿等。粒度一般为 0.05～0.5mm，少量 0.01～0.05mm 和 0.5～1mm。脉石矿物主要为石英、方解石、绢云母，其次为碳质和石墨/透闪石、石榴石、钾长石、萤石等。

云浮硫铁矿石含碳，颜色呈黑色、褐色，有用矿物主要为黄铁矿，其次为白铁矿、磁黄铁矿、褐铁矿，少量闪锌矿、黄铜矿。矿石构造以条带状为主，其次为块状、浸染状。条带状矿石脉石矿物主要为硫酸盐，致密块状脉石矿物主要为石英和绢云母。

22.2.3　选矿工艺

云硫矿业选矿厂有 5 个选矿系列，其中 1～3 系列处理含硫 23% 的贫矿，4～5 系列处理含硫 30% 以上的富矿。5 个系列均产出 46% 以上的高品位优质硫精矿。

富矿经三段开路破碎、一段闭路小破碎、一段开路磨矿（棒磨）、分级脱水产出 −3mm 硫铁矿，直接作硫精矿出售。随开采不断深入，资源日益贫化，富矿生产线 −3mm 产品品位不够高、运输成本高等原因，已逐渐退出市场。

贫矿采用浮选法富集。贫矿浮选工艺流程如图 22-1 所示。

采矿过程采出的低品位边界矿石，采用动筛跳汰机和螺旋选矿机等重选设备产出合格硫铁矿精矿。对条带状矿石，原矿含硫 23.15% 时，硫精矿含硫 35.50%，精矿中硫回收率为 83.36%；对致密状矿石，原矿含硫 23.88% 时，硫精矿含硫 35.00%，精矿中硫回收率为 78.45%。

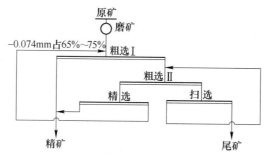

图 22-1 贫矿浮选工艺流程

22.3 新桥硫铁矿

22.3.1 概述

铜陵化工集团新桥矿业有限公司为以硫为主，伴生铜、金、银、铁、铅、锌等多种金属元素的大型化学矿山，为我国第二大硫铁矿矿山。已探明储量 1.7 亿吨，其中硫铁矿矿石量 8711 万吨，铁矿石量 2400 万吨，铜金属量 50 万吨，铅锌金属量 4 万吨，上千吨金银金属量。为中国华东、华中地区最重要的硫资源供应商。

现年采矿能力 200 万吨，年选矿能力 170 万吨。

22.3.2 矿石性质

矿石中主要金属矿物为黄铁矿，次为磁铁矿、磁黄铁矿、黄铜矿、辉铜矿、褐铁矿、铜蓝、蓝辉铜矿、砷黝铜矿、孔雀石等。

矿石化学成分分析结果见表 22-6。

表 22-6 矿石化学成分分析结果

化学成分	Cu	S	TFe	Pb	Zn	SiO$_2$	Al$_2$O$_3$	CaO	MgO	C	As	Au/g·t^{-1}	Ag/g·t^{-1}
含量/%	0.33	33.56	36.00	0.041	0.094	9.90	3.06	3.11	1.66	1.54	0.096	1.10	18.95

22.3.3 选矿工艺

新桥硫铁矿浮选工艺流程如图 22-2 所示。

小型闭路试验指标见表 22-7。

表 22-7 小型闭路试验指标　　　　　　　　　　　　　　　（%）

产品名称	产率	品位				回收率			
		Cu	S	Au/g·t^{-1}	Ag/g·t^{-1}	Cu	S	Au	Ag
铜精矿	1.49	16.74	29.81	17.75	162	76.77	1.32	24.77	12.88
硫精矿	66.69	0.075	47.96	0.98	16.99	15.40	94.89	61.32	60.46
尾矿	31.82	0.08	4.02	0.47	15.70	7.83	3.79	14.01	26.66
原矿	100.00	0.32	33.71	1.07	18.74	100.00	100.00	100.00	100.00

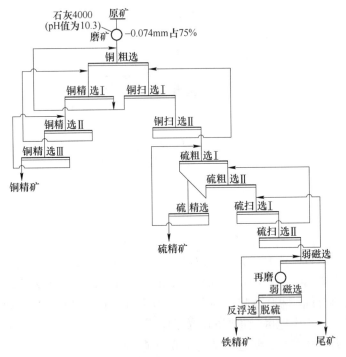

图 22-2　新桥硫铁矿浮选工艺流程

从表中数据可知，高碱工艺浮选指标不理想，建议改为低碱介质浮选新工艺。

22.4　冬瓜山铜矿选矿厂

22.4.1　概述

冬瓜山铜矿选矿厂为安徽铜陵有色金属集团控股有限公司下属的主力选厂之一。为一特大型矽卡岩型铜矿床，铜金属储量 99.68 万吨，硫储量 1473.79 万吨。

冬瓜山铜矿前身为狮子山铜矿，1966 年投产。2004 年 5 月新建选厂投产，更名为冬瓜山铜矿。

22.4.2　矿石性质

冬瓜山铜矿床属狮子山矿区深部的一个大型高硫矿床。铜矿石按矿物组成分为：含铜磁黄铁矿、含铜磁黄铁矿滑石蛇纹石、含铜黄铁矿、含铜矽卡岩、含铜硬石膏、含铜磁铁矿、含铜闪长岩、含铜粉砂岩。其中含铜磁黄铁矿滑石蛇纹石类型位于矿床下部，含泥高，属难选矿石，占总铜矿石量的 25% 左右。

冬瓜山铜矿石的主要金属矿物为黄铜矿、黄铁矿、磁黄铁矿、磁铁矿等，次为白铁矿、方黄铜矿、墨铜矿等。主要脉石矿物为石榴石、石英、滑石、蛇纹石、硅镁石，次为钙铁辉石、黑云母、方解石、白云母、硬石膏等。

黄铜矿常呈他形粒状浸染在脉石或嵌布于黄铁矿、磁黄铁矿、磁铁矿与脉石颗粒的间隙或裂隙中，常被片状脉石穿切。黄铜矿与脉石关系密切，以中、细粒嵌布为主。黄铁矿嵌布粒度较粗，磁黄铁矿与磁铁矿嵌布粒度较细。

矿石化学成分分析结果见表22-8。

表 22-8　矿石化学成分分析结果

成分	Cu	Fe	S	CaO	MgO	Al$_2$O$_3$	SiO$_2$	As	Au/g·t^{-1}	Ag/g·t^{-1}
含量/%	1.07	32.61	18.13	7.33	4.70	1.63	20.96	0.002	0.28	3.80

铜化学物相分析结果见表22-9。

表 22-9　铜化学物相分析结果　　　　　　　　　　　（%）

化学物相	自由氧化铜中铜	墨铜矿中铜	次生硫化铜中铜	原生硫化铜中铜	结合铜中铜	总铜
含量	0.013	0.076	0.019	0.813	0.017	0.938
占有率	1.39	8.10	2.03	86.67	1.81	100.00

铁化学物相分析结果见表22-10。

表 22-10　铁化学物相分析结果　　　　　　　　　　（%）

化学物相	磁性铁中铁	磁黄铁矿中铁	其他硫化铁中铁	赤、褐铁矿中铁	碳酸盐中铁	硅酸盐中铁	总铁
含量	5.72	10.66	3.84	0.86	0.53	2.39	24.00
占有率	23.83	44.42	16.00	3.58	2.21	9.96	100.00

22.4.3　选矿工艺

冬瓜山铜矿选矿厂选矿工艺流程如图22-3所示。

冬瓜山铜矿在主井附近-910m水平设置坑内集中破碎站，将井下采出的最大块为800mm的矿石碎至小于200mm，进入主井矿仓。主井矿仓矿石送粗矿仓储存经带式输送机供半自磨-球磨。半自磨机规格为φ5486mm×3926mm，装球量为8%（体积含量），半自磨机与两台球磨机配套。球磨机规格为φ5.03m×8.3m，2组水力旋流器规格为6×φ660mm，旋流器给矿采用变频调速泵对磨矿分级回路进行自动控制，旋流器溢流浓度为33%，细度为-0.074mm占75%。再磨细度为-0.045mm占90%。

冬瓜山铜矿选矿厂年处理量为400万吨，日处理量为13000t。采用全优先浮铜—全尾浮硫—硫尾磁选铁的工艺硫程，产出铜精矿、硫精矿和高硫铁精矿三种产品。产出铜含量为17.78%、铜回收率大于86%的铜精矿，硫精矿回收率大于40%，铁精矿回收率大于10%。

冬瓜山铜矿选矿指标仍有较大的提高空间，建议采用低碱介质工艺路线、药剂制度和操作方法，实现自然pH值条件下优先选铜和原浆浮选硫及磁选磁铁矿。预计可大幅度提高铜精矿品位和铜精矿中的铜、金、银的回收率；可大幅度提高硫精矿品位和硫回收率；可大幅度提高铁精矿品位和铁的回收率；可大幅度降低吨矿药剂成本，简化工艺流程，经济效益异常显著。

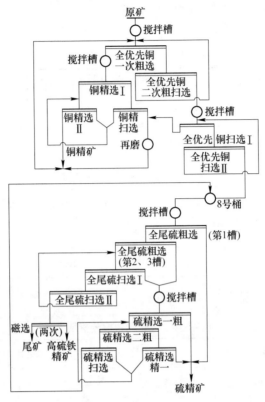

图 22-3 冬瓜山铜矿选矿厂全优选铜—全尾选硫—磁选铁的工艺流程

23 磷矿物浮选

23.1 概述

23.1.1 磷矿物

磷矿为经济可利用的磷酸盐类矿物的总称。磷在地壳中的丰度为 0.105%。磷矿主要用于制造磷肥、黄磷、磷酸、磷化物及其他磷酸盐类化合物，主要用于农业、医药、食品、颜料、水处理、制糖、陶瓷、国防等领域。

自然界的含磷矿物较多，P_2O_5 含量为 1% 以上的矿物有 240 余种，但目前工业上可利用的主要为磷酸钙类矿物，可分为磷灰石型磷酸盐和含铝磷酸盐两大类。

23.1.1.1 磷灰石型磷酸盐

磷灰石型磷酸盐为磷酸钙组成的磷灰石矿物。自然界中 95% 的磷元素集中于磷灰石中。在磷灰石分子结构中可添加许多取代组分，常见 Mg、Sr、Na 取代 Ca；OH、Cl 取代 F；As、V 取代 P；CO_3^{2-}、F^- 取代 PO_4^{3-}；由此形成许多成分相当复杂的类质同象矿物变种，现发现的磷灰石变种有百余种，但最常见又能组成矿床的主要为：

（1）氟磷灰石（$Ca_5(PO_4)_3F$）：含 P_2O_5 42.23%、CaO 50.03%、F 3.8%，密度为 3.19g/cm³。晶体呈六方柱或六方锥，也有呈板状、长柱状或针状。粒度为 0.$x \sim xx$mm，粗大的氟磷灰石晶体产于酸性伟晶岩脉中。颜色多样，如无色透明或乳白色、略呈绿色、黄绿色等。有贝壳状断口，玻璃状光泽。硬度不高，小刀可刻划。将氟磷灰石碎至粉末置于火上燃烧，产生蓝光或绿光。氟磷灰石主要分布于岩浆作用和变质作用形成的磷矿石中，沉积磷块岩中也有分布。

（2）氯磷灰石（$Ca_5(PO_4)_3Cl$）：含 P_2O_5 40.91%、CaO 48.47%、Cl 6.8%，密度为 3.20g/cm³。结晶形态、特点与氟磷灰石相似。主要分布于岩浆作用和变质作用形成的磷矿石中，但量少。

（3）羟基磷灰石（$Ca_5(PO_4)_3(OH)$）：含 P_2O_5 42.4%、CaO 50.23%，密度为 2.96 ~ 3.10g/cm³。为分布广泛的钙磷酸盐矿物。

（4）碳磷灰石（$Ca_{10}(PO_4)_6(CO_3)$）：含 P_2O_5 35.97%、CaO 48.31%、CO_2 4.46%，密度为 2.96~3.10g/cm³。为分布广泛的钙磷酸盐矿物。

（5）碳氟磷灰石（$Ca_{10}(PO_4,CO_3OH)_6(F,OH)_2$）：密度为 3.15~3.19 g/cm³。碳氟磷灰石的晶形肉眼难看见，在光学显微镜下可看到为长柱状或针状，粒度小于 0.01mm。碳氟磷灰石为沉积磷块岩的主要磷矿物，外貌多种多样，主要为微细晶粒的集合体和碳氟磷灰石成胶状的非晶质集合体，俗称"胶磷矿"。"胶磷矿"有结晶形态，只是晶粒细小。国内外海相磷块岩的磷灰石矿物均呈碳氟磷灰石形态产出。内生磷灰石矿床的磷灰石矿物主要为氟磷灰石。

23.1.1.2　含铝型磷酸盐

含铝型磷酸盐矿床的分布非常广泛，如塞内加尔的捷斯（Thies）磷矿、圣诞岛（Christmas Island）磷矿、中国四川什邡磷矿等。

（1）磷锶铝石（$SrAl_3(PO_4)_2(OH)_5 \cdot H_2O$）：含 P_2O_5 30.77%、SrO 22.45%、Al_2O_3 33.12%。磷锶铝石相当坚硬，小刀无法刻划，密度为 3.11 g/cm³。除用作磷矿外，可综合利用锶和稀土元素。四川什邡磷矿的硫磷铝锶矿层为一种含硫和钙的变种。

（2）蓝铁矿（$Fe_3(PO_4)_2 \cdot 8H_2O$）：含 P_2O_5 28.30%、FeO 43.0%、H_2O 28.7%。通常呈柱状、圆球状、片状、放射状、纤维状或土状，密度为 2.68 g/cm³。新鲜晶体比较透明，具有玻璃光泽，颜色为浅蓝色或浅绿色，强氧化后呈深蓝色、暗绿色或蓝黑色，容易识别。蓝铁矿主要产于含较多有机质的褐煤、泥炭、森林土壤中，也可与针铁矿共生。含海绿石的沙质磷块岩中含有蓝铁矿。有些蓝铁矿为原生铁铝磷酸盐矿物的风化产物。

除上述磷矿物外，常见的磷酸盐矿物还有银星石、磷铝石、红磷铁石等，主要含铝磷酸盐矿物的典型分子式为：纤维钙铝石（$CaAl_3(PO_4)_2(OH)_5 \cdot H_2O$）、水磷铝碱石（$(Na、K)CaAl_6(PO_4)(OH)_4 \cdot 3H_2O$）、银星石（$Al_3(OH)_3(PO_4) \cdot 3H_2O$）、独居石（$RePO_4$）。目前含铝磷酸盐矿物的使用量较小，有的国家用它生产硝酸磷肥或经焙烧后直接使用。此资源可用于生产磷肥。

23.1.2　磷矿石

23.1.2.1　磷灰石矿

磷矿石按地质成因主要分为磷灰石矿、磷块岩矿和磷灰岩矿三种。此外，还有铝磷酸盐矿和鸟粪磷矿。

磷灰石矿为内生形成的含磷灰石矿石，多形成于岩浆结晶作用后期或更晚期。据赋存岩体差别可分为：碱性岩类磷灰石矿，超基性、碱性岩类磷灰石矿，基性、超基性岩类磷灰石矿，中性岩磷灰石矿，酸性岩类磷灰石矿，伟晶岩类磷灰石矿，火山岩型磁铁矿磷灰石矿。

该类磷矿石 P_2O_5 含量低，但晶体粗大、完整，易选，可综合利用伴生的有用组分。此类占世界磷矿总储量的 20%。选矿可产出 P_2O_5 含量大于 35%，回收率大于 80% 的磷精矿，如我国马营磷矿。

23.1.2.2　磷块岩矿

磷块岩矿为外生作用形成的隐晶质或显微隐晶质磷灰石及其他脉石矿物组成的堆积体，为世界磷矿资源的最主要磷矿石，此类矿石储量占世界磷矿总储量的 74%。其特点为矿层厚，品位较高、规模大。含磷矿物为碳氟磷灰石，其理论品位 P_2O_5 含量较低，晶体极细，且细小晶体组成的集合体中还含数量不等、粒级不同的白云石等杂质，故要求入选磨矿细度高，流程复杂，选矿指标较低。如苏联卡拉套磷矿和我国王集磷矿。

23.1.2.3 磷灰岩矿

磷灰岩矿为变质作用形成的磷矿石，故称为变质岩型磷灰石矿，此类矿石储量占世界磷矿总储量的 4% 左右。此类矿石 P_2O_5 含量常为 3%~8%，富的可达 10%~20%，经风化后可提高 P_2O_5 含量。矿石呈层状、似层状、延伸稳定。其可选性介于磷灰石和磷块岩之间，我国江苏锦屏磷矿属此类型。

23.1.3 磷矿床

磷矿床主要为岩浆岩型磷灰石矿床、沉积岩磷块岩矿床和变质岩型磷灰岩矿床，遍布于世界多数国家，储量超亿吨的国家有 21 个。在世界各国的磷矿资源中均以沉积岩磷块岩矿床为主，但成矿年代、储量和品位各不相同。较典型矿区为：美国佛罗里达和西部各州磷矿，苏联希宾和卡拉套磷矿，我国中南和西南的磷矿。

鸟粪磷矿床为鸟粪堆积及磷质胶结珊瑚砂形成的磷矿床，据气候条件分为可溶性和淋滤两类。可溶性鸟粪磷矿床形成于干燥气候条件，含大量磷酸盐，还含较高的硝酸钾，有的鸟粪磷矿床 P_2O_5 含量达 27.1%、NO_2 9%~10%、K_2O 2%~3%，此类矿床为良好的氮、磷、钾综合肥料。淋滤鸟粪磷矿床形成于热湿气候条件，可溶性盐类被淋滤至矿层之下，与伏珊瑚石灰岩形成磷酸钙沉淀。矿层中缺乏易溶的硝酸盐时，鸟粪磷矿床呈棕色土状或粒状，含腐植质时呈黑色，矿层厚度各地不一，P_2O_5 含量 20%~25%、NO_2 23.54%~27.34%。

23.1.4 我国磷矿资源

23.1.4.1 我国磷矿资源储量与分布

我国磷矿资源较丰富，已探明的资源总量仅次于摩洛哥，居世界第二位。至 2004 年底，全国共有磷矿产地 440 处，其中大型 72 处，中型 137 处，分布于全国 27 个省市自治区。查明储量 163.40 亿吨，其中储量 18.92 亿吨，基础储量 38.94 亿吨，资源量 124.46 亿吨。从上述数据可知，我国磷矿资源虽多，但近中期在技术经济上可利用的基础储量仅占查明储量的 24%，而难以利用的资源量占 76%，表明我国磷矿开发利用较困难。

我国除西藏外均发现有磷矿，但相对集中于云南、贵州、湖北、四川和湖南五省，五省保有磷矿资源储量占全国的 75%，且 P_2O_5 含量大于 30% 的富矿全部集中于这五个省。主要分布于云南滇池地区、贵州开阳地区、瓮福地区、湖北宜昌地区、胡集地区、保康地区和四川清平地区、马边地区等八个区域。

我国磷矿资源分布极不平衡，储量南多北少、西多东少，大型磷矿及富矿高度集中于西南地区。

23.1.4.2 我国磷矿资源特点

我国磷矿资源特点为：

（1）资源储量大，分布比较集中。大型磷矿及富矿高度集中于西南地区。造成我国"南磷北运，西磷东运"的局面。

（2）中低品位矿多、富矿少。全国磷矿平均 P_2O_5 含量为 17% 左右，大于 30% 的富矿只有 13.83 亿吨，占全国磷矿总量的 8.5% 左右，且主要分布于云、贵、鄂三省。大部分磷矿须经选矿富集后才能满足磷酸和高浓度磷复合肥生产的需求。

（3）难选矿多，易选矿少。探明储量中，沉积型磷块岩型的胶磷矿占总储量的 85%，且大部分为中低品位矿。我国磷矿 90% 为高镁磷矿，嵌布粒度细，须磨至 −0.074mm 占 90% 以上才单体解离。我国磷矿为世界难选磷矿之一。

（4）较难开采的倾斜至缓倾斜、薄至中厚的矿体多，适于大规模高强度开采的磷矿少。造成开采损失率高、贫化率高和资源回收率低等技术难题。

23.2　磷矿质量标准

23.2.1　磷矿质量评价

23.2.1.1　磷矿品位

磷矿品位为磷矿中磷的含量，我国和俄罗斯常采用 P_2O_5 的质量分数表示；美、英和非洲等国家常采用磷酸三钙（Triphosphate of Line，简称 TPL）和骨质磷酸盐（Bone phosphate of Line，简称 BPL）的含量表示。它们的关系为：

$$80\%BPL = 80\%TPL = 36.6\%P_2O_5 = 16\%P$$

按上述关系换算，计算公式为：

$$BPL = TPL = P_2O_5\% \times 0.458$$

$$P_2O_5\% = BPL \times 2.1858$$

用于湿法磷酸和其他酸法磷肥生产的磷矿常希望提高 P_2O_5 品位，但富矿少，目前要求杂质达标条件下，品位大于 68%～78% BPL（31.11%～32.03%P_2O_5）即可。我国磷矿含 P_2O_5 31% 以上为富矿，含 P_2O_5 26%～30% 为中品位矿，含 P_2O_5 小于 26% 为贫矿，但上述划分并非绝对。对湿法磷酸生产而言，磷矿品位愈低效益愈低。磷酸生产中，磷矿品位与系统水平密切相关。磷矿品位愈高，产品质量和经济效益愈高。因此，对低品位磷矿而言，应尽可能进行选矿富集以提高磷矿品位。

23.2.1.2　磷矿中的有害杂质

磷矿中的有害杂质较多，但有害影响大的常为铁、铝、镁，其次为碳酸盐、有机物、分散泥质和氯等。

A　磷矿中的 CaO 含量（常用 CaO/P_2O_5 的比值表示）

磷矿中的 CaO 含量与湿法磷酸生产的硫酸耗量相关，CaO/P_2O_5 比值决定生产单位质量 P_2O_5 的硫酸耗量（1 份 CaO 消耗 1.75 份硫酸），而且产生的石膏量增大，使过滤设备的 P_2O_5 的生产能力下降。因此，要求 CaO/P_2O_5 的比值接近氟磷灰石（$Ca_5F(PO_4)_3$）中的 CaO/P_2O_5 理论比值，其质量比为 1.31，摩尔比为 3.33，不宜超过太多。湿法磷酸生产的硫酸所占费用约为直接成本的 50%。我国磷矿的 CaO/P_2O_5 比值较高，常伴生白云石、石灰石等碳酸盐矿物，除去磷矿中多余的 CaO 是湿法磷酸生产中亟待解决的问题。

B 磷矿中的倍半氧化物 R_2O_3 含量

倍半氧化物 R_2O_3 含量为磷矿中铁、铝氧化物含量,铁、铝主要来源于黏土,经筛选、磁选可除去大部分。湿法磷酸生产中,铁、铝干扰硫酸钙结晶成长和使磷酸形成淤渣,尤其浓缩磷酸中更为严重,其沉淀可随石膏排出使 P_2O_5 造成损失。铁、铝的复杂磷酸盐结晶细小,不仅增大溶液和料浆黏度,而且堵塞滤布和滤饼孔隙,在运输中析出淤泥,使运输和贮存困难。铁、铝磷酸盐还给后续的磷酸或磷酸铵料浆的浓缩、干燥造成困难,造成产品物性不佳或质量下降。

C 磷矿中的 MgO 含量

磷矿中的镁盐(以 MgO 表示)在湿法磷酸生产中全部溶解并存在于磷酸中,浓缩后不易析出,因磷酸镁盐在磷酸中的溶解度很大。$Mg(H_2PO_4)_2$ 使磷酸黏度急剧增大,使酸解过程中离子扩散困难和局部浓度不一致,影响硫酸钙结晶均匀成长和过滤困难。镁的存在使磷矿酸解过程中磷酸中的第一氢离子被部分中和,降低溶液中的氢离子浓度,严重影响磷矿反应能力。若增大硫酸用量,将使溶液中出现过多的硫酸根离子,使硫酸钙结晶困难。反应生成的可溶性磷酸镁对产品的吸湿性影响比铁、铝盐类大,影响产品物理性能,降低水溶率和产品质量。

磷矿中的 MgO 含量为酸法加工磷矿评价磷矿质量的主要指标之一,国外生产厂对磷矿中的 MgO 含量要求很严。我国磷矿中的 MgO 含量明显偏高,对磷酸、磷铵和其他酸法磷肥生产造成不良影响,但有利于生产钙镁磷肥,可降低熔点,减少熔剂加入量。

D 磷矿中的硅及酸不溶物

磷矿中常含不等量的 SiO_2,多以酸不溶物形态存在。磷矿酸解时,不耗硫酸,部分 SiO_2 可与酸解时生成的 HF 生成毒性较小的 SiF_4 气体。活性较大的 SiO_2 易与 HF 生成氟硅酸(H_2SiF_6),其腐蚀性比 HF 小得多。因此,磷矿中应含有必需量的 SiO_2,当 SiO_2/F 小于化学计量时,磷矿酸解时应添加可溶性硅。但过量的 SiO_2 有害,湿法磷酸生产中呈胶状的硅酸影响磷石膏过滤、增高磷矿硬度和降低磨机处理量。

E 有机物与碳酸盐

大多数磷矿(尤其是沉积型磷矿)常含不等量有机物,有机物含量高使操作困难。碳酸盐与有机物使反应过程产生气泡,有机物使反应生成的 CO_2 气体形成稳定泡沫,降低酸解槽的有效容积,使磷矿酸解、料浆输送和过滤造成困难。有机物炭化生成极细小的炭粒,易堵塞滤布和降低滤饼孔隙率,有机物还影响产品酸的色泽。

F 其他组分

氟为磷矿中的主要组分,常与 P_2O_5 含量呈比例存在,故磷矿中的氟含量不作评价指标,但应注意磷矿的氯含量,因氯化氢的腐蚀性极强。氯含量稍高时,对设备材质要求更高。因此,磷矿中氯根含量达 0.05% 以上时,应选用特殊材质进行磷矿酸解。据报道,酸中的氯化物允许含量为 $150 \sim 200mg/kg$,氯化物含量较高时,采用 316 或 20 号合金钢制造的搅拌器或泵只能用几个星期,有时甚至几天即被损坏。一般要求磷矿中的 H_2SiF_6 + HF < 2%(以 F 计)时,其氯化物含量不大于 $800mg/kg$。

磷矿中的 Mn、V、Zn 等元素含量一般均很少,对产品质量影响小,而且可作微量元素,有一定肥效。含铀等放射性元素时,长期接触会损害人的健康,须采取必要的防护措施。当其含量达 120mg/kg 时，可在加工过程中加以回收。

23.2.2 磷矿质量的基本要求

23.2.2.1 国外对商品磷矿的要求

国外对商品磷矿（主要用于酸法加工）的一般要求见表23-1。

表 23-1 国外对商品磷矿（主要用于酸法加工）的一般要求

项 目	BPL/%(P_2O_5/%)	CaO/P_2O_5	(Fe_2O_3+Al_2O_3)/P_2O_5	MgO/P_2O_5
基本要求	≥68~70（31~33）	≤1.4~1.45	≤3	≤0.5
最低要求	≥68（31）	≤1.45	≤10	≤2

23.2.2.2 我国酸法磷肥用磷矿要求

主要为过磷酸钙、湿法磷酸、磷酸铵、重过磷酸钙、硝酸磷肥和沉淀磷肥等的用矿要求。酸法磷肥用矿化工行业标准见表23-2。

表 23-2 我国酸法磷肥用磷矿化工行业标准

项 目	优等品		一级品		合格品
	Ⅰ	Ⅱ	Ⅰ	Ⅱ	
P_2O_5(≥)	34.0	32.0	30.0	28.0	24.0
MgO/P_2O_5(≤)	2.5	3.5	5.0	10.0	—
(Fe_2O_3+Al_2O_3)/P_2O_5(≤)	8.5	10.0	12.0	15.0	—
CO_2(≤)	3.0	4.0	5.0	7.0	—

注：1. 交货地点计水分含量不大于 8.0%；

2. 除水分含量外，各组分含量均以干基计；

3. 当指标中仅 MgO/P_2O_5 或（Fe_2O_3+Al_2O_3）/P_2O_5 一项超标、另一项较低时，允许 MgO/P_2O_5 的指标增加（或减少）0.4%，但此时（Fe_2O_3+Al_2O_3）/P_2O_5 指标应减少（或增加）0.6%；

4. 什邡磷矿石合格品的 P_2O_5 应不小于 26.0%；

5. 合格品中杂质含量要求按合同执行。

23.3 磷矿石的可选性

23.3.1 擦洗脱泥

对风化程度较高的磷矿石，宜采用擦洗脱泥的洗选工艺处理。常采用两段洗矿流程，第一段用洗矿筛洗矿，第二段采用圆筒洗矿机或槽式洗矿机擦洗脱泥。如摩洛哥胡里卜加选厂（年处理量 100 万吨）采用叶轮式洗矿机洗矿、分级，水力旋流器浓缩，离心机脱水，产出 P_2O_5 为 36%、回收率为 75% 的精矿。美国佛罗里达磷酸盐矿普遍采用洗矿脱泥工艺，先脱除-0.104mm 矿泥，平均入选品位为 12.83%，矿泥产率为 28.22%，矿泥品位为 8.3%，损失率为 18.25%。我国风化矿仅占 1.5%，擦洗脱泥工艺应用较少。国外风化矿较普遍，擦洗脱泥工艺应用较多。

23.3.2　重介质选矿

可用作预选作业，从低品位磷矿中预先除去大部分脉石，为提高后续选别作业效果准备条件。重介质选矿的关键是控制分选密度为 $2.8 \sim 2.9 \mathrm{g/cm^3}$。如花果树磷矿的重介质选矿结果表明，原矿 P_2O_5 为 22.05%，MgO 含量为 2.85% 时，经重介质选矿，可产出 P_2O_5 为 28.06%、MgO 含量为 1.67%，产率为 68.82%，P_2O_5 回收率为 87.64% 的磷精矿。重介质选矿具有粗粒抛尾、工艺简单、选矿成本低等优点。但精矿品位达不到酸法磷矿的要求，只能作预选作业。

23.3.3　浮选

23.3.3.1　正浮选工艺

浮选是我国磷矿使用最广泛的选矿方法。正浮选工艺主要对岩浆岩型磷灰岩矿及细粒嵌布的沉积型硅-钙质磷块岩矿石，采用有效的碳酸盐矿物抑制剂，用脂肪酸类捕收剂直接浮选磷矿物，使磷矿物富集于浮选泡沫中。适用于以石英和硅酸盐为主要脉石的磷矿石，常在碱性介质中进行，可用 NaOH、Na_2SiO_3、Na_2CO_3 作介质调整剂。

沉积型硅-钙质磷块岩矿石为公认的难选矿石，从"S"系列抑制剂研发成功后，此类磷块岩矿石的正浮选指标取得了突破性提高。

23.3.3.2　反浮选工艺

主要用于高品位沉积型钙质磷块岩矿中磷矿物与含钙碳酸盐脉石矿物的分离，主要为磷矿物与白云石的分离。采用硫酸或磷酸作磷矿物的抑制剂，在弱酸介质中采用脂肪酸类捕收剂浮选白云石，将磷矿物富集于槽内产品中。该工艺实现了常温浮选，槽内产品粒度较粗有利于产品处理。该工艺已用于瓮福磷矿沉积磷块岩的选矿工业生产。适用于以碳酸盐为主要脉石的磷矿石，常在 pH 值为 4~6 的弱酸介质中进行，用硫酸或磷酸作调整剂和磷矿物的抑制剂，可常温浮选。

23.3.3.3　正浮选—反浮选工艺

正浮选—反浮选工艺主要用于沉积型钙质磷块岩矿。先采用抑制硅酸盐矿物浮选磷酸盐矿物，硅酸盐矿物作浮选尾矿排除，磷酸盐矿物及可浮性相近的钙（镁）碳酸盐矿物富集于泡沫产品中，产出正浮选精矿。再用硫酸或磷酸作磷酸盐矿物的抑制剂，浮选正浮选精矿中钙（镁）碳酸盐矿物，将磷酸盐矿物富集于槽内产品中。我国云南海口、安宁两座年处理量为 200 万吨的磷矿浮选厂，采用正浮选—反浮选工艺，可将 P_2O_5 为 15%~25%，MgO 为 1.5%~4.0% 的原矿，产出 P_2O_5 大于 30%，MgO 小于 0.8% 的精矿，P_2O_5 回收率大于 86%。可常温浮选。

23.3.3.4　双反浮选工艺

该工艺主要用于磷酸盐矿物与白云石和石英的浮选分离。用硫酸或磷酸作磷酸盐矿物的抑制剂和调整矿浆 pH 值，在弱酸介质中用脂肪酸和脂肪胺浮选白云石和石英，将磷酸盐矿物富集于槽内产品中。最大优点为常温浮选，槽内产品粒度较粗有利于产品处理。但脂肪胺类捕收剂对矿泥较敏感，脂肪胺反浮选前均须脱泥，流程较复杂。

对大量既含石英和硅酸盐又含碳酸盐脉石，嵌布粒度细的磷矿石，常采用正浮选—反浮选、双反浮选工艺才能达到理想的分离效果。我国研发的菲、萘磺化物 S808、S711、硝基腐植酸钠、木质素磺酸盐缩合物 L399、萘磺酸 No 等对白云石均有较强的抑制作用。但当精矿要求镁很低时仍无法达目的，上述抑制剂多数无法满足环保要求。

23.3.4　化学选矿

23.3.4.1　焙解—消化工艺

碳酸盐含量高的磷矿石的选矿方法主要为煅烧-消化法。煅烧碳酸盐含量高的磷矿石时，可使矿石中的碳酸盐焙解，可除去矿石中的有机质，可降低氧化铁和氧化铝在酸中的溶解度及使矿石疏松多孔，改善矿石结构。煅烧-消化法可产出 P_2O_5 含量较高的磷精矿及改善磷精矿后续工艺的操作条件。

我国某碳酸盐型磷矿原矿含 P_2O_5 30.07%、MgO 3.5%、I（碘）0.006%，脉石矿物为白云石及少量硅酸盐，碎至 -10mm，在回转窑中于 1000~1100℃煅烧80~100min，在水温 50℃、液固比 1∶1 下消化，可产出含 P_2O_5 大于 37%、MgO 小于 1.5% 的优质磷精矿，P_2O_5 回收率约 95%。煅烧时，95% 以上的碘进入烟气中，经水吸收和氯气氧化可产出粗碘，碘回收率为 74%。提碘后的尾气返回用于消化尾浆的碳化处理，使氢氧化物转化为碳酸盐，使滤渣更适于堆存。

23.3.4.2　浸出法

用浸出法除去碳酸盐脉石，尤其是氧化镁，可使精矿中的 MgO 含量降至 0.5% 以下。浸出剂可用氯化铵、硫酸和二氧化硫等。由于处理成本较高，只用其他选矿方法无法产出满足后续作业要求的磷精矿时，才采用浸出法处理。

23.4　云南海口磷矿选矿厂

23.4.1　矿石性质

云南海口磷矿选矿厂位于昆明市西山区海口镇，一、二期合计选厂年处理量为 500 万吨。矿床赋存于寒武系渔户村组地层中，具有工业价值的矿体分上层矿和下层矿，中间夹层为含磷砂质白云岩。

矿石中主要矿物为胶磷矿、少量微晶磷灰石，次要矿物以白云石为主，含石英、方解石、长石、玉髓及少量的电气石、海绿石、白云母和炭质物等。矿石主要组分为 P_2O_5、CaO、SiO_2，其他组分为 MgO、Fe_2O_3、Al_2O_3、F 等。

矿石物理性质见表 23-3。

原矿化学成分分析结果见表 23-4。

原矿物相分析结果见表 23-5。

表 23-3 矿石物理性质

矿石体积质量/t·m⁻³	硬度 f	密度/t·m⁻³	松散系数	安息角/(°)	湿度/%
2.54	4~12	2.84	1.60	38~40	约6

表 23-4 原矿化学成分分析结果

化学成分	P_2O_5	CaO	MgO	SiO_2	Fe_2O_3	CO_2	F	烧损	Al_2O_3
含量/%	22.44	39.60	4.52	16.60	1.39	8.22	2.36	9.68	0.70

表 23-5 原矿物相分析结果 (%)

矿物	胶磷矿 P_2O_5	白云石 P_2O_5	硅质矿物 P_2O_5	褐铁矿 P_2O_5	合计 P_2O_5
含量	21.768	0.133	0.088	0.110	22.099
分布率	98.50	0.60	0.40	0.50	100.00

23.4.2 选矿工艺

选厂年处理 150 万吨自产矿，50 万吨外购矿，最大块为 900mm，破碎采用双系列两段一闭路流程，将原矿碎至小于 15mm。原矿含水、含泥量大，雨季达 15%~20%。原矿性质变化大，在粉矿堆场采用多点进料方法进行均化混料。

磨矿分级与破碎相对应，采用双系列两段一闭路磨矿流程，一段采用棒磨机，二段采用球磨与水力旋流器闭路。

采用单一反浮选、正浮选—反浮选或双反浮选流程处理海口中、低品位磷矿均可产出满足生产湿法磷酸的磷精矿。由于海口磷矿矿石赋存的复杂性和外购矿成分难控制，浮选作业分两系列，以较灵活改变设备配置以适应原矿性质变化。设计一系列为正浮选—反浮选流程，二系列为单一反浮选流程。现在一系列可为正浮选—反浮选流程，也可开单一反浮选流程。

浮选精矿经一段高效浓密机脱水，浓度为 50%~60% 的底流进入精矿浆储槽，经长距离管道送至下游企业三环中化年处理 120 万吨磷铵工程。浓密机溢流水返厂使用。尾矿浆进厂区尾矿浓密机，浓密机溢流水返厂使用，底流送尾矿库。

生产指标为：原矿 P_2O_5 品位 22.0%~24.0%、$w(MgO) \geqslant 4.5\%$，浮选精矿 $w(P_2O_5) \geqslant 29\%$、$w(MgO) \leqslant 0.8\%$，达酸法加工磷酸一类质量标准。

23.5 湖北大峪口磷矿选矿厂

23.5.1 矿石性质

湖北大峪口化工有限责任公司位于钟祥县胡集镇。大峪口磷矿特点为品位低、杂质高、储量大，选厂年处理能力为 150 万吨。大峪口矿段属胡集矿区的七个矿段之一，南北长 3.4km，面积约 10km²。含磷矿物赋存于震旦系下统陡山沱组中，自上而下共分五个磷矿层，大峪口矿段具有工业开采价值的为一层矿和三层矿。第三矿层在矿区内普遍发育，矿层呈层状产出。矿层由砂岩状磷块岩和互层状磷块岩两种矿石自然相间组成，2、4 层为砂岩状磷块岩，1、3、5层为互层状磷块岩。两种自然类型为：

（1）砂岩状磷块岩：由黑色细点与浅色的脉石矿物混生构成。有用矿物为胶磷矿、磷灰石。该类型矿石含P$_2$O$_5$ 15%~23.58%，常为19%。

（2）互层状磷块岩：由砂岩状磷块岩与含磷泥质白云岩互层组成。砂岩状磷块岩成条带状，少许为薄层状夹于含磷泥质白云岩中。该类型矿石含P$_2$O$_5$ 8.10%~14.92%，常为11%。

三层矿矿石矿物组成见表23-6。

表 23-6　三层矿矿石矿物组成

矿石类型	胶磷矿	主要矿物质量分数/%				
		细晶磷灰石	白云石	方解石	玉髓	赤铁矿
互层状（5层）	20	8	37	—	33	3
砂岩状（2~4层）	39	4	22	4	29	2
互层状（1层）	20	7	42	—	30	1

三层矿化学成分分析结果见表23-7。

表 23-7　三层矿化学成分分析结果

化学成分	P$_2$O$_5$	MgO	CaO	SiO$_2$	CO$_2$	Fe$_2$O$_3$	Al$_2$O$_3$
含量/%	17.27	4.40	34.59	29.15	12.45	0.79	0.44

23.5.2　选矿工艺

大峪口矿肥结合工程为国家重点工程，配套的选厂年处理量为150万吨，年产出磷精矿65万吨。设计采用直接浮选工艺流程，其精矿用于生产重钙。选矿工艺采用"低品位硅钙质磷块岩（胶磷矿）正浮选—反浮选工艺"，使低品位胶磷矿生产高浓度磷复肥和开发精细磷化工产品成为可能，解决了磷矿开采"采富弃贫"问题。

碎矿采用二段一闭路流程，将原矿碎至-10mm。磨矿采用双列二段一闭路流程。

浮选采用正浮选—反浮选工艺流程，正浮选采用一粗二精一扫闭路流程，反浮选采用一粗一扫闭路流程。

生产指标：原矿含P$_2$O$_5$ 18.77%、MgO 4.33%，精矿含P$_2$O$_5$ 31.62%，P$_2$O$_5$回收率82.59%；含MgO 0.60%，MgO回收率6.79%。

浮选精矿进浓密池浓缩至65%后直接泵送至精矿储槽，通过渣浆泵输送至磷酸车间制磷酸。

23.6　贵州瓮福新龙坝磷矿选矿厂

23.6.1　矿石性质

瓮福磷矿位于瓮安与福泉两县境内，是目前我国最大的磷矿石采选企业。新龙坝选矿厂为瓮福磷矿的主体生产单位之一，年处理原矿350万吨，产磷精矿大于243万吨。长达46.74km的精矿浆输送管道为我国第一条固体颗粒长距离输送管道。

瓮福磷矿为巨型海相化学沉积磷块岩矿床，含矿岩组由磷块岩、硅质岩、白云岩组成。矿石自然类型由上至下分为致密状、团块状、砂砾状磷块岩。致密状磷块岩呈灰白、蓝灰色，分块状、层状构造，含 P_2O_5 31.31%，占矿石储量的 35.5%；团块状磷块岩为致密状、砂砾状过渡类型，含 P_2O_5 平均 26%，占矿石储量的 36.7%；砂砾状磷块岩一般含 P_2O_5 21%，占矿石储量的 27.8%。

矿石属碳氟磷灰石系列，分子式为 $Ca_{20}P_{28}C_{0.2}O_{24}F_{1.8}OH_{0.4}$，矿物呈圆形至椭圆形及棱形颗粒，粒度较粗，呈隐晶胶状或粒状集合体，微粒碳酸盐以杂质存在于磷矿颗粒中，常交代磷矿或胶磷矿鲕粒，少量鲕粒中存在碳酸盐微粒。细粒碳酸盐集合体为胶磷矿颗粒的主要胶结物，形态基质胶结，或呈脉状充填胶磷矿裂隙。原矿还含石英、玉髓。石英呈细粒集合体或粉砂状的个体及自形晶产出，并零星嵌布于磷矿物及磷酸盐矿物之间。石英集合体常与玉髓相互伴生，但分布不普遍。原矿中含黏土、黄铁矿、冰晶石、铁质及炭泥质矿物。

原矿化学成分分析结果见表 23-8。

表 23-8　原矿化学成分分析结果

化学成分	P_2O_5	MgO	Al_2O_3	Fe_2O_3	SiO_2	CaO
含量/%	25.21	6.19	0.40	0.57	3.55	45.70

矿物组成：磷矿物占 70% 左右，碳酸盐矿物（白云石）占 20% 左右，石英占 3% 左右，水云母和炭泥质合计占 4% 左右，铁质矿物占 1% 左右。

23.6.2　选矿工艺

采用三段开路碎矿将原矿碎至 -15mm，一段闭路磨矿，分三个系列，采用反浮选工艺进行一粗三精中矿再选流程。年处理量为 350 万吨原矿，年产出磷精矿 240 万~250 万吨，精矿 $w(P_2O_5) \geqslant 34.22\%$，$w(MgO) < 1.5\%$。

23.7　湖北南漳红星磷矿选矿厂

23.7.1　矿石性质

红星磷矿位于湖北南漳城南车家店，选厂日处理量为 500t，采用常温反浮选工艺回收磷矿物。

湖北南漳红星磷矿为沉积型磷块岩矿床，磷酸盐矿物主要为胶状磷灰石（胶磷矿），含少量纤维状微晶磷灰石。胶状磷灰石粒度为 0.02~2mm，颗粒中常混杂有颗粒极细的黏土矿物、碳酸盐矿物、铁质物、炭质物和有机质等。碳酸盐矿物白云石以碎屑的胶结物出现，少量呈细分散状分布于胶状磷灰石集合体中。

磷矿物的可选性较好，属易选矿石。但磷矿物与碳酸盐矿物、黏土矿物、铁质矿物、炭泥质矿物、有机质等密切共生，磷精矿中的脉石矿物不易脱除，MgO 含量较高。精矿筛析结果表明，精矿中约 80% 的 MgO 集中于 +0.074mm 粒级中，说明磨矿细度偏粗，单体解离度不够。

矿石矿物含量见表 23-9。

表 23-9　矿石矿物含量

矿物	胶磷灰石、微晶磷灰石	白云石	方解石	高岭土、伊利石	石英	铁质物
含量/%	58.31	27.54	2	8.65	1	1.53

原矿化学成分分析结果见表 23-10。

表 23-10　原矿化学成分分析结果　　　　　　　　　　　　（%）

化学成分	P_2O_5	Fe_2O_3	SiO_2	CaO	MgO	Al_2O_3	K_2O
含量	24.50	1.02	4.76	42.47	6.31	2.15	0.61
化学成分	Na_2O	CO_2	F	Tc	As	酸不溶物	
含量	0.12	13.88	2.54	3.81	20.67×10^{-4}	6.14	

23.7.2　选矿工艺

选矿工艺流程如图 23-1 所示。

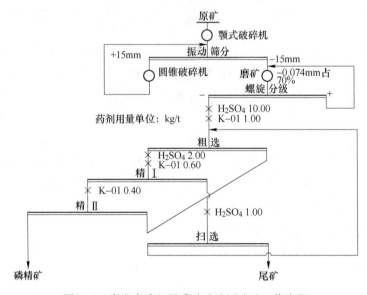

图 23-1　湖北南漳红星磷矿选矿厂选矿工艺流程

破碎为两段一闭路流程，磨矿为一段闭路流程，浮选为一粗二精一扫的常温反浮选流程。

工业调试稳定运转期间的生产指标为：硫酸作磷矿物的抑制剂，磨矿细度为 -0.074mm 占 67.46%，日处理量为 500t，原矿含 P_2O_5 24.34%，精矿产率为 69.50%，精矿含 P_2O_5 32.02%，含 MgO 2.17%，P_2O_5 回收率为 91.43%。

磷酸作磷矿物的抑制剂，磨矿细度为 -0.074mm 占 58.8%，日处理量为 500t，原矿含 P_2O_5 24.34%，精矿产率为 69.50%，精矿含 P_2O_5 33.82%，$w(MgO) < 1.80\%$，P_2O_5 回收率为 94.13%。

24　萤石矿物浮选

24.1　概述

24.1.1　萤石矿物

萤石又称氟石，分子式为 CaF_2，其中含钙 51.1%，含氟 48.9%。有时含稀有金属，富钇者称钇萤石，常与石英、方解石、重晶石和金属硫化物共生。等轴晶系，晶体常为立方体、八面体，较少呈菱形十二面体，也常呈粒状或块状集合体。

萤石密度为 $3 \sim 3.2 g/cm^3$，莫氏硬度为 4。因含杂质而呈白、黄、绿、蓝、紫、红及灰黑色，无色透明，无包裹体，无裂隙，无双晶的萤石晶体可用于光学仪器。萤石具有热发光性，加热后有淡紫色磷光。萤石不溶于水，溶于硫酸、磷酸和加热的盐酸、硼酸、次氯酸，可与氢氧化钠、氢氧化钾等强碱稍起反应。萤石的熔点较低，为 1360℃。

24.1.2　萤石工业类型

根据组成矿石的主要矿物组合进行划分，萤石工业类型为：（1）萤石型矿石：主要由萤石组成，含少量其他杂质；（2）石英-萤石型矿石：萤石含量大于石英含量；（3）萤石-石英型矿石：萤石含量小于石英含量或两者含量相近；（4）重晶石-萤石型矿石：除萤石外，含少量重晶石；（5）方解石-萤石型矿石：除萤石外，含少量方解石；（6）重晶石-方解石-萤石型矿石：除萤石外，含一定量重晶石、方解石；（7）硫化物-萤石型矿石：除萤石外，含一定量硫化物，有的铅、锌可综合利用。

24.1.3　萤石矿床类型

萤石矿床有 4 种类型：

（1）硅酸盐岩石中的充填型脉状萤石矿床：为萤石矿床的重要类型，矿石矿物组成简单，以萤石、石英为主，常组成萤石型、石英-萤石型等主要矿石类型，属易选矿石。该矿床类型为冶金用萤石精矿和化工用萤石精矿的重要类型，如浙江武义杨家、湖南衡南、湖北红安、河南陈楼、甘肃高台等萤石矿床。

（2）碳酸盐岩石中的充填交代型脉状、透镜状萤石矿床：该类型矿床的矿石矿物组成复杂，含萤石、方解石、重晶石、石英等，常组成石英-萤石型、重晶石-萤石型、重晶石-方解石-萤石型等矿石类型，一般属较难选矿石，部分矿石经手选也可获得高品位块矿。如江西德安、云南老厂、四川二河水等萤石矿床。

（3）碳酸盐岩石中的层控型层状、似层状萤石矿床：矿床产于特定层位的碳酸盐岩层中，严格受层位或层间构造所控制。矿石矿物组成简单，以萤石型、石英-萤石型为主，如内蒙古苏莫查干敖包萤石矿床。

（4）共生、伴生萤石矿床：萤石矿物呈伴生组分产于铁、钨、锡、铍等多金属及铅、锌等硫化物矿床中的共生、伴生萤石矿床。此类矿床综合利用价值高。

共生、伴生萤石矿床可分为：1）铅锌硫化物共、伴生萤石矿床：如湖南桃林铅锌矿伴生萤石矿床；2）钨锡多金属伴生萤石矿床：萤石与钨、锡、钼、铋伴生，如湖南柿竹园多金属矿，萤石呈分散状与白钨矿、辉钼矿、辉铋矿等共生；3）稀土元素、铁伴生萤石矿床：如内蒙古白云鄂博稀土铁矿矿床，选矿回收萤石难度较大。

24.2　萤石矿床工业指标与萤石产品的技术要求

24.2.1　萤石矿床工业指标

萤石矿床一般工业指标：边界品位 $w(CaF_2) \geqslant 20\%$，最低工业品位不小于 30%。

矿石品级：富矿 $w(CaF_2) \geqslant 65\%$，$w(S) < 1\%$，最低可采厚度 0.7m，夹石剔除厚度 0.7m；贫矿 $w(CaF_2) = 20\% \sim 65\%$，最低可采厚度 1.0m，夹石剔除厚度 1~2m。

24.2.2　萤石产品的技术要求

萤石产品类型及牌号见表 24-1。

表 24-1　萤石产品类型及牌号

类　型	牌　号
萤石精矿 FC	FC-98、FC-97A、FC-97B、FC-97C、FC-95、FC-93
萤石块矿 FL	FL-98、FL-97、FL-95、FL-90、FL-85、FL-80、FL-75、FL-70、FL-65
萤石粉矿 FF	FF-98、FF-97、FF-95、FF-90、FF-85、FF-80、FF-75、FF-70、FF-65

萤石精矿的化学成分见表 24-2。

表 24-2　萤石精矿的化学成分

牌号	CaF_2/%（不小于）	杂质成分/%（不大于）					
		SiO_2	$CaCO_3$	S	P	As	有机物
FC-98	98.0	0.5	0.7	0.05	0.05	0.0005	0.1
FC-97A	97.0	0.8	1.0	0.05	0.05	0.0005	0.1
FC-97B	97.0	1.0	1.2	0.05	0.05	0.0005	0.1
FC-97C	97.0	1.2	1.2	0.05	0.05	0.0005	0.1
FC-95	95.0	1.4	1.5	—	—	—	—
FC-93	93.0	2.0	—	—	—	—	—

注：据水分含量分干态精矿和湿态精矿，干态精矿水分含量不大于 0.5%，湿态精矿水分含量不大于 10.0%。

萤石块矿的化学成分见表 24-3。

表 24-3 萤石块矿的化学成分

牌号	CaF₂/%（不小于）	杂质成分/%（不大于）				
		SiO₂	S	P	As	有机物
FL-98	98.0	1.5	0.05	0.03	0.0005	0.01
FL-97	97.0	2.5	0.08	0.05	0.0005	0.01
FL-95	95.0	4.5	0.10	0.06	—	—
FL-90	90.0	9.5	0.10	0.06	—	—
FL-85	85.0	14.3	0.15	0.06	—	—
FL-80	80.0	8.5	0.20	0.08	—	—
FL-75	75.0	23.0	0.20	0.08	—	—
FL-70	70.0	28.0	0.25	0.08	—	—
FL-65	65.0	32.0	0.30	0.08	—	—

萤石粉矿的化学成分见表 24-4。

表 24-4 萤石粉矿的化学成分

牌号	化学成分/%		牌号	化学成分/%	
	CaF₂（不小于）	Fe₂O₃（不大于）		CaF₂（不小于）	Fe₂O₃（不大于）
FF-98	98.0	0.2	FF-80	80.0	0.3
FF-97	97.0	0.2	FF-75	75.0	0.3
FF-95	95.0	0.2	FF-70	70.0	—
FF-90	90.0	0.2	FF-65	65.0	—
FF-85	85.0	0.3			

萤石产品的粒度要求见表 24-5。

表 24-5 萤石产品的粒度要求

分类	萤石精矿（FC）	萤石块矿（FL）		萤石粉矿（FF）
粒度要求	通过 0.154mm 筛孔的萤石量不小于 80%	6~200mm；<6mm，≤5%；>200mm，≤10%	最大粒度 250mm	0~6mm

注：需方对粒度有特殊要求时，由双方协商确定，并在合同中注明。

24.3 萤石主要用途

萤石富含氟，且熔点低，主要用于冶金、水泥、玻璃、陶瓷等行业：（1）作为炼铁、炼钢的助熔剂、排渣剂，高质量的酸级萤石也可用于电炉生产高质量的特殊钢和特种合金钢；（2）用于生产人造冰晶石，并可直接加入熔融电解液中；（3）用于生产无水氢氟酸，氢氟酸为氟化工业的主要原料；（4）用于生产乳化玻璃、不透明玻璃和着色玻璃，可降低玻璃的熔炼温度、改进熔融体，可降低燃料消耗比率；（5）用于生产水泥熟料的矿化剂，可降低烧结温度，易煅烧，缩短烧成时间，节省能耗；（6）用于制造陶瓷、搪瓷过程的熔剂和乳浊剂，为配制涂釉的不可少的组分；（7）无色透明大块的萤石晶体可作为光学萤石和工艺萤石。

24.4　萤石可选性

24.4.1　手选

若萤石与脉石矿物界限清楚，废石易剔除，各种不同品级的矿石易于肉眼鉴别的萤石矿石可采用手选。其主要作业为冲洗、筛分、手选分离等。但用手选分离的萤石矿非常少。

24.4.2　浮选

萤石常与石英、方解石、重晶石和硫化矿物共生，国内外普遍采用浮选法进行萤石与共生矿物的分离，常采用脂肪酸类捕收剂作萤石的捕收剂。脂肪酸类捕收剂易吸附于萤石矿物表面，且不易解吸。

浮选工艺流程因萤石矿石类型而异：

(1) 石英-萤石型矿石：多采用一次磨矿粗选，粗精矿再磨多次精选的工艺流程。常用碳酸钠作调整剂，以防止水中多价金属阳离子对石英的活化作用。用脂肪酸类捕收剂，加适量水玻璃抑制硅酸盐脉石矿物。水玻璃的量应控制好，量少对萤石有活化作用，过量会抑制萤石浮选。

(2) 碳酸盐-萤石型矿石：脂肪酸类捕收剂对萤石和方解石均有较强的捕收作用，选用有效抑制剂非常重要。含钙脉石矿物的抑制剂有水玻璃、偏磷酸钠、木质素磺酸盐、糊精、草酸等。常用组合药剂加至矿浆中，如硫酸+水玻璃对抑制方解石和硅酸盐矿物有明显效果；采用栲胶、木质素磺酸盐对方解石、石灰石、白云石含量较多的萤石矿，抑制效果较明显。

(3) 硫化物-萤石型矿石：矿石中以铅、锌硫化物为主，萤石为伴生矿物。常采用先浮选金属硫化矿物，从浮选尾矿中浮选萤石，常须进行多次精选才产出萤石精矿。

(4) 矿石中含萤石和重晶石时，常采用萤石、重晶石混合浮选，然后进行分离的浮选流程。混合浮选时用油酸作捕收剂，水玻璃作抑制剂，产出萤石、重晶石混合精矿。萤石、重晶石混合精矿的浮选分离方法为：1) 抑重晶石浮萤石法：采用糊精或单宁及铁盐抑制重晶石，用油酸作捕收剂浮选萤石；2) 抑萤石浮重晶石法：采用烃基硫酸酯作捕收剂浮选重晶石，萤石为槽内产品。

油酸作捕收剂时，萤石的可浮性与矿浆 pH 值密切相关，pH 值为 8~11 时萤石的可浮性较好；提高矿浆温度，可提高浮选指标。用油酸浮选萤石时，用水须预先进行软化。

除油酸外，烃基硫酸酯、烷基磺化琥珀胺、油酸胺基磺酸钠及其他磺酸盐及胺类捕收剂均可作萤石的捕收剂。调整剂可用水玻璃、偏磷酸钠、木质素磺酸盐、糊精、草酸等。

24.4.3　重介质选矿

原矿可进行重介质选矿以提高进入浮选的原矿品位，为产出高品位的萤石精矿创造条件。德国、南非、意大利、法国等采用 D. W. P. 类型重介质涡流分选机对萤石矿进行预选。如德国沃尔法奇选厂，给矿含 CaF_2 35%，通过三产品重介质涡流分选机预选，抛废率 36.2%，废弃物含 CaF$_2$ 6.75‰，富集比 1.48。意大利托格拉萤石铅锌选厂，原矿含 CaF$_2$45.0%，经重介质预选，重产品萤石含 CaF$_2$ 达 75.0‰，抛废率约 50.0%，废弃物含 CaF$_2$ 10% 左右。

24.5 浙江某萤石矿

24.5.1 矿石性质

浙江某萤石矿属中低温热液硅酸盐矿床，萤石以致密块状为主，部分为粒状，与石英紧密共生，嵌布粒度极不均匀，一般为 0.05~0.6mm，细的为 0.01~0.02mm，粗的达数毫米。脉石矿物以石英为主，有的呈隐晶质，粒度小于 0.05mm，含量约 50%。原矿品位为：富矿平均含 CaF$_2$ 50% 以上，贫矿为 30%~50%。

24.5.2 选矿工艺

根据用户要求，分别采用手选和浮选。手选入选粒度为 15~200mm，通过破碎和筛分分段进行，手选萤石精矿含 CaF$_2$ 80%，主要用于冶金。

浮选工艺流程如图 24-1 所示。

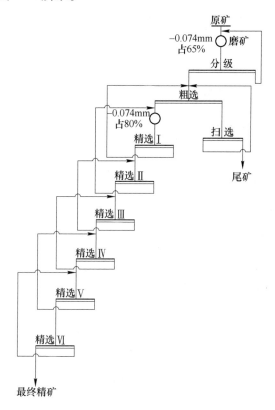

图 24-1 浙江某萤石矿浮选工艺流程

采用油酸作萤石捕收剂，水玻璃作调整剂，精矿含 CaF$_2$ 97%~99%，回收率 80% 左右。

24.6　内蒙古某萤石矿

24.6.1　矿石性质

内蒙古某萤石矿属石英-萤石类型，为浸染状结构，块状、条带状或气孔状构造。其主要矿物为萤石，脉石矿物主要为石英、云母（黑云母和白云母）、方解石、少量黄铁矿、褐铁矿等。矿石平均含 CaF_2 64%。

24.6.2　选矿工艺

采用浮选法分离萤石和脉石。浮选工艺流程如图 24-2 所示。

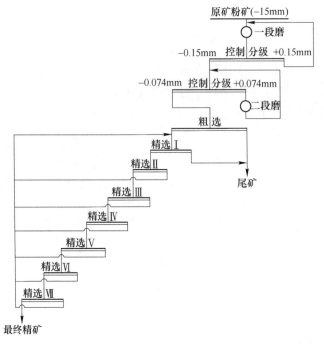

图 24-2　内蒙古某萤石矿浮选工艺流程

采用 YSB-2 作萤石捕收剂，纯碱、硫酸作调整剂，水玻璃作抑制剂。精矿含 CaF_2 98%左右，回收率88%~90%。

25　石墨矿物浮选

25.1　概述

25.1.1　石墨矿物

石墨为一种自然元素矿物，与金刚石同为碳的同素异构体。

石墨的化学成分为碳（C），纯净石墨结晶的性质见表25-1。

表25-1　纯净石墨结晶的性质

化学成分	密度/g·cm^{-3}	莫氏硬度	形状	晶系	颜色	光泽	条痕
C	2.1~2.3	4~2	六角板状、鳞片状	六方	铁黑、钢灰	金属光泽	光亮颜色

石墨晶体具有典型的层状结构，碳原子排列成六方网层状，面结点上的碳原子相对于上下两层网格的中心（见图25-1），重复层数为2，为常见的2H多型。若重复层数为3，称为石墨3R多型。在石墨晶体结构中层内碳原子的配位数为3，为共价键，碳原子间距为0.142nm。网格间以分子键联结，层与层之间距为0.3354nm，键力弱。

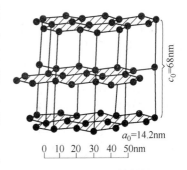

图25-1　石墨晶体结构

石墨质软，有滑腻感，天然疏水性强，有良好的导电、导热和耐高温性能。石墨晶体结构愈完整、规则，这些特性愈明显。

石墨的特性为：

（1）耐高温性：石墨为目前已知的最耐高温的材料之一。石墨的熔点为3850℃±50℃，沸点为4250℃。热膨胀系数很小，石墨强度随温度升高而增加。在高温下，石墨损失最小，在7000℃高温下烧10h，损失率仅0.8%。

（2）导电、导热性：石墨具有良好的导电性，比不锈钢高4倍，比碳素钢高2倍。石墨的热导性超过钢铁等金属材料。石墨的热导率与一般金属不同，随温度升高石墨的导热系数下降。因此，在极高温度下，石墨处于绝热状态。

（3）抗热震性能：石墨的热膨胀系数很小，当温度突变时，体积变化小，不产生裂纹，具有良好的热稳定性。

（4）润滑性：石墨的润滑性类似于二硫化钼，摩擦系数小于0.1。其润滑性随鳞片大小而变，鳞片愈大，摩擦系数愈小，其润滑性愈好。

（5）可塑性：石墨的韧性很好，能劈分开或碾成透气透光的很薄的薄片。

（6）化学稳定性：在常温下，石墨具有良好的化学稳定性，可耐酸、碱和有机溶剂的腐蚀，抗腐蚀性能极强。石墨的抗氧化能力差，450℃ 开始氧化。因此，石墨及石墨制品应避免在氧化环境中使用。

25.1.2　石墨矿石工业类型

石墨的工艺性能及用途主要取决于其结晶程度。因此，工业上将石墨矿石分为晶质（鳞片状）石墨矿石和微晶质（土状）石墨矿石两种类型。

晶质（鳞片状）石墨矿石的石墨晶体直径大于 $1\mu m$，呈鳞片状。其特点是固定碳含量较低，但可选性好。与石墨伴生的矿物主要为云母、长石、石英、透闪石、透辉石、石榴子石和少量硫铁矿、方解石等。矿石为鳞片状、花岗鳞片变晶结构，片状、片麻状或块状构造。此类矿石固定碳含量低，工业上无法直接利用，须经选矿处理才能产出符合要求的石墨产品。

微晶质（土状、隐晶质）石墨矿石中的石墨晶体直径小于 $1\mu m$，呈微晶集合体。其特点是固定碳含量较高，但可选性差，选矿效果差。目前，工业上只经手选后将其磨成粉末即可利用。

25.1.3　石墨矿床类型

世界石墨资源主要集中于中国、巴西、印度，其次为捷克、朝鲜、墨西哥、马达加斯加、加拿大、斯里兰卡等国。中国的石墨资源约占世界石墨总资源量的 70%。

我国石墨矿主要分布于黑龙江、山东、内蒙古、湖南等 19 个省（区）。著名的晶质（鳞片状）石墨矿为：黑龙江柳毛石墨矿、山东南墅石墨矿、内蒙古兴和石墨矿、湖北三岔垭石墨矿等，均属区域变质岩型，产于中、深变质岩系中。

微晶质（土状、隐晶质）石墨矿为：湖南鲁塘石墨矿、吉林磐石石墨矿等，为接触变质型，产于变质煤系地层中。

25.1.4　石墨的主要用途

石墨广泛应用于冶金、机械制造、电气、化工、石油、核工业等领域。

冶金：石墨与镁砂制的镁碳砖为炼钢耐火材料，用于氧气顶吹转炉的炉衬；石墨为原料制的铝碳砖用于连铸作业。石墨制的坩埚和高温电炉的石墨砖，用于熔炼有色金属、合金等贵金属材料。低碳石墨用作炼钢的保护渣，已有连铸、发热、保温、沸腾、镇静等 5个渣系计 100 多种规格。可用作炼钢的增碳剂。

铸造：石墨用作铸模涂料，使铸模表面光滑，铸件易脱模。增加铸件光滑度，减少铸件裂纹和孔隙。

机械制造：石墨用作润滑剂，拉丝用的石墨乳、模锻石墨乳；用作密封材料。

电气：石墨用于制作电极、电刷、碳棒、碳管、阳极板、石墨垫圈等。

电池制造：石墨在电池中用作高端负极材料。

铅笔制造：石墨用于制作铅笔笔芯。

核工业：石墨用作铀-石墨反应堆中的减速材料。

化工：石墨用于制作石墨管道，可保证化学反应正常进行，满足制造高纯化学品的要求；用石墨纤维和塑料制作的器皿和设备，可承受各种腐蚀性气体和液体的腐蚀。

25.2 石墨产品的技术要求

25.2.1 鳞片（晶质）石墨产品的技术要求

天然晶质石墨，形似鱼鳞片。具有良好的耐高温、导电、导热、润滑、可塑及耐酸碱等优异性能。鳞片（晶质）石墨产品的分类及代号见表 25-2。

表 25-2 鳞片（晶质）石墨产品的分类及代号

名称	高纯石墨	高碳石墨	中碳石墨	低碳石墨
固定碳（C）/%	≥99.9	94.0≤（C）≤99.9	80.0≤（C）≤94.0	50.0≤（C）≤80.0
代号	LC	LG	LZ	LD

25.2.2 微晶（隐晶、土状）石墨产品的技术要求

微晶石墨由微小的天然石墨晶体组成的致密状集合体，又称土状石墨、隐晶质石墨、或无定型石墨。微晶石墨为灰黑色或钢灰色，具有金属光泽，有润滑感、易染手，化学性能稳定，有良好的传热导电性能、耐高温、耐酸碱、抗氧化，可塑性强、黏附力大。

微晶石墨按有无铁分为两类，有铁的用 WT 表示，无铁的用 W 表示。

产品标记：分类代号、固定碳含量、细度（μm）、本标准号（GB/T 3519—2008）组分，如有铁要求含碳量为 96%，在筛孔直径为 45μm 的试验筛上筛分后筛上物不大于 15% 的微晶石墨，标记为 WT96-45-GB/T 3519—2008。

25.2.3 可膨胀石墨的技术要求

可膨胀石墨是将鳞片（晶质）石墨经特殊处理后（酸浸氧化法、电解氧化法等），遇高温可瞬间膨胀为蠕虫状的天然晶质石墨。

可膨胀石墨根据纯度和粒度分为不同的牌号，纯度按灰分值大小分为Ⅰ、Ⅱ、Ⅲ、Ⅳ、Ⅴ 5 个候选等级。每个牌号又根据灰分、水分、筛余量分为优等品、一级品、合格品。如 KP-500-Ⅱ，KP 为可膨胀的汉字拼音缩写，500 表示粒度为 500μm，Ⅱ 表示纯度为Ⅱ等。

25.3 石墨矿石选矿方法及工艺流程

25.3.1 石墨矿石选矿方法

鳞片（晶质）石墨矿石固定碳含量低，工业上无法直接利用，须经选矿处理才能产出符合要求的石墨产品。石墨的可浮性好，故石墨矿选矿方法主要为浮选法。

鳞片石墨的鳞片大小差异大，其用途和价值差异大。大鳞片石墨用途广，其价值比中细鳞片石墨高数倍。因此，石墨矿选矿不仅要求产品品位高和回收率高，选矿过程还须保护石墨的鳞片，尽可能不破坏石墨的鳞片。

为满足石墨选矿产品的特殊要求，选矿流程常采用多段磨矿、多段选别流程。当原矿中含有一定量的大鳞片石墨时，保护大鳞片石墨不被破坏成为制定选矿工艺流程的主要因素，鳞片与品位比较，以鳞片为主。对细鳞片石墨矿选矿应以产出高品位石墨精矿为主。

多段磨矿、多段选别流程中，中矿返回次数多，中矿性质各异，中矿返回位置的选择与流程结构的合理性密切相关。

无定型石墨矿的品位较高，含碳量常为 60%～90%，但难选，国内外常将开采的无定型石墨矿石经简单的手选后，直接粉碎成产品出售。其工艺流程为：原矿—粗碎—中碎—烘干—磨矿—分级—包装。

25.3.2 石墨矿石选矿工艺流程

鳞片（晶质）石墨矿石的选矿工艺流程如图 25-2 所示。

隐晶质石墨矿石的选矿工艺流程如图 25-3 所示。

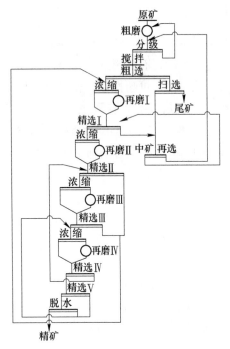

图 25-2　鳞片（晶质）石墨矿石的
选矿工艺流程

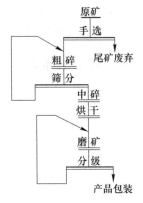

图 25-3　隐晶质石墨矿石的
选矿工艺流程

25.4　柳毛石墨矿选矿厂

25.4.1　矿石性质

柳毛石墨矿选厂年处理量为 3.6 万吨，原矿中主要矿物为石墨、石英、斜长石，其次为石榴子石、透辉石、正长石、白云母、绿泥石、褐铁矿、黄铜矿、黄铁矿等。其中：石墨占 10%～20%，石英占 30%～40%，斜长石占 15%～20%。

石墨为中、细鳞片状，鳞片直径 1~1.5mm，最大达 7mm。在矿床中石墨鳞片略具方向性排列，与石英、长石构成明显的片状结构。沿片间层理面上局部地区有浸染状黄铁矿出现。靠地表石墨含量较富，深部石墨含量有变贫趋势。

25.4.2　选矿工艺

该矿产出鳞片石墨，建有三座石墨选矿厂，选矿工艺流程如图 25-4 所示。

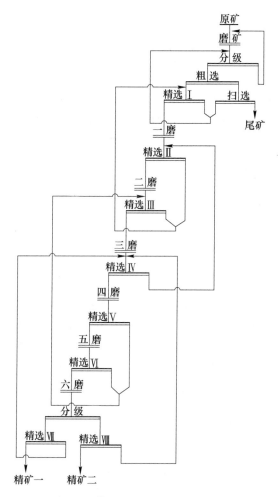

图 25-4　柳毛石墨矿选矿工艺流程

原矿最大块为 550mm，经颚式破碎机粗碎和短头圆锥破碎机中、细碎碎至 20mm。粗磨至 -0.15mm（100 目）占 70% 后，采用一粗一精一扫浮选流程丢弃尾矿，所得粗精矿经六次再磨七次精选，中矿集中返回粗磨回路，精矿经折带式真空过滤机过滤，滤饼经间热式圆筒烘干机烘干，经高方筛筛分分级后产出两种石墨精矿产品。

采用 JJF 型和 XJK 型浮选机，粗选段矿浆浓度为 15% 左右，精选矿浆浓度为 6%~10%，精选次数愈多矿浆浓度愈低。原矿品位为 14%~16%，精矿品位为 93%~95%，浮选回收率约 75%。浮选捕收剂为煤油，起泡剂为 2 号油。

25.5　宜昌中科恒达石墨股份公司石墨选矿厂

25.5.1　矿石性质

湖北宜昌石墨矿以储量大、品位高著称，属优质大鳞片石墨，为我国中南地区唯一的鳞片石墨矿。探明储量 2000 万吨，矿脉长达 1000 多米，原矿品位高达 11.37%，为我国同类矿之首。

25.5.2　选矿工艺

宜昌中科恒达石墨股份公司建有两座天然鳞片石墨选矿厂。选矿工艺流程如图 25-5 所示。

选矿工艺流程的原则为：将粗磨工艺放粗，利用石墨再磨机的磨矿介质密度小从轻磨矿，多磨多选的原则，保证石墨鳞片不被过磨，保证石墨鳞片单体解离的同时不人为损坏鳞片和破坏鳞片的厚径比。原矿品位为 12%，精矿品位达 95%，回收率达 90% 以上。

25.6　石墨精矿的化学提纯

25.6.1　氢氟酸浸出-水洗法

石墨浮选精矿品位常为 90% 左右，有时达 94%～95%。某些特殊用途要求石墨精矿品位大于 99%。为了使石墨精矿品位大于 99%，常用化学选矿法对石墨浮选精矿进行化学提纯。

氢氟酸浸出-水洗法是基于氢氟酸可浸出与石墨鳞片连生的微小硅酸盐矿物，而石墨留在浸出渣中。操作时，将石墨精矿与水按一定比例混合制浆，然后根据石墨精矿的灰分含量加入氢氟酸，通蒸汽加热，在特制的反应罐中浸出 24h，浸出矿浆用氢氧化钠中和，经过滤、洗涤、脱水、烘干，产出固定碳含量大于 99% 的超纯或高纯石墨精矿。

氢氟酸具有强腐蚀性和强毒性，应用此工艺时须采取严格的生产安全和环保措施。

25.6.2　氢氧化钠熔融-水浸法

氢氧化钠熔融-水浸法为目前国内广泛应用、较成熟的方法。操作时，按石墨精矿：NaOH=3：1 的比例混合，于 500～600℃ 下熔融，石墨精矿中的 Si、Al、Fe 等杂质转变为相应的水溶性钠盐。冷却后水浸，硅酸钠转入浸液中，铝酸钠和铁酸钠于弱碱介质中水解，析出高度分散的氢氧化物沉淀，再用盐酸（料重的 30%～40%）浸出以除去铁和铝。经过滤、洗涤、干燥后，可获得高碳石墨精矿。如某石墨矿，可将品位为 88%～89% 石墨浮选精矿提纯为 97%～99% 高碳石墨精矿，石墨回收率为 88%～89%。此工艺宜用于处理云母含量少的石墨精矿粉。

25.6.3　高温挥发法

利用石墨升华点为 4500℃ 与其他杂质挥发点低的特点，提纯挥发炉用耐火砖砌筑，将石墨精矿置于特制的挥发炉中，内插石墨电极，通 45～70V 低压交流电，电流大于 4000A。

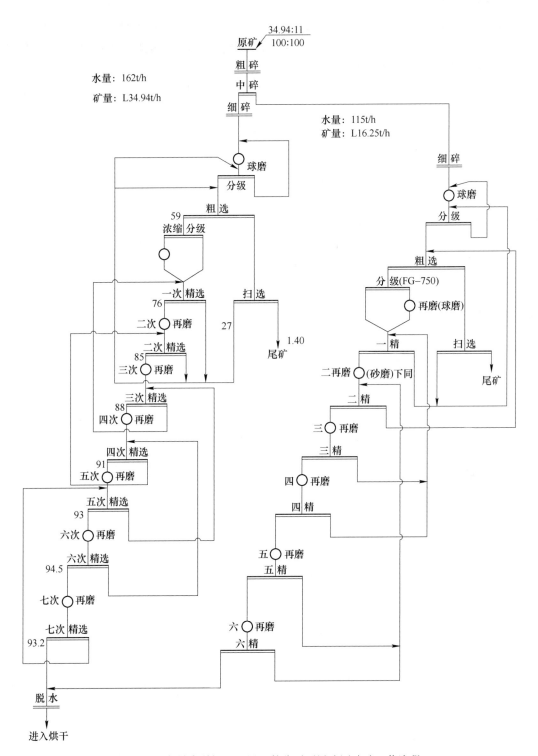

图 25-5　宜昌中科恒达石墨股份公司石墨选厂选矿工艺流程

当炉内温度达 2500~3000℃时，保温 72h，沸点低的杂质挥发。严格保温、绝缘和隔绝空气为此工艺成功纯化的关键条件。此法可产出品位为 99.99%~99.999%的高纯石墨精矿。为了提高石墨精矿纯度，可向挥发炉中通入惰性气体或加入其他催化试剂（如氟利昂 12），使杂质挥发物随气体逸出。

此外，可对鳞片石墨进行插层改性深加工，生产可膨胀石墨、氟化石墨。将含固定碳大于 99%的高碳石墨超细粉碎，使粒度小于 5μm，然后加水和分散剂可产出石墨乳（胶体石墨）等。

参 考 文 献

［1］ 胡为柏 . 浮选 ［M］. 北京：冶金工业出版社，1978.

［2］ 胡熙庚 . 有色金属硫化矿选矿 ［M］. 北京：冶金工业出版社，1987.

［3］ 选矿卷编辑委员会 . 中国冶金百科全书·选矿 ［M］. 北京：冶金工业出版社，2000.

［4］ 孙传尧 . 选矿工程师手册 ［M］. 北京：冶金工业出版社，2015.

［5］ 黄礼煌 . 稀土提取技术 ［M］. 北京：冶金工业出版社，2006.

［6］ 张泾生，阙煊兰 . 矿用药剂 ［M］. 北京：冶金工业出版社，2008.

［7］ 黄礼煌 . 化学选矿 ［M］.2 版 . 北京：冶金工业出版社，2012.

［8］ 黄礼煌 . 金银提取技术 ［M］.3 版 . 北京：冶金工业出版社，2012.

［9］ 黄礼煌 . 金属硫化矿物低碱介质浮选 ［M］. 北京：冶金工业出版社，2015.

［10］ 黄礼煌 . 贵金属提取新技术 ［M］. 北京：冶金工业出版社，2016.